高等学校专业教材

药品包装学

孙智慧　主编
高　德　谷吉海　副主编
孙智慧　周　威　谷吉海　张　莉　高　德　王鸿懿　郭力萍　编著
张晓丹　主审

中国轻工业出版社

图书在版编目(CIP)数据

药品包装学/孙智慧主编. —北京：中国轻工业出版社，2018.12
高等学校专业教材
ISBN 978-7-5019-5262-5

Ⅰ. 药… Ⅱ. 孙… Ⅲ. 药品-包装-高等学校-教材 Ⅳ. TQ460.6

中国版本图书馆 CIP 数据核字（2006）第 006237 号

责任编辑：林 媛
策划编辑：林 媛　责任终审：劳国强　封面设计：刘 鹏
版式设计：马金路　责任校对：燕 杰　责任监印：张 可

出版发行：中国轻工业出版社（北京东长安街 6 号，邮编：100740）
印　　刷：三河市万龙印装有限公司
经　　销：各地新华书店
版　　次：2018 年 12 月第 1 版第 7 次印刷
开　　本：787×1092　1/16　印张：23
字　　数：588千字
书　　号：ISBN 978-7-5019-5262-5
定　　价：48.00元
邮购电话：010-65241695
发行电话：010-85119835　传真：85113293
网　　址：http://www.chlip.com.cn
Email：club@chlip.com.cn

181272J1C107ZBW

内 容 提 要

本书对药品包装技术作了全面系统的介绍。内容包括:药品包装设计,药品包装材料及容器,药品包装材料及容器的技术要求及检测方法,药品包装技术与方法,药品包装机械,药品包装材料及容器的生产车间和药品包装生产车间设计。

全书内容紧密结合药品包装生产实际和GMP的要求,突出药品包装的系统工程,实用性强。可作为高校制药工程、药学、药物制剂及包装工程等专业的教材,也可供医药、包装、材料、轻工、商业、机械等行业的相关专业工程技术人员参考。

前　言

随着社会发展和科学技术的进步,人们生活水平的不断提高,加入 WTO 后,我国药品管理日趋完善,特别是 GMP 认真的全面实施,处方药和非处方药品的分类管理,都对药品包装提出了更高的要求。药品包装受到国家、行业、企业、社会和消费者的广泛重视。

1980 年,国家医药管理局制定了《药品包装管理办法》(试行),并于 1981 年 7 月在全国实施,使药品包装管理逐步走向法制化。到 2003 年共颁布了 54 项药用包装材料的国家标准和行业标准。2000 年国家药品监督管理局颁布了《药品包装用材料、容器管理办法》(暂行),对药品包装材料实施注册管理。2001 年全国人民代表大会修订了《中华人民共和国药品管理法》,2002 年国务院又颁布了《中华人民共和国药品管理法实施条例》,确立了药品包装管理的法律依据。其中明确规定了三十多项直接接触药品的包装材料和容器的标准,对于指导我国药品包装,保证用药安全有重要的意义。因此,制药企业、药品包装材料及容器生产企业的广大工程技术人员,非常需要有关药品包装技术方面的知识。本书内容丰富,实用性、系统性强。可供制药工程专业、包装工程专业等高等学校做教材使用,也可供医药包装工程技术人员、生产管理人员、药用包装材料及容器生产人员及相关工程技术人员参考。

本书共分 7 章,第一章为药品包装概述,第二章为药品包装设计,第三章为药品包装材料及容器,第四章为药品包装材料及容器的技术要求及检测方法,第五章为药品包装技术与方法,第六章为药品包装机械,第七章为药品包装材料生产车间和药品包装生产车间设计。

本书由哈尔滨商业大学孙智慧教授主编,高德教授、谷吉海博士任副主编。参加编写的有哈尔滨商业大学周威、郭力萍、张莉、王鸿懿。其中第一、六章 ,第七章第四节由孙智慧编写;第二章由周威编写;第三章、第四章一、二、三、四、五节由谷吉海编写;第四章第六、七、八节由张莉编写;第五章由高德编写;第七章第一、二、三节由王鸿懿编写;第七章第五节由郭力萍编写。最后由孙智慧统稿。

本书由张晓丹教授主审,并提出许多宝贵意见,在此表示感谢。

在本书的编撰过程中,参考了《药品包装实用手册》等许多书籍和文献资料,谨此向其作者表示衷心的感谢。

由于药品包装属于多学科交叉的综合学科,所涉及的内容和知识非常广泛,限于编者学识水平有限,书中错误、不当之处,恳请读者批评指正。

编　者

2005 年 11 月于哈尔滨

目　　录

第一章　药品包装概述

第一节　药品包装的基本概念

一、药品包装的概念及分类

药品包装是指为药品在运输、贮存、管理过程和使用中提供保护、分类和说明的作用，选用适宜的包装材料或容器，采用适宜的包装技术对药品或药物制剂进行分(罐)、封、装、贴签等加工过程的总称。进行包装，广义药品包装包括对药品包装材料的研究、生产和利用包装材料实施包装过程所需要进行的一系列工作。

药品包装主要分为单剂量包装、内包装和外包装三类。

1. 单剂量包装

指对药品按照用途和给药方法进行分剂量包装的过程。如将颗粒剂装入小包装袋，注射剂的玻璃安瓿包装，将片剂、胶囊剂装入泡罩式铝塑材料中的分装过程等，此类包装也称分剂量包装。

2. 内包装

指将数个或数十个药品装于一个容器或材料内的过程称为内包装。如将数粒成品片剂或胶囊包装入泡罩式的铝塑包装材料中，然后装入纸盒、塑料袋、金属容器等，以防止潮气、光、微生物、外力撞击等因素对药品造成破坏和影响。

3. 外包装

将已完成内包装的药品装入箱中或袋、桶和罐等容器中的过程称为外包装。进行外包装的目的是将小包装的药品进一步集中于较大的容器内，以便药品的贮存和运输。

二、药品包装的作用

(一) 药品包装的保护作用

中国药品监督管理局和美国 FDA 在评价一个药物时，要求该药物的包装在整个使用期内能够保证其药效的稳定性。新药研究过程中就应当将制剂置于上市包装内进行稳定性考察。合适的包装对于药品的质量起到关键性的保证作用。

1. 防止有效期内药品变质

一般情况下，药品暴露在空气中易氧化、染菌，某些药物见光会分解、变色，遇水和潮气会造成剂型破坏和变质，遇热易挥发、软化，激烈的振动致使制剂变形、碎裂等。药品的物理或化学性质的改变，会导致药品失效，有时不仅不治病，甚至会导致疾病。因此，在选择药品包装时，不管装潢设计如何，都应当将包装材料的保护功能作为首要的考虑因素。

包装应当使内含药物制剂中的药物成分与外界隔离，一方面防止药物活性成分挥发、逸出及泄漏。挥发性药物成分能溶解于包装材料的内侧，在渗透压的作用下向另一侧扩散，如含芳香性成分及内含挥发性活性成分的固体药物制剂，其活性成分易挥发并穿透某些材料，并且对一般有机物的包装材料有强的溶蚀作用，液体制剂易泄漏。此类药物应当选择复合膜容器、玻璃容器、金属容器或陶瓷容器。另一方面防止外界的空气、光线、水分、异物、微生物进入而与药品接触。空气中含有氧气、水分、大量的微生物和异物颗粒，这些成分进入到包装容器后会导致药品氧化、水解、降解、污染和发酵，含有机活性成分的固体药物制剂长时间裸露在空气中会逐渐氧化、降解，而液体制剂如糖浆剂、合剂会有部分液体成分挥发并可能发酵。有些药物见光分解，这类药物除了在制剂处方中加入遮光剂(如片剂包衣时加二氧化钛)，还应当在包装材料中采取以下措施：用棕色瓶包装、用铝塑复合膜材料包装、在包装材料中加遮光剂。此外，包装材料还应有隔热防寒作用，某些药物制剂如栓剂、软膏剂、颗粒剂和含有脂质体的药物制剂，对温度较为敏感，所以，包装材料还应当具有隔热、防寒作用。此类制剂采用一般材料包装达不到要求，需在药物制剂处方筛选时考察包装材料对制剂稳定性的影响。

2. 防止药品运输、贮存过程中受到破坏

药品在运输、贮存过程中，要受到各种外力的作用，如振动、挤压和冲击，从而造成药品的破坏。药品在选择包装材料时，应考虑到这些因素。片剂和胶囊剂等固体制剂包装时，常在内包装容器中多余空间部位填装消毒的棉花等，单剂量包装的外面多使用瓦楞纸或硬质塑料，将每个容器分隔且固定起来。目前采用的新材料还有发泡聚乙烯、泡沫聚丙烯等缓冲材料，效果较好。药品的外包装应当有一定的机械强度，起到防震、耐压和封闭作用。国际运输包装要求：标示包装的部位及牢固性，包装适用的温度与湿度范围，堆码实验数据，跌落、垂直碰撞实验数据，水平冲击、斜面冲击和摆动冲击数据等。通过系列检测，以确保药品在搬运、运输过程中完好无损。

（二）药品包装的标示作用

(1) 标签与说明书　标签是药品包装的重要组成部分，而且，每个单剂量包装上都应具备标签，内包装中应当有单独的药品说明书。目的是科学准确地介绍具体药物品种的基本内容，便于使用时识别。《药品包装管理办法》规定标签内容包括：注册商标、品名、医药管理局批准文号、主要成分及含量、装量、主治、用法、用量、禁忌、厂名、生产批号、生产日期、有效期等。说明书上除标签内容外，还应当更详细介绍药品的成分、作用、功能、使用范围、使用方法及有特殊要求时的使用图示、注意事项、贮存方法等。

(2) 包装标志　包装标志是为了药品的分类、运输、贮存和临床使用时便于识别和防止用错。包装标志通常应当含品名、装量等，包装材料上还应当加特殊标志，即一方面要加安全标志—对剧毒、易燃、易爆等药品应加特殊且鲜明的标志，以防止不当处理和使用；另一方面要加防伪标志—在包装容器的封口处贴有特殊而鲜明的标志，配合商标以防伪和造假。

（三）包装便于使用和携带

药品在研究过程中，在考察包装材料(单剂量包装和内包装)对药物制剂稳定性影响的同时，还应当精心设计包装结构，以方便使用和携带。

(1) 单剂量包装　从方便患者使用及药店销售出发，采用单剂量包装，也可以减少药品的浪费。单剂量包装时，可采用一次性包装，适用于临时性、必要时或一次性给药的药品，如止痛药、抗晕药、抗过敏药、催眠药等。也可采用一个疗程一个包装，适用于各种疾病不同的药物疗程需要而采用的包装，如抗生素药物、抗癌药、驱虫药等。

(2) 配套包装　此类包装包括使用方便的配套包装和达到治疗目的的配套包装。前者如输液药物配带输液管和针头，为达到治疗目的可将数种药物集中于一个包装盒内便于旅行和家用。

(3) 小儿安全包装　小儿用安全包装是为配合儿童用药方便和安全而设计的包装，经过特殊处理的包装容器或材料既方便给药，又使儿童打不开，以防止小儿误食。

(4) 防毒包装的标志　在剧毒、药品的标签上用黑色标示“毒”；用红色标示“限制”；在外用药品标签上标示“外用”；兽用药品上也要有特殊标志，以防误用。

(5) 外包装的运输保存标志　为防止药品在贮存和运输过程中质量受到影响，每件外包装(运输包装)上应有特殊标志。①识别标志。一般用三角形等图案配以代用简字作为发货人向收货人表示该批货的特定记号，同时，还要标出品名、规格、数量、批号、出厂日期、有效期、体积、重量、生产单位等等，以防弄错。②运输与放置标志，对装卸、搬运操作的要求或存放保管条件应在包装上明确提出如“向上”、“防湿”、“小心轻放”、“防晒”、“冷藏”等。

第二节　我国医药包装行业的现状与发展

一、我国医药包装的现状

目前，我国药品包装行业已拥有 2 000 余家企业，能生产 6 大类 30 余个品种的药品包装材料，已基本满足国内制药工业的需求，年销售额已占全医药行业销售额的 15% 左右。调查显示，2003 年全球药品包装市场增长 4.2%，达到 112 亿美元的产值。在未来的 5 年内，医药包装将成为软包装业的第二大经济增长点。美国、日本、英国、德国、法国和意大利占据世界药品包装行业的最大市场份额，中国成为增长最快的地区。中国药品包装行业的年产值大约为 150 亿人民币，仅能满足国内制药企业 80% 左右的需求，年增长速度超过 10%。药品包装材料、容器的工业总产值已达 90 亿元，约占医药工业总产值的 13.7%。依照近年来我国医药工业的发展速度，医药包装材料年生产总值将在短期内突破 200 亿元。

我国的医药企业主要分布在江苏、黑龙江、浙江和广东一带。无论从数量还是从规模上说，广东与江浙一带的医药企业都占主导地位。国内医药包装材料行业呈现两种发展模式：一种以大型医药包装材料企业为核心示范，向全行业辐射；另一种是具有专业特色的中小医药包装材料企业。前者以连云港中金医药包装、南方包装等大型综合实力强与技术全面的企业为代表。如南方包装与广州医药集团结为战略性伙伴关系，后者的订单总额占其销售额的 20%。另一种模式是以广东庵埠、河北雄县、江苏江阴和苏州等数量众多、各具特色的医药包装专业中小企业为代表。庵埠镇 2003 年医药包装材料生产总值达到 2.5 亿元，同比增长 56%，未来 3 年的目标是超过 6 亿元。

近十年通过大规模的引进原材料生产设备、印刷设备、复合设备等，包装材料生产企业无论是企业规模、生产技术、管理规模还是产品品种、质量都有显著的进步。其工业总产值已上升到占医药工业总产值的 20% 左右。有些企业的生产条件、技术设备已达到国际水平。医药企业对包装越来越重视，许多制药企业开始对药品包装材料生产企业进行产品质量体系和现场管理审计，逐步开展药品包装用材料与药品相容性实验。新产品、新技术得到广泛的应用，落后的产品和技术正逐步被淘汰。

市场竞争不断加剧，世界一流包装印刷企业正以绝对控股、新建独资生产企业和控股公司、兼并收购中国优势企业等方式，加速其在中国的发展，他们带来了新的思想意识。国内医药包装企业意识到了危机和巨大的机遇，不遗余力地通过各种途径提高自己企业的竞争力，产品质量被越来越多的企业所重视，对质量检验的需求也进入了高速的发展期。

国家经贸委最新发布的信息表明，中国的医药生产形势表现出三大特点：一是中国化学制药的“比较优势”将在竞争中得以较好发挥，产品出口机遇增大，中国将逐步成为世界原料药的重要生产基地；二是医药产品中的半合抗药品，尤其是头孢类产品替代传统抗生素制剂品种的步伐加快；三是日益激烈的市场竞争，加快提高药品生产集中度，医药生产企业的外部环境逐步优化，医药企业在竞争中将出现两极分化，不具备技术、质量、价格优势的企业将被淘汰，市场和效益愈来愈集中于行业龙头企业。

二、我国医药包装存在的问题

尽管我国药品包装取得了一定成就，但存在的问题也不少，同发达国家差距明显。

1. 医药产品包装处于低水平状态

我国医药产品包装与发达国家存在较大的整体差距，我国医药包装行业的发展一直是高速度、低效益、高消耗的粗放型增长。与发达国家相比，我国的医药包装设计水平也存在一定距离。如药品名称和批号使用的不规范，药品标注的用途和质量标准不相符，术语使用不规范，药品过分包装等，在设计上体现不出民族特色，与民族文化性及大众审美需求不相符。医药包装设计还应讲究人性化，讲究简单实用，易操作等特点，但目前国内的医药包装设计很大一部分并没有考虑这些环节，这些都在某种程度上制约了医药包装行业的快速发展，这也是医药包装企业自身必须解决的现实问题。

2. 医药包装材料更新太慢

中国医药包装业近年来得到快速发展，但总体上还是滞后于医药工业的发展，尤其是与层出不穷的新剂型相比，与之相匹配的药品包装材料发展速度太慢，不能适应新药发展的需要。国家食品和药品监督管理局的调查表明，当前中国占制剂总量约 65% 的药品包装还达不到国际 20 世纪 80 年代的水平，包装材料质量及包装对医药产业的贡献率偏低，在发达国家医药包装占药品价值的 30%，而中国这一比例还不足 10%。

目前，国内一些药品包装采用的是纸制品，易受潮、沾灰尘。而国际上已采用热收缩膜包装，这种包装强度高、透明度好、美观、防潮、防尘，而且成本低廉。以药品 10 盒或 10 瓶一组的中盒包装为例，热收缩膜中盒包装成本每个 0.03 元至 0.07 元，而纸盒成本每个要 0.5 元至 2 元。现在，国产药品片剂及胶囊很多都是瓶包装，虽然避光、防潮、抗氧化，但科技含量不高。对于药品包材性能要求更高的特种药品包装，需采用 PVC 硬片及 PVC/PE 复合硬片，制成吸塑泡罩包装，能更有效地防止药品潮解霉变，延长药品的保质期。

国际上药用玻璃已普遍使用甲级料作为包装材料，这种材料物理性能更稳定，能有效保护药品的化学性能，而且玻璃瓶折断部分的断口平滑无细微裂缝，这是乙级料所达不到的。在我国，除了一些合资企业和大型国有企业少量使用甲级料外，绝大部分企业药品包装仍在使用乙级料，药用玻璃生产企业也仍生产乙级料。专家认为，产生这种现象的原因主要是包装材料的升级跟不上，以微利为生的药用包装材料企业对“投入”与“产出”尚缺统筹的考虑。有关部门预测，5 年之内我国将取消使用乙级料。

3. 标准缺乏或不统一

与发达国家相比，我国药品包装标准还存在一定的差距。行业标准体系的缺乏造成医药产品包装良莠不齐的局面。以 PVDC 薄膜为例，自上世纪 70 年代起，美国、日本对药品包装 PVDC 薄膜进行了多次跟踪抽检，对其中的单体残留量以及与药品接触的单体转移至药品的量都积累了大量数据，而我国至今未颁布 PVDC 膜片（用于药品食品包装）的卫生标准，这给伪劣商品留有空隙，亦直接危及高阻隔的药品包装。其次，进口或国产的 PVDC 原料，有些公布为符合美国 FDA 标准，有些仅仅声明符合其自订的行业标准。这不仅仅对药品包装的卫生安全没有保证，也缺乏加工过程中对环境影响的数据。

4. 法律环境落后

市场经济是法制经济，在对我国医药包装进行技术设计的同时，也应当关注相关的法律问题，这对促进我国医药包装业乃至医药产业的健康发展，增强国际竞争力及抵御风险的能力都将起到积极的作用。目前我国医药包装的整体水平还落后于发达国家，除了技术、管理原因之外，相当重要的一点还在于法律环境问题。包括立法、司法及法律意识等诸多层面。医药包装所涉及的法律问题是相当广泛的，不仅涉及国内法律，也涉及域外法律及国际标准。其中商标、专利、版权、反不正当竞争及消费者权益保护、环境保护、产品质量标准等法律问题与医药包装的关系较大。

5. 防伪包装有待发展

我国大部分药品包装非常简单，有的只是在外包装盒上贴上防伪标签，而药品的包装盒制造和印刷都比较简陋，在客观上为造假者提供了便利。我国医药企业的防伪包装技术比较落后，在具体技术的投资上偏少。北京双鹤、吉林敖东、广西金嗓子、山东鲁抗等企业是较早采用防伪技术的制药企业。但早期的防伪技术含量不高，容易被仿冒。近年来，这些企业每年投入上百万元资金采用三维激光防伪、数码防伪和压膜防伪等技术，增强了防伪效果。

三、我国医药包装的发展趋势

1. 新型药品包装材料的研发

随着人们对健康的关注以及生产技术的发展，优质的药品包装材料将得到普及推广。与层出不穷的新剂型相比，与之相匹配的药品包装材料发展速度太慢，远不能适应新药发展的需求。在我国医药包装行业"十五"发展规划纲要中，在粉针剂、水针剂、输液剂、胶囊及片剂等多类药品包装方面，都制定了详细的发展规划，如现在药品包装中常见的普通铝盖将在未来两年内逐步被淘汰，取而代之的是更为安全有效的铝塑组合盖。

现代制药的发展，以生物学和遗传学为基础的新药不断出现，这些药品大都对光线、水气及氧气具有较强的敏感性。现行的以塑料为底膜的泡罩包装已不能保证其在使用期内质量不发生变化，更不用说在不同的气候条件下使用所起的保护作用。根据目前较适合的包装形式：容易打开（触破、撕开、剥开），包装种类多（丸剂、片剂、粉剂、栓剂）等，采用高阻隔性复合成型材料替代 PVC 用于泡罩包装，并实现用冷冲泡成型，这种成型铝复合材料采用尼龙/铝箔/热封塑料薄膜层，经黏合剂两次复合而成，能够满足保护药品的要求。

国家食品药品监督管理局计划到 2010 年，直接接触药品的医药包装 95% 的产品按国家或行业标准组织生产，其中 80% 的产品达到国内或国外先进标准水平。

2. 包装设备水平的不断提高

美国霍普曼公司设计制造的设备，可以将各种形态、结构的容器、盖子、物品提升到一个有巧妙轨道和结实的旋转的圆盘里，排列成状态、方向一致，然后输送到下一个包装程序，设备设计得很巧妙，很实用。根据客户的需要，该厂也可生产整套完整的灌装包装生产线。国内，这一部分包装工作，特别是较复杂一些的包装物品的排列、装配等基本是人工操作，众多的操作人员不仅不能保证包装的统一和稳定，而且会造成对被包装药品的污染。提高包装的自动化水平和质量是现代化制药企业推行 GMP 规范非常重要的一环。

科卓林机械公司的滴眼剂容器是由优质塑料瓶、中栓（滴嘴）、瓶盖三部分组成。灌装线可自动完成灌注药液、加栓、加盖、旋盖等各工序。国内的滴眼剂塑料瓶绝大多数质量低劣，容器加工粗糙,合缝线、瓶口、瓶盖毛刺飞边严重,药名、含量、用法等字迹不清,瓶嘴和瓶身一体,用时还需剪开瓶口,滴量无法控制,总之,无法保证患者安全、方便用药。和落后的容器相配套的滴眼剂的灌装设备也是非常简陋、原始的,从设备的材质、加工、装量控制等到自动化水平都有很大差距,亟待改进和提高。可见国内包装设备的不足之处。

3. 进一步做好标准建设工作

目前,国家食品药品监督管理局已发布实施54个标准,初步形成了直接接触药品的药包材产品标准体系的框架。新标准包括了药用铝箔、塑料膜、片、袋、药用玻璃等药品包装材料,覆盖的药品有粉针剂、水针剂、输液剂、片剂及软膏类。新标准中的很多产品采用了ISO标准,药用玻璃中增加了《硼硅玻璃管制注射剂瓶》和《硼硅玻璃安瓿》,这两个产品都是国际中性玻璃,是同国际标准接轨的产品标准,对促进我们药品包装的发展,尤其是推动药品出口工作,起到了良好的示范作用。

第三节　药品包装的标准及法规

一、药品包装相关的法规

包装是药品生产的一个重要环节,是保证药品安全有效的措施之一。我国对药品的包装非常重视,制定了有关的法规。就药品而言,国家在一些药品管理法规中都列有包装专章。如2001年2月全国人大常委会审议通过的《中华人民共和国药品管理法(修订草案)》的第六章为"药品包装的管理"。全章包括三条:

第五十二条规定:"直接接触药品的包装材料和容器必须符合药用要求,符合保障人体健康、安全的标准,并由药品监督管理部门在审批药品时一并审批。药品生产企业不得使用未经批准的直接接触药品的包装材料和容器"。

第五十三条规定:"药品包装必须适合药品质量的要求,方便贮存、运输和医疗使用。发运中药材必须有包装。在每件包装上,必须注明品名、产地、日期、调出单位,并附有质量合格的标志"。

第五十四条规定:"药品包装必须按照印有或贴有标签并附有说明书。标签或者说明书上必须注明药品的通用名称、成分、规格、生产企业、批准文号、产品批号、生产日期、有效期、适应证或者功能主治、用法、用量、禁忌、不良反应和注意事项。麻醉品、精神药品、医疗用毒性药品、放射性药品、外用药和非处方药的标签,必须印有规定的标志"等等。

国家的《药品包装管理办法》于1981年产生,经过修改与完善,1988年国家颁发了《药品包装管理办法》(以下简称《办法》)。它包括7个部分共44条。该《办法》明确提出包装的目的是为了保证药品质量,为此规定"各级医药管理部门和药品生产、经营企业必须有专职或兼职的技术管理人员负责包装管理工作"。国家各级设立药品包装质量检测机构。《办法》要求,"选用直接接触药品的包装材料、容器(包括油墨、黏合剂、衬垫、填充物等)必须无毒,与药品不发生化学作用,不发生组分脱落或迁移到药品当中,必须保证和方便安全用药"。"直接接触药品(中药材除外)的包装材料、容器不准采用污染药品和药厂卫生的草包、麻袋、柳筐等包装。标签、说明书、盒、袋等物的装潢设计,应体现药品的特点,品名醒目、文字清晰、图案简洁、色调鲜明","严禁模仿和抄袭别厂的设计"。标签内容应包括:注册商标、品名、卫生行政部门批准文号、主要成分含量(化学药)、装量、主治、用法、用量、禁忌、厂名、批号、生产日期、有效期等。麻醉药品、精神药品、毒性药品、放射性药品和外用药品必须在其标签、说明书、瓶、盒、箱等包装物的明显位置上印刷规定的标志。说明书除标签所要求的内容外，还应包括：成分（中成药）、作用、功能、应用范围、使用方法及必要的图示、注意事项、保存要求等。《办法》的 3～10 条，对药品包装效果提出了基本要求。要求药品无包装者不得出厂，有箱包等包装物的明显位置上印刷规定的标志。有包装的必须封严，附件齐备，无破损；运输包装必须牢固，防潮，防震动，凡怕冻、怕热药品在不同时令发运到不同地区，须采取相应的防寒或防暑措施。《办法》还对从事包装的工作人员，包装的厂房环境，包装管理工作的监督、检查、处罚等问题都作了明文规定。国家药品监督管理局 1998 年修订的《药品生产质量管理规范》分为 14 章 88 条。第九章生产管理对药品的包装作了明确的规定。该章对包装材料与标签，对一般药品的包装材料、标签、说明书的要求和管理都作了明确规定。

二、FDA 对药品包装的规定

美国国家食品与药物管理局（Food and Drug Administration，FDA）规定，在评价一种药物时，必须确定此药物使用的包装能在整个使用期内保持其药效、纯度、一致性、浓度和质量。在美国政府食品、药物及化妆品条例中，虽然对容器或容器塞子没有提出规格或标准，但是条例规定制造厂有责任证明包装材料的安全性，在用此材料包装任何食品或药物前必须获得批准。

FDA 对容器所用材料进行审批。FDA 公布“一般认为安全”（Generally Recognized As Safe，GRAS）的材料名单。

如采用 GRAS 中不包括的或以前批准的任何材料包装药品或食品时，必须由制造厂进行试验，并向 FDA 提供数据。FDA 公布的规定（第 133 条）是食品、药物及化妆品条例第 501 条中“现行药品生产与质量管理规范”的具体要求。

规定第 133.9 条中公布的包装容器标准，可用作生产、加工、包装或贮存药品的指导原则。FDA 有关药物的这项规定“容器、塞子及其他包装的组成部分，为了适合预期的用途，不得与药品发生反应，对药物的均一性、浓度、质量和纯度不得产生影响或对药物有吸收作用”。

在药品上市之前，药物所使用的任何容器必须与药物共同获得批准。制药厂应将容器及与药物接触的包装部分的数据列举在新药申请书（NDA）中，如 FDA 能确定药物是安全有效的，并且认定包装适宜，FDA 即可批准此药物和包装。一经批准，在再次取得 FDA 批准前，任何情况下均不得改变包装。

使用塑料做包装品时，多数树脂制造厂都把它们的树脂向 FDA 备案。根据树脂制造厂的请求，FDA 将以该档案作为审批制药厂申请新药的参考资料。世界各国对药品包装都十分重视，注重包装教育和推广工作，在管理方面又制定了许多法规，以保证药品包装的质量。

三、GMP 对药品包装的要求

世界上发达国家，对于药品的包装均比较严格。美国最早颁布了 GMP 法规。该法规的要求之一是防止污染与混淆。规定药品的包装应达到以下要求：①防止直接接触药物的容器与栓塞带来杂物与微生物；②在装填和分包包装工序中防止交叉污染（其他药品粉尘混入）；③防止包装作业中发生标志混淆；④防止标志错误（如印刷、打印差错）；⑤标签与说明书之类标志材料应加强管理；⑥包装成品需进行检验；⑦包装各工序皆应作好记录。

GMP 法规的管理效果极好，已被许多国家采纳，且越来越普遍。日本对包装十分重视，《日本药事法》中明确规定了药品包装容器、直接接触容器、包装材料、内袋、外部容器、外部包装材料、附加说明书、封口等包装术语的含义。而日本《药局方》通则 31～35 条也是讲有关药品包装的事项。

为了促进国际标准化发展,以便国际交流,国际标准化组织(ISO)第122包装技术委员会CISO/T(122)制定了几十个包装标准。目前世界许多国家积极采用。中国也在密切结合本国国情,在符合国家的有关法规和政策,讲求经济效益、技术先进、经济合理、安全可靠的原则下积极采用国际包装标准,以促进中国包装工业的发展,改善医药包装。

四、GMP规范的实施

早在1969年,世界卫生组织(WHO)就建议世界各国采用欧美发达国家制定并实行的GMP(Good Manufacturing Practice),即《药品生产质量保证规范》。目前GMP已成为世界上制药业和直接接触药品的包装企业共同遵守的一种行业质量规范。

自1982年我国医药工业制定了相应的《药品生产管理规范》以来,中国的制药和医药包装业就进入了实施GMP的阶段。1992年起,国家医药管理局对直接接触药品的包装材料、容器制造企业实行了生产许可证制度,并在1993年发布了《医药包装行业推行GMP八年规范纲要》,要求我国药品包装生产企业在2000年前全部完成GMP改造,以彻底改变我国医药包装技术的落后面貌。

GMP规范的内容包括硬件和软件两方面。硬件方面指的是为保证生产企业正确执行规范和防止产品污染所必须具备的物质条件,包括厂房设施、生产设备、测试器具等。软件方面指的是为保证硬件能正常运行,防止因差错或人为失误造成污染所制定的管理制度、管理机构、管理标准、工艺规程、记录报表等。

在实施GMP规范中,应重视以下问题。

(一)对硬件改造必须严格要求和精心规划

厂房内的物流(原材料、半成品、成品)和人流(操作工人、管理人员)要合理设计,各行其道,避免因人流与物流交叉混杂而造成对最终成品的污染。厂房内应设置足够使用、布局合理的更衣室、缓冲间、物流存放室、操作室、检验室等场所。

室内包装生产设备流水线应作认真而专门化的平面和立体布局设计。各工作设备走向合理,间隔充分。中间产品存放有序,使之与产品流水线节拍相适应,避免操作上的差错。

操作室空气净化设施严格按GMP标准(洁净度、换气次数等)设计。依GMP要求作好空气气流设计,以防止空气尘粒二次飞扬,减少空气涡流发生。为防止室外不洁空气的渗入,洁净室内的空气压力必须得到有效控制以维持一定的正压。

切实防止对包装产品的交叉污染。尽量减少加工原料中的粉尘、水蒸气、微生物、工作人员的衣服等污染源的不良影响,严格限定产品在不同的隔离区内生产与包装,避免在同一隔离区内同时生产不同产品,原料的搬运也应在密闭的环境中进行。

(二)产品质量的有效控制

早在1978年,美国的GMP中就列出了"质量验证"的环节,即用一系列数据文件证明一个特定的过程能永远生产出规定质量的产品。首先要求有验证计划书,内容包括验证工作的目的、对象、方法、评价标准等。对质量保证体系诸环节作验证时所产生的现场测试数据及各种记录报表,归入验证报告书。

美国FDA对企业的厂房建筑、物流与贮存、生产设备等要进行定期集中检查,他们认为完善的硬件设施是产品质量保证的前提。

医药产品质量保证体系的目的是使产品生产符合其最终的使用要求。应该强调的是:产品质量并不是通过对成品检测时达到的，对产品的品质、安全性、有效性的控制必须贯穿于生产活动全过程。应充分应用如控制图《Contol Chart》、抽样过程控制（Sample Process Control）等许多现代质量管理工具。

（三）避免质量认识误区

贯彻GMP规范，应该重视企业内部软件硬件的改造建设，但是许多企业似乎更看重对有形的硬件环境的建设，误认为：花的钱越多，硬件质量就越好；质量环节考虑得越多，产品质量一定越高。实际上，任何企业采用新工艺、新设备、新方法后，若缺乏使用维护经验或管理措施不当，其效果将大打折扣，甚至适得其反。

无论从质量成本控制还是从投资回报率的角度看，对有些产品及其工艺过程制定过于严厉的质量标准，会导致生产成本的不合理增高，实际收益下降，对于产品和企业的生存竞争反而不利，故医药业应该重视符合GMP规范的合理的成本研究。以提高医药包装产品质量为目的，推行与实施GMP规范，这是一项系统工程。实施GMP规范的工作人员应该应用如系统工程、工业工程和工程经济学等学科的基本原理，对于企业的厂房、物力、财力、人力、技术、信息等可利用资源作统筹考虑，才能制定出有效可行的计划与目标。

第二章 药品包装设计

第一节 药品包装设计的基本要求

药品由于直接关系到使用者的生命安全,因此对其包装有严格的要求。在世界各国药品都是受到严格控制的特殊商品,目前我国已实施 GMP 认证和处方药与非处方药分类管理制度,因此对药品包装设计提出更高的要求。

一、药品包装及标签设计的基本要求

为进一步加强和规范药品的包装和标签管理,确保《药品包装、标签和说明书管理规定》(暂行)的贯彻实施,国家药品监督管理局制定了《药品包装、标签规范细则(暂行)》,对药品包装和标签提出要求,其主要内容如下。

(1) 药品包装、标签必须按照国家药品监督管理局规定的要求印制,其文字及图案不得加入任何未经审批同意的内容。药品包装分为内包装和外包装。药品包装、标签内容不得超出国家药品监督管理局批准的药品说明书所限定的内容。

(2) 药品包装、标签上印刷的内容对药品的表述要准确无误,除表述安全、合理用药的用词外,不得印有各种不适当宣传产品的文字和标识,如国家级新药、中药保护品种、GMP 认证、进口原料分装、监制、荣誉出品、获奖产品、质量保险、现代科技、名贵药材等。

(3) 药品商品名须经国家药品监督管理局批准后方可在包装、标签上使用。商品名不得与通用名连写,应分行。商品名经商标注册后,仍须符合商品名管理的原则。通用名与商品名用字的比例不得小于1:2(指面积)。通用名字体大小应一致,不加括号。未经国家药品监督管理局批准作为商品名使用的注册商标,可印刷在包装标签的左上角或右上角,其字体不得大于通用名的用字。

(4) 同一企业、同一药品的相同规格品种(指药品规格和包装规格两种),其包装、标签的格式及颜色必须一致,不得使用不同的商标。同一企业的相同品种如有不同规格,其最小销售单元的包装、标签应明显区别或规格项应明显标注。

(5) 药品的最小销售单元,系指直接供上市药品的最小包装。每个最小销售单元的包装必须按照规定印有标签并附有说明书。

(6) 麻醉药品、精神药品、医疗用毒性药品、放射性药品等特殊管理的药品、外用药品、非处方药品在其大包装、中包装、最小销售单元和标签上必须印有符合规定的标志;对贮藏有特殊要求的药品,必须在包装、标签的醒目位置中注明。

(7) 进口药品的包装、标签除按本细则规定执行外,还应标明“进口药品注册证号”或“医药产品注册证号”、生产企业名称等;进口分包装药品的包装、标签应标明原生产国或地区企业名称、生产日期、批号、有效期及国内分包装企业名称等。

(8) 经批准异地生产的药品,其包装、标签还应标明集团名称、生产企业、生产地点;经批准委托加工的药品,其包装、标签还应标明委托双方企业名称、加工地点。

(9) 凡在中国境内销售和使用的药品,包装、标签所用文字必须以中文为主并使用国家语

言文字工作委员会公布的现行规范文字。民族药可增加其民族文字。企业根据需要,在其药品包装上可使用条形码和外文对照;获我国专利的产品,亦可标注专利标记和专利号,并标明专利许可的种类。

(10) 包装、标签有效期的表达方法按年月顺序。一般表达可用有效期至某年某月,或只用数字表示。如有效期至2001年10月,或表达为有效期至2001.10、2001/10、2001—10等形式。年份要用四位数字表示,1月至9月份数字前须加0,以两位数表示月份。

二、选择药品包装材料及容器的基本要求

直接接触药品的包装材料和容器必须符合国家的有关标准。国家药品监督管理局于2000年4月29日颁布局长令21号即《药品包装用材料、容器管理办法》(暂行)。2001年2月28日全国人大常委会通过修订的《药品管理法》增加了监督管理内容,加强了对药品包装材料的监管力度。目前,国家食品药品监督管理局已发布实施54个标准,标准包括药用铝箔、塑料膜、药用玻璃等药用包装材料。因此在选用时必须遵守如下原则和要求。

1. 选用药品包装材料及容器的基本要求

(1) 根据药品的性能来选择包装材料及容器。

(2) 选用的材料要有足够的强度,以保证容器在贮运和销售过程中不致损坏。选择材料时,除注意材料的种类外,还应注意同种材料的不同规格。

(3) 材料的选择要注意成本。在不影响药品包装质量的前提下,应选用价格便宜的材料;在满足强度要求的前提下,选用质量轻的材料。

(4) 药品包装容器和密封件应该不与被包装药品反应,不吸附药品,不能有包装材料进入药品,而且不致改变药品的性能,如安全性、均一性、药效、质量或纯度。

(5) 药品包装容器和密封件应具有足够的保护药品抗损坏或防污染作用。

为合理选择药品包装材料及容器,必须充分了解药物制剂的物理特性、化学特性、生物特性和变化规律,研究有无气体、水分的渗入和细菌、微生物的侵入污染,以及包装材料与容器有无潜伏污染、潜在危害等。

因此,当药物制剂的处方一经确定,就需要用预定的包装材料、容器,在室温下进行长期的稳定性试验,确认最终的制剂与包装材料容器的相容性。搞清药物制剂本身各种特性变化的状况,正确选择包装材料与包装形式。

2. 包装材料及容器的选择

药品包装材料、容器必须与药物制剂相容,并能抗外界气候、抗微生物、抗物理化学等作用的影响,同时应密封,防篡改,防替换,防儿童误服用等。

(1) 固体制剂包装。固体药品包装,如粉状药品包装大多数采用纸、铝箔、塑料薄膜、塑料瓶、玻璃瓶、复合材料来进行包装。片剂、胶囊剂除了使用传统的玻璃瓶进行包装外,大多数已使用铝塑泡罩、双铝箔包装、冷冲压成型包装、复合材料、薄膜袋、塑料瓶进行包装。一般来说,用量大的散剂固体药品可以采用玻璃瓶、罐、塑料容器、金属罐、组合罐、复合膜等进行包装。有的根据需要加聚乙烯薄膜衬垫,以提高包装的防潮性能。另外,固体制剂也大量采用单剂量包装、条式包装等。这些包装不但使用方便而且卫生安全。

a. 粉剂(冲剂)包装　粉剂药物由于粉质的不同,包装方法也不同,但大部分采用单剂量包装袋。如采用自动充填包装机作业,可用纸、铝箔、塑料薄膜、塑料瓶、玻璃瓶以及适合药物理化性能保护要求的各种复合材料来进行包装。

b. 颗粒剂包装　由于颗粒剂对水气非常敏感，故包装容器必须防潮。可采用玻璃瓶、塑料瓶，合适的塑料薄膜袋或复合膜袋。

c. 片剂与丸剂包装　目前，化学药品中的丸剂已基本上被片剂取代，中成药尚有少数药丸，除表面采取糖衣包裹外，其包装方法同片剂的包装。片剂的包装除了使用传统的玻璃瓶包装外，大多数采用泡罩包装、双铝箔包装、冷冲压成型包装、塑料瓶包装。

d. 胶囊剂的包装　胶囊剂分硬胶囊和软胶囊两种。这两种胶囊均需考虑防机械冲击，特别是软质胶囊大量包装时，在运输中易变形。因此，为防止在运输过程中的摩擦和破裂，在胶囊包装中使用垫料。软质胶囊在低温条件下不必保护，但在高温、高湿条件下，因霉菌极易生长，故仍需防潮包装。

e. 栓剂包装　栓剂的包装一般采用防油脂纸盒，内装的每个药栓均以铝箔包装，也可采用塑料泡罩包装，顶、底两端热封，将药栓固定在窝腔中，防止外界污染，以保护其性能。由于这类药剂的熔点仅略高于室温，故必须考虑防热保护，可采取隔热包装或冷藏。

(2) 液体制剂包装。液体制剂包装必须考虑包装材料的成分、药品的特性以及使用方式，从而选择适当的包装材料。液体制剂的包装主要是玻璃瓶。由于塑料瓶体轻、不易碎裂等特点，近年来塑料瓶的使用越来越多。另外还有喷雾罐、塑料铝箔复合袋等。部分输液包装由原来单一的玻璃瓶发展为聚丙烯瓶或聚乙烯瓶或 PVC 软袋并存的格局。

a. 口服液体制剂的包装　这类制剂的包装，包括糖浆剂等，为了避光，采用琥珀色玻璃瓶包装。

b. 非口服液体制剂的包装　这类制剂的包装，包括洗剂、滴眼剂等，一般采用玻璃瓶包装。最近，在确保药物制剂质量的前提下，滴眼剂已开始使用塑料容器包装。

c. 乳剂的包装　这类剂型是水油混合，分为微滴液状和悬浮液状。此类药物制剂一般采用广口玻璃瓶包装。

d. 注射液的包装　分大容量(≥50mL)和小容量(<50mL)注射剂，小容量注射剂目前大多采用安瓿，大容量(输液)包装一般采用玻璃瓶，目前已开发出多种塑料容器、聚氯乙烯输液袋、聚丙烯输液瓶或袋。随着塑料工业的发展，新型的复合材料输液袋也在逐步走向临床使用。

e. 无水药物制剂的包装　该药物制剂大致分为两类：无水乙醇类和油类。乙醇一般用塑料容器，即可达到安全包装。但如包装用于芳香剂的赋形剂以及天然活性物质时，必须选用能保持赋形剂特性的材料作包装容器，如碘酊就不能使用塑料包装容器，因为塑料具有一定的渗透性，导致碘的透损。

植物油作为药品的溶剂时，使用玻璃、金属、塑料材料存在着某些包装的安全性问题。聚氯乙烯必须注意增塑剂 DEHP 的影响；低密度聚乙烯必须注意薄壁透油问题。

(3) 软膏剂的包装。这类药品与固体、液体药品不同，所采用的包装材料一般为玻璃、金属、塑料容器等。由于软膏剂含有苯酚，因此，应避免光的辐射，采用琥珀色玻璃包装较适宜，否则药品会变粉红色，疗效降低。若在玻璃瓶中封装乳剂时，应注意对螺旋盖内衬密封材料的选用，否则易霉变。

软膏剂这类药物的传统包装是铝罐，少部分仍然还采用铁盒、铝管包装。随着复合软管的出现，软膏类制剂也开始采用复合的软管包装。

(4) 气雾剂包装。这种包装可用于油膏制品、皮肤科用药、避孕用药等。所用材料有金属、玻璃、塑料组合制成的容器。

总的说来，药品包装材料、容器种类繁多，对这些材料的一般要求是防潮、阻氧、防热、避光，适用于各种条件的灭菌处理。

三、药品包装设计的经济性要求

在设计药品包装时，对于贵重药品或附加值高的药品，应选用价格性能比较高的药品包装材料；对于价格适中的常用药品，除考虑美观外，还要多考虑经济性，其所用的药品包装材料应与之协调。对于价格较低的普通药品，在确保其具有安全性，保持其保护功能的同时，应注重实惠性，选用价格较低的药品包装材料。

四、药品包装设计的功能性要求

由于各种药品的流通条件并不相同，药品包装的设计应与流通条件相适应。流通条件包括气候、运输方式、流通对象与流通周期等。气候条件是指药品包装适应流通区域的温度、湿度、温差等气候条件恶劣的环境。不同的运输方式对药品包装技术的性能要求各不相同，如振动程度不同则对药品包装材料具有抗震性、防跌落等的要求亦不同。流通对象是指药品的消费者，由于国家、地区、民族的差异，对药品包装材料的规格、包装形式都会有不同的要求，必须与之相适应。流通周期是指药品到达患者手中的预定周期，药品有一个有效期的问题，所选用的药品包装材料和设计应能满足药品在有效期内确保药品质量的稳定。

五、药品包装设计的时代性要求

药品包装设计是技术手段与艺术创造的有机结合，随着时代的发展，科学技术的进步，新材料、新工艺、新技术的不断出现，以及人们审美标准的变化而在不断变化着。包装设计的形象又是客观实际地反映当代科学技术面貌、当代生活方式和当代审美观的极为重要的表现。所谓时代性是指客观地反映某个时期、某个地区的科学技术水平与人们的审美观点，它具有突出时间性、科学性和美感要求。

落后于时代的包装设计，给消费者留下了药品陈旧、落后和难以信赖的印象，是推销药品的极大障碍。具有时代美的包装设计，可以提高商品在市场上的地位、等级和售价。因此，包装设计的时代性乃是决定企业生存和竞争能力的重要因素。正因为如此，企业家才不厌其烦地对更换或更新自己的包装，甚至更换商标或商品牌号，以求追赶上时代的步伐。

第二节　药品包装设计的基本方法

一、药品包装设计的构思与表现

设计的灵魂是“构思”，是设计者对所要设计产品的全部理解。包装设计是设计师的设计构思同以往的经验、知识、技巧结合之后的衍生物，是知识长期实践和创造性思维的综合。包装设计是科学与艺术的综合，所以包装设计的构思，不仅要考虑包装的功能，而且还要考虑包装视觉美的传达，以及包装内容物和人思维关联的深层次表现。这是设计者必须全身心投入的创造活动。仅有熟练的制作技能，但缺乏设计的构思能力，不能创造出新颖美观的形式，那么设计就失去了真正的意义。这种构思的产生，从根本上说，是设计师知识积累的多少和运用知识的灵活程度的表现。有创造兴趣；思想开放，善于发现和接受新鲜事物；有优良的审美素养，色彩、比例、造型感觉良好；反应敏锐，了解目标对象的心理等；这是一个合格设计师的必备条件。

发明第一个一次模切成型包装盒的设计思想是多么进步，这使包装的大批量生产和运输成为可能，使简单的包装有了更完美的造型，这又体现了设计思维的可贵。把以往用来包装物品的纸张设计成有图形、有标志的能体现企业整体设计的宣传包装纸，扩大了包装纸的简单功能；有开窗的可以直接让消费者看到包装内容物的设计；也有陈列时，可以把包装图面连续展现，提高包装广告作用的系列化展示性包装；还有方便的手提盒设计等等。这都是设计者们优秀设计构想的成就。包装设计的构思方法，大体归纳如下。

设计思考的构思即从为什么做包装设计，做什么样的设计，以何种方法完成等问题。即WHY——为什么？WHAT——做什么，要完成什么使命；HOW——怎样做，如何是最佳方案，解决色彩问题、图形问题、字体问题、构成形象问题。

构思是设计的灵魂，包装设计构思有多种方式，联想的构思方式是围绕药品本身展开构想，在包装上直接表现具体的药品形象。这样的设计，很具体，有说服力，是目前包装设计中的常用方法。从药品的使用功能或药品品牌、产地与之相关的历史文化传统出发进行联想，在包装上间接地表现药品。设计会给消费者想象空间，有较强的品牌冲击力。

类比的构思方式是不考虑药品与包装的直接关联性，而寻找包装与药品间的气质、身份的一致性，在构图和色彩上走出常规模式，求新。这种设计方法，加强了消费者对药品特质的认识，可留下很深的药品特征印象，有提升药品档次、身份的功能。

抽象的构思方式是充分利用药品形象、色彩或品牌、功能、寓意依照药品的特定服务对象，用抽象的图形、色彩衬托药品求得新的形式美。

综合的构思方式是包装设计的大框架，在每种构思方法中可以有不同的表现手法，需要设计者在设计中体会、理解。如：情趣性构思方式、典雅性构思方式等。

在设计创作中很难制定特定的构思方法和构思程序之类的公式。在简单精炼设计结果的背后，是一个复杂的思维过程。设计构思的核心在于考虑表现什么和如何表现两个问题。回答这两个问题即要解决以下四点：表现重点、表现角度、表现手法和表现形式。其中任何一个内容处理不好都会影响设计的水准。

（一）表现重点与表现角度

重点是指表现内容的集中点。包装设计在有限画面内进行，有空间上的局限性。同时，包装在销售中又是在短暂的时间内为购买者认识，这是时间上的局限性。这种时空限制要求包装设计不能盲目求全，面面俱到。

重点要对药品、消费、销售三方面的有关资料进行比较和选择，选择要有利于提高销售。下面将确定重点的有关项目列出，以供参考。

药品的商标形象，品牌含义；药品的功能效用，质地属性；药品的产地背景，地方因素；药品的销售地背景，消费对象；药品与现类产品的区别；药品同类包装设计的状况等。

这些都是设计构思的媒介性资料。设计时要尽可能多地了解有关的资料，加以比较和选择，进而确定表现重点。因此要求设计者要有丰富的有关药品、市场及生活的知识、文化知识的积累。积累越多，构思越广，思路也越多，重点的选择亦越有基础。

重点的选择主要包括商标牌号、药品本身和消费对象三个方面。一些具有著名商标或牌号的药品可以用商标牌号为表现重点；一些具有较突出的某种特色的药品或新药品的包装则可以用产品本身作为重点；一些对使用者针对性强的药品包装可以以消费者为表现重点。其中以药品为重点的表现具有最大的表现余地。总之，不论如何表现都要以传达明确的内容和信息为重点。

表现角度是确定表现形式后的深化。如以药品本身为表现重点,则表现药品外在形象或表现药品的某种内在属性。事物都有不同的认识角度,在表现上比较集中于一个角度,这将有益于表现的鲜明性。

(二)表现手法

表现的重点和角度主要是解决表现什么。好的表现手法和表现形式是设计的生机所在。要表现一种事物,或一个对象,就有两种基本手法:一是直接表现该对象的一定特征,另一种是间接地借助于该对象的一定特征用其他事物来表现事物。前者称为直接表现,后者称为间接表现或借助表现。

1. 直接表现

直接表现是指表现重点为内容物本身,包括表现其外观形态或用途、用法等。最常用的方法是运用摄影图片或开窗来表现。除了客观地直接表现外,还有以下一些运用辅助性方式的直接表现手法。

(1) 衬托　通过衬托可以使主体得到更充分地表现。衬托的形象可以是具象的形,也可以是抽象的形,处理中注意不要喧宾夺主。

(2) 对比　这是衬托的一种转化形式,可以叫做反衬,即是从反面衬托使主体在反衬对比中得到更强烈的表现。对比部分可以具象,也可以抽象。在直接表现中,也可以用改变主体形象的办法来使其主要特征更加突出,其中归纳与夸张是比较常用的手法。

(3) 归纳　归纳是通过简化的方法,去掉复杂事物的细节,使事物整体形象突出。

(4) 夸张　归纳是以简化求鲜明,而夸张是以变化求突出,两者的共同点是对主体形象作一些改变。夸张不但有所取舍,而且还有所强调,即使主体形象虽然不合理,但却合情合理。这种手法在我国民间剪纸、泥玩具、皮影造型和国外卡通艺术中都有许多生动的例子,这种表现手法富有浪漫情趣。包装画面的夸张一般要注意可爱、生动、有趣的特点,而不宜采用丑化的形式。

(5) 特写　以局部表现整体的处理手法,以使主体的特点得到更为集中的表现。设计中要注意选取的局部性。

2. 间接表现

间接表现是比较内在的表现手法,即画面上不出现在表现的对象本身,而借助于其他有关事物来表现该对象。这种手法具有更加宽广的表现,在构思上往往用于表现内容物的某种属性或牌号、意念等。就药品来说,有的东西无法进行直接表现,如片剂、酒、粉针剂等。这就需要用间接表现法来处理。同时许多或以直接表现的产品,为了求得新颖、独特、多变的表现效果,也往往从间接表现上求新、求变。间接表现的手法是比喻、联想和象征。

(1) 比喻　比喻是借它物比此物,是由此及彼的手法,所采用的比喻成分必须是大多数人所共同了解的具体事物、具体形象,要求设计者具有比较丰富的生活知识和文化修养。

(2) 联想　联想法是借助于某种形象引导观者的认识向一定方向集中,由观者产生的联想来补充画面上所没有直接交代的东西。人们在观看一件设计作品时,并不只是简单地视觉接受,而总会产生一定的心理活动。一定心理活动的意识,取决于设计的表现,这是联想法应用的心理基础,如由落叶想到秋天等。

(3) 象征　这是比喻与联想相结合的转化,在表现的含义上更为抽象。包装装潢设计,主要体现为大多数人共同认识的基础上用以表达品牌的某种含义和某种药品的抽象属性。象征法与比喻、联想法相比，更加理性、含蓄，如金字塔象征埃及古老与文明，枫叶象征加拿大等等。作为象征的媒介在含义的表达上应当具有一种不能任意变动的永久性。在象征表现中，色彩的象征性的运用也很重要。

（三）表现形式

表现的形式或表现手法都是解决如何表现的问题，形式是内在特征的传达，是设计表达的具体语言，是设计的视觉传达。表现形式应考虑包括以下一些方面：主体图表与非主体图形如何设计与编排；用照片还是绘画表现药品或药品成分；选用具象还是抽象图形；表现手法运用归纳还是夸张；面积大小如何等。包装设计色彩总的基调如何；各部分色块的色相、明度、纯度如何把握，不同色块相互关系如何，不同色彩有面积变化如何等。品牌与品名字体如何设计；字体的大小如何。商标、主体文字与主体图形的位置编排如何处理；形、色、字各部分相互构成关系如何；以一种什么样的编排来进行构成。是否要加以辅助性的装饰处理；在使用金、银和肌理、质地变化方面如何考虑等等。这些都是要在形式考虑的全过程中加以具体推敲。

二、药品包装设计程序

（1）市场调查和收集资料　通过市场调查，详细地了解相关药品及其同类药品的包装，便于进行设计。

（2）产品及企业分析　通过认真的分析，设计者充分了解所要包装的药品，才能有针对性地进行合理、合适的包装。包装在上市前，得到企业的认可，是药品包装走向市场的第一步。

（3）设计定位　设计以药品的质量、性能、用途、价格、销售等某一方面的独特性来定位，强调该药品与同类药品的不同之处和所带给消费者的更大利益，突出药品的独特性和新价值。

（4）设计草案的产生及设计可行性研究　将上述情报资料进行系统分析研究的同时，设计者通过构思产生设计草案，形成多方案的设计稿，并通过比较、归纳发展成最终满意方案。此阶段要解决外观造型、基本尺寸、表面工艺、材料与色调等基本问题。是对功能、艺术、经济性等进行全面权衡的决定性步骤。应向委托设计者、使用者、制造者和有关专家征求意见同时进行可行性研究，进行修改，使设计更加完善。

（5）设计定稿与出样　这是方案的具体化，是药品包装加工、制造的依据。设计定稿要绘出全部详细图样，对于表面材料、加工工艺、质感表现、色调处理等都要有说明，必要时还要附有样品。

（6）交付生产　药品包装上市后经常听取消费者意见，作为将来改进设计的参考。

第三节　药品包装的结构设计及造型设计

药品包装装潢设计离不开包装的结构设计和造型设计，在设计时既要考虑到造型、装潢上的美观问题，更要考虑到结构上的科学合理问题。优秀的包装造型和结构设计，不仅能容纳和保护药品，美化药品，促进药品的销售，而且还应该便于携带，便于使用，便于展销和便于运输。

一、药品包装的结构设计

将包装材料通过合理的设计进行符合目的的加工，在保护内容物方面下工夫，更进一步考虑到便利、经济和展示设计等设计要求，使结构发挥其作用。

1. 包装结构的设计要求

(1) 包装结构与保护性　包装最重要的功能就是保护性，从包装结构设计方面来说，必须考虑其载重量、抗压力、震动、跌落的性能等多方面的力学性能，达到保护药品的目的。

(2) 包装结构与方便性　设计时要考虑到消费者的实际需要，一是要便于搬运携带，二是使用药品时便于开启。如在药品包装中，将治疗哮喘的瓶子设计成小巧外形，易于抓取，剂型选用喷雾，这样就方便了使用。再如急救药品采用一次性含有药物的按扣型注射器，可以随身携带，使用迅速。通常儿科用药的包装应考虑到消除儿童的恐惧心理，可设计成带有汤匙的非药品形类外观，但要注意将包装盖设计成儿童不易开启的形状，并附警示语提醒父母防止儿童误服。我国古代创造了一种蜡壳包装蜜丸，封口后印上金戳的方法，既保护了药物，又美观易用，还起到了防伪效果，至今仍是一种优秀的外形设计。

(3) 包装结构的组合形式　当一个包装盒在容纳一组药品时，为了防止药品与药品之间的冲撞，通常采用间壁或托盘加以保护。

(4) 包装结构与生产工艺的合理性　在批量生产的情况下，必须考虑到生产工艺上的合理性。再美观的包装如果因结构过于复杂而不能适应批量生产，仍不是优良的包装。为了能适应生产需要，我们在设计包装结构时，应尽可能用"简单的方法"制作大批量生产的包装。

(5) 包装结构与经济性　经济性与生产上的合理性的地位是等同的，都是不可缺少的包装条件。商品社会不可忽视成本核算，要降低成本，增加竞争力，就必须把好经济性这一关。如医院里至今仍在使用的药袋，通过对药袋口两边 45°角的对折，再内折巧妙地将药品包装起来。这种包装法一直具有生命力的原因在于它以最少量的用纸来进行最大可能的包装。

(6) 包装结构与运输方式　在大量输送上，包装必须具备以下两个重要条件：一是形状必须合理。最容易实现合理性的形状是正立方体和长立方体。它们可以毫无缝隙地将运输空间填满，同时上下堆积重叠也不会滑落。以运输包装为目的的瓦楞纸箱采用这种形态，其目的也在于此。基于同样理由，除上述两种外，其他断面成三角形、平行四边形、柱形体等也是适用的。二是包装在大批量运输时应尽可能节约所占空间。尤其运输包装空纸盒时，如果不能将包装空纸盒折成板状的话，就会给运输带来麻烦。因此，节约空间的最好办法是将包装空纸盒折成板状，而且所成的板状结构不宜复杂，越是近似矩形，越易于捆扎搬运。在小量输送方面，以便于携带的为最佳。

2. 常见的包装结构

药品的包装结构有多种式样，诸如，盒式结构、罐式结构、袋式结构、瓶式结构、管式结构、套式结构、泡罩式结构等。这些结构的形成，一方面基于药品对包装的需要，包括保护性需要、销售性需要和展示性需要等；另一方面也基于包装材料的特性，包括其优越性和可塑性等。

(1) 盒(箱)式结构　盒(箱)式结构多用于包装规则状体的药品，既保护药品也利于叠放运输，是一种常见的外包装结构。它多以纸材料制成，除纸复合材料外还可用塑料、木、金属等材料制成。

(2) 罐(桶)式结构　罐(桶)多用于包装液体和液体固体混装的药品。它可以密封，利于保鲜，是常用的包装。多以金属材料包括铁、铝、合金等制成。

(3) 瓶式结构　瓶多用于包装液体、片剂、胶囊等药品，并加以金属或塑料瓶盖，具有良好的密封性能。它多以玻璃、陶瓷或塑料制成，如图 2-1 所示。

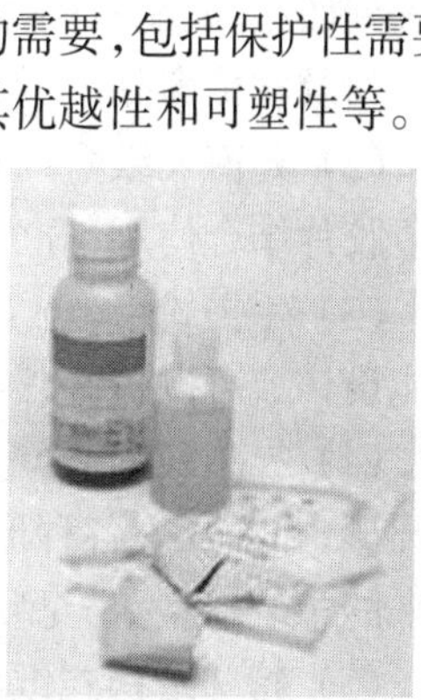

图 2-1　瓶式结构和袋式结构

(4) 袋式结构　袋多用于包装固体药品，容积较大的有布袋、麻袋、编织袋等；容积较小的有手提塑料袋、铝箔袋、纸袋等，如图 2－1 所示。其优点是便于制作、运输和携带。

(5) 管式结构　管多用于包装黏稠状药品，以塑料软管或金属软管制成，以便于使用时挤压。多带有管肩和管嘴，并以金属盖或塑料盖封闭，如图 2－2 所示。不少管式结构的封闭盖采用特殊结构。

(6) 泡罩式结构　将药品置于吸出泡罩的塑料底板上，再覆以与底板相结合的材料。既能通过塑料透视药品又能在底板上印制文字和图案，如图 2－3 所示。

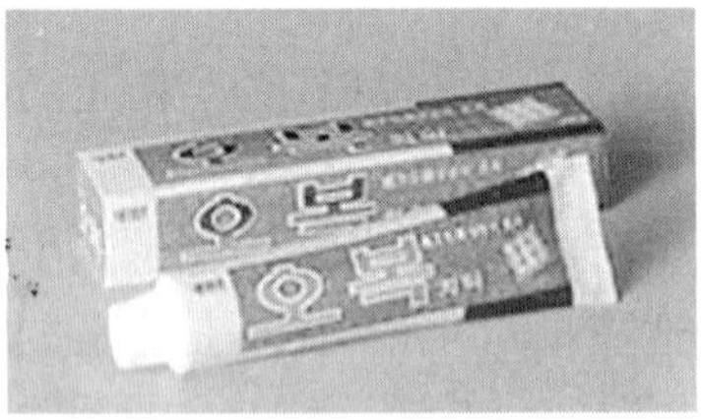
图 2－2　管式结构

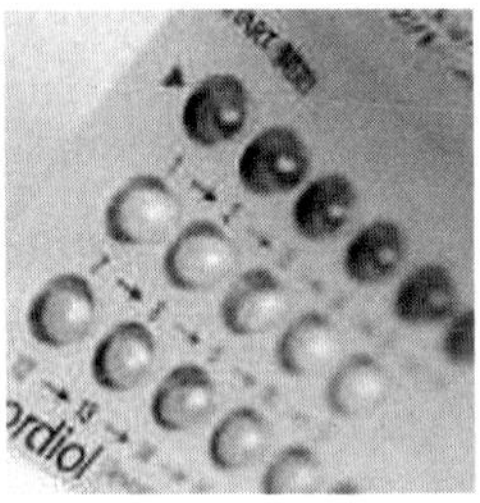
图 2－3　泡罩式结构

3. 纸盒结构设计

药品包装中纸盒结构的包装形式应用的最多。这因为纸材轻便，易于加工，并可与其他材料复合使用，从而扩大了其应用范围。将纸材通过结构设计、绘图、排刀、折叠、粘合等工艺成型，可以较自由地变化出各种所需款式，而那些切压、折叠、粘合的部分就决定了纸盒的基本造型。纸盒的表面可以适应多种印刷技术，有效地美化外观，促进销售。当使用完毕后，废弃物更易处理。

纸盒结构设计时一般习惯按其构造方法与结构特点细分，从盒体结构、间壁结构、盒底结构、锁口结构等入手从中可找到基本结构变化。

纸盒包装按基本形态可分为：可折叠的纸盒称折叠盒；不能折叠的称硬纸盒；纸张经过加工、复合、涂胶处理后制成可装液态的容器，统称软包装纸盒。其中在药品包装中折叠纸盒的应用最多，它的结构有如下几种基本类型。

(1) 天地盖和摇盖式纸盒　它们是在盒面上根据不同的图形压有切线，可以打开盒盖，既能看到商品，又能看到盒面的装潢图形、文字和商标，它的优点是开启方便，易于取出商品和便于陈列及宣传商品。

(2) 开窗式纸盒　开窗式纸盒有局部开窗、盒盖透明和多面透明等三种形式。一般与透明塑胶片结合使用，开窗部位显示出药品，便于消费者选购。

(3) 手提式纸盒　有的药品包装体积较大，为方便顾客携带，在纸盒上加一提手，提手尽可能设计成可以折叠，这样可方便运输和不占太多面积。

(4) 异型式纸盒　异型纸盒主要有三角型、五角形、菱形、六角形、八角形、梯形、圆柱形、半圆形、书本式等各种形态。这种纸盒的结构是通过弧线、直线的切割和面的交替组合，呈现出来的包装造型。异型纸盒的优点是新颖、美观。

(5) 特殊结构式纸盒　就是在纸盒的某一个部位开一个缺口，或者是加上一个附件，可以使粉状、粒状、块状或者是流质的药品倒出来使用。其纸盒结构可多样化，为方便消费者使用，可根据药品不同的用途作相应的特殊设计。

二、包装容器造型设计

大多药品呈固体状态和液体状态。盛装这些物品的容器有各种材质的瓶、罐、管、杯、盘、桶、盒等。包装容器造型如图 2－4 所示。对这些容器的造型进行科学、合理的设计，是包装设计的重要内容之一。

1. 包装容器造型与空间的关系

包装容器空间是由所包装的药品大小、容量多少来确定。容器除它本身所具有的容量空间外，还有组合空间、环境空间。空间容量依据所包装的内容物而定；组合空间是容器与容器相互排列所产生的空间；环境空间是容器本身的形体与周围环境所形成的空间。在现代设计中，容器造型设计必须考虑到三种空间的关系。包装容器造型与空间的关系如图 2－5 所示。此外组合空间也体现容器在货架陈列时特定的视觉效果。

图 2－4 包装容器造型

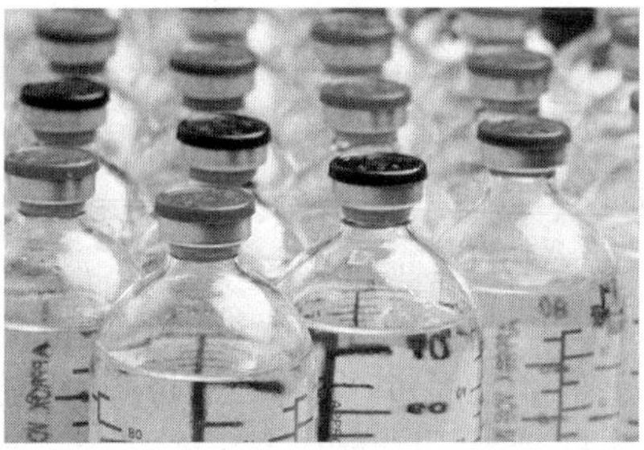

图 2－5 包装容器造型与空间的关系

2. 包装容器与形体的变化

(1) 线型 容器造型的线型和比例，是决定形体美的不可缺少的重要因素。线型在这里是表达形体特征的一种手段，运用线型设计容器造型。造型的线主要指外轮廓线。线的形状有很多，直线、弧线、微弧线、大曲线、微曲线、长线、短线等等，这些线决定造型的形态。不同形状的线之间所产生的对比关系就是造型的线型对比。由线型以及不同线型的长短对比，构成了具有不同造型特点的容器。

若一个造型全用一种形状的线型组合，那么这个造型绝对和谐统一而显得单调，但如果以这种线型为主，再选择另一种与之对比的线型为辅，则这个造型就有变化了。线型组合造型可以用线型之间相互渗透或对比线之间处理成有条理、有组织、有规律化的形式。

(2) 比例 比例是指容器各部分之间的比例关系，包括上下、左右、主体与附件、整体与局部之间的关系。容器各组成部分比例的恰当安排直接体现容器造型的形体美。确定比例的依据：体积容量、功能效用、视觉效果。

(3) 变化 容器造型有方体、锥体、球体、筒体四种基本形，造型变化是相对以上的基本形而言。根据基本形进行变化，这种变化手法不仅适用于容器身部，而且适用于顶盖。变化可以从以下几个方面进行：

a. 切削 对基本形加以局部切削，使造型产生面的变化，由于切削的部位、大小、数量、弧度的不同，可使容器的造型千变万化。但在切削的变化中，要充分地运用形式美的原则，既讲究面的对比效果又追求整体的统一才不会使容器显得零乱琐碎。

b. 空缺 在容器造型上，或根据便于携带、提取的需求，或单纯为了视觉效果上的独特而进行虚空间的处理。空缺的部位可在器身的正中,也可在器身一边,可大可小。但空缺的部分形状要单纯,一般以一个空缺为宜,避免纯粹为了追求视觉效果而忽略容积问题。如果是功能上所需的空缺应考虑符合人体合理尺度。

c. 凹凸　容器上进行局部凹凸变化,可以在一定的光影作用下产生特殊的视觉效果。但凹凸程度应与整个容器相协调。凹凸的变化手法可通过在容器上施以与其风格相宜的线饰,以求增强容器造型的装饰特点。也可通过规则或不规则肌理,在容器整体或局部上产生面的变化,使容器产生不同质感、光影的对比效果,以求增强其表面的立体感。

d. 变异　这是相对于常规的均齐、规则的造型而言。其变化幅度较大,可以在基本形的基础上进行弯曲、倾斜、扭动或其他反均齐的造型变化。此类容器一般加工成本较高,多用于高档药品包装。

e. 拟形　这是一种模拟的造型处理,通过对某种物体的写实模拟或意向模拟,来取得较强的趣味性和生动的艺术效果,以增强容器自身的展示性。但造型一定要简洁、概括、便于加工。

f. 配饰　配饰是配合主体而进行的装饰。此种变化手法可通过与容器本身不同材质、形式所产生对比强化设计的个性,使容器造型更趋于风格化。配饰的处理可根据容器造型采用绳带结扎、吊牌垂挂、饰物镶嵌等。但注意配饰只起衬托、点缀的作用,不能因过于繁琐喧宾夺主而影响容器主体的完整性。

在进行以上任何一种变化手法时,都必须考虑到生产加工上的可行性,因为复杂的造型会使开模有一定难度。而过于起伏或过急转折的造型同样会使开模变得困难,废品率增加,这相对地提高了产品成本。同时必须注意到材料对于造型的特殊要求。

3. 包装容器与材料的应用

设计的任何造型都必须通过选择的材料来体现。应根据不同的造型要求,选择相应的材料或根据材料本身的特性来设计造型。常用的包装材料有纸、塑料、陶瓷、玻璃、竹、木、金属以及各种复合材料等。特别是纸盒包装是各种包装材料中使用最广泛的,它质地轻巧柔韧,便于制作、印刷、陈列、运输、库存和处理,并且价格低廉,适用于保护各种药品而被广泛运用。

4. 包装容器与人体工程学

包装容器中的人体工学主要体现于手。因为,只有通过手的各种动作,才可随心所欲的接触、拿取药品。手对容器的动作实际上很多,总结以下几种:触摸的动作——探摸、抚摸;把握的动作——开启、移动、摇动;支持的动作——支托;加压的动作——挤压。手所触到的容器造型部位,必须考虑手的宽度和手的动作。

5. 包装容器造型的形式美

包装容器造型在符合一切药品所需的保护功能、使用功能、销售功能以及符合包装工艺的前提下怎样使包装设计更美,让人们在使用药品的同时也得到精神上美的感受以及艺术的趣味。

(1) 变化与统一美　在造型艺术中只有统一没有变化就显得呆板,有了变化造型才富有生命力、感染力。相反,变化多得不统一就显得杂乱无章;有统一,造型才会和谐,富有整体美。因此容器造型的变化与统一美应该是在统一中求变化,变化中求统一。

(2) 重复与呼应美　以规律性的东西进行重复地运用、反复地出现,使造型显现出一种在变化的艺术中具有重复呼应美。如系列包装设计,有些是利用造型线型重复,有些是盖形完全重复构成系列,有些是装饰重复或材质相同等等,运用这些重复因素的协调关系进行系列设计。

(3) 节奏与韵律美　节奏与韵律是一种有合理性的、有次序感的、有规律性变化的形式美感。

(4) 对称与平衡美　对称具有庄重、大方、稳定之美感。一般表现以左右对称形式。平衡具有两种形式,一种是静的平衡,静的平衡是等量不等形,具有静中有动的美感。另一种是动的平衡,具有活泼、多变,在这种多样多美的生动活泼的不对称中求得平衡之美。

医药包装容器的外观属于工业造型,除了满足美观的需要外,因其内容物具有理化特性,故应从材料、保护、运输、防伪等诸多方面综合考虑,采用泡、罩、瓶、罐、盒、袋、管以达到真空、无菌、防潮、防震、避光等保护和贮藏目的。如痰易净(乙酰半胱氨酸)不宜与金属、橡皮、氧化剂、氧气接触,故喷雾器的设计应选用玻璃或塑料材质。含有遇光分解的成分的药物,应选用棕色瓶等等。再从方便使用的角度来考虑,可结合剂型,如片剂、胶囊、针剂、喷雾、外用、膏、丸、汤、散等来最大地发挥方便使用的功能。

第四节　药品包装装潢设计

药品包装有促进销售的作用,并以其自身的魅力来推荐产品。如何提高药品的感召力,促进药品的销售,包装设计的作用举足轻重。设计师应把握设计理念,运用设计要素来进行药品包装设计,包装设计要素包括信息要素和形象要素。

一、信息要素

包装设计要素的信息要素包括:标题信息、品牌信息、产品信息和生产者信息。

(1) 标题信息要素　表现形式以企业名称、品牌名称、名称含义、产品形态、产品某种属性、企业理念精神等内容为表现主题。

(2) 品牌信息要素　是对标志表现的补充;具有产品标记的功能;良好的语言;利于记忆;朗读上口。

(3) 产品信息要素　产品名称;产品形态、材质、功能、用法;产品规格、型号、容量、批号、标准号;保质期、生产日期、条形编码等;产品等级、档次、属性特点。

(4) 生产者信息要素　生产者(制造商);地址;电话;电挂;邮政编码;网址。

由于医药产品是特殊的商品,因此在设计前应详细的了解相关的法律、法规,如《商标法》、《广告法》、《药品管理法》、《药品包装管理办法》、《药品广告办法》、《新药审批办法》等,对要包装设计的合法性进行核查;熟悉企业提供的生产许可证、药品审批文号、广告审批文号、注册商标等相关法律文件。还要查阅生产时间、批号、使用期限、分装、保存方法等相关规定。注意法定标识不可遗漏。如:注册商标、条形码、OTC、特殊管理药品(毒、麻、放射、精神药品)、外用药品、用后回收或销毁的标识。储运标识应执行国家统一标准。不可混淆食品、保健品与药品的标识。

中国药品监督管理局对2001年以后的药品包装做出规范化管理的规定:商品名不能过大,与通用名的比例不能大于1/2,必须注明有效日期的具体时间;必须在服用方法中注明每天几次,每次几粒(片、袋等)而不是非直观剂量。药物外包装注明的内容应包括商品名(Brand Name)、通用名(Generic Name)、规格(Specification)、生产企业(Manufacturer)、批准文号(Approval Certificate)、产品批号(Batch)、主要成分(Composition)、适应症(Indication)、用法(Administration)、用量(Dosage)、禁忌(Contraindication)、不良反应(Adverse Reaction)和注意事项(Precautions)。分装药品必须有分装单位和分装批号,进口药品必须有进口药品批准文号。包装内必须附有说明书。为适应处方人员的需要,药物说明书一般包括以下内容(据世界卫生组织1995年12月日内瓦会议):

(1) 活性物质的国际非专利商标名称。

(2) 药理学资料:关于药理学特性和作用机制的简要说明。

(3) 临床数据包括:适应症、剂量方案和有关的药物动力学数据、禁忌症、注意和警告(有关妊娠期、哺乳期等)、不良反应、药物相互作用、过量的症状简要描述、非药物处理和支持疗法以及特效解毒药等。

(4) 药学信息包括:剂型、剂型含量、赋形剂、储藏条件和储藏期限、包装规格、产品和包装介绍、法定类别(麻醉药或其他控制药、处方或非处方药)、制造商和进口商的名称和地址。

二、形 象 要 素

包装设计要素的形象要素包括:图形、色彩、文字。

(一) 图形在包装设计中的运用

图形是重要的表现手法,它把包装内容物通过视觉的作用传达给消费者,具有强烈的视觉冲击力,能够引起消费者的注意,从而产生购买欲望。包装图案中的商品图片、文字和背景的配置,必须以吸引顾客注意为中心,直接推销品牌。包装图案对顾客的刺激较之品牌名称更具体,更强烈,更有说服力,并往往伴有即效性的购买行为。

1. 图形设计的基本原则

(1) 形式与内容表里如一,具体鲜明。

(2) 要充分展示商品,这主要采取两种方式,一是用形象逼真的彩色照片表现,真实地再现药品;二是直接展示药品本身。

(3) 要有具体详尽的文字说明,在包装图案上还要有关于产品的原料、配制、功效、使用和养护等的具体说明,必要时还应配上简洁的示意图。药品包装对此有严格要求。

(4) 要强调药品形象色,不只是透明包装或用彩色照片充分表现药品本身的固有色,而是更多地使用体现大类商品的形象色调,使消费者产生类似信号反映一样的认知反映,快速地凭借色彩确知包装物的内容。

(5) 包装系列化,要将其重点体现在包装的主要展示面,凡一家企业生产的或以同一品牌商标生产的药品,不管品种、规格、包装的大小、形状、包装的造型与图案设计,均采用同一格局,甚至同一个色调,给人以统一的品牌印象,如图2-6所示。

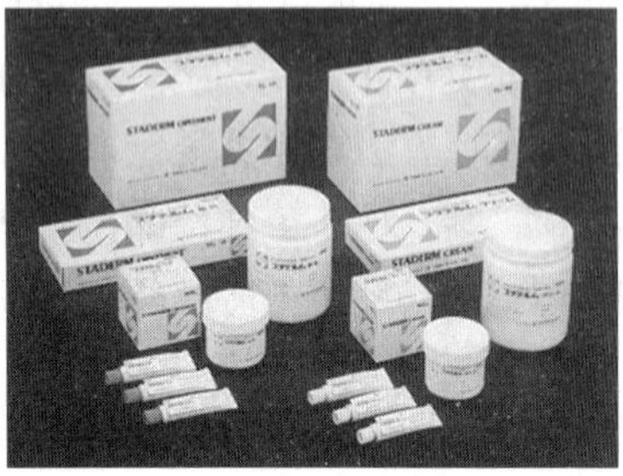

图 2-6 系统包装产品

(6) 注意功效设计,包装图案中的功效设计主要表现在以下方面。

a. 保护性能设计　包括防潮、防霉、防蛀、防震、防漏、防碎、防挤压等。

b. 方便性能设计　包括要方便药店陈列、销售;方便顾客携带、使用等。

c. 推销性能设计　即无需销售人员的介绍或示范,顾客只凭包装画面图文的“自我介绍”就可以了解药品。

包装图案的设计手法，要求以其简单的线条、生动的个性、搭配合理的色彩等给消费者留下深刻的印象。

2. 包装图案技法

(1) 绘画性、写实类　如各种风格的线描写实表现、钢笔素描、线描淡彩，各种风格的点绘写实表现、黑白画写实表现、超写实细腻画，简单的版画技法，皱纸画法，刮纸画法，水彩画法等。

(2) 装饰性、工艺类　各种形式的工艺线描表现、点的构成画法、黑白图案画、色彩平涂勾线法、剪纸(刻纸)、喷修、简单的暗房技法。

(3) 技术性、实用类　设计素描，效果图的表现技法，结构图，剖面图，解析图，各类图表设计等。

绘制包装图案要具备自由丰富的想象力，对所包装物深入理解，搜集各类相关资料，确定风格与包装图案画法并质感的表现等基本条件。

3. 决定包装图形的因素

包装图形与包装内容物之间是紧密相关的，包装图形与使用对象的年龄、性别、受教育程度相关联。

(1) 包装图形与包装内容物之间紧密相关　包装图形可归纳为具象图形、半具象图形和抽象图形三种，它与包装内容物之间紧密相关，这样才能充分地传达产品的特性，否则它就不具有任何意义。一般情况下，产品若偏重于生理的，如药品、饮料类，则较着重于运用具象图形；若产品是较偏重于心理的，大多运用抽象的或半具象的图形。如图 2-7 所示。

(2) 包装图形与使用对象的年龄、性别、受教育程度相关联　包装图形与使用对象是相关联的，尤其年龄在 30 岁以下更为明显。进行产品包装图形设计时，应注意把握好，以便使设计的包装图形能够得到使用对象的认同，从而达到需求的目的。其图形如图 2-8 所示。

图 2-7　包装图形

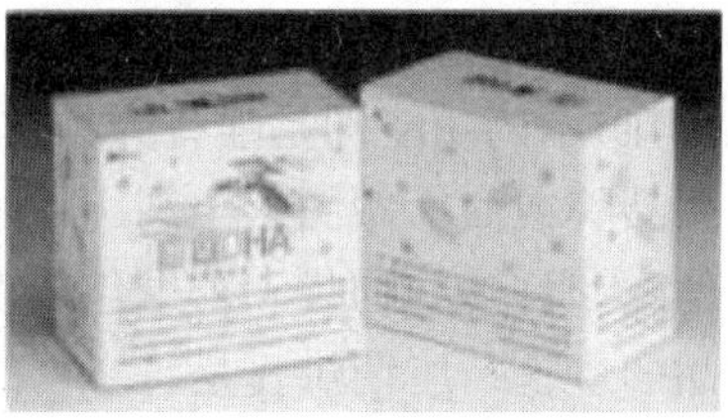

图 2-8　包装图形

A. 年龄段

a. 儿童：儿童对于认图与表现图形，倾向于主观意识。如对卡通式的人物、半具象的图形以及那些富有动感、情趣的图形极为喜爱，符合儿童单纯天真的心理特点。

b. 青少年：此年龄段为青春发育期，他们富有幻想性、模仿性，喜爱偶像式、梦幻式及较有风格表现的包装图形。

c. 青年：年轻人生理发育已趋成熟。性别的差异特性也特别显著。开始注重价值感与权威感，并且多数已在就业阶段，判断力强，对不同表现形式的包装图形均可接受，但对抽象图形仍具新鲜感。

d. 中年：该年龄段的人大多已成家立业，因受生活、职业、经济、社会等因素的影响，思想较现实，并且具有强烈的定位观念，喜欢理性的写实主义，大多偏爱具象图形。

e. 老年：这一年龄段人群有一定生活经验，注重药品实际质量及功能性，所购买药品有强烈的定位观念及目的性。

B. 性别因素。男性喜欢冒险，富有征服他人的野心；女性喜欢贤淑、安定，因此，在包装图形的表现形式上男性比较喜欢说明性、科幻性、新视觉的表现形式。而女性就较偏向于感情需求，喜欢具象、美好的表现形式，同时还有生理与心理方面的因素，也应在考虑之列。

C. 教育背景。人在学习过程中，教育改变了人的观念气质，同时也改变了对知识的判断标准。由于受教育程度的不同，对于包装表现形式的喜好有极大的差异。学历较高的人，较易接受抽象图形；受教育较少的人，比较喜欢选择容易分辨的写实具象图形。

4. 包装图形的表现形式

在包装设计上应灵活运用下列几种包装图形表现形式。

(1) 产品再现　产品再现可以使消费者能够直接了解包装的内容物，以便产生视觉冲击及需求的效果，通常运用具象的图形或写实的摄影图形。如药品包装，为体现产品的特点，往往将产品的成分照片印刷在产品包装上，以加深消费者鲜明的印象，产生购买欲。其表现效果如图 2-9 所示。

图 2-9　包装图形

(2) 产品的联想　产品的联想即是由事物唤起类似的生活经验和思想感情，它以感情为中介，由此物向彼物推移，从一事物的表象想到另一事物的表象。主要从产品的外形特征、产品使用后的效果特性、产品的静止及使用状态、产品的构成及所包装的成分、产品的来源、产品的故事及历史、产地的特色及民族风俗等方面设计包装图形，来描绘产品的内涵，使人看到图形后就可以联想到包装内容物。

(3) 商品的象征　优秀的包装设计令人喜欢，令人称赞，叫人忍不住想购买。这种令人不得不喜欢的因素，就是由包装散发出的象征效果。象征的作用在于暗示，虽然不直接或者具体地传达意念，但暗示的功能却是强有力的，有时会超过具象的表达。

(4) 利用品牌或商标做图形　利用品牌或商标做药品包装图形，可突出品牌并且增强药品品质的可信度。许多购物袋和香烟包装设计大都采用这种包装图形表现形式。

(5) 商品的烘托　所谓烘托是将事物的对立面十分突出地表现出来，使药品形象更为鲜明、强烈、突出。

(6) 药品的使用方法　通常消费者对于新药品所具有的特点不太了解，这就要求借助人为的方法，以种种方式加以说明。但最好的方法莫过于在包装上下工夫，采用包装图形来表达药品的使用方法，以增加药品的说服力，从而引起消费者的兴趣。

总之，在包装设计中，包装图形不能单独孤立起来，而应与整体版面布局密切合作，使整体视觉设计趋于完美，从而确立独特的风格。

5. 对出口包装的设计

包装图案设计禁忌是一个值得注意的问题。不同的国家和地区有不同的风俗习惯和价值观念，因而也就有他们自己喜爱和禁忌的图案，产品的包装只有适应这些，才有可能赢得当地市场的认可。包装图案设计禁忌可分为人物、动物、植物和几何图形禁忌几种。在出口包装中，因包装图形触犯进口国忌讳，造成进口货物被当地海关扣留或遭当地消费者拒用的事例时有发生。因此，在出口药品包装设计中了解进口国家对包装图形的禁忌至关重要。应根据世界各国对图形的喜好与忌讳，选择适宜的包装图形。如伊斯兰教国家喜欢五角星和新月形图形；日本人认为荷花不吉利、狐狸狡诈和贪婪，喜欢圆形和樱花图形；新加坡以狮城之国闻名于世，喜欢狮子图形。

6. 包装上的商标品牌和条码

(1) 商标品牌

A. 标志含义和功能　企业为使自己的形象、活动或者商品，为人们所识别，创立信誉扩大影响，就要为自己或药品设计一特定标记。标记使用在工商企业和药品上，叫做“商标”，使用在非工商企业和药品上叫“标志”（或“符号”），两者统称“标志”。因此，标志分为企业标志（符号或标志）和商品标志（商标）两种。企业标志即从事生产经营活动的实体的标志，商品标志即企业所生产的商品的标志，即商标。

B. 标志的分类　从造型的角度来看，标志可以分为具象型、抽象型、具象抽象结合型三种。

a. 具象型标志是在具体图像（多为实物图形）的基础上，经过各种修饰，如简化、概括、夸张等设计而成的，其优点在于直观地表达具象特征，使人一目了然。

b. 抽象型标志是有点、线、面、体等造型要素设计而成的标志，它突破了具象的束缚，在造型效果上有较大的发挥余地，可以产生强烈的视觉刺激，但在理解上易于产生不确定性。

c. 具象抽象结合型标志是最为常见的，由于它结合了具象型和抽象型两种标志设计类型的长处，从而使其表达效果尤为突出。

从标志的形象角度来看，标志可以分为文字型标志、图形型标志、组合图形标志。

a. 文字型标志　包括汉字标志、拉丁字标志和数字标志。

b. 图形型标志　包括自然图形标志和几何图形标志。

c. 组合图形标志　由文字型标志和图形型标志组合而成。

无论是哪一种形式的标志设计都应遵循以下原则：标志设计应能集中反映企业的经营理念，突出企业形象；标志设计应结合企业的行业特征和药品特征；标志设计应符合时代的审美特征。

C. 标志设计应注意的问题

标志设计的基本要求：从属性、艺术性、适应性；

标志设计的表现形式：文字类、直接形象类、简洁形象类、几何形类、综合类；

标志图案设计原则：遵循人们的认识规律，突出主题，引人注目。

标志的设计手法主要有以下几种：表象性手法、表征性手法、借喻性手法、标识性手法、卡通化手法、几何形构成手法、渐变推移手法。

标志的设计技巧很多，概括说来要注意以下几点：保持视觉平衡、讲究线条的流畅，使整体形状美观；用反差、对比或边框等强调主题；选择恰当的字体；注意留白，给人想象空间；运用色彩，因为人们对色彩的反映比对形状的反映更为敏锐和直接，更能激发情感。

(2) 商品条码的运用

在药品销售包装上印刷的商品条码是一种为产、供、销信息交换所提供的共同语言，它就像一条纽带将世界各地的生产制造商、出口商、批发商、零售商和顾客有机地联系在一起。商品条码还为行业间交易管理以及计算机应用提供了快速识别系统。

a. 商品条码的组成与意义　条码是由一组宽度不等、平行相邻的条和空组成，并按照预先规定的编码规则组合起来，用来表示一组数据符号。当需要把条码上记录的信息输入计算机时，只要用一只光笔在条码上划一下，由于光电的转换作用，这些宽窄不同条空相间的条线便变成一组电脉冲信号,输入到计算机中。

商品条码是一种将产品生产国、生产厂家、产品属性、出厂日期等有关信息数值化后,转化成条码符号,并在产品制造时将条码印制在产品本身或包装上。这样,使得原先必须用人力阅读的产品文字资料变为计算机可识别符号。

按国际广泛使用的 EAN(国际物品编码协会)系统的标准型 13 位码为例,前 2 位或 3 位为国别码,即生产地的标识,此号码由各国专属的条码机构向 EAN 总会申请后确定;中间 5 位或 4 位为制造厂商码,即生产厂家的标识,由厂家向当地条码机构申请取得;后 5 位为产品码,即商品属性、制造日期等的标识,由厂商自行设定;第 13 位码则为计算机检查码,用以检查前面是否被正确读取的码。另有一种缩短型 8 位码的应用,前 2 位码或前 3 位码为国别码,中间 3~4 位为制造商码,第 7 位码为商品码,第 8 位是检查码。

b. 商品条码的主要功能　商品销售包装上商品条码的主要功能是:通过计算机扫描识别,可在数秒钟内获得原储存在计算机内的商品的有关价格、品号等资料;具有进出货统计的管理功能,大大提高了工作效率,且能避免人工作时可能发生的差错。

c. 商品销售包装上采用商品条码的便利之处　商品销售包装上商品条码是生产厂、零售商及顾客之间的共同语言,为他们服务,当然为其提供了种种便利。药品销售包装的商品条码为生产厂家带来的便利是:由生产厂商与世界各地贸易伙伴交易时所用的是一个专用数码和符号,使得生产厂家有可能查询本厂生产的各种产品的销售情况,并根据所得的信息做出销售成功与否的判断。另外商品条码还能做本厂内部管理的符号。药品销售包装的商品条码给零售商带来的便利是:可以实现售货、订货、存货管理的计算机化,并可获得更多的管理信息,用来提高管理水平。在销售中,计数记账效率大大提高,从根本上消除了人工处理可能出现的差错,减少了标价和价格更换的劳动,还能提高为顾客服务的质量。药品销售包装的商品条码给顾客带来的便利是:由于使用了电子现金记录器,在识别条码后把数码传递到计算机中,接着从计算机中查出产品种类价格等特征,并打印出收据。这种收据更清晰、更详细,使得顾客更容易检查。

d. 在商品或包装采用商品条码应注意的问题　在药品或包装上采用商品条码,印制时必须注意标示位置的合理性。由于印制商品条码的目的是要便于计算机扫描识别,为配合扫描器阅读和操作,各种形状的药品或包装必须注意:对于一般盒式包装,条码标示应置于平坦明显的位置,且必须与盒的一边平行而便于扫描识别。当产品造型成细条状或任何圆形包装所给予标示条件不足时,即条码所粘贴的圆弧小于 30°时,则可将条码改为立式应用。针对一些不适于在包装或产品本身印制条码情况,可先将条码印制于标签贴纸上,然后在粘贴或附结于商品上。对于各种包装,在包装封口处及包装的折叠部位会有凹凸不平现象,有的包装体较松软,因此条码印制和粘贴应选择平坦的部位,应避开封口粘合等不平部位,留下 1/2 英寸以上的距离。

(二) 色彩要素

1. 色彩的基础知识

人们观察外界的各种物体,首先引起反应的是色彩。色彩对包装装潢设计有着举足轻重的作用。人们在商店里,吸引其注意力的,并能引起其注意的不外乎对色彩所产生的印象是最难忘的。因此,要掌握色彩的有关基础知识。

(1) 色彩的三要素　三要素指的是色彩的色相、纯度、明度。它们有不同的属性。三者相互对立又相互联系,相互制约,共同形成一种颜色或一组色彩关系。

色相指的是色彩的相貌特征和相互区别。色彩因波长不同的光波作用于人的视网膜，人便产生了不同的颜色感受。色相具体指的是红、橙、黄、绿、青、蓝、紫。它们的波长各不相同，其中红、橙、黄光波较长，对人的视觉有较强的冲击力。蓝、绿、紫光波较短，冲击力弱。色相主要体现事物的固有色和冷暖感。

纯度指的是色彩的饱和程度。色彩的纯度体现事物色的量感，纯度不同，即高纯度的色和低纯度的色表现出事物的量感就不同。红、橙、黄、绿、青、蓝、紫七种颜色纯度是最高的。每一色中，如红色系中的橘红、朱红、桃红、曙红，纯度都比红色低些，它们之间的纯度也不同。

明度是指色彩的明暗程度。所有的颜色都有明与暗的层次差别。这层次就是“黑”、“白”、“灰”。在红、橙、黄、绿、青、蓝、紫七色中，其明度从高到低为黄、橙、绿、红、青、蓝、紫。色彩明度的变化即深浅的变化，就使得色彩有层次感，出现立体感的效果。

色彩的明度犹如画面的骨骼，如果我们把所有色彩的明度分为高明度基调、中明度基调、低明度基调三个层次，每一个基调内的对比为明度的弱对比即短调。当两个邻近基调中色彩进行对比时，即高明度色彩与中明度色彩对比或中明度色彩与高明度色彩对比时，称为明度中对比。当高明度基调内的色彩与低明度基调内的色彩或低明度基调内的色彩与高明度基调内的色彩直接对比我们称为明度强对比即长调。由于色彩的纯度对比对人的视觉刺激量明显低于明度对比，所以用纯度形成的包装色调显得特别含蓄，富艺术气息。

将色彩的三个属性，明度、纯度、色相合理的配置成一个三次元的立体形状，即为色立体。色立体的出现，标志着色彩研究的科学化和系统化，为色彩调和的定量研究提供了方便条件。20世纪，在美国和德国产生两个有代表性的表色体系。即，曼塞尔表色体系和奥斯特瓦德表色体系。曼塞尔表色体系以三维空间近似球状模型把色彩的色相、明度、纯度这三种视觉特征区别表示出来，它的优点在于它对颜色的分类与标定符合人的逻辑心理与颜色视觉特征。

(2) 色彩的分类　色彩分为原色、间色、复色、补色四类。颜色中不能再分解的并能调配其他色彩的色，如红、黄、蓝，即三原色。由两种原色混合而成的色叫做间色，如红与黄配为橙色，黄与蓝配为绿色，蓝与红配为紫色。复色是由两种间色调制而成的色，如橙与绿相混为橙绿色等等。补色是指原色中的一种再间色，或者和复色相配而现出的色。色相环直径两端的色一般为补色，概念中有三对典型的补色对，即红与绿、黄与紫、蓝与橙，以上四种色，依次又称之为第一次色(原色)，第二次色(间色)，第三次色(复色)，复色也可以叫做再间色。

(3) 色彩的对比　在十二色相环上，两个相互对顶的色彩叫对比色，其色相明度差异最大，给人留下鲜明、强烈的对比感觉。两种以上的色彩，以空间或时间关系相比较，能比较出明显的差别，并产生比较作用，被称为色彩对比。色彩只有通过对比，才能正确表达形象。对比主要包括以下三方面。

a. 明度对比　因明度之间的差别形成的对比。包括同色相和不同色相的明度对比，需通过反复比较，以求准确表达。明度对比可加强明快感，对比越强，视觉效果越清晰，反之视觉效果越模糊。

b. 纯度对比　一种颜色与另一种更鲜艳的颜色相比时，会感觉不太鲜明，但与不鲜艳的颜色相比时，则显得鲜明，这种色彩的对比便称为纯度对比。在同一色相中，纯度越高，越显鲜艳，纯度越低，越加混浊。纯度对比可加强浓郁感。

c. 色相对比　因色相之间的差别形成的对比。当主色相确定后，必须考虑其他色彩与主色相是什么关系，要表现什么内容及效果等，这样才能增强其表现力。这是两种或多种色彩并置或交替变化时，因色相不同而造成的色彩偏移现象，又可分临色对比、补色对比和冷暖对比。

在进行色相对比设计时，应使对比恰到好处，才使画面艳而不俗，华而不浮，产生协调和谐的美感。

(4) 色彩的调和　两种或两种以上的色彩合理搭配，产生统一和谐的效果，称为色彩调和。在十二色相环上，两个相近的色彩叫调和色。色彩调和给人以含蓄、丰富、高雅、愉悦、舒服的感觉。主要调和法有：

a. 同类色调和　指相同色相，不同明度和纯度的色彩调和。方法为：使之产生循序的渐进，在明度、纯度的变化上，形成强弱、高低的对比，以弥补同色调和的单调感。如淡绿、鲜绿、深绿的配合或浅红、大红、深红的配合。

b. 类似色调和　以色相接近的某类色彩，如红与橙、蓝与紫等的调和，称为类似色的调和。类似色的调和主要靠类似色之间的共同色来产生作用。

c. 对比色调和　以色相相对或色性相对的某类色彩，如红与绿、黄与紫、蓝与橙的调和。

调和方法有：选用一种对比色将其纯度提高或降低另一种对比色的纯度；在对比色之间插入分割色(金、银、黑、白、灰等)；采用双方面积大小不同的处理方法，以达到对比中的和谐；使对比色之间具有类似色的关系，也可起到调和的作用。

(5) 色彩的心理效应　色彩的物理性刺激直接导致某些心理体验，如冷暖、轻重、华丽朴素感等。

a. 色彩的冷与暖　绿、蓝、紫色相能给人以文静、清凉近似于冷的感受，而红、橙、黄色相能给人以热烈、温暖、兴奋近似于暖的感受。在冷色、暖色之间也有一种给人不太冷与不太热的中间色，如色相环上的黄绿、蓝绿色。冷暖色也有层次关系，有的偏冷，如紫红、柠檬黄、蓝紫，有的偏暖，如橘红、橘黄、蓝绿则偏暖。冷暖关系是在色相比较中产生的。

b. 色彩的轻与重　轻和重的色彩感是由色相的纯度(饱和度)的高和低在视觉上产生的一种效果。凡是感觉重的色都是色相纯度高的色，纯度低则感觉就轻。色彩的色相因纯度值不同，其轻重的量感也就不一样。

c. 色彩的远与近　远和近的色彩感是由于色彩的冷暖关系作用于人们的视觉而产生的。一般冷色给人以远的感觉，暖色则给人以近感。

d. 色彩的膨胀与收缩　胀与缩的色彩感，是由色彩的明度不同而在视觉上产生的。一般，胀色淡，缩色深。灰色白色相比，白色呈膨胀感。

色彩中的冷和暖、轻和重、远与近、胀与缩，以及色彩的明与暗、强与弱，既说明色彩的性质，也是人们心理和视觉情绪上的反映，是一种感觉对比。这种色彩的对比有强烈的视觉效果，极富有宣传性。

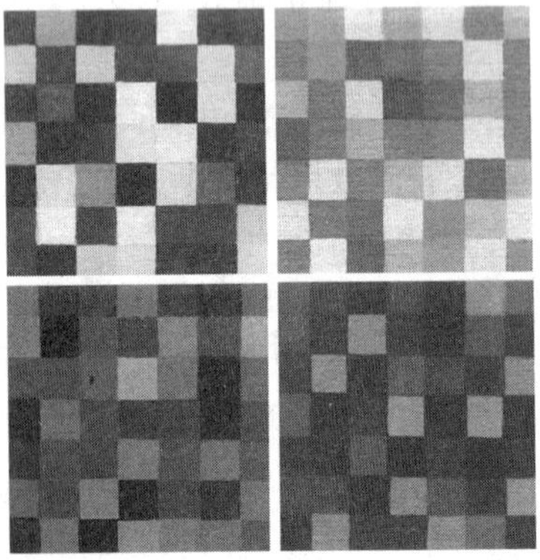

图 2-10　色彩心理效应

(6) 间接性心理效应　是在直接性心理效应基础上，唤起知觉中的其他感受，形成一连串的更为复杂的心理效应。如色感觉的转移：橙、红、紫色有很强的食欲感，其他明亮、鲜艳色也表达此感。“味道浓”用深色色调。“不好吃的味道”是带灰的色调。如图 2-10 所示依次表现酸甜苦辣。红绿对比冲突有辣的感觉。粉红、浅黄等高明度有甜感觉。土黄、深绿、赭石色等色组合有苦味道的感觉。

色彩的调子：色彩的调子能激起人们的心理活动并能给人以丰富的联想。红色调给人热情、欢乐之感，用来表现火热、生命、活力与危险等信息;蓝色调给人冷静、宽广之感,用来表现未来、高科技、思维等信息;黄色调给人温暖、轻快之感,用来表现光明、希望、轻快、注意等信息;绿色调给人清新、平和之感,用来表现生长、生命、安全等信息;橙色调给人兴奋、成熟之感,是很受人们欢迎的颜色;紫色调给人幽雅、高贵之感,用来表现悠久、深奥、理智、高贵、冷漠等信息;黑色调给人高贵、时尚之感,用来表示重量、坚硬、男性、工业等信息;白色调给人纯洁、高尚之感,用来表示洁净、寒冷等信息。

此外,间接性心理效应的色彩象征也很典型,以我国为代表的东方色彩具有浓厚的象征意义。传统色彩中以黑白为基础,体现辩证的“阴阳色彩观”,在黑白的基础上加上红、黄、蓝三原色形成五正色。与五行(金木水火土)、五方(东西南北中)、五味(酸甜苦辣咸)等构成从气到质,相互联系,相互衍生,变化多彩的世界。了解色彩象征及民族差异而存在的象征差别是至关重要的。

2. 包装设计色彩的处理方法

色彩是包装上影响视觉的最活跃因素,因此包装色彩设计很重要。把色彩基础知识运用到具体的包装设计中,将产生良好的设计效果。

(1) 面积因素　除色相、明度、纯度外,色彩面积的大小是直接影响色调的重要因素。色彩搭配首先考虑大面积色的安排,大面积色彩在包装陈列中具有远距离的视觉效果。另外,在两色对比过强时,可以不改变色相、纯度、明度,而扩大或缩小其中某一色的面积来进行调和。当包装设计所用的两种色彩对比过强,产生势均力敌效果,要缓和这种情况,应有效地改变色面积比例,使一方为主一方为辅,如图 2-11 所示。

(2) 视认度　视认度是讲配色层次的清晰度。良好的视认度在包装、广告等视觉传达设计中非常重要。视认度一方面看色彩本身的醒目程度,另一方面要看色彩之间的对比关系。想使包装的识别性强、视认度高,应注意色彩处理。如图 2-12 所示,白地红字图形的可识别性明显高于橙地红字的图。原因是右图的色相差、明度差小,且都属于同一色调,橙色底本身是复色含有红色因素,再在其上写红字,色相差别小,视觉不易识别,因此,进行商品包装设计时,应注意此类问题。

图 2-11　包装设计色彩面积处理

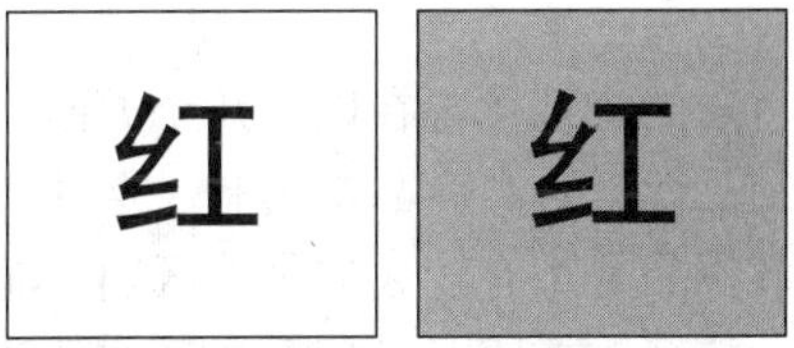

图 2-12　包装设计色彩视认度处理

(3) 强调色　强调色是总色调中重点用色,是面积因素和视认度结合考虑的用色。一般要求明度和纯度上高于周围的色彩,在面积上则要小于周围的色彩,否则起不到强调作用,强调的部分以面积、色相、明度的对比为主。

(4) 间隔色　色彩如以间隔或作共用,可以加强协调,减弱对比。间隔色自身以偏中性的黑、白、灰、金、银色为主。如采用有彩色间隔时,要求间隔色与被分离的颜色在色相、明度、纯度上有较大差别。

(5) 渐层色　渐层是渐渐变化的用色，色相、明度、纯度都可作渐层变化。渐层色具有和谐而丰富的色彩效果，在包装的色彩处理中运用较多。

(6) 对比色　对比色不同于强调色，这是面积相近而色相明度加以对比的用色，这种用色具有强烈的视觉效果，具有广告性。

(7) 象征色　这是不直接模仿内容物色彩特征，而且根据广大消费者的共同认识加以象征应用的一种观念性的用色。主要用于产品的某种精神属性的表现或一定牌号意念的表现。如中华香烟的包装就选用了象征中华民族的色彩—红色。不直接体现内容物体色彩的处理方法。而运用一些间接的、理念性的、体现设计思想的颜色。

(8) 形象色处理　形象色处理是直接体现内容物体色彩的处理方法。药品包装装潢的色彩设计应该使顾客能联想出药品的特点和性能。包装的色彩应当是被包装的药品内容、特征、用途的形象化反映。也就是说，不论什么颜色，都应以配合药品的内容为准。顾客看到包装上的色彩，就能联想出包装中的药品。在色彩中，这种体现药品的色彩，称之为形象色。

(9) 标志色　这里讲的标志色不是商标的色彩，而是用色彩区别不同种类或同类不同品种产品系列包装的用色。在处理上，面积、形状、位置应加以变化。

(10) 系列化用色处理　配套产品，同一企业出产的产品，企业中的CIS系统应用此处理方法。如图 2－13 是配套的系列化用色产品，统一感强，形式感强。

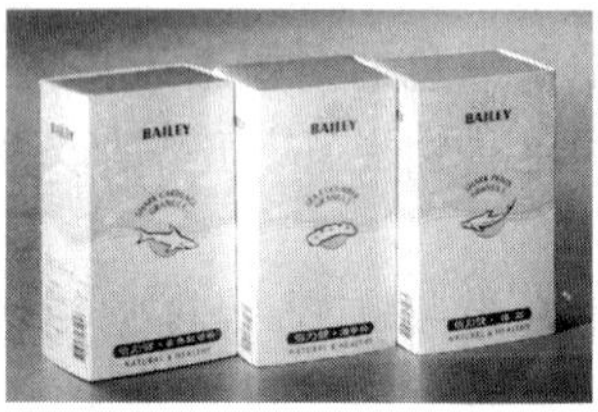

图 2－13　包装设计系列化用色处理

总之，包装色彩考虑药品属性是设计时应注意的一点。

3. 包装色彩的个性化与市场竞争力

色彩在视觉表现中是最敏感的因素。色彩的处理在包装设计中占据重要的位置，色彩的整体效果需要醒目而具有个性，能抓住消费者的视线，能通过色彩的象征产生不同的感受，达到其目的。

在包装设计的视觉表现中，色彩的共性与个性既有各自独立的内涵，又是相互照应，相互结合的。削弱色彩格调的个性化表现无异于削弱其产品的市场竞争力，但是，对产品的色彩表现如果脱离大多数人共同认识的基础，或是不能焕发人们产生合乎一定商业目的的感受，这种完全脱离一定共性要求的个性即使再独特也是不成功的。既要有一定的共性典型性，又要有独特的个性化色彩，这种包装才能在市场竞争中立于不败之地。

包装色彩的个性体现在以下几个方面。

(1) 商品性　各类商品都具有一定的属性。医药用品和娱乐用品、食品和五金用品、化妆用品和文教用品等都有较大的属性区别。而同一类产品也还可以细分化，例如医药用品有中药、西药、治疗药、滋补药、一般药的不同。对此，色彩处理要具体对待，发挥色彩的感觉要素(物理、生理、心理)，力求典型个性的表现。例如，红色、橘红色和黄色是刺激性很强的颜色，能使人的大脑皮层处于兴奋状态，瞳孔扩大，心跳加速。滋补药品、维生素类药、风湿病等药品的包装设计，就可适当使用红色等暖色调。绿色、蓝色的脑电波反映是放松、镇静，故用于镇静、催眠、降血压、解热、镇痛药品的包装装潢设计。

(2) 广告性　由于产品品种的日益丰富和市场竞争的日益激烈，销售包装视觉表现在广告化日趋重要，其中色彩处理是重要方面。色彩效果的晦涩和含蓄只有消极作用，因此必须注意大的色彩构成关系的鲜明度。

（3）独特性　①特异色：有些包装设计中的色彩，本应按其属性配色，但这样画面色彩流于一般，设计师往往反其道而行之，使用反常规色彩，让其产品的包装从同类药品中脱颖而出，这种色彩的处理使我们视觉格外敏感，印象更深刻。②流行色：流行色，是合乎时代风尚的颜色，即时髦的、时兴的色彩。它是设计师的信息，国际贸易传播的讯号。当某种色彩倾向一般化之后，缺乏新的刺激和魅力，又需要某一种不同的视觉特征，这个特征又被模仿而流行起来。现代包装设计中流行色的运用确实给产品带来越来越多的经济效益，企业家高度重视色彩作用。每年度国际流行色协会发布的流行色，是根据国际形势、市场、经济等时代特征而提出的，目的是给人以心里和气氛上的平衡，从而创造出和谐柔和的环境。

（4）民族性　色彩视觉产生的心理变化是非常复杂的，它依时代、地域而差异，或依个人判别而悬殊。各个国家、民族，由于社会背景、经济状况、生活条件、传统习惯、风俗人情和自然环境影响而形成了不同的色彩习俗。

我国的不同民族也有不同的审美观。少数民族由于独特的地理条件及历史、经济、人文观念等众多原因，因此在包装造型、药品包装、纹样的审美中，有各自民族的表达和寄托的含义，反映出不同民族的审美心理。这种民族特有的审美特点都是由于其传统文化的独特性而形成的，有各自民族特色和地域特色。这种传统文化形成的审美心理，有着较强的生命力。我国不同的民族也有不同的色彩爱好，在进行包装装潢设计时，色彩的运用要注意民族和宗教习惯，要尊重少数民族对色彩的禁忌。例如：在我国对红色自古以来情有独钟，大到国庆、春节，小至婚嫁、生日等，都以红色象征喜庆、吉祥。节日礼品包装上色彩多用红色。黄色是我国封建帝王的专用色，标志着神圣、庄严、权威，它代表中心。在包装中用于食品色，它给人以丰硕、甜美、香酥的感觉，是一个能引起食欲的色彩。绿色是大自然中草木的颜色，是绿色生命的色，象征着自然和生长。接近黄色的绿表示着青春感，象征着春天和成长；鲜嫩的绿色是叶绿素的颜色，会引起食欲，它象征和平与安全。茶叶的包装色多用绿色。蓝色的含义是沉着、悠久、沉静、理智、深远，它又代表东方。

色彩应用的商品性、广告性、独特性、民族性是包装个性化的体现，色彩的个性必然加强包装的视觉冲击力，起着促销的作用，提高其产品的市场竞争能力。

（三）包装设计的文字要素

文字是传达包装设计必不可少的要素，许多好的包装设计都十分注意文字设计，甚至完全以文字变化来处理装潢画面。

1. 包装设计的文字内容

（1）基本文字　包装牌号，品名和出产企业名称。一般安排在包装的主要展示面上，生产企业名称也可以编排在侧面或背面。牌名字体一般作规范化处理，有助于树立产品形象。品名文字可以加以装饰变化。

（2）资料文字　资料文字包括产品成分、容量、型号、规格等。编排部位多在包装的侧面，背面，也可以安排在正面。设计要采用印刷字体。

（3）说明文字　说明产品用途、用法、保养、注意事项等。文字内容要简明扼要，字体应采用印刷体。一般不编排在包装的正面。

（4）广告文字　这是宣传内容物特点的推销性文字，内容应做到诚实、简洁、生动，切忌欺骗与啰唆，其编排部位多变。但是，广告文字并非是必要文字。

2. 包装字体设计

中文书法字体具有良好的表现力，体现不同的性格特点，是包装装潢设计中的生动语言。

中国书法的运用注意表意性、表情性、整体性、欣赏性。

印刷体的字形清晰易辨,在包装上的应用更为普遍。汉字印刷体在包装上运用的主要有老宋体、黑体、综艺体和圆黑体。不同的印刷体具有不同的风格,对于表现不同的商品特性具有很好的作用。

在包装装潢设计中运用最为丰富多变的是装饰字体。装饰体的形式多种多样,其变化形式主要有外形变化、笔画变化、结构变化、形象变化等多种。设计时应针对不同的商品内容作有效地选择。

包装设计中的字体选择,一般要注意以下要点:字体格调要体现基本内容的属性特点;字体应有良好的识别性、可读性,特别是书法体的运用。为避开一般消费者看不懂,应调整改进,使之既能为大众所接受,又不失其艺术风味。注意同一名称、同一内容的字体风格要一致;在包装设计中,对于出口药品的包装,或者内外销有包装文字的设计,必然涉及到外国文字的运用。其中拉丁文字在药品的包装中涉及最多。这种文字的特点是以字母构词,二十六个字母有大小写之分。

汉字作为东方文化的重要组成部分,也同样需要不断创新和发展。在科学技术高速发展和市场经济日趋繁荣的今天,提高汉字在商品流通、包装装潢中的表现力度,不断拓展其应用范围,已成为设计工作者的长期课题。在立足产品特性、企业形象,放眼市场规律,抓住消费者心理的前提下,将字中插图、字中插字、字与图形、字与字母进行大胆组合,利用变形、变色、笔画特异、字形夸张等手法,将文字图形化,体现字体的艺术魅力。与色彩、图案表现手法一样,文字同样需要设计人员研究时代潮流、市场需求、消费心理、产品品质属性、包装材料、同类竞争产品的包装等诸多因素,根据产品特性与特色将产品品名加以设计变形、组合,塑造独特的文字形体语言,最大限度地增强品牌视觉冲击力和消费者的心理渗透力。目前,全球最普遍推行的 CI 企业发展战略中的识别系统,均把企业名称及标志的标准字体作为企业独特的识别标识。如北京的百年老店“同仁堂”等,以独特的汉字形体作为该企业的固定标识。

3. 包装设计的文字编排

包装文字除字体设计以外,文字的编排处理是形成包装形象的又一重要因素。编排处理不仅要注意字与字的关系,而且要注意行与行,组与组的关系。包装上的文字编排是在不同方向,位置,不同大小的面上进行整体考虑。因此,在形式上可以产生比一般书装和广告文字编排更为丰富的变化。在编排中除了注意粗细,字距,面积的调整外,行距与字距要有明显的区别。

包装文字编排设计的基本要求是根据包装内容物的属性,控制文字本身的主次,从整体出发,把握编排重点。编排形式的变化是可以多变的,并无一定模式,分为以下常用类型:横排形式、竖排形式、圆排形式、适形形式、阶梯形式、参差形式、草排形式、集中形式、对应形式、重复形式、象形形式、轴心形式等。各种形式除单独运用外,也可以相互结合运用,并可在实际的编排中演变出更多的编排形式。

三、AIDMA 原理在包装设计中的应用

包装的消费对象是人,必须根据对象来为设计定位。设计因年龄、性别、文化状况、国籍、民族、风俗习惯等情况的不同而有区别。按照心理学的观点,需要是由于客观因素的刺激,在消费者心里产生的一种复杂的心理过程。这里,刺激是引起消费者产生需要的诱因。当然,这种刺激首先引起的是消费者对药品的注意。从药品包装的审美效应来看,引起消费者的注意

是第一步,而且是促销过程中很重要的一步。因为注意是认识事物的开端,是消费者产生消费动机、采取消费行动的前提。

消费心理学的研究认为,一般情况下,商品包装作用于消费者的心理过程有四个阶段:唤起注意(Attention)、引起兴趣(Interest)、启发欲望(Desire)、促进记忆(Memory)、导致行动(Action),简称“AIDMA”。由此可见,唤起注意就是促销成功的开始。审美心理学认为,注意的唤起本身就是欲望的初步满足,随之而来的就是兴趣的产生,以及购买欲望的出现。当然,这就要求商品的包装,必须具有审美艺术魅力。

1. AIDMA 模式

A	注意	Attention
I	兴趣	Interest
D	欲望	Desire
M	记忆	Memory
A	行动	Action

刺激 → 注意 → 感知 → 判断 → 决定 → 行动

注意是人的心理活动对某个特定对象的指向和集中,在人的实践活动中起着重要作用。它保证人能够及时准确地对客观事物的状况作出反应。因此,在商品的销售过程中,药品的包装能否唤起人们的注意,是药品包装能否起到无声的“促销员”作用的关键。引起消费者的兴趣,使消费者产生购买欲,从而导致促销成功。

从生理机制来看,注意是人对客观事物的一种定向反射活动。每当新异刺激出现时,人就会产生相应的心理活动,使自己的感受器官朝向刺激物的方向,从而更清晰、更全面地反映这一对象。注意本身并不是一种独立的心理活动,它伴随着感觉、知觉、记忆、思维等心理过程,并在各种心理活动中起着维持指向和不断深入的作用。因此,在包装印刷设计中既要善于运用有关刺激物的特点,又要考虑到消费者的需要和兴趣,运用独具特色的设计引起消费者的注意,最终,促进其购买。

(1) 正确地运用色彩　人们在观察外界事物的时候,首先引起注意的是色彩。色彩是对人的视觉刺激最敏感、反映最快的视觉信号。对色彩的注意力占人的视觉的 80%左右,对形的注意力仅占 20%左右。色彩的美是人最容易感受的。因此,在包装设计中,应正确地运用色彩对人的刺激作用,使消费者一眼看见,就能产生强烈的审美兴趣。

(2) 充分发挥图案的作用　包装装潢的图案包括照片、绘画、装饰、纹样、浮雕等,是包装装潢重要的艺术表现形式,同时也是增强审美艺术效果的重要手段。图案的设计要做到装饰得体,美化恰当,科学合理。要充分展示产品的品牌特征,使消费者通过商标的图案就能识别产品。

(3) 独特的艺术风格　包装装潢虽然不是单纯的艺术品,但是却是一种极富创造性的服务于商品销售的应用艺术。凡是艺术都是讲究风格的,既要有民族的风格,又要有个人的风格,包装装潢还应突出商品的特点。另外,若要商品的形象鲜明而有个性,就必须具有新的创意,使包装装潢的总体设计独具风格。没有独特的审美风格的包装装潢,不可能给消费者留下深刻的印象。

2. 运用有意注意规律

目的性是有意注意的基本特征。因此,对于带着选购目标的消费者,药品的包装应当向他们准确地传达药品信息。

(1) 巧妙设计"诚实包装" 消费者对产品的注意与兴趣,主要是通过包装实现的。因此,在包装上绘制产品图形、印上产品的彩照,或者巧妙地在包装上开透明窗口,真实直观地传达产品信息,是取得消费者的理解和信任,激起购买欲的好办法。成功的包装也是诚实的包装,其所传达的信息,应该与产品的实际状况相一致。

(2) 恰当地运用商品色彩。

(3) 运用"AIDMA"进行文字设计 文字是包装装潢的重要组成部分。从设计角度看,包装装潢的文字有说明性、资料性和主体文字三种类型。由于有意注意具有受意志支配的特点,因此,在文字设计中要充分利用文字在理性宣传和对人的意志具有深层次影响的优势,以增强意志力的作用来调节和支配消费者的有意注意。根据"AIDMA"理论,包装装潢的说明性或资料性文字,应当具有以下功能:具有感召力,能够唤起消费者的注意;使消费者对商品有正确的理解,疑难得到解答,能引起消费者的兴趣;适应消费者心理特点,启发消费者的购买欲望;具有较强的说明力,导致消费者采取购买行动。

最后,在包装装潢设计中应该把无意注意规律和有意注意规律结合起来,综合地进行符合人的心理规律的审美诱导。

药物的使用者还可以分两大人群:专业与非专业人员。我国现已实行处方药与非处方药分类管理制度,规定了医师、药师、护士等人员才能使用或在其监督指导下使用的为处方药物(Prescription Drug),这类包装应适应专业需要,侧重于工作中使用的便利。正在讨论中的国家药品管理法修改草案提到将禁止处方药品作广告,不久前国家已经公布了第一批禁止作广告的处方药物。但这并不意味着处方药的包装设计就可以忽略了,恰恰相反,处方药物因其使用频繁,疗效迅速,毒副作用大,专业性强,故其包装设计更具挑战性。而另一类为非处方药物(Legend),也称OTC(Over The Counter),意为柜台可买的药物,使用者为病人及其家属。这类药物特点是由使用者自己选择,从售货机或商店直接购买并按标签和说明书使用的药物。因此,这类药可侧重艺术性,从包装上吸引顾客,参与货架竞争。但仍应把使用方便放在首位,特别注意强调说明表达的浅显易懂,特殊标识应摆放在醒目位置并用粗体标注警示语:"请仔细阅读使用说明书并按说明使用或在药师指导下购买和使用。"

第三章　药品包装材料及容器

第一节　药品包装材料及容器概述

一、药品包装材料及容器的作用与分类

1. 药品包装材料及容器在药品包装中的作用

(1) 药品包装材料是药品包装的基础　在药品包装中,包装材料及容器决定着药品包装的整体质量,没有药品包装材料也就谈不上药品包装,它是制约医药包装工业发展速度和水平的关键因素。

(2) 药品包装材料是实现药品保护功能的重要保证　药品包装材料及容器的强度特性能有效地减少药品的破损,保护药品的质量。而包装材料的避光、防潮、阻隔性、耐腐蚀等特性,可以提高药品的稳定性,延缓药品的变质,保证药品的有效期。

(3) 新型药品包装材料及容器的出现,促进了药品包装技术的发展　如收缩包装、真空充气包装、塑料制安瓿、多层非 PVC 输液共挤膜、蒸煮袋、冷冲压成型等包装形式和容器的出现,促进了药品包装技术及工艺的改进,促进了药品包装机械乃至包装设计的发展。

2. 药品包装材料及容器的分类

常用药品包装材料及容器按化学成分分为五类,即玻璃、塑料、橡胶、金属及复合材料。按所使用的形状可分为四类,即①容器(口服固体药用高密度聚乙烯瓶等);②片、膜、袋(聚氯乙烯固体药用硬片、药用复合膜、袋等);③塞(药用氯化丁基橡胶塞);④盖(口服液瓶撕拉铝盖)。

二、药品包装材料的性能

1. 力学性能

药品包装材料的力学性能,主要包括弹性、强度、塑性、韧性和脆性等。材料的缓冲防震性能主要取决于弹性。变形量愈大,其弹性愈好,缓冲性能愈佳。药品包装材料的强度分为抗压性、抗拉性、抗跌落性、抗撕裂性等。用于不同场合和范围的药品包装材料,其承受外力的形式不同。塑性是指药品包装材料在外力的作用下发生形变,移去外力后不能恢复原来形状的性质,这种形变称为塑性变形。药品包装材料受外力作用,拉长或变形的量愈大,且没有破裂现象,说明该种药品包装材料的塑性良好。

2. 物理性能

药品包装材料的物理性能主要包括密度、吸湿性、阻隔性、导热性、耐热性和耐寒性等。

(1) 密度　是表示包装材料的重要参数,它不但有助于判断这些材料的紧密度和多孔性,而且对材料生产时的投料量、价格性能比很重要。药品包装材料应具有较大优势的价格性能比、密度小、质轻、易流通的特点。

(2) 吸湿性　是指药品包装材料在一定的温度和湿度条件下,从空气中吸收或放出水分的性能。具有吸湿性的药品包装材料,在潮湿的环境中能吸收空气中的水分而增大其含水量;

在干燥的环境中，则会放出水分而减少其含水量。药品包装材料吸湿性的大小，对所包装的药物影响很大。吸湿率和含水量对控制水分，保障药物的质量，具有重要的意义。

（3）阻隔性　是指药品包装材料对气体如氧气、氮气、二氧化碳和水气的阻隔性能。它对于防湿、保香包装十分重要。阻气性的反面是透气性和透水性，是指能被空气或水透过的性能。不同的药品包装材料的阻隔性能也不同。阻隔性主要取决于药品包装材料结构的紧密程度，材料的紧密程度愈好，阻隔性能就好，反之亦然。

（4）导热性　是指药品包装材料对热量的传递能力。由于材料的配方或结构的差异，各种材料的导热性也不同。金属材料的导热性好，陶瓷的导热性较差。

（5）耐热性和耐寒性　是指药品包装材料耐温度变化而不致失效的性能。耐热性的大小取决于材料的配比和结构的均匀性。对于耐热性说来，晶体结构的材料大于非晶体结构的材料，无机材料大于有机材料，金属材料最高，玻璃材料次之，塑料最低。药品包装材料有时又需在低温或冷冻条件下使用，则要求其具有耐寒性，即在低温下保持韧性，脆化倾向小。

3．化学稳定性

化学稳定性是指药品包装材料在外界环境的影响下，不易发生老化、锈蚀等的性能。

老化是指高分子材料在可见光、空气及高温的作用下，分子结构受到破坏，物理机械性能急剧变化的现象。塑料的老化会造成高分子结构的主链断裂，分子量降低，材料变软、发黏、机械性能变差。为了加强药品包装材料的防老化的性能，一般是在材料的制造过程中，添加防老剂。

锈蚀是指金属表面受周围电介质腐蚀的现象。金属锈蚀的基本类型有：斑腐蚀、点腐蚀、孔腐蚀、晶粒间腐蚀和全部腐蚀等。为提高金属药品包装材料的抗锈蚀的性能，可采取使用金属合金、电镀、涂防锈油、采用气相防锈或表面涂保护剂等方法。抗锈蚀主要要求药用金属包装材料要有耐酸、耐碱、耐水、耐腐蚀性气体等，使药用金属包装材料不易与上述物质发生化学变化。

4．加工（成型）性能

根据药品包装材料使用对象的需要，加工成不同形状的容器。因此，药品包装材料加工（成型）性能的好坏，对该产品的推广使用有较大的影响，不同的药品包装材料和不同的加工（成型）工艺有不同的加工性能的要求。

5．生物安全性（卫生性）

生物安全性是指药品包装材料必须无毒、无菌、无放射性等。也就是说，药品包装材料必须对人体不产生伤害，对药品无污染和影响，充分体现材料的生物惰性功能。

6．无污染、能自然分解和易于回收利用

随着药品包装工业的发展，一方面改善了药品的包装、促进了药品包装技术的发展和市场的繁荣；另一方面也给社会带来了严重的危害，目前各国都已禁止或限制某些药品包装材料的使用。如何选择合适的药品包装材料及包装形式，研究使用可降解的药品包装材料，研究药品包装材料再利用的可能性，已是摆在面前的紧迫问题。

三、药品包装材料的选择原则

1．经济性原则

在设计药品包装时，除了必须考虑保证药品的质量外，还应考虑药品的物性或相应的价值。对于贵重药品或附加值高的药品，应选用价格性能比较高的药品包装材料；对于价格适中的常用药品，除考虑美观外，还要多考虑经济性，其所用的药品包装材料应与之协调。对于价格较低的普通药品，在确保其具有安全性，保持其保护功能的同时，应注重实惠性，选用价格较低的药品包装材料。

2. 适应性原则

药品包装材料的选用应与流通条件相适应。流通条件包括气候、运输方式、流通对象与流通周期等。气候条件是指药品包装材料适应流通区域的温度、湿度等。对于气候条件恶劣的环境，药品包装材料的选择更需注意。不同的运输方式对药品包装材料的性能要求各不相同，如振动程度不同则对药品包装材料具有抗震性、防跌落等的要求亦不同。流通对象是指药品的消费者，由于国家、地区、民族的差异，对药品包装材料的规格、包装形式都会有不同的要求，必须与之相适应。流通周期是指药品到达患者手中的预定周期，药品有一个有效期的问题，所选用的药品包装材料应能满足药品在有效期内确保药品质量的稳定。

3. 根据药物制剂的剂型选择包装材料及容器

药品包装材料及容器必须与药物制剂相容，并能抗外界气候、抗微生物、抗物理化学作用的影响，同时应密封、防篡改、防替换、防儿童误服用等。

四、药品包装材料与药物相容性试验

（一）药品包装材料与药物相容性试验的目的

药品包装材料与药物的相容性是指药品包装材料与药物间的相互影响或迁移。它包括物理相容、化学相容和生物相容。选用对药物无影响、对人体无伤害的药品包装材料，必须建立在大量的实验基础之上。

药品包装材料对保证药品的稳定性起着重要作用，因而药品包装材料将直接影响用药的安全性。直接接触药品的包装材料和容器是药品的一部分，尤其是药物制剂中，一些剂型本身就依附包装而存在(如气雾剂等)。由于药品包装材料及容器的组成配方、原辅料及生产工艺的不同，导致不恰当的材料引起活性成分的迁移、吸附甚至发生化学反应，使药物失效，有的还会产生严重的副作用。所以，在为药品选择包装材料及容器之前，检验其是否适用于预期用途，充分评价其对药品稳定性的影响，评定其在长期贮存过程，在不同环境条件下(温度、湿度和光线等)和运输使用过程中对药物的保护效果以及本身的物理惰性、化学惰性和生物惰性。因此，在使用药品包装材料前，必须进行包装材料与药物相容性试验。

（二）药品包装材料与药物相容性试验的原则

药品包装材料与药物相容性试验提供的是一种试验方法，它对于选择适宜的包装材料起指导作用。《药品注册管理办法》(试行)已将药品包装材料与药物相容性资料列为必备资料。

(1) 在选择药品包装材料及容器时，应首先考虑其保护功能，然后考虑材料、容器的特点和性能，包括化学、物理学、生物学、形态学等性能。

(2) 药品包装材料应具有良好的化学稳定性、较低的迁移性，并阻氧、阻水、抗冲击，无生物意义上的活性，微生物数在规定限度内，与其他包装物有良好的配合性，适合于自动化包装设备等。

(3) 在评价之前，药品包装材料与药物应分别符合相应标准。

(4) 药品包装材料与药物相容性试验应考虑以下几个方面。①形成包装单元时，各包装物应具有良好的配合性；②药品包装材料根据生产工艺要求耐受特殊处理的能力(如钴 60 消毒等)；③同一包装单元中，首次至末次使用期间药物质量的一致性；④对恶劣运输、不同贮存环境的抵抗能力。

(5) 所有样品均为上市(对临床试验阶段的药品可采用拟上市)包装。

(6) 所有试验均应至少取3个不同的批号(考察包装材料时,应选用3批包装材料或容器对拟包装的1批药物;考察药物时,应选用3批药物对1批拟上市包装材料或容器)。

(三) 药品包装材料与药物相容性试验的基本内容

药品包装材料与药品稳定性(药品包装材料与药物的相容性)试验是在一个具有可控的环境内,选择一个实验模型,使药品包装材料与药物互相接触或彼此接近地持续一定的时间周期,考察包装材料与药物是否会引起相互的或单方面的迁移、变质,从而证实在整个使用的有效期内,药物能否保持其安全性、有效性、均一性,是否能使药物的纯度持续受到控制。以下情况,药品包装材料生产企业应进行药品包装材料与药品的相容性试验。①药品的包装、药物的来源改变或变更;②药物的包装、药物的生产技术条件、生产工艺改变;③药品包装的配方、工艺、初级原料变动有可能影响药物的功能;④在药物的有效期内,有现象表明药物的性能发生变化;⑤药物的用途增加或改变;⑥药品包装材料与新药一并审批;⑦国家药品监督管理局提出要求;⑧经长期使用,发现药品包装材料对特定药物产生不良后果。

药品包装材料与药品的相容性试验的基本内容包含以下3部分。

1. 药品包装材料与药品相容性试验条件

(1) 影响因素试验　本试验是在比加速试验更激烈的条件下进行,以探讨药物固有的稳定性,了解影响其稳定性的因素及可能的降解途径与降解产物或发生物质迁移的途径与迁移物质,为药物生产工艺、包装材料的选择以及建立降解产物分析方法提供科学的依据。

本试验适用于药品包装材料生产企业对药品包装材料、容器进行必要的考察,选用1个批次的某种药物,3个批次的药品包装材料、容器,进行因素试验、加速试验。

a. 高温试验　将供试品于40℃温度下放置10天,于第5天和第10天取样,按本试验所设计的药品及药品包装材料相应的考察项目进行检测;若供试品有明显变化的话,则宜在25℃条件下同法进行试验。若40℃无明显变化,可不再进行25℃试验。已知对温度特别敏感的药物,可在4～8℃条件下,同法进行试验。

b. 湿度试验　将供试品置于恒湿密闭容器中,在(25±2)℃、相对温度90%±5%的条件下,放置10天,于第5天和第10天取样,按本试验所设计的药品及药品包装材料相应的考察项目进行检测,同时准确称量试验前后供试品的重量,以考察供试品的吸湿、潮解的性能。必要时,可在(25±2)℃、相对湿度20%±2%的条件下,同法进行试验。

c. 强光照射试验　将试验品置于装有日光灯的光照射或其他适宜的光照装置内,于照度为(4 500±500)lx条件下放置10天,于第5天和第10天取样,按本试验所设计的药品及药品包装材料相应的考察项目进行检测,特别要注意供试品的外观变化。

以上试验均应是药品在同等试验条件稳定的前提下进行,否则应予以说明。

(2) 加速试验　此试验是在超常的条件下进行的。在温度(40±2)℃、相对湿度75%±5%的条件下,放置6个月。在试验期间于1个月、第2个月、第3个月、第6个月末取样一次,按本试验所设计的药品及药品包装材料相应的考察项目进行检测。对溶液剂、混悬剂、乳剂、注射液可不要求相对湿度。

对温度特别敏感的药物,仅能在4～8℃条件下保存的药物制剂,可在(25±2)℃、相对湿度60%±10%的条件下进行,时间为6个月。

乳剂、混悬剂、软膏剂、滴眼剂、栓剂、气雾剂、泡腾片及泡腾颗粒宜直接采用温度(30±

2)℃、相对湿度60% ±5%的条件下进行试验，时间为6个月。

对于包装在半透性容器的药物制剂，如塑料袋装溶液、滴眼剂用塑料容器、滴鼻剂用塑料容器等，宜在相对湿度20% ±2%的条件下进行试验，时间为6个月。

（3）各种贮存条件与长期试验　长期试验是在药品包装材料、容器包装药物后，在模拟药物的实际贮存条件下或在(25±2)℃、相对湿度60% ±10%的条件下进行试验，以考察药品包装材料对药物的保护功能，确保药物在有效期内的质量。

本试验适用于药品包装材料生产企业和药品生产企业，可分别按各自的需要进行相应试验。其中，药品包装材料生产企业对药品包装材料、容器进行考察，可选用1个批次的某种药物，3个批次的药品包装材料、容器进行相应试验；药品生产企业对药品及药品包装材料、容器进行考察，可选用1个批次的药品包装材料、容器，3个批次的某种药物进行相应试验。

进行本试验的药品及药品包装材料、容器，应事前经过检验，并各自符合药品质量标准或药品包装材料、容器国家标准、行业标准或企业标准。

进行本试验的药品及药品包装材料、容器的样品数量应能满足整个试验的要求。

试验时，取供试品3批于实际贮存条件或在温度(25±2)℃、相对湿度60% ±10%条件下，放置12个月。每3个月取样一次，分别于第0个月、第3个月、第6个月、第9个月、第12个月，按本试验所设计的药品及药品包装材料相应的考察项目进行检测。12个月以后，仍需继续考察，分别于第18个月、第24个月、第36个月取样进行检测。将结果与第0个月比较，以考察药品包装材料对药品的保护功能。由于实验数据的分散性，一般应按95%的可信限进行统计分析。如3批统计分析结果差别较小，则取平均值；若差别较大，应取最小值作为体现药品包装材料的保护功效指标；若数据显示数值较稳定，可不作统计分析。

对温度特别敏感的药物制剂，长期试验可在温度(6±2)℃的条件下，放置12个月，按上述时间要求进行检测，12个月以后，仍需按有关规定继续考察，以证实药品包装材料对药物制剂的保护功效。

对于试验方法尚需进行方法学的验证，应使实验方法具有足够的准确性、适宜的灵敏性和专属性，试验的结果应具有重复性和重现性。必要时可对药品及药品包装材料、容器进行留样观察试验。

2. 包装材料的选用与药物相容性试验的考察项目

药品包装材料、容器作为一种特殊使用的包装材料，需要对药品的功效有足够的保护功能和体现较低的毒性。因此，在为特定的药物选择包装材料、容器的适宜形式之前，必须充分评价这些材料(形式)对药物稳定性的影响，以及评定在长期的贮存过程中，在不同的环境条件下，包装材料、容器对药物的保护功能。

（1）常用包装材料的考察项目

a. 玻璃　考察的项目主要包括碱性离子的释放性；不溶性微粒(含脱片试验)；金属离子向药物制剂的释放；药物与添加剂的被吸附性；有色玻璃的避光性。

b. 橡胶　考察的项目主要包括溶出性；吸附性；化学反应性；不溶性颗粒。

c. 金属　考察的项目主要包括被腐蚀性；金属离子向药物制剂的释放性；金属覆盖层是否有足够的惰性。

d. 塑料　考察的项目主要包括双向穿透性；溶出性；吸附性；化学反应性。

（2）不同包装容器的考察项目

a. 瓶　考察的项目主要包括密封性;避光性;化学反应性;吸附性。

b. 袋　考察的项目主要包括密封性;避光性;化学反应性;吸附性;微粒(输液适用);拉伸强度试验(输液适用)。

c. 泡罩　考察的项目主要包括密封性;避光性;化学反应性。

d. 管　考察的项目主要包括密封性;可卷折性;避光性;化学反应性(含涂层的惰性);反弹力(复合管适用)的影响。

3. 不同药物剂型与药品包装材料相容性试验的考察项目

(1) 片剂　考察的项目主要包括性状;脆碎度;有关物质;色泽;水分;含量(指物品中有效成分含量,下同);溶出度或崩解时限;有关物质;微生物限度。

(2) 胶囊剂　考察的项目主要包括外观;内容物色泽;脆碎度;水分;含量;溶出度或崩解时限;微生物限度。

(3) 口服乳剂　口服乳剂考察项目主要包括性状;色泽;有关物质;含量。

(4) 口服溶液剂(口服混悬剂)　考察项目主要包括性状;酸碱度;失重;相对密度;澄清度;含量;有关物质;微生物限度。

(5) 颗粒剂(含散剂)　考察项目主要包括性状;色泽;粒度;含量;有关物质;水分;均匀度(散剂适用);包装物吸附量;微生物限度。

(6) 吸入式气雾剂　考察项目主要包括密闭性;澄明度(溶液);每揿次含主药的量;有效部位药物沉积量;有关物质;含量;粒子直径分布(混悬剂适用);阀门、气雾罐的腐蚀性;阀门的畅通试验。

(7) 软膏(眼膏剂、霜剂、洗剂、糊剂、凝胶剂)　考察项目主要包括性状;结皮;失重;均匀性;有关物质;水分;膏体易氧化值;粒度(眼膏剂适用);含量;碘值;酸值;包装物内表面性状;微生物限度。

(8) 滴眼剂　考察项目主要包括性状;澄明度;pH;有关物质;失重;粒子直径;渗透压;含量;耐灭菌性;微生物限度。

(9) 小容量注射剂　考察项目主要包括性状;微粒;色泽;脱片;酸碱度;耐灭菌性;含量或效价;有关物质;水分(粉针剂适用);检漏(粉针剂适用);热原或细菌内毒素试验;无菌试验。

(10) 大容量注射剂　考察项目主要包括性状;色泽;澄明度;不溶性微粒;酸碱度;含量;有关物质;脱片;耐灭菌性;热原或细菌内毒素试验;无菌试验。

(11) 栓剂　考察项目主要包括性状;融变时限;含量;有关物质。

(12) 透皮贴剂　考察项目主要包括性状;释放度;黏着性;包装物内表面颜色及性质;吸附量;含量。

(13) 搽剂及洗剂　考察项目主要包括性状;有关物质;包装物内表面颜色及性质;含量。

第二节　药用玻璃及容器

药用玻璃容器是玻璃制品的重要组成部分,作为药品包装容器的玻璃制品,其化学成分、性能及质量要求都优于普通的玻璃制品。该类产品由于具有良好的化学稳定性、耐热稳定性以及易清洗消毒、密封性能好等特点,被广泛地用于制药行业各类药品不同剂型的包装,已成为药品包装领域的主要包装材料之一。

一、药用玻璃及容器的分类

(一) 按化学成分及性能分类

国际标准 ISO 12775:1997《正常大规模生产的玻璃按成分分类及其试验方法》规定了 3 种药用玻璃成分如表 3-1 所示,即钠钙玻璃、3.3 硼硅玻璃和中性玻璃。

表 3-1　　按化学组成对玻璃的分类(国际)

化学组成及性能	碱性或碱土硅酸盐玻璃①	硼硅玻璃		碱土/铝硅酸盐玻璃	碱铝硅酸盐玻璃
		无碱土氧化物(硼硅玻璃 3.3)②	含碱土氧化物(中性玻璃)③		
w(氧化物)/%	$Na_2O>10$ $CaO>10$	$B_2O_3>8$	$B_2O_3>8$	$Al_2O_3>10$	$PbO>10$
典型的组成/%					
$w(SiO_2)$	70~75	约 81	约 75	52~60	54~58
$w(Na_2O+K_2O)$	12~16	约 4	4~8	—	<15
$(MgO+CaO+SrO)$	10~15	—	<5	<15	<4
$w(Al_2O_3)$	0.5~2.5	2~3	2~7	17~25	<4
$w(B_2O_3)$	—	12~13	8~12	—	—
$w(PbO)$	—	—	—	—	<35
平均线膨胀系数(20~300℃)$\times10^{-6}/K^{-1}$	8~10	3.3	4~5	约 4	7~9
抗水性 耐酸性 耐碱性	中等,弱 很强 中等	很强 很强 中等	很强 很强 中等	强,很强 弱 弱	中等 弱,中等 中等
主要应用领域	瓶罐容器(玻璃);浮法玻璃;拉制平板玻璃	化学用实验室仪器;医药和食品工业④ 技术要求:良好的化学性能和抗冲击性	医药容器 技术要求:具有强化学稳定性	高温温度计;高温电阻和电容电阻;燃烧管要求有强的热稳定性	高级桌面玻璃;灯芯;阴性射线管;辐射屏蔽玻璃

注:①这是一种最早的玻璃种类,在国际玻璃生产中占有最大的比例,有高含量的 BaO 和 SrO 等碱土氧化物玻璃,有还原金属成分的玻璃(例如:在阴极射线管元件中用于防紫外线),以及晶质玻璃(口服液瓶玻璃)均属于该类玻璃。②按照 ISO 3585:1998《3.3 硼硅玻璃　性能》。③见 ISO 4802:1988《实验室玻璃制品　玻璃容器内表面的耐水性　第 1 部分　滴定法及分级》。④见 ISO 4803:1978《实验室玻璃制品　硼硅玻璃管道》。表中的 w 表示质量分数。

国际上注射剂一般都采用 ISO 12775:1997 中的"中性玻璃",故将其称为"国际中性玻璃"。由于我国技术水平所限,一直不能规模生产国际中性玻璃,所以只能在国际中性玻璃配方的基础上,降低氧化硼(B_2O_3)和氧化硅(Si_2O_3)的含量,增加氧化钾(K_2O)、钠的含量。并将之称为中性玻璃 2。另外将 ISO 12775:1997 中的中性玻璃称为中性 1。根据国家药品监督管理局颁布的标准(YBB)将硼硅玻璃中的氧化硼含量确定为 8%~12%,低硼硅玻璃即中性玻璃 2 的氧化硼含量定为 5%~8%。

1. 3.3 硼硅玻璃

(1) 化学组成(%)　SiO_2(81);B_2O_3(12~13);R_2O(4);Al_2O_3(2~3)。

(2) 产品的性能　121℃颗粒法耐水性1级;内表面耐水侵蚀性HC1级;抗冷冻性(−41～40℃水中)无破裂;耐酸性1级;耐碱性2级;α膨胀系数(3.2～3.4)$\times 10^{-6}K^{-1}$(20～300℃)。

2. 中性玻璃1(国际中性玻璃)

(1) 化学组成(%)　SiO_2(75);B_2O_3(8～12);RO(5);Al_2O_3(2～7)。

(2) 产品的性能　121℃颗粒法耐水性1级;内表面耐水侵蚀性HC1级;耐酸性1级;耐碱性2级;0.001mol/L(NaOH)溶液无脱片;抗冷冻性(−41～40℃水中)无破裂;α膨胀系数(4.0～5.0)$\times 10^{-6}K^{-1}$(20～300℃)。

3. 中性玻璃2

(1) 化学组成(%)　SiO_2(71);B_2O_3(6.0～7.0);R_2O(11.5);RO(5.5);Al_2O_3(3～6)。

(2) 产品的性能　121℃颗粒法耐水性1级;内表面耐水侵蚀性HC1级;α膨胀系数(6.2～7.5)$\times 10^{-6}K^{-1}$(20～300℃)。

4. 钠钙玻璃(碱性或碱土硅酸盐玻璃)

(1) 化学组成(%)　SiO_2(70);B_2O_3(0～3.5);R_2O(12～16);RO(12);Al_2O_3(0～3.5)。

(2) 产品的性能　121℃颗粒法耐水性2级;内表面耐水侵蚀性HC1～3级;α膨胀系数(7.6～9.0)$\times 10^{-6}K^{-1}$(20～300℃)。

表3−1、表3−2分别提供了按照ISO标准和我国医药行业中有关玻璃的分类和性能。

表 3−2　　玻璃牌号化学组成及性能(国内)

化学组成(质量分数/%)及性能	玻璃牌号			
	硼硅玻璃		低硼硅玻璃	钠钙玻璃
	3.3硼硅玻璃	中性玻璃1	中性玻璃2	
B_2O_3	12～13	8～12	5.0～8.0	0～3.5
SiO_2	约81	约75	约71	约70
Na_2O+K_2O	约4	4～8	约11.5	12～16
MgO+CaO+BaO+(SrO)	—	约5	约5.5	约12
Al_2O_3	2～3	2～7	3～6	0～3.5
平均线膨胀系数(20～300℃)$\times 10^6/K^{-1}$	3.2～3.4	4.0～5.0	6.2～7.5	7.6～9.0
颗粒法耐水的性能	很强	很强	强	中等或弱
耐酸性能	很强	很强	很强	很强
耐碱性能	中等	中等	中等	中等
主要应用领域	管制冻干粉针玻璃瓶	安瓿、管制冻干粉针玻璃瓶、管制注射剂玻璃瓶	管制注射剂玻璃瓶及其他管制瓶	管制注射剂玻璃瓶、模制抗生素瓶、输液瓶、其他模制瓶

(二) 按制造方法分类

1. 模制瓶

以各种不同形状的玻璃模具成型制造的玻璃瓶称为模制瓶,模制瓶的制造有相应的国家标准,主要有:

(1) GB 2640—1990《模制抗生素玻璃瓶》,YBB 00312002《钠钙玻璃模制注射剂瓶》(试行);

(2) GB 2638—1990《玻璃输液瓶》,YBB 00032002《钠钙玻璃模制注射剂瓶》(试行);

(3) GB 2638—1981《玻璃药瓶》,YBB 00272002《钠钙玻璃药瓶》(试行)。

2. 管制瓶

用已拉制成型的各类玻璃管二次加工成型制造的产品称为管制瓶,其相应的国家标准主要有:

(1) GB 2638—1995《安瓿》,YBB 00322002《硼硅玻璃安瓿》(试行),YBB 00332002《低硼硅玻璃安瓿》(试行);

(2) GB 2641—1990《管制抗生素玻璃瓶》,YBB 00303002《低硼硅玻璃管制注射剂瓶》(试行),YBB 00292002《硼硅玻璃管制注射剂瓶》(试行);

(3) YY 0056—1991《管制口服液瓶》,YBB 00282002《低硼硅玻璃管制口服液瓶》(试行);

(4) GB 12414—1995《药用玻璃管》。

(三) 按产品用途分类

(1) 注射水针剂玻璃瓶　主要有安瓿和管制注射剂瓶。

(2) 注射粉针剂玻璃瓶　主要有模制注射剂瓶和管制注射剂瓶。

(3) 输液剂玻璃瓶　主要有输液瓶。

(4) 生物药剂、血液制剂、冻干粉针剂玻璃瓶　主要有冷冻粉针剂玻璃瓶和高档管制、模制注射剂瓶。

(5) 片剂、口服液、保健品玻璃瓶　主要有玻璃药瓶和口服液瓶。

二、药用玻璃及容器的生产工艺

(一) 药用玻璃的配料

1. 原料的选择

药用玻璃的质量要求较高,所以原料的选择应根据已确定玻璃的组成、玻璃性质的要求及原料来源、价格等综合考虑。一般对矿物原料主要考察原料的化学成分、矿物组成、颗粒组成,并控制有害杂质,特别是铁的含量;对于化工原料主要是选择纯度符合要求的原料。

2. 化学组成的设计

玻璃的化学组成是计算玻璃配合料的依据,对玻璃的物理化学性质有重要的关系。玻璃化学组成的设计首先要满足各项物理化学性能的要求,其次要适应玻璃熔制、成型及加工等工艺过程的要求。

3. 配合料的计算

配合料的计算是根据玻璃的设计成分和所选用原料的化学成分进行计算的。精确的配合料计算是保证玻璃性能和质量的基础。因此,在配合料计算时应考虑各种因素对玻璃成分的影响,如氧化物的挥发、耐火材料的侵蚀、原料的飞扬、碎玻璃成分等,对某些组成作适当调整,以保证设计成分达到要求。

4. 配合料的制备

配合料的制备过程是计算出玻璃配合料的料方,依据料方称量出各种重量的原料,然后在混料机中均匀混合。配合料的质量是保证原料的均匀性和化学组成的准确性的关键。

5. 配合料的装备

配合料的制备过程主要是完成配合料的计算、配合料的称量、配合料的混合。药用玻璃行业采用微机控制自动配料系统。改善了劳动环境,减轻了劳动强度,提高了配合料的质量。

（二）熔制

1．玻璃的熔制过程

熔制是玻璃生产的重要工序，它是配合料经过高温加热形成均匀的、无气泡的并符合成型要求的玻璃液的过程。玻璃的许多缺陷如结石、气泡、条纹等都是熔制过程中造成的。玻璃的熔制是一个非常复杂的过程，它包括一系列物理的、化学的、物理化学的现象和反应。其过程大致可分为硅酸盐形成、玻璃形成、澄清、均化和冷却成型5个阶段。

2．影响玻璃熔制的工艺因素

（1）配合料的化学组成　配合料的化学组成对玻璃熔制速度有决定性的影响，配合料的化学组成不同，熔化温度亦不同。药用玻璃由于其性能的要求，二氧化硅等难熔氧化物比值较高，所以对熔制的要求较高。

（2）原料的性质　原料的性质及种类对熔制的影响较大，如石英砂颗粒的大小和形状、所含杂质、配合料的气体率以及碎玻璃等。

（3）熔制温度　熔制温度是影响玻璃熔制过程的首要因素，熔制温度决定玻璃的熔化速度，温度越高硅酸盐反应越强烈，石英颗粒熔化速度越快，而且对澄清、均化过程有显著的促进作用。药用玻璃的熔制火焰温度一般在1 600℃左右。

3．熔制装备

玻璃的熔制工艺主要装备是玻璃窑炉。玻璃窑炉是整个工艺过程的关键部位和环节，用于药用玻璃生产的窑炉一般为马蹄焰池窑。常采用煤气、重油、天然气、电力为燃料。图3－1为其结构示意图。

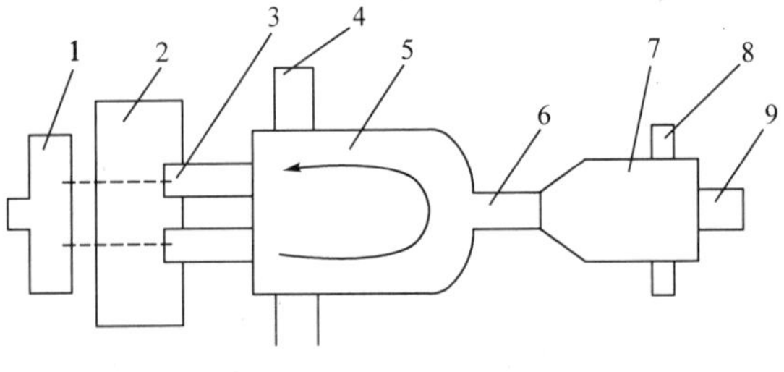

图 3－1　水平拉管蓄热室马蹄焰玻璃窑炉示意图

1—交换器　2—蓄热室　3—小炉　4—加料口　5—熔化池　6—流液洞　7—工作池　8—马弗炉　9—小炉

近年来，各项新材料、新工艺、新技术在药用玻璃行业得到广泛地应用。由于耐火材料质量的提高，熔炉温度、液面的自动控制手段及窑炉全保温技术的应用，玻璃的熔化质量和熔化率都有很大提高，窑炉寿命也大大地延长。窑炉工作池分隔、窑坎、池底鼓泡、供料道电加热、全电熔、电助熔等新工艺和新技术的采用为生产高档的药用玻璃创造了条件。

（三）药用玻璃容器的成型工艺

1．成型工艺

玻璃的成型是熔融的玻璃液转变为具有固定几何形状的过程。玻璃必须在一定的温度范围内才能成型。生产过程中玻璃制品的成型分为成形和定形两个阶段，第一阶段赋予制品一定的形状，第二阶段把制品的形状固定下来。药用玻璃容器按其不同的成型工艺方式，可分为三大类。

（1）模制瓶　在玻璃模具中成形的产品统称模制瓶。包括模制抗生素玻璃瓶、玻璃输液瓶、玻璃药瓶。其成型方式主要有两种，一种是吹—吹法，即玻璃料液在初型模中吹入压缩空气，做成瓶子的雏形料胎，再将料胎翻转到成型模中二次吹气形成固定的产品。大部分小规格瓶和小口瓶一般采用这种成型方式。另外一种压—吹法，即玻璃料液在初型模中用金属冲头压制成瓶子的雏形，再翻转到成形模中吹制成固定的产品。大规格瓶及大口瓶一般采用这种方式。模制瓶成型工艺流程如图3－2所示。

玻璃液 → 供料道 → 供料剪切 → 下料道 → 初型模 → 成型模 → 入退火炉

图 3－2　模制瓶成型工艺流程

(2) 玻璃管　玻璃管是药用玻璃制品的中间产品，是制作管制瓶和安瓿的半成品。药用玻璃管一般采用丹纳法水平拉制的成型方法，也有个别采用垂直拉管工艺。玻璃管成型工艺流程如图 3－3 所示。

玻璃液 → 供料道 → 旋转管 → 形成管径 → 跑道 → 测径 → 切割 →

→ 分选 → 输送带 → 梳理精切烤口

图 3－3　玻璃管成型工艺流程

(3) 管制瓶和安瓿　管制瓶和安瓿的成型为对所需要的玻璃管进行二次加工的成型方式，一般采用安瓿机和管瓶机，用火焰对玻璃管进行切割、拉丝、烤口、封底成型。管制瓶成型工艺流程如图 3－4 所示，安瓿成型工艺流程如图 3－5 所示。

人工续管 → 口部成形 → 切割 → 封底 → 退火

图 3－4　管制瓶成型工艺流程

人工续管 → 拉丝 → 烧压出曲径 → 扩口 → 封底 → 点刻痕 → 退火

图 3－5　安瓿成型工艺流程

2．成型设备

药用玻璃的成型工艺装备水平在近年来得到突飞猛进的发展，自动控制制瓶生产线、拉管生产线等工艺装备被广泛采用。新型的主要成型装备如下。

(1) 玻璃管　目前国内水平拉管线主要从 3 个国家引进的：①美国拉管线；②意大利拉管线；③日本拉管线，该拉管线能拉制从直径 9～42mm 的各种直径规格的玻璃管，解决了各种直径、各种规格的管制瓶要求。

(2) 管制瓶　目前国内采用制瓶机主要有：①意大利进口的 35D 立式制瓶机；②法国进口的 30D 立式制瓶机；③国产 ZP－18 型管瓶机。

(3) 安瓿　目前国内采用的安瓿制瓶机主要有：①意大利进口的 36D 立式安瓿机，该机具备生产点刻痕安瓿和色环安瓿功能；②日本的 WADL 横式安瓿机；③WA－Ⅱ型安瓿机。

(4) 模制瓶　目前国内采用的模制瓶机主要有：①QB6/4 型行列式制瓶机等，主要用于模制抗生素瓶生产；②BLH－108 型行列式制瓶机等，主要用于玻璃输液瓶、玻璃药瓶等大规格产品的生产；③美国 EF3"型行列式制瓶机。此外，模制瓶成型装备还有美国 555 型供料机，国产 C 型供料机等。

(四) 药用玻璃容器的退火及表面处理

1．退火

药用玻璃容器在生产过程中经受激烈的、不均匀的温度变化，使玻璃容器产生热应力，这种热应力会降低容器的强度和热稳定性，甚至引起制品的自行破裂，退火就是消除或减小玻璃中的热应力至允许值的热处理过程。

为了清除玻璃中的永久应力，必须将玻璃加热到低于玻璃的转变温度 T_g 附近的某一温度进行保温、均热，使应力松弛以消除各部分由于温度梯度而造成的结构梯度，这个保温均热温度为退火温度。玻璃容器的退火一般可分 4 个阶段。①加热阶段:将制品从入炉温度加热到退火温度; ②保温阶段:达到退火温度后保持一定时间,以便使制品各部分温度均匀,使应力尽可能消除; ③慢冷阶段:从退火温度缓冷到最低退火温度(应变点); ④快冷阶段:从最低退火温度冷却到常温。

药用玻璃的退火装备主要是网带式退火炉,燃料有水煤气、城市煤气、重油或天然气,以及电退火炉,常用的有 TH-YQ1800 型退火炉等。

2. 表面脱碱处理

普通钠钙硅酸盐玻璃的退火工艺过程中,还要对玻璃表面进行中性化处理。一般的方法是向退火炉或玻璃瓶中加入一定量的 SO_2 气体或含硫化合物,使退火炉中的酸性气体同玻璃表面的碱性物质发生化学反应,在玻璃表层生成钠盐(白霜),俗称硫霜化处理。这层“白霜”很容易经水洗除,从而减少了玻璃表面的碱含量,改善了玻璃的化学稳定性。

也有在玻璃退火时加入工业硫磺,在退火炉中形成酸性气体,与玻璃表层的碱性物质产生反应,形成硫酸盐的化合物,其反应机理如下。

$$Na_2O+SO_2 \longrightarrow Na_2SO_3$$

$$Na_2O+SO_3 \longrightarrow Na_2SO_4$$

(五) 药用玻璃容器的检验及包装

检验验收包装是药用玻璃生产工艺的最后一道工序,也是评判产品质量、剔除不合格品、控制和保证产品质量的一个关键环节。

1. 药用玻璃的检验

药用玻璃的检验主要包括以下几项。

(1) 理化性能　理化性能是药用玻璃的重要质量指标,检验的项目主要有耐水性检验(即化学稳定性)、抗热震性检验、耐内压力检验及应力检验等项目。按照标准规定及试验方法要求进行抽样检验判定。

(2) 规格尺寸　规格尺寸是产品制造成型质量的体现,高精度的规格尺寸将会给药品大规模的生产配套带来极大的便利。检验的项目主要有瓶子各部位的尺寸精度,按照标准规定进行抽样检验判定。

(3) 外观质量　外观质量是产品制造工艺水平的综合体现,产品外观质量的优劣,不仅会影响美观,而且会影响药品的质量,检验的项目主要有气泡、结石、条纹、裂纹、合缝线等表面缺陷,按照标准规定进行抽样检验判定。

药用玻璃包装前一般都有一个对产品全检的过程,称为验收工序,这个工序又分为人工检验和自动检验两种方式。目前国内药用玻璃大都采用人工检验的方式,人工检验由于受目力、经验等各种条件的限制,漏检率较高,劳动强度也很大。而自动检验,则可以对瓶子的尺寸及外观进行全方位的检验,漏检率低,效率高,也是提高药用玻璃质量水平的发展方向和有效途径。

2. 药用玻璃的包装

药用玻璃常用的包装方式一般有两种,一种用瓦楞纸箱盛装的普通包装,另一种是采用 PVC 或 PE 膜的热缩包装,另外还有少量的托盘包装。从对产品的保护程度及清洁度要求来看,热缩包装及托盘包装的质量要远远优于普通的纸箱包装。

三、药用玻璃容器的应用

1. 药用玻璃容器的选择

药用玻璃容器以其不同的性状及性能特色，适用于不同剂型的包装。在选择药用玻璃容器时应注意以下几点。

（1）良好适宜的化学稳定性　药用玻璃与药品之间应具备良好的相容性，即保证药品在保质期内不能因药用玻璃化学性能的不稳定、相互之间的某些物质发生化学反应而导致药品的失效或变质。例如，注射剂、输液剂应选用化学稳定性较高的药用玻璃，强酸、强碱的水针剂，特别是强碱的针剂对药用玻璃化学性的要求应更高。

（2）良好适宜的抗温度急变性　不同剂型的药品在包装过程中一般都要进行高温烘干、消毒灭菌或冷冻等处理，所选择的药用玻璃应具备良好的抵抗温度变化的能力。

（3）良好稳定的规格尺寸　各类不同剂型的药品在生产过程中，都要具备连续性、稳定性及包装材料之间的互配性。如注射剂瓶、输液瓶、口服液瓶等，都需要与胶塞、铝盖配套，以及能够适应各类剂型药品清洗、消毒烘干、灌封等生产线的高速和连续运转。

（4）良好适宜的机械强度　药用玻璃制品在不同剂型的生产线上及装卸运输中应具备一定的抗冲击能力和机械强度，以保证在盛装药品的前后最大限度地避免出现破碎现象。

（5）适宜的避光性能　对需要避光保存的制剂，应选用带有颜色、具有良好避光性能的药用玻璃。

（6）良好的外观及透明度　对于注射剂、输液剂等需要检查澄明度的药品，应要求药用玻璃具备良好的光洁度和透明度。

另外，在选择药用玻璃包装时还应从经济性、与药品分装设备及其他包装材料的配套性等方面予以综合评价，表 3－3 给出了常见玻璃容器的适用对象。

表 3-3　　常见玻璃容器的适用对象

产品	剂型	产品	剂型
模制注射剂瓶 管制注射剂瓶	粉针剂	口服液瓶	口服液剂
		玻璃药瓶	片剂、口服液、胶囊剂
安瓿、管制瓶	水针剂	硼硅玻璃管制冻干粉针瓶	生物制剂、冻干剂、血液制剂、疫苗
输液瓶	输液剂		

2. 药用玻璃的应用

（1）粉针剂包装　粉针剂是药品制剂的五大制剂之一。以各类抗生素药品为主，其包装主要是模制注射剂瓶和管制注射剂瓶。目前国内粉针剂的包装，模制注射剂瓶占 70%～80%，管制注射剂瓶占 20%～30%。国际上也是模制注射剂瓶居多。模制注射剂瓶的特点是尺寸稳定，强度高；管制注射剂瓶的特点是重量轻，外观透明度好，在国内外都有逐步增加的趋势。

大量的普通抗生素（如青霉素等粉针剂）一般选用经过表面中性化处理的Ⅱ类玻璃制造的模制注射剂瓶。生物制剂、血浆、疫苗等高档药品、特殊药品及冻干剂需选用Ⅰ类玻璃制造的模制注射剂瓶。

管制瓶注射剂瓶大量用于普通抗生素粉素针剂，目前国内该类产品的材质基本都是中性玻璃Ⅱ材质，所以用于生物制剂、血浆、疫苗或高档冻干剂药品时应选用硼硅玻璃（中性玻璃Ⅰ）材质的管制瓶。

（2）水针剂包装　水针剂的包装主要是安瓿。安瓿的应用目前以小规格居多，1mL、2mL

安瓿约占制剂总量的80%以上,大规格安瓿、耐强酸、强碱的安瓿、避光安瓿及印字安瓿的应用也在逐步扩大。

目前国内生产的曲颈易折安瓿有两种:一种是安瓿颈部有一刻痕,刻痕的上方有一色点标志如图3-6所示,也称之为点刻痕易折OPC安瓿。另一种是安瓿颈部有一圈低熔点玻璃色杯,因色环与安瓿玻璃本身的膨胀系数不同,可产生局部应力,所以容易折断如图3-7所示,一般称之为色环易折安瓿。

图3-6 刻痕易折曲径安瓿

使用色点易折曲颈安瓿时,将刻痕的标志向上,两手斜握安瓿的两端。右手向下用力即可折断。使用色环易折安瓿时,无方向性,只需双手斜握安瓿两端,右手向下用力即可折断。

(3) 输液剂包装 目前,国内大输液的包装以玻璃输液瓶为主,约占制剂总量的90%以上。近年来,塑料输液容器逐步增长,但是,优质轻量的Ⅱ型输液瓶仍将具备一定的竞争优势。玻璃输液瓶具有光洁透明、易消毒、耐浸蚀、耐高温、密封性能好等特点,目前仍是普通输液剂的首选包装。一些特殊的输液制剂(如强碱性输液剂)应选用材质为硼硅玻璃的输液瓶。

图3-7 色环易折曲径安瓿

(4) 口服液包装 口服液制剂以保健品居多,大部分采用药用玻璃包装,主要是管制的白色和棕色口服液瓶以及模制的棕色玻璃药瓶。对化学性质较活泼的各类口服液制剂应选用具备避光性能的棕色管制瓶或棕色模制玻璃药瓶。

(5) 冻干剂包装 冻干剂包装有管制瓶和模制瓶,以前还有安瓿包装。现已基本淘汰。冻干制剂应选用优质的管制瓶及优质轻量的模制瓶。对贵重的特殊的冻干剂药品应用性能优异的材质为硼硅玻璃制造的管制瓶或模制瓶。

(6) 片剂胶囊剂包装 片剂及胶囊的包装不断地被塑料瓶、铝箔等材料替代,但是优质轻量及避光的黄色或白色玻璃药瓶仍有其不可替代的优势及发展空间。

第三节 复合膜及复合软管

一、复合膜的组成及常用材料

复合膜是指由各种塑料与纸、金属或其他材料通过层合挤出贴面、共挤塑等工艺技术将基材结合在一起而形成的多层结构的膜。

(一) 复合膜的组成

复合膜一般由基材、层合胶黏剂、阻隔材料、热封材料、印刷与保护层涂料等组成。常用的复合膜结构为:表层/黏合层1/中间阻隔层/黏合层2/内层热封层。在复合膜工艺中,通常用简写的方式表示一个多层复合材料的结构。比如典型的药用复合膜可表示为:表层/印刷层/黏合层/铝箔/黏合内层(热封层)。

(1) 性能要求 透明性好(里印材料)或不透明材料;优良的印刷装潢性;较强的耐热性能;具备一定的耐摩擦、耐穿刺等性能,对中间层起保护作用;当是双层复合膜时,表层同时也起到阻隔层作用。

(2) 常用材料 PET、BOPP、PT、纸、BOPA等。

1. 中间阻隔层

(1) 性能要求　能很好的阻止内外气体或液体的渗透；避光性好(透明包装除外)；阻隔层应尽量靠近被包装物。

(2) 常用材料　铝或镀铝膜、BOPA、EVOH等。

2. 内层(热封层)

(1) 性能要求　无毒性，符合国际规范的材料；具有化学惰性，即不与包装物发生作用而产生腐蚀或渗透；良好的热封性；良好的机械强度、耐穿刺、耐撕裂、耐冲击、耐压等；符合要求的内表面爽滑性；当透明包装时，要求内封层透明性好；良好的耐热性或耐寒性。

(2) 常用材料　PE、PP、EVA等。

3. 基材

在复合膜构成中，基材通常由PET、PT、BOPP、BOPA、铝、纸、VMCPP(镀铝CPP)、VMPET(镀铝PET)等构成，各种基材膜的性能除了同其使用的合成树脂牌号有关系外，还同加工成型的方法和条件有关。

4. 胶黏剂

所谓胶黏剂是指借助表面粘结及其本身强度使相邻两个相同的或不同的固体材料连接在一起的所有非金属材料的总称。胶黏剂是涂于两固体之间的一层媒介物质。

胶黏剂的种类繁多，组成各不相同。复合膜所使用的胶黏剂属于合成胶黏剂，它通常是由以下几部分组成。

(1) 黏合物质　它是构成胶黏剂的主体材料，又叫基料，决定了胶黏剂的主要性质。

(2) 固化剂　胶黏剂必须在流动状态下涂覆并浸润被粘物质表面，然后通过适当的方法，使其成为固体才能承受各种负荷，这个过程称为固化。现代高性能胶黏剂的固化通常都是指化学过程，即在固化过程中，胶黏剂中主剂与固化剂之间起化学反应，同时被粘物表面也起相应的化学反应。

(3) 溶剂　它是用来溶解黏合物质及调节胶黏剂的黏度，增加胶黏剂对被粘物质的浸润性及渗透能力，改善胶黏剂的工艺性能。

(4) 其他助剂　增塑剂、防腐剂、填料、消泡剂等。

药用复合膜对胶黏剂的性能要求为：

(1) 柔软性　柔软性对复合包装材料来说是很重要的，一般把以塑料为主的复合材料称为软性包装材料。除了要求基材本身要柔软可折外，胶黏剂本身也具备柔韧性。如果固化后的薄膜变硬，复合材料也就失去了软包装的意义。

(2) 耐热性　用于包装药品的复合包装材料，在包装过程中要经过180～220℃的高温处理才能将复合膜制成包装袋，这不仅仅要求各种基材要经得起高温考验，使用的胶黏剂也要能经得起高温考验。若胶黏剂不能耐高温，复合膜经过高温处理后，原先复合好的材料就会分离、脱层，这必然会导致包装失效。

(3) 耐寒性　有许多种药品，在被包装后需要低温冷藏或冷冻保存，这就要求包装材料本身要耐低温。胶黏剂如不耐寒，那么复合材料也就会无法使用。

(4) 好的粘接性　复合包装材料是由多种不同性质的材料做成的，是通过胶黏剂把它们粘接在一起，因此胶黏剂必须对各种材料都具有良好的粘接力，必须具备能同时粘两种不同材料的能力。

(5) 抗介质性　复合包装材料所包装的物品十分复杂，面对这些复杂的成分，包装后又要经过高低温处理和长期贮存，因此要保证包装材料的质量，胶黏剂的稳定性是非常重要的。否则，会引起复合膜的分层剥离，从而失去其作用。

(6) 卫生性能好　药品包装材料所包装保护的是人们能直接入口的药品，从对消费者身体健康的安全性考虑，不仅基材要无味、无臭、无毒，所使用的胶黏剂也必须具有相同的性能。

(二) 复合膜的常用材料

(1) 聚酯　全称聚对苯二甲酸乙二醇酯(缩写 PET)。分子结构如下。

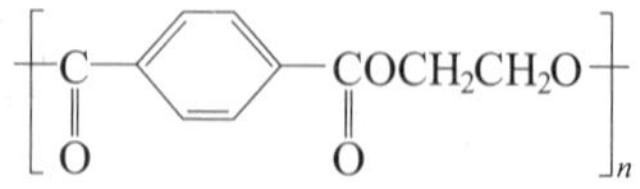

在包装工业上用得最多的是热塑性聚酯，俗称"涤纶"。由于其具有许多优良的特性，近年来被广泛应用于生产包装薄膜和包装容器中。PET 是一种无色透明极为坚韧的材料，无味、无毒，以其强度、韧性和透明度著称。是一种高结晶性的聚合物，相对密度为 1.3～1.38，熔点为 255～265℃。在热塑性塑料中，它的强韧性是最大的，其薄膜的抗拉强度与铝箔相当，是聚乙烯的 5～10 倍，为尼龙和聚碳酸酯的 2～3 倍；抗冲击强度也为一般薄膜的 3～5 倍。它具有良好的刚性、硬度、耐磨性、耐折性和尺寸稳定性，耐蠕变性也较好。

PET 具有良好的防止异味透过性、气密性和防潮性。同时耐热性、耐寒性也很好，在较宽的温度范围内仍能保持其优良的物理机械性能，能在 120℃ 条件下长期使用，在 150℃ 条件下短期使用，在 −200℃ 的液氮中仍不硬脆，在 −40℃ 时仍可保持其抗冲击强度，可在 −70～150℃ 之间使用。能耐弱酸、弱碱和大多数有机溶剂，耐油性好，适于印刷。

PET 的主要缺点是：由于酯键的存在使其对热水和碱液敏感，在水中煮沸易降解；强酸、氯化烷对其有侵蚀作用；易带静电，且尚无适当的防止静电的方法；无热封性；价格较高。

(2) 玻璃纸(缩写 PT)　玻璃纸是以天然纤维素(纸浆)为原料使黏胶法再生为纤维素酯的薄膜。玻璃纸又称透明纸，是一种透明度非常高的高级包装纸。用它包装的商品，内装物清晰可见，常用于包装化妆品、药品、糖果等。玻璃纸可分为普通玻璃纸和在玻璃纸上涂布了硝基纤维素酯、聚氯乙烯、PVDC 等的防潮玻璃纸，玻璃纸可以作为单种薄膜同其他薄膜贴合。

(3) 聚丙烯(缩写 PP)分子结构为：

$$\left[CH_2 - \underset{\underset{CH_3}{|}}{CH} \right]_n$$

聚丙烯为白色蜡状固体，无味、无毒，外观上如 PE，但比 PE 更透明光亮。PP 属于线性的高结晶度聚合物，其结晶度高达 86%～96%，熔点为 165℃，相对密度为 0.89～0.91，是通用塑料中最轻的一种。具有优良的防潮性和抗水性，防止异味透过性比 PE 好。PP 热封性好，具有极好的耐弯曲疲劳强度，能耐受数万次的折叠弯曲，可起到铰链作用。PP 能耐 80℃ 以下酸、碱、盐溶液及大多数有机溶剂，在很多溶剂和去污剂、洗涤剂中不发生应力开裂，所以 PP 容器常用于化妆品、药品、洗涤剂等物品包装。

PP 的主要缺点是耐老化性差，受光、热、氯易引起降解老化；耐寒性差，不适宜在低温下使用；气密性也不良；铜对 PP 的老化有催化作用；某些溶剂和高沸点脂肪酸能使 PP 发生溶胀并轻微地侵蚀其表面，PP 是非极性材料，在粘接、印刷前必须经电晕处理。

(4) 聚酰胺[俗称尼龙(NY)，缩写 BOPA]　聚酰胺是一类主键上含有许多重复酰胺基团的聚合物的总称，通常使用其商品名尼龙。

尼龙大都是坚韧、不甚透明的角质材料，无味、无毒，燃烧时有羊毛烧焦气味。尼龙的结晶性强，熔点高，机械性能优良。其韧性好，抗拉强度和抗冲击强度明显优于一般塑料，且抗冲击强度随含水量的增高而增大，耐磨性好，摩擦系数低，耐弯曲疲劳强度较好。尼龙熔点大多在200℃以上，但它的高温稳定性差，易降解老化，一般应在100℃以下使用。它的耐低温性好，可在－40℃使用。尼龙的气密性较PE、PP好；成型加工及印刷性能良好；耐油性优良，耐烃类、酯类等有机溶剂和弱碱。

尼龙的主要缺点是吸水性强，透湿率大，吸水后使其气密性急剧下降，且影响其尺寸稳定性，不耐酸、氯化烃、苯酚和醇类等极性溶剂，易带静电。

(5) 铝箔（缩写Al） 铝箔属于金属包装材料，是用高纯度铝经过多次压延后，变成极薄的基材产品。作为包装材料用的铝箔，分为硬铝（薄片、胶囊的泡罩包装）和软铝（复合软包装材料）两种。一般来说复合膜用的是软铝，使用厚度为7～9μm，因其极薄易撕碎折断，故不能单独作为包装材料用，而是要与塑料、纸等复合后，才能充分发挥其优点。

(6) 纸 纸是目前用途最广泛的包装材料之一，用于复合膜的纸一般采用铜版纸，因其具有较好的挺度和强度，对内装物具有良好的保护作用，其光滑的表面又具有良好的印刷适性，同时无毒、无味、安全卫生，又具有一定的耐热性。但当其作为表层复合时，印刷面需涂覆一层耐高温保护光油，保护印刷图案，防止油墨脱落。把纸同各种塑料薄膜甚至加上铝箔复合起来，可以充分发挥纸的优势。纸的缺点在于透过性大，防潮防湿性能差，机械强度不高。

(7) 真空镀铝流延聚丙烯（缩写VMCP）、真空镀铝聚对苯二甲酸乙二醇酯（缩写VMPET） 所谓真空镀铝膜，是指在高真空状态下，将纯铝的蒸气沉淀附着到各种基膜上去的一种薄膜。镀铝层的厚度一般为0.4～0.7μm，目前广泛使用的有PET、CPP、PT、PVC、OPP、PE、纸张等的真空镀铝膜，其中用得最多的是PET和CPP真空镀铝膜。

真空镀铝膜除了具有原有基膜的特性外，还具有非常好的装饰性和较强的阻隔性。基膜经真空镀铝后，具有强的金属光泽，对光线和各种气体的阻隔性大大提高。镀层越厚，光通过率越小，阻光性越高。

（三）包装封合及热封材料

1. 包装封合方法

封合包装的方法有热封合、冷封合、胶黏剂封合等。热封合是指利用多层复合膜结构中的热塑性内层组分，加热时软化封口，移掉热源就固化。热封合塑料、涂料、热熔融体是常用的热封合材料。冷封合是指不用加热只要加压就能封合，最常见的冷封合涂料是指涂在包装袋袋边的边缘涂料。胶黏剂封合在多层材料包装中运用很少，只用于含纸的包装材料。

2. 热封材料

(1) 聚乙烯（PE） 聚乙烯是一种乳白色半透明和不透明的蜡状固体，几乎无味、无毒，密度比水轻。PE大分子链的柔顺性好，很容易结晶，常温下是一种韧性材料。作为包装材料，PE的主要缺点是气密性不良，对气体和有机蒸气的透过率大，强度和耐热性不高；容易受光、热和氧的作用引起降解，所以PE制品中常加入抗氧剂和光、热稳定剂来防止老化；PE的耐环境应力开裂性差，且不耐浓H_2SO_4、浓HNO_3及其氧化剂的侵蚀，受热时会受到某些脂肪烃或氯化烃的侵蚀；PE的印刷性能差，表面呈非极性，所以在印刷及粘接前必须经电晕处理，以提高对印刷油墨的亲和性和粘接性。

用于热封合包装的PE主要包括：①低密度聚乙烯（LDPE），又称高压聚乙烯；②高密度聚乙烯（HDPE），又称低压聚乙烯；③中密度聚乙烯（MDPE）；④线性低密度聚乙烯（LLDPE）；

⑤茂金属催化聚乙烯。各种聚乙烯性能比较如表 3-4 所示。

表 3-4 各种聚乙烯性能比较

性 能	LDPE	HDPE	LLDPE
密度/$g \cdot cm^{-3}$	0.910~0.925	0.941~0.965	0.91~0.92
结晶度/%	55~65	85~95	67~75
透明性	半透明	半透明	半透明
熔融指数/$g \cdot (10min)^{-1}$	1~31	0.2~8	1.5~30
成型收缩率/%	1.5~5.0	2.0~5.0	1.5~5.0
介电常数	2.25~2.35	2.30~2.35	2.25~2.35
硬度(邵氏)/度	D 41~46	D 60~70	D 40~50
拉伸强度/MPa	7~15	21~37	15~25
拉伸模量/GPa	0.17~0.35	1.3~1.5	0.25~0.55
缺口冲击强度/$kJ \cdot m^{-2}$	80~90	40~70	70
熔点/℃	105~115	131~137	122~124
热变形温度/℃	50	78	75
脆化温度/℃	-80~55	-140~100	<-120
断裂伸长率/%	10~1 200	100~965	
吸水率(厚度 0.32cm,24h)/%	<0.01	<0.01	<0.01
O_2 的渗透率/$cm^3 \cdot (24h)^{-1} \cdot m^{-2}(0.1MPa)^{-1}$	4~7.3	16.3~21.3	
CO_2 的渗透率/$cm^3 \cdot (24h)^{-1} \cdot m^{-2}(0.1MPa)^{-1}$	20~25	75~106	

(2) 流延聚丙烯薄膜(CPP) 用于热封合材料的 CPP 因与双向拉伸聚丙烯生产工艺不同,故性质略有差异。CPP 的优缺点见“聚丙烯”的有关内容。

(3) 聚氯乙烯(缩写 PVC) 纯 PVC 是无色、透明、坚韧的树脂,分子极性强,分子间作用力大,因此有较好的硬度和刚性。

PVC 价格较便宜,用途广泛,它可以制成硬质包装容器、透明泡罩和软质包装薄膜以及泡沫塑料缓冲材料等,由于单体的毒性及分解的腐蚀性,其用量正在减少,逐步被其他材料替代。

(4) EVA(乙烯-醋酸乙烯共聚物) 聚乙烯是乳白色半透明或不透明的蜡状固体,几乎无味、无毒。EVA 是由乙烯和乙烯乙酸酯两种单体共聚制得的半透明或略带乳白色的固体,其性能随两种单体的含量改变而变化。因此,在选用 EVA 的型号时,要根据用途而定,可作塑料、热熔胶和涂料使用。

EVA 以其弹性好用于托盘的缠绕包装,以其热封温度低、热封强度型常用作复合膜的内层,以其较好的粘接性(与许多极性和非极性材料均有较好或一定的黏性)用于胶黏剂、涂层、涂料中,用作电缆绝缘及颜色载体。

(5) PVDC(聚偏二氯乙烯) PVDC 一般是指偏二氯乙烯的共聚物。经过聚合反应生成的高分子化合物,它具有高度的结晶性,软化点高(185~200℃),与分解温度(210~225℃)十分接近。它与一般增塑剂的相容性差,因而难以成型加工。PVDC 的技术指标见表 3-5 所示。

PVDC 是具有高结晶度的略带黄绿色的强韧透明材料。它对水蒸气、气体、气味的透过率极低,具有优良的防潮性、气密性和保香性,是性能极佳的高阻隔材料。它能耐酸、碱和多种溶剂,耐油,难熔,有自熄性。

表 3-5　　PVDC 与 EVOH 的技术指标

性　　能	PVDC	EVOH	性　　能	PVDC	EVOH
T_g/℃	−15～2	48～69	薄膜撕裂强度/kg·(25μm)$^{-1}$	10～30	
T_m/℃	160～172	156～189	水蒸气透过率（WVTR）/g·(24h)$^{-1}$·m^{-2}，37.8℃和90℃的相对湿度	7.9～240	550～15 000
密度/g·cm^{-3}	1.60～1.75	1.21～1.31			
薄膜的产率(25μm)/m^2·kg^{-1}	23.4	35			
拉伸强度/MPa	19.3～34.5	37.2～94.1	O_2 透过率/cm^2·(24h)$^{-1}$·m^{-2}·0.1MPa	7.9～2 700	
拉伸模量/MPa	344～551				
断裂伸长率/%	160～400	180～330	吸水率(厚度 0.32cm,24h)/%	0.1	6.7～8.6

PVDC 的缺点是耐老化性差，容易受热、紫外线的影响而分解出 HCl 气体，其残余单体有毒性，用于食品和药品包装时要严格控制其质量指标。

（6）EVOH(聚乙烯－乙烯醇)

a. EVOH 是高度结晶型树脂，它主要用在需要高度阻隔性的包装上，例如气体充填包装技术上，可以长期保持充填在包装袋中的氮气和二氧化碳气体，同时阻隔外面氧气的渗入，从而防止食品霉烂变质。

b. EVOH 还是具有高度的耐油性和耐有机溶剂性，具有高强度、韧性及透明度，它的保香性极佳，主要用于生产罐装碳酸饮料的容器或者盛装溶剂、芳香物或恶臭东西的容器。

c. EVOH 对湿度敏感，吸水率可高达 50%～60%，吸水后阻隔性明显下降，因此，一般都将 EVOH 作为中间层先保护起来，避免吸潮而发挥其优良的性能。

d. EVOH 树脂同绝大多数聚合物的粘接性都很差，但与尼龙有极好的相容性，可以不使用粘接树脂或“增黏树脂”而共混改性，生产出高强度和高阻隔性、高耐油脂性的尼龙合金材料。

（7）其他塑料

A. 乙烯－丙烯酸共聚物(缩写 EAA)　分为杜邦公司的“牢靠”和陶氏化学的“百马”。此类树脂的特点是：

a. 对金属箔、纸、尼龙、聚烯烃、玻璃及其他物质有优良的黏附力；

b. 对油、脂、酸、盐及其他化学产品有较好的耐蚀力；

c. 即使有难以处理的产品污染存在，仍具有可靠的低温热封性能；

d. 对应力开裂、撕裂、摩擦及刺穿皆有较好的抵抗力；

e. 与 LDPE 一样容易加工，不受潮气影响。

B. 沙林(英文 surlyu)，离子型聚合物　沙林树脂是乙烯－甲基丙烯酸共聚物(EMAA)部分为金属离子中和而制成的，含有共价键及离子键的热塑性树脂，白色、无毒、无臭、无味，透明性好，光泽性好。主要特点如下。

a. 机械特性　有极好的冲击强度、抗张强度、耐针孔性、耐磨性；

b. 低温性　即使在低温下，离子型树脂仍有较好的机械性能，脆化温度可达－110℃；

c. 耐热性　绝大多数级别离子型树脂的使用温度为 50～80℃，最近已经出现使用温度可达 100℃ 的树脂牌号；

d. 耐化学性　在室温下，绝大多数能受有机溶剂和食用油的作用，还耐大多数温和的酸和碱，不耐 HNO_3、H_2SO_4 及潮湿的氯气和液态溴的侵蚀；

e. 粘接性 同铝箔、玻璃、金属、尼龙等都有极好的粘接性；

f. 相容性 同绝大多数的热塑性塑料和橡胶都有良好的相容性，在共混改性和共挤中常用；

g. 热封性 极好的热封性，不论温度高和低，也不论封口处被油、水、灰尘等严重污染都能热封，且有较好的热封强度和牢度；

h. 吸潮性 塑料粒子极易吸潮，开包后8h内必须使用加工完毕，否则粒子会因吸潮而失效。

C. 乙烯－甲基丙烯酸共聚物(EMA) EMA具有极低的结晶度、非常好的透明性、韧性、弹性和柔软性。在熔融状态下能很容易地流动，较快地均匀涂布于被粘物体的表面，与被粘物牢固地结合在一起。EMA与沙林这两种物质的化学特点很相似，但在热黏合性、热封强度、热封范围、耐油性等方面有些不同，但与铝箔的粘附性基本相同，比沙林价格低10%左右，吸潮性差，容易运输和贮存。

上述的各种热封塑料基本上都是通过热封的方式来包装物品，一般来说热封是指依赖于热和压力的结合，把两层热塑性塑料材料粘合在一起。当材料之间的接触面消失时，热封合是牢固的，被封合的材料没有变薄或减少。

热封合的方式有很多种，如板式封合、脉冲封合、带式封合、热刀封合、超声波封合等。在将复合膜制成包装袋的过程中最常用的是板式封合。在板式封合中影响封合强度的主要有3个因素：热封时间、热封温度、热封压力。其中热封温度是主要因素，它是选择最佳粘流温度状态的主要依据。热封温度必须大于内层封合材料的熔融温度，小于外层膜的熔融温度和内层封合材料的分解温度。要想获得足够的热封强度必须将三者作精确地调节，否则，热封层或者未粘连好，或出现多余料流降低了材料强度。热封压力不宜过大，热封时间不宜过长，以免大分子降解，使封口强度下降。

（四）复合膜的特点

复合膜具有防尘、防污、阻隔气体、保持香味、透明(或不透明)、防紫外线、装潢、印刷、蒸煮杀菌、防静电、微波加热等功能。适用于机械加工或其他各种封合方式，基本上可以满足药品包装所需的各种要求和功能，其特点如下。

(1) 可以通过改变基材的种类和层合的数量来调节复合材料的性能，满足药品包装各种不同的需求。

(2) 对药品具有很强的保护作用，可以根据药品包装的实际需求，制造出具有高度防潮、隔氧、保香、避光的复合膜材料。

(3) 机械性能优良，具有较理想的抗拉强度，耐撕裂、耐冲击、耐折断、耐磨损、耐穿刺等性能。

(4) 机械包装适应性好，可用于大批量生产。复合包装材料易成型、易热封，且封口牢固，尺寸稳定，耐划伤穿孔。

(5) 使用方便，重量轻，易携带，规格变化多，运输体积小，费用低，易开启。

(6) 促进药品销售，复合材料易印刷、造型，可以增加花色品种，提高商品陈列效应。

(7) 利用资源广泛，通过选择各种结构，节省材料，降低能耗和成本。

复合膜最突出的优点是其综合保护性能好，费用低廉。但某些复合膜也有难以回收，易造成污染的缺点。

二、复合膜的种类

复合膜的种类繁多，新材料层出不穷，从不同角度或侧重某一方面可以有许多种不同的包装分类办法，如阻隔性包装、耐热性包装、选择渗透性包装、保鲜性包装、导电性包装、分解性包装等。按照功能可将药用包装复合膜分为以下5种。

1．普通复合膜

(1) 典型结构　PET/DL/Al/DL/PE 或 PET/AD/PE/Al/DL/PE(注:DL 为干式复合缩写，AD 为胶黏剂)。

(2) 生产工艺　干法复合法或先挤后干复合法。

(3) 产品特点　良好的印刷适应性,有利于提高产品的档次;良好的气体、水分阻隔性。

2．药用条状易撕包装材料

(1) 典型结构　PT/AD/PE/Al/AD/PE。

(2) 生产工艺　挤出复合。

(3) 产品特点　具有良好的易撕性,方便消费者取用产品;良好的气体、水分阻隔性,保证内容物较长的保质期;良好的降解性,有利于环保;适用于泡腾剂、涂料、胶囊等药品包装。

3．纸铝塑复合膜

(1) 典型结构　纸/PE/Al/AD/PE。

(2) 生产工艺　挤出复合。

(3) 产品特点　良好的印刷性,有利于提高产品的档次;具有较好的挺度,保证了产品良好的成型性;对气体或水分具有良好的阻隔性,可以保证内容物较长的保质期;良好的降解性,有利于环保。

4．高温蒸煮膜

(1) 典型结构　透明结构 BOPA/CPP 或 PET/CPP;不透明结构 PET/Al/CPP 或 PET/Al/NY/CPP。

(2) 生产工艺　干法复合。

(3) 产品特点　基本能杀死包装内所有细菌;可常温放置,无需冷藏;有良好的水分、气体阻隔性,耐高温蒸煮;高温蒸煮膜可以里印,具有良好的印刷性能。

5．多层共挤复合膜

(1) 典型结构　外层/阻隔层/内层。

(2) 特点　外层一般为有较好机械强度和印刷性能的材料,如 PET、PP 等;阻隔层具有较好的对气体、水蒸气等阻隔性,如 EVOH、PA、PVDC、PET 等通过阻隔层来防止水分、气体的进入,阻止药品有效成分流失和药品的分解;内层具有耐药性好、耐化学性高、热封性能较好的特点,如聚烯烃类。多层共挤膜具有优异的阻隔性能及良好的防伪性能,同时结构多样,便于控制成本。

6．复合成型材料

(1) 典型结构　NY/Al/PVC,NY/Al/PP

(2) 特点　解决了药品避光与吸潮分解的难题;可以有效地避免气体、香料和其他物质对药品成分的破坏,保证药品的更长的使用期限内品质不发生任何改变;适用于丸剂、片剂、粉剂、栓剂、胶囊及外敷等药品的包装,且易于开启;适用于任何气候地区的药品包装,如 PVC 具有更高的阻隔性,能对药品进行全方位的保护。

三、药用复合膜的特殊要求

对于采用复合膜包装的药品或医疗器械,需要适应药品或医疗器械的消毒法。药品常用湿热灭菌法,而医疗器械最常用环氧乙烷和 γ 射线消毒法。

1．环氧乙烷消毒法

使用环氧乙烷消毒时，先将气体导入包装物中，消灭细菌后再将气体排出。由于环氧乙烷有一定毒性，因此这种消费方法将逐步减少。

2. γ 射线消毒法

有些复合膜包装适合使用辐射法消毒。一般来说，辐射所诱发的聚合物属性的改变需要经过很长时间才会显现出来，可能引起聚合物发生一系列的化学反应，这种反应可持续到辐射停止后，使聚合物失去一部分属性。表 3-6 列举了辐射对一些重要包装聚合物的主要作用。

表 3-6　辐射对一些重要包装聚合物的作用

聚合物	辐射的主要作用	聚合物	辐射的主要作用
丙烯腈/丁二烯/苯乙烯共聚物	交联，降解	聚乙烯	交联
乙烯/酸乙烯	交联	聚丙烯	交联，降解
离子聚合物	交联	聚苯乙烯	交联
聚酰胺	交联，降解	聚氯乙烯	交联，降解
聚碳酸酯	交联，降解	聚偏二氯乙烯	降解
聚酯(PET)	交联		

以交联为主的聚合物适合用辐射消毒包装。使用普通剂量消毒聚乙烯，尤其是高密度聚乙烯时，其性质一般不受影响，离子型聚合物、聚酯和聚苯乙烯的性质也几乎无变化。高抗冲击性对聚苯乙烯，也易受破坏，而表现出冲击强度降低，但可以接受。对乙烯-醋酸乙烯聚合物的辐射实际上提高了拉伸和冲击强度。与之对照的是聚偏氯乙烯不主张使用辐射消毒法，因为辐射消毒会使其力学性能减弱和造成退色，在使用有氧参与的辐射法时尤为明显。

四、复合膜的生产工艺

（一）复合膜的生产工艺流程

1. 复合膜、袋生产工艺流程

复合膜、袋生产工艺主要包括：印刷、干法复合、挤出复合、固化、分切、制袋、包装等工序。其生产工艺流程如图 3-8 所示。

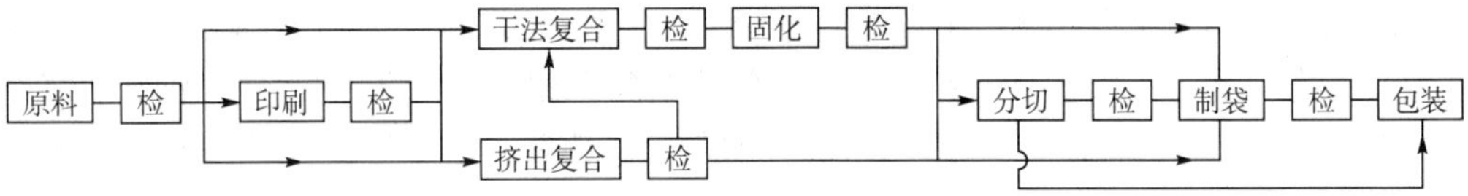

图 3-8　复合膜、袋生产工艺流程

2. 印刷工艺流程及控制

印刷工艺流程如图 3-9 所示。

控制要点为：①张力控制，张力是根据基材的性质确定的，容易延伸的张力小，不易延伸的张力较大。收卷张力比放卷张力略大。②温度及速度控制，温度的设定同样是根据基材的性质决定的。强度较高，受热不易变形的膜，应设定较高的温度。温度恒定，溶剂的沸点较高，则速度要降低，反之升高；当溶剂沸点恒定，则速度加快时，可适当提高温度，反之可适当降低温度；当速度恒定时，当溶剂沸点较高，则温度要升高，反之，温度要降低。③油墨使用调整与控制，在其他条件不变时，油墨的黏度高低会严重影响印刷质量，一定要将油墨的黏度控制在合适的程度。在生产过程中，由于循环过程中溶剂时刻在挥发，应每隔一段时间检测一次油墨的黏度，超过控制范围时要添加新的溶剂去调整到正常范围。

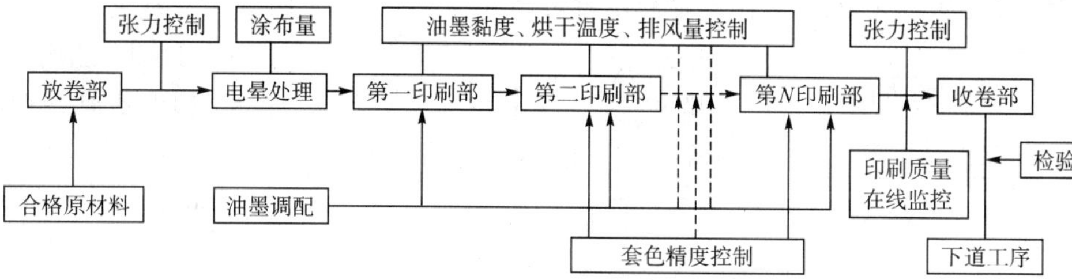

图 3-9 印刷工艺流程

3. 干式复合工艺流程及控制

干式复合工艺流程如图 3-10 所示。

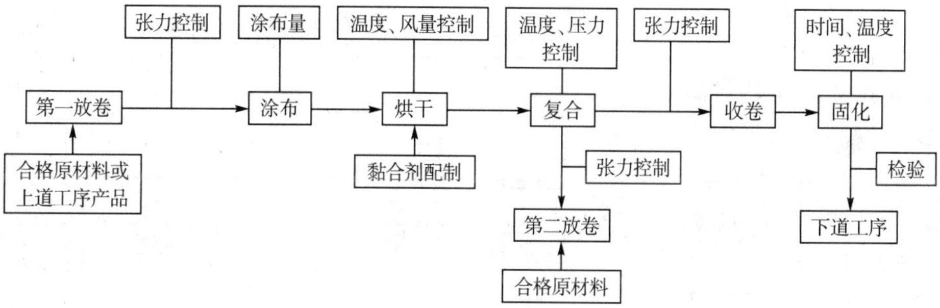

图 3-10 干式复合工艺流程

控制要点为：①温度控制。温度要根据材料本身的耐热性，复合速度、胶黏剂的特性综合考虑后设定。②张力控制。受张力和热容易延伸的 CPP、PE 通常总是放在第二放卷部，7～9μm Al 容易断裂、起皱，只能放在第二放卷部。而将受张力不易延伸的 PET、BOPP、NY 常放第一放卷部。③速度控制。速度控制原则是在膜受热不变形的情况下，使溶剂残留量最小。④胶的调配使用及涂布量控制。根据胶黏剂种类、产品种类来控制。⑤固化程序控制。根据胶黏剂种类、产品种类来控制。

4. 挤出复合工艺流程及控制

挤出复合工艺流程如图 3-11 所示。

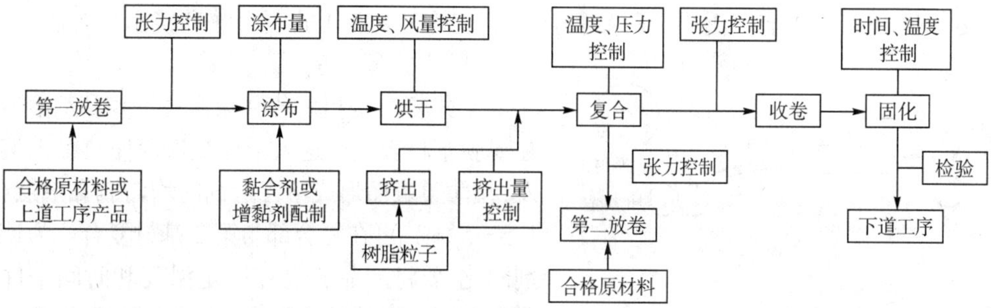

图 3-11 挤出复合工艺流程

控制要点为：①设定各工艺系数。②涂布量控制。③挤复中应对被涂覆的基材薄膜的耐温性给予充分的注意，温度太高、停留时间太长，都有可能损坏基材薄膜。④根据不同的基材薄膜性能调整机器张力，保证第一、第二放卷部薄膜过程中平稳无褶皱。⑤使用塑料挤复时，注意搅拌均匀，尽量多搅匀，一次性配料不宜过多。

5. 分切工艺流程及控制

分切工艺流程如图 3－12 所示。

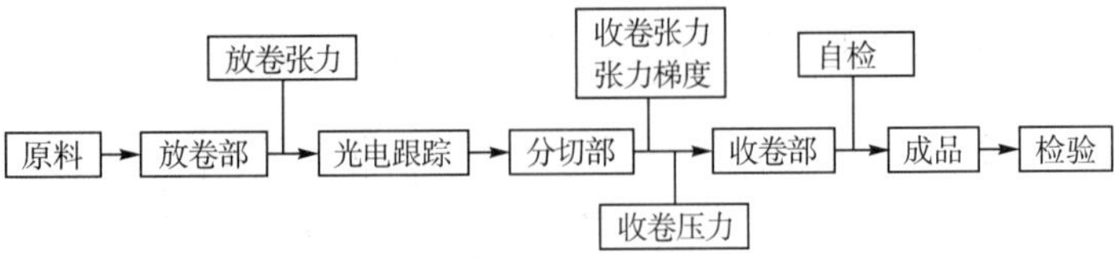

图 3－12　分切工艺流程

控制要点为：①张力及梯度控制；②压力控制；③纠偏及尺寸控制；④速度控制；⑤成品表面质量控制，端面整齐度、褶皱、包筋、接头数、长度、毛刺、杂物、亮边等。

6. 制袋工艺流程及控制

三边封袋工艺流程如图 3－13 所示。中封制袋工艺流程如图 3－14 所示。

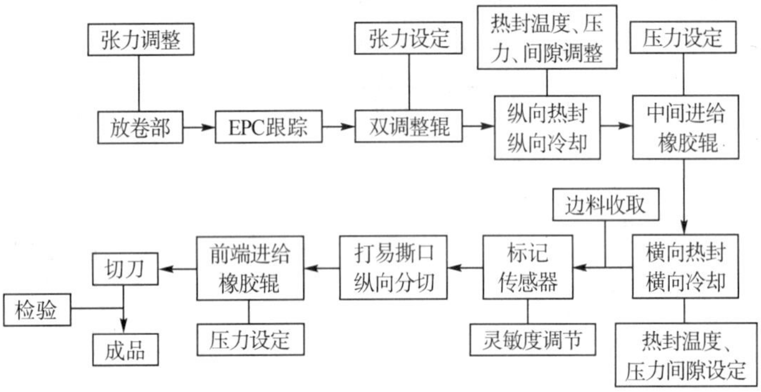

图 3－13　三边封袋制袋工艺流程

控制要点为：①热封温度的设定与控制。②张力设定与调整。③切刀调整。④速度调节。⑤其他：注意袋尺寸、易撕口位置、封口强度、开口性能、切口平整度及上工序缺陷等。

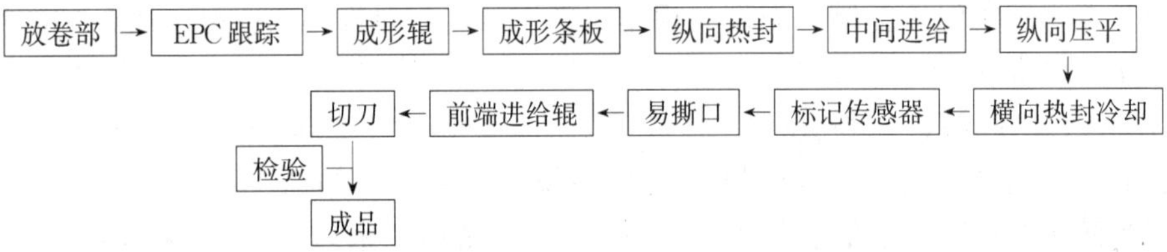

图 3－14　中封制袋工艺流程

（二）主要生产工艺介绍

根据不同的生产工艺，可分为湿式复合、干式复合、挤出复合、共挤出复合、热熔黏合剂复合、无溶剂复合等。目前广泛用于药品复合膜生产的工艺有干式复合法和挤出复合法。

1. 干式复合法

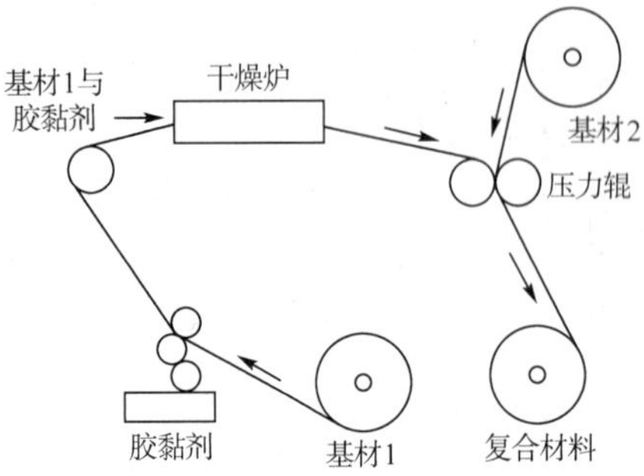

图 3－15　干式复合法示意图

干式复合是指用各种涂覆法将胶黏剂溶液涂布在薄膜基材表面后送入干燥烘道内使胶黏剂溶剂挥发，在薄膜表面形成不含溶剂的均匀胶黏剂层(厚约 1.5～5μm)，再在复合部与第二基材复合。为使胶黏剂固化，要将产品膜卷在一定温度和时间条件下固化以得到适当的粘合强度。图3－15 所示是干式复合法的示意图。干式复合法的特点：①可选择的基材范围广。②复合牢度高，可以生产使用条件相当苛刻的高温蒸煮袋等高档软塑包装材料。③复合效率高。④干式复合制品可以表面印刷,也可以反印刷(里印)。⑤干式复合法生产的复合膜成本比较高,尤其是高温蒸煮袋使用了昂贵的耐高温蒸煮油墨和耐蒸煮胶黏剂。⑥存在较严重的环境污染问题,溶剂挥发量大,工人的劳动条件差。

2. 挤出复合法

挤出复合是将聚乙烯等热塑性塑料在挤出机中熔融,从扁平机头中呈薄膜状流出,在橡胶压辊与冷却金属辊之间与纸、薄膜等连续传送的膜状材料压合后,在冷却辊处冷却固化,再从冷却辊表面平滑地剥下,制成复合薄膜。图 3-16 所示是挤出复合法示意图。挤出复合法的特点:①可供选择的基材面较广。②能容易地调节所需挤出膜的宽度、厚度。③复合制品的卫生性好,因为所涂的锚涂剂大部分属无毒低毒,且涂布量是干式复合用量的 1/10,因此溶剂残留量问题、环境污染问题都比干复小得多。④通过调节挤出量及成型线速度可加工厚度范围宽(4～100μm)的产品。⑤可赋予基材热封性并改善基材的物理性能、阻隔性、耐化学药品性、耐油脂性及包装机适应性等。⑥价格比干式复合膜便宜。

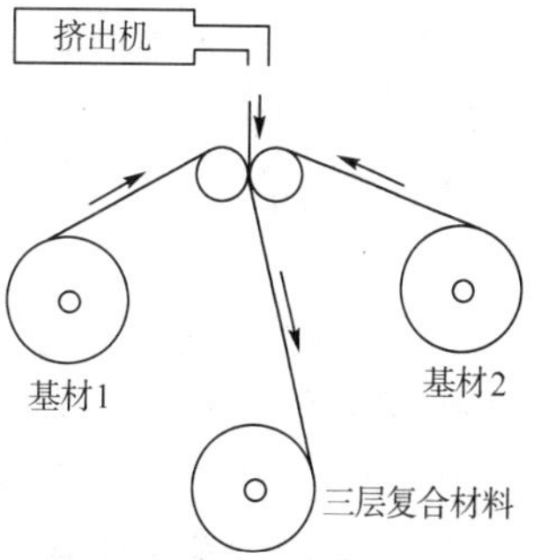

图 3-16 挤出复合法示意图

五、复 合 软 管

(一) 软管的分类

复合软管通常是作为膏状或糊状物的小包装,如药品软膏剂、牙膏、颜料、鞋油、巧克力、化妆品等。软管最早是使用铅或锡制成的,直至 20 世纪 40 年代,才出现了铝管,并因其良好的阻隔性而迅速普及。50 年代出现了塑料管。60 年代复合软管由 ACC(American Can Company)开发成功,从 1970 年开始由日本狮王公司应用于牙膏包装。80 年代开始,复合软管进入药品软膏剂的包装市场。根据制管的材质不同,软管可做如下分类。

- 软管
  - 塑料软管
    - 聚乙烯软管
    - 聚丙烯软管
  - 金属软管
    - 铝软管
    - 铝锡合金软管
    - 铅上铸锡合金软管
    - 铅软管
  - 复合软管
    - 全塑复合软管
    - 铝塑复合软管

(二) 复合软管的分类及特点

所谓铝塑复合软管,就是将具有高阻隔性的铝箔与具有柔韧性和耐药性的塑料经挤出复合成片材,然后经制管机加工而成。我国《医药包装行业"十五"发展规划纲要》规定,软膏类药物的包装,将彻底淘汰铅锡管和低质塑料制品。发展有内喷涂的铝管。在兼顾环保和药用要求的前提下支持高水平铝塑复合管的研究。

1. 复合软管的分类

按印刷方式分为表印软管(印刷油墨附着于复合片材外侧)和里印软管(印刷油墨附着于

复合片材外侧PE膜的内侧或其与铝箔之间某一层)。

按材质分为　纸铝塑复合和铝塑复合软管。

2. 复合软管的特点

(1) 抗挠曲、抗龟裂　在使用过程中经反复挤压,不会造成管体开裂等问题;

(2) 阻隔性强　由于复合层中含有铝箔,可有效隔绝氧气、水蒸气、光线等,保护内容物;

(3) 无溶剂残留的影响　复合过程中不使用有机溶剂。采用表面印刷时使用紫外固化油墨,也没有溶剂。采用凹版里印时虽然使用有机溶剂,但由于用量少和铝箔的阻隔,不可能对内容物造成影响。

(4) 印刷精美　颜色可多达12种,其粘结力、色泽、耐磨性等优点是其他材质的软管所不可比的;

(5) 防伪作用强　铝塑复合软管的生产设备投资大、工艺复杂,特别是可采用防伪油墨进行印刷,可有效防止假冒。

在国内,铝塑复合软管在药品软膏剂包装上的应用已日趋广泛,市场潜力巨大。

(三) 生产工艺及设备

表印软管生产工艺流程如图3-17所示。里印软管生产工艺流程如图3-18所示。

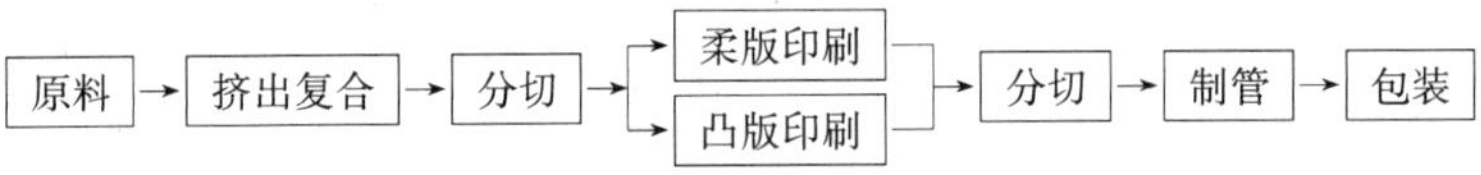

图 3-17　表印软管生产工艺流程

软管生产的主要原料包括LDPE(低密度聚乙烯),EAA(乙烯-丙烯酸共聚物),surlyn(沙林,离子型聚合物),Al(铝箔),HDPE(高密度聚乙烯),油墨和光油。

图 3-18　里印软管生产工艺流程

挤出复合工艺过程在挤出复合机上完成。将EAA等树脂颗粒经过加热熔化挤出成熔融状薄膜,在橡胶压辊与冷却钢辊间与铝、LDPE薄膜等多种材料合制成用于生产制作管身的复合片材。挤出复合机有多种形式,如单螺杆单工位、单螺杆双工位、双螺杆双工位等多种形式。制管工艺流程如图3-19所示。

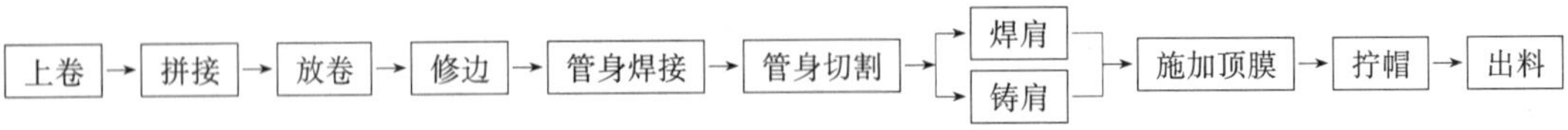

图 3-19　制管工艺流程

上述流程全部在一台制管机上实现。国外制管机主要由两家瑞士的公司在生产,一家是AISA,采用焊肩方式,另一家是KMK,采用铸肩方式。所谓焊肩,就是在制管机上,将预制的管肩精确传送至合适的工位,与管身通过高频焊接黏合到一起。铸肩,是在制管机上,将制管肩的粒料熔融后挤出至管肩模具,然后与管身焊接到一起。

塑料焊接采用的都是高频焊接。即由高频发生器,产生功率可控的高频电流,通过线圈产生磁场,铝箔在磁场感应下发热,导致黏结料和PE熔化,在一定的压力下黏结到一起。

(四) 复合软管的应用

铝塑复合软管内外侧PE膜常温下不溶于一般溶剂,有良好的耐酸、耐碱、耐盐和其他化学药品性,以及优良的耐低温性和耐辐射性,所以适用范围非常广泛。当然,用户在选用前,仍应进行稳定性试验、相容性试验等必需的测试，以验证其效果。

常用的管径常用规格为 16mm、19mm、22mm、25mm、30mm、32mm、38mm、40mm 等。根据估算结果，可请软管供应商提供样管进行灌装量测试，并在实际测试的基础上，确定管径和管长。管径和管长尺寸上的配合可参考德国标准 DIS 5061 T. 3—1992《包装材料　圆柱形铝－聚烯烃制软管、合成薄膜（复合软管）》的规定，见表 3－7。

表 3-7　　管径（d）和管长（L）尺寸配合　　单位：mm

d \ L	最小值	最大值	d \ L	最小值	最大值
13.5	50	110	28	100	198
16	65	120	30	120	195
19	65	120	32	120	200
22	65	150	35	120	200
25	100	160	40	120	200

注：管身直径偏差，±0.2mm；管身长度偏差，±1.5mm。

第四节　泡罩包装材料

在真空吸泡或模压成型的泡罩内充填药品，用覆盖材料并通过压力在一定温度和时间条件下与成泡基材热合密封，即称为泡罩包装。药品的泡罩包装简称为 PTP（press through packaging），是药品包装的主要形式之一，适用于片剂、胶囊、栓剂、丸剂等固体制剂药品的机械化包装。

药品泡罩包装的覆盖材料基本都是铝箔（称为药品泡罩包装用铝箔，亦称为 PTP 铝箔）；成泡基材使用的大多数为药用聚氯乙烯（PVC）硬片，也有少量使用 PVC/PVDC（聚偏二氯乙烯）复合片、PET（聚酯）、PE（聚乙烯）和 PP（聚丙烯）等材料。由于药品采用 PTP 包装，内容物清晰可见，铝箔表面可以印上设计新颖独特容易辨认的图案、商标说明文字等。同时铝箔体轻阻隔性能好，有一定的保护作用，取药方便，轻巧便于携带，而 PVC 亦有一定阻隔性能等优点，故这种包装形式在医药领域得到广泛地应用。

一、铝　箔

药品包装用铝箔，简称 PTP 铝箔。行业中比较正规的称谓为药品包装用铝箔，也叫泡罩包装用铝箔。欧洲对 PTP 铝箔的英文表示是 Push－through Foil，译成中文就是“可推开铝箔”。我国对 PTP 铝箔在药品包装材料、容器注册证上使用的称谓是药品包装用 PTP 铝箔。

（一）产品结构及特点

PTP 铝箔品种分Ⅰ、Ⅱ、Ⅲ、Ⅳ4 种形式，如图 3－20 及表 3－8 所示。

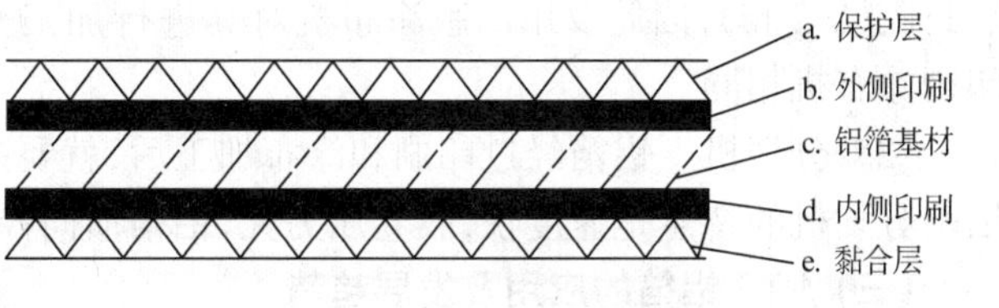

图 3－20　PTP 铝箔的结构

为了适应药品包装市场的需要，国内药品包装材料生产纷纷开发出彩色药用 PTP 铝箔。彩色药用 PTP 铝箔主要是利用药用 PTP 铝箔在生产过程中涂布保护剂和黏合层这一特点，将各种颜色的颜料或染料均匀分散到保护剂和黏合层体系中，使药用PTP铝箔的保护层和黏合层呈现不同的色彩。

表 3-8　　PTP铝箔的4种形式

品种	a	b	c	d	e
Ⅰ	保护层	外侧印刷	铝箔基材	内侧印刷	黏合层
Ⅱ	保护层	—	铝箔基材	内侧印刷	黏合层
Ⅲ	保护层	外侧印刷	铝箔基材	—	黏合层
Ⅳ	保护层	—	铝箔基材	—	黏合层

注：保护层、黏合层可以是透明无色的，也可以是金色或彩色的；印刷层可以是单色的，也可以是多色的。

生产彩色药用PTP铝箔的主要问题是颜料原料的选择。由于药用PTP铝箔是用于药品、一次性医用品的包装，所选择的颜料一定要对人体无害，并且在保护层和黏合层中状态要稳定，耐溶剂、耐迁移性要好，不会污染所包装的药品、医用品。此外，由于药用PTP铝箔在涂布、印刷及泡罩包装过程均需高温加热，所以对颜料的耐热性要求也比较高。

（二）生产工艺及设备

1. 生产工艺流程

药品包装用铝箔(PTP)是以工业用纯铝箔为基材，在药用PTP铝箔印刷涂布机上采用凹版印刷技术及辊涂布方法在铝箔表面进行印制文字图案，并涂保护剂，在另一表面涂胶黏剂的联动工艺过程。PTP铝箔生产的工艺流程如图3-21所示。

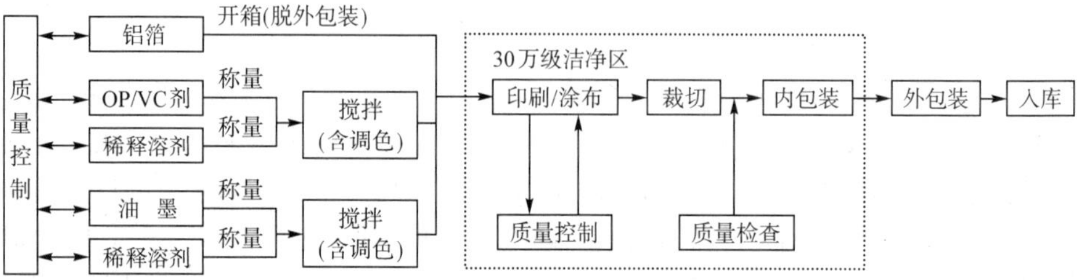

图 3-21　PTP铝箔生产工艺流程

2. 主要设备

PTP铝箔的生产设备主要有印刷设备、涂布设备和分切设备。

(1) 凹版印刷涂布机(单色或多色)　因为PTP铝箔在生产中主要是在铝箔表面上印刷、涂布，因此所需的印刷机具有一定的特点。它具有印刷压力大、烘干能力强、张力控制复杂等特点。

(2) 凹版涂布机　从前面的生产工艺流程介绍可知，铝箔经过印刷后，要在其另一面涂布热封胶(VC胶)，因此要用凹版涂布机对其进行加工。凹版涂布机的工作原理和结构与凹版印刷涂布机相同。

(3) 分切机　铝箔经过印刷和涂布加工后，就要按照要求，裁切成各种宽度的小卷。PTP铝箔分切机的特点是速度快，收卷压力大，铝箔横向控制精确，分切端面整齐等。

（三）PTP铝箔的应用及发展趋势

适用于PTP铝箔包装的药品很多，它和PVDC或冷冲压复合材料封合可以包装保质期超过3年的药品和其他产品。适用于PTP铝箔的包装设备有以下几种：①平板式铝箔泡罩包装机；②滚筒式铝箔泡罩包装机；③冷冲压复合材料包装机等。

一般在使用时，多选用0.024mm厚度的硬质PTP铝箔，它适合大多数包装物的要求，当包装物单个面积较大时，应选用0.03mm以上厚度的PTP铝箔。

在包装生产中，铝箔包装机的压力、热封辊（板）表面温度、热封辊（板）表面的平整度将会影响PTP铝箔的使用。一般热封辊（板）的压力选用0.2～0.4MPa为宜，热封辊（板）的温度选用160～200℃左右比较合适。热封辊（板）的表面应平整均匀。

由于PVC分解后产生的HCl对环境有一定的影响，它的单体、增塑剂、稳定剂对人体有害。据报道，德国药品生产企业已经不再采用PVC作泡罩式包装，日本亦限制PVC制品的生产量。因此目前普遍采用的PVC片材作为药品泡罩包装材料将会逐渐被淘汰，取而代之的将会是PET、PP等热封片材。

目前，国外还出现了激光全息暗纹防伪PTP铝箔，其特点是激光全息图案直观性强，易于消费者鉴别，不影响原有印刷设计和产品包装外观，又不影响原有的PTP的性能。该专利防伪PTP铝箔也是今后的发展趋势之一。

二、聚氯乙烯硬片及复合片

（一）概述

PTP铝塑泡罩包装所用基层材料中，最常见的是以聚氯乙烯硬片（简称PVC硬片）和PVC硬片为基材涂覆或复合其他功能性高分子材料或金属材料而成的系列复合片，这些材料主要是聚偏二氯乙烯（PVDC）、聚三氟氯乙烯（PCTFE）、尼龙（PA）、聚乙烯（PE）、铝箔（Al）等。复合片结合了多种材料的性能，它不仅具有PVC硬片的基本性能，还具有单一材料所没有的优异性能，如：对水气、氧气的优异阻隔性，良好的避光性、热封性，优良的稳定性及加工性。它正在逐渐替代PVC硬片，并成为今后包装的发展方向之一。

近年来，国外相继开发了聚丙烯（PP）、聚对苯二甲酸乙二醇酯（PET）、ACLAR（三氟氯乙烯均聚物）复合材料、COP材料（环状烯烃共聚物）等PTP铝塑泡罩包装面层材料。虽然它们在某些方面比PVC硬片有优势，但在加工性能、生产效率上远远不如PVC硬片，而且需要购置新设备，生产成本较高，因此没有得到广泛的应用。PVC硬片是铝塑泡罩包装最主要的材料之一。

1．药用PVC硬片

PVC硬片主要由聚氯乙烯树脂添加一定的加工助剂，通过挤出、压延等加工方法生产出来的符合药用要求的一种包装材料。PTP铝塑泡罩包装成为越来越多的制药企业和新建制药企业推出的新药片、丸剂和胶囊首选的一种包装方式。国内PTP铝塑泡罩包装材料中PVC硬片所占比率为95%以上。PTP铝塑泡罩包装国外的发展趋势目前也是以PVC硬片为主，只不过现在又出现了如PP、PET、PS等包装材料，但综合性能与PVC硬片相比存在差距，最主要的是药品的包装外观感没有新形象。因此PTP铝塑泡罩包装所用的药品包装材料在国外主要还是以PVC硬片为主，所占比例约在60%左右，其余绝大部分是复合片，其他包装材料所占比例很小。

2．药用PVC系列复合片

主要由PVC硬片与另外一种或几种新型高分子材料膜、片，通过挤出、复合、涂布等加工方法生产出来的又一种符合药品包装要求的新颖组合材料。进入20世纪90年代，用药的安全性越来越得到制药企业和消费者的重视。由于有些药品的成分易受到潮解、氧化，原有的

PVC 硬片已不能满足这些药品的包装要求。国内的药品包装材料生产企业根据国外药品包装材料的发展趋势，成功开发了以 PVC 硬片为基材，增加一些具有高阻隔性的高分子材料（如 SOLVAY 公司聚偏二氯乙烯 PVDC），它综合了 PVC 硬片的刚性、成型好及 PVDC 对水气、氧气、CO_2、各种气味的极佳阻隔性，成为一种新颖的复合材料，能满足易潮解、易氧化药品及部分中药保留香味的包装要求。同时，它仍然沿用了 PTP 铝塑泡罩包装形式，这一系列复合材料可以根据药品易受潮、氧化的程度来为制药企业定制包装材料，成为更高一级的 PTP 铝塑泡罩包装形式。另外还有 PVC/PE 包装材料代替玻璃瓶来灌装液体和栓剂药品，使这类药品的用药安全性得到了提高。PVDC 与其他聚合物阻隔性能比较见表 3－9。

表 3－9　　各种聚合物阻隔性能比较

材料名称	水蒸气透过率/g·μm·m^{-2}·$(24h)^{-1}$ 38℃/90% RH	氧气透过率/cm^3·μm·m^{-2}·$(24h)^{-1}$·Pa^{-1} 23℃/75% RH	材料名称	水蒸气透过率/g·μm·m^{-2}·$(24h)^{-1}$ 38℃/90% RH	氧气透过率/cm^3·μm·m^{-2}·$(24h)^{-1}$·Pa^{-1} 23℃/75% RH
PVC	350	2 000	PVDC(树脂)	80	300
PP	100～300	60 000	LDPE	400～600	165 000
PET	700～1 200	1 900～3 500	HDPE	120～160	60 000
ACLAR	5～10	800～1 500	EVOH	1 500	593
PVDC(乳液)	10～20	10～70			

（二）原料配方及工艺

1．PVC 硬片的原料配方及工艺

（1）原料　PVC 硬片的原料主要有 PVC 树脂、稳定剂、加工助剂、增加剂、润滑剂、增塑剂等。原料的选用不仅要考虑加工性和二次加工性（进行 PTP 包装），还要考虑符合药品生产的卫生性，两者缺一不可。

a．PVC 树脂　PVC 树脂结构式为：$\text{+}CH_2\text{—}CHCl\text{+}_n$，它是由氯乙烯单体（英文缩写 VCM）以悬浮法聚合而成。用于 PVC 硬片的树脂牌号主要有：TK－700、TK－800、S－1007、S－800 等，国内已有厂家生产 PVC 树脂，但进口原料质量比国产原料好，主要表现在透明度、杂质晶点、稳定性等方面。由于 PVC 硬片有安全方面的要求，因此选用的 PVC 树脂的 VCM 含量必须小于 5μg/cm^3。PVC 树脂的熔融温度与热分解温度很接近，非常难加工，因此在加工过程中必须添加稳定剂等各种助剂。

b．稳定剂　稳定剂的作用是阻止聚氯乙烯在高温下分解，使加工过程正常进行。PVC 加工所用的热稳定剂主要是有机锡类，但 PVC 硬片只能用硫醇甲基锡和辛基锡。目前国内主要使用的硫醇甲基锡和辛基锡是从国外进口的，牌号有：TM－181－FS、17MOK－N 等，这些产品均获得美国 FDA 的认可，可以用于药品和食品的包装。国内已有厂家生产硫醇甲基锡，但质量与进口的相比尚有差距，主要表现在稳定性、气味、透明度、卫生性等方面。

c．增强剂　PVC 塑料有一个非常大的缺点就是它的脆性，这将阻碍它的使用。为了改善它的脆性，必须在加工过程中加入增强剂（也称抗冲改性剂），提高它的抗冲击强度，保证在二次加工中的正常使用。目前国内主要使用的抗冲改性剂是 MBS（甲基丙烯酸甲酯－丁二烯－苯乙烯共聚物），大部分从国外进口，牌号有：B－31、BTA－731、MB－848、M－61 等，这些产品均获得美国 FDA 的认可，可以用于药品和食品的包装。国内已有厂家生产 MBS，但质量与进口的相比尚有差距，主要表现在强度、透明度、稳定性、卫生性等方面。

d. 其他助剂　PVC 加工过程中还需加入润滑剂、增塑剂、加工助剂等其他助剂，主要是提高生产效率、片材塑性及二次加工的性能。选用这些助剂也要考虑它的卫生性能。

(2) 配方　PVC 硬片主要由 PVC 树脂、助剂等组成，实际上 PVC 硬片中含有 90% 左右的 PVC 树脂，助剂只占很少一部分，具体成分如下：PVC 树脂，88%～92%；稳定剂，1.5%；增强剂，4.5%；加工助剂，1%～1.5%；增塑剂，0～1%；润滑剂，1.5%～2%。

制药企业在确定由药品包装材料生产企业提供 PVC 硬片前，必须进行稳定性和相容性试验，一旦确定，应与药品包装材料生产企业协定，不能随意改变 PVC 硬片的原料及配方。

(3) 工艺　PVC 硬片生产工艺主要有压延法和挤出法。

2. PVC 系列药用复合硬片的原料配方及工艺

(1) 原料　PVC 系列药用复合硬片的原料主要有 PVC 硬片、PVDC 乳液或树脂、PE 膜、胶黏剂等。原料的选用不仅要考虑加工性和二次加工性（进行 PTP 包装），还要考虑符合药品生产的卫生性，两者缺一不可。一旦确定材料成分结构后，药品包装材料生产企业不能轻易改变而最终影响到药品品质。

a. PVC 硬片　必须是在符合药品材料生产要求的洁净厂房内生产的，并且获得 SDA 批准注册的产品，才能用于复合硬片的生产。

b. PVDC　PVDC 是一种高阻隔性的高分子材料，它的结构式为，$-\!\!\left[CH_2-CCl_2 \right]\!\!-_m [X]_n-$，X 代表共聚基团。纯粹的 PVDC 是一种非常难加工的聚合物，因此它必须与其他基团共聚才能用于加工，不同的共聚基团产生性质不同加工工艺各异的 PVDC。

c. PE 膜　PE 是由乙烯单体聚合而成，它的结构式为：$-\!\!\left[CH_2-CH_2 \right]\!\!-_n$。PE 膜的选用与 PVC 硬片一样，必须是在符合药品包装材料生产要求的洁净厂房生产的，并且获得 SDA 批准注册的产品，才能用于复合硬片的生产。

d. 胶黏剂　目前复合硬片中使用的胶黏剂都是双组分聚酯胶黏剂，它由主剂和固化剂组成。主剂、固化剂和溶剂按一定比例混合均匀后用于生产。胶黏剂的好坏直接影响产品质量，目前国内主要采用进口胶黏剂，国外生产胶黏剂的厂家很多，如：德国汉高公司、美国莫顿公司等，这些产品均获得美国 FDA 的认可，可以用于药品和食品的包装。国内已有厂家生产双组分聚氨酯胶黏剂，但与国外产品相比质量尚有较大差距，主要表现在粘接强度、耐热性、卫生性、透明度、涂布均匀性等方面。

(2) 配方　PVC 系列药用复合硬片主要由 PVC 硬片、PVDC、PE 膜、胶黏剂等组成，复合硬片含有 70%～90% 的 PVC 硬片，其他原料占很少一部分，具体成分见表 3－10。在确定药品包装材料生产企业提供 PVC 系列药用复合片前，必须进行稳定性和相容性试验，一旦确定，应与药品包装材料生产企业协定，不能随意改变 PVC 系列药用复合片的原料及配方。

表 3－10　PVC 系列药用复合硬片具体成分

成　分	PVC/PE	PVC/PVDC	PVC/PE/PVDC	成　分	PVC/PE	PVC/PVDC	PVC/PE/PVDC
PVC 硬片	85%	90%	70%	PE 膜	14%	—	8.5%
PVDC	—	9.9%	20%	胶黏剂	1%	0.1%	1.5%

(3) 工艺

a. PVC/PE 复合片的生产工艺是干式复合　胶黏剂配制方法是将主剂、固化剂和溶剂按配比加入不锈钢桶中用高速搅拌机混合均匀,然后加入到涂布机胶槽中。PVC 硬片放卷后通过电晕处理机调整表面张力,在涂布端口涂上胶黏剂后,进入热风烘道将胶黏剂中所含溶剂烘干。

PE 膜放卷后通过电晕处理机调整表面张力,与涂布了胶黏剂的 PVC 硬片复合后冷却、收卷。复合好的料卷在 50～60℃ 温度下熟化 3～4 天后,用分切机裁切成各种不同规格的 PVC/PE 产品。复合片生产工艺流程如图 3－22 所示。

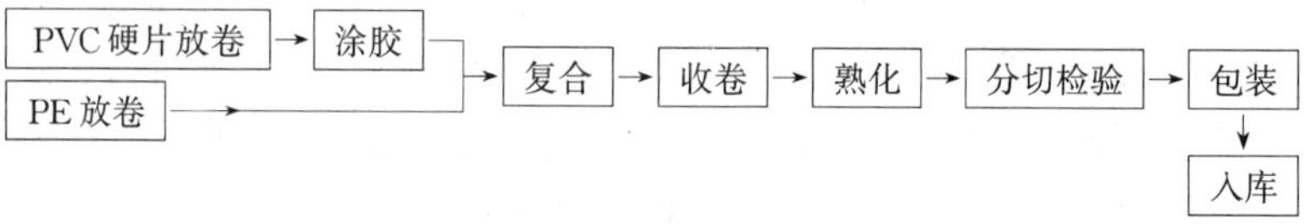

图 3－22　PVC/PE 复合片生产工艺流程

b. PVC/PVDC 复合片的生产工艺是逆向凹版涂布　胶黏剂配制方法是将主剂、固化剂和溶剂按配比加入不锈钢桶中用高速搅拌机混合均匀,然后加入到涂布胶槽中。PVDC 乳液配制方法是在 PVDC 乳液中加入润滑助剂搅拌后加入 PVDC 中间槽,用泵打入 PVDC 涂布槽中。PVC 硬片放卷后通过电晕处理机调整表面张力,在涂布槽涂上胶黏剂后,进入热风烘道将胶黏剂中所含溶剂烘干,再经过 PVDC 涂布辊涂上 PVDC 后,进入热风烘道将 PVDC 中所含水分烘干,冷却后收卷,然后再多次涂布 PVDC 至达到要求的 PVDC 涂布量。涂布好的料卷在 50～60℃ 温度下熟化 3～4 天后,用分切机裁切成各种不同规格的产品。生产工艺流程如图 3－23 所示。

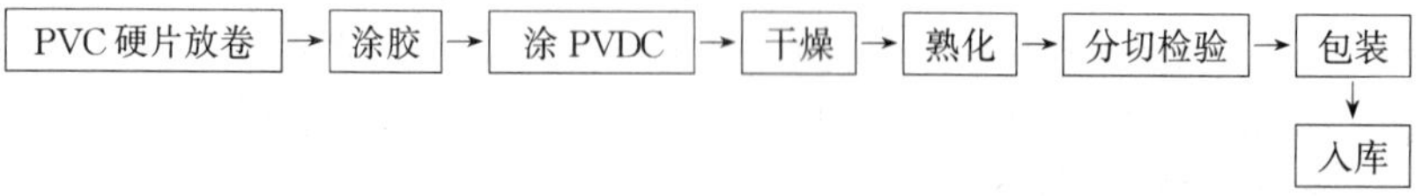

图 3－23　PVC/PVDC 复合片生产工艺流程

c. PVC/PE/PVDC 复合片生产工艺流程　PVC/PE/PVDC 复合片的生产工艺是以上两个工艺的合成,如图 3－24 所示。

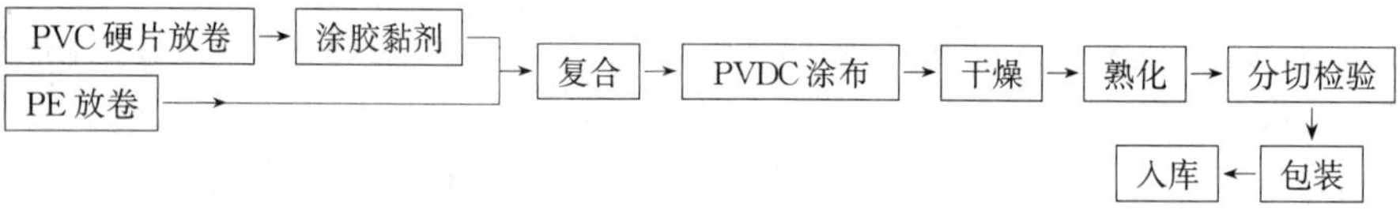

图 3－24　PVC/PE/PVDC 复合片生产工艺流程

（三）泡罩包装材料的选择

选择何种药品包装材料,主要由药品的性质(受潮、氧化、香味保留等)和保质期要求来决定。既要考虑药品的品质,又要考虑企业的发展和成本,并结合内置药品的性质和做相关的稳定性试验来最终确定。表 3－11 是各种 PTP 铝塑泡罩包装材料的比较。

表 3－11　用于 PTP 铝塑泡罩包装的各种材料的比较

性能＼材料名称	PVC	PP	PET	Al	PVC/PVDC
热成型	非常容易	困难	困难	—	非常容易
热封性	好	一般	差	一般	好

续表

性能＼材料名称	PVC	PP	PET	Al	PVC/PVDC
设备投资	投资少,国产设备非常普遍	投资大,必须专门设备更新	投资大,必须专门设备更新	—	与 PVC 设备通用
生产效率	高	较低	低	较低	高
外观品质	好	一般	好	好	好
阻水气性	一般	一般	一般	好	好
阻氧气性	一般	差	一般	好	好
价　格	低	一般	较高	高	较高
其　他	—	—	—	非热成型加工	—

在选用 PVC 系列复合材料时,对于防潮性要求不高的普通药品可选用 PVC 硬片。对有防潮及抗氧化要求,或保质期要求较长的药品可选用 PVC/PVDC 或 PVC/PE/PVDC 复合片。口服液、栓剂药品可选用 PVC/PE 复合片。

三、冷冲压成型材料

20 世纪 80 年代,冷冲压成型材料从欧洲医药包装市场发展起来,由于生产此种材料基本无须另外添加生产设备,因而国内许多药品包装材料生产企业纷纷着力研发该产品,目前国内已有企业能独立生产此类冷冲压成型材料。冷冲压成型材料是药品包装的最新形式之一,适用于阻隔性能要求比较高的片剂、胶囊、栓剂、丸剂等药品的包装。

(一) 冷冲压成型材料的组成

冷冲压成型材料主要由基材和封盖材料组成。

(1) 基材—铝塑复合膜　基材深度拉伸软质铝塑结构主要有 3 层:外层塑料薄膜(辅助延伸);软质铝箔(45μm 或 60μm,阻隔);内层塑料薄膜(热封层 PVC、PP、PE、沙林)。

(2) 封盖材料—热封 PTP 铝箔或铝塑复合膜　冷冲压成型材料的成型方式与 PVC 硬片成型方式不同,采用冷冲压成型工艺,省去了材料加热环节。在进行成型模具设计时,将泡罩宽度与深度之比控制在约 3:1 为好。一般扁平药片选择 3.5:1,胶囊选择 2.8:1 的比率。另外,成型模头建议使用特氟隆(TEFLON)材质,模头与模腔之间间隙约为 2mm。冷冲压成型如图 3-25 所示。

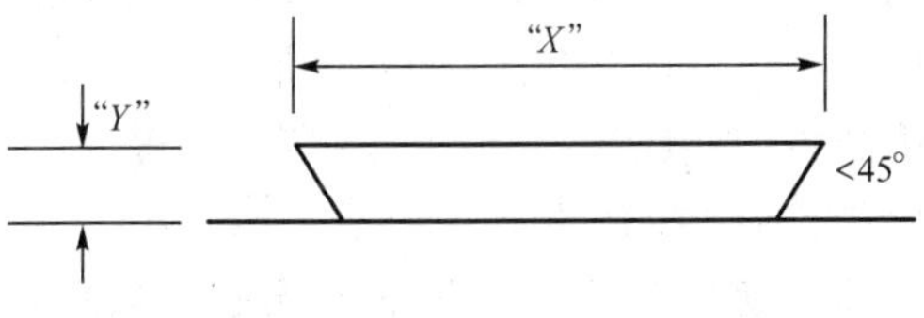

图 3-25　冷冲压成型示意图

(二) 产品结构及特点

冷冲压成型材料根据用途可分为以下 3 类。

1. 片剂、胶囊剂用冷冲压成型包装材料

结构形式主要有:NY/Al/PVC、NY/Al/PP 等。

2. 栓剂用冷冲压成型包装材料

结构形式主要有:BOPP/Al/PE、OP(保护剂)/Al/PE 等。

3. 涂 VC 剂系列冷冲压成型复合材料

结构形式主要有:NY/Al/VC 剂等。主要特点是有良好密封、抗潮、免受气体、紫外线影响;灌装填充容易;机械稳定性好;价格相对实惠;成型过程中不必预热,节省能源;能充分延长药品的使用期限。

(三)生产工艺及设备

成型材料的生产以尼龙薄膜为基材,在塑料凹版印刷机上印刷,然后在干式复合机上复合Al及PVC,经固化,最后分切包装为成品;或者以软质铝箔为基材,在铝箔印刷涂布机上印刷文字图案,并涂保护剂,而后在干式复合机上复合LDPE薄膜,经固化分切包装为成品;或者以软质铝箔为基材,先在铝箔印刷涂布机上涂布VC胶黏剂,再在干式复合机上与尼龙薄膜复合,经固化分切包装为成品。

铝箔印刷涂布生产工艺流程如图3-26所示。干式复合生产工艺过程如图3-27所示。

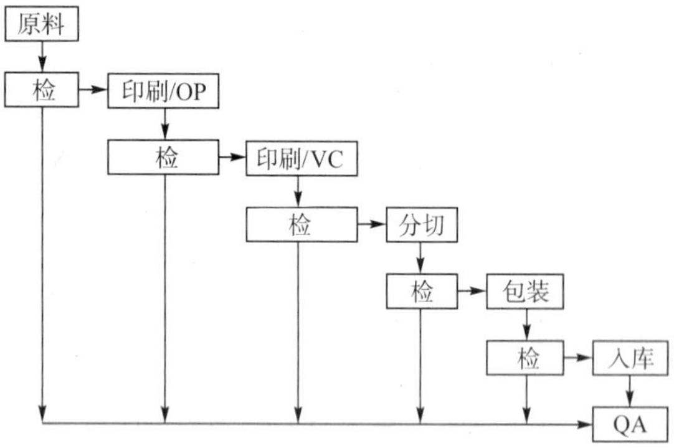

图 3-26 铝箔印刷涂布生产工艺流程

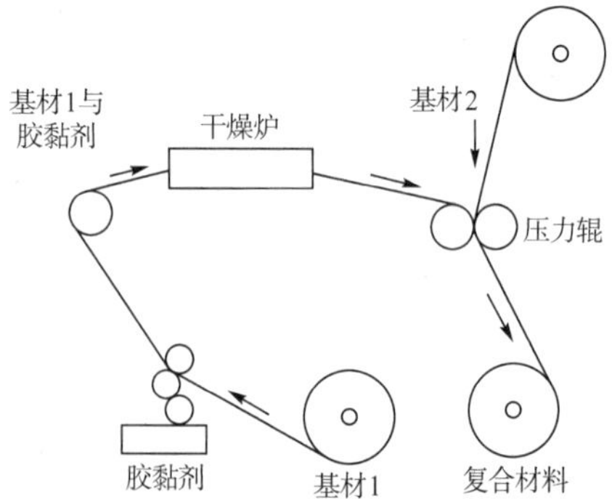

图 3-27 干式复合生产工艺过程示意图

第五节 塑料瓶及塑料输液容器

一、塑 料 瓶

(一)概述

塑料容器是以无毒的高分子聚合物(PE、PP、PET等)为主要原料,用先进的塑料成型工艺和设备生产的各种药用塑料瓶,主要用于盛装各类口服固体、液体制剂药物。固体制剂(如片剂、颗粒剂、粉剂、胶囊剂)和液体制剂(如酊水、糖浆剂等)药物的包装长期以来大部分采用无色或棕色玻璃瓶包装,而玻璃瓶包装中约80%采用软木塞烫蜡封口和铁盖头等落后包装。玻璃瓶生产能耗高,三废严重,劳动强度大,瓶子重,破损多,使用前需清洗、干燥等,不利于药品生产企业GMP的实施。

药用塑料瓶具有质量轻、不易碎、清洁、美观的特点,药品生产企业不必清洗烘干可以直接使用。药用塑料瓶的耐化学性能、耐水蒸气渗透性、密封性能优良,它完全可以对所装药物在有效期内起到安全屏蔽保护作用。

药用塑料瓶可分为固体制剂药用塑料瓶和液体制剂药用塑料瓶。根据制剂的使用形式可细分为外用药瓶和口服药用瓶等。

药用塑料盖是药用塑料瓶配套使用的重要组成部分。瓶盖大多与药品直接接触,并对气体阻隔、防潮湿、防污染起重要作用。一方面要防止瓶内药物的外逸,另一方面要防止任何异物进入瓶内。阻隔性、密封性能的好坏在很大程度上取决于瓶口与瓶盖的配合处,包括瓶口闭合处的平整度,瓶盖内层弹性以及盖头锁紧或开启的松紧度。

药用塑料盖大多用PE、PP为主要原料。最常用的是普通螺纹盖，它通过瓶盖内的螺纹与瓶颈的螺纹相啮合达到密闭的功能。目前使用较多的一种塑料盖为防盗保险盖。它是在普通螺纹盖的基础上，在盖底周边增加一圈裙边，并以多点连接，当扭转瓶盖时波形翻边棘齿紧于瓶口下端的箍轮上。反旋瓶盖时，裙边锁圈脱落。瓶装药物首次启用前先检查盖锁圈是否完好，可以判别塑料瓶是否曾被打开，药物是否被盗用。开启保险盖使裙边顺利脱落的转矩力必须是轻微和适度的。

还有一种为安全组合盖，又称儿童阻开盖。其内盖常用PP料做成半透明螺纹盖，外层盖以PE料做成。内外层盖头的组合结构还有多种，如有的外盖盖顶内有多块"塑料弹簧"，盖面上有开启方法的示意图，有的在示意图上还印上醒目的红色。安全组合盖使用时必须先要用力掀压，然后反旋打开，达到防止儿童开启误服药物的目的。目前该安全盖大多为液体制剂塑料瓶配套，能生产的厂家还不多。

有的塑料盖事先加铝箔、纸板组成复合内盖。铝箔、纸板由胶黏剂粘接为一体，铝箔表面根据瓶体材质的不同而涂上与瓶体同质涂层(PE或PP、PET等)。在药品灌装后拧盖，通过电磁感应局部加热，使铝箔密封于瓶口，达到保护药品质量的目的。

塑料盖的款式、颜色、功能也是多种多样，国外塑料盖厂往往是专业生产，与塑料瓶厂分工，它们的产品技术含量高，常拥有许多发明或实用新型专利等。体现出相当高的标准化程度和专业化水平。

随着我国塑料模具、机械等基础工业的迅速发展以及医药行业、药品分类改革的深化，非处方药、儿童药、老年药的创新开发，药用塑料瓶的款式、功能、质量必将会得到进一步的提高和发展。

(二) 原料及配方

1. 塑料瓶的原料

药用塑料瓶(盖)的原料由主料(聚合物)和辅料(助剂)组成。常用的主料有聚乙烯(PE)、聚丙烯(PP)、聚碳酸酯(PC)和聚酯(PET)。常用的辅料有着色剂和润滑剂。

(1) 聚乙烯(PE)　是由乙烯单体聚合而成的。根据其制法与结构性质不同可分为低密度(高压)聚乙烯(密度为0.910～0.935g/cm³)和高密度(低压)聚乙烯(密度为0.935～0.965g/cm³)。PE树脂无毒、无色、无臭、无味，其化学稳定性好，不受强酸、强碱和大多数溶剂的影响，它的耐寒性、耐磨性、阻湿性较好，但阻味性、耐油性较差，高密度聚乙烯(HDPE)的耐油性稍好。比较而言，HDPE的性能更好一点，可以作为除了芳香性、油脂性、易挥发、易氧化的大部分固体及液体药物的塑料包装用瓶的主要原料，实际生产中它也是应用最广泛、最多的一种聚合物原料。

(2) 聚丙烯(PP)　是由丙烯单体聚合而成的，它无毒、无味、无色、无臭。密度为0.900～0.915g/cm³，是最轻的塑料。与HDPE相比，屈服强度、抗张强度大，硬度高，弹性率也高，抗应力破裂性能优越。除了热的芳香族或卤化物溶剂能使它软化外，聚丙烯的化学稳定性好，包括能耐强酸、强碱和大多数有机物。聚丙烯气密性、蒸汽阻隔性优良，甚至优于HDPE，它的熔点高达175℃，特别适用于制作需要高温消毒灭菌的塑料瓶。聚丙烯主要缺点是透明性差，耐寒性差，低温时很脆。为降低脆性，生产中在普通级的PP料中掺入一定比例的PE等原料。目前多数液剂药用塑料瓶采用聚丙烯为主要原料。

(3) 聚碳酸酯(PC)　PC的熔融温度很高，为220～230℃，吸水性及尺寸稳定性优异，透光率可达90%，具有很高的抗冲击强度，可制成全透明容器，能经受高温灭菌。化学稳定性好且能耐油性药物，但价格较贵，一般只用来制作特殊要求的塑料瓶。

(4) 聚酯(PET)　通常是指线性聚酯—聚对苯二甲酸乙二醇酯(PETP)。PET透明、抗张强度大、耐热、耐低温性能好、无毒、质量轻、化学稳定性好，对氧气、蒸汽阻隔性好，对气味的阻隔性也很好。这些优点使它成为塑料中的佼佼者。以聚酯为主要原料制成的药用塑料瓶无论从外观、光泽，还是理化性能在质量上都是一个飞跃。

(5) 着色剂　最常用的着色剂是钛白粉，它是一种白色粉末，相对密度3.84～4.26，加入一定比例后使产品呈乳白色，能起到避光、防紫外线的作用。

有时应客户要求，塑料瓶(盖)着上各种颜色，这时就要选择所需的颜色粉(必须无毒、无味)，将其分散到聚合物主原料(作为载体)中，经挤出造粒，再与主原料混合配制。

(6) 润滑剂　最常用的润滑剂如硬脂酸锌，其熔点为120℃，无毒。少量加入主原料聚合物中配制，在塑料瓶成型时起到润滑作用，增加其流动性，方便脱模。

2. 塑料瓶的配方

药用塑料瓶的配方设计，第一要综合考虑塑料瓶的使用性能和要求；第二要全面了解所选主、辅原料的性能及它们间的相互影响；第三对成型工艺条件、设备要有足够认识。设计好的配方往往要通过多次试验和调整，最终达到符合要求为止，配方一经确定就得严格执行，一般不得任意变动。

塑料瓶配方通常用质量份来表示，即以某主要树脂为100质量份。其他助剂的质量份则分别为该树脂质量份的多少表示。实际生产中往往按设备(混料机)能力再换算成生产配方。

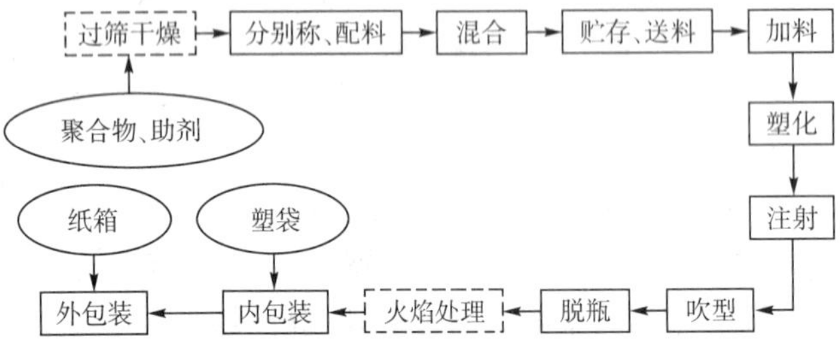

图 3-28　制瓶生产工艺流程

(三) 塑料瓶(盖)生产工艺流程

(1) 制瓶生产工艺流程如图3-28所示。

(2) 制盖生产工艺流程如图3-29所示。

(四) 主要生产工艺介绍

1. 制瓶主要生产工艺

(1) 配合料的制备工艺　由于药用塑料瓶的质量要求高，因此原料配制成为制瓶工艺过程中必须严格控制的首要环节。配料包括原料的预处理、称量、混合、输送等。

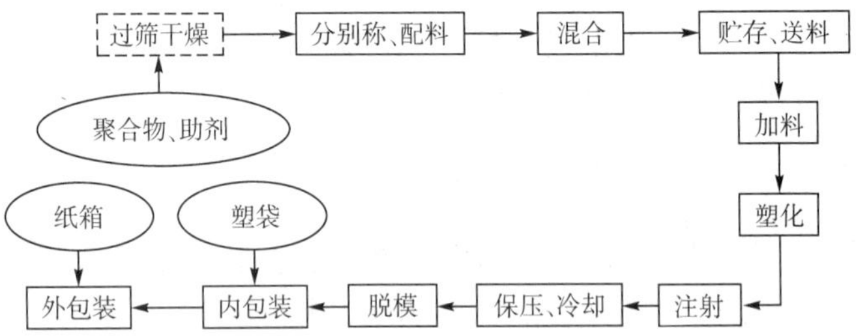

图 3-29　制盖生产工艺流程

首先，应该稳定原料牌号、规格和产地。进厂原、辅料经检验合格方可使用。有时原料因运输、装卸而受潮或混入机械杂质，这时就需采取干燥、过筛、除铁、分拣等措施。如果采用聚碳酸酯(PC)、聚酯(PET)等作主原料，则必须制定严格的干燥制度，以保证它的成型工艺。

其次，按配方原料准确称量，进厂袋装或桶装原料一般虽有规定的质量，但为保证准确，有必要进行复称。

随后，多种原料按一定的程序依次加入混合机中，在一定时间内完成混合。特别注意的是在更换配方或生产有色瓶、透明瓶时，必须清洗混合机、输送器具、料仓等。若要加回料，则应使用同质清洁回料，并保持适当和稳定的比例。

(2) 注射—吹塑成型生产工艺　制造塑料瓶的中空吹塑工艺基本有两大类，即挤出—吹塑和注射—吹塑工艺。两者的成型过程都是包装塑料瓶型坯的制造和型坯的吹塑，其主要区别在于型坯的制造，而后型坯的吹塑过程则基本相同。在上述两类成型工艺的基础上发展起来的又有挤—拉—吹，注—拉—吹等成型工艺。

挤出—吹塑是先用挤出机挤出管状型坯，然后趁热将坯送入吹塑模中，通入压缩空气进行吹胀，使其紧贴模腔而获得模腔形状，在保持一定压力情况下，经冷却定型、开模、脱模即得到塑料瓶容器。相对而言，挤吹法工艺简单，生产效率不高，产品质量稍次，医药领域的应用不多。

a. 挤出吹塑生产工艺　挤出吹塑是最常用的吹塑制瓶方法。挤出吹塑基本特征是吹塑用的型坯是由挤出法制备的。适用于 PE、PP 等聚合物及各种共混物。生产设备一般是将挤出机、模具、移动装置、去除边角料装置组合成一体式全自动中空成型机。

b. 注射吹塑生产工艺　注射吹塑与挤出吹塑不同之处在于注射吹塑的型坯是采用注射方法制备。适用于 PE、PP、PVC、PETP 等及某些共混物。生产设备一般是将注射机、注射模具、吹塑模具、移动装置组合成一体式全自动多工位成型机。

c. 拉伸吹塑生产工艺　拉伸吹塑分两种，分别采用挤出与注射成型型坯。均是在聚合物的高弹态下(结晶聚合物在玻璃化温度以上接近于结晶深度范围内；非结晶聚合物在其玻璃化温度以上熔融温度以下的弹性范围内)，通过机械方法轴向拉伸型坯、径向用压缩空气吹胀(拉伸)型坯的容器成型方法。又称双轴取向吹塑。主要用于 PP、PVC、PETP 等聚合物及某些共混料。

拉伸吹塑无论是一步法还是二步法，既有将挤出机或注射机、预吹塑模具或注射模具、吹塑模具、移动装置等分开的单机，也有组合在一起的一体机。

(3) 包装　药用塑料瓶采用内外两道包装。初检合格的塑料瓶，经适当冷却后，先用洁净的塑料袋内包装。塑料袋需清洁、干燥、无污染，具有规定厚度和足够强度，确保经贮存、运输直到用户使用时不破损。塑料袋内放入产品合格证后扎口，随后通过传递窗小心送出洁净车间，用纸箱外包装。纸箱也需清洁、干燥、不受污染，纸箱应具一定强度，以免翻盖断裂掉屑，污染产品。

2. 制盖成型生产工艺

(1) 配合料的制备　塑料瓶盖的原辅料处理要求和加工过程与瓶身料制备要求基本相仿。要注意的是瓶身主原料是吹塑级的，而瓶盖主原料是注塑级的，同种原料融体指数不同。因此原料在贮存、堆放使用时要严格分开，要有明显识别标志，包括各种回料，要按配方准确配制。

(2) 注塑成型工艺　①加料—配合料由密闭溜管道输送到注塑机顶部料斗，机器开动后，随塑化器料桶内螺杆转动，料斗内的料不断进入料筒，完成给机器加料过程。②塑化—塑化是从料斗进入料筒的塑料配合料在料筒中受热达到流动状态并且有良好可塑性的过程。其要求是塑料在进入模腔前达到规定的成型温度，并在规定时间内提供足够量的熔融塑料(塑化量)。熔料各点温度应均匀一致，不发生热分解，以确保塑料盖的物理性能和连续生产的需要。③注射—先是将塑化良好的熔体在螺杆的推压下注入模具(注射过程)，融料在注射模腔时要经过喷嘴、主(分)流道、浇口,阻力很大,注射压力损失达30%～70%,故工艺要求必须要有足够大的注射压力,保障充模完全。然后是模塑阶段,即弃模、压实、倒流和浇口固化4个步骤。注入模腔的塑料熔体经冷却定型为塑料盖子。④冷却、脱模—冷却脱模阶段是从浇口的塑料完全冻结起到盖子从模具中脱出的阶段。脱模又分强脱模直接脱出和用专用脱模装置推杆帮助脱出。

经过对注射时间、注射压力、注射温度和模具冷却的相关工艺调节可以获得满意的产品。

3. 包装

目前在塑料盖生产中,基本上采用数量质量换算法。当核定好每箱盖头的数量后,称出每箱的质量,在一定时间周期内,即按该质量作为每箱的装箱数(口)。为减少误差,除了要稳定制盖生产工艺外,还必须经常注意计量器具的准确性,经常校验或修正每箱规定数量盖头的质量。

(五) 主要生产设备

用注—吹法工艺生产的塑料瓶质量较好,但它必须通过高度自动化的注吹成型机来实现。下面介绍几种塑料瓶注吹成型机。

(1) 美国惠顿(Wheaton)公司的IB506－3V制瓶机　该机成型系统主要由等距的3个工位组成,即注射、吹塑和脱模三个工位。机器中心塔台安装芯棒,每完成一个步骤则升降和顺时针旋转120°。从注射到吹塑再脱模,期间所有工艺参数均由数字输入,如注射时间、冷却时间可从0.1s到9.9s的范围内任意选择和设定。生产循环周期时间可在10～20s内设定和调节,而且控制精度达到±0.1s。该机加热塑化的温控器采用PID调节控制,温度可在0～300℃范围内调控,控制精度达到±1℃。注射模、吹塑模温度可在0～120℃范围内任意设定,控制精度达到±1℃。针对不同产品的特点和要求,通过PLC可编程序器编制出不同的生产工艺参数来进行精确的生产实时控制,实现精密成型。

该机采用垂直螺杆,注—吹—脱一步成型,成品光电检验,还可与输送机联动,实现火焰处理,自动计数,变位落瓶组成高效自动流水线,适于用PE、PP、PVC等各种聚合物原料生产大批量、小容量、高质量的药用塑料瓶。

(2) 美国宙马(Jomar)公司的制瓶机　它的型坯传递旋转方向与惠顿机相反(逆时针旋转120℃)。

(3) 德国巴登费尔德公司(Battenfeld)的VKS－0.8IB型注吹成型机　设备先进,产品质量上乘,但机型小,生产能力只有惠顿506型机器的一半,例如15mL瓶子,一模仅4腔。

(4) 日本的青木固AOKI直接调温式延伸注吹一步法三工位成型机(SBⅢ系列)　该机在原先注吹工艺基础上增加了拉伸工艺,形成了注—拉—吹的成型过程。由于工艺改进使塑料瓶具有更高的强度,更好的耐化学性能,更佳的透明度和光泽,原料消耗更低,适用原料范围更广,特别如PP、PC、PET等需通过拉伸来获得更佳性能的原料。

(5) 国产注吹制瓶机　随着注吹塑工艺的发展及对引进设备的消化吸收,我国塑料生产机械工业也得到了空前的发展。注吹中空成型机即是国家“八五”重点技术开发项目的成果之一。该机采用卧式螺杆,水平三工位回转装置,液压等关键元器件均进口,可适用加工PE、PP、PS等大部分热塑性塑料,是国产机生产药用塑料瓶的佼佼者。

另外,国产设备中使用较多的一种机型是双工位卧式注吹机,它的特点是塑料瓶型坯从注塑模到吹塑模具的传递方式是由注射模制得的型坯随芯棒回转180°后送入吹塑模进行吹制,结构较为紧凑。

（六）药用塑料瓶的应用

1. 适用范围

固体药用聚烯烃塑料瓶，可用于包装非芳香性、非油脂性、非挥发性及易氧化的固体药品（片剂、胶囊、制剂）。液体药用塑料瓶一般适用于非油脂性、非挥发性液体药品的包装。

随着一些聚合物新材料的应用和制瓶工艺水平的提高，药用塑料瓶的适用范围将会不断扩大。如具有高阻隔性能的聚对苯二甲酸乙二醇酯（PET）、聚萘二甲酸乙二醇酯（PEN）等树脂的应用，将使一些带油脂性，芳香性，易挥发，易氧化的固体、液体制剂药物用塑料瓶盛装成为可能。

2. 选择药用塑料瓶的要求

药用塑料瓶的规格小的仅几毫升，大的可达 1 000mL，有的无色，有的透明，颜色多样，形状各异，门类繁多。如何选择合适的药用塑料瓶，药品生产企业必须慎重对待。

（1）塑料瓶的主原料、助剂及配方　固体及液体制剂塑料瓶的产品标准，分别规定了适用的主原料，且必须符合无毒、无异味等要求，由于可供选用的主原料又有多种，这时就需对原料的综合性能加以选用。如液剂瓶一般选用 PP 料，若需透明度更高、性能更佳的则可选用 PET 等作主原料。加什么助剂，用何配方，配方掌握是否严格，还是任意变动，这对塑料瓶的内在质量的影响极大，它关系到塑料瓶材质与药物之间的相互关系，关系到药物有效成分的流失、变质与否。

（2）密封性、水蒸气渗透性　密封性与水蒸气渗透性是药用塑料瓶的两个重要技术指标，对药品稳定性有重要的影响。药品必须保证在有效期间的疗效，对每一瓶药物则必须保证在最后一次剂量用完以前其成分不致有任何变化。众多生产厂家该指标即使在合格范围内，但仍存在较大差距。这些都与模具的质量、瓶子的厚薄、与瓶盖匹配的优劣等诸多因素有关。

（3）产品质量标准　药用塑料瓶除了必须执行国家标准或行业标准外，一般企业均应制定严于国家标准、行业标准的企业标准。

（4）质量保证体系　对供应商进行审计已经成为采购塑料瓶的必不可少的重要环节。通过审计，可对生产厂的软硬件建设，技术设备，质量综合水平作出全面正确评估。只有先进、完善的质量保证体系才能确保瓶质量的优良。

（5）装药稳定性与相容性　选用塑料瓶，特别是新药选用新型塑料瓶应该先进行装药试验以考察装药稳定性和塑料瓶与药物间的相容性。药物、塑料材质相互间的渗透、溶出、吸附、化学反应、变性一般无法通过感官判断，只有通过科学检测才能判定。

二、塑料输液容器

（一）概述

20 世纪 70 年代出现了聚氯乙烯（PVC）软袋；90 年代复合膜的软袋输液生产线进入我国。由于塑料输液袋盛装输液具有质量轻、不易破碎、易于成型和便于设计及临床使用安全、方便等优点，因此得到广泛应用。目前大输液包装容器质量已达到了国际同类产品的水平。

塑料输液袋的分类

（1）按包装形状分类

a. 瓶型　通过吹制成型，可自站立，输液时需引入空气方可完全排空。

b. 袋型　通过焊接成型，不可自站立，输液时可自行排空。

c. 非瓶非袋　通过吹制成型但具有塑料袋的外观和特性的瓶体，输液时可自行排空。

(2) 按生产工艺分类

a. 一步法　使用一台单机在一个工作循环中由初级材料开始完成容器制造、灌装、封口全部生产步骤的工艺。

b. 多步法　使用两台或多台单机串联成生产线完成容器制造、灌装、封口全部生产步骤的工艺。

(二) 各种输液容器的市场占有率

根据2000年资料显示，国际上不同国家各种包装形式的使用情况见表3－12。

表 3－12　各种包装形式市场占有率　单位：%

材料＼国别	美国	德国	法国	日本	北欧	中国
玻璃瓶	5	28	20	10	28	95
PP、PE塑料瓶	1	60	10	25	60	1
PVC软袋	92	10	69	0	10	3
复合(多次共挤)软袋	2	2	1	65	2	>1

(三) 各种输液包装容器的性能分析

近年来随着塑料制造和加工业水平的不断提高及一些高质量的药用塑料材料的产生，使塑料输液包装部分取代玻璃瓶输液包装，成为输液包装的主流材料。其中非PVC材料制成的输液软袋更是输液包装未来发展的方向之一，也是目前各公司投巨资研究的品种。玻璃瓶和硬塑料(PP)输液瓶存在一个共同的致命缺陷，即输液产品在使用过程中需形成空气回路，外界空气进入瓶体形成内压以使药液滴出，增加了输液过程中的二次污染，特别是在医院杂菌较多和卫生条件较差的地方使用。PVC材料制成软袋可依靠自身张力压迫药液滴出无需形成空气回路，避免了二次污染，但是PVC软袋在生产过程中为改变其性能加入增塑剂对人体有害，其水蒸气的透过量高，与药物相容性差，抗拉强度较低等。PVC材料的这些缺陷严重限制了它在输液包装方面的应用。因此，包装材料生产企业、制药企业一直在寻找材料性能好、稳定、安全、无需空气回路具有自身平衡压力的材料制成输液软袋。各种材料用于输液包装的性能比较如表3－13所示。

表 3－13　各种输液包装容器的性能比较

材　质	优　点	缺　点
玻璃瓶	与药物相容性最好。气体、水分阻隔性高，耐热强，透明度好，生产成本低，设备投资少	易破碎，需清洗，运输不便，使用时需要排气针，自身重，搬运不便
塑料瓶	重量轻，容易操作，可自立，强度大，不易破碎	投资大，生产成本高，使用时需要排气针(目前已有PE软瓶使用时不需要排气针)，废弃物体积大，透明度一般或差
PVC软袋	产品柔软，透明度好，容量大，无需排气针，自身轻，生产成本低，设备投资少	膜材中有加增塑剂，对环境可能有影响，无法自立，水分阻隔性能低，与药物相容性差
复合(多次共挤)软袋	技术含量高，产品柔软，容量大，透明度较好，无需排气针，重量轻，易销毁，交叉污染少	设备投资高，生产成本高，膜材不稳定，废品率较高，气体、水分阻隔性能低，无法自立。与药物相容性正在研究中

（四）典型塑料输液包装容器

1. 聚氯乙烯(PVC)膜输液袋

通常采用挤出法，挤出成筒，冷却后，收卷成双层膜。膜装入制袋机采用高频焊接方法制成袋。PVC软袋采用高频焊，焊缝牢固可靠、强度高、渗漏少。PVC膜材透水性强，耐低温，可保存和输送血液，因此血袋多用此材料包装。因为水透过率高，使用时必须加外袋，不宜包装小容量输液剂和氧敏感性药品的输液剂。

2. 复合(共挤)膜输液袋

(1) 膜结构　用于制袋的非PVC输液膜卷目前有3种供货状态。一是筒膜，二是双片膜，三是单片膜。筒膜是吹膜机吹出筒状膜直接收卷，筒状膜的折径由输液袋要求的尺寸决定。双片膜是由大型吹膜机所吹制的大折径的筒状膜按输液袋要求的尺寸进行分切，这种方法生产效率最高。单片膜通常是采用流延法制得的膜，采用的非常少，这里将不做介绍。

非PVC输液膜在制袋后，直接和药液接触的面称为内表面，另一面制袋后形成袋的外表面称为袋子外表面。不同的生产厂家的产品，不同的品种，结构从二层到七层不等。膜的各层性能如下。

a. 外表层　主要提供膜的印刷性能、耐摩擦性和耐热封性。

b. 中间层　提供膜的柔软性能及阻隔性，按需求可以是多层分别满足不同的性能需求。

c. 内表层　主要提供膜的热封性能及安全性。

d. 黏合层　不同的层之间黏合性不能满足要求时，可以在两层之间增加黏合层。

(2) 原料　外表层可采用的树脂有PP、PE、PET、NY或几种树脂的混合物等；内表层可采用的树脂有PP、PE和热塑性弹性体的混合物等；中间层可采用的树脂有PE、PP、EVOH等；黏合层所用的树脂由它黏合的两层的树脂所决定。

(3) 生产工艺　非PVC大输液袋用膜通常采用多层共挤吹塑工艺生产。将各种特殊功能的聚合物在适宜的条件下经多台挤出机挤出，通过环状模头形膜泡，由水溶或风冷环进行骤冷，经过气泡稳定装置和人字板后进行收卷，在挤出成型过程中，筒膜内部被充填洁净级达到了一百级的过滤空气。有的产品还需经过射线辐射进行交联。大折径的筒膜还需要经分切工序分切，形成“双幅膜”，经过特殊的包装保证膜的洁净度，成品以卷形式提供给药品生产企业。

3. 典型塑料容器输液剂生产工艺

(1) 三合一灌装塑料瓶输液剂生产工艺流程如图3－30所示。

(2) 多步法制塑料瓶输液剂生产线工艺流程如图3－31所示。

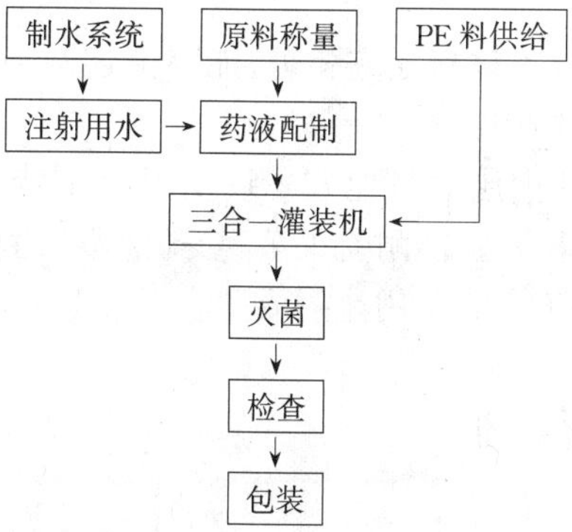

图3－30　三合一灌装塑料瓶输液剂生产工艺流程

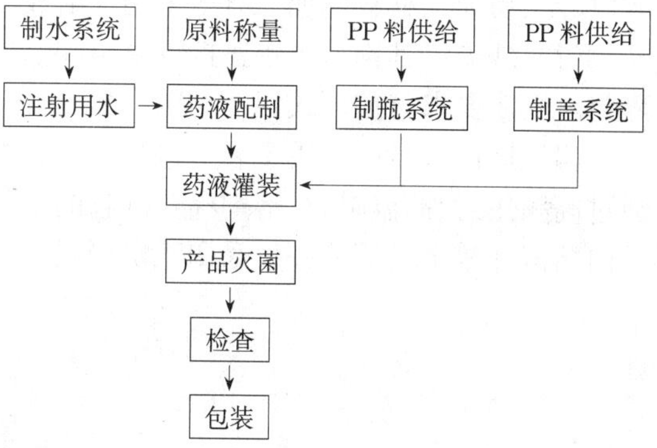

图3－31　多步法制塑料瓶输液剂生产线工艺流程

（3）制袋灌装联动线软袋输液剂工艺流程如图 3－32 所示。

（4）分步法软袋输液剂生产工艺流程如图 3－33 所示。

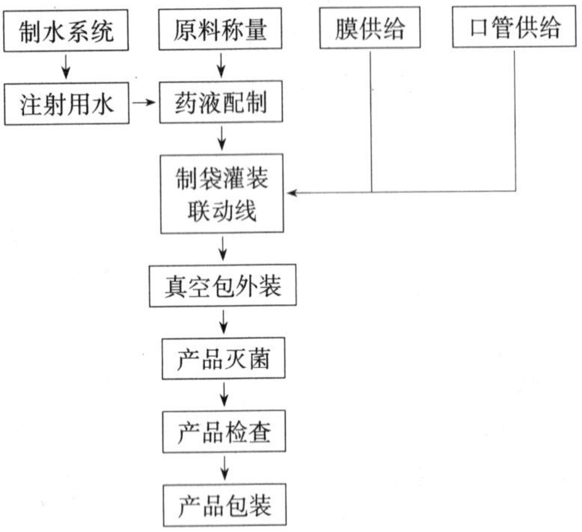

图 3－32　制袋灌装联动线软袋输液剂工艺流程

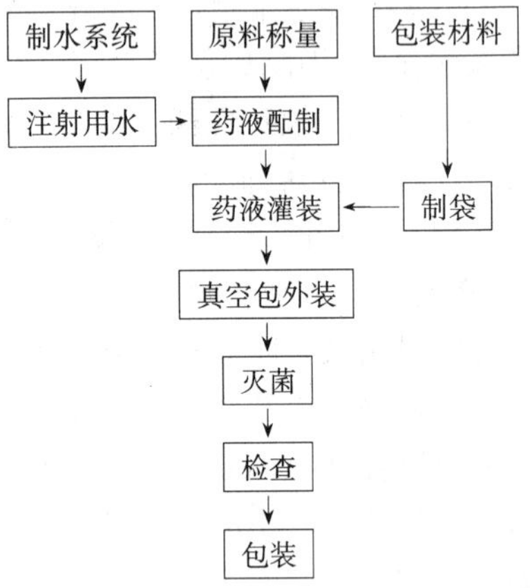

图 3－33　分步法软袋输液剂生产工艺流程

多步法制瓶塑料瓶装生产线 20 世纪 80 年代初被引进我国,为中国输液市场提供了优质的产品。三合一塑瓶输液生产线是 20 世纪 80 年代后期引入我国,由于各种原因,开始生产时并不顺利,经过多年的改进,已逐步得到完善。复合(共挤)膜软袋应是 20 世纪 90 年代后期引入我国,其技术水平和设备造价都较高。因此,选择何种输液包装形式,将是制药企业需要全面考虑的问题。

三、内盖、密封垫、外盖、接口(口管)

不管是瓶或袋型,均采用塑料材料,在使用时将承受多次注射针的穿刺,无法自密封,通常采用弹性件作为密封件。目前采用卤化丁基橡胶、合成聚异戊二烯材料等作为密封件。

（1）密封垫　通常采用垫片结构,若有内盖将它与药液隔开,其溶出性可适当降低,但输液针针刺落屑、再次密封性能要求提高,目前常采用合成聚异戊二烯材料。加工方式采用平板硫化。卤化丁基橡胶通常以塞子形状作为密封件。

（2）内盖　为了防止药液与密封垫接触,通常采取在药液与密封垫用内盖隔离方法。内盖材料配方与瓶身材料配方基本一致,以利于融封。由于内盖主要功能是隔离和承受穿刺,它的安全性应与瓶身一致,穿刺力不能太大,能耐受灭菌,与药液不发生吸附及释放,一般采用柔软、稳定、易加工材料。加工方式采用注射成型。

（3）外盖　其构型与铝盖接近,材料配方与瓶身、内盖材料配方相近,能与上述两种材料融封。性能要求与拉环式铝盖相同。加工方式采用注射成型。

（4）接口(口管)　用于袋形包装。材料配方与袋的内层材料配方一致或相近,能与内层通过高频热封、高温融封、溶剂黏合。它的安全性与瓶身一致,能耐受灭菌,与药液不发生吸附及向药液释放微粒等。一般采用稳定、易加工材料。加工方式采用注射成型。

第六节　铝 制 容 器

一、铝　　管

药用铝管分为软质铝管和硬质铝管两种。它们是同种材料制成的不同形式、不同用途的两种药品包装容器。软质铝管俗称“软管”，是经过软化处理，用于包装霜剂等半固体制剂的容器；而硬质铝管则是未经软化处理的“硬管”或“硬罐”，用于包装片剂如泡腾片或喷雾剂的容器。该两类容器均用纯铝制作，尽管成本较高，但铝材来源广并具有金属所特有的优良气密性能和易于回收的特点，尤其能满足药品的特殊要求且不会对环境造成污染，因此，在药品包装材料中，有广泛的应用和良好的发展前景。

软质铝管的生产和应用历史比较长，目前国内外市场上使用的软质铝管属于第三代产品，第三代产品具有薄顶封膜和尾部密封涂层，可确保不发生泄漏和干涸的现象；内壁涂层能有效隔离药物和铝的直接接触；多色印刷技术使药品外表更显美观。随着 WTO 的一体化和非处方药(OTC)的上市，第三代产品的优良性能更符合消费者的需求和市场的发展，应用前景日趋广泛。

硬质铝管发展历史没有软质铝管那么长，但同样因其气密性和遮光性胜过玻璃和塑料等材质制作的容器在国外得以广泛的应用。国内因很少有泡腾片制剂(现在合资企业已开始生产泡腾片，并使用国产的硬质铝管)，所以铝制直形硬质铝管基本空白；喷雾罐有一些生产和应用，但多是单机生产，质量水平和均一性差强人意。同时随着国内市场的发展和剂型的增多，硬质铝管应用的前景也非常乐观。

(一) 铝管的材料及配方

软质铝管和硬质铝管所用的基本材料是纯铝坯片，通过冷挤压成型，铝材的含量不能低于 99.5%，现在一般企业生产使用的铝材是含量 99.7% 的一级工业纯铝。

内壁涂层的组成材料必须要有稳定的化学性能，结膜后的网状结构能量低、无毒，目前较好的材料主要由环氧树脂和固化剂组成。固化剂有多种可以选择，应用较多的有酚醛类树脂、氨基类树脂、乙烯树脂等。这些材料在耐酸碱、耐腐蚀、耐溶剂、黏结力、柔韧性和硬度方面各有千秋，但都具有较长的分子链，固化后能形成大而密的网状结构。内涂料的配方要充分顾及生产工艺和设备特点，要有适宜的黏度、干燥曲线、表面张力等物理性能。

外壁涂层材料主要由二氧化钛和树脂组成，树脂可用聚酯树脂、聚氨酯树脂、醇酸树脂等多种，国外多用聚酯树脂和聚氨酯树脂，国内有聚酯树脂(多是质量要求高的产品)和醇酸树脂，相对而言，聚酯树脂和聚氨酯树脂性能较好。出于环保原因，国外有些企业开始研究和使用水性涂料，国内也有少量尝试，但大量使用的还是溶剂性涂料。

印刷所用的油墨是金属油墨，目前国内普遍应用的是印铁油墨(因印铝油墨开发极少，色种也少)，其主要性能如黏结力、色泽方面，基本能满足要求，在光亮度、细度和耐磨性方面略有欠缺。铝罐外表涂的一层光油层由聚酯树脂组成。

软质铝管所用的帽盖(硬质铝管不用帽管)一般是聚乙烯(PE)塑料、二氧化钛、辅料(如增白剂)组成。帽盖螺纹与铝管配合适宜是关键的技术要求，太松易脱落，太紧则会摩擦发黑甚至产生铝屑，现在国内已开发并应用了铝管头部套塑料保洁头的产品，尽管成本有所增加，但更能符合药品包装的卫生要求。

软质铝管尾涂层材料(硬质铝管无此工艺)由丙烯酸酯共聚物加入少量填料和着色剂(视需要)组成，要求有良好的流平性，无毒，而且形成的涂层要有一定的柔韧性。尾涂料有水性和溶剂性两种，一般多用水性，因涂料是固相和液相混合，所以必须保证混合均匀，避免气泡、颗粒的存在。

(二) 铝管生产工艺流程

软质铝管和硬质铝管的生产过程都是自动流水线生产过程，如图 3－34、图 3－35 所示。

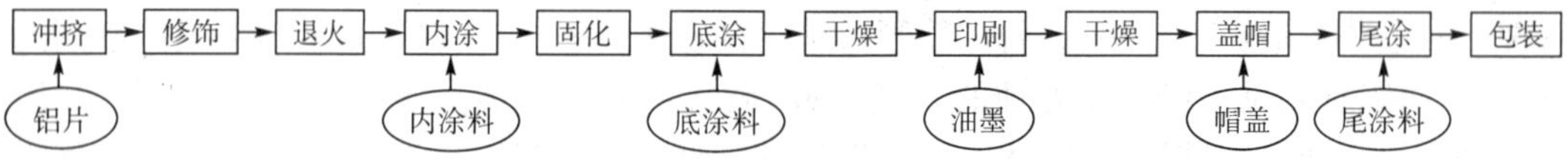

图 3-34　软质铝管生产工艺流程

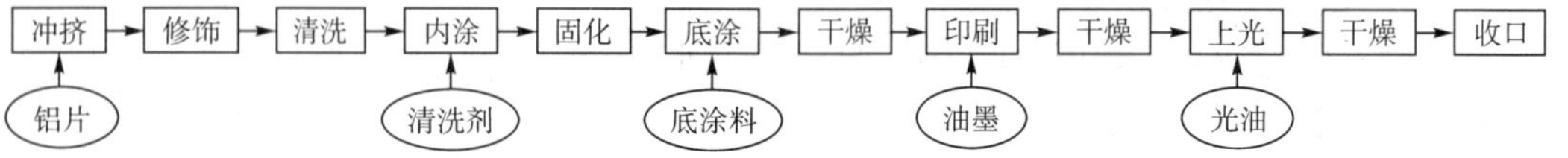

图 3-35　硬质铝管生产工艺流程

（三）铝管主要生产工艺

1．冲挤工艺

冲挤过程是将铝坯片挤压成坯管的工序，它是最终产品质量的关键，大部分质量指标都与之有关。

（1）铝管的封膜是在冲挤成型过程中通过反冲力形成的，封膜不能破损，否则达不到密封的目的，而且封膜的厚度必须严格控制，太薄易破损，太厚则可能因刺穿困难而给消费者带来不便，所以反冲力需严格控制。

（2）铝坯管各部件的尺寸，包装肩厚、壁厚、直径等，均与模具的质量、安装和磨损情况有关，应在生产过程中严密加以关注。

2．修饰工艺

修饰过程是将坯管按要求进行修正，包括铝管平头、挤螺纹和铝管的长度。

（1）长度修整和平头是用车刀分别对头部和尾部进行切割，切割的质量取决于车刀刀口与工件的调整，必须充分注意。

（2）软质铝管的螺纹形成有两种方式，国内采用切割方式，比较简单，易产生铝屑或铝丝，螺纹长度短而且光洁差；进口设备和国外生产采用的是挤压方式，技术要求高，但螺纹长度长，而且光洁度好，无杂物产生，符合卫生和安全要求。

3．铝管的退火及清洗工艺

软质铝管的退火，一是将铝管软化；二是使润滑剂气化。退火炉应保持恒定的温度和生产速度，以保证铝管退火完全而且软硬度稳定，同时必须保证不断有一定量的新鲜空气进入炉内，使润滑剂气化完全，否则会影响后工序的内涂质量。

硬质铝管不必高温退火，所以使用的润滑剂是水溶性的。国内有的企业用碱液清洗，这样对铝盖表面有一定的腐蚀作用，国外（包括国内的进口生产线）则用针对润滑剂的品种专门配制的清洗剂进行清洗，然后用软水洗涤处理。水温和速度的关系，以及循环清洗液浓度的测定是工艺的要点。

4．内涂及固化工艺

内涂工艺是在产品的内表面形成一层均匀、完整而且光滑的涂层，该工序是保证产品涂层的化学稳定性、连续性、耐挤压性等技术指标质量的关键。

内涂层是内涂料经喷枪雾化后均匀涂于产品内壁，经流平、固化而成。工艺条件如涂料黏度的调节、供料系统和压缩空气系统的恒定、设备和工装的清洁、喷枪工作时间的调节、喷枪与工件之间位置和喷雾时间的配合等均是不可忽视的要素。

5．底涂及干燥工艺

底涂工序是通过滚筒将底涂料均匀地滚涂于产品外表，经高温干燥固化而成。涂料应适宜(根据料性和设备的情况而定)，以便于涂料的转移、流平和涂层厚度的控制；滚筒的完整、运转的正常以及与工件的接触情况都是保证底涂质量的要点。同时底涂烘箱的温度不宜过高，要略低于后面的印刷烘箱，否则会影响印刷的牢度。

6. 印刷及干燥工艺

印刷工艺是将多种不同颜色的油墨按要求印制到产品的外表面，采用的印刷方式是胶版印刷。油墨通过胶辊分别转移到相应的尼龙印版上(国内多采用铜版)，然后依次转移到印刷橡皮形成完整的图案，最后由印刷橡皮把图案一次印到产品表面，经干燥固化，即完成了整个印刷过程。另外，硬质铝管在印刷干燥后，还要滚涂一层光油，以增加外表面的亮度，提高美观效果。

7. 软质铝管的盖帽工艺

软质铝管的盖帽工艺是将帽盖与铝管的螺纹相互旋合，帽盖的规格尺寸一致性好是连续生产顺利进行的重要保证，尤其对于进口的高速生产线更是如此。帽盖与铝管旋配的松紧度应调整适宜。

8. 软质铝管的尾涂工艺和硬质铝管的收口工艺

尾涂是在软质铝管尾部内表面涂上一层与橡胶相仿的涂层。它是通过一根高速旋转的枪体，借离心力将枪体口溢出的尾涂料甩出，均匀地分布在铝管壁内设定的范围里，经室温干燥形成涂层。其工艺关键是涂料的黏度要适宜，涂料内不能有颗粒和气泡，压缩空气要稳定，枪口处于铝管的轴心线上以及保持工艺设备的清洁等。

硬质铝管的收口工艺是利用收口模具将铝管的开口端使其变形。泡腾片管只要翻口即可，但翻口边缘高度是质量要点，必须注重模具的制作质量和生产中的调整；喷雾罐则需先将开口端收缩变形成弧形，然后再翻口，同样翻口边缘的高度应严密控制。

(四) 主要生产设备

生产线主要由冲挤机、修饰机、退火炉(硬质铝管的清洗机)、内涂机、固化炉、底涂机、印刷机(硬质铝管还有上光机)、烘箱、盖帽机和尾涂机(硬质铝管是收口机)组成。

生产线有自动线和半自动线。国外基本上都是高速全自动生产线，速度普遍达到 150 支/min，德国 Interkopt 公司生产的设备则达到 180 支/min。国内有部分是自动生产线，但速度基本上是 50～60 支/min，而且设备的精度、稳定性和功能方面均有不小的差距。

(五) 铝管的应用

1. 适用范围

软质铝管可用于霜剂、凝膏剂和油性制剂的包装，近年来国内开发的尖头铝管，可用于眼药膏的包装。

硬质铝管可用于片剂的包装，尤其适用于泡腾片。喷雾罐接上喷雾头即可包装喷雾剂。

2. 注意事项

铝管在灌装设备上进行灌膏封尾过程中，必须关注以下技术指标。

(1) 铝管的长度　长度要控制在允许误差范围内，否则有可能影响铝管在机器上的正常输送或产生铝管尾部变形的可能。

(2) 铝管的直径　直径不符合规格会使铝管在座子上的位置不准，而该指标取决于模具的质量。

(3) 尾涂层　尾涂层(位置、宽度和黏稠程度)应避免与灌装头的直接接触。尾涂层不均匀还会造成封尾后断裂或使批号不清晰。

(4) 底涂层　底涂层的柔韧性要好,否则会在灌装后发生涂层的断裂,影响外观。

(5) 表面　产品表面感要滑爽,不能有任何黏滞感,这样可保证灌装中管输送顺畅,这一点对于高速灌装设备尤其重要。

(6) 韧性　铝管的韧性太硬易引起尾部断裂。

铝罐主要影响因素是长度、直径和翻边高度。翻边高度不标准或误差太大,会妨碍上盖子或喷雾嘴的效果。

二、药用铝瓶

药用铝瓶具有良好的综合性能,它的重量轻,具有良好的耐腐蚀性,不形成带色的盐类物质,无毒性,无吸附性,能防止破碎,能尽量减少细菌的成长,并能接受蒸汽清洗,具有良好的导电性和导热性,对热和光有较高的反射性,易于加工成型,所以在制药行业得到了广泛地应用。

铝瓶内外表面,都有一层致密的氧化铝薄膜,性质稳定,耐酸碱,密封性好。氧化膜硬度高,抗冲击力强,适应长途运输。氧化膜是铝瓶的一个重要特性,这层氧化膜是通过阳极氧化处理成膜的。铝瓶的氧化膜使铝瓶不再进一步氧化,起到保护铝瓶的作用。这种自保护性使铝瓶具有较高的耐腐蚀性。铝具有较高的耐大气腐蚀性,即使在其他种类的金属常常受到腐蚀的工业大气中也是如此。它还能承受多种酸的腐蚀。碱是破坏氧化膜的物质之一,因而对铝有腐蚀作用,虽然在有抑制剂的情况下,铝能耐某些弱碱的腐蚀,但总的来说铝还是应避免与碱性物质直接接触。

铝瓶由瓶身、内盖、小盖和密封圈 4 部分组成,其中瓶身、内盖、外盖由工业纯铝制成,密封圈由橡胶制成。铝瓶的生产工艺流程如图 3 - 36 所示。

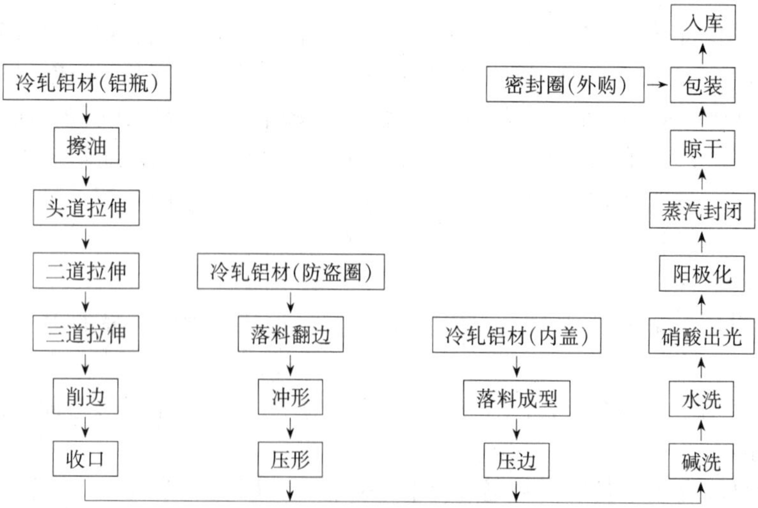

图 3 - 36　铝瓶的生产工艺流程

药用铝瓶主要用于包装抗生素原料药粉剂,有 3L 和 5L 两种规格。铝瓶应储存在通风良好、无腐蚀性气体的干燥室内,装卸时轻拿轻放,运输工具应有防雨用具,防止污染。

第七节　金属瓶盖及胶塞

一、金 属 瓶 盖

1. 金属瓶盖的分类

瓶盖主要是指以金属材料(如铁质、铝质或由其他金属)为主制成的瓶盖。适用于医药、保健品、化妆品及食品等行业,它主要用于玻璃瓶的封口包装,也有少量塑料瓶的封口包装使用金属瓶盖。由于瓶口有螺纹口和非螺纹口之分,决定了瓶盖有不同的封口方式,也形成了瓶盖与瓶口部分有不同的结构,一般为轧口瓶盖和螺旋瓶盖,螺旋瓶盖又分扭断式螺旋瓶盖和普通螺旋瓶盖,这两种瓶盖适应不同形状的瓶口,在封口时还有不同的封口设备与之相适应。对这些金属瓶盖的总体要求是密封性能要好,开启方便,清洁卫生,外形新颖美观,有特殊行业要求的还需有耐清洗、耐高温等要求。

金属盖一般分为铝盖、铝塑组合盖、防盗螺旋铝盖、马口铁螺旋盖等四大类,不同的分类方式形成不同种类的瓶盖。

(1) 按产品用途分　有抗生素(包括冻干、粉针)玻璃管制瓶和模制瓶、口服液玻璃瓶、输液玻璃瓶及塑料瓶用铝盖、铝塑组合盖;黄圆瓶用防盗铝盖(口服混悬剂用);固体、胶囊制剂瓶用马口铁螺旋盖等。

(2) 按产品结构形式分　有开花铝盖,易插型铝盖,拉环式铝盖,普通型翻边式或断点式铝塑组合盖(亦称半开式铝塑组合盖),撕拉型铝盖和铝塑组合盖(亦称全开式铝盖、铝塑组合盖),二件或三件组合型铝盖、铝塑组合盖,扭断式防盗螺旋铝盖,马口铁螺旋盖等。

(3) 按材料分　有纯铝铝盖、铝合金铝盖、铝塑组合盖、马口铁盖等。

(4) 按产品规格分　有抗生素瓶用 ϕ13mm、ϕ20mm 规格;口服液瓶用 ϕ15mm、ϕ22mm、ϕ24mm 规格;输液瓶用 ϕ27mm、ϕ28mm、ϕ29mm、ϕ30mm、ϕ32mm、ϕ34mm 等规格;而 ϕ37mm、ϕ44mm、ϕ53mm 等主要是马口铁螺旋盖的规格。

(5) 按产品使用方法分　有注射用、口服用、外用等。口服用又可分为吸管插入形式、撕拉形式和螺旋形式等。吸管插入形式又分易插型铝盖和易插型铝塑组合盖两种,而撕拉型又可分为上撕拉型和侧撕拉型两种。

2. 金属瓶盖的特点

(1) 开花铝盖　结构简单、加工容易,它有二开花和三开花之分,是在铝盖中心孔处做成二点接桥或三点接桥,它们的开启方法是一致的,都是通过镊子将铝盖的开花翘起处掀开,露出中心针刺部位。这种铝盖的缺点是外观粗糙,档次较低,容易污染胶塞部分。

(2) 易插型铝盖　一般用于小剂量的口服液瓶,盖顶部位制成直径约 2～3mm 大小的薄顶,易于吸管插入,内配天然胶塞或 PVC 滴胶垫用于密封,这种铝盖结构简单,在使用中这种铝盖容易将铝盖外部的异物或细菌因吸管的插入而带入口服液内,造成污染。

(3) 拉环式铝盖　它的结构是由铝拉环与铝盖上顶面的一部分铝铆合后,通过拉环用力将事先已刻痕好的铝片撕开,达到开启目的。它的缺点是外形不美观,色彩单一,刻痕处因加工精度难以掌握,使得拉环开启力不稳定,使用的可靠性差,有时甚至会出现铝拉环已拉断,铝盖却还未掀开的弊病。

(4) 普通型铝塑组合盖(半开式)　具有外形美观、制造容易、开启方便等诸多优点,已越来越广泛地为广大制药企业所使用。抗生素、输液及口服液瓶等都可采用这种形式的瓶盖包装，并且可以根据用户的需要在塑料盖上制作不同的商标、标记，并制成不同颜色以区分不同的产品品种和规格，又可以起到防伪作用。铝塑组合盖又有断点式和翻边式两种结构。

（5）撕拉型铝盖和铝塑组合盖（全开式） 因其用途决定了必须通过铝材的刻痕深度来影响撕开力的大小。撕拉型铝盖的撕拉方式有上撕拉型和侧撕拉型之分；而撕拉型铝塑组合盖只有上撕拉形式。无论是哪种形式它们对材料厚薄要求和加工设备的精度要求都特别高，其加工成本要比普通的铝盖、铝塑组合盖高。由于这种铝盖是全撕开型的，故一般用于口服液或外用擦涂液包装。

（6）二件或三件组合型铝盖、铝塑组合盖 是指由二件铝盖组合一起的二件套铝盖或由二件铝盖和一件塑料盖组合一起的三件套铝塑组合盖。前者的外盖一般是撕拉型的铝盖，内盖是起保护作用的，它们可将铝盖完全撕开从而取出胶塞，这种铝盖档次较高，但成本也相应增加很多，通常用于隐形眼镜生理盐水的瓶口包装；后者的二件铝盖其结构和作用与前者的二件铝盖基本相同，但配上塑料盖后它的作用又增加了一个，它既能注射又能将铝盖全部撕开口服或倒出液体，一般在医用造影剂的包装瓶上使用。

（7）扭断式防盗螺旋铝盖 其特点是使用方便，可以按不同的剂量分次使用，里面配以不同的密封材料如橡胶塞、胶垫或PE、PVC塑垫等。它的结构是在铝的圆周上做成6～8个等分的连接点，连接点宽度约0.8mm左右，同时滚上1～2条雷司便于拧旋，这种瓶盖一次性扭断，所以又称防盗盖。它的缺点是对铝盖的材质要求较高，如果过软，扭断力不容易掌握或扭不断，铝材过硬又给铝盖加工带来不便。

（8）马口铁螺旋盖 因其材质较坚硬，不容易在封盖机成型，故一般是在瓶盖加工单位事先将螺纹和卷边口加工好，然后作为成品出售给用户，故螺纹的螺距和螺纹的内外径要求必须与瓶口尺寸匹配，它对外观颜色的均匀性也有相应要求。

3．金属瓶盖的材料

（1）铝盖 基材为铝材，有纯铝和合金铝。对于口服液瓶铝盖，一般采用纯铝，牌号可选1035、1200等，铝盖与瓶口的密封则采用天然胶垫或PVC滴塑垫。而铝合金则不同，它有较强的抗拉强度。铝合金铝盖的牌号通常有8001、3003或AlFeSi、AlMnCu等合金材料，它们的抗拉强度一般能达到130～180N/mm^2，延伸率为≥2.5%。（注：上述牌号的铝材化学成分详见GB 3190—1996《变形铝及铝合金化学成分》，机械性能见GB 8544—1997《铝及铝合金冷轧带材》和YS/T 91—1995）

铝材形状一般为卷材或片材，厚度通常为0.16～0.28mm，宽度则可根据冲模的落料直径和冲压机器的送料机构的结构而定，一般为50～100mm。

（2）铝塑组合盖 铝盖材料选用铝合金，牌号与上述铝合金铝盖相同；铝材的尺寸和表面处理均与上述铝盖相同。塑料盖材料选用聚丙烯树脂（PP），其牌号的选用及相对应的各项物理性能参见GB 12670—1990《聚丙烯树脂》。聚丙烯的主要特点是无毒、无色、无臭，拉伸强度和透明度都较好，且耐高温，在常用塑料中它是惟一能在水中煮沸和在130℃消毒的塑料。而着色颜料一般采用无毒、耐高温、不易变色且具有一定光泽的适用于聚丙烯材料加工的色母料或色母粉。

（3）断式防盗螺旋铝盖 该种铝盖的原料是纯铝或铝合金铝材，这种铝盖的特点是高度与直径的比值较大，一般需经过一次或二次拉伸才能达到产品要求，故对铝材要求是延伸率要好，而且要达到一定的制耳率要求，一般需达到≤3%。制耳率的概念是：印刷后的铝盖图案因几次拉伸后产生扭曲变形，其变形的程度值称为制耳率。制耳率愈小，变形程度愈小，反之，则愈大。

(4) 马口铁螺旋盖　基材为马口铁板，亦称镀锡或镀铬薄钢板。铁盖冲压之前先要经过印刷涂油墨，烘干后才能冲压、卷边及压螺纹，制成成品。马口铁板的厚度一般为0.18～0.4mm，材料形状为板材，长、宽尺寸通常为512mm×712mm(长×宽)。该种产品对印刷要求较高，尤其是在凹凸图案处及卷边口处，墨层不应有脱落和开裂现象，需要高温灭菌的马口铁盖还要有耐高温要求。

4. 生产工艺流程

(1) 抗生素瓶铝盖的生产工艺流程　如图3－37所示，该产品的主要生产工序是铝盖冲压成型和表面处理。

铝盖冲压成型 → 表面处理 → 检验 → 封袋 → 装箱

图 3－37　抗生素瓶铝盖生产工艺流程

铝盖的冲压成型是通过冲床将铝片在落料模和拉伸模中经过拉伸、成型、切边等过程将铝片变为铝盖产品。因铝盖直径与高度比不大，故一般只需一次拉伸即可，冲压过程中应当注意不允许产生铝盖边口的毛刺，还应控制好开花铝盖的接桥宽度尺寸和撕拉铝盖的刻痕深度，以保证铝盖的接桥断裂力和全开力在标准范围内。

因铝盖在冲压过程有油污和铝屑产生，所以必须经过清洗等表面处理。表面处理的方式一般视铝材情况和用户要求而定。若铝材表面是涂覆的，则只需清洗即可；若不是涂覆铝材，可根据用户要求做电氧化或化学氧化处理。

(2) 口服液瓶铝盖的生产工艺流程　口服液瓶铝盖主要有易插型铝盖、上撕拉型铝盖(型式)和侧撕拉型铝盖，其生产工艺流程分别如图3－38、图3－39和图3－40所示。

铝盖冲压成型 → 表面处理 → 检验 → 封袋 → 装箱

图 3－38　易插型铝盖生产工艺流程

铝盖冲压成型 → 压刻痕 → 表面处理 → 检验 → 封袋 → 装箱

图 3－39　上撕拉型铝盖生产工艺流程

铝盖冲压成型 → 滚花及切刻痕 → 表面处理 → 检验 → 封袋 → 装箱

图 3－40　侧撕拉型铝盖生产工艺流程

上述几种铝盖的冲压成型工艺均与抗生素铝盖的冲压成型工艺相同，只是易插型铝盖顶部的薄顶插吸管部位是由冲模保证，在冲压过程中同时完成。撕拉型铝盖因撕拉方向不同，所以压(切)刻痕的模具及设备也不同。上撕拉型铝盖是由冲床冲压完成，刀口装在冲模上；侧撕拉型铝盖则是由专用滚压机完成，刀口是装在滚压机轴芯上。

易插型铝盖和撕拉型铝盖的表面处理方式通常采用电氧化处理或电解抛光处理，一般根据需要可制成银白色或金黄色。

(3) 抗生素瓶铝塑组合盖　其生产工艺流程如图3－41所示。

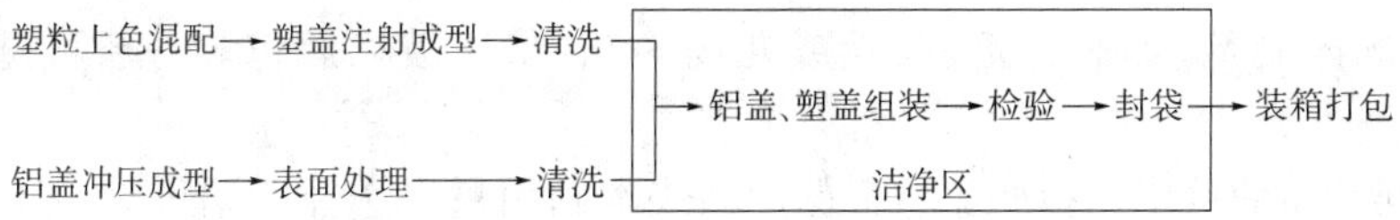

图 3－41　铝塑组合盖生产工艺流程

抗生素瓶铝塑组合盖被国家药品监督管理局划分为Ⅰ类药品包装材料，故它的生产条件必须具备与所包装的药品生产有相同的洁净度级别。它规定组装车间必须是十万级净化生产条件，同时规定在铝盖和塑料盖进入组装车间时须经过清洗，烘干后直接进入十万级净化车间，烘箱入口对着非洁净区，出口对着洁净区，在产品取出烘箱时严禁打开烘箱的入口门。铝盖的加工工艺与前述的抗生素铝盖相同；塑料盖的加工关键是注塑模具，根据塑料盖的大小和质量选择不同的出模数量，一般为一次出10～30个，另外注塑温度、压力和速度都与产品质量有关。

铝盖、塑料盖的组装主要是通过组装机的热压铆合来完成，为满足洁净生产的要求，一般需采用全自动的组装铆合。

（4）输液瓶、口服液瓶铝塑组合盖　因输液瓶、口服液瓶铝塑组合盖的产品结构与抗生素铝塑组合盖基本相同，所以其加工工艺也相同，只是输液产品灌装后灭菌，无需采用十万级净化生产条件。

（5）扭断式防盗螺旋铝盖　扭断式防盗螺旋铝盖生产工艺流程如图3－42所示。铝盖冲压时应有较好的定位基准和定位手段，以防铝盖中心和印刷中心的不一致；铝盖的滚花工艺也相当重要，滚刀应经常修磨，保证铝盖圆周方向和连接点均匀，接口处间隙清晰。制版印刷的好坏直接关系到该类产品的生产质量。防盗螺旋铝盖的清洗工艺与普通铝盖清洗相同，主要是洗掉铝盖表面的油污和铝屑。

图 3－42　扭断式防盗螺旋铝盖生产工艺流程

（6）马口铁螺旋盖　马口铁螺旋盖生产工艺流程如图3－43所示。马口铁螺旋盖的制版印刷工艺与防盗螺旋铝盖的印刷基本相同；薄板上蜡是为了提高铁盖冲压的可加工性，脱模方便；铁盖滚花及压螺纹与铝盖滚花工艺大同小异。与扭断式防盗螺旋铝盖不同的是因为该产品是铁质的，清洗后容易生锈，所以在铁盖滚压后不用清洗，在铁盖冲压前不是上油，而是上蜡，也就是为了减少油污的缘故。

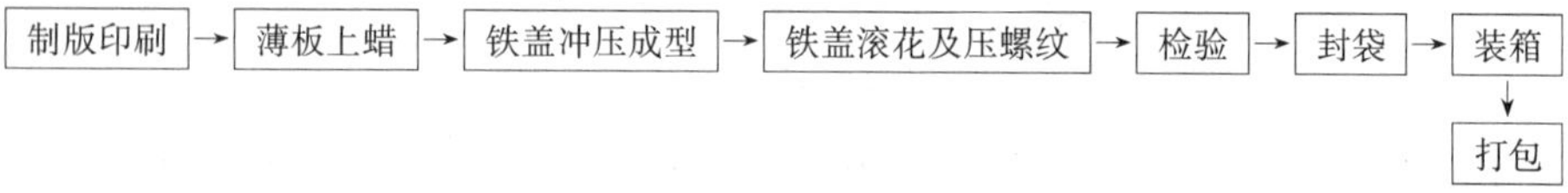

图 3－43　马口铁螺旋盖生产工艺流程

5. 选择金属瓶盖的要求

（1）根据产品的特性和用途选择瓶盖　注射剂包装用盖可选择开花铝盖或半开式铝塑组合盖；插吸管形式的口服液瓶可选择易插型铝盖或半开式铝塑组合盖；剂量较小的一般口服液瓶或外用药瓶，可选择撕拉型铝盖（全开式）或铝塑组合盖；剂量较大的口服药瓶可采用防盗螺旋铝盖，有时也可选用全开式铝塑组合盖；输液包装容器通常采用拉环式铝盖或普通型半开式铝塑组合盖；固体制剂（如装片剂、胶囊或丸剂等）若采用玻璃瓶包装一般可选择马口铁螺旋盖。

（2）根据产品的价格选择瓶盖　根据产品成本和用量来选择不同价格的瓶盖。一般地，用量大、售价低的产品选择价格较低的瓶盖，如开花铝盖、拉环铝盖、易插或撕拉铝盖等；用量少、产品附加值高的则选用价格较高的瓶盖，如铝塑组合盖、彩色涂膜铝盖等。防盗螺旋铝盖和马口铁螺旋盖因产品单一，没有价格和档次之分，只有用印刷质量的好坏来衡量瓶盖的价格高低。

二、卤化丁基胶塞

（一）基本知识

1. 丁基橡胶

丁基橡胶是异丁烯单体与少量异戊二烯共聚合而成；商品名通称 butyl rubber，代号为 IIR。丁基橡胶为线型高分子化合物，其分子结构为

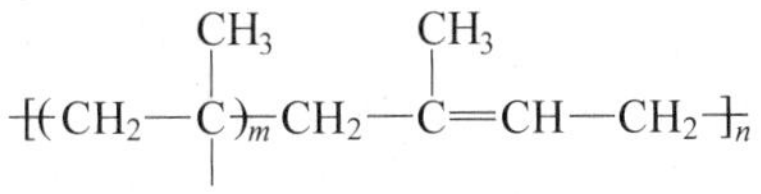

2. 卤化丁基橡胶

卤化丁基橡胶系丁基橡胶的改性产品，目的是卤代后提高丁基橡胶的活性，使之与其他不饱和橡胶产生相容性，提高自黏性和互黏性，以及硫化交联能力，同时保持丁基橡胶的原有特性。代号 XIIR，常用的有氯化丁基橡胶（chlorobutyl rubber）和溴化丁基橡胶（bromobutyl rubber）两类，分别为 CIIR 和 BIIR。其结构式如下。

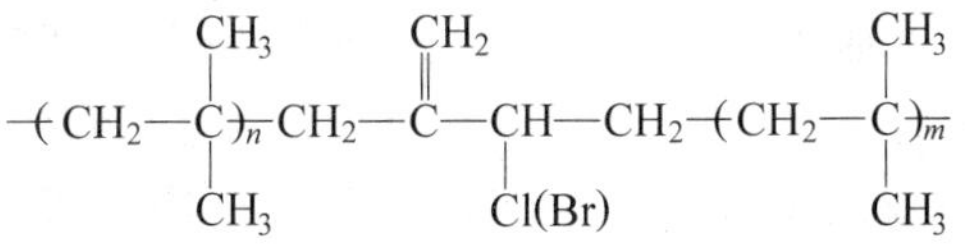

卤化丁基橡胶中，结合氯含量为 1.1%～1.3%（质量分数）；结合溴含量为 1.9%～2.1%。基本上是每一个双键伴有一个烯丙基卤原子。

（二）卤化丁基橡胶瓶塞的种类

目前国内一般将卤化丁基橡胶药用瓶塞统称为药用丁基橡胶瓶塞，简称丁基胶塞。根据主要材质的不同，卤化丁基橡胶瓶塞分为溴化丁基橡胶瓶塞和氯化丁橡胶瓶塞。根据所封装药品的不同，卤化丁基橡胶瓶塞分为以下几种。

（1）卤化丁基橡胶输液瓶塞　输液瓶塞分为 A 型瓶塞和 B 型瓶塞两种规格，其中 A 型瓶塞的公称尺寸为 ϕ32mm；B 型瓶塞的公称尺寸为 ϕ28mm。

（2）卤化丁基橡胶注射瓶塞　丁基橡胶注射瓶塞分为 A 型瓶塞和 B 型瓶塞，每种瓶塞又根据公称尺寸的不同分为 ϕ20mm 和 ϕ13mm 两种规格。

（3）卤化丁基橡胶冷冻干燥输液瓶塞　分为 ϕ32mm、ϕ28mm 两种规格。

（4）卤化丁基橡胶冷冻干燥注射瓶塞　冷冻干燥注射瓶塞根据公称尺寸的不同分为 ϕ13mm 和 ϕ20mm 两种规格，每种规格又根据颈部结构的不同分为单叉、双叉、三叉和四叉 4 种规格。

（5）卤化丁基橡胶采血试管塞　根据采血器试管直径的不同，采血器试管塞可分为多种规格，目前已经批量生产的有 ϕ14mm 和 ϕ16mm 两种规格。

（三）卤化丁基橡胶瓶塞的性能要求

（1）在药品包装上应用橡胶的性能要求为低的透气、透湿和透水蒸气性；稳定的化学和生物惰性；在硫化变化过程中低可抽出物（析出物）；良好的耐热、耐臭氧和耐紫外光；在针刺时自密封性能好以及落屑少。

（2）在医药应用上硫化胶的性能要求为无毒；与药品不相容；能耐抗药品；物理性能和化学性能良好；撕裂或穿刺落屑少；密封性良好；刺穿后自封性好；能用标准法（蒸汽）或非标准法（放射线）杀菌消毒；色泽保持良好；对老化、蒸汽与气体的渗透，水植物油的耐抗性良好；可用低萃取性的硫化系统。

（四）卤化丁基橡胶瓶塞的材料及配方

1．主体材料

（1）氯化丁基橡胶　氯化丁基橡胶（CIIR）是一种含有反应活性氯原子的弹性异丁烯－异戊二烯共聚物。它是第一个商品化的卤化丁基橡胶。氯化丁基橡胶的牌号：国际上有美国EXXON公司生产的，牌号为1066，1068；还有德国Bayer公司生产的，牌号为1240，1240P。

（2）溴化丁基橡胶　溴化丁基橡胶（BIIR）是一种含有反应活性溴的异丁烯与异戊二烯弹性共聚物，由于溴化丁基胶具有丁基橡胶高度饱和的聚异丁烯主链，因而它拥有丁基橡胶的许多属性。这些属性包括强度，阻尼性，低玻璃化转变温度，空气、气体和湿气的低渗透性，耐老化性及耐天候性。

埃克森星型（EXXON）接枝溴化丁基胶是溴化丁基橡胶产品中的新成员，它是包括聚合物支链的异丁烯、异戊二烯共聚物。它具有一种独特的分子质量分布，即包含高分子质量的星型接枝分子，因而改善了标准溴化丁基橡胶的胶料加工性能。EXXON公司溴化丁基橡胶的牌号有6个，分别是2200，2211，2222，2233，2244，2255。应用溴化丁基橡胶瓶盖有2211，2255，2244，2222。星型接枝溴化丁基橡胶有2个牌号，分别是6222，6255。应用瓶塞有EXXPRO™－3433。

Bayer公司溴化丁基橡胶的牌号有X2和2030，已在药用瓶塞上广泛使用。

（3）丁基橡胶　丁基橡胶是异丁烯和异戊二烯的共聚物。其中异戊二烯含量是0.5%～2.5%（mol）。丁基橡胶的透气性在烃类橡胶中是最低的。丁基橡胶表现出高度阻隔性并且在低温下有适当的屈挠性。其玻璃化温度（T_g）为－72℃。这些性质的综合使之具有无比的优越性。EXXON公司用于药用瓶塞的丁基橡胶牌号有268。Bayer公司用于药用瓶塞的丁基橡胶牌号有301，402。

2．助剂

（1）硫化剂　卤化丁基橡胶塞使用的硫化剂主要有树脂硫化剂（酚醛树脂）（国产101＃，2402＃树脂，国产的201＃，202＃树脂，美国生产的SP1044，SP1045，SP1055）和聚胺类硫化剂（六亚甲基二胺氨基甲酸盐，国外牌号典型的有Diak No.1）。

（2）硫化促进剂　硫化促进剂最早使用的是苯胺，发展到现在有有机碱、噻唑类、黄原酸类和次磺酰胺类。卤化丁基硫化促进剂有秋兰姆（TMTD、TMTM），N－环己基－2－苯并噻唑次磺酰胺（CZ），二乙基二硫代氨基甲酸锌（ZDC）。

（3）活性剂　无机活性剂主要有金属氧化物、氢氧化物和碱式碳酸盐等，有机活性剂主要有脂肪酸、胺类、皂类与有机促进剂的衍生物等。卤化丁基橡胶瓶塞使用活性剂有ZnO、MgO、硬脂酸（SA）等。

（4）补强剂　卤化丁基橡胶瓶塞使用的补强剂有煅烧高岭土、白炭黑、炭黑、滑石粉、硫酸钡等无机填料，还有硅烷处理过的滑石粉，硅烷处理过的陶土。

（5）软化剂　卤化丁基橡胶瓶塞使用的软化剂有石蜡油、低分子量的聚乙烯（AC－617）、低分子量的聚丁烯（H－300，H－100）。

（6）专用配合剂　有着色剂、防焦剂和防老剂。

3. 卤化丁基胶塞的配方

(1) 配方设计的原则　所选用的各种原辅材料必须考虑其生物相容性,其主要原料在选择时应遵循以下原则。

a. 聚合物的选择　应用少量硫化剂即可硫化;所含杂质和添加剂的量很少;高度的气密性和自密封性能;良好的化学和生物惰性;良好的耐老化和耐消毒灭菌性能。

b. 硫化剂的选择　化学纯度尽可能高,砷、镉、铅等重金属离子含量越低越好;用量应严格控制,不宜过量。

c. 促进剂的选择　应无毒无味;使用品种应尽可能少;用量应严格控制。

d. 填充剂的选择　无毒;极低的吸水性;化学纯度高;挥发性物质含量少;良好的分散性。

e. 增塑剂的选择　应与主体材料及填料有良好的相容性;对人体无毒害影响;迁移小,不易被抽提。

(2) 卤化丁基胶塞常用配方　见表3-14、表3-15、表3-16、表3-17和表3-18所示。

表 3-14　氯化丁基橡胶瓶塞(EXXON)配方

序号	原材料名称	质量份	序号	原材料名称	质量份
1	氯化丁基橡胶 1066	100	5	氧化锌	3
2	煅烧高岭土	90	6	二乙基二硫代氨甲酸锌	1.5
3	聚乙烯(AC-617)	5	7	(ZDEDC)或酚醛树脂 SP1045	2
4	硬脂酸	1			

表 3-15　溴化丁基橡胶瓶塞(EXXON)配方

序号	原材料名称	质量份		序号	原材料名称	质量份	
1	溴化丁基橡胶 2244	100	—	5	硬脂酸	1	1
2	溴化丁基橡胶 2233	—	100	6	聚乙烯(AC-617)	3	4
3	煅烧高岭土	60	30	7	白油(石蜡油)	5	5
4	滑石粉	—	30	8	Diak No.1	1	1

表 3-16　氯化丁基橡胶瓶塞(Bayer)配方

序号	原材料名称	质量份	序号	原材料名称	质量份
1	氯化丁基橡胶(1240 1240P)	100	4	石　蜡	2
2	煅烧高岭土	100	5	氧化锌	2
3	聚乙烯(AC-617)	2	6	ZDMC	0.4

表 3-17　溴化丁基橡胶瓶塞(Bayer)配方

序号	原材料名称	质量份	序号	原材料名称	质量份
1	溴化丁基橡胶(2030)	100	4	石　蜡	2
2	煅烧高岭土	100	5	氧化锌	3
3	聚乙烯(AC-617)	2	6	SP1045	2.5

表 3-18　　丁基橡胶瓶塞配方

序号	原材料名称	质量份	序号	原材料名称	质量份
1	丁基橡胶(268,301,402)	100	5	石　蜡	2
2	煅烧高岭土	100	6	促进剂 TT	1.5
3	氧化锌	5	7	硫　磺	0.8
4	硬脂酸	1			

(五) 卤化丁基胶塞的生产工艺

1. 工艺流程

卤化丁橡胶瓶塞生产工艺流程与普通橡胶瓶塞生产流程大致相同,各工序应控制严格,增加了清洗硅化工序,洁净包装工序,其生产工艺流程如图 3-44 所示。

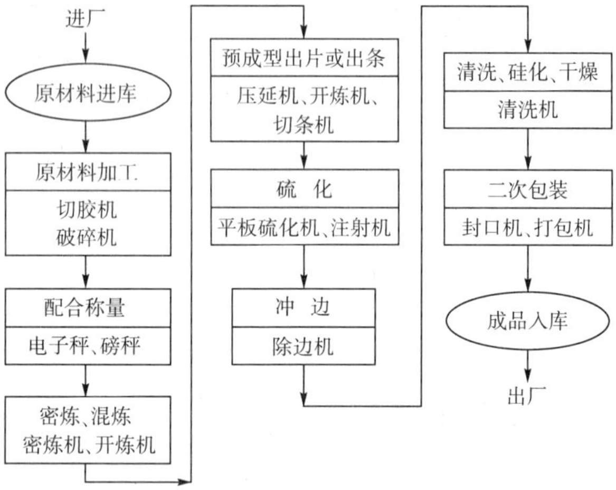

图 3-44　卤化丁基橡胶瓶塞生产工艺流程

2. 典型生产工艺过程简介

(1) 配比　称量配合是按照配方规定的原材料品种和用量比例,采用适当的衡器进行称量搭配的操作过程。

称量配合的操作方式分为两种:一种是手工操作法,一种是机械化自动称量配合法。

现在大多数瓶塞企业采用手工称量法,不适合机械化、自动化的大规模生产。现代化大生产中的称量配合操作都采用机械化自动称量方法。在整个混炼系统中配备一整套原材料贮存和输送、自动称量,向密炼机加料的系统装置。由计算机编程后进行远程操纵和集中控制,大大降低了员工的劳动强度,减少了污染,保证称量的准确度,极大地提高了生产效率。

卤化丁基橡胶切胶后,通过电子皮带秤计量后,送到密炼机,煅烧高岭土,小药通过贮仓,加料螺旋称量,由输送管道集中,复核无误,经过计算机指令,自动输送密炼机,这一系统称之为上辅机系统。

(2) 混炼　大多数瓶塞混炼加工的方式仍以开放式炼胶机和密闭式炼胶机的间歇式混炼加工为主。国内企业普遍采用加压式密炼机,混炼在开炼机加硫化剂和促进剂。通过压片制成混炼胶存放。也有采用两段混炼法,先将卤化丁基填料、软化剂、颜料(除硫化剂,促进剂)配合剂在密炼机粗混,制得母炼胶停放,在开炼机加入硫化剂、促进剂,完成胶料的全部混合。这一阶段,终炼结束后,将瓶塞的混炼胶放入指定地点存放。

(3) 预成型　卤化丁基胶塞的预成型工艺为出片时二辊开炼机的辊筒温度在 70~80℃,辊筒上的堆积胶应保持最少,卤化丁基胶随冷辊。挤出机的喂料量必须足够,以防止夹带空气。挤出的胶条,切割成等长、等重。胶条用隔离剂(硬脂酸锌)隔离,或用抗黏聚乙烯薄膜隔离。用压延机代替挤出机,可生产厚度尺寸均匀的胶片。

(4) 硫化　丁基瓶塞的硫化目前采用是平板硫化法和注射硫化法。硫化温度 160~

200℃，压力 10～25MPa，时间 150～900s。

国内外常用的平板硫化法，也就是模压法，都采用电加热抽真空平板硫化机。

（5）冲切　冲边也叫修边，用手工、机械的方法，将产品的废边除去，使之达到产品尺寸的规范要求，这一过程叫冲边。

丁基胶塞小批量采用半自动单模、多孔模冲切，有冲刀和冲孔，配合精度要求高，发展到大批量采用群模整体冲切，统称为机械除边。

还有设计模具分型面，使胶塞废边便于冷冻除边。

现在，大多数瓶塞企业采用冲床修边，模具有 36 工位、81 工位，冲切的效率比较高。国外新近发展设计无废边模具，硫化时采用自动顶模，无需冲边工序。

丁基瓶塞冲切工艺：开启冲边机电源，设定了冲切单程往复程序参数，将半成品硫化胶片冠部向下，放入模具冲孔，抚平，手同时启动点动，冲切完成，取掉废边，进入下一步冲切。冲模每冲 3 万～5 万次，需要到磨床上平磨修理。

（6）清洗硅化　丁基瓶塞清洗与普通清洗不一样，由于与药品接触对微粒的控制显得很重要，再加上环境因素，瓶塞静电吸附，除边工序等因素。因此，药品分装要求必须对瓶塞进行清洗硅化。胶塞在清洗机中，经过纯水或注射用水加入无污染清洗剂，经过清洗、漂洗、溢流、硅化、干燥、灭菌（纯蒸汽）、冷却等环节，胶塞的洁净度达到规范要求，这一过程称之为清洗硅化工序。

清洗硅化必须在洁净的环境下进行，洁净室洁净级别为 1 万级，出料口局部 100 级，清洗设备符合洁净要求，凡与胶塞接触，内壁及管道均采用不锈钢 316L 的材质。清洗的介质纯水、注射水、纯蒸汽，包括所有操作人员，必须符合规范要求。

国际上通常采用自动清洗机，使清洗、漂洗、溢流、硅化、灭菌等多种工序一次完成。

（7）包装　瓶塞的包装工艺不同于其他产品，在洁净室 1 万级的层流罩（100 级）下进行内包装（一次包装），二次封口，必要时抽真空，外套一层洁净聚乙烯袋（二次包装）；通过传递窗传递到 10 万级包装间进行纸箱包装，封口胶带封口，再用编织袋打包。包装前胶塞必须进行计数或计量。

（六）卤化丁基胶塞的应用

1. 适用范围

丁基胶塞以其优良的气密性及化学稳定性，可广泛用于粉针注射剂、输液制品、冷冻干燥制剂、生物制剂和血液制品药品的封装。

2. 选用原则

（1）根据生产工艺进行选择　采用冷冻干燥法生产注射用无菌粉末时，必须选用冷冻干燥胶塞；而采用其他方法如灭菌溶剂结晶法、喷雾干燥法生产注射用无菌粉末时，则必须采用抗生素胶塞（国际标准中称为注射胶塞）；对于输液产品则应相应选用输液胶塞。

（2）根据生产设备进行选择　对于进口分装线，其运行轨道一般适用于冠径为 18.8mm 的胶塞，对应于我国行业标准中的 20－A、20－B_1 型产品；而以前使用天然胶塞的国产生产线一般适用于冠径为 19.5mm 的胶塞，对应于我国行业标准中的 20－B_2、20－B_4 产品。

（3）根据选用的玻璃瓶进行选择　一般情况下，如果选用符合 GB 2639—1990 输液瓶，可根据瓶型进行选用，其中，A 型瓶可选用行业标准的 32－A 型胶塞，B 型瓶可选用行业标准的 28－B 型胶塞。

对于符合 GB 2640—1990 的《模制抗生素玻璃瓶》，同样可根据瓶型进行选择，其中 A 型瓶瓶口内径 12.6mm 建议选用塞径为 13.2mm 的产品（如 20 - A 型产品），B 型瓶瓶口内径 12.5mm 建议选用塞径为 13.0mm 的产品（如 20 - B_1、20 - B_2 型胶塞）。

对于符合 GB 2641—1990 的《管制抗生素玻璃瓶》容量为 5mL 的，可选用 13 系列产品；容量 7～25mL 的，可选用 20 - B_1 或 20 - B_2 型胶塞。

（4）根据相容性试验进行选择　由于丁基胶塞与药品是直接接触，不可避免地会与某些药品发生相互反应，因而药品生产企业在确定供货厂家之前，必须进行相容性试验，根据试验结果优选厂家进行配套。

3. 使用注意事项

（1）应在洁净区域打开包装，制药企业应在 30 万级洁净区或控制区打开包装箱，在 10 万级洁净区打开第一层内包装，在一万级洁净区打开第二层内包装。

（2）应采用注射用水进行清洗，清洗次数不宜超过两遍，最好采用超声波清洗，清洗过程中切忌搅拌，并尽可能地减少胶塞间的摩擦。

（3）干燥灭菌最好采用湿热灭菌，121℃，0.5h 即可，如果条件不允许湿热灭菌，只能干热灭菌，则时间最好不要超过 2h。在胶塞干燥灭菌的过程中，应尽量设法减少胶塞间的摩擦，如采用转动干燥，则设备的转动速度不应超过 1r/min，并适当设置停转时间。

（4）制药企业可以省略硅化工艺　由于胶塞在制造厂家经过硅化处理，因而制药企业在满足上机压盖的条件下，一般不需再进行硅化处理。

（七）卤化丁基橡胶塞的发展趋势

由于卤化丁基橡胶瓶塞具有天然胶塞无法比拟的优越性，我国在 20 世纪 90 年代初引进和开发出丁基橡胶瓶塞并实现产业化。我国即将淘汰天然胶塞，卤化丁基橡胶瓶塞的大批量使用已经起步。该产品是输液及粉针注射药品封装的首选产品。

为解决卤化丁基橡胶瓶塞给药品带来的微粒及抽出物问题，瓶塞行业已开始设法使用热塑性弹性体和 EXXPRO™等新型材料。这样一方面可降低主体材料本身所释放的微粒污染和析出物，另一方面也可尽量减少产品的构成组分，从而进一步降低瓶塞给药品所带来的负面影响。

此外，为隔离瓶塞与药品的相互接触，胶塞制造企业已陆续研制和开发出镀膜胶塞和涂膜胶塞，即在胶塞表面或与药液接触面采用不同的工艺涂覆一层聚四氟乙烯、聚乙烯或聚丙烯等材料膜。由于这些材料优越的化学惰性，使得胶塞与药品的相互反应几乎降低到了最低限度。截止到目前，这是解决瓶塞与药品相容性问题最有效的方法。但由于该类胶塞制造成本较高，因而应用范围还相当有限。

为满足广大制药企业对不洗即用胶塞的需求，近年来国外出现了一种“免洗胶塞”，即制药企业在使用时不必再重新清洗胶塞，只需直接将胶塞灭菌即可上机。目前，关于免洗胶塞还没有相应的国际标准和国家标准，因而各制药企业在选用时一定要做好验证工作。

第八节　药用气雾剂阀门和空心胶囊

一、药用气雾剂阀门

1. 气雾剂阀门的组成

气雾剂阀门是气雾剂产品的重要的部件，气雾剂产品的优劣不仅仅取决于产品本身的性能，和气雾剂阀门的性能及其与气雾剂产品的匹配性也有着密切关系。气雾剂阀门主要的作用是将密闭容器中的产品通过阀门的特殊结构释放出来，根据要求呈雾状、泡沫状、胶状等。药用气雾剂阀门对药用气雾剂产品的安全性和有效性起着关键作用。一个完整的药用气雾剂阀门主要由以下 8 个部件构成，由于气雾剂阀门种类繁多，不同型式的阀门在结构上也略有差异。在此主要依据一些较为典型的气雾剂阀门介绍阀门基本部件的作用、结构及特点等。

(1) 阀门促动器　促动器是药用气雾剂阀门各部件中最重要的组成部分，它不仅仅控制着阀门的开启或关闭，还影响着气雾剂的喷物形式，如雾状、泡沫状、凝胶状、粉状等，另外促动器也决定喷射距离、气雾剂的直径等。促动器有一体式与两体式之分，其区别主要在于两体式的阀门在促动器上嵌入了一个微雾化器，可以改变气雾剂的直径或喷出的雾形以满足需要。

(2) 阀门固定盖　固定盖是装配阀杆、阀体等部件的基座，另一个作用是将阀门固定并密封在气雾罐上。固定盖的标准尺寸（直径）是 25.4mm，此外还有 20mm、18mm 等尺寸。对于 25.4mm 标准固定盖，在 GB 17447—1998《气雾剂阀门》国家标准中规定其基本尺寸为 25.15mm，尺寸偏差 ±0.08mm，实际比 25.4mm 略小。这是因为罐口内径 25.40mm 的喷雾罐尺寸偏差为 ±0.10mm，这样阀门的尺寸略小就能保证阀门可以伸入到罐中，还可以再添加外密封圈。

(3) 外密封圈　外密封圈是接合在固定盖与罐口之间，对产品起密封作用；其次，外密封圈可以保护固定盖不受罐内药物的侵蚀。密封圈的种类有多种，有用丁腈橡胶或氯丁橡胶制成的切割式圆环型，此类外密封圈在欧洲国家被广泛使用；有用氯丁橡胶制成的浇注型，此类外密封圈在美国、日本等国家使用较多；此外还有塑料薄套型和薄膜覆盖型，这两种外密封圈采用聚乙烯或聚丙烯替代橡胶类产品。

(4) 阀杆（阀杆座）　阀杆是雄阀特有的部件。雌阀中无一体式的阀杆，而是将阀杆一分为二，上半部与促动器结合一体，下半部即为雌阀阀体中特有的阀杆座。上下两部分共同作用，起到阀杆的功用。阀杆的作用为通过阀杆的上下运动，控制阀门的开闭；通过阀杆上计量孔的大小调节喷雾速率；作为气雾剂内容物从阀体流向促动器的通道；另外阀杆还是促动器的安装基座。在雌阀中，计量孔的功能由一槽型结构替代，槽的尺寸、数量等控制喷雾的速率。槽型结构有的设计在促动器下端一段中空的细管底部，有的设计在阀杆座的上端。

(5) 内密封圈　又称阀杆密封圈，对阀门的开启和关闭具有很大的影响。在雄阀中，阀门关闭时，内密封圈起着包紧计量孔的作用，使气雾剂产品被密封在罐内；而当阀门开启时，阀杆位置下移，计量孔被暴露在外，从而使气雾剂产品经过阀杆被释放出。在雌阀中内密封圈则作用于阀杆座上端或促动器下方的槽型结构。内密封圈一般由合成橡胶制成，膨胀率是内密封圈必须严格控制的指标。因内密封圈接触气雾剂产品后，受抛射剂或药液的影响会产生膨胀或收缩，导致其形状、尺寸及弹性等会有所变化，轻则阀杆复位慢，重则引起泄漏或导致阀门卡壳，无法使用。由此可见内密封圈不仅与气雾剂产品的密封与否紧密相连，其性能还影响到阀门工作时的灵活性。

(6) 阀体　阀体主要起支撑阀杆或弹簧的作用。阀体尾部的孔径大小控制了经过阀体的内容物的流量大小，从而还能影响药物的喷出速率。此外阀体侧壁或底部常设有小孔，有利于药物与抛射剂的气化物混合。

(7) 弹簧　弹簧主要利用弹性使开启的阀门在失去外压力后回复到关闭的状态。对于侧壁或底部有小孔的阀体，弹簧还能起到搅拌药物与抛射剂的作用。

(8) 引液管　引液管连接在阀体尾端，主要起将药物输送到阀体的作用。根据引液管的粗细，常可分为毛细管型，内径 0.04～0.15cm；标准型，内径 0.32～0.38cm；大内径型，内径

0.64cm左右。有些类型的阀门无引液管结构，例如倒置型阀门。

2. 气雾剂阀门的种类及特点

(1) 按喷出物的形态可分为　喷雾型阀门、泡沫型阀门、凝胶型阀门、溶液型阀门、粉末型阀门等。要得到不同的喷出物形态，与阀门相关联的主要是促动器的结构。促动器上的喷孔的形状影响着喷出物的形态。喷孔一般有3种，圆柱形、圆锥形和倒圆锥形，其中倒圆锥形喷出的雾粒较细。喷孔的孔径对喷出物的形态也起作用，一般泡沫型阀门和粉末型阀门的喷孔内径较大。

(2) 按阀杆在阀门中的位置可分为　雄阀和雌阀。雄阀和雌阀的主要区别前面已经提到过，雄阀阀杆自成一体，而雌阀中则一分为二，上半部分与促动器结合在一起，下半部分作为阀杆座。

(3) 按气雾剂产品内容物的相数可分为　二相阀门和三相阀门。三相气雾剂产品与二相气雾剂的主要区别于三相气雾剂的药品活性成分溶于水性基质，与抛射剂互不混溶，与抛射剂及气化的抛射剂分别成为三相，此类药品一般含水量较多，而使用的抛射剂较小，且其喷出物中不含抛射剂，故其促动器一般较特殊，以达到使喷出物雾化的作用。

(4) 按口径可分为　25.4mm(linch)、20mm及其他规格。25.4mm(linch)口径的阀门尺寸是阀门的标准尺寸，最为常用，因为气雾罐的标准尺寸也是25.4mm(linch)，故便于不同种类的阀门与气雾罐的装配。20mm口径的阀门则较常见于小容量的气雾剂产品。另外根据不同的需求还有其他各种规格的阀门。

(5) 按喷雾连续性方式可分为　非定量阀门、定量阀门和全释型阀门。根据药物的使用要求，与其配套的阀门有些为非定量阀门，无需控制一次喷出物的数量，只要使用者认为喷出物足够多时关闭阀门即可；而对于有剂量要求的药物，则必须以定量阀门与之配套，严格控制每次喷出物的数量以达到医生处方的要求；另有一些药物的贮存要求较高或其成分活性较易受影响，故与其配套的有全释型阀门，药品的容量仅为一次剂量，一次开启全部用尽，即每次用药皆为未开启过的全新包装，以保证达到药效。

(6) 按阀门使用位置可分为　正置式、倒置式及球阀(360°全方位)。顾名思义，正置式阀门正置使用，倒置式阀门倒置使用，球阀可任意方向使用。正置式阀门一般都有引液管，有外插式和内插式；倒置式阀门因是倒置使用，固一般皆无引液管；而球阀则考虑了固定使用方向阀门的使用不便，甚至有时错误的使用会导致阀门系统的失效从而使整瓶罐气雾剂产品报废，故开发了可全方位使用的阀门，方便了使用。

3. 主要部件的生产工艺

(1) 促动器的原料一般采用聚乙烯树脂或聚丙烯树脂等经注吹成型，也有使用聚酰氨或其他材料的。因为是药用的阀门，所使用的原料需符合相应的GB 11115—1989《低密度聚乙烯树脂》、GB 11116—1989《高密度聚乙烯树脂》或GB 16331—1996《食品包装材料用尼龙6树脂卫生标准》等标准的规定，应无毒、安全。

(2) 固定盖使用的原材料主要有马口铁、铝及不锈钢。固定盖的成型一般由薄板带材冲压成型。

(3) 阀杆密封圈使用的较多的原材料是丁腈橡胶，经过炼胶、热压成材、硫化、裁剪、去粉尘杂质及硅化等多道工艺成型。

(4) 阀杆与阀体多用塑料制成，其中以尼龙居多，用模具注射成型。

(5) 引液管一般采用符合GB 11115—1989、GB 16331—1996标准规定的高密度聚乙烯或聚酰氨制成，成型工艺多为注吹成型。

（6）弹簧一般均由不锈钢在自动弹簧机上生产。

4. 主要组装设备

阀门的自动组装工作由专用组装机完成。各种牌号的组装机各有差异，一般可由以下几部分组成。

（1）密封圈、内密封圈及阀杆预装机　将内、外密封圈与阀杆装配在一起。

（2）阀体弹簧装配机　将阀体与弹簧进行组装。

（3）引液管装配机　将引液管装配到阀体下端。

（4）促动器组装机　将促动器与阀门其他部件装配成为一体。

（5）阀门包装机　对装配成型的阀门进行自动包装。

5. 气雾阀门的应用

（1）适用范围

药用气雾剂阀门根据气雾剂产品的不同需求可选择相适应的阀门产品。例如对喷出物的形态有要求时，可相应选择喷雾型、泡沫型、凝胶型、粉末型等；当气雾剂产品有定量要求时，则可根据剂量的需要挑选匹配的定量阀门，以控制阀门每次的释药量符合药物剂量的规定；又如，根据给药部件的不同，也可选择相对应的有不同结构特性的阀门，像吸入式阀门，其促动器的喷嘴口既要足够小，以便于放入病人的口中，又同时要避免因其过小而造成的药物沉淀；此外，还有一个很重要的因素，就是必须对气雾剂产品和所使用的阀门间的相容性进行研究，确保阀门与所装药品是相容的，不会对药品的质量产生影响。

（2）选择产品注意事项

a. 根据产品的使用方式或使用要求选择适宜的气雾剂阀门产品。比如根据气雾剂的使用是否有定量要求选择定量或非定量阀门。若是定量阀门，则进一步根据每次用药剂量的大小选择容量匹配的阀门。一般说来，容量大的阀门精度低一些，每次喷出量的差异大一些，而容量小的阀门虽精度相对较高，但用于大剂量喷射时易造成堵塞。所以没有绝对的可适用任何产品的阀门，而一定要根据气雾剂产品的使用特性来选择针对性的阀门，使其既能充分发挥药品的功效，又方便病人的使用。

b. 充分考虑气雾剂阀门与其适用药品间的相容性。由于气雾剂药品的组成与一般药品相比较为复杂，不仅包含药品的活性成分，还涉及抛射剂及溶剂。因此在为药品选用合适的阀门时，阀门与其所接触到的各种化学物质的相容性也是必须考虑到的一个重点。一方面，组成阀门的各个部件均需对药品的活性成分、抛射剂、溶剂等具有良好的耐受性，不受它们的影响或侵蚀，不会与之发生化学反应而改变阀门本身的物理化学特性，从而导致阀门在使用过程中发生因部分零件的老化或受损引起的阀门堵塞或气雾剂产品泄漏。另一方面，还要考虑阀门的各个部件的成分是否会迁移到药品中而导致气雾剂产品疗效的降低或对人体产生毒副作用。因此在气雾剂药品选择阀门时，哪怕是一个很成熟的阀门产品，也不能忽视该阀门与自己特定的药品之间的相容性。

二、空心胶囊

（一）空心胶囊的种类

胶囊的英文“capsule”起源于拉丁文“CAPSULA”，它的意思是一只小盒子或容器。用胶囊这个词来描述一种固体制剂剂型，胶囊由一个体部和一个帽部组成。

在20世纪，对明胶胶囊的规格分类进行了标准化，这大大促进了胶囊行业的健康发展。同时，胶囊生产和充填的精密设备也大幅度得到了提升。目前，国际上先进的胶囊生产企业已实现生产的高度自动化，生产工艺电脑控制化，胶囊生产环境也控制的极为严格，胶囊的质量达到了相当高的水平。近来，一些新的胶囊剂型开始进入市场，如植物胶囊、充液胶囊、软胶囊、明胶包衣片、肠溶胶囊等。

常用空心胶囊分普通胶囊、肠溶胶囊和缓释胶囊三类。

普通胶囊按材质可分为明胶胶囊、纤维素胶囊两类。规格由大到小分为000号，00号，0号，1号，2号，3号，4号，5号共8种。

现在肠溶胶囊的工业化生产使用一些新的包衣材料，如邻苯二甲酸醋酸纤维素、邻苯二甲酸聚乙酸乙烯酯、聚乙烯吡咯烷酮、羟甲基丙基纤维素及丙烯酸树脂类。

缓释胶囊的制备是先将药物制成颗粒，然后用不同释放速度的材料包衣或制成微囊，按需要的比例混匀，装入空胶囊中，即可达到缓释长效的作用。

（二）空心胶囊的特点及用途

胶囊制剂是目前医药行业应用最广泛、生产量最大的固体制剂之一，在现代制药工业中，胶囊制剂作为一种优先使用的口服固体制剂其可接受度在不断地提高。

1．胶囊制剂的药剂学特点

（1）可掩盖药物的苦味和臭味。

（2）药物的生物利用度高　胶囊剂不像片剂和丸剂那样在制备时需要加胶黏剂和施加压力，所以在胃肠道中分散快、吸收好。

（3）提高药物稳定性　对光敏感或遇湿、热不稳定的药物，如维生素、抗生素等，可装入不透光的胶囊中，保护药物不受湿气、空气中氧以及光线的作用，从而提高药品的稳定性。

（4）可以作缓释制剂和复方制剂　胶囊剂是开发缓释制剂和复方制剂的理想剂型。如布洛芬缓释胶囊。亦可制成肠溶胶囊剂在肠中显效，例如消炎镇痛药酮基布洛芬，先制成小丸，包上一层缓慢扩散的半透膜，许多单个包衣小丸装入胶囊中，当水分扩散至药丸后，在渗透压力下，酮基布洛芬溶解，进入小肠缓慢存放，稳定血药浓度可达24h。

（5）剂量的准确性和均一性　随着胶囊充填机制造工艺的进步和充填配方的完善，胶囊剂的药物充填剂量已经可达到非常高的准确度和均匀度，完全可以满足治疗的要求。

（6）配方简单　与片剂相比，胶囊充填物的配方简单得多，需要的辅料少，不需要胶黏剂，因此同一药物开发胶囊剂的时间也较开发片剂缩短许多。

2．胶囊制剂的技术要求

空心胶囊可用于颗粒、粉末、微丸、微囊甚至液体等充填物料，也可以是这些物料的混合物。用于充填空心硬胶囊的药物通常应满足以下几点要求。

（1）当使用全自动充填机时需保证充填剂量的均一性。

（2）药物在体内外应能从胶囊中释放，以保证好的生物利用度。

（3）空心胶囊表面可以印上文字和图案，并且可以有多种颜色选择。

3．胶囊制剂的用途

（1）处方药和非处方药　胶囊是缓控释制剂的良好载体，尤其是微丸充填的胶囊产品，是目前最可靠的缓控释剂型，如已商品化的新红康（红霉素肠溶微丸胶囊）、芬必得（布洛芬缓释胶囊）和英太青胶囊，分别是微丸充填的缓释、控释制剂，而且胶囊壳具有的颜色和印字带来的易识别性，尤其适用于非处方药。

（2）中成药　改变中药丸散丹及口服液的定量不准确或携带不方便的特点，胶囊制剂是较好的选择。尤其是传统中药一般为复方制剂，制成胶囊无需添加很多辅料。胶囊壳本身也可以起到保护层的作用，提高药物稳定性。对吸湿性比较大的中草药提取物，还可选用相对耐温耐湿的植物胶囊，进一步提高稳定性。

（3）保健品和营养补充剂　胶囊剂生产工艺比较简单，需要的生产设备较少，与片剂比投资也较少，生产周期短，非常适合保健品的生产。国内外一些著名的保健产品如西洋参、脑白金等都有胶囊剂。

4．空心胶囊的选择原则

（1）理化性质　如物料水溶性差，可选用充液胶囊。

（2）应根据剂量不同选择相应胶囊型号　由于胶囊制剂所需赋形剂较片剂少，对同等量的活性药物，一般可选择相对较小的型号。

（3）需求　顾客如要求产品容易识别，可能就需要开发颜色鲜明、印字或图案明显的胶囊产品。不同的颜色会产生不同的感觉，为提高病人顺应性，也可选择相应颜色。顾客如有特殊宗教需求，可能需要选用植物胶囊等替代品。

（4）销售的目标国家的法律法规　不同国家对许可的原辅料如色素的限制不同，欧美等西方国家对防腐剂的含量有很高的要求，并且不允使用环氧乙烷消毒，可以选用不加防腐剂，不用环氧乙烷消毒的空心胶囊产品，这也符合绿色环保和健康产品的追求。

（5）充填设备　应注意胶囊和充填物料对不同的充填设备的适应性不同。

（三）空心胶囊的生产工艺

1．原料及配方

制备空心胶囊的主要材料明胶是由胶原制成的。胶原是一种纤维蛋白，它组成了哺乳动物的结缔组织和骨骼组织。它含有 18 种氨基酸，主要成分是甘氨酸，其次是脯氨酸、羟脯氨酸和谷氨酰胺。骨骼和皮肤的胶原通过浸渍和纯化工序，用酸或碱水解成几乎没有支链的不同长度的氨基酸链，即明胶。根据分子链长度，明胶相对分子质量为 40 000～100 000。水解方式的类型决定明胶性质为 A 型（酸法）或 B 型（碱法）。明胶质量和特性主要由起始物料（骨和皮）及提取工艺决定。生产空心胶囊使用的优质明胶，除了符合药典的规定外，还必须具有一定的黏度、冻力、pH 等理化特性和微生物学要求。

为了美观和便于鉴别，胶液中可加入各种食用色素。少量十二烷基磺酸钠可增加空心胶囊的光泽。对光敏感的药物，可加遮光剂（2%～3%二氧化钛）制成不透光的空心胶囊。高质量的空心胶囊不需要加入对羟基苯甲酸酯类等作防腐剂。

2．生产工艺流程

胶囊生产工艺的基本原理自从 1833 年发明以来几乎没有改变，然而随着生产工艺机械化和自动化的发展，已经使空心胶囊的生产力和产品质量达到了难以想象的高度。

（1）溶液　经过检验的明胶用温度为 80℃ 的去离子水溶解，形成浓度约 30% 的明胶溶液。然后将该明胶液转入一个控温的储罐中，再经过过滤，除去泡沫备用。

目前先进的厂商在溶胶与蘸胶过程中采用电子计算机控制胶液的黏度，以保持囊壁厚度均匀一致，使空囊的厚薄误差限制在标准范围内，囊身囊帽能紧密套合，不易松动脱落。

（2）配色　根据需要，加入必要的色素或遮光剂进行混合。

（3）蘸胶　形状如胶囊的体和帽的金属模针蘸入温度受控的胶液至特定的深度。接着，提出液面，模针翻转使胶液在模针上尽可能均匀地分布。吹以冷风使胶液冷却胶化。囊体和囊帽分别成型。模针要求大小一致,外表光滑,否则影响囊体囊帽的大小规格,不紧密套合容易松动脱落。

(4) 干燥　模棒带着附着了胶液的模针通过烘箱将胶液中的水分干燥至要求的水分含量。

(5) 脱模、切割、套合　胶囊制造机的自动部分将囊体和囊帽分别从模针上剥下,然后切割至准确的长度,再将囊体和囊帽套合至预锁位置。

(6) 印字　如果需要印字,空心胶囊在计数和包装前上印字机印字。

第四章 药用包装材料的技术要求与检测方法

第一节 药用玻璃的技术要求与检测方法

药品包装的玻璃容器有极其严格的标准、技术要求及检测方法,以满足制药工业各类制剂大规模包装药品的要求,确保各类药品包装、贮存及使用的安全有效。

一、药用玻璃的技术规范

(一) 模制注射玻璃瓶

该产品已公布的标准有 ISO 8362—4:1989《注射容器及附件 第 4 部分 模制注射瓶》、GB 2640—1990《模制抗生素玻璃瓶》和 YBB 00312002《钠钙玻璃模制注射剂瓶》,其主要技术规范如下。

(1) 产品分类 A 型为 ISO 瓶型,B 型为 1990 版原国家标准瓶型。

(2) 规格尺寸 A 型瓶 5～100mL 共 10 种规格,B 型瓶 5～12mL 共 3 种规格。

(3) 材质要求 无色或琥珀色的硼硅玻璃或钠钙玻璃,应符合 GB/T 12416.2—1990《玻璃颗粒在 121℃耐水性的试验方法和分级》中 1 级或 2 级的要求。

(4) 内表面耐水性 应符合 GB/T 12416.1—1990《药用玻璃容器的耐水性试验方法和分级》中 HC1、HC2、HC3 任何一级的要求。

(5) 抗热震性 硼硅玻璃经受 60℃、钠钙玻璃经受 42℃温差的热震试验。

(6) 耐内压力 承受 0.6MPa 的内压力。

(7) 退火质量 光程差每毫米玻璃厚度≤40nm。

(8) 检验规则 采用 GB/T 2828.1—2003《计数抽样检验程序第 1 部分:按接收质量限(AQL)检索的逐批检验抽样计划》规定的一次抽样方案。

(9) 包装 采用纸箱或热缩膜包装。

(二) 管制注射剂玻璃瓶

该产品已公布的标准有 ISO 8360—1:1989《注射容器及附件 第 1 部分 管制注射剂瓶》、GB 2641—1990《管制抗生素玻璃瓶》和 YBB 00302002《低硼硅玻璃管制注射剂瓶》,其主要技术规范如下。

(1) 规格尺寸 2～30mL 共 10 种规格,原 1990 版标准 4 种规格,6 种 ISO 标准规格,基本尺寸为推荐性内容。

(2) 材质要求 无色或琥珀色玻管,应符合 GB/T 12416.2—1990 中 1 级或 2 级的要求。

(3) 内表面耐水性 应符合 GB/T 12416.1—1990 中 HC1、HC2、HC3 任何一级的要求。

(4) 内应力 光程差每毫米玻璃厚度应＜40nm。

(5) 检验规则 采用 GB/T 2828.1—2003 规定的一次抽样方案。

(6) 包装 采用纸箱或热缩包装。

(三) 玻璃输液瓶

该产品已公布的标准有 ISO 8536—1:2000《医用输液设备—第 1 部分 玻璃输液瓶》、

GB 2639—1990《玻璃输液瓶》和 YBB 00032002《钠钙玻璃输液瓶》,其主要技术规范如下。

(1) 产品分类　按玻璃材质分为Ⅰ型和Ⅱ型,将“Ⅰ”字或“Ⅱ”字标记记于瓶子底部。Ⅰ型瓶为硼硅玻璃,Ⅱ型瓶为经表面处理的钠钙玻璃,仅适用于一次性使用;按瓶型分为 A 型和 B 型两种。

(2) 规格尺寸　50～1 000mL 共 5 种规格。

(3) 材质要求　Ⅰ型瓶应符合 GB/T 12416.2—1990《玻璃颗粒在 121℃ 耐水性的实验方法和分级》中Ⅰ级的要求;Ⅱ型瓶应符合 GB/T 12416.2—1990 中 2 级的要求。

(4) 内表面耐水性　应符合 GB/T 12416.1—1990 或 GB/T 4548—1995 表 2 中 HC1、HC2 级的要求。

(5) 热稳定性　瓶内灌装清水至公称容量标线处,在 121℃ 下恒温 30min 不破裂。

(6) 抗热震性　Ⅰ型瓶经受 60℃ 温差的热震试验,Ⅱ型瓶经受 42℃ 温差的热震试验。

(7) 耐内压力　承受 0.6MPa 的内压力试验。

(8) 退火质量　光程差不超过每毫米玻璃厚度 40nm。

(9) 检验规则　采用 GB/T 2828.1—2003 规定的一次抽样方案。

(10) 包装　采用纸箱或热缩包装。

(四) 安瓿

安瓿已公布的标准有 ISO 9187－1—2000《医用注射器具　第 1 部分　注射剂用安瓿》、ISO 9187－2—1993《医用注射器具　第 2 部分　色点刻痕安瓿》、GB 2637—1995《安瓿》、YBB 00322002《硼硅玻璃》和 YBB 00332002《低硼硅玻璃安瓿》。主要技术规范如下。

(1) 规格尺寸和产品标记

a. 规格尺寸从 1～20mL 共 6 种规格。

b. 分为点刻痕易折安瓿和色环易折安瓿两种。

c. 安瓿丝外径在极限偏差内,至少要求分两档。

d. 产品标记　规格为 2mL,用无色玻璃(cl)制成,符合本标准要求的色环易折安瓿的标记为安瓿 GB 2637－cbr－2－cl;规格为 2mL,用棕色玻璃(br)制成,符合本标准的点刻痕易折安瓿的标记为:安瓿 GB 2637－opc－2－br。

(2) 材质要求　应符合 GB/T 12414—1995《药用玻璃管》中规定的无色或棕色安瓿玻璃管。

(3) 内表面耐水性　应符合 GB/T 12416.1—1990 中 HC1 级的要求。

(4) 退火质量　光程差不应超过每毫米玻璃厚度 40nm。

(5) 折断力　1mL、2mL 安瓿 30～90N,5mL 安瓿 30～100N,10mL 安瓿 30～110N,20mL 安瓿 30～120N。

(6) 检验规则　采用 GB/T 2828.1—2003 规定的方案抽样。

(7) 包装　内包装采用不剥落纤维状颗粒的材料并用热收缩膜封合,外包装采用纸箱。

(五) 药用玻璃管

该产品已公布的标准有 GB 12414—1990《药用玻璃管》,主要技术规范如下。

(1) 产品分类　标准内容分为 3 篇,第一篇为安瓿用玻璃管,第二篇为管制抗生素瓶玻璃管,第三篇为口服液瓶用玻璃管。

(2) 规格尺寸　安瓿玻管分为 1mL、2mL、5mL、10mL、20mL 共 5 种规格;管制瓶玻管分为 5mL、7mL、10mL、25mL 共 4 种规格;口服液玻管分为 10mL、20mL、25mL 共 3 种规格。

（3）材质　应分别符合安瓿、管抗瓶、口服液瓶要求的无色或棕色玻管。

（4）耐水性能　安瓿玻管应符合 GB/T 12416.2—1990 中 1 级的要求；管抗瓶玻管应符合 GB/T 12416.2—1990 中 2 级的要求；口服液瓶玻管应符合 GB 12416.2—1990 中 3 级的要求。

（5）外观质量　安瓿玻管、管抗瓶玻管和口服液瓶玻管两端必须经过精切、圆口，或一端精切、圆口，另一端封口，不应有毛口和豁口。

（6）抽样　按 GB/T 2828.1—2003 规定的方案抽样。

（7）包装　应按规定的尺寸和重量，两端用塑料薄膜热缩严密包装，或采用优于这种形式的其他包装。

（8）贮存期　安瓿玻管不超过 3 个月；管抗瓶玻管不超过 6 个月；口服液瓶玻管不超过 3 个月。

（六）玻璃药瓶

该产品公布的标准有 ISO 4796—2000《实验室玻璃仪器—瓶》和 YBB 00272002《钠钙玻璃药瓶》。主要技术指标有外观、鉴别、121℃颗粒法耐水性、抗热震性、内应力、砷锑铅浸出量、垂直轴偏差和满容量等。

（七）螺纹口管制玻璃瓶

该产品已公布的标准有 ISO 11418－7—1998 药剂用容器和附件:《螺纹口管制液体药剂玻璃瓶》，主要技术规范如下。

（1）产品分类　适用于盛装片剂、粉剂等口服药物的管制玻璃瓶，分棕色和白色两种。

（2）规格尺寸　从 2～30mL 共 12 种规格。

（3）热稳定性　耐急冷温差 35℃无爆裂。

（4）化学稳定性　甲基红中性检验，溶液 pH 应在 4.2～6.2 范围内。

（5）应力　色泽白瓶允许呈紫红色至微蓝色，棕瓶允许呈紫红色至淡绿色。

（6）检验规则　抽样方案按 GB/T 2828.1—2003 的规定。

（八）管制口服液瓶

该产品已公布的标准有 YY 0056—1991《管制口服液瓶》、YY 0056—1991《管制口服液瓶》和 YBB 00282002《低硼硅玻璃管制口服液瓶》，主要技术规范如下。

（1）产品分类　按瓶型分为 A、B、C 三种类型，其中 C 型为参考型。按质量分为优等品、一等品、合格品 3 级。

（2）规格尺寸　A 型 10mL、12mL、20mL 三种规格，B 型 12mL、20mL 两种规格，C 型 10mL、12mL 两种规格。

（3）材料　用无色或琥珀色玻管制成，玻管应符合 GB 12414—1995 标准的要求，材质应符合 GB 12416.2—1990 中 1 级、2 级或 3 级的要求。

（4）耐水性　符合 GB 12416.1—1990 中的 HC1、HC2、HC3 任何一级的要求。

（5）内应力　应小于 40nm/mm 玻璃厚度。

（6）检验规则　抽样方案按 GB/T 2828.1—2003 的规定。

（九）硼硅玻璃管制注射剂瓶

该产品已公布标准 YBB 0029 2002《硼硅玻璃管制注射剂瓶》，主要技术规范如下。

（1）瓶型　分为端肩瓶和溜肩瓶两种瓶型。

（2）鉴别　线热膨胀系数按 GB/T 16920—1997《玻璃　平均线热膨胀系数的测定》进

行检测，中性玻璃的线热膨胀系数（20～300℃）应为（4.0～5.0）$\times 10^{-6}K^{-1}$；3.3 硼硅玻璃的线热膨胀系数（20～300℃）应为（3.2～3.4）$\times 10^{-6}K^{-1}$；玻璃的化学成分为 B_2O_3 的含量按 GB/T 1549—1994《钠钙硅铝硼玻璃化学分析方法》进行检测，中性玻璃中 B_2O_3 的质量分数应在 8%～12%；3.3 硼硅玻璃中 B_2O_3 的质量分数应在 12%～13%。

(3) 内表面耐水侵蚀性能　应符合 GB/T 4548—1995 中 HC1 级的要求。

(4) 121℃颗粒法耐水性　应符合 GB/T 12416.2—1990 中 1 级的要求。

(5) 内应力　按 GB/T 12415—1995《药用玻璃容器　内应力检验方法》规定的方法进行检测，由内应力造成的光程差不得超过 40nm/mm。

(6) 耐热性　每批取规定的样瓶，放入烘箱中 30min，加热至 180℃恒温 2h 后立即取出，检验无破裂。

(7) 耐冷冻性　每批取规定的样瓶，注入标称容量 1/2 的水放入冷冻箱中，温度控制在（-41±2）℃。24h 后取出，立即放入（40±1）℃水中，1min 后取出，检验无破裂。

(8) 有害物质浸出含量　按 GB 17762—1999《耐热玻璃器具的安全与卫生要求》中规定的方法进行检测，砷、锑、铅浸出含量极限为 As≤0.2mg/L；Sb≤0.7mg/L；Pb≤1.0mg/L。

以上 1～8 项产品的主要技术指标均以国家标准（GB）的内容为主，国家药品监督管理局标准（YBB）与之内容基本相同，主要增加了“鉴别”砷、锑、铅溶出量等。

二、药用玻璃的检测标准

（一）玻璃容器耐水性检测（GB/T 12416.1—1990）

该标准首次发布于 1990 年，标准等效采用 ISO 4802-1:1988，主要技术规范如下。

(1) 范围　本标准规定了药用玻璃容器在（121±1）℃水侵蚀（60±1）min 时内表面耐水性的滴定法测定试验原理、试剂、仪器、试样、试验步骤、试验结果的表示方法与分级和试验报告，适用于各类玻璃容器耐水性的滴定法测定和分级。

(2) 试验原理　本试验方法是一种表面试验，适用于交付使用的玻璃容器。用规定的水注入受试验容器到规定的容量，并在规定的条件下加热，通过滴定浸取液来测量其受水侵蚀的程度并分级。

(3) 试验结果的表示方法　计算滴定结果的平均值，以每 100mL 浸取液耗用盐酸溶液（0.01mol/L）的体积（mL）表示；玻璃容器应根据盐酸溶液的消耗量（mL）进行分级（注：HC1 级适用于高度耐蚀的硼硅玻璃制成的玻璃容器的分级；HC2 级适用于以钠钙玻璃制成的内表面经过处理的玻璃容器的分级）；对于每 100mL 浸取液耗用盐酸溶液（0.01mol/L）1.6mL 的 9mL 容量的玻璃容器应表示为玻璃容器的耐水级别 GB/T 12416.1-HCB。

（二）玻璃材质耐水性检测（GB/T 12416.2—1990）

该标准首次发布于 1990 年，等效采用国际标准 ISO 720:1985《玻璃　玻璃颗粒在 121℃时的耐水性　试验方法和分级》，主要技术规范如下。

(1) 范围　本标准规定了玻璃颗粒在（121±1）℃水侵蚀（30±1）min 时的试验原理、试剂、仪器、试样制备、试验步骤、试验结果的表示方法、分级和试验报告。适用于耐水性较强的玻璃。

(2) 试验原理　本试验方法是一种材质试验，取一定量规定尺寸的玻璃颗粒，放在规定的容器内，加入规定量的水，并在规定的条件下加热，通过滴定浸取液来测量玻璃颗粒受水侵蚀的程度，对玻璃的耐水性进行分级。

(3) 试验结果的表示方法　①计算所得结果的平均值，以每克试样耗用的 0.02mol/L 盐酸溶液的体积(mL)表示。若需要表示析出碱的物质的量(mol)，可换算成每克玻璃颗粒所析出的氧化钠(Na_2O)的质量(μg)。1mL 盐酸溶液[$c(H_2O)=0.02mol/L$]相当于 620μg Na_2O；②根据耗用的盐酸量及碱物质的量[用氧化钠(Na_2O)量表示]，按表 4－1 对玻璃进行分级；③表示方法，例如，对于每克玻璃颗粒耗用 0.02mol/L 盐酸溶液 0.08mL(相当于每克玻璃颗粒析出 49.6μg 氧化钠的玻璃)应表示为玻璃耐水级别 GB/T 12416.2－1 1990 级。

表 4－1　　颗粒法耐水性试验的极限值(热压法)

玻璃耐水级别	每克玻璃颗粒耗 0.02mol/L 盐酸溶液的体积/mL	每克玻璃颗粒析出的碱的物质的量 氧化钠(Na_2O)的质量/μg
1 级	≤0.10	≤62
2 级	>0.10～0.85	>62～527
3 级	>0.85～1.50	>527～930

(三) 玻璃瓶罐内压力检测(GB/T 4546—1998)

该标准首次发布于 1984 年，1998 年第一次修订，1998 版标准非等效采用 ISO 7458:1984《玻璃容器　抗内压力试验方法》，主要技术规范如下。

1. 范围

本标准规定了测定玻璃瓶罐内压力的两种试验方法，方法 A 是在预定时间内施加均匀内压力的试验；方法 B 是在预定的恒速下提高内压的试验。本标准适用于玻璃瓶罐的内压力试验。

2. 试验方法

(1) 方法 A　在预定时间内施加均匀内压力试验。通过性试验使内部试验压力到预定值，并维持恒压(60±2)s 或不同的时间值，但仪器应有一种换算校正压力值的方法，以便获得相等于 60s 恒压的试验结果。递增性试验继上述通过性试验方法后，以递增量为 0.1MPa 或 0.2MPa(1bar 或 2bar)的压力值增压，直至瓶罐破损率达 50% 或 100%。

(2) 方法 B　按预定的恒速增加内压力的试验。通过性试验按(0.4±0.1)MPa/s[(4±1)bar/s]的速率提高试验压力，直到达到预定的压力值。破坏性试验按(0.4±0.1)MPa/s[(4±1)bar/s]的速率提高试验压力，直至全部瓶罐破裂。

(四) 玻璃容器抗热震性和热震耐久性检测(GB/T 4547—1991)

该标准 1991 版标准等效采用 ISO 7459:1984《玻璃容器抗热震性和热震耐久性试验方法》。

1. 范围

本标准规定了热震的定义、测试用的仪器设备、试样、计算和试验报告。适用于测定由钠钙玻璃和低硼钠钙玻璃制成的容器的抗热震性和热震耐久性。

2. 定义

(1) 抗热震性　玻璃容器经受温度剧变而不破裂的性能。

(2) 热震耐久性　玻璃容器在抗热震试验中，有 50% 的制品出现破裂时温差。

3. 试验内容

(1) 抗热震性试验　试验内容分为合格性试验、递增性试验、破坏性试验和一次性高温差试验。

(2) 热震耐久性试验　按破坏性试验规定的步骤进行试验，以试样有 50% 破裂时的温差表示,其温差值可由试样的累计破裂百分数与对应温差所绘制的曲线上取得。

(五) 玻璃容器内应力检测(GB/T 12415—1995《药用玻璃容器　内应力检验方法》)

该标准发布于1995年,主要技术规范如下。

(1) 范围　本标准规定了内应力检验的试样、仪器、程序、应力计算方法及报告内容等。适用于药用玻璃容器内应力的检验。

(2) 检验程序　无色试样的检验和有色试样的检验。

(3) 应力计算　应力以下列公式计算:

$$\sigma=\frac{T}{t}=\frac{\theta\times3.14}{t}$$

式中　σ——试样的应力,nm/mm;

T——试样被测部位光程差,mm;

t——试样被测部位通光处的总厚度,mm;

θ——检偏镜旋转角度(在测得最大应力时);

3.14——采用白光光源(有效波长均为565nm)时的常数。

三、药用玻璃ISO标准简介

(一) 注射容器及附件　第1部分　管制注射剂玻璃瓶(ISO 8362-1:1989)

该标准是由ISO/TC 76技术委员会制定的有关输血、输液和注射用医用器材。ISO 8362:1989由下列有关注射剂和辅助剂注射容器组成:第1部分,管制注射剂玻璃瓶;第2部分,注射瓶瓶塞;第3部分,注射瓶的铝盖;第4部分,模制注射剂玻璃瓶。

(1) 材料　无色(cl)或琥珀色(br)硼硅玻璃或钠钙玻璃的颗粒耐水等级为ISO 720:1985-HGA1,ISO 719-HCB3或ISO 720-HGA2。

(2) 耐水　根据ISO 4802-1:1988或ISO 4802-2:1988进行检测,注射瓶内表面耐水应符合下列任意容器耐水等级:ISO 4802-HC1;ISO 4802-HC2;ISO 4802-HC3。

(3) 退火特性　最大残余应力(相对玻璃厚度)不能超过40nm/mm。

(二) 注射容器及附件　第4部分　模制注射剂瓶(ISO 8362-4:1989)

(1) 尺寸和命名　如胰岛素用玻璃药瓶,抗生素注射药瓶等。

(2) 材料　无色(cl)或琥珀色(br)硼硅玻璃或钠钙玻璃的颗粒耐水等级为ISO 720-HGA1、ISO 719-HCB3或ISO 720-HGA2。

(3) 耐水　根据ISO 4802-1:1988或ISO 4802-2:1988进行检测,注射瓶内表面耐水应符合下列任意容器耐水等级:ISO 4802-HC1;ISO 4802-HC2;ISO 4802-HC3。

(4) 内部抗压　根据ISO 7458:1984测试,注射瓶应经得起0.6MPa的内部压力。

(5) 抗热冲击　根据ISO 7459:1984进行测试,注射瓶的抗热冲击的温度变化不同,钠钙硅玻璃的抗热冲击温度变化为42℃,硼硅玻璃的抗热冲击温度变化为60℃。

(6) 退火特性　最大残余应力(相对玻璃厚度)不能超过40nm/mm。

(三) 医用注射器具　第1部分　注射用安瓿(ISO 9187-1:2000)

ISO 9187-1:2000国际标准是由ISO/TC76技术委员会制定的有关输血、输液和注射的医用器材。

(1) 材料　应使用无色或琥珀色颗粒耐水符合ISO 720-HGA1玻璃。

(2) 耐水性　根据ISO 4802-1:1988和ISO 4802-2:1988进行试验安瓿的内表面耐水

性应符合 ISO 4802－HC1 的要求。

（3）退火质量　退火后无色安瓿的最大残余力不应超过 50nm/mm。

（4）折断力　1mL、2mL、3mL、5mL 为 30～80N；10mL 为 30～90N；20mL、25mL、30mL 为 30～100N。

（四）医用输液器械　第 1 部分　玻璃输液瓶（ISO 8536－1：2000）

ISO 8536－1：2000 国际标准是由 ISO/TC 76 技术委员会制定，有关输血、输液和注射的医用器械。

（1）材料　输液瓶应由下列构成：①无色（cl）或琥珀色（br）硼硅玻璃或钠钙玻璃；②颗粒耐水等级 ISO 720－HAG1 或 ISO 719－HCB3 或 ISO 720－HGA2。

（2）耐水　根据 ISO 4802－1：1988 或 ISO 4802－2：1988 进行检测，输液瓶内表面耐水应符合下列任意一容器耐水等级：ISO 4802－HC1；ISO 4802－HC2；ISO 4802－HC3。

（3）内部抗压　根据 ISO 7458：1984 进行测试，输液瓶应经得起 0.6MPa 的内部压力。

（4）抗热冲击　根据 ISO 7459：1984 进行测试，输液瓶抗热冲击的温度变化不同，钠钙玻璃的抗热冲击温度变化为 42℃，硼硅玻璃的抗热冲击温度变化为 60℃。

（5）退火特性　退火后最大残余应力不能超过 40nm/mm。

（6）标记　容器耐水等级应按下列标明：容器耐水等级 ISO 4802－HC1：Ⅰ；容器耐水等级 ISO 4802－HC2：Ⅱ；容器耐水等级 ISO 4802－HC3：Ⅲ。

四、药用玻璃的检测项目及仪器

药用玻璃的检测项目主要分为理化性能、规格尺寸和外观质量三大项。加入 WTO 后，为同国际药用玻璃标准及检测方法接轨，还要增加化学成分及有害物质浸出含量的检测。

（一）理化性能

理化性能是药用玻璃的重要指标及检测项目，是产品内在质量的体现。理化性能检测项目主要有耐水性、内应力、耐内压力、抗热震性、耐冷冻性、折断力、耐酸性和耐碱性等。

（1）耐水性　耐水性即药用玻璃的化学稳定性，是药用玻璃最重要的指标和检测项目。目前，国内用于耐水性检测的 5 个标准分别是：①GB/T 6582—1997《玻璃在 98℃ 耐水性的颗粒试验方法和分级》；②GB/T 12416.2—1990《玻璃颗粒在 121℃ 耐水性的试验方法和分级》；③GB/T 12416.1—1990《药用玻璃容器的耐水性试验方法和分级》；④GB/T 4548—1995《玻璃容器内表面耐水侵蚀性能测试方法及分级》；⑤已通过审定的耐水表面容器法的国家标准等效采用 ISO 4802－2：1988，该标准能对表面耐水析出物质和析出量进行定量测定。注：①、②两个标准为材质颗粒法；③、④两个标准为内表面容器法。

耐水性检测仪器主要有：①高压蒸汽消毒器（热压器），应能使温度保持在（121±1）℃或相当的压力；②碾钵和杵，以淬火钢制成，击碎玻璃使用；③筛子，一套直径为 200mm 的方形网孔筛；④实验室常规仪器。

（2）内应力　内应力也即退火质量或退火特性，是衡量玻璃退火质量的重要检测项目。

内应力检测有 3 个标准：①GB/T 12415—1995《药用玻璃容器内应力检验方法》；②GB/T 15726—1995《玻璃仪器内应力检验方法》；③GB/T 4545—1984《玻璃瓶罐　内应力检验方法》。药用玻璃常用第一个检验方法标准，主要仪器为定量应力仪，常用的有 LRR－85A 数显应力仪。

（3）内压力　内压力是检验玻璃强度及综合质量的项目，检验方法标准为 GB/T 4546—

1998《玻璃瓶罐　耐内压力试验方法》。检测仪器为内压力试验机等仪器设备。

(4) 抗热震性　抗热震性是检验玻璃抵抗温度变化的能力,一般用耐热温差来表示。检验方法的标准为:①GB/T 4547—1991《玻璃容器　抗热震性和热震耐久性试验方法》; ②GB/T 6579—1986《实验室玻璃仪器热冲击试验方法》。主要检测仪器为 JBY445 数显自控温冷热变仪或其他抗热震性试验机。

(5) 热膨胀系数　热膨胀系数是衡量玻璃内在性能的重要检测项目,用线膨胀系数表示。检验方法标准为:①GB/T 16920—1997《玻璃　平均线热膨胀系数的测定》; ②QB/T 2298—1997《双线法测玻璃线热膨胀系数》。主要检测仪器为膨胀系数测定仪。

(6) 耐冷冻性　耐冷冻性是衡量玻璃低温性能的检测项目,主要用于冻干剂玻璃瓶的检验。检验仪器采用大于 -43℃ 的冰柜,并备最小分度 1℃ 的温度计。

(7) 折断力　折断力是检测安瓿易折性能的项目,也是衡量安瓿质量水平的重要指标。主要仪器为 ZLY-2000 数显折力仪。

(8) 耐酸性能　耐酸性能是衡量玻璃化学稳定性的重要项目。检验方法标准为:GB/T 15728—1995《玻璃耐沸腾盐酸侵蚀性的重量试验方法和分级》。主要检测仪器为火焰光度计、原子吸收光谱仪和实验室常规仪器。

(9) 耐碱性能　耐碱性能也是衡量玻璃化学稳定性的重要项目。检验方法标准为:GB/T 6580—1997《玻璃耐沸腾混合碱水溶液浸蚀性的试验方法和分级》。主要检测仪器为实验室常规仪器。

(二) 规格尺寸

规格尺寸是药用玻璃主要的成型工艺质量,对药品的罐封及贮存均有着很大的影响。属于规格尺寸的主要检测项目有瓶子各部位的几何形状尺寸、瓶壁、瓶底、瓶口的厚度,垂直轴偏差,玻管直线度及瓶子质量和容量等。

(1) 几何尺寸　瓶身、瓶口等瓶子各部位的几何尺寸一般用数显电子卡尺或高度尺等量具进行检测。

(2) 瓶壁、瓶底、瓶口厚度　常用的测量工具有数显底厚壁厚测量仪、数显瓶口边厚测量仪。

(3) 垂直轴偏差　按 GB/T 8452—1987《玻璃容器　玻璃瓶垂直轴偏差测试方法》检测。主要测量仪器有 ZPY-10 数显轴偏差仪等。

(4) 玻管直线度　玻管直线度是对玻璃管弯曲程度的检测项目。主要仪器为 LSR-1000 数显玻管直线度仪等。

(5) 质量与容量　质量与容量检验是用称重法和滴定法测量瓶子的质量和容积。常用的测量工具为物理天平或电子天平、滴定管等。

(三) 外观质量

外观质量是检验药用玻璃各类表面缺陷的项目,主要有结石、气泡、条纹、气泡线、裂纹、合缝线等。对外观项目的检验一般采用目测的方式,必要时可辅以 10 倍刻度的放大镜进行测量检验。

(四) 化学成分及有害物质含量

化学成分及有害物质含量的检测是提高药用玻璃质量水平的重要检测项目。药用玻璃中常以 As_2O_3、Sb_2O_3 作为澄清剂引入,药用玻璃应从安全卫生的要求对这些有害元素进行控制。国际标准对玻璃中 As、Sb、Pb、Cd 的析出量均有规定。我国近期已制定相关的控制及检测标准对药用玻璃中的有害元素进行限定。

第二节　药用复合膜及制品的技术要求与检测方法

一、复合膜、袋技术要求与检测方法

（一）技术要求

药品包装用复合膜、袋有行业标准 YBB 00132002《药品包装用复合膜、袋通则》（试行），与此相关的国家标准有 GB/T 10005—1998《双向拉伸聚丙烯（BOPP）/低密度聚乙烯（LDPE）复合膜、袋》，日本标准有 JIS Z1707—1997《食品包装用塑料薄膜》。药品包装用复合膜、袋的主要检测项目有外观尺寸、密封阻隔性能、机械性能、卫生性能和其他性能。

（二）检测项目及检测方法

1．外观

外观一般不允许有穿孔、异物、异味、粘连、复合层间分离及明显的损伤、气泡、皱纹、脏污等缺陷，复合袋的热封部位还应平整，无虚封。对于印刷的文字和图案应清晰，完整，色彩均匀，无明显色差。套印精度一般用精度为 0.1mm 的 20 倍刻度放大镜检验不超过 0.5mm。印刷质量详细的标准及检测可参考 GB/T 7707—1987《凹版装潢印刷品》。对于卷膜还应紧实，卷面不允许有明显突起和凹陷的暴筋，卷膜两端应平整，端面不平整度一般不得超过 2mm。外观检验一般以目测为主，其质量标准不同厂家有较大差异。

2．尺寸偏差

一般袋的长度和宽度允许有 ±1.5mm 的偏差，偏差太大会影响袋的容积，瓶盖用封口膜由于要放置在瓶盖内，其尺寸精度要求较高，一般允许偏差不超过 ±2%。厚度偏差及平均厚度偏差一般要求不超过 ±10%，制袋产品，热封宽度也不能偏差过大，热封边的大小不仅会影响袋的强度，还会影响其容积，一般要求热封边的宽度偏差不超过 ±20%，作为袋还有一个要控制的尺寸是热封边与袋边的距离，一般不超过 4mm，最好控制在 3mm 以内，过大会影响袋的容积，可能装不下被包装物。

尺寸偏差中厚度的测量用精度为 0.001mm 的测厚仪或螺旋测微器，具体要求标准可参照 GB/T 6672—2001《塑料薄膜和薄片厚度测定　机械测量法》，其他尺寸的测量根据精度要求可用游标卡尺或钢尺。

3．水蒸气透过率

药品包装对水蒸气阻隔性要求较高，水蒸气透过率是药品包装用复合膜、袋、管和封口膜最重要的阻隔性能指标，它直接决定药品的保质期。水蒸气透过率（WVT）是指在规定的温度、相对湿度、一定的水蒸气压差条件下，$1m^2$ 的试样在 24h 内透过的水蒸气量，其单位为 g/m^2。阻隔性能规定如表 4－2 所示。

表 4－2　　阻隔性能规定

种类	水蒸气透过量/[$g\cdot(24h)^{-1}\cdot m^{-2}$]	种类	水蒸气透过量/[$g\cdot(24h)^{-1}\cdot m^{-2}$]
Ⅰ	≤15	Ⅳ	≤1.5
Ⅱ	≤5.5	Ⅴ	≤0.5
Ⅲ	≤2.0		

国内外常用的水蒸气透过率测试方法，主要有称重法和红外检定法两类。水蒸气渗透性的测试方法如表 4-3 所示。

表 4-3　　水蒸气渗透性的测试方法

测试方法	测试方法名称	样品类型	扩散剂	测试方法	测试条件
ASTM D895—1994	包装件水蒸气透过率的标准测试方法	包装件	水蒸气	增重	通常为：RH（相对湿度）= 90%，38℃（100℉）
ASTM D1251—1994	周期性测定包装件水蒸气透过率的标准测试方法	包装件	水蒸气	增重	1 周期 = -18℃（0℉）×1d + 38℃（100℉）×6d，RH = 90%
ASTM D2684—2001	测定包装试剂或特殊产品用塑料容器渗透性的标准试验方法	包装件	产品或水蒸气	增重或减重	RH = 50%，23℃（73℉）或 50℃（122℉）
ASTM D3079—1999	干燥产品用热封袋软包装水蒸气透过量测定的标准试验方法	包装件	水蒸气	增重	RH = 90%，38℃（100℉）
ASTM D3199—1994	带衬垫的螺旋盖水蒸气透过率的标准测试方法	包装件	水蒸气	增重或减重	装水时 RH = 25%，38℃（100℉） 装干燥剂时 RH = 75%，38℃（100℉）
ASTM E96—2000	材料水蒸气透过量的标准测试方法	材料	水蒸气	增重或减重	干燥剂法：RH = 90%，38℃（100℉） 水法：RH = 50%，32℃（90℉）
ASTM F372—1999	用红外检定法测定软性阻隔材料的水蒸气透过率的标准测试方法	材料（最厚 3mm）	水蒸气	红外检定法	38℃（100℉），RH = 81%、90% 或 100%
ASTM D1653—1999	有机物涂布薄膜的水蒸气薄膜和薄片的水蒸气透过量的标准测试方法	材料	水蒸气	增重或减重	38℃（100℉）分干杯法和湿杯法两类
ASTM F1249—1995	用红外检定法测定塑料薄膜和薄片水蒸气透过量的标准测试方法	材料（最厚 3mm）	水蒸气	红外检定法	38℃（100℉），RH = 90% 或 100%
ISO 2528:1995	薄片材料水蒸气透过量检测方法　盘法	材料（最厚 3mm）	水蒸气	增重	RH = 90%，25℃ 或 38℃（一般为 38℃），RH = 75%，25℃ 透湿度小于 1g/（m^2·24h）的材料建议不用此法
GB/ T1037—1988（参照 ASTM E96—2000）	塑料薄膜和片材透水蒸气性试验方法　杯式法	材料	水蒸气	增重	RH = 90%，25℃ 或 23℃
GB/T 16928—1997（等效采用 FED-STD-101 中第 3030 规程）	包装材料试验方法　透湿率	材料	水蒸气	增重	A 法仅适用于透湿率大于 1g/（m^2·24h）、厚度小于 3mm 材料，B 法用于可制成袋，透湿度较小的可热封材料。 A 法：38℃，RH = 92%；23℃，RH = 50%；45℃，RH = 83%；-18℃，RH = 95% B 法：38℃，RH = 90%

续表

测试方法	测试方法名称	样品类型	扩散剂	测试方法	测 试 条 件
GB/T 6981—1986	硬包装容器透湿度试验方法	包装件	水蒸气	增重	40℃,RH=90%,30d
GB/T 6982—1986	软包装容器透湿度试验方法	包装件	水蒸气	增重	40℃,RH=90%,30d
JIS 0208	防潮包装材料的试验方法	材料	水蒸气	增重	25℃或40℃(一般为40℃),RH=90%
JIS K 7129—1987	用红外检定法测量包装材料的透湿度	材料	水蒸气	红外检定法	25℃或40℃(一般为40℃),RH=90%

称重法的原理是先将一定的干燥剂(一般用无水氯化钙)放入透湿杯中,在透湿杯放上被检测的薄膜,并用蜡密封,使透湿杯内形成一个封闭的空间,将透湿杯放入恒温恒湿的环境中,水蒸气透过测试材料后被干燥剂吸收,以适当的时间间隔称量透湿杯的增重,从而计算出水蒸气的透过率。作为透湿杯的发展变形,容器可以是袋、瓶或其他容器。称重法具有简单、方便以及仪器设备价格低廉等优点。我国标准 GB/T 1037—1988、GB/T 16928—1997、GB/T 6981—1986、GB/T 6982—1986 都是采用称重法。

红外检定法的原理是用试验薄膜隔成两个独立的气流系统,一侧为具有稳定相对湿度的氮气流,另一侧为绝对干燥的氮气气流。水蒸气从潮湿的氮气流一侧透过薄膜到达干燥的氮气流一侧,并随着干燥的氮气流流向红外检定传感器,测量出氮气中水蒸气的含量,进而得出水蒸气透过率。红外检定法在整个实验过程中自动测定,不破坏扩散和渗透的平衡,因而其结果准确可靠,同时由于红外检定法其检测传感器的高灵敏度,因而可以在短时间内测量高阻隔性的材料。红外检定法测试仪器的检测精度一般对材料可达到 0.005g/(m^2·24h),对包装件可达到 0.000 052g/m^2·24h,红外检定法的精度是称重法的 100 倍。

我国现有的水蒸气透过率检测仪器,有称重法和红外检定法,目前国家标准仅有称重法。对于水蒸气透过率较大的包装材料可用杯式称重法,即 GB/T 1037—1988;对于水蒸气透过率较小的可热封的材料,可用成袋的称重法,即 GB/T 16928—1997 的 B 法;对于水蒸气透过量较小,且不可热封的材料或结构中含有吸湿性较大的材料(如纸、玻璃纸、尼龙等)以及高阻隔性铝箔复合材料一般应以红外检定法为宜。红外检定法试验重复性好、精度高、适应材料广,当对包装材料的透湿性极小,或需对材料透湿性作精密测量时,建议采用红外检定法来测量。

在药品包装用材料水蒸气透过量检测过程中还应注意如下问题。

(1) 渗透率这一概念是在薄膜符合 FicRian 定律条件下得出的,但水蒸气的渗透过程中,会与不少聚合物发生不同的相互作用,一般属于非 FicRian 定律型扩散。因而在实验结果推导运用时应特别注意。

(2) 对于复合材料其结构不一定对称,因而存在试样的正、反两面问题,某些复合膜材料其正、反两面检测出的水蒸气透过率差异很大,不能简单地取正、反两面的平均值作为测试结果,应根据实际的使用而定。

(3) 对于吸附性和吸湿性较大的包装材料,在试验过程中还应考虑其吸附和脱附对实验结果的影响。同时吸附性包装材料其平衡时间一般较长,而且不少材料其平衡态的状况不但与平衡时的环境有关，而且还与过程有关。

(4) 应高度重视检测过程中的泄漏问题，任何实验得出的水蒸气透过率都是渗透和泄漏的总和，只有泄漏在可以相对忽略不计的条件下，所测得的水蒸气透过率才是准确的。操作细节和一些辅助材料（如密封蜡、真空脂等）的质量都对实验结果有很大影响。

4. 气体透过率

气体透过率一般以对包装物影响较大的氧气作为代表，如果包装的药品对氧气敏感，如易氧化或药品具有芳香类挥发物时，就必须选择具有良好阻气性包装材料。氧气透过率（OTR）是指在规定的温度和湿度条件下，一定压差的氧气在 24h 内透过 $1m^2$ 测试样品的气体体积（换算成相当于 1 个大气压的体积），其单位为 $cm^3/(m^2·24h·0.1MPa)$。国家药品监督管理局对阻隔性能规定的标准如表 4－4 所示。

表 4-4　阻隔性能

种类	水蒸气透过量/$cm^3·(m^2·24h·0.1MPa)^{-1}$	种类	水蒸气透过量/$cm^3·(m^2·24h·0.1MPa)^{-1}$
Ⅰ	≤4 000	Ⅳ	≤3.0
Ⅱ	≤1 500	Ⅴ	≤0.5
Ⅲ	≤10		

常用的气体渗透性测试方法如表 4－5 所示，从测试原理可分为压差法和电量分析法。

表 4-5　气体渗透性的测试方法

测试方法	测试方法名称	样品类型	扩散剂	测试方法	测试条件
ASTM D726—1999	非疏松的纸对空气抗透性的标准测试方法	材料	空气	体积变化	1.2kPa 和 3.0kPa，另一侧的压力不作规定
ASTM D1434—1998	测定塑料薄膜和片材气体渗透率的标准测试方法	材料	任何气体	压力或体积变化	(23±2)℃，RH=0
ASTM D3985—1995	用电量分析传感器测量塑料薄膜或薄片透氧率的标准测试方法	材料	氧气	电量分析传感器	温度、湿度不作规定
ASTM F1927—1998	用电量分析传感器在可控的相对湿度下测量阻隔材料的氧气透过率	材料	氧气	电量分析传感器	温度、湿度不作规定
ASTM F1307—1990	用电量分析传感器测量干燥包装件的氧气透过率的标准试验方法	包装件	氧气	电量分析传感器	相对湿度 RH=0
GB/T 1038—2000	塑料薄膜和薄片气体透过性试验方法　压差法	材料	气体	体积变化	高压为 $1.0×10^5Pa$，RH=0，温度未作规定
JIS Z1707—1997	食品包装塑料薄膜	材料	气体	压力变化	一般为 20℃，湿度 RH=0

压差法的测定原理是用试验薄膜隔成两个独立的空间，将其中一侧（高压室）充入测定用气体，而另一侧（低压室）抽真空，在试样两侧就产生了一定的压差，高压室的气体就会通过薄膜渗透到低压室，通过测量低压室的压力或体积变化就可以得出气体的渗透率。

压差法具有简单、方便、可以测定各种气体以及仪器设备价格较低等优点。我国惟一的气体透过率国家标准 GB/T 1038—2000 就是采用了压差法，目前生产企业和检测单位所使用的气体透过率测试仪器也基本上是压差法的仪器。

电量分析型氧气透过率测试仪的原理是用试验膜隔成两个独立的气流系统，一侧为流动的待测气体（可以是纯氧气或含氧气的混合气体，可以设定相对湿度），另一侧为流动的具有稳定相对湿度的氮气。试样两边的总气压相等，但氧气的分压不同，在氧气的浓度差作用下，氧气透过薄膜。通过薄膜的氧气在氮气流的载运下送至电量分析传感器中，电量分析传感器能精确地测量出气流中所含的氧气量，从而计算出材料的氧气透过率。

电量分析型氧气透过率测试仪可以控制不同的湿度、温度及不同氧含量的气体等测试条件，能更有效地模拟包装在实际的使用条件。测试过程中试样两侧压力相同，有利于减少试验过程中的泄漏和对试样的破坏。由于电量分析型氧气透过率测试仪能准确测定透过气体中氧气的成分，因而测试结果更准确、可靠。电量分析型氧气透过率测试仪由于其设计的合理及检测探头的高灵敏度，其检测精度相当高，一般可达到薄膜为 0.01cm^3/(m^2·24h·0.1MPa)，包装件为 0.001cm^3/(m^2·24h·0.1MPa)。对于高精度的检测仪其最低检测精度可达到薄膜为 0.001cm^3/(m^2·24h·0.1MPa)，包装件为 0.000 005cm^3/(m^2·24h·0.1MPa)，其精度比压差法高 500 倍。该仪器的缺点是价格较贵，生产厂家不多，而且其检测探头使用寿命不长，对于高氧气透过率的材料，测试过程中对检测探头的寿命影响较大，试验成本较高。

目前我国所使用的氧气透过率检测仪器基本上都是压差法。国内氧气透过率仅有 GB/T 1038—2000《塑料薄膜和薄片气体透过性试验方法　压差法》这一标准，检测单位也由于标准的原因而购买压差法的氧气透过率测试仪。

在包装材料的氧气透过率检测过程中应注意如下问题。

a. 与水蒸气透过率相似，对于结构不对称的包装材料，存在正反面的问题，有些复合材料其正反面的氧气透过率测量结果差异很大，甚至可以达到 1 倍之差。

b. 有些复合包装材料的氧气透过率与环境的相对湿度有关，在检测过程以及检测结果的运用中，应充分考虑到湿度对氧气透过率的影响，而不是仅考虑温度的影响。

5. 剥离强度

复合包装材料由多层材料复合而成，复合材料中各层之间的黏合力的强弱用剥离强度来进行评估，剥离强度是复合材料最重要的质量指标之一。剥离试验一般有 T 形剥离（90°剥离）和 180°剥离两种，剥离的角度和剥离的速度以及环境温度都影响试验结果，复合软包装材料一般用 T 形剥离。剥离试验设备采用一般的拉力试验机即可，具体规定可参照 GB/T 8808—1988《软质复合塑料材料剥离试验方法》。在剥离强度的实际检测中，由于胶黏剂或其他材料在生产过程中存在一些定向，因而其纵向和横向剥离强度可能不一致。在剥离试验中若无法预剥离或把基材拉断，则应具体注明。

剥离速度影响剥离强度的检测结果，一般剥离速度加快，剥离强度提高。剥离角度对剥离强度影响很大，在实验中应保证剥离角度为 90°。剥离强度试验中应将复合膜预先剥离，多采用醋酸乙酯或其他溶剂甚至某种特殊的剥离剂来浸泡试样，这样较易预剥离。但应注意，由于渗透作用以及环境中溶剂气体分子的作用，即使是未浸泡部分的复合膜，其剥离强度也将会有所降低。因而使真正实验部分的试样尽量远离溶剂环境，检测远离浸泡部分样品。

6. 热合强度

包装复合膜、袋、管、封口膜，在生产过程中是采用热合的方式将要包装的产品密封到一个密闭的环境中。为了保证商品在包装、运输、贮存和消费过程中能承受一定的外力，保证商品不开裂、泄漏，要求封合部位有足够的强度和密封性能。热合强度反映了复合包装材料的综合物理机械性能，是包装材料的最重要指标之一。

热合是利用外界条件（电加热、高频加热、电磁感应加热、超声波等）使塑料薄膜的封口部分变成熔融的流动状态，并借助热合时外界的压力，使两薄膜彼此融合为一体，冷却后保持一定的强度。

在进行热合强度检验时，首先是用热合试验机制作热合试样，然后裁取试样在拉力热合试验机上检测其热合强度。热合试验机常用气压式热合试验机。

气压式热合试验机能控制调节热合温度、热合时间、热合压力等参数，先进的气压式热合试验机还能同时制得不同热合温度下的热合试样。气压式热合试验机的工作原理是将压缩空气经调压阀调节成设定压力，当测试器启动后，气缸在调压后的压缩空气推动下带着安装有控温装置的热合刀运动，当运动到与待热封材料刚好接触时，触发行程开关，热合时间继电器开始计时工作，时间继电器计时到设定时间时，发出信号，使电磁阀工作，气缸换向，热合刀离开，从而完成了热合过程。气压式热合试验机的热合压力通过调压阀进行调节，一般设计时热合刀面积与气缸面积一致，这时，压力表中压力就刚好等于热合压力。热封时间是由时间继电器进行调节。一般在 0.1～60s 内调节。热封温度由控温装置调节，一般可在 0～400℃ 调节。为了更准确可靠地测定热合强度，热合下刀（固定热合刀）上一般垫上一块耐热硅胶板，而且也能进行加热。

一般热合温度 PE 为 140～170℃，PP 为 60～190℃。压力为 0.1～0.3MPa，时间为 0.5～3s。将热封好的试样，按规定切成 15mm 宽度的小条，在拉力试验机上测量拉断力。

进行热合强度检测应注意如下几点。

（1）由于材料的各向异性，纵向与横向的热合强度可能会有差异。

（2）不同的材料其热合温度不同，在实验中应根据材料进行调节，选取热封强度较高的温度作为制样温度。

（3）对于已成袋的复合袋，其热合强度的检测可以按 QB/T 2358—1998《塑料薄膜包装袋热合强度试验方法》的规定进行。

（4）复合包装材料的热合强度主要是由热封基材的性质、复合材料的整体强度以及层与层之间的复合强度决定。

（5）热合强度只是复合包装材料的热合性能的一部分，热合性能还包括低温热封性、热粘强度、抗污染热封性等。

（6）若拉断不是在热封处，应注明材料拉断，其所测得强度为复合材料的拉断力而不是热合强度。

7. 拉断力和断裂伸长率

拉断力和断裂伸长率由基材决定，它反映了复合包装材料的机械强度。用标准裁刀切出标准试样，在试样的长度方向施加增加的拉伸载荷，使之发生变形直至破坏。使材料破坏所需要的最大拉伸力就是拉断力。在拉断时试样长度的变化用断裂伸长率来表示。拉断力和断裂伸长率的检测可参照 GB/T 13022—1991《塑料　薄膜拉伸性能试验方法》。

8. 残留量

复合膜在生产过程中的印刷、复合、涂布工序中使用了大量的有机溶剂，如甲苯、二甲苯、乙酸乙酯、丁酮、乙酸丁酯、乙醇、异丙醇等。这些溶剂或多或少地残留在复合包装材料中，若含有较高残留溶剂的包装材料用来包装药品，将会危害身体健康，个别毒性较大的溶剂（如苯类）对人体危害较大。故目前印刷油墨和涂料有向无苯化（即用醇等非苯类溶剂）、水性化（用水作溶剂）以及无溶剂化（不含溶剂）转化的趋势，而胶黏剂又有由脂溶性（用脂类溶剂）胶黏剂向醇溶性胶黏剂、水溶性胶黏剂和无溶剂胶黏剂等过渡。在生产过程中使用了有机溶剂的复合膜，应检测其残留在复合膜中的溶剂量。溶剂总量一般要求小于 $10mg/m^2$。对于毒性较大的苯类溶剂，一般要求小于 $3mg/m^2$。发达国家一般要求溶剂总量小于 $2mg/m^2$。溶剂残留量的大小与所使用的溶剂种类、所使用的基材性质、油墨和涂料的印刷面积以及烘干的温度、风量、生产速度等有关。

溶剂残留量的检测一般采用氢氧焰离子检测型气相色谱仪。试验时采用氮气做载气，温度控制在 70～90℃。检测室的温度控制在 90～150℃。

按生产使用的溶剂取标准溶剂样品，分别取 0.5μL、1μL、2μL、3μL、4μL，换算成质量。将样品分别注入用橡胶塞密封好、在约 80℃ 条件下预热洁净的、约 500mL 的三角烧瓶中，送入 (80±2)℃ 的烘箱中加热 30min 后，迅速地用已在约 80℃ 预热好的进样器取 1mL 瓶中气体，注入色谱仪中进行测定，以其峰总面积和对应的样品质量为坐标绘出标准曲线。

裁取 $0.2m^2$ 样品，将其迅速裁成约 10mm×30mm 的碎片，放入洁净的已在约 80℃ 条件下预热过的 500mL 三角烘瓶中，用橡胶塞密封好后和进样器一起送入 (80±2)℃ 烘箱中，加热 30min 后，迅速用预热好的进样器取 1mL 瓶中气体注入色谱仪中进行测定，以其峰总面积值在标准曲线上查出对应的溶剂的残留量，试验结果以 mg/m^2 表示。

在溶剂残留量的检测过程中应注意试样切成的碎片大小，烘烤的温度和时间对检测结果有很大影响。表印产品由于其溶剂比较容易在加热过程中散出，因而一般所测得的溶剂残留量也比里印产品大。

9．耐压性能

为了保证包装在流通过程中不至压坏，要进行耐压强度试验。包装袋的耐压试验装置如图 4－1 所示，上下有两个加压板，在加压板中间放置包装袋，上加压板上放上荷重，加压板靠进袋的表面要平整、光滑，并且其面积应大于试验袋，放上荷重后，加压板不变形，试验过程中上下加压板要始终保持水平，加压方式可以是砝码、杠杆式或气压式，加压的大小根据袋的大小及要求而定。袋的耐压性能如表 4－6 所示。

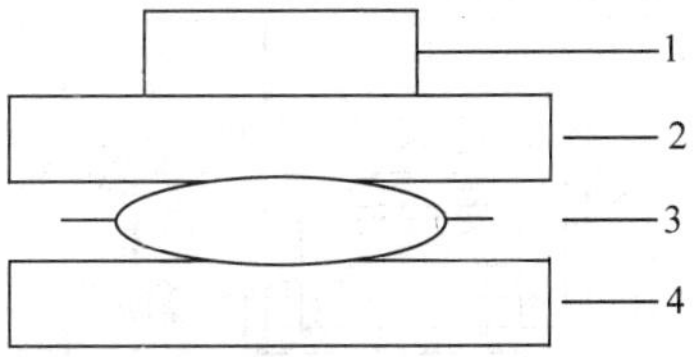

图 4－1　包装袋的耐压试验装置
1—砝码　2—上加压板
3—试验袋　4—托板

表 4－6　袋的耐压性能

袋与内装物总质量/g	负荷/N		袋与内装物总质量/g	负荷/N	
	三边封袋	其他袋		三边封袋	其他袋
<30	100	80	101～400	400	200
31～100	200	120	401～1 000	600	300

10．渗漏检测

复合袋在生产过程中由于众多因素的影响，可能会产生封合时的漏封、压穿或材料本身的裂缝、微孔而形成的内外连通的小孔，将对包装内容物产生不利影响。目前国内外包装气密性测试方法如表 4－7 所示。渗漏的检测方法主要有真空法和着色液浸透法。

表 4-7　包装气密性测试方法

测试方法	测试方法名称	样品类型	扩散剂	测试方法	测试条件
ASTM D3078—1994	用冒泡法检测软包装泄漏的标准测试方法	包装件	产品或空气	气泡和染色的目测	17kPa、24kPa、51kPa、91kPa 的真空度下保持 30s
JIS Z0382—1981	密封软包装袋的试验方法	包装件	产品或空气	气泡和染色的目测	0.98kPa,30～60s
GB/T 15171—1994（参照 ASTM D3078—1994）	软包装件密封性能试验方法	软包装	产品或空气	气泡和染色的目测	20kPa、30kPa、50kPa、90kPa 的真空度下保持 30s
GB/T 17344—1998（非等效采用 NFH00-070）	包装容器　气密性试验方法	包装件	产品或空气	气泡	未规定压力,时间为 5min
ASTM D3094—2000	喷雾包装件渗透率的标准测试方法	包装件	产品或空气	体积变化	26.6℃(80℉)包装件浸入水中
ZBC 08003—1987	药品铝塑泡罩包装	包装件	空气	气泡和染色的目测	80kPa 的真空度保持 30s

(1) 真空法　这种方法适合于含气量较多的包装袋,但不适用于包括纸等在水的作用下强度会明显下降的包装材料。其试验装置如图 4-2,它主要由透明耐压容器、样品架以及真空系统组成。在试验袋中装上实际内容物或类似内容物,封好放入样品架中,试验时先在透明的耐压容器中放入适当的水或有色溶液,将放有试验品的样品架完全浸入溶液,固定好样品架盖上容器,开始抽真空,在一定的真空度下,保持一定的时间,观察试验袋中有无气泡冒出,试验完后打开试验样品观察有无渗水现象。

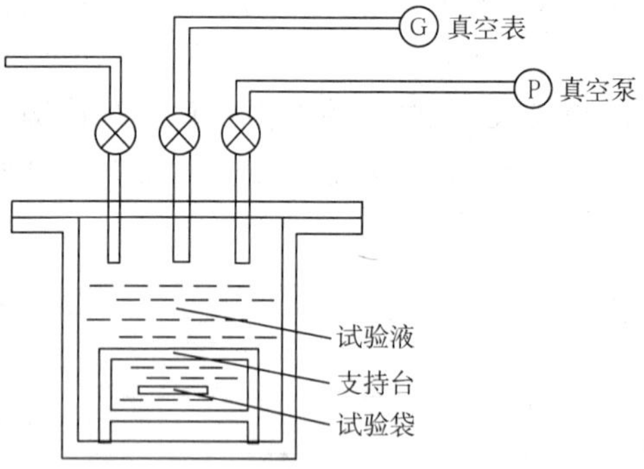

图 4-2　渗漏检测　真空法试验装置

(2) 着色液浸透法　着色液浸透法通常用来试验空气含量较少的复合软包装袋的渗漏或针孔。其方法是将加有表面活性剂的有色溶液加入袋中,密封后将袋子平放在滤纸上,停放一定的时间观察滤纸上和袋的封口处是否有色液。然后将袋子反过来再测试。为了更可靠,可以在袋上加上一定负荷(类似耐压试验)。

11. 摩擦系数

摩擦系数分为静摩擦系数和动摩擦系数,它们都有专门的检测仪器。

静摩擦系数测试仪是由电动驱动倾斜台、试样夹头和重量块构成。试验时将试样固定在台子上,将重量块置于试样表面,并处于水平位置。然后开动电机,使台子慢慢倾斜,当重量块开始滑动的瞬间立即停止电机,在刻度盘上直接读出静摩擦系数。

动摩擦系数测试仪是由一定重量的摆和一圆柱转鼓组成。摆固定在可以转运的圆柱体上,并可以从水平位置松开。将试样条绕于圆柱体上,包住圆柱的周长。在试样的另一端悬挂一定重量的夹子,使试样与圆柱体之间产生一定压力。摆位于开始位置时,具有位能 E_1。当落下时由于试样与圆柱体之间产生摩擦而使摆上升高度降低,此时摆具有

位能 E_2，通过摩擦损失的能量(E_1-E_2)可以计算出动摩擦系数，试验时可直接在刻度盘上读出。

摩擦系数将影响包装材料在包装过程中的上机性能，若包装材料的外表层静摩擦系数太小，包装材料在包装的牵引过程中可能会打滑、带不动从而影响使用。若包装材料的动摩擦系数(特别是内层的动摩擦系数)较大，则包装材料在包装的牵引过程中阻力较大，因而容易引起材料拉伸变形甚至拉断。

在摩擦系数的应用过程中应注意，所测得的摩擦系数是材料表面与试验中的重量块表面或圆柱体表面的摩擦系数。当包装材料与不同物体接触时其摩擦系数是不同的，同一包装材料的内表面和外表面其摩擦系数也不一样。包装材料内表面的摩擦系数的大小，在复合袋中一定程度上表现为袋的开口性能，一般有较低的内表面摩擦系数的包装材料有较好的开口性能。摩擦系数的具体检测方法可按 GB/T 10006—1988《塑料薄膜和薄片摩擦系数测定方法》。

12．耐热性

许多复合膜、袋是通过加热的方式进行封合的，因而必须有足够的耐热性以保证包装材料在包装的热合过程中不变形不起皱，油墨(特别是表印产品)不掉色、不变色、涂层不脱落。耐热试验一般用热合试验机，在一定时间、温度和压力下试验，并用目测观察。

13．附着力

对于表印的复合膜、袋，其表面层涂料和油墨的附着力是一个很重要的指标，如果附着力差，在包装、运输、销售和使用过程中，可能会出现油墨或涂层脱落现象。

附着力的测试一般用胶黏带试验法。将试样平放在玻璃板上，表印层或涂料层向上，将胶黏带拉平，平压在试样的表面上均匀贴好并用大拇指压实，停放约 1min 后以 160°～180°方向迅速剥离，观察试样的脱落情况。

在附着力的测试中应注意如下几点。

a．不同的品种和生产厂家的胶黏带对附着力的测试结果有很大影响；

b．胶黏带的剥离角度对附着力的测试结果有很大影响；

c．胶黏带的剥离速度对附着力的测试结果有很大影响；

d．油墨或涂料层的厚度影响胶黏带试验的结果；

e．不能认为在胶黏带试验中不脱落的油墨或涂层，其附着力就很好，因为有些表印油墨和涂料中，加了大量的蜡(石蜡或聚四氟乙烯蜡)、硅油或其他防粘材料，使得试验中的胶黏带与油墨层或涂料层不粘(就像不粘锅一样)，这时可能油墨层或涂料层的附着力不高，但胶黏带也不能将它们粘脱。因而严格的附着力测试除了观察油墨和涂料是否脱落外，还应留意在测试过程中的剥离力的大小。

在软包装材料中与附着力相似的一个测试手段就是用手搓，观察油墨或涂层是否脱落。影响手搓试验中是否掉色的因素有附着力和油墨或涂层的软硬程度。

14．跌落试验

跌落试验是考虑包装整体的抗冲击性能的一种简单方法，测试时在袋或瓶内填充实际内容物或约 1/2 容量的水，在一定高度由垂直方向自由坠落到光滑坚硬的水平面(如水泥地面)上，观察是否破裂。一般来说填充液体(如水)进行试验时，由于液体能传递压强，因而冲力较大易破裂。

国家药品监督管理局对跌落性能的规定如表 4-8 所示。

表 4-8 跌落性能指标

袋与内装物总质量/g	跌落高度/mm
＜100	800
101～400	500
401～1 000	300

15．卫生性能

（1）微生物数　药品作为一种特殊商品，其使用者常常是弱质群体，因而对其包装材料中的微生物必须进行控制，这也是药品包装材料与食品包装材料的最大差别之一。对于包装不同的药品其微生物的检验指标不一样，一般药品包装用复合膜、袋、管和封口膜细菌总数应小于1 000个/$100cm^2$，霉菌总数应小于100个/$100cm^2$，大肠杆菌不得检出；对于外用药包装材料，细菌总数应小于100个/$100cm^2$，霉菌总数小于100个/$100cm^2$，金黄色葡萄球菌和绿脓杆菌，不得检出；对于肛门栓剂和阴道栓剂用包装材料，细菌总数应小于100个/$100cm^2$，霉菌总数应小于10个/$100cm^2$，金黄色葡萄球菌和绿脓杆菌不得检出。因为一般复合膜、袋$100cm^2$约为1g，因而微生物限度可参照《中华人民共和国药典》中的微生物指标，将单位由"个/g"换为"个/$100cm^2$"即可。

微生物数检测的试液的制备：用开孔面积为$20cm^2$的消毒过的金属模板压在试样的内表面上，将无菌棉签用无菌生理盐水稍沾湿，在板孔范围内擦抹5次，换1支棉签再擦抹5次，每个位置用2支棉签共擦抹10次，共擦抹5个$20cm^2$的位置。每支棉签抹完后立即剪断（或烧断），投入盛有30mL无菌生理盐水的三角烧瓶（或大试管）中。全部棉签投入瓶中后，将瓶迅速摇晃1min，静置10min后即得供试液。微生物数的试验方法按卫生部《中华人民共和国药典》（2000年版）的有关规定进行。

（2）异常毒性　作为药品包装用材料必须无异常毒性，其试验方法是取总面积（面积乘以2）1 000cm^2的试样剪成约3cm×3cm的小块，放入干净的容器中加入除去热源的生理盐水50mL，在60℃温度下浸泡2h，然后取出试样。将浸泡液置于高压灭菌器内121℃温度下灭菌30min，取出放冷后即得供试液，然后按《中华人民共和国药典》（2000年版）中有关异常毒性试验的规定进行试验，静脉注射法给药。

在异常毒性试验中，一般不对试样进行预先清洗处理，这样既符合实际使用情况，也可以防止包装材料中夹杂有异物引起异常毒性。

16．撕裂力

复合膜试样在受拉伸的过程中，最薄弱之处是直角口处，如果逐渐增大负荷，断裂从直角开始，沿与负荷垂直的方向逐步断裂，直至试样撕裂为止。撕裂性能测试方法有直角撕裂和缺口撕裂两种，目前国家标准仅有直角撕裂方法，一般撕裂力都采用GB/T 16578—1996《塑料薄膜和薄片耐撕裂性能试验方法　裤形撕裂法》。

17．抗冲击性能试验

抗冲击性能试验，一般有自由落镖法和抗摆锤冲击试验两种。

自由落镖法的原理是当落镖从薄膜冲击试验机上以一定高度下落时，以一定的动能冲击试样，落镖质量越大，下落高度越高，动能就越大，冲击能量也越大。因而可用一定高度下（一般有0.66m和1.5m两种标准高度）使试样破损时的落镖质量来衡量复合膜的抗冲击能力的大小。

抗摆锤冲击试验的原理是摆锤式薄膜冲击试验机的半球形冲头在一定的速度下冲击并穿过复合膜，测量冲头所消耗的能量，以此能量评价复合膜的抗摆锤冲击性能。复合膜的抗摆锤冲击试验的试验方法可按 GB/T 8809—1988《塑料薄膜抗摆锤冲击试验方法》的规定进行。

18. 抗针孔强度

抗针孔强度是包装材料的重要性质。若包装材料的抗针孔强度很低，则在包装、运输、销售过程中很易被外界物压伤，或当包装固体颗粒和其他有棱角的物品时被包装物刺穿。抗针孔强度有时也叫抗刺穿强度。其测试原理是用一定直径（一般为 1mm）的穿洞针，以一定速度刺向复合材料，测量其刺穿复合材料所需的力。

19. 耐油脂性

包装材料的耐油脂性，一般有油脂透过性和耐油性两类指标。油脂透过性也叫透油性，是用来评价隔油性的包装材料的阻油性能，其试验原理是将一定方法折叠或未经折叠包装材料的一面与棉布垫中的油相接触，测定在一定温度下油透过材料所需时间。试验中油可选用动物油、矿物油、植物油和其他油类，也可以用实际用油以模拟实际使用条件。确定使用油类是为了不同试验结果具有可比性，因为不同的油其试验结果会有较大差异。透油性试验可按国家标准 GB/T 16929—1997《包装材料试验方法　透油性》。

耐油性与透油性是完全不同的两个概念。它是表示在一定条件下，包装材料在油制品的作用下产生了溶胀和使包装材料的机械强度降低的程度。一般是将试样浸入一定温度的油中（常用 20℃ 的棉籽油或橄榄油），浸泡一定时间（一般是 48h）后，测量拉伸强度和断裂伸长率在浸泡前后的变化或测量包装材料浸泡前后的溶胀吸收油量来评价其耐油性。

20. 相容性试验

对于包装材料来说，包装材料与包装物以及包装成品与环境条件、运输条件等之间的相互作用是很复杂的，包装材料是否适应于被包装物，这就是包装材料的相容性问题，由于被包装物范围很广，而且其性质差异也很大，作为标准一般很难提供相应的相容性技术标准，因而对于包装材料在使用之前需要做相容性实验。包装材料的相容性试验标准有国家标准 GB/T 16265—1996《包装材料试验方法　相容性》和行业标准 YBB 00142002《药品包装材料与药物相容性试验指导原则》（试行）。

二、铝塑复合软管技术要求与检测方法

目前，国内尚未针对铝塑复合软管制定国家标准或行业标准，根据搜集到的资料，其主要技术指标如下。

（一）技术指标

技术指标应包含以下几点：①印刷质量；②外观；③尺寸偏差；④物理机械性能（爆破强度、渗漏试验、剥离力等）；⑤溶剂残留量；⑥化学性能（蒸发残渣、高锰酸钾消耗量、重金属、焊缝露铝等）；⑦微生物数；⑧异常毒性。

（二）复合软管的检测项目及检测方法

以下着重介绍复合软管一些特有指标的检测方法及检测设备。

1. 外观

管身圆整，焊缝处无褶皱，管尾切口整齐，顶膜位置正确。目测。

2. 尺寸偏差

（1）管长　指定值 ±2mm。指管肩焊缝至管尾的长度，用精度为 1mm 的钢直尺测量。

（2）管径　指定值 ±0.2mm。用两个管径量规测量，一个内径为指定值 +0.2mm，管子可以轻松穿过；另一个内径为指定值 -0.2mm，管子不能穿过。

3. 爆破强度

将成品样管放入爆破试验仪内夹紧，从管尾充入压缩空气，直至管子爆裂，读压力表示值，应不低于 0.25MPa。

4. 渗漏试验

将样品管尾与渗漏试验仪相连后浸入水中，充入 0.2MPa 空气，持续 10s，应无连续水泡出现。

5. 焊缝漏铝

将没有管帽的管子整体浸入酸性硫酸铜溶液内 2min，管尾边缘露铝的区域将变成黑色，要求焊缝处没有变黑。酸性硫酸铜溶液配方如下：$CuSO_4 \cdot 5H_2O$ 2g；HCl（37%）10mL；甘油 0.05mL；去离子水 100mL。

第三节　药品泡罩包装材料的技术要求与检测方法

一、PTP 铝箔技术要求与检测方法

（一）PTP 铝箔的检测标准

按国家药品监督管理局 2002 年 12 月 31 日颁布的国家药品包装容器（材料）标准（试行）YBB 00152002《药品包装用铝箔》执行。

（二）PTP 铝箔的检测项目及检测方法

PTP 铝箔的性能指标有针孔数、黏合层热封强度、保护层黏合性、保护层耐热性、破裂强度、异常毒性等。这些指标保证了 PTP 铝箔具有很好的阻隔性、卫生性、热封性和机械强度。根据国家标准 GB 12255—1990 的各项技术指标要求，对 PTP 铝箔进行以下项目的检测。

（1）PTP 铝箔外观　PTP 铝箔的外观检查主要通过目测，检查包装印刷文字正确性、颜色、清晰度、图文的位置、卷外观等，检查的依据为需方提供的标准色样和国家标准。

（2）PTP 铝箔的宽度和厚度　检测设备有钢板尺、立式光学测厚仪，检查宽度用精确度 0.5mm 的钢板尺。由专人实测铝箔的宽度，同需方提供的规格宽度进行比较，国家标准规定误差 ±0.5mm。检查铝箔的厚度用精确度 1μm 的光学测厚仪，由专人随机取样实测铝箔的厚度，然后同需方要求的厚度进行比较，国家标准规定误差 ±3μm。

（3）PTP 铝箔的针孔度　检测设备为针孔台。铝箔针孔度是 PTP 铝箔非常重要的一项技术指标，它将关系到包装药品密封性能。检查依靠一个专用的灯箱，表面放置毛玻璃。检查时将铝箔平放在毛玻璃上，将灯箱外的光线关闭，观察铝箔表面，看是否有光线透过铝箔。主要观察直径 0.1～0.3mm 的针孔。国家标准规定每平方米≤1 个。

（4）保护层的耐热性　检测设备为热封仪。保护层的耐热性指标决定 PTP 铝箔在包装药品时，包装机的热封辊（板）是否对 PTP 铝箔的表面图文造成破坏。检验时用一台 2kg 压力热封仪对 PTP 铝箔的图文表面进行 200℃、1s 的加热加压，观察印刷图文是否明显脱落。

（5）胶黏剂的涂布量检测　检测设备为模切器、高精度天平。PTP 铝箔内表面的胶黏剂涂布量关系到包装药品的密封性能和效果。检测时，模切一块 100mm 的正方形，先用精度

0.000 1g的天平称量质量后，用有机溶剂擦掉内表面的胶黏剂涂层，再称量质量，将两次质量差换算成 g/m^2 单位，即可得到胶黏剂的涂布量。

(6) 胶黏剂的热封强度　检测设备为热封仪、15mm 专用模切器、拉力实验仪。胶黏剂的热封强度也关系到包装药品的密封性能和效果。检测时，模切一块 100mm 的正方形，用一台压力 2kg、温度 150℃ 热封仪将 PTP 铝箔和等大的 PVC 片热封 1s。再用 15mm 的专用模切器，裁切成 15mm 的条形。放在拉力实验仪上测试拉力的大小即为热封强度。国家标准规定 PTP 铝箔胶黏剂与 PVC 的热封强度≥5.88N/15mm。

(7) PTP 铝箔耐破裂强度　用破裂强度仪对试样进行冲压，测量铝箔耐冲压的最大值，国家标准规定≥98N。

(8) 菌检及化学性能测定　检测设备为紫外分析仪、恒温箱、天平、培养皿等。具体检测方法见国家标准 GB 12255—1990 和行业标准 YY 0236—1996《药品包装用复合膜》。

二、聚氯乙烯硬片及复合片的技术要求与检测方法

聚氯乙烯硬片(简称 PVC 硬片)和以 PVC 硬片为基材涂覆或复合其他功能性高分子材料或金属材料而成的系列复合片，是 PTP 铝塑泡罩包装中常用的基层材料。这些材料主要是聚偏二氯乙烯(PVDC)、聚三氟氯乙烯(PCTFE)、尼龙(PA)、聚乙烯(PE)、铝箔(Al)等。复合片结合了多种材料的性能，它不仅具有 PVC 硬片的基本性能，还具有单一材料所没有的优异性能，如：对水气、氧气的优异阻隔性，良好的避光性、热封性，优良的稳定性及加工性。逐步替代 PVC 硬片。

(一) 产品标准

PVC 硬片及复合片目前尚无统一的国际标准。国际上通行做法是制药企业根据所包药品的具体情况自定标准来规范所用的包装材料，同时又符合包装材料的一般性能要求，目前国内外制药企业都等同或等效采用了国外母公司标准。国内有药用 PVC 硬片标准为 GB 5663—1985《药用聚氯乙烯(PVC)硬片》。药用 PVC 系列复合片的行业标准正在制定中，标准制定中都参考了国外制药企业的标准，具体技术指标如表 4－9 所示。

表 4－9　　药用 PVC 系列硬片产品具体技术指标

项目＼名称	PVC 药用片	PVC/PVDC 复合片		PVC/PE/PVDC 复合片	PVC/PE 复合片
规　格	厚度 0.20～0.50mm	单位面积质量 $40g/m^2$	单位面积质量 $60g/m^2$	单位面积质量 $90g/m^2$	厚度 0.2～ 0.30mm/0.05mm
拉伸强度/MPa	≥44.1	≥45.0		≥40.0	≥40.0
落球冲击破碎率/%	≤40	≤40		≤40	≤40
加热收缩率/%	≤±7.0	≤±7.0		≤±7.0	≤±7.0
水蒸气透过量/ $g \cdot m^{-2} \cdot (24h)^{-1}$	≤2.5	≤0.8	≤0.7	≤0.4	≤2.8
氧气透过量/ $cm^3 \cdot m^{-2} \cdot (24h)^{-1} \cdot Pa^{-1}$	—	≤2.0×10^{-5}		≤1.0×10^{-5}	—

(二) 检测方法及设备

PVC 硬片及复合片检测方法及检测设备如表 4－10 所示。

表 4-10　PVC硬片及复合片检测方法及检测设备

检测项目	检 测 设 备	检 测 方 法
厚　度	千分卡	按 GB/T 6672—2001 规定
宽　度	钢直尺	按 GB/T 6673—2001 规定
拉伸强度	拉力试验机	按 GB/T 13022—1991 规定
落球冲击破碎率	落球冲击试验机	按 GB 5663—1985 第 3.3 条规定
加热收缩率	电热恒温干燥箱	按 GB 5663—1985 第 3.4 条规定
剥离力	热封仪,拉力试验机	按 GB/T 8808—1988A 法规定
水蒸气透过量	调温箱	按 GB/T 1037—1988A 条件规定
氧气透过量	气体透过率测试仪	按 GB/T 1038—2000 规定
涂布量	光电分析天平	剥离后用分析天平称重
卫生性能	气相色谱仪,箱式电阻炉等	按 GB/T 5009.60—1996 规定
细菌检验	生化培养箱,压力蒸气消毒器等	按《中华人民共和国药典》规定
异常毒性	—	按《中华人民共和国药典》规定

三、冷冲压型材料的技术要求与检测方法

(一) 性能要求

(1) 水蒸气透过量　≤0.5g/(m^2·24h)。

(2) 氧气透过量　≤0.5cm^3/(m^2·24h·0.1MPa)。

(3) 机械性能　①Al/内层:层间剥离强度≥6.0N/15mm。②热合强度:纵向、横向≥7.0N/15mm。

(4) 化学性能　应符合表 4-11 的规定。

表 4-11　化学性能

项　目	指　标	项　目			指　标
残留氯乙烯单体含量/mg·kg^{-1}	≤1.0	溶出物试验	易氧化物/mL		≤1.5
溶剂残留总量/mg·m^{-2}	≤10.0		重金属/mg		≤10^{-6}
苯类溶剂残留量/mg·m^{-2}	≤3.0		不挥发物	水浸液/mg	≤30.0
				乙醇浸液/mg	≤30.0
				正己烷浸液/mg	≤30.0

(5) 微生物限度　应符合表 4-12 的规定。

表 4-12　微生物限度

项　目	一般药用硬片	栓剂或特殊用途	项　目	一般药用硬片	栓剂或特殊用途
细菌总数/个·$(100cm)^{-2}$	≤1 000	≤100	金黄色葡萄球菌/个·$(100cm)^{-2}$	—	不得检出
霉菌总数/个·$(100cm)^{-2}$	≤100	≤10	铜绿假单胞菌/个·$(100cm)^{-2}$	—	不得检出
大肠杆菌/个·$(100cm)^{-2}$	不得检出	不得检出			

（6）异常毒性　无异常毒性。

（二）检测项目及检测方法

1．物理机械性能的检验

（1）水蒸气透过量的测定　按GB/T 1037—1988规定的B法测定，试验条件为温度（38±1）℃，相对湿度90%±3%，但试验时热封面向湿度低的一侧。

（2）氧气透过量的测定　按GB/T 1038—2000的规定进行，试验时热封面向氧气低压侧。

（3）层间剥离强度的检验　按GB/T 8808—1988中A法的规定进行，试验速度（300±50）mm/min（若复合层不能剥离或复合层断裂时，其剥离力合格）。

（4）热合强度　样品制备方法为均匀截取100mm×100mm试样2片，与"盖材PTP铝箔"放入热封仪。根据使用过程，将复合硬片热合层与上述材料叠合，上述材料在上，试样在下。热封面采用平板式，热合条件为上下面压合温度150℃，压力0.4MPa，时间1s。若以上条件下的热合强度达不到要求，允许生产企业提供合适的热封条件。

测试按GB/T 8808—1988中A法的规定进行，试验速度（300±50）mm/min（若复合层不能剥离或复合层断裂时，其剥离力合格）。

2．化学性能的检验

（1）溶出物试验　除另有规定外，取样品适量，分别取本品内表面积600cm²（分割成长30mm，宽3mm的小片）三份置于锥形瓶中，分别加水（70±2）℃、65%乙醇（70±2）℃、正己烷（58±2）℃各200mL浸泡2h后取出，放冷至室温，用同批试验用溶剂补充至原体积作为供试液，以同批水、65%乙醇、正己烷为空白液，备用。

（2）不挥发物　分别取水、65%乙醇、正己烷浸出液与空白液各100mL置于已恒重的蒸发皿中，水浴蒸干，105℃干燥2h，冷却后精密称定，水不挥发物残渣与其空白残渣之差应不得过30.0mg；65%乙醇不挥发物残渣与其空白残渣之差应不得过30.0mg；正己烷不挥发物残渣与其空白残渣之差应不得过30.0mg。

（3）易氧化物　精密量取水浸液20mL，精密加入0.002mol/L高锰酸钾滴定液20mL与稀硫酸1mL，煮沸3min，迅速冷却，加入碘化钾0.1g，在暗处放置5min，用0.01mol/L硫代硫酸钠滴定液滴定至近终点时，加入淀粉指示液0.25mL，继续滴定至无色，另取水空白液同法操作，两者消耗滴定液之差应不得过1.5mL。

（4）重金属　精密量取水浸液20mL，加醋酸盐缓冲液（pH 3.5）2mL，依法（《中华人民共和国药典》2000年版二部附录ⅧH第一法）检查，含重金属不得过0.000 1%。

（5）残留氯乙烯单体含量　按国家标准GB 4615—1984的附录A测定。

（6）溶剂残留总量、苯类溶剂残留量　截取内表面积0.2m²，迅速切成30mm×10mm小片，放入洁净的在80℃预热过的500mL三角瓶中，用硅橡胶塞密封好后，和进样器一起送入（80±2）℃烘箱中，加热30min后，迅速地用预热好的进样器量取1.0mL三角瓶中气体注入色谱仪中，按《中华人民共和国药典》（2000年版附录ⅧP第二法）进行测定。

3．微生物限度的检验

取试样用开孔面积为20cm²的消毒金属模板压在内层面上，将无菌棉签用氯化钠注射液稍沾湿，在板孔范围内擦抹5次，换1支棉签再擦抹5次，每个位置用2支棉签共擦抹10次。共擦抹5个位置100cm²。每支棉签擦抹完立即剪断（或烧断），投入盛有30mL无菌生理盐水的锥形瓶（或大试管）中。全部擦抹棉签均投入瓶中后，将瓶迅速摇晃1min，即得供试液。取提取液照微生物限度法(《中华人民共和国药典》2000 年版二部附录ⅪJ)测定。

4. 异常毒性的检验

取试样 500cm^2,剪碎,加入氯化钠注射液 50mL,110℃湿热灭菌 30min 后取出,冷却备用,静脉注射,依法(《中华人民共和国药典》2000 年版二部附录ⅪC)测定。

第四节　塑料瓶及瓶盖的技术要求与检测方法

口服液体药用塑料瓶及口服固体药用塑料瓶的产品标准自 2002 年 12 月 1 日起执行由国家药品监督管理局新发布的国家标准,分别为:YBB 00082002《口服液体药用聚丙烯瓶》、YBB 00092002《口服液体药用高密度聚乙烯瓶》、YBB 00122002《口服固体药用高密度聚乙烯瓶》、YBB 00262002《口服固体药用聚酯瓶》。

一、塑料瓶的技术要求与检测方法

(一) 口服液塑料瓶的技术要求与检测

1. 药用塑料瓶的外观质量

应具有均匀一致的色泽,瓶的表面应光洁、平整,不允许有变形和明显的擦痕。不允许有砂眼、油污、气泡,瓶口应平整、光滑。

2. 鉴别

分别采用红外光谱和密度测定对材料进行定性。

(1) 红外光谱　取本品适量,敷于微热的溴化钾晶片上,按分光光度法《中华人民共和国药典》(2000 年版二部附录ⅣC)测定,应与对照图谱基本一致。

(2) 密度　取样品 2g,加水 100mL,回流 2h,放冷,80℃干燥 2h 后,精密称定(W_a)。再置适宜的溶剂(密度为 d)中,精密称定(W_s)。按下式计算:

$$\frac{W_a}{W_a - W_s} \times d$$

3. 密封性

取适当数量的瓶,分别在瓶内装入适量玻璃珠,旋紧瓶盖(带有螺旋盖的试瓶,用测力扳手将瓶与盖旋紧),置于带抽气装置的容器中,用水浸没,抽真空至真空度为 27kPa,维持 2min,瓶内不得有进水或冒泡现象。

4. 抗跌性

取本品适量,加水至标示容量,从规定高度自然跌落至水平刚性光滑表面,不得破裂。

5. 水蒸气渗透

取本品适量,在瓶中加入水至标示容量,旋紧瓶盖,精密称重。在相对湿度 65% ± 5% 和温度(20 ± 2)℃条件下,放置 14d,取出后,再精密称重,质量损失不得过 0.2%。

6. 乙醛

聚酯瓶需进行此项检测。按气相色谱法(《中华人民共和国药典》2000 年二部附录ⅤE)测定,乙醛量不得过千万分之二。

(1) 色谱条件与系统适用性试验　乙基乙烯苯二乙烯苯共聚物为色谱柱;柱温 130℃。理论板数应不低于 500。

(2) 乙醛标准溶液的制备　取乙醛液 1mL,置于 250mL 烧瓶中,加水 100mL,加硫酸溶液

10mL，投入玻璃珠数粒，加热蒸馏，用装有少量水的烧杯收集馏出液，尾接管要插入水面以下，烧杯放在冰水浴内。收集馏出液约50mL，停止蒸馏。将烧杯内的馏出液转移至250mL容量瓶中，并稀释至刻度，摇匀后，作为标准溶液备用。

（3）乙醛标准溶液的标定　精密量取上述馏出液10mL，置于250mL碘量瓶中，精密加入0.05mol/L亚硫酸氢钠溶液25mL，混匀后在暗处放置30min，精密加0.1mol/L碘滴定液50mL，再在暗处放置5min。用0.1mol/L硫代硫酸钠滴定液滴定，滴定至近终点时，加入淀粉指示液1mL，继续滴定至无色。并将滴定的结果用空白试验校正。每1mL硫代硫酸钠滴定液（0.1mol/L）相当于22.03mg C_2H_4O。

乙醛含量的计算（mg/mL）：

$$\frac{c\times(V_{样}-V_{空})\times 22.03}{10}$$

式中　c——硫代硫酸钠滴定液的摩尔浓度，mol/L。

（4）供试品制备　取样品数个，剪碎，称取5g，置于250mL玻璃瓶中，用纯氮气冲洗并赶走瓶内的空气，然后迅速用聚四氟乙烯涂覆的橡胶塞密闭，置于（23±2）℃条件下恒温24h。

（5）对照品制备　用纯氮气冲洗并赶走250mL玻璃瓶瓶内的空气，然后迅速用聚四氟乙烯涂覆的橡胶塞密闭，注入1μL已知浓度（约1mg/mL）的乙醛溶液，40℃放置15min，使其完全挥发，取出后在（23±2）℃条件下放置30min。

（6）测定　分别从供试品瓶及对照瓶中抽取1～5mL气体，注入气相色谱仪中测定并计算。

7. 炽灼残渣

取本品2.0g，依法（《中华人民共和国药典》2000年版二部附录ⅧN）检测，遗留残渣不得过0.1%。（含遮光剂的瓶炽灼残渣不得过3.0%）。

8. 溶出物试验

（1）溶出物试液的制备　分别取本品平整部分内表面600cm²（分割成长5cm，宽0.3cm的小片），3份置具塞锥形瓶中，加水适量，振摇洗涤小片，弃去水，重复操作一次。在30～40℃干燥后，分别用水（70±2）℃、65%乙醇（70±2）℃、正己烷（58±2）℃各200mL浸泡24h后，取出放冷至室温，用同批试验用溶剂补充至原体积作为浸出液，以同批水、65%乙醇、正己烷为空白液，进行试验。

（2）溶液澄清度　取水浸液20mL置纳氏比色管中，按澄清度检查法（《中华人民共和国药典》2000年版二部附录ⅨB）测定，溶液应澄清；如显浑浊，与2号浊度标准液比较，不得更浓。

（3）重金属　精密量取水浸液20mL，加醋酸盐缓冲液（pH 3.5）2mL，依法（《中华人民共和国药典》2000年版二部附录ⅧH第一法）检查，含重金属不得过百万分之一。

（4）pH变化值　取水浸液与水空白液各20mL，分别加入氯化钾溶液（1→1 000）1mL，按pH测定法（《中华人民共和国药典》2000年版二部附录ⅥH）测定，两者之差不得过1.0。

（5）紫外吸收度　除另有规定外，取水浸液适量，以水空白液为对照，按分光光度法（《中华人民共和国药典》2000年版二部附录ⅣA）测定，220～360nm波长间的最大吸收度不得过0.10。

（6）易氧化物　精密量取水浸液20mL，精密加入0.002mol/L高锰酸钾滴定液20mL与稀硫酸1mL，煮沸3min，迅速冷却，加入碘化钾0.1g。在暗处放置5min，用0.01mol/L硫代硫酸钠滴定液滴定，滴定至近终点时，加入淀粉液 0.25mL，继续滴定至无色，另取水空白液同法操作，两者消耗滴定液之差不得过 1.5mL。

（7）不挥发物　分别精密量取水、65%乙醇、正己烷浸出液与空白液各 52mL 置于已恒重的蒸发皿中，水溶蒸干，105℃干燥 2h，冷却后，精密称量，水浸液残渣与其空白液残渣之差不得过 12.0mg；65%乙醇浸液残渣与其空白液残渣之差不得过 50.0mg；正己烷浸液残渣与其空白液残渣之差不得过 75.0mg。

9．脱色试验

着色瓶分别取试瓶表面积 $50cm^2$（以内表面计），剪成 2cm×0.3cm 小片，分置 3 个具塞锥形瓶中，分别加入 4%乙酸溶液[（60±2）℃、2h]，65%乙酸溶液[（25±2）℃、2h]，正己烷[（25±2）℃、2h]各 50mL 浸泡，以同批 4%乙酸溶液、65%乙醇溶液、正己烷为空白液，浸泡液颜色不得深于空白液。

10．微生物限度

取数个试瓶，加入 1/2 标示容量的氯化钠注射液，将盖旋紧，振摇 1min，提取液进行薄膜过滤，按微生物限度法（《中华人民共和国药典》2000 年版二部附录ⅪJ）测定。细菌数每瓶不得过 100 个，霉菌、酵母菌数每瓶不得过 100 个，大肠杆菌每瓶不得检出。

11．异常毒性

将试瓶用水清洗干净，干燥后，取 $500cm^2$（以内表面积计），剪碎，加入氯化钠注射液 50mL，110℃湿热灭菌 30min 后取出，冷却备用，静脉注射，依法（《中华人民共和国药典》2000 年版二部附录ⅪC）测定，应符合规定。

（二）口服固体药用塑料瓶的检测

（1）外观质量　同口服液体药用塑料瓶。

（2）鉴别　分别采用红外光谱和密度的测定对材料进行定性，同口服液体药用塑料瓶。

（3）密封性　同口服液体药用塑料瓶。

（4）振荡试验　每个试瓶装入酸性水为标示剂，紧盖后（带有螺旋盖的试瓶用测力扳手将瓶旋紧）用溴酚蓝试纸（将滤纸浸入稀释 5 倍的溴酚蓝试液，浸透后取出干燥）紧包瓶的颈处，置振荡器（振荡频率每分钟 200 次±5%）振荡 30min 后，溴酚蓝试纸不得变色。

（5）水蒸气渗透　固体瓶内加入无水氯化钙干燥剂，在温度（25±2）℃，相对湿度为 95%±5%的条件下放置 72h，根据放置前后的质量差异，计算水蒸气渗透量，不得过 100mg/（24h·L）。

（6）乙醛　口服固体药用聚酯瓶系进行该项检测，其要求与方法同口服液体药用聚酯瓶。

（7）炽灼残渣　取本品 2.0g，依法（《中华人民共和国药典》2000 年版二部附录ⅧN）检查，不得过 0.1%。

（8）溶出物试验

a．溶出物试液的制备　分别取本品内表面积 $600cm^2$（分割成长 5cm，宽 0.3cm 的小片）3 份置具塞锥形瓶中，加水适量，振摇洗涤小片，弃去水，重复操作两次。在 30～40℃干燥后，分别用水（70±2）℃、65%乙醇（70±2）℃、正己烷（58±2）℃ 200mL 浸泡 24h 后，取出放冷至室温，用同批试验用溶剂补充至原体积作为浸出液，以同批水、65%乙醇、正己烷为空白液。

b．易氧化物　精密量取水浸液 20mL，精密加入 0.000 2mol/L 高锰酸钾滴定液 20mL 与稀硫酸 1mL，煮沸 3min，迅速冷却，加入碘化钾 0.1g，在暗处放置 5min，用 0.01mol/L 硫代硫酸钠滴定液滴定，滴定至近终点时，加入淀粉指示液 0.25mL，继续滴定至无色，另取水空白液同法操作，两者消耗滴定液之差不得过 1.5mL。

c. 重金属　精密量取水浸液 20mL，加乙酸盐缓冲液（pH 3.5）2mL，按（《中华人民共和国药典》2000 年版二部附录ⅧH 第一法）测定，含重金属不得过百万分之一。

d. 不挥发物　分别取水、65％乙醇、正己烷浸出液与空白液各 50mL 置于已恒重的蒸发皿中，水溶蒸干，105℃干燥 2h，冷却后精称量，水不挥发物残渣与其空白液残渣之差不得过 12.0mg；65％乙醇不挥发物残渣与其空白液残渣之差不得过 50.0mg；正己烷不挥发物残渣与其空白液残渣之差不得过 75.0mg。

（9）微生物限度　取数个试瓶，加入标示量 1/3 量的氯化钠注射液，将盖旋紧，振摇 1min，取提取液按微生物限度法（《中华人民共和国药典》2000 年版二部附录ⅪJ）测定。细菌数每瓶不得过 1 000 个，霉菌、酵母菌数每瓶不得过 100 个，大肠杆菌每瓶不得检出。

（10）异常毒性　将试瓶用水清洗干净后，剪碎，取 500cm^2（以内表面积计），加入氯化钠注射液 50mL，110℃湿热灭菌 30min 后取出，冷却后备用，静脉注射，按（《中华人民共和国药典》2000 年版二部附录ⅪC）测定，应符合规定。

关于塑料瓶的规格、容量，关键部位的尺寸及其公差，未列入标准，一般由生产厂企业标准或生产厂与用户协议标准作出规定。

（三）检测用仪器设备

常用检测仪器设备如表 4－13 所示。

表 4－13　　塑料瓶常用检测仪器设备

试验项目名称	配备仪器设备名称
红外光谱	红外分光光度计
密封性	密封性试验装置
振荡试验	振荡仪
水蒸气渗透	恒温恒湿箱，万分之一天平
炽灼残渣	马弗炉
溶出物实验	恒温水浴锅、pH 计、紫外分光光度计、恒温干燥箱
微生物限度试验空气	空气洁净室、超净台、薄膜过滤器、高压蒸汽消毒器
异常毒性	清洁级小鼠饲养设施

注：已出现过的仪器设备不再重复出现。

二、瓶盖的技术要求与检测方法

（一）铝盖与铝塑组合盖

1. 技术要求

（1）铝盖与铝塑组合盖的产品标准有 GB 5197.1—1996《玻璃输液瓶盖　第 1 部分：铝盖》、GB 5197.2—1996《玻璃输液瓶盖　第 2 部分：铝塑组合盖》、GB 5198.1—1996《抗生素玻璃瓶盖　第 1 部分：铝盖》、GB 5198.2—1996《抗生素玻璃瓶盖　第 2 部分：铝塑组合盖》、YY 0131—1993《口服液瓶撕拉铝盖》。

（2）扭断式防盗螺旋铝盖的产品标准为 GB/T 14803—1993《包装容器 扭断式铝防盗瓶盖》。

（3）马口铁螺旋盖的产品标准主要有 QB/T 1877—1993《包装装潢镀锡（铬）薄钢板印刷品》和 QB/T 1878—1993《包装装潢镀锡（铬）薄钢板制罐产品》，上述标准是通用的制罐产品标准，而药用马口铁螺旋盖的尺寸规格及相关的要求则按各厂所制定的企业标准。

2. 检测方法及检测设备

(1) 铝盖、铝塑组合盖的检测方法及检测设备如表 4-14 所示。

表 4-14　　铝盖、铝塑组合盖的检测方法及检测设备

序号	检测项目		检测量具及设备	检测方法
1	尺寸	铝盖内径	内径通止规	用内径通止规套入铝盖，视其是否在极限偏差范围内
		铝盖内高、铝盖中心孔直径、塑料盖外径、铝塑盖全高	0～125mm 游标卡尺	用测量卡脚将被测部位卡住，以不落下为准
		铝盖壁厚	0～25mm 壁厚千分尺	用测量卡脚将铝盖壁卡住，以不落下为准
2	机械性能		按 GB/T 228—1987《金属拉伸试验法》测定	
3	化学成分		按 GB/T 6987—2001《铝及铝合金化学分析方法》测定	
4	外　观		目测，视铝盖、塑料盖表面是否有毛刺、飞边等缺陷	
5	凸　边		0～125mm 游标卡尺	测量铝盖外侧的最大高度和最小高度，以百分率计算凸边的缺陷，$\frac{h_{max}-h_{min}}{h_{min}}\times100\%\leqslant3\%$
6	开启力		撕拉、折力仪（驱动速度 $V=100mm/min$，量程大于 100N）	将被测铝盖或铝塑组合盖夹持在撕拉、折力仪上，启动按钮，测出开启力
7	撕开力（口服液撕拉铝盖用）		撕开力测试仪［线速度（10±2）mm/s，量程为 0～25N］	将仪器夹头夹紧竖立起来的撕拉带，转动铝盖 360°，测出撕拉力的最大值
8	耐灭菌、强度		高温灭菌锅	将铝塑盖放入高温灭菌锅中加热 30min，至 121℃时保持 30min，降温至 60℃，取出视其表面是否变形、变色或断裂、异常变化等
9	配合性		轧盖机	将胶盖、瓶盖分别盖在相应的玻璃瓶上，用轧盖机封盖，视其配合性如何
10	涂层牢固度		将经高温灭菌试验后的铝盖浸入 80%（体积百分比）乙醇水溶液中 30min，用脱脂棉擦拭表面，视涂层是否有磨损现象	

(2) 扭断式防盗螺旋铝盖的检测方法及检测设备如表 4-15 所示。

表 4-15　　扭断式防盗螺旋铝盖的检测方法及检测设备

序号	检测项目	检测量具及设备	检测方法
1	尺寸	0～125mm 游标卡尺	用测量卡脚将被测部位卡住，以不落下为准
2	外观	目测及手感，视其印刷质量及瓶盖口是否有毛刺	
3	表面涂膜	涂膜外观用目测；涂膜硬度按 GB/T 6739—1996《涂膜硬度铅笔测定法》的规定检测	
4	密封性能	轧盖机、密封试验仪	常压瓶盖试验：在瓶中装入浓度 75% 的染色酒精至标注容量，将瓶盖封装后，在常温水中倒置 8h 后观察其密封性。承压瓶盖试验：瓶盖在适用的瓶口上封装，置入密封试验仪中，在 800kPa 气压下保压 1min，观察瓶口有无气泡溢出
5	开启性能	扭力仪、封盖装置	将瓶盖及衬垫或胶塞分别盖在相应的玻璃瓶上，用轧盖机封盖后，用扭力仪测定扭断时的力矩

(3) 马口铁螺旋盖的检测方法及检测设备如表 4－16 所示。

表 4－16　　马口铁螺旋盖的检测方法及检测设备

序号	检测项目	检测量具及设备	检测方法
1	尺寸	0～125mm 游标卡尺	用测量卡脚将被测部位卡住，以不落下为准
2	印刷的外观质量	目测及手感，视其表面是否有划伤及其他缺陷	
3	印刷的理化指标	目测，详见 QB/T 1877—1993	
4	材料要求	0～25mm 千分尺、洛氏硬度计	用千分尺测量钢板的厚度；按洛氏硬度计测量方法测量钢板的洛氏硬度值应为 HR30T50～68
5	卷边口及平整度质量	目测	
6	泄漏性	将容器内充入 0.02MPa 的压缩空气，浸入水中不少于 10s。目测有无气泡	

(二) 集成式瓶盖

1. 产品标准

集成式瓶盖目前没有国家或行业标准，由企业根据产品的特点和质量要求制定企业标准。

2. 干燥剂的功能

(1) 氧化硅胶　是非晶体二氧化硅，其孔径的范围为 2～30nm。氧化硅胶的表面积非常大，每克氧化硅胶的表面积为 300～800m^2。由于微孔的孔径大，吸湿能力强，吸湿速度快。另一方面，其吸湿能力受到环境温度及湿度的影响。

(2) 分子筛　是硅和氧化铝合成的微孔晶体材料。由于分子筛的微孔孔径小，孔道及空腔较小，所以分子筛干燥剂吸湿较之硅胶干燥剂缓慢，吸湿能力也较小(15％～20％)，但其吸湿能力不随环境温度及相对湿度的变化而改变。

3. 检测项目及检测方法

干燥剂集成式瓶盖主要组成为塑料件和干燥剂部分。这种瓶盖作为瓶子包装的一部分，其塑料件的检测项目和检测方法也参照了与之配套的塑料瓶，有密封性及一些溶出物试验等。干燥剂集成式瓶盖的防潮干燥功能测试独立于包装瓶本身。

(1) 含水率试验

a. 硅胶　室温下、相对湿度不超过 75％的环境中，取一托盘，置于红外线水分测试仪中，归零后取出托盘。从封闭的包装中迅速取出瓶盖适量，用镊子辅助取出瓶盖中的干燥剂 8～10g，和取下的纸板一起置于托盘中，立即放入红外线水分测试仪(从打开瓶盖包装袋到干燥剂放入测试仪的总时间不得超过 5min)，在 120℃ 烘干，直至测试仪自动停止加热，即可读出硅胶含水量。

b. 大分子筛/硅胶、大分子筛混合物　在相对湿度不超过 75％的环境中，取坩埚若干，分别精密称定其质量，记为 m_x，从封闭的包装中迅速取出瓶盖适量，用镊子辅助取出瓶盖中干燥剂，每个坩埚中 8～10g，精密称定其总重，记为 m_y，置于 950℃ 马弗炉中(从打开瓶盖包装袋到干燥剂放入马弗炉中的总时间不得超过 5min)，烘干约 1h，取出坩埚，冷却后精密称定其质量，记为 m_z；若干燥剂中硅胶的百分含量为 A。按下式计算，即得

$$\text{干燥剂含水量} = \left(1 - \frac{m_z - m_x}{m_y - m_x}\right) \times 100\% - A \times 5\%$$

(2) 饱和吸湿率　在相对湿度小于75％环境中，从同一包装袋中取10个成品干燥瓶盖，

精密称量，分成等重的两份，每份的质量为 m_0，把其中一份瓶盖中的干燥剂用镊子辅助取出合并后称重，将干燥剂的总质量 m_1，另 5 个瓶盖放入温度为 23℃，相对湿度为 75% 的恒温恒湿箱中，72h 后取出，称得总重 m_2。按下式计算：

$$饱和吸湿率 = \frac{m_2 - m_0}{m_1} \times 100\%$$

（3）短期吸湿率　在相对湿度小于 60% 的环境中，从同一包装袋中取 10 个成品干燥瓶盖，精密称量，分成等重的两份，每份的质量为 m_0，把其中的一半 5 个瓶盖里的干燥剂用镊子辅助取出合并后称重，干燥剂的总质量 m_1，另 5 个瓶盖放入温度为 25℃，相对湿度为 60% 的恒温恒湿箱中，1h 后取出，称得总重 m_2。按下式计算：

$$短期吸湿率 = \frac{m_2 - m_0}{m_1} \times 100\%$$

主要检测设备有恒温恒湿箱、天平、红外线水分测定仪、马弗炉。

第五节　塑料输液容器的技术要求与检测方法

我国在 1996 年由国家卫生部颁布的《输血输液用塑料容器检查法》只适用于聚氯乙烯为主体的输血输液用塑料容器（输血袋、输液袋）的质量标准，对其他材质的塑料容器的质量标准一直没有明确，国家药品监督管理局 2002 年先后发布了 YBB 00012002《低密度聚乙烯塑料瓶》、YBB 00022002《聚丙烯输液瓶》、YBB 00342002《多层共挤输液用膜、袋通则》。

一、塑料输液器的一般试验项目

根据塑料输液容器的特性，一般应进行以下项目的试验监控。国际上各个国家的质量标准各异，其检测项目如表 4－17 所示。

表 4－17　　输液用塑料包装容器的检测项目比较

检验项目		中国标准	日本药局方	DIN 58363—1996	欧洲药典
物理化学性能	鉴　别	+	−	−	+
	外　观	+	+	−	+
	耐灭菌	+	−	+	+
	温度适应性	+	−	+	−
	耐压性	+	−	+	−
	抗跌落	+	+	+	−
	穿刺性	+	−	+	+
	漏液试验	+	+	+	+
	悬挂强度	+	−	+	+
	标　识	−	−	+	−
	柔软性（PVC 材质）	−	+	−	−
	厚　度	−	+	−	−
	透明度	+	+	+	+

续表

检 验 项 目		中国标准	日本药局方	DIN 58363—1996	欧洲药典
物理化学性能	水蒸气渗透(瓶、袋)	+	+	+	+
	水蒸气渗透(膜)	+	−	−	−
	氧气透过量(膜)	+	−	−	−
	粒子污染	+	+	+	−
材料性能	灼烧残渣	+	+	+	+
	重金属	+	+	+	+
	镉	+	+	+	−
	铅	+	+	+	−
	锡	+	−	+	−
	铬	+	−	+	−
	钡	+	−	+	−
	铜	+	−	+	−
	各种添加剂	−	−	−	+
	氯乙烯(PVC 材料)	+	+	−	−
浸出液化学性能	性　状	+	+	+	+
	浑浊度	−	−	−	−
	泡沫形成	+	+	+	−
	pH	+	+	+	+
	氯化物	−	+	+	−
	硫酸盐	−	+	+	−
	磷酸盐	−	+	+	−
	铵　盐	+	+	+	−
	还原性物质	+	+	+	−
	蒸发残留物	+	+	+	+
	紫外吸收 220～241nm 241～350nm	+	+	+	−
	锌	−	+	−	−
	钡	+	−	+	−
	镉	+	−	+	−
	铬	+	−	+	−
	铜	+	−	+	−
	锡	+	−	+	−
	铝	+	+	+	−
生物性能	细胞毒性	+	+	+	+
	微生物渗透	−	−	+	−

续表

检验项目		中国标准	日本药局方	DIN 58363—1996	欧洲药典
生物性能	细菌内毒素	+	+	+	+
	热　原	−	−	+	−
	溶　血	+	+	+	−

注："+"为有控制项目；"−"为无控制项目。

1. 机械性能

①生产线适应性及材质确认。②瓶、膜、袋外观检查。③红外吸收光谱测定。④膜厚度、层数(复合层)确认。⑤外周焊接强度确认。⑥耐压试验。⑦跌落试验。⑧温度适应(低温)试验。⑨运输试验(抗微生物渗透)。⑩悬挂强度试验。⑪标识(印刷强度)试验。⑫透明度试验。⑬水分(蒸汽)透过性试验。⑭氧气透过性试验。

2. 临床使用性能

①针刺落屑试验。②穿刺力试验。③袋逆流试验(回血试验)(标准中未制定试验项目)。

3. 卫生性能试验

①溶出物试验。②不溶性异物试验。③不溶性微粒试验。④生物试验。⑤药物相容性试验。⑥光稳定性试验(标准中未制定试验项目)。

二、塑料输液容器试验方法

(一) 物理化学性能

(1) 外观　取样品适量,在自然光线明亮处目测,应透明、光洁、内外无肉眼可见的异物。

(2) 适应性试验　除另有规定外,取膜制成数个袋,以 0.9%的氯化钠为溶剂,灌装至标示量,密封后采用温热灭菌法,标准灭菌后 $F_0 \geqslant 8$,(如湿热灭菌 115℃,30min)做以下试验。

a. 温度适应性　将数只输液容器,在(−25±5)℃下放置 24h,再在(50±5)℃下放置 24h,然后在(23±3)℃下,将输液容器放在两平行平板之间,承受 67kPa 的内压,保压 10min。目力检验,如果无液体漏出,则试验合格。

b. 抗跌落　在(23±3)℃下将数只输液容器分别落下于一硬质光滑表面上。根据输液容器的公称容量按表 4−18 确定跌落高度。以目视检测,如果输液容器无破裂和泄漏,则试验合格。

表 4−18　输液容器的跌落高度

公称容量/mL	跌落高度/m	公称容量/mL	跌落高度/m
50～749	1.00	1 500～2 499	0.5
740～1 499	0.75	≥2 500	0.25

c. 透明度　取符合《中华人民共和国药典》(2000 年版附录ⅨB)中的浊度标准贮备液,加纯水稀释 100 倍得悬浊液。将悬浊液充入一只排空的输液容器至公称容量,另一只排空的输液容器充入纯水至公称容量。如果容器已经灭菌过,检验前静置 3h。在黑色的背景下,以纯水对照,用目视检测,检测应在输液容器的正上方和正下方与观察轴成 90°,用白炽灯以 2 000～10 000 lx 的照度照射输液容器条件下进行。灯源应直接照射在输液容器上,避免照射

试验员的眼睛。如果试验用悬浊液的浑浊度易被观察出，则认为试验合格。

d. 不溶性微粒　取数只空输液容器，在清洁的房间内，各注入公称容量的注射用水，注射用水事先用孔径 0.2μm 的滤膜过滤。封口后对容器进行灭菌，放置约 12h。

用粒子计数器测定容器内容物的粒子含量，用空白校正。粒子直径≥5.0μm 的粒子≤100 个/mL，直径≥10.0μm 的粒子≤10 个/mL，直径≥25.0μm 的粒子≤1 个/mL。

e. 悬挂装置　取数只输液容器，然后公称容量在 250mL 以下的输液器施加 7N 的拉力，公称容量大于 250mL 的输液容器施加 15N 的拉力，60min 内不应断裂。

(3) 水蒸气渗透量

a. 膜　按塑料薄膜和片材透水蒸气性试验方法，杯式法(GB/T 1037—1988)进行试验，采用温度(38±1)℃，相对湿度(90±3)%条件下。除另有规定外，不得过 1.0g/(m^2·24h)。

b. 袋　取数只灌封好的输液容器，置于恒温恒湿箱中，在温度(20±5)℃，相对湿度(65±5)%条件下贮存 14d。每只输液容器的质量降低应不得过 0.2%。

(4) 氧气透过量　取膜、袋平整部件，按塑料薄膜和薄片气体透过性试验方法，压差法(GB/T 1038—2000)进行试验。除另有规定外，不得过 1 500cm^3/(m^2·24h·0.1MPa)。

(5) 氮气透过量　取膜、袋平整部位，按塑料薄膜和薄片气体透过性试验方法，压差法(GB/T 1038—2000)进行试验，除另有规定外，不得过 1 600cm^3/(m^2·24h·0.1MPa)。

(6) 二氧化碳透过量　取膜、袋平整部位，按塑料薄膜和薄片气体透过性试验方法，压差法(GB/T 1038—2000)进行试验，除另有规定外，不得过 7 000cm^3/(m^2·24h·0.1MPa)。

(7) 透光率　取膜、袋平整部位，切成 5 个 0.9cm×4cm 的切片，垂直放入比色池中，压差法，并以水作为空白，按分光光度法(《中华人民共和国药典》2000 版二部附录ⅣA)测定，在 450nm 处测定透光率，应不低于 80%。

(8) 抗拉强度　仅适用于膜，取试样，按 GB/T 1040—1992《塑料拉伸性能实验方法》进行试验，不得低于 7.5N/15mm。

(9) 热封强度　仅适用于袋，按(QB/T 2358—1998)《塑料薄膜包装袋热合强度试验方法》进行试验，不得低于 10MPa。

(二) 材料性能

1. 材料鉴别

(1) 红外光谱　取样品适宜的方法，按分光光度法(《中华人民共和国药典》2000 版二部附录ⅣC)测定，每一层应与该粒料图谱基本一致。图 4-3 为聚丙烯红外图谱，图 4-4 为聚乙烯红外图谱。

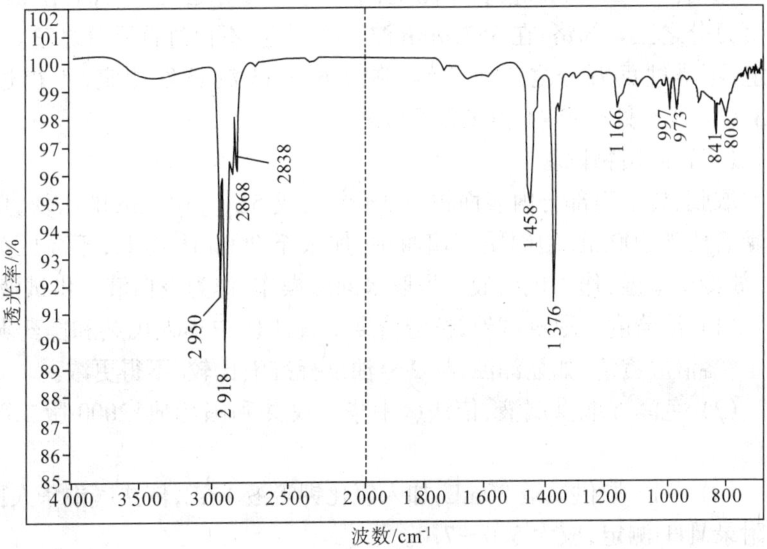

图 4-3　聚丙烯红外图谱

(2) 材料密度　取样品适量，加 100mL

水煮沸回流 2h,放冷,干燥后精密称定(W_a),再置适宜的溶剂(d)中精密称定(W_s),按公式计算:

$$\frac{W_a}{W_a - W_s} \times d(\text{所用溶剂的密度})$$

聚丙烯密度为 0.900～0.915g/cm³;低密度聚乙烯密度为 0.910～0.935g/cm³。

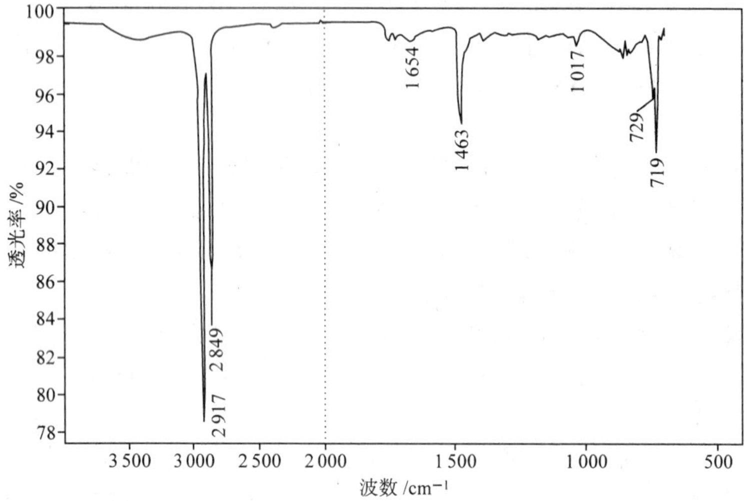

图 4-4 聚乙烯红外图谱

2. 灼烧残渣

称取 5.00g 供试材料(碎片)置于一适宜的已灼烧恒重的坩埚中,称重,精确到 0.1mg。加热至 100～105℃并保持 1h,然后灼烧(550±25)℃至完全灰化。置于干燥器内放至室温,称重,重复灼烧直到恒重,计算每克供试材料的灼烧残渣。应不超过 0.05%。聚氯乙烯应不超过 0.1%。

3. 添加剂

依据膜的组成及每层材料的性质,制定添加剂成分检测方法,除另有规定外,抗氧剂的量不得超过0.3%,润滑剂的量应确定限量。

4. 塑料中金属的测定

取灼烧残渣项的残渣加盐酸 10mL 溶解后,按原子吸收分光光度法(《中华人民共和国药典》2000 版二部附录ⅣD)测定,应符合以下规定。

①铜:在 324.8nm波长处测定,不得过百万分之三。②镉:在 228.8nm 波长处测定,不得过百万分之三。③铬:在 357.9nm 波长处测定,不得过百万分之三。④铅:在 217.0nm 波长处测定,不得过百万分之三。⑤锡:在 286.3nm 波长处测定,不得过百万分之三。⑥钡:在 553.6nm波长处测定,不得过百万分之三。

(三)溶出物试验

取膜、袋平整部分内表面积 600cm²,切成 5cm×0.5cm 的小块,用 100mL 水洗两次,室温干燥后放于 300mL 的硬质玻璃瓶中,加水至 200mL,密塞,于高压蒸汽灭菌器中 121℃加热 1h,放冷至室温,作为供试液。另取水同法操作,作为空白液。供试液与空白液进行以下试验。

(1) 澄清度　取供试液,按澄清度检查法(《中华人民共和国药典》2000 版二部附录ⅨB)测定,溶液应澄清;如显浑浊,与 2 号浊度标准液比较,不得更浓。

(2) 色泽　取供试液,依法(《中华人民共和国药典》2000 版二部附录ⅣA)检查,溶液应无色。

(3) pH　取供试液 20mL,加入氯化钾溶液 1mL,依法(《中华人民共和国药典》2000 版二部附录ⅥH)测定,应为 5.0～7.0。

(4) 吸收度　取供试液,以空白液为对照,按分光光度法(《中华人民共和国药典》2000 版二部附录ⅣA)测定,在波长 220～350nm 范围内进行扫描。220～240nm 间的最大吸收度应不得过

0.08;241～350nm间最大吸收度应不得过0.05。聚氯乙烯在220～350nm间应不得过0.2。

(5) 蒸发残渣　取供试液250.0mL,以空白液为对照,按干燥失重测定法(《中华人民共和国药典》2000版二部附录ⅧL)测定,并用空白校正,应不得过12.5mg。

(6) 易氧化物　取供试液25.0mL,加(0.002mol/L)高锰酸钾液10.0mL和2mol/L硫酸10.0mL,加热微沸3min,冷却至室温。加0.1g碘化钾至试验液中,用0.01mol/L硫代硫酸钠滴定至浅棕色,再加入5滴淀粉指示液后滴定至无色。同时做空白试验。试验液与空白液所消耗滴定液之差不得过1.5mL。

(7) 铵离子　取供试液50.0mL,加碱性碘化汞钾试液2mL,放置15min;如显色,与氯化铵溶液(取氯化铵31.5mg加无氯水适量使溶解并稀释至1 000mL)4.0mL,加空白提取液46mL与碱性碘化汞钾试液2mL制成的对照液比较,不得更深(0.000 08%)。

(8) 钡离子、铜离子、镉离子、铅离子、锡离子、铬离子　取供试液适量,可通过蒸发供试液使其浓缩来提高检测范围,按金属元素项下测定,不得过百万分之一。

(9) 铝离子　取供试液适量,可通过蒸发供试液,使其浓缩来提高检测范围,在309.3nm波长处测定,不得过百万分之零点零五。

(10) 重金属　取试验液20.0mL,加乙酸盐缓冲液(pH 3.5)2mL,以水使成25mL。另精密加入1mL标准铝溶液,加乙酸盐缓冲液2mL,以空白液使成25mL,依法(《中华人民共和国药典》2000版二部附录ⅧH第一法)测定,含重金属不得过百万分之零点五。

(四) 生物性能

(1) 试验液制备　取膜、袋剪成0.5cm×3cm小条,按内表面积(cm^2)与氯化钠注射液(6:1)混合,经(121±2)℃ 60min浸提,放冷,备用,作为试验液。并用同批注射液按上述方法处理,作为空白液。

(2) 细菌内毒素　取试验液,依法(《中华人民共和国药典》2000版二部附录ⅪE)检查,本品含细菌内毒素的量应不得过0.2EU/mL。

(3) 细胞毒性　①细胞培养:将已培养48～72h生长旺盛的L929细胞(小鼠成纤维细胞系)配制成10^5个/mL的细胞悬液。取2mL细胞悬液注入直径35mm的培养皿内,置于二氧化碳培养箱中(37±1)℃下培养至少24h,直至形成80%的密闭单层细胞。显微镜下检查培养细胞,证实已形成均匀、密闭单层。②测定方法:培养完成后,将培养皿中的培养基弃去,替换成用含血清细胞培养基稀释的试验液(试验液的体积百分比为25%)2mL。同法处置试验液、阴性对照样品。所有培养细胞置于空气中含二氧化碳体积百分比5%±1%的培养箱中,(37±1)℃下培养48h。培养完成后,用显微镜检查培养细胞。可采用合适的染色剂给细胞染色。③结果判断:评价每个培养皿中的生物化学反应(细胞退化和畸形),不得过50%的细胞呈圆形且无胞浆内颗粒;细胞间有许多溶解的细胞和自由空间。

(4) 溶血　按GB/T 14233.2—1998《医用输液、输血、注射器具检验方法　第2部分:生物试验方法》中规定的方法进行。

(5) 急性全身毒性　按GB/T 14233.2—1998中规定的方法进行。

(6) 致敏　按GB/T 14233.2—1998中规定的方法进行。

(7) 皮内刺激　按GB/T 14233.2—1998中规定的方法进行。

上述内容主要是多层共挤膜袋的检验项目和试验方法,聚烯烃塑料输液瓶的检验项目和试验方法与之基本一致,不再赘述。

第六节　卤化丁基胶塞的技术要求与检测方法

一、卤化丁基胶塞的技术要求

（一）药用丁基胶塞行业标准

国家医药管理局于1994年7月2日发布，1994年11月1日实施了关于丁基橡胶药用瓶塞的3个系列标准，分别是YY 0169.1—1994《丁基橡胶输液瓶塞》、YY 0169.2—1994《丁基橡胶抗生素瓶塞》、YY 0169.3—1994《丁基橡胶药用瓶塞化学试验方法》，前两个标准是产品标准，后一个标准是试验方法。

1. 技术要求

（1）主要尺寸　输液瓶塞应符合表4－19的规定；抗生素瓶塞应符合表4－20的规定。

表4－19　输液瓶塞主要尺寸　单位：mm

型　号	冠　径	冠　厚	颈　径	总　高
32A	30.8±0.3	4.0±0.3	23.6±0.2	12.2±0.4
28A	26.6±0.3	3.8±0.3	18.0±0.2	11.8±0.4

表4－20　抗生素瓶塞主要尺寸　单位：mm

型　号	冠　径	冠　厚	颈　径	总　高
20A	18.8±0.2	3.3±0.25	13.2±0.1	8.8±0.3
20B1	18.8±0.2	2.8±0.25	13.0±0.1	8.5±0.3
20B2	19.5±0.2	3.0±0.25	13.0±0.1	8.7±0.3

（2）外观　瓶塞表面不应有污点、杂质；不应有气泡、裂纹；不应有缺胶、粗糙；不应有胶丝、胶屑、海绵状、毛边；不应有除边造成的残缺或锯齿现象；不应有模具造成的明显痕迹；表面的色泽应均匀。

（3）物理性能符合表4－21的规定。

表4－21　物理性能

项　目	指　标	
	输液瓶塞	抗生素瓶塞
硬　度	由供需双方协定，邵氏A硬度应不超过规定±5度	
穿刺落屑	不超过20粒	不超过5粒
穿刺力	最大值不大于80N，平均值不大于75N	不大于10N
瓶塞容器密合性	—	应密合
自密封性	—	应自密封
密封性和穿刺器保持性	应密封，穿刺器能保持	—

（4）化学性能　化学性能应符合表4－22的规定。

（5）生物性能　瓶塞致热原应符合有关规定；瓶塞急性全身毒性应符合有关规定；瓶塞溶

血应符合有关规定。

表 4-22　　　　　　　　　　　　**化学性能**

项　目	指　标	
	输液瓶塞	抗生素瓶塞
挥发性硫化物(以 $Na_2S/20cm^2$ 橡胶表面计)/μg	≤50	≤50
紫外吸光度(220～360nm)	≤0.1	≤0.2
还原物质(20mL 浸取液消耗 0.01mol/L 的 1/5 $KMnO_4$ 的量)/mL	≤3.0	≤7.0
电导率/($mS·m^{-1}$)	≤4.0	≤4.0
浑浊度/级	≤2	≤3
pH 变化值	≤1.0	≤1.0
重金属(Pb^{2+}计)/($mg·L^{-1}$)	≤1.0	≤1.0
铵(以 NH_4^+ 计)/($mg·L^{-1}$)	≤2.0	≤2.0
锌(以 Zn^{2+}计)/($mg·L^{-1}$)	≤3.0	≤3.0
不挥发物(每 100mL 浸取液)/mg	≤4.0	≤4.0

2. 检测项目及检测方法

卤化丁基胶瓶塞的检测方法见表 4-23。

表 4-23　　　　　　　　　　　　**瓶塞的检测及检测方法**

项　目		检　测　方　法	
		输 液 瓶 塞	抗生素瓶塞
尺　寸		以通用量器或专用量器检验	
物理性能	硬度	GB/T 531—1999(试片由生产单位提供)	
	穿(针)刺落屑	YY 0169.1—1994《丁基橡胶输液瓶塞》附录 A(补充件)	YY 0169.2—1994《丁基橡胶抗生素瓶塞》附录 A 和附录 B(补充件)
	穿刺力	YY 0169.1—1994《丁基橡胶输液瓶塞》附录 B(补充件)	YY 0169.2—1994《丁基橡胶抗生素瓶塞》附录 A 和附录 C(补充件)
	密封性和穿刺保持性	YY 0169.1—1994《丁基橡胶输液瓶塞》附录 C(补充件)	—
	瓶塞与容器的密合性	—	YY 0169.2—1994《丁基橡胶抗生素》附录 D(补充件)
	自密封性		
化学性能(10 项)		YY 0169.3—1998《丁基橡胶药用瓶塞化学试验方法》	
生物性能(3 项)		GB/T 14233.2—1998《医用输液、输血、注射器具检验方法　第 2 部分:生物试验方法》	
外　观		目视检测,必要时辅以游标卡尺或 10 倍放大镜	

3. 主要检测设备

(1) 手动封盖机　用于瓶塞和玻璃瓶、铝盖的封装。

(2) 穿(针)刺器　针刺器 8＃注射针;穿刺器应符合规定。

（3）压力蒸汽灭菌器　工作温度(121±1)℃。

（4）穿(针)刺装置　该装置能带动穿(针)刺器以200mm/min速度垂直运动,并能显示穿(针)刺力的大小,量程为0～100N,精度为±1N。

（5）恒温干燥箱　0～200℃,温度波动±1℃。

（6）真空箱　-0.1～0MPa,精度0.005MPa。

（7）真空泵　抽速为4L/s,极限真空5×10^{-4}乇(乇为"极限真空"单位,1乇=133.32Pa)。

（8）分析天平　分度值0.1mg。

（9）紫外可见分光光度计　工作波长为220～1 100nm。

（10）电导率仪　量程为0～300mS/m,分度值为5mS/m。

（11）酸度计。

（12）马弗炉　量程0～1 200℃,温度波动±10℃。

（13）恒温水溶锅　恒温范围27～100℃水温波动1℃。

（14）邵氏硬度计　量程0～100,分度值±1。

（15）澄明度检测仪　照度1 000 lx。

（16）超净工作台　100级。

（17）免固定器。

（18）肛门体温计　精度39℃以上±0.15℃,39℃以下±0.1℃。

（19）动物天平。

（20）离心机　2 500r/min。

（二）国家食品药品监督管理局标准

国家食品药品监督管理局2002年颁布了YBB 00042002《药用氯化丁基橡胶塞》和YBB 00052002《药用溴化丁基胶塞》。与行业标准YY 0169.1～3相比,YBB增加了"鉴别"、"不溶性微粒"、"炽灼残渣"项目。

1. 鉴别

（1）称取本品5～20g,置于干燥的试管中,将长约4mm的钠片一片置于固定并倾斜的试管中,使其恰好位于试样之上,用火焰的尖端加热试管,将钠融化在试样上,继续加热2min,使呈深红色,冷却后加入乙醇,将过剩的钠醇化,加水约10mL溶解过滤,滤液备用。

① 取滤液1.5mL,置于试管中,加硝酸酸化,煮沸1～2min,加入硝酸银1滴,应产生白色沉淀。

② 取滤液0.2mL,置于微量试管中,加氯仿1滴,加稀硫酸1滴,加新配制的氨水1滴(或3%H_2O_2溶液2～3滴),经振荡混匀后,静置5min,氯仿层应不显色。

（2）取本品约3g切成3mm×3mm小块,置索氏抽提器中用丙酮或适宜的溶剂回流浸提8h,取残渣80℃烘干,取0.1～0.2g置于裂解管的底部,然后用试管夹水平地将裂解管移到酒精灯上加热,当出现裂解产物冷凝在裂解管冷端时,再继续加热至裂解基本完全但没炭化为止,取少许裂解物滴在KBr片上,在80℃烘干,按红外分光光度法(《中华人民共和国药典》2000年版二部ⅣC)测定,应与对照的图谱基本一致。

2. 炽灼残渣

取本品2.0g,依法检查(《中华人民共和国药典》2000年版二部ⅧN),遗留残渣不得过45.0%。

3. 不溶性微粒

取被测瓶塞表面积 100cm^2,置于锥形瓶中加入 50mL 冲洗液(含有 0.003% *N*－甲基－*N*－油牛磺酸钠)至振荡器中(振荡频率 300～350 次/min)振荡 20s。取冲洗液,按不溶性微粒检查法(《中华人民共和国药典》2000 年版二部ⅨC)测定,应符合表 4－24 规定。

表 4－24　不溶性微粒指标

粒子直径	粒子数/(个·mL^{-1})
≥10.0μm	20
≥25.0μm	2

除以上增加内容外 YBB 标准还作了以下内容的调整。

(1) 产品名称　YBB 标准是以材料性能为基础命名,分“氯化”和“溴化”两类。

(2) 不列“规格尺寸”项目。

(3) 产品的“硬度”项目取消　由于无规格尺寸项,使输液用胶塞和抗生素用胶塞不易区分,所以供需双方,可能需要将国家食品药品监督管理局的 YBB 标准和 YY(行业标准)配合使用。

(三) 国际标准

1. 输液瓶塞技术要求(ISO 8536—2:2001《医用输液器具　第 2 部分:输液瓶塞》)

(1) 输液瓶塞尺寸见表 4－25,瓶塞尺寸用通用量具或专用量具检验。

表 4－25　输液瓶塞尺寸　单位:mm

型　号	冠　径	冠　厚	颈　径	总　高
32A	30.8±0.3	4.0±0.3	23.6±0.2	12.2±0.4
28B	27.1±0.3	3.4±0.3	19.6±0.2	10.2±0.4

(2) 硬度规定值(由供需双方协定)±3shA,按 ISO 868:1985《橡胶袖珍硬度计压入硬度试验方法》测定(试片由生产厂提供)。规定值(由供需双方协定)±5IRHD,按照 ISO 48:1994《硫化橡胶或热塑性橡胶硬度的测定》进行测定(试片由生产厂提供)。

(3) 穿刺力　瓶塞所需的穿刺力≤80N,平均值≤75N,穿刺过程中不应有瓶塞被推入瓶内,按 ISO 8536－2:2001 附录 B 测定。

(4) 密封性和穿刺器保持性　用穿刺器刺瓶塞时,所有瓶塞都应达到满意的穿刺(没有瓶塞被推进瓶中)。在 4h 试验期间,穿刺器与瓶塞之间应无泄漏现象,应无穿刺器拔出。按 ISO 8536－2:2001 附录 C 进行测定。

(5) 耐老化　瓶塞最低寿命由生产方和用户方协商而定。

(6) 化学性能　如表 4－26 所示,按 ISO 8871－1:1990 规定方法测定。

表 4－26　输液瓶塞的化学性能

项　　目	指标	项　　目	指标
挥发性硫化物,($Na_2S·9H_2O$)/mg	≤0.154	浑浊度	≤2
紫外吸光度(220～360nm)	≤0.2	pH 变化值/以 c_{HCl}=0.01mol/L	≤0.8
还原物质[以 $c_{Na_2S_2O_3}$=0.01mol/L 的消耗量]/mL	≤3.0	或 c_{NaOH}=0.01mol/L	≤0.3
电导率/(μS/cm)(非必选试验)	≤15	重金属/(mg·kg^{-1})	≤2

续表

项　目	指标	项　目	指标
铵/($mg\cdot kg^{-1}$)	≤2	不挥发物/mg	≤2.0
锌/($mg\cdot kg^{-1}$)	≤5	色泽,色度	≤GY_5

(7) 生物性能　瓶塞应无致热源;瓶塞应无急性全身毒性;瓶塞应无溶血作用,按 ISO 8871－4:1990 方法进行测定。

2. 注射瓶塞技术要求(ISO 8362－2:1988《注射剂用注射容器及附件　第2部分:注射瓶塞》)。

(1) 注射瓶塞尺寸　见表4－27。

表 4－27　**注射瓶塞尺寸**　单位:mm

型　号	冠　径	冠　厚	颈　径	总　高
13A	12.5±0.2	2.0±0.25	7.5±0.1	7.0±0.3
20A	18.8±0.2	3.3±0.25	13.2±0.1	8.8±0.3
13B	12.5±0.2	2.0±0.25	7.4±0.1	7.0±0.3
20B	19.5±0.2	3.0±0.25	13.0±0.1	8.7±0.3

(2) 硬度　规定值(由供需双方协定)±5IRHD,按照 ISO 48:1994 测定(试片由生产厂提供)。

(3) 针刺落屑　≤5粒/100次穿刺。

(4) 穿刺力　≤10N。

(5) 瓶塞与容器密合性　无亚甲蓝溶液渗入注射剂玻璃瓶内。

(6) 自密封性　如果瓶塞需要多次穿刺但不多于3次时,应符合自密封性要求。(3)～(6)项目的试验方法见 ISO 8362－2:1988《注射用注射容器及附件　第2部分:注射瓶瓶塞》附录A、B、C进行。

(7) 化学性能　按 ISO 8871—1990 规定方法进行,化学性能见表4－28。

表 4－28　**注射瓶塞的化学性能**

项　目	指标	项　目	指标
挥发性硫化物(以 Na_2S/20cm^2 橡胶表面计)/μg	≤50	重金属(以 Pb^{2+} 计)/(μg/10mL)	≤10
还原物质(以 c_{KMnO_4}=2mmol/L 每20mL 的消耗量)/mL	≤7.0	铵(以 NH_4^+ 计)/(μg/10mL)	≤20
电导率/(μS/cm)	≤40	锌(以 Zn^{2+} 计)/(μg/10mL)	≤30
浑浊度	≤3	不挥发物/(mg/100mL)	≤4.0
pH变化值(以 c_{HCl}或 c_{NaOH}=5mmol/L 每20mL)	≤1.0		

(8) 生物性能　瓶塞应无致热源;瓶塞应无急性全身毒性;瓶塞应无溶血作用。按各个国家的相关药典及相关卫生管理部门生物试验方法进行。

3. 冷冻干燥输液瓶瓶塞技术要求（ISO 8362－6:1988《注射剂用注射容器及附件　第6部分冷冻干燥输液瓶瓶塞》）。

（1）冷冻干燥输液瓶瓶塞尺寸　见表4－29，瓶塞尺寸用通用量规或专用量具检验。

表 4－29　　冷冻干燥输液瓶瓶塞尺寸　　单位：mm

型号	冠径	冠厚	颈径
32A	30.8±0.2	4.0±0.25	23.6±0.1
28A	27.1±0.2	3.4±0.25	19.6±0.1

（2）硬度　规定值（由供需双方协定）±5IRHD，按照ISO 48:1994测定（试片由生产厂提供）。

（3）针刺落屑　≤20粒/10次穿刺。

（4）穿刺力　所需的穿刺力≤80N，平均值≤75N，穿刺过程中不应有瓶塞被推入瓶内。

（5）密封性和穿刺器保持性　用穿刺器刺瓶塞时，所有瓶塞都应达到满意的穿刺（没有瓶塞被推进瓶中）。在4h试验期间，穿刺器与瓶塞之间应无泄漏现象，应无穿刺器拔出。

（6）瓶塞/容器密封性和自密封性　应无亚甲蓝溶液渗入输液瓶内。

（7）耐老化　瓶塞最低寿命由生产方和用户方协商而定。

（8）冷冻干燥瓶塞在蒸发位置的机械稳定性　当冷冻干燥瓶塞放置在冻态干燥位置并使容器经历传送过程时，在该位置下的瓶塞应有足够的抗震性，以便在正常工艺过程条件下既不被震落也不被挤入瓶中。

（9）残余水分　生产商应向用户给出在什么时间和温度下能使冷冻干燥瓶塞中的水分降至可接受的水平的建议。

（10）化学性能（表4－30）　按ISO 8871—1990方法测定。

表 4－30　　冷冻干燥输液瓶塞化学性能

项目	指标	项目	指标
挥发性硫化物（以 $Na_2S/20cm^2$ 橡胶表面计）/μg	≤50	重金属（以 Pb^{2+} 计）/（μg/10mL）	≤10
还原物质（以 c_{KMnO_4} = 2mmol/L 每 20mL 的消耗量）/mL	≤7.0	铵（以 NH_4^+ 计）/（μg/10mL）	≤20
电导率/（$\mu S/cm^{-1}$）	≤40	锌（以 Zn^{2+} 计）/（μg/10mL）	≤30
浑浊度	≤3	不挥发物/（mg/100mL）	≤4.0
pH变化值（以 c_{HCl} 或 c_{NaOH} = 5mmol/L 每 20mL）	≤1.0		

（11）生物性能　瓶塞应无致热源，瓶塞应无急性全身毒性，瓶塞应无溶血作用。按各国药典及相关卫生管理部门生物试验方法进行测定。

4. 冷冻干燥注射瓶瓶塞技术要求（ISO 8362－6:1988《注射剂用注射容器及附件　第5部分冷冻干燥注射瓶瓶塞》）。

（1）冷冻干燥注射瓶瓶塞尺寸　见表4－31。

（2）硬度　规定值（由供需双方协定）±5IRHD，按照ISO 48:1994测定（试片由生产厂提供）。

表 4-31　　冷冻干燥注射瓶瓶塞尺寸　　单位：mm

型　号	冠　径	冠　厚	颈　径
13	12.5±0.2	2.0±0.25	7.5±0.1
20	18.8±0.2	3.3±0.25	13.2±0.1

（3）针刺落屑　≤5 粒/100 次穿刺。

（4）穿刺力　瓶塞所需的穿刺力≤10N。

（5）自密封性　如果瓶盖需要多次穿刺但不少于 3 次时，应符合自密封性要求。

（6）瓶塞/容器密封性　应无亚甲蓝溶液渗入输液瓶内。

（7）耐老化　瓶塞最低寿命由生产方和用户方协商而定。

（8）冷冻干燥瓶塞在蒸发位置的机械稳定性　当冷冻干燥瓶塞放置在冻态干燥位置并使容器经历传送过程时，在该位置下的瓶塞应有足够的抗震性，以便在正常工艺过程条件下既不被震落也不被挤入瓶中。

（9）残余水分　生产商应向用户给出在什么时间和温度下能使冷冻干燥瓶塞中的水分降至可接受的水平的建议。

（10）化学性能　见表 4-32，按 ISO 8871-1:1990 方法测定。

表 4-32　　冷冻干燥注射瓶塞化学性能

项　目	指标	项　目	指标
挥发性硫化物（以 Na_2S/20cm^2 橡胶表面计）/μg	≤50	重金属（以 Pb^{2+} 计）/（μg/10mL）	≤10
还原物质（20mL 浸取液消耗 2mmol/L 的 $KMnO_4$ 量）/mL	≤7.0	铵（以 NH_4^+ 计）/（μg/10mL）	≤20
电导率/（μS/cm^{-1}）	≤40	锌（以 Zn^{2+} 计）/（μg/10mL）	≤30
浑浊度	≤3	不挥发物/（mg/100mL）	≤4.0
pH 变化值（以 1mL c_{HCl}或 c_{NaOH}=5mmol/L 每 20mL）	≤1.0		

（11）生物性能　瓶塞应无致热源；瓶塞应无急性全身毒性；瓶塞应无溶血作用。按各国药典及相关卫生管理部门生物试验方法进行。

二、卤化丁基胶塞检测项目与检测方法

（1）试验液的制备　应使用供应状态下的弹性体，用一定数量成品弹性件，其表面积至少选择 150cm^2，每 1cm^2 表面积加 2mL 试验液。

将弹性件放入三角烧瓶（宽口）中，按每 150cm^2 样品表面积加 300mL 纯水，以铝箔或硅硼酸盐玻璃烧杯盖住瓶口，使其在高压灭菌器中 20～30min 内升温至（121±2）℃保持 30min，再大约在 30min 冷至室温。必要时用纯水补充至原质量，否则应使用密闭容器，振摇，并立即有倾析方式将弹性件与试验液 S_1 分离，并在每次试验前摇 S_1。用不加弹性件的 300mL 纯水同法制备空白液 S_0，S_0 及 S_1 用化学试验。

（2）酸碱度　将 50mg 溴麝香草酚蓝溶于 0.02mol/L 的 NaOH 4mL 与乙醇（96%）20mL 混合液中，稀释至 100mL，量取上述稀释的溴麝香草酚蓝溶液 0.1mL，加入到 20mL 试验液 S_1

中，加入 0.01mol/L 的 NaOH 不超过 0.3mL 或 0.01mol/L 的 HCl 0.8mL，试验液相应地呈现出蓝色或黄色，以每 20mL S_1 所消耗的 NaOH 或 HCl 的量来表示结果。

（3）紫外吸光度　将制备不超过 4h 的试验液用外径约为 0.45μm 滤膜过滤，置入 1cm 的石英池，以空白液 S_0 作参比，测滤液在 220～360nm 范围内吸收。必要时可对滤液进行稀释，并对结果予以修正。

（4）还原物质　取制备不超过 4h 的试验液 S_1 20mL，加入稀 H_2SO_4（1mol/L）1mL 和 0.002mol/L 的 $KMnO_4$ 20mL，煮沸 3min，迅速冷却，加入 1g 的 KI，立即用（0.01 mol/L）$Na_2S_2O_3$ 滴定，以 0.25mL 淀粉指示液作指示剂，并用同样方法滴定空白液 S_0。以 20mL 试验液 S_1 与空白液 S_0 所消耗的（0.01mol/L）$Na_2S_2O_3$ 体积之差表示。

（5）重金属的测定　取试验液 S_1 12mL，加 pH 3.5 的醋酸盐缓冲溶液 2mL，混匀。再加入 1.2mL 硫代乙酰胺试液，摇匀。按同样的方法取 2mg/L 的硝酸铝标准液 10mL 制成混合液，2min 后两种溶液颜色的深浅。报告比较结果。

（6）锌的测定　取 20mL 试验液 S_1 加入 0.01mol/L 的 HCl 1mL，至少用 1 000mg/L 的锌标准液制备 3 种参照溶液，其中加入少量的 0.1mol/L HCl。使用锌空心阴极灯为发射源，用氧炔焰燃烧法测 213.9nm 处的吸光度。以试验液 S_1 中的锌浓度表示结果。

（7）铵的测定　取 5mL 试验液 S_1，加入适量（8.5g/100mL）NaOH 溶液，稀释到 15mL，再加 0.3mL 奈斯勒试剂。取（1mg/L）铵标准溶液 10mL，加入 5mL H_2O 和 0.3mL 奈斯勒试剂。取（1mg/L）铵标准溶液 10mL，加入同样体积的 NaOH 溶液，稀释到 15mL，加入 0.3mL 奈斯勒试剂。30s 后，比较试验液 S_1 与标准液 S_0 呈现出黄色的深浅程度。以符合/不符合报告结果。

（8）不挥发物的测定　取至少 50mL 试验液 S_1 在 105℃ 干燥，报告每 50mL S_1 中不挥发物的质量（mg）。

（9）挥发性硫化物的测定　将总表面积为（20±1）cm^2 的瓶塞（必要时可切割）放入装有 20g/L 柠檬酸溶液 50mL 的 250mL 三角烧瓶中，然后将一片醋酸铅试纸放在三角烧瓶口上并用烧杯盖住，用同样的方法称取 0.154mg $Na_2S \cdot 9H_2O$ 制备对照液，将两者放入高压蒸汽消毒器中，于（121±2）℃ 下保持 30min，取出后醋酸铅试纸的颜色不得超过对照液，以符合/不符合报告结果。

（10）电导率的测定　在试验液制备后 4h 内进行下述试验。试验只能用进行电导率测定的硅硼酸盐玻璃专用容器。用纯水冲洗测试电极（铂电极或涂有铂黑的电极）几次，再用空白液 S_0 冲洗 2 次。测空白液 S_0 的电导率，在（20±1）℃ 下 S_0 的电导率应小于 3.0μS/cm。用试验液 S_1 冲洗电极至少 2 次，测 S_1 的电导率。如果测量不在（20±1）℃ 下进行，则应进行温度校正。报告电导率的数值，以 mS/cm 表示 S_0、S_1 的值。

（11）溶液度的测定　与标准液目视比浊。用无色、透明、中性玻璃、内径为 15mm 至 25mm 的平底比色管将溶液 S_1 与按下述方法与新制备的标准悬液比较，溶液高度为 40mm。将制备 5min 后的溶液置黑色背景，于漫散光下从比色管上方观察比较。光的散射应能易于分辨标准悬液Ⅰ和水，又能易于分辨标准悬液Ⅰ和Ⅱ。

在上述条件下，如果液体的澄清度与水一样或其浊度不超过标准悬液Ⅰ所呈现的浊度则认为澄清。

硫酸肼溶液的制备　用水溶解 1.0g 硫酸肼使成 100.0mL，放置 4～6h。

六亚甲基四胺溶液的制备　在 100mL 具塞玻璃瓶中溶解 2.5g 六亚甲基四胺于 25.0mL

水中。

浊度标准贮备液的制备　向六亚甲基四胺溶液中加 25.0mL 硫酸肼溶液，混合，并放置 24h。该悬液贮存在无表面缺陷的玻璃容器中，悬液可稳定贮存 2 个月。悬浮液不应沾在玻璃上，使用前应充分混合。

浊度标准液的制备　用水稀释 15.0mL 浊度标准贮备液使成 1 000mL。该悬液最多可存放 24h。

标准悬液的制备　按表 4－33 制备标准悬液，使用前充分混合。

表 4－33　制备标准悬液

标准悬液	Ⅰ	Ⅱ	Ⅲ
浊度标准液/mL	5.0	10.0	30.0
水/mL	95.0	90.0	70.0

（12）溶液色泽的测定　溶液 S_1 色度测定按下述方法进行。用无色、透明、中性玻璃、内径为 15～25mm 的平底比色管将检验液 S_1 与标准溶液比较，溶液高度为 40mm，在漫散光下比较颜色，白色背景下垂直观察。以符合/不符合相应的Ⅰ类和Ⅱ类浊度和色泽要求作为报告结果。

A. 初级溶液的制备

a. 黄色溶液　取 46g $FeCl_3$ 溶于 2.5%（体积分数）HCl 溶液约 900mL[ISO 标准中规定为混入（约 36%）HCl 25mL 和 975mL 水]中，并用水将该液稀释至 1 000mL，滴定并用上述盐酸溶液调整溶液浓度为每毫升含 45.0mg $FeCl_3 \cdot 6H_2O$。避光保存。

滴定，精密量取 10.0mL 黄色溶液置 250mL 具塞锥形瓶中，加水 15mL、浓盐酸 5mL 及 KI 4g，具塞。阴暗处放置 15min，加入 100mL 水。用 0.1mol/L 的 $Na_2S_2O_3$ 滴定近终点时，加入（5g/L）淀粉指示液 0.5mL 作为指示剂，继续滴定至蓝色消失。每 1mL $Na_2S_2O_3$ 滴定液相当于 27.03mg 的 $FeCl_3 \cdot 6H_2O$。

b. 红色溶液　取 60g $CoCl_2$ 溶于含（约 36%）HCl 25mL 和 975mL 水的混合溶液中，并用水将该液稀释到 1 000mL，滴定并用上述 HCl 溶液调整溶液浓度为每 mL 含 59.5mg $CoCl_2 \cdot 6H_2O$。

滴定，精密量取 5.0mL 溶液置于 250mL 具塞锥形瓶，使用 5mL 稀 H_2O_2 溶液和 300g/L 的 NaOH 溶液 10mL。轻微煮沸 10min，冷却后加入 60mL 稀 H_2SO_4 和 2g KI，冷却。盖塞轻微震荡使之溶解，用 0.1mol/L 的 $Na_2S_2O_3$ 滴定近终点时，加 0.5mL 淀粉指示液作指示剂滴定至溶液显粉红色。每毫升 0.1mol/L 的 $Na_2S_2O_3$ 相当于 23.79mg 的 $CoCl \cdot 6H_2O$。

c. 蓝色溶液　溶解 63g $CuSO_4$ 于含（约 36%）HCl 25mL 和 975mL 水的混合溶液中，并用水将该液稀释至 1 000mL，滴定并用上述 HCl 溶液调整浓度为每毫升含 62.4mg $CuSO_4 \cdot 5H_2O$。精密量取 10mL 蓝色溶液置 250mL 具塞锥形瓶中，加水 50mL、（约 12%）乙酸 12mL、KI 3g，用 0.1mol/L 的 $Na_2S_2O_3$ 滴定液滴定，近终点时，加 0.5mL 淀粉指示液，滴定至溶液呈灰棕色。每毫升 $Na_2S_2O_3$ 滴定液相当于 24.97mg 的 $CuSO_4 \cdot 5H_2O$。

B. 标准溶液的制备　用 3 种初级溶液制备标准溶液见表 4－34。

表 4-34　　标准溶液的制备　　单位：mL

标准溶液	黄色溶液体积	红色溶液体积	蓝色溶液体积
GY(微绿—黄)	9.6	0.2	0.2

C. 标准比色液的制备　用上述制得的标准溶液按照表 4-35 制备标准比色液。

表 4-35　　标准比色液的制备　　单位：mL

对照溶液	标准溶液 GY 体积	HCl(10g/L)体积
GY_5	3.0	97.0

第七节　铝制容器的技术要求与检测方法

一、药用铝管的技术要求与检测方法

(一) 技术要求

1. 软质铝管

目前药用软质铝管的检测标准有行业标准 YY 0249—1996《药用软膏铝管》，该标准等效采用英国 BS 2006—1984《铝涨缩管规范》，并根据药用要求，提高和增加了若干条目的水平和内容，具体技术要求如下。

(1) 规格尺寸　应符合相关规定或根据用户要求。

(2) 内涂层的连续性　经检测电流显示应不大于 40mA。

(3) 内涂层化学稳定性　用蘸取丙酮的脱脂棉轻揩内表面，内涂层应无脱落。

(4) 涂层柔软性和黏附力　管身挤压后伸展，内、外涂层应无裂纹和脱落。

(5) 韧性　经冲击测试，ϕ13.5 规格的铝管极限值为 11mm；ϕ16 为 6mm；ϕ19 为 8mm；ϕ22 为 10mm；ϕ25 为 15mm。

(6) 封闭性　从铝管管尾的开口端向内施压后，应无泄漏。

(7) 印刷质量　印刷内容应清晰完整，位置正确。印刷表面应平整光洁，并符合需方和药品有关印刷的要求。印刷面应有足够的固化强度，用蘸乙醇的脱脂棉轻揩铝管印刷表面，应无脱色。

(8) 清洁度　铝管应清洁，管内应无加工残屑及其他异物。管帽与管嘴螺纹旋配后，应不产生金属碎屑。

(9) 尾涂均匀性　铝管尾涂表面均匀、无流挂。

(10) 管帽配合　铝管的管帽与管嘴螺纹配合应适宜。

(11) 菌检　细菌、霉菌各不得超过 5 个/mL，金黄色葡萄球菌和铜绿假单胞菌(即绿脓杆菌)不得检出。

2. 硬质铝管

药用硬质铝管的技术要求目前无相关国家标准，只有企业标准，具体技术要求如下。

(1) 规格尺寸　外径和长度按用户要求确定。

(2) 外观和印刷质量要求　管体印刷应图文清晰，色泽鲜艳，位置准确。印刷主要部位无明显划伤，次要部位轻微划伤(0.3mm×20mm)不超过 3 处。管体平整，卷口光滑不得有褶皱、裂纹和变形。印刷的固化强度经蘸取乙醇的脱脂棉轻揩，应无脱色。

(3) 漆膜附着力　漆膜经划格试验，脱落面积应不大于10%。

(4) 泄漏试验　在0.8MPa条件下，1min内应无气泡溢出（泡腾片管不要求）。

(5) 内涂层　连续性导电读数应不大于30mA。

(6) 内涂层化学稳定性　经浸润丙酮的脱脂棉轻揩，涂层应不变色、脱落。

(7) 菌检要求　细菌、霉菌各不得超过5个/mL；金黄色葡萄球菌和铜绿假单胞菌（即绿脓杆菌）不得检出。

（二）检测项目及检测方法

1. 软质铝管的检测方法

检测主要分外观、外观尺寸和内在质量三方面。外观质量检测主要依靠感官，其中印刷质量、清洁度和尾涂均匀性用目测；管帽配合凭手感。

外形尺寸用游标卡尺测量长度、直径、口径和管口长度；用百分表测量封膜厚度和管壁、管肩厚度。

内在质量包括内涂层连续性、内涂层化学稳定性、涂层柔韧性和黏附力、铝管韧性、封闭性、菌检等项目，具体检测方法如下。

(1) 内涂层连续性检测方法　①试液配比：硫酸铜晶体（$CuSO_4 \cdot 5H_2O$）10g、冰乙酸（CH_3COOH）0.5mL、丁二酸二辛酸酯磺酸钠（$C_{20}H_{37}NaO_7S$）0.05g，加蒸馏水至1 000mL；②检测方法：向铝管内注入试验液至离开口端10mm处，把铝管的管嘴、管尖部分装到底座电极上，并将滑动电极向下移到铝管内。调整滑动锥体的高度，使铝管与摆动电极保持同轴。按下试验按钮，5s后读取数据。同一份实验液使用不能超过8次。

(2) 内涂层化学稳定性检测方法　将铝管管身纵向割开整平，用蘸取丙酮的脱脂棉轻揩内涂层30次，观察是否有涂层脱落在脱脂棉上。

(3) 涂层柔性和黏附力检测方法　把供试铝管套在试验装置的棒上，使管子尾部套在与铝管规格相应的一级阶梯上，让棒从管嘴伸出。铝管在整个试验过程中应与底座一直处于垂直状态。

把顶部压板套在伸出的棒上并让它轻轻搁置在管嘴顶端上，在压板上施加均匀的压力，迅速向下挤压铝管，使铝管呈现均匀折叠的“手风琴状”。把压过的铝管从棒上取下，尽可能把它伸展到接近原来长度，将其纵向剖开，观察内、外涂层的表面是否裂纹和脱落。

(4) 铝管韧性检测方法　将供试铝管放在定位槽中（铝管如管身直径小于16mm，则将其放在附加底板上），使铝管尾端与止动器接触，松开闸板，让闸板落到管身上，读闸板顶部在标尺上的刻度。

(5) 封闭性检测方法　铝管浸入处在室温下的水杯中，浸至管尾端距水面10mm左右，然后用锥形加注器在供试铝管管尾的开口端施加0.2MPa的空气压力，在5s内观察铝管是否出现气泡。

(6) 菌检　提取液制备方法为取5支铝管向每支铝管内灌注无菌生理盐水，振荡5min后合并提取液备用，然后按《中华人民共和国药典》（2000年版二部）规定进行检查。

2. 硬质铝管的检测方法

其检测也分外观、外形尺寸和内在质量三方面。外观质量检测主要依靠感官，用肉眼检查管体和翻口的外观状况和印刷质量。外形尺寸用游标卡尺检测铝管的长度、直径和管口部分的直径、翻边高度；再用百分表检测壁厚。内在质量包括漆膜附着力、内涂层连续性、内涂层化学稳定性、泄漏试验(泡腾片不用)和菌检等项目。检测方法分述如下。

(1) 漆膜附着力检测方法　用刃宽为 50～100μm 的刀片在漆膜上划透长约 10mm,间距为 1mm 的 6 道平行线,然后转 90°,用同样方法划成格阵图形,将宽度为 15mm,黏结力为 (15±2)g/mm 的涤纶胶带粘在漆膜的划痕上,然后快速将胶带撕下,检查漆膜脱落的情况。

(2) 内涂层连续性试验　①试剂：1.02%的 NaCl 溶液；②步骤:将 NaCl 电解液注入样品管内距管口约 6mm,然后把管放在仪器的管座上,插入电极铜棒(不能触及管底),按下试验按钮并保持 4s,此时的电流读数的单位为 mA。电解液重复使用次数不能超过 8 次。

(3) 内涂层化学稳定性试验　顺轴向方向用剪刀剪开管身,摊平用药棉浸润丙酮轻擦内涂层 30 次,观察涂层有无变色、脱落。

(4) 泄漏试验　将喷雾罐封好罐口后全部浸入水中,充气加压至 0.8MPa,观察 1min,若罐体无气泡溢出则表明无泄漏,合格。

(5) 菌检　取 5 个样品罐,每个试管中加入试管容积 1/3 量的无菌生理盐水,振荡 5min 后合兑并提取液备用。然后按《中华人民共和国药典》(2000 年版二部)规定进行检查。

(三) 检测仪器及设备

铝管检测用设备如表 4-36 所示。

表 4-36　　铝管检测用设备一览表

试验项目名称	配备仪器设备名称
规格尺寸	游标卡尺、测厚仪
内涂层的连续性	专用毫安仪
涂层的柔韧性和附着力	专用挤压仪
韧性	冲击试验仪
封闭性、泄漏试验	空气压缩机、专用气枪
菌种	空气洁净室、超净台、高压蒸汽消毒器、恒温培养箱

二、药用铝瓶的技术要求与检测方法

目前药用铝瓶实行的标准有 YY 0203—1995《药用铝瓶》,其技术要求及检测方法如下。

(一) 瓶身、内盖、外盖的氧化膜

(1) 氧化膜的厚度　氧化膜的厚度不得低于 6μm,用氧化膜测厚仪检验。

(2) 氧化膜耐腐蚀时间　不得低于 30s,按照 BY 73013—1985《铝瓶、铝压力锅、铝壶氧化膜耐腐蚀性试验方法》进行检测,具体方法如下。

用蜡笔在试样的试验部位画一直径为 10mm 的圆圈;将试样放入(30±2)℃的恒温箱中,5min 后用滴定管在圆圈内滴入氢氧化钠溶液一滴,并开始计时;计时到规定时间,用脱脂棉擦去试样表面的碱溶液;室温下,在原处用滴定管滴入硫酸铜溶液一滴,并开始计时,5min 时评定结果。

(二) 瓶身、内盖、外盖的卫生指标

卫生指标应符合 GB 11333—1989《铝制食具容器卫生标准》。其中主要检测锌、铅、镉、砷 4 种元素,检测方法主要依照 GB/T 5009.72—1996《铝制食具容器卫生标准的分析方法》,具体检测方法如下。

（1）砷　用砷斑法来测，方法为取 25mL 样品浸泡液，移入测砷瓶中，加 5mL 盐酸、5mL 碘化钾溶液及 5 滴酸性氯化钾锡溶液，摇匀后放置 10min，加 2g 无砷金属锌，立即将已装好乙酸铅棉花及溴化汞试纸的测砷管，放置于 25～30℃的暗处 1h，取出溴化汞试纸和标准比较，其色斑不得深于标准斑。

另取 1mL 砷标准使用液（相当 1.0μg 砷），置于测砷液瓶中，加（4%）乙酸至 25mL，于样品浸泡液同时同样操作，作标准砷斑。

（2）锌　吸取 5mL 样品浸泡液，置于 125mL 分液漏斗中另取分液漏斗 6 个，分别加入 0mL、1.0mL、2.0mL、3.0mL、4.0mL、5.0mL 锌标准使用液（相当 0μg，1μg，2μg，3μg，4μg，5μg 锌）。向各分液漏斗中加（4%）乙酸至 10mL。再各加甲基橙指示液 1 滴，用氨水中和至溶液由红刚好变黄。

向各分液漏斗内加 5mL 乙酸盐缓冲液及 1mL 硫代硫酸钠溶液，混匀后再各加 10.0mL 二硫腙四氯化碳溶液（0.001g/L），振摇 2min，静置分层，分出四氯化碳层于 1cm 比色杯中，以零管调节零点，于 520nm 波长处测吸光度，绘制标准曲线比较定量。

（3）铅　分析方法有两种，一种是原子吸收法，另一种是二硫腙法。原子吸收法是采用标准曲线法，把铝瓶的（4%）乙酸浸泡液直接注入原子吸收分光光度计进行分析。二硫腙法：量取 10.0mL 浸泡液，加水准确稀释至 100mL，取 25mL 带塞比色管两只，一只加入 10.0mL 浸泡稀释液，一只加入 2.0mL 铅标准溶液（相当于 20μg 铅）及（4%）乙酸 1mL，再加入水至 10mL。于两管内分别加 1.0mL 柠檬酸铵溶液、0.5mL 盐酸羟胺溶液和 1 滴酚红指示液，混匀后滴加氨水至红色再进行比色，样品管的红色不得深于标准管，否则用 1cm 比色杯，以三氯甲烷调节零点，于 510nm 波长处测吸光度，进行比较定量。

（4）镉　分析方法有两种，一种是原子吸收法，另一种是二硫腙法。原子吸收法是采用标准曲线法，把铝瓶的（4%）乙酸浸泡液直接注入原子吸收分光光度计进行分析。二硫腙法为：取 125mL 的分液漏斗两只，一只加入 0.5mL 镉标准使用液（相当 5μg 镉）及9.5mL 乙酸（4%），另一只加 10mL 样品浸泡液。分别向分液漏斗中各加 1mL 酒石酸钾钠溶液、5mL 氢氧化钠—氰化钾溶液（甲）及 1mL 盐酸羟胺溶液，每加入一种试剂后，均需摇匀。加入 15mL 二硫腙－三氯甲烷溶液（甲）及 1mL 盐酸羟胺溶液，每加入一种试剂后，均需摇匀。加入（0.1g/L）二硫腙－三氯甲烷溶液 15mL，振摇 2min（此步应迅速进行）。另取第二套分液漏斗，各加 25mL 酒石酸溶液，将第一套分液漏斗内的二硫腙－三氯甲烷溶液放入其中，用 10mL 三氯甲烷洗涤第一套分液漏斗，将三氯甲烷液放入第二套分液漏斗中。将第二套分液漏斗振摇 2min，弃去二硫腙－三氯甲烷溶液，再各加 6mL 二氯甲烷，振摇后弃去三氯甲烷层。向分液漏斗的水溶液中各加入 1.0mL 盐酸羟胺溶液、（0.02g/L）二硫腙－三氯甲烷溶液 15.0mL 及 5mL 氢氧化钠—氰化钾溶液（乙），立即振摇 2min。擦干分液漏斗下管内壁，塞入少许脱脂棉用以滤除水珠，将二硫腙－三氯甲烷溶液放入具塞的 25mL 比色管中，进行比色，样品管的红色不得深于标准管，否则以 3cm 比色杯，用三氯甲烷调节零点，于波长 518nm 处测吸光度，进行定量。

无论是检测铅还是镉，用原子吸收法测都比用二硫腙法测简单易行，且毒性小，可操作性强。

（三）瓶身的抗压强度

15L 的应大于 700N，3L 的应大于 250N。按照 GB/T 4857.4—1992《包装　运输包装件压力试验方法》进行检测，具体方法如下。

将试验样品按预定状态置于压板中心部位，使上压板和试验样品接触，先加 220N 的初始载荷,以使试验样品与上下压板接触良好。调整记录装置,以此作为位移记录的起点。以(10±3)mm/min 的速度均匀移动压板距离。加压到下列情况之一:压缩载荷未达到预定值,试验样品出现破裂、试验样品尺寸变形或压缩载荷达到预定值。

(四)密封圈

密封圈的检测方法和指标大致与医用输液橡胶瓶塞(天然胶塞)相同,具体如下。

(1) 拉伸强度与扯断伸长率　拉伸强度不得低于 12MPa,扯断伸长率不得低于 500%。按照 GB/T 528—1998 进行检测,一般采用哑铃状试样进行试验。

(2) 硬度　应为(50±5)度。按照 GB/T 531—1999 进行检测。

(3) 20%恒定压缩永久变形　不得过 50%。按照 GB/T 7759—1996 压缩量为试样高度的 20%,试验温度为(70±1)℃,试验时间(72±2)h。

(4) 热空气老化　拉伸强度变化率应为 -10%～+20%,扯断伸长率变化率应为 -10%～+10%。按照 GB 3512—2001《硫化橡胶或热塑性橡胶　热空气加速老化和耐热试验》进行检测,试验温度为(70±1)℃,试验时间(72±2)h。试样经过老化试验后进行拉伸强度、扯断伸长率的测定,与未老化前的拉伸强度、扯断伸长率进行比较,计算其拉伸强度变化率、扯断伸长率变化率。

(5) 密封圈水提取液检测　样品预处理方法为取总表面积为 560cm^2 的密封圈,分割成大小一致的 12 块,置于 500mL 的烧杯中,加 20g/L 氢氧化钠溶液 400mL,煮沸 50min,其间不断加入蒸馏水以保持液面不变,倾去碱液,用水洗净至中性。再加 1%的(体积分数)盐酸溶液 400mL,煮沸 60min,其间不断加入蒸馏水以保持液面不变,倾去酸液,用水洗净至中性。再用适当蒸馏水洗涤数次。加入过滤水 400mL,用表面皿盖好,置于高压蒸汽消毒器中,在(121±2)℃条件下处理 30min,然后弃去其中的过滤水,用适量过滤水洗涤一次后待用。

取处理过密封圈 470cm^2,加入 10 倍于密封圈重量的过滤水。密封好,置于高压蒸汽消毒器中,在(121±2)℃条件下处理 30min,所得溶液即为样品提取液,同法制备空白液。

水提液性能按照 HG 2948—1988(1997)《医用输液橡胶瓶塞》的规定进行检测,具体为:

a. pH 变化　不得超过 1.0。取 20mL 样品提取液和空白液,分别加入 0.1%的氯化钾溶液 1mL,测 pH,计算两者之差。

b. 钙离子　不得超过 8mg/L。吸取提取液 25mL 置于三角烧瓶中,加 0.2mol/L 氢氧化钠溶液 5mL 及少量紫脲酸胺指示剂,充分摇匀后,用 2mL 微量滴定管以 0.005mol/L EDTA 标准溶液滴定至试液由樱红色变为蓝紫色,即为终点。

c. 锌离子　不得超过 5mg/L。吸取样品 10mL,加盐酸 1mL,10%氯化铵溶液 10mL,20%亚硫酸钠溶液 0.1mL,摇匀,放置 5min。然后加 0.5%亚铁氰化钾 0.5mL,加蒸馏水至 25mL,摇匀,放置 10min 后,与相应标准锌溶液同法制得的对照液比色。

d. 重金属　不得超过 1mg/L。吸取提取液 25mL 和氢氧化钠试液 5mL,硫化钠试液 5 滴,摇匀,与相应标准铅溶液同法制得的对照液比色。

e. 钡离子　不得检出。取样品提取液 5mL,加饱和硫酸铵试液 2 滴,摇匀,放置 5min,溶液不得浑浊。

f. 高锰酸钾消耗量　不得超过 200mg/L。精确吸取样品提取液 25～30mL(视样品中易氧化物的迁移量而定),加蒸馏水至 100mL,加入 0.002mol/L 高锰酸钾标准溶液 10.00mL、5mL 稀硫酸,煮沸 3min,冷却,加 0.1g 碘化钾,用磨口塞塞住,摇匀,静置 10min。用 0.01mol/L 硫代硫酸钠标准溶液滴定至淡褐色,加 0.5%淀粉指示液 5 滴,继续滴定至无色终点。同法滴定空白液。

(6) 密封圈游离硫含量　不得超过0.10%。按照GB/T 3514—1992《硫化橡胶中游离硫含量的测定　亚硫酸钠法》进行检测。

(7) 密封圈急性全身毒性　按照GB/T 14233.2—1998《医用器具输液、输血、注射器具检验方法　第2部分:生物试验方法》进行检测。

(五) 检测仪器及设备

铝瓶检测用设备如表4-37所示。

表 4-37　　铝瓶检测用设备一览表

试验项目名称	配备仪器设备名称
瓶身、内盖、外盖规格尺寸	游标卡尺、钢尺
氧化膜厚度	氧化膜测厚仪
铅	原子吸收光谱仪、紫外可见分光光度仪
砷	测砷瓶
锌	紫外可见分光光度仪
镉	原子吸收光谱仪、紫外可见分光光度仪
抗压强度	专用压力机
密封圈：拉伸强度、扯断伸长率	拉伸仪
硬　度	邵氏A型硬度计
20%恒定压缩永久变形	压缩仪、烘箱、测厚仪
热空气老化	老化箱、pH计
水提取液性能	烘箱、pH计
急性全身毒性	清洁级小鼠饲养设施

第八节　气雾剂阀门和胶囊的技术要求与检测方法

一、气雾剂阀门的技术要求与检测方法

(一) 气雾剂阀门的技术要求

目前阀门产品仅有国家标准GB 17447—1998《气雾剂阀门》,其技术要求主要涉及外观、尺寸及通道畅通试验、泄漏试验、变形压力、引液管拉脱力和定量阀门每次喷出量等性能指标。因其未涉及与药品相容性有关的溶出物试验及直接接触药品的容器必须控制的微生物指标等,故不能有效地控制药用气雾剂阀门的质量。由于没有统一的国家标准,目前生产企业采用企业标准。从考虑阀门与所装药物相容性的角度出发,参照《中华人民共和国药典》(2000年版)及欧洲药典第3版(1997)的相关规定,建议药用阀门标准除了对阀门的物理性能作控制外,还应增加溶出物的化学性能试验、包装pH变化、还原性物质、紫外吸收度、挥发性硫化物、铵及不挥发物等;加强对微生物污染情况、异常毒性的控制。其次针对《中华人民共和国药典》(2000年版)中对气雾剂产品规定了喷射量差异限度为平均喷射量的±20%,对定量阀门也应增加该项指标。

（二）气雾剂阀门的检测项目与检测方法

根据制定中的药用气雾剂阀门局颁标准，介绍一些主要项目的检测方法。

（1）尺寸　用精度为0.01mm的游标卡尺测量。

（2）阀门通道畅通试验　取阀门放入泄漏试验仪内，紧固样品加压至0.85MPa，用手按下促动器，打开阀门，从促动器的通道中应有连续气泡冒出。

（3）泄漏试验　取阀门放入泄漏试验仪内，紧固样品后加压至0.85MPa，用手按下促动器，从促动器的通道中气泡冒出，松开手后1min内应无气泡冒出。

（4）引液管拉脱力试验　将本试验专用的铁钩夹固在拉力试验机的上夹具中，取阀门装在专用铁钩上，接着将阀门的引液管的中间长度处夹固在拉力试验机的下夹具中。将拉伸深度调至50mm/min，开动拉力试验机拉伸至引液管脱离阀体为止，读出拉力读数。

（5）溶出物的化学性能试验

① pH变化　分别在阀门水浸液及对照液中加入1mL氯化钾溶液后测定pH。

② 还原性物质　用硫代硫酸钠滴定法测定其消耗高锰酸钾滴定液的量。

③ 重金属　采用硫代乙酰胺方法测定阀门水浸液中的重金属量。

④ 铵　采用纳氏比色法测定阀门水浸液中铵离子（NH_4^+）量。

（6）喷射量差异限度　将阀门封装在气雾罐上，根据使用情况精确灌装抛射剂及溶剂。按《中华人民共和国药典》（2000年版附录ⅠZ的方法）分别测定喷射量差异限度。

（7）微生物限度试验　按《中华人民共和国药典》（2000年版ⅪJ附录的方法）检测。

（8）异常毒性试验　取阀门，用生理盐水浸提后，按《中华人民共和国药典》（2000年版ⅪC附录）静脉注射法检测。

（三）检测仪器及设备

气雾剂阀门的检测仪器及设备如表4－38所示。

表4－38　气雾剂阀门的检测仪器及设备

试验项目名称	配备仪器设备名称
尺　寸	精度为0.01mm的游标卡尺
阀门通道畅通试验等	泄漏试验仪
引液管拉脱力	拉力试验机
溶出物的化学性能试验	恒温水浴锅、pH计、紫外分光光度计、恒温干燥箱
喷射量差异限度	精度为0.0001g的天平
微生物限度试验	空气洁净室、超净台、薄膜过滤器、真空泵、高压蒸汽灭菌器
异常毒性	清洁级小鼠饲养设施

注：前面已出现的相同检验项目所采用的仪器设备不再重复。

二、胶囊的技术要求与检测方法

（一）技术标准

1992年，国家技术监督局发布了由原国家医药管理局包装材料科研检测中心起草的“药用明胶硬胶囊”国家标准。该标准对胶囊的规格、尺寸、外观缺陷、理化及微生物制备都作了规定，并对抽样方法和检查方法也作了规定，比较全面。存在的缺陷是该标准规定的胶囊外径与国际通行标准差异较大。另外,对外观缺陷的技术要求的描述容易引起误解。

1996 年卫生部发布的药品部颁标准中收入了由浙江药品检定所起草的“空心胶囊”质量标准。该标准主要包括理化测试指标,但在附件中收入了囊号、规格、重量差异限度及单壁厚均匀度的规定,作为参考检查项。与 1992 版国家标准相比,理化测试中增加了消毒剂环氧乙烷残留物氯乙醇的限度测试,取消了砷的限度测试。另外,在附注里有以下规定。

(1) 胶囊所用赋形剂、防腐剂、色素及遮光剂均应符合药用或食用规格。

(2) 纯色素用量不得超过万分之五。

(3) 处方中不得掺加石花菜。

(4) 胶囊生产用水,应为蒸馏水或去离子水。

该标准与原卫生部部颁标准相比,对崩解时限有更严格的规定。同时,不再对胶囊尺寸作规定。

《美国药典》24 版和《英国药典》均未收载空心胶囊标准,对空心胶囊的要求已通过各药品胶囊剂的标准和药用明胶标准来控制。

(二) 检测项目与检测方法

1. 理化指标检测

(1) 规格尺寸　用精度为 0.02mm 的游标卡尺分别测定帽、体的长度;用精度为 0.001mm 的测厚仪,分别测定帽、体距切口 1mm 处的单壁厚度。

(2) 脆碎度的测定　见《中华人民共和国药典》2000 年版二部。

(3) 黏度的测定　见《中华人民共和国药典》2000 年版二部。

(4) 崩解时限　见《中华人民共和国药典》2000 年版二部。

(5) 亚硫酸盐(以 SO_2 计)见　《中华人民共和国药典》2000 年版二部。

(6) 干燥失重　见《中华人民共和国药典》2000 年版二部。

(7) 炽灼残渣　见《中华人民共和国药典》2000 年版二部。

(8) 重金属　见《中华人民共和国药典》2000 年版二部。

(9) 氯乙醇(适用于环氧乙烷消毒工艺)　见《中华人民共和国药典》2000 年版二部。

2. 外观检测

将胶囊平放于装有 30～40W 日光灯的毛玻璃灯检台上,由 1.0 以上视力者,以 30cm 的距离进行检查。

3. 微生物检测

(1) 检验项目与微生物限度见表 4-39 所示。

表 4-39　　微生物检测项目及限度

检验项目	限度
细菌总数	<1 000 个/g
霉菌总数	<100 个/g
大肠杆菌	不得检出

(2) 试剂及培养基　取氯化钠 9.0g,加水使溶解成 1 000mL,121℃灭菌 15min 即得 0.9% 无菌氯化钠溶液;取结晶紫 1.0g,加 95% 乙醇 20mL 使溶解,加 1% 草酸铵水溶液 80mL 混匀,静置 48h 即得结晶紫染液,置密闭棕色瓶中储存备用;取草酸铵 1.0g,加水使溶解成 100mL,

即得1%草酸铵水溶液；取碘化钾2.0g，加水3～5mL使溶解，加入碘片1.0g，使全部溶解后，加水稀释至300mL即得革兰碘液，置密闭棕色瓶储存；取沙黄0.25g，加95%乙醇10mL，使完全溶解后，加水至10mL即得沙黄染液；取对二甲氨基苯甲醛5.0g，加入戊醇或丁醇75mL，充分振摇，使完全溶解后，再取浓盐酸25mL徐徐滴入，边滴边振摇，以免骤热导致溶液颜色变深，或取对二甲氨基苯甲醛1.0g，加入95%乙醇95mL，充分振摇使完全溶解后，取浓盐酸20mL徐徐滴入即得靛基质试液；取甲基红0.1g，加入95%乙醇300mL，使溶解后，加水至500mL，即得甲基红指示剂；α－萘酚6.0g，加无水乙醇使溶解成100mL即得α－萘酚乙醇溶液；取氢氧化钾40.0g，加水使溶解成100mL即得氢氧化钾溶液。

培养基包括：营养肉汤培养基、营养琼脂培养基、虎红琼脂培养基、胆盐乳糖增菌液、麦康凯琼脂培养基；蛋白胨水培养基；乳糖发酵培养基；磷酸盐葡萄糖胨水培养基；西蒙枸橼酸盐培养基。

(3) 仪器　高压灭菌器，净化操作台，电子天平，接种针，量筒(100mL)，刻度吸管(1mL/5mL/10mL)，ϕ90mm平皿，不锈钢匙，镊子，称量纸，10mL试管。

(4) 供试液制备方法　无菌称取样品10g，置250mL三角烧瓶中，加入0.9%生理盐水100mL，至42℃振荡水浴中20min，使成1∶10供试液。

(5) 平皿菌落计数法　取均匀供试液各1mL，置4个ϕ90mm的灭菌平皿中，加预先熔化并放冷至45℃的培养基约15～20mL，混匀，待凝固后，倒置培养。见表4－40，表4－41。

表4－40　细菌计数

缓冲液	0.9%生理盐水
培养基	营养琼脂
温　度	30～35℃
培　养	2个平皿培养48h

表4－41　霉菌计数

缓冲液	0.9%生理盐水
培养基	虎红琼脂
温　度	20～25℃
培　养	2个平皿培养120h；2个平皿培养72h

a. 菌落测定阴性对照试验　取供试验用的0.9%无菌氯化钠溶液各1mL，置4个无菌平皿中，分别按细菌、霉菌计数用的培养基制备平板培养、检查，不得长菌。

b. 菌落测定空白对照试验　取经纯培养后的营养琼脂、虎红琼脂平皿各两个，实验开始时，分别置净化操作台左右两侧，开盖，至实验结束时，加盖，倒置，培养，检查，平均菌落数应≤1个(若超出，则进行消毒并检查净化过滤器，并重新准备和测试样品)。

营养琼脂平板点计细菌菌落数，虎红琼脂平板点计霉菌菌落数，点计后，计算平均菌落数，按平均菌落数报告。

(6) 大肠杆菌检查　取胆盐乳糖培养基100mL，加入供试液10mL，30～35℃培养18～24h(必要时延至48h)，用接种环将上述液体划在麦康凯的培养基表面，30～35℃培养18～24h，平板菌落生长或有菌落生长但不同于表4－42中所列的特征，可判为未检出大肠杆菌。

表 4-42　大肠杆菌菌落形态特征

培养基	菌落形态
麦康凯琼脂	鲜桃红色或微红色，菌落中心深桃红色，圆形，扁平，边缘整齐，表面光滑，湿润

如生长的菌落与表中所列特征相符或疑似者，应挑选 2～3 个菌落分别接种于营养琼脂培养基斜面，30～35℃培养 18～24h，做以下检查。

A．革兰染色　取上述斜面培养物，涂片，固定。以结晶紫染色 1min，水洗。革兰碘液媒染 1min，水洗，滤纸吸干余水。以 95%乙醇脱色 20～30s，水洗，滴加沙黄染液复染 1min，待干后镜检。大肠杆菌为革兰阴性无芽孢短杆菌。

B．生化试验（IMVic）

a．乳糖发酵试验　取上述斜面培养基，接种于乳糖发酵管，30～35℃培养 24～28h，观察产酸（培养基变色）、产气（杜氏管内有气泡）。

b．靛基质试验　取上述斜面培养物，接种于蛋白胨水培养基中，30～35℃培养(48±2)h，沿管壁加入靛基质试液 0.3～0.5mL，液面呈玫瑰红色为阳性，呈试剂本色为阴性。

c．甲基红试验　取上述斜面培养物，接种于磷酸盐葡萄糖胨水培养基中，30～35℃培养(48±2)h，于每毫升培养液中加入甲基红指示剂 1 滴，立即观察，呈鲜红色或橘红色为阳性，呈黄为阴性。

d．乙酰甲基甲醇生成试验（V-P 试验）　取上述斜面培养物，接种于磷酸盐葡萄糖胨水培养基，30～35℃培养(48±2)h，于每 2mL 培养液中加入 α-萘酚乙醇试液 1mL，混匀，再加入 40%氢氧化钠溶液 0.4mL，充分振摇，出现红色为阳性，加试剂 4h 内，如出现红色亦应判为阳性，无红色反应为阴性。

e．枸橼酸盐利用试验　取上述斜面培养物，接种于枸橼酸盐培养基的斜面上，30～35℃培养(48±2)h，培养基斜面有菌苔生长，培养基由绿色变为蓝色时为阳性，培养基颜色无改变时为阴性。

供试品检查完全符合以下结果时，判定为检出大肠杆菌。

a．染色镜检是革兰阴性无芽孢杆菌。

b．乳糖发酵产酸产气，或产酸不产气。

c．IMVic 试验反应为++--或-+--。

(7) 结果判断　细菌菌落数、霉菌菌落数、大肠杆菌三项均符合该品种微生物限度项下规定，应判供试品合格；其中任何一项不符合该品种项下规定，应判供试品不合格。细菌菌落数、霉菌菌落数第一次测定超过该品种项下微生物限度规定时，应从同一批号样品中随机抽样，复检两次，以三次结果平均值报告。检出大肠杆菌时，按一次检出结果为准，不再抽样复检，即应判该供试品不合格。

第五章　药品包装技术与方法

第一节　药品包装技术概述

药品生产过程中,选用适宜的包装材料和容器,采用先进的包装技术和方法,对保护药品、方便贮运、促进销售具有重要作用。然而,采用合理的包装技术方法,设计包装工艺路线,选择机械设备,确定一系列的包装技术措施,已成为现代化药品生产过程中保证包装质量提高药品价值和市场竞争力的关键。

一、药品包装技术

所谓的药品包装技术是指：采用的包装方法、机械仪器等各种操作手段及其包装操作遵循的工艺措施、检测监控手段和保证包装质量的技术措施等的总称。显然,药品包装是药品生产的关键过程,药品包装技术水平直接影响着药品包装的质量和效果,影响着包装药品的贮运和销售。

二、药品包装技术和方法的分类

药品的种类繁多,可采用的包装材料、容器各异,包装的形成方法也多种多样,但是要形成一个药品基本的独立包装件的基本工艺过程和步骤是一致的。把形成一个药品基本的独立包装件的技术和方法称为药品包装基本技术。主要包括:药品充填、灌装技术和方法,裹包与袋装技术和方法,装盒与装箱技术,热成型和热收缩包装技术,封口、贴标和捆扎技术和方法等。

为进一步提高包装药品质量和延长包装药品的贮存期,在药品包装的基本技术基础上又逐渐形成了药品包装的专门技术,如真空包装、充气包装、防潮包装、无菌包装等。

当前对药品及药品包装的要求越来越高,新材料、新工艺、新方法逐步地被应用于各种药品包装,药品包装技术和方法处在不断地变化发展之中。不同药品有不同的特性和包装要求,根据不同的特性和要求,应选用不同包装材料和技术方法,因此,掌握药品基本包装技术是各种包装技术发展创新的基础。

(1) 真空包装　真空包装指将药品装入气密性包装容器,抽去容器内部的空气,使密封后的容器内达到预定真空度的一种包装方法。

(2) 充气包装　充气包装是指将药品装入气密性包装容器,用氮、二氧化碳等气体置换容器中原有空气的一种包装方法。

(3) 无菌包装　无菌包装是指将药品、包装容器、材料或包装辅助器材灭菌后,在无菌的环境中进行充填和封合的一种包装方法。

(4) 条形包装　条形包装是指将一个或一组药片、胶囊之类的小型药品包封在两层连续的带状包装材料之间,使每个或每组产品周围热封合形成一个单元的一种包装方法。每个单元可以单独撕开或剪开以便于使用或销售。这种包装也可以用于包装少量的液体、粉末或颗粒状药品。

(5) 喷雾包装　喷雾包装是指将液体或膏状药品装入带有阀门和推进剂的气密性包装容器中,当开启阀门时,药品在推进剂产生的压力作用下被喷射出来的一种包装方法。

(6) 防潮包装　防潮包装是指为防止因潮气浸入包装件而影响药品质量采取一定防护措

施的包装。如直接用防潮包装材料密封产品，或在包装容器内加入适量的干燥剂以吸收残存的潮气和通过包装材料透入的潮气。

(7) 儿童安全包装　儿童安全包装系一种能够保护儿童安全的包装，其结构设计使大部分儿童在一定时间内难以开启或难以取出一定数量的药品。

(8) 危险品包装　危险品是指易燃、易爆、有毒、有腐蚀性或有辐射性的药品。危险品包装应能控制温度、防潮、防止混杂、防震、防火以及将包装与防爆、灭火等急救措施相结合。

此外，还有专用包装与通用包装、内销包装与外销包装、回收包装与不回收包装等。无论哪一种形式的包装，都必须有利于保护药品的质量，有利于药品的装卸、储存、运输、销售及使用，单纯为了促销而采用生活用品式包装是不可取的。

第二节　无菌包装技术

一、无菌包装概述

当药品在生产、包装、运输、储存过程中不断受到各种微生物的污染时，可利用化学药剂、气调、高温、低温等灭菌技术进行杀菌，但许多药品不可能一直保存在杀菌环境中，一旦离开杀菌环境，又会感染微生物，同样会引起药品变质。因此，杀菌之后还须在无菌环境中对药品进行必要的后处理，即用密封、抽真空、充气或泡罩等包装方法将已杀菌的药品与外界环境隔离开。

无菌包装技术是在被包装物、包装容器或材料、包装辅助器材无菌的情况下，在无菌的环境中进行充填和封合的一种包装技术，药品无菌包装主要分类如下。

按药品在容器内外灭菌分为：最后灭菌和无菌加工。最后灭菌是指被包装药品充填到容器中后，进行严密封口，再进行灭菌处理。无菌加工通常包括四种不同的操作，即包装设备要预先灭菌，药品要在填充之前灭菌，包装材料(或容器)灭菌和包装环境灭菌。即经过灭菌后的药品在无菌的环境(含设备)下充填到无菌的包装材料(容器)中，并进行严格密封。

按杀菌方法分为：加热杀菌、辐射杀菌和化学药物杀菌三大类。加热杀菌方法的装置主要有杀菌通道和杀菌釜。干热杀菌通道分为辐射通道和层流式通道。辐射干热式通道的装置分为干燥和加热段，用高强度并且均匀的红外线辐射杀菌，再经过三段冷却区，冷却到38℃。层流式通道指用350℃的经过杀菌处理和过滤的热空气全面处理欲灭菌的容器和被包装药品，并保持通道内热空气循环。杀菌釜是用过热饱和蒸汽，在115～138℃的温度范围内对微生物灭菌处理，因为多数微生物耐湿热能力比耐干热能力差，因而可取得较好的杀菌效果。辐射杀菌主要是利用紫外线、远红外线、放射线(γ射线、β射线)、微波等电磁波辐射杀菌，这是一种新型的物理杀菌方式。化学药剂对药品进行杀菌最早用于饮料水，但化学药剂直接关系到药品的安全性，因此各国有关部门对于药品的药剂杀菌都予以严格控制，多数规定所有的杀菌剂都不能直接加入药品中，只允许用于水质及环境的杀菌。现在应用的杀菌剂有氯气、次氯酸盐、碘制剂、季铵盐、两性表面活性剂、洗必汰类及乙醇等。

二、包装容器(或材料)的灭菌技术

无菌包装的包装容器(或材料)必须不附着微生物，同时具有对气体及水蒸气的阻隔性，否则也容易使药品变质。所以，除了杀灭被包装药品的细菌，还要对与其接触的容器、材料和环境进行灭菌处理。包装容器(或包装材料)的灭菌通常有药物灭菌、紫外线灭菌技术等。

1. 药物灭菌技术

药物灭菌所用的杀菌剂必须是杀菌力强，对设备无腐蚀，杀菌过程中不会生成有害物质，同时在包装材料中残留量少的药物。目前，最常用的杀菌剂是过氧化氢，俗称双氧水。过氧化氢的杀菌力与它的浓度和温度有关，浓度越高，温度越高，杀菌效力就越好。常用于杀菌的过氧化氢的浓度是25%～30%，温度是60～65℃。用过氧化氢对包装容器（或包装材料）进行杀菌，是将包装容器（或包装材料）在过氧化氢中浸渍，或将过氧化氢喷射在包装容器（或包装材料）上进行杀菌，然后再进行热辐射，使存留在包装容器（或包装材料）上的过氧化氢和热空气一起完全蒸发，分解成无害的水蒸气和氧。

2. 紫外线灭菌技术

紫外线的杀菌机理主要是由于紫外线照射后微生物体内的核酸产生化学变化，引起新陈代谢障碍，因而失去增殖能力。紫外线的灭菌效果与紫外线的波长、照射度以及照射时间有关，波长在250～260nm左右为最强。

微生物经过紫外线照射后的存活菌率，可用下列公式表示：

$$S=\frac{P}{P_0}=\frac{e^{-Et}}{Q} \tag{5-1}$$

式中 S——细菌的存活菌率；

P——紫外线照射后细菌的存活数；

P_0——紫外线照射前的细菌数；

E——有效放射照度；

t——照射时间；

Q——把 S 设为 $1/e=6.8\%$ 时，所必须的照射量（有效放射照度×照射时间）。

由上所述，微生物的杀菌情况是由随着有效放射照度和照射时间累积的照射线量决定的。使用紫外线杀菌还需注意以下事项。

（1）防止异物结构　由于紫外线能量小，穿透能力差，所以只限于表面杀菌。包装容器（或包装材料）表面灰尘和异物阴影部的细菌就无法杀灭。因此作为紫外线杀菌对象的药品容器，包装材料在制造和处理时，必须特别注意避免异物粘附，尤其是塑料制品，应避免因静电引起的尘土和异物的粘附。

（2）有效放射照度的管理　紫外线杀菌的效果，除了受照射距离、照射时间的影响，还与物体表面所受的有效照射度的大小有关。高性能紫外线杀菌装置的照度受紫外线灯管的老化、灯泡及反射面的油垢、手垢、烟、灰尘等污染的影响而降低。

此外，根据包装容器（或材料）的特性，还可以选用高温、微波、远红外、电离辐射等多种灭菌方式，对包装容器和材料进行灭菌。

三、无菌包装系统

无菌包装是一系列连续灭菌的过程，从药品的输入、包装容器或材料的输入（或直接成型），药品的充填以及最后的封合、分切等都必须在无菌的环境中进行。因此，近几年来，在药品包装行业中出现了越来越多的无菌包装系统。

无菌包装系统主要包括包装容器输入部位、包装容器的灭菌部位、无菌充填部位、无菌封口部位、包装件的输出部位。但为了适用不同的包装容器及包装材料，无菌包装系统的结构也不相同。下面举几例加以说明。

1. 无菌罐装系统

图 5－1 所示为无菌罐装系统，在系统中药品与包装罐分别进行消毒灭菌。包装罐由传送带送入机器，然后通过消毒灭菌部位，在此部位包装罐被过热蒸汽消毒灭菌，蒸汽的温度约为 200℃，但蒸汽不是饱和蒸汽，因此这种蒸汽的杀菌效果与热空气相类似。包装罐经过消毒灭菌后，到冷却部位，在此部位用过压无菌空气降低包装罐的温度。当包装罐通过充填部位时，预先消毒灭菌的药品在充满过压无菌空气的无菌环境下，充填入罐。然后加上消毒灭菌的罐盖，接口处用特殊设备焊接。最后将已封入药品的包装罐由输送带输出。

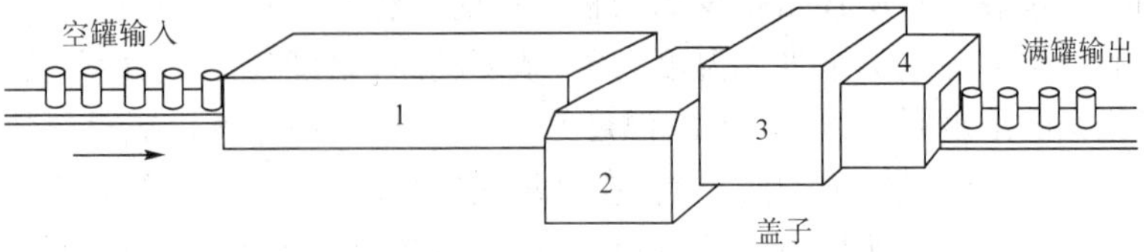

图 5－1　无菌罐装系统

1—包装罐灭菌部位　2—充填部位　3—包装罐盖灭菌部位　4—封罐部位

2. 塑料瓶无菌包装系统

图 5－2 所示为塑料瓶无菌罐装系统，采用过氧化氢对包装材料进行化学灭菌。两个塑料材料卷筒(一个作容器体，一个作容器盖)分别送入系统。卷筒 1 提供底部材料，卷筒 13 提供上盖材料。材料经过过氧化氢液洗涤，然后通过 3、4 两段，在那里过氧化氢或其中一部分因负压而分解，而后由 4、11 二个干燥器作用而使残留的过氧化氢分解。干燥部分同时用于软化塑料。成型器 6 使容器成型，成型后的容器通过充填区域 8。充填部位保持在过压无菌空气下充填，充填后容器离开充填部位进入封口部位 12。同时上盖的材料通过过氧化氢槽 9，再经加热元件 10 除去过氧化合物。然后将封口密封后的包装件输出。

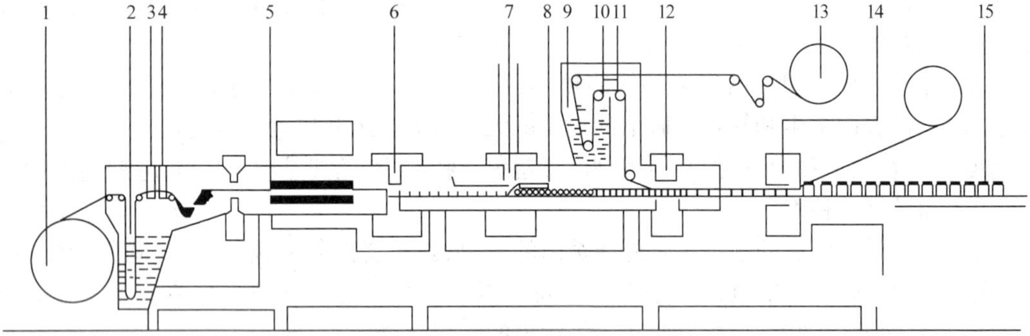

图 5－2　塑料瓶无菌包装系统

1—材料卷筒　2、9—过氧化氢槽　3—吸气吸液工位　4、11—干燥气　5—加热元件　6—热塑材料成型(用无菌空气)　7—无菌充填部位　8—充填区域(无菌通道)　10—负压干燥　12—真空封口　13—铝薄材料卷筒(上盖)　14—冲剪模　15—输出

3. 塑料袋无菌包装系统

图 5－3 所示为塑料袋无菌包装系统。在系统中两个卷筒塑料薄膜上下合在一起，然后制成各自独立的小袋子。根据塑料的种类，可对这些包装袋采用不同的方式灭菌。已经过灭菌的药品由无菌针将药品灌进这些预先杀菌的包装袋

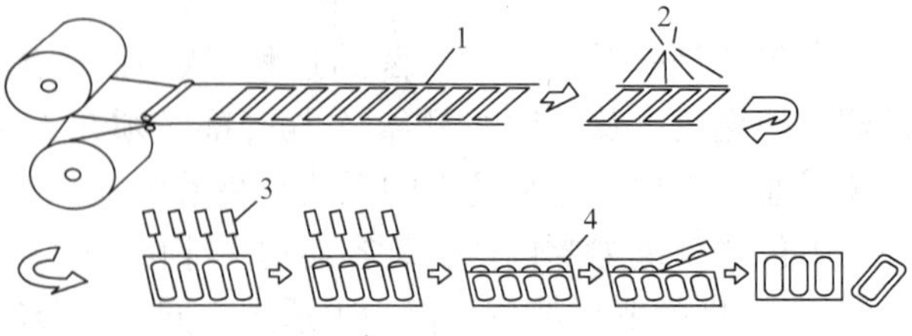

图 5－3　塑料袋无菌包装系统

1—制袋　2—灭菌　3—无菌充填　4—封口

内,满袋装后,在灌装点以下封口,完成无菌包装,输出无菌包装件。

第三节　防潮包装技术与方法

一、防潮包装的定义

防潮包装是指为防止潮气侵入包装物内影响内装药品质量所采取的一种防护性包装措施。采用低透湿度的材料或容器将产品密封包装,或在包装容器内装入适量的能吸收从容器内壁渗入的潮气的干燥剂等专门的技术手段,可防止或减少环境潮气对产品的危害。科学的防潮包装能确保在药品流通过程中,药品的质量安全,减少经济损失。

二、防潮包装原理

1. 防潮包装的目的与方法

潮湿是引起药品变质的重要因素,药品防潮包装的目的在于:①防止含有水分的药品因脱湿(干燥)而发生变质;②防止药品因受潮而促进霉菌的生成;③防止药品的变色;④防止易吸湿药品潮解变质。

防潮包装就是采用防潮材料对药品进行包装,隔绝外界湿气对药品的影响,同时使包装内的空气保持干燥,达到被包装药品处于临界相对湿度以下,以达到防潮目的。为此,就必须把包装时封入容器内空气中的水分予以排除,并限制因包装材料的透湿性而透入容器内的水蒸气量。

除去包装内潮气保持干燥的方法有两种:即静态干燥法和动态干燥法。静态法是用装入包装内一定数量的干燥剂,吸去内部的水分来防止被包装产品受潮,其防潮能力决定于包装材料的透湿性、干燥剂的性质和数量、包装内空间的大小等等,一般适合于小型包装和有限期的防潮包装。动态法是采用降湿机械,将经过干燥除湿的空气输入包装内,将包装内潮湿的空气换出,达到控制包装内的相对湿度,使包装物保持干燥状态,这种方法适合于大型包装和长期储存包装。

2. 渗透机理

一般气体都有从高浓度区域向低浓度区域扩散的性质;空气中的湿度也有从高湿度区向低湿度区进行扩散流动的特性。要阻隔这种流动在包装容器内外的进行,只有采用一定厚度的金属或玻璃容器才能达到,而现在广泛应用的包装材料是塑料薄膜及其复合薄膜,由于水蒸气和气体的分子能扩散透过,不能达到完全阻隔的目的,所以包装容器的阻隔性,在很大程度上取决于所用包装材料的渗透率(Q,对于水蒸气,叫做水蒸气渗透率或透湿率 Q_{wv};对于气体,叫做气体渗透率或透气率 Q_g),即在单位面积上、单位时间内水蒸气和气体的渗透量;其单位对于水蒸气为 $Q_{wv}=g/(m^2 \cdot 24h)$,对于气体为 $Q_g=cm^3/(m^2 \cdot 24h)$。显然,渗透率大的材料阻隔性能低,渗透率小的材料阻隔性能高。渗透率是包装材料阻隔性能的一个重要参数,是选用包装材料,确定储存期限,采取防范措施的主要依据。

水蒸气或气体对包装材料的渗透机理,从热力学观点来看,是单分子扩散过程,即气体分子在高压侧的压力作用下,首先渗入于包装材料(如塑料薄膜)内表面,然后气体分子在包装材料中从高浓度向低浓度进行扩散,最后在低压侧一面向外散发。

渗透过程的这一反应,从形式上来看十分简单,可是从化学动力学的观点来看却比较复杂,因为这一反应是由若干个基元反应组成的,但这里只是从宏观反应动力学的角度了解渗透反应的机理和表现的动力学行为,即从基元反应到总反应进行宏观的研究。

气体对包装材料的渗透过程可用图5-4表示。设包装材料厚度为δ，气体在高压侧的压强为P_1，在低压侧的压强为P_2，气体浓度为c，高浓度为c_1，低浓度为c_2。

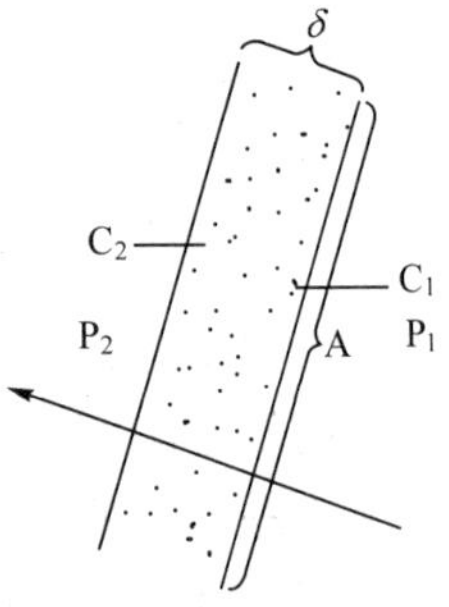

图 5-4 水蒸气渗透机理示意图

根据费克第一扩散定律(Fick's first law of diffusion)，单位时间、单位面积的气体渗透量m与浓度梯度成正比，可用下式表示：

$$m = -D\frac{dc}{dx} \qquad (5-2)$$

式中 m——水蒸气或气体在单位时间 s、单位面积 cm^2 上的渗透量，对于水蒸气，单位为 $g/(s \cdot cm^2)$；对于气体，单位为 $cm^3/(s \cdot cm^2)$；

$-(dc/dx)$——为浓度梯度，负号是因为从高浓度向低浓度扩散；

D——水蒸气或气体在包装材料中的扩散系数，cm^2/s。

即：

$$m dx = -D dc$$

两端积分：

$$m\int_0^{\delta} dx = -D\int_{c_1}^{c_2} dc$$

$$m = \frac{D(c_1 - c_2)}{\delta}$$

根据亨利定律(Henry's law)，在一定温度下，水蒸气或气体溶解在包装材料中的浓度c与该气体的分压力p成正比，即$c = Sp$，式中S为溶解度系数，用单位体积中所溶解水蒸气质量或气体体积来表示，因此得：

$$m = \frac{D(Sp_1 - Sp_2)}{\delta} = DS\frac{p_1 - p_2}{\delta} \qquad (5-3)$$

取$P = SD$，并令P为渗透系数，则

$$P = \frac{m\delta}{p_1 - p_2}$$

式中 p_1、p_2——包装材料两侧的压强，p_1为高压侧压强，p_2为低压侧压强，kPa；

δ——包装材料厚度，cm；

S——水蒸气或气体在包装材料中的溶解度系数，$g/(cm^3 \cdot kPa)$；

P——水蒸气或气体透过包装材料的渗透系数，$g \cdot cm/(cm^2 \cdot s \cdot kPa)$。

3. 渗透系数

根据渗透机理，单位时间的渗透量可以看作渗透速度，渗透系数则是参与渗透反应过程的诸动力因素与渗透速度之间的一个比例常数，在一定温度下，渗透系数是一个恒值。

在防潮包装设计中，主要考虑水蒸气渗透系数(亦叫做透湿系数)P_{wv}(WV：water vaper)。

由式5-3可见，水蒸气透过包装材料的质量与包装材料两侧的压力差成正比，与材料的厚度成反比。式中的比例常数就是渗透系数P。

根据$P = DS$可见，水蒸气透过包装材料的渗透系数与水蒸气在这种包装材料中的扩散系数和溶解度系数有关。因而，水蒸气对包装材料的渗透性就取决于水蒸气在包装材料中的扩散能力和溶解能力。

由于包装材料处在经常变化的流通条件下，受储存环境温度和湿度的影响很大，在不同的温度、湿度条件下，水蒸气在单位时间和单位面积上透过包装材料的渗透量——即渗透速度有

很大的差异。

温度高、湿度梯度大,水蒸气的渗透速度就会增大;温度低,湿度梯度小,渗透速度就会降低。关于它所表现的动力学行为,在下面还要作进一步讨论。

水蒸气渗透量(透湿率)q_{wv}。与 m 之间的关系为:

$$m=\frac{q_{wv}}{A\cdot t}$$

式中 q_{wv}——水蒸气渗透量,g;

A——薄膜包装总面积,cm^2;

t——时间,s。

因此,由式 5-3 可求得

$$P_{wv}=\frac{q_{wv}\cdot\delta}{(p_1-p_2)A\cdot t} \quad (5-4)$$

并且可以得到温度为 40℃ 条件下的透湿率:

$$Q_{40}=\frac{\frac{q_{wv\cdot40}}{A\cdot t}}{f}=\frac{P_{wv\cdot40}(p_1-p_2)}{\delta}\cdot f=\frac{P_{wv\cdot40}\cdot p_{40}(90-0)\times10^{-2}}{\delta}\cdot f \quad (5-5)$$

式中 f——$Q(m^2\cdot24h)$与 $P_{wv}(cm^2\cdot s)$之间的面积与时间单位换算因子($1m^2\cdot24h=864\times10^6cm^2\cdot s=f cm^2\cdot s$)。

如果在温度 40℃ 条件下测得的薄膜透湿率为 Q_{40},在任意温度 θ℃ 条件下测得的薄膜透湿率为 Q_θ,则它们之间的关系可写为

$$\frac{Q_\theta}{Q_{40}}=\frac{P_{wv\cdot\theta}\cdot p_\theta\cdot\Delta h\%}{P_{wv\cdot40}\cdot p_{40}(90-0)\%}$$

令

$$\frac{P_{wv\cdot\theta}\cdot p_\theta}{P_{wv\cdot40}\cdot p_{40}\cdot90}=K \quad (5-6)$$

则

$$\frac{Q_\theta}{Q_{40}}=K\cdot\Delta h$$

式中 Q_{40}、Q_θ——某种薄膜在温度 40℃、θ℃ 时的透湿率,$g/m^2\cdot24h$;

$P_{wv\cdot40}$、$P_{wv\cdot\theta}$——某种薄膜在温度 40℃、θ℃ 时的透湿系数,$P_{wv\cdot40}=P'_{wv\cdot40}\times10^{-11}g\cdot cm\cdot cm^{-2}\cdot s^{-1}\cdot kPa^{-1}$,$P_{wv\cdot\theta}=P'_{wv\cdot\theta}\times10^{-11}g\cdot cm\cdot cm^{-2}\cdot s^{-1}\cdot kPa^{-1}$,$P'_{wv\cdot40}$、$P'_{wv\cdot\theta}$ 命名透湿系数值。

根据式(5-6),$P_{wv\cdot40}$与 $P_{wv\cdot\theta}$之间的关系有:

$$P_{wv\cdot\theta}=\frac{P_{wv\cdot40}\cdot p_{40}\cdot90\cdot K}{p_\theta} \quad 或 \quad P'_{wv\cdot\theta}=\frac{P'_{wv\cdot40}\cdot p_{40}\cdot90\cdot K}{p_\theta} \quad (5-7)$$

p_{40}、p_θ——在温度 40℃、θ℃ 时的饱和水蒸气压强,kPa(见表 5-1);

$(90-0)\%$、$\Delta h\%$——在温度 40℃、θ℃ 时薄膜两侧的相对湿度差;

$p_{40}\cdot90\%$、$p_\theta\cdot\Delta h\%$——在温度 40℃、θ℃ 时薄膜两侧的水蒸气压差,kPa;

K——各种薄膜在不同温度下系数,见表 5-2、表 5-3。

表 5-1　-10～100℃ 时的水蒸气压强值　　单位:kPa

温度/℃	0.0	0.4	0.8	温度/℃	0.0	0.4	0.8
-10	0.287	0.278	0.269	0	0.610	0.593	0.576
-5	0.422	0.409	0.397	0	0.610	0.629	0.647

续表

温度/℃	0.0	0.4	0.8	温度/℃	0.0	0.4	0.8
5	0.872	0.897	0.922	55	15.737	16.039	16.345
10	1.228	1.261	1.295	60	18.716	20.278	20.665
15	1.705	1.749	1.795	65	25.003	25.451	25.904
20	2.338	2.396	2.456	70	31.157	31.691	32.237
25	3.167	3.243	3.321	75	38.543	39.197	39.837
30	4.243	4.341	4.441	80	41.343	48.129	48.903
35	5.623	5.748	5.877	85	57.808	58.715	59.662
40	7.376	7.53	7.69	90	90.095	71.167	72.254
45	9.583	9.781	9.983	95	84.513	85.766	87.035
50	12.334	12.586	12.839	100	101.32	102.78	104.25

表 5-2　　各种薄膜在不同温度下 K 值($\times 10^{-2}$)

薄膜种类 \ θ/℃	40	35	30	25	20	15	10	5	0
聚苯乙烯	1.11	0.85	0.64	0.48	0.35	0.257	0.184	0.131	0.092
软聚氯乙烯	1.11	0.73	0.49	0.31	0.20	0.126	0.078	0.046	0.028
硬聚氯乙烯	1.11	0.80	0.58	0.41	0.29	0.199	0.136	0.090	0.061
聚　酯	1.11	0.73	0.48	0.31	0.20	0.129	0.081	0.048	0.029
低密度聚乙烯	1.11	0.70	0.45	0.28	0.18	0.105	0.063	0.036	0.021
高密度聚乙烯	1.11	0.69	0.44	0.27	0.17	0.100	0.059	0.033	0.019
未拉伸聚丙烯	1.11	0.69	0.43	0.25	0.16	0.092	0.053	0.029	0.017
拉伸聚丙烯	1.11	0.67	0.41	0.24	0.15	0.084	0.047	0.025	0.014
聚偏二氯乙烯	1.11	0.65	0.39	0.22	0.13	0.074	0.040	0.021	0.011

注：薄膜厚度 0.03mm。

表 5-3　　包装用塑料薄膜在不同温度下的透湿率与透温系数

序号	塑料薄膜种类	厚度/mm	40℃,(90-0)%RH		25℃,(90-0)%RH		5℃,(90-0)%RH	
			Q_{40}	p'_{40}	p_{25}	p'_{25}	Q_5	p'_5
1	聚苯乙烯	0.03	129	6.75	55.2	6.72	15.6	6.9
2	软聚氯乙烯	0.03	100	5.23	28.6	3.41	4.5	1.99
3	硬聚氯乙烯	0.03	30	1.57	11.0	1.34	2.3	1.02
4	聚酯	0.03	17	0.89	4.8	0.58	0.77	0.34
5	低密度聚乙烯	0.03	16	0.84	4.0	0.49	0.5	0.22
6	高密度聚乙烯	0.03	9.0	0.47	2.2	0.27	0.26	0.12
7	未拉伸聚丙烯	0.03	10.0	0.52	2.3	0.28	0.24	0.11
8	拉伸聚丙烯	0.03	7.5	0.39	1.6	0.19	0.17	0.08
9	聚偏二氯乙烯	0.03	2.5	0.13	0.5	0.06		

续表

序号	塑料薄膜种类	厚度/mm	40℃,(90－0)%RH		25℃,(90－0)%RH		5℃,(90－0)%RH	
			Q_{40}	p'_{40}	Q_{25}	p'_{25}	Q_5	p'_5
10	聚乙烯牛皮纸复合	0.02	28.1	1.33	10.6	0.86		
11	聚乙烯牛皮纸复合	0.04	20.5	1.43	6.1	0.99		
12	聚乙烯玻璃纸复合	0.03	19.0	0.99	5.1	0.62		
13	偏氯乙烯牛皮纸复合	0.15	48.7	1.78	15.7	0.96		
14	偏氯乙烯牛皮纸复合	0.25	12.0	0.53	4	0.42		

注：$P_\theta = P'_\theta \times 10^{-11}(g \cdot cm \cdot cm^{-2} \cdot s^{-1} \cdot kPa^{-1})$。$\theta$ 温度分别为 40℃、25℃、5℃。

三、防潮包装材料与容器

（一）材料的透湿特性

1. 包装薄膜材料的透湿性特性

（1）水蒸气对极性分子薄膜和非极性分子薄膜的透过速率不一样　如对聚酯(PET,极性分子)的透过速率大于对聚乙烯(PE,非极性分子)的透过速率。

（2）透湿性与薄膜物质的结晶度有关　如对聚氯乙烯(PVC,极性分子非结晶)透湿性高于对聚酯(PET,极性分子结晶)的透湿性。

（3）透湿性与材料分子排列形式有关　如双向拉伸聚丙烯(BOPP,分子定向排列)的透湿性低于普通聚丙烯(PP,无定向排列)的透湿性。

（4）透湿性与材料密度有关　如高密度材料的透湿性要低于低密度材料的透湿性。

其他影响透湿性的因素还有：温度、湿度、薄膜厚度、折褶、表面损伤等。

2. 包装材料防潮性要求与测试

国家标准对防潮包装材料与容器的透湿性能要求已做出规定。薄膜材料透湿度的测定可按 GB/T 1037《塑料薄膜和片材透水蒸气性试验方法　杯式法》进行。容器的透湿度测定按 GB/T 6981《硬包装容器透湿度试验方法》和 GB/T 6982《软包装容器透湿度试验方法》进行。

（二）防潮材料与容器

具有阻隔潮气功能的材料均可作为防潮包装材料。最常用的是具有一定厚度的各种金属、玻璃、陶瓷、塑料和各种经过处理的木材、纸、棉、麻等传统材料。

现代防潮包装中使用了许多的塑料薄膜,如高密度聚乙烯(HDPE),低密度聚乙烯(LDPE),聚丙烯(PP),双向拉伸聚丙烯(BOPP),聚氯乙烯(PVC),聚氨酯(PU),聚酯(PET),聚偏二氯乙烯(PVDC),聚酰胺(PA)等。其中以 PET 在防潮包装材料中应用最广,因为其透湿性低,易于热封合。而 PVC 的使用受到限制,因为材料中有游离氯析出,对产品有腐蚀作用。

还有许多阻隔性能更佳的防潮复合材料,如铝箔/PE,纸/PE,PP/PP,BOPP/PP,PE/铝箔/PE,布/铝箔/PE,PE/铝箔/PE/布等。此外还有各种经特殊处理的防潮纸、防潮玻璃纸、浸蜡纸等。

用作防潮包装的容器有发泡聚苯乙烯(EPS)盒、高密度聚乙烯(HDPE)盒、多层复合膜封套、金属容器、钙塑瓦楞箱、木箱、玻璃钢箱盒、玻璃瓶罐等。

（三）吸湿材料(干燥剂)

为了在商品贮存流通期间保持容器内的低湿度(RH 60%以下),还需要使用具有良好吸湿性能的干燥剂，以吸收包装件中各种来源的潮气。

包装内潮气来源主要有：产品构成材料本身含有一定水分，贮存流通时会蒸发出来；包装材料含有的水分；密封容器空间内空气中的水分；外界大气可渗漏过包装阻隔层。常用的干燥剂主要有：

1．硅胶干燥剂

硅胶分子式是$SiO_2 \cdot xH_2O$，通常是用H_2SO_4处理水玻璃后胶凝而成。硅胶表面层覆盖有许多羟基，有很好的亲水吸附功能，故吸湿速度快，特别是在湿度较高时更为显著，且还可以再生复用。硅胶产品的具体规格与性能要求可查阅国家标准GB 10455－89—1996《包装用硅酸干燥剂》。

2．蓝色指示剂和变色硅胶

以细孔球形或块形硅胶为原料经浸染氯化钴液而制得蓝色或浅蓝色玻璃状颗粒。蓝胶指示剂当RH为20%时呈蓝色或浅蓝色，当RH为25%时开始变为紫红色，当RH大于38%时变为粉红色，必须与专门的湿度指示色图配合使用。

变色硅胶当RH达到50%以上时变为浅红色，变色范围与氯化钴液浓度有关。因有一定腐蚀性，不可与金属品直接接触。

具体产品的规格与性能要求可查阅有关国家标准：关于细孔块状硅胶，参见GB 7818—1987，GB 7819—1987；关于细孔球状硅胶，参见GB 7820—1996；关于变色硅胶，参见GB 7822—1996。

四、防潮包装设计

一般的防潮包装方法按其包装目的分为两类，一类是为了防止被包装的含水药品失去水分，保证产品的性能稳定，采用具有一定透湿率的防潮包装材料进行包装，即防止包装物内水分失去的防潮包装。另一类是为了防止被包装物品增加水分，保护物品质量的包装，这是在包装容器内装入一定数量的干燥剂，吸收包装内的水分和吸收从包装外渗透进来的水分，以减缓包装内湿度上升的速度，从而延长防潮包装有效期。

（一）防止被包装药品失去水分的防潮包装方法与设计

1．防潮包装设计的基本要求

防潮包装设计时，应特别注意如下几个方面的问题：

（1）包装容器各处的物料吸湿不同　粉粒状易吸湿的药品包装后置于高温高湿环境中，在靠近包装容器器壁处的物料吸湿剧烈，而远离器壁的物料吸湿少，因此，设计防潮包装时应着眼于使器壁处物料不过度吸湿。

（2）恰当确定包装容器内以及包装操作环境的湿度　需要强调指出，包装容器内的湿度，除与包装材料透湿性有关外，还取决于包装操作环境的空气湿度。如前所述，在环境的相对湿度一定的条件下，当温度升高时，空气中水蒸气含量增高；当温度下降时，空气中的水蒸气含量易达到饱和状态，使相对湿度增高，直到产生结露。因此，若在较高温度下将药品封入包装容器内的相对湿度适合于保护产品的要求，但当储运环境温度低于前者时，包装容器内的相对湿度有可能超过允许值。

（3）加强防潮效果　包装药品后可采用如下的工艺操作，用降湿设备将空气进行干燥处理后再送入包装容器内；或用惰性气体置换包装内的空气；或用抽真空设备将包装内部抽真空。

(4) 合理地选定包装材料　根据药品的性质、价值、形状、体积、重量以及储运条件、流通周期等恰当地确定防潮包装的等级与包装材料的品种，是防潮包装设计的关键。当选用透湿度不为零的包装材料时，则需进行透湿计算。

(5) 恰当设计包装容器的结构与外形　综合分析得知，包装容器以球形为最佳，当包装容器为非球形时，应以包装内吸潮最剧烈处出发进行整体设计。如图5－5所示包装袋内 a 处物料少且包装表面积大，故此处吸湿剧烈；而 b 处与上相反。如较精确计算整个包装的吸湿量，可将包装容器分成1,2,3……等 n 个部分并分别考虑各部分的吸湿量，总吸湿量 $q_{总}$ 可由下式计算：

$$\frac{1}{q_{总}}=\frac{1}{q_1}+\frac{1}{q_2}+\cdots+\frac{1}{q_n} \tag{5-8}$$

式中　q_1、q_2，……——分别为各部分的吸湿量。

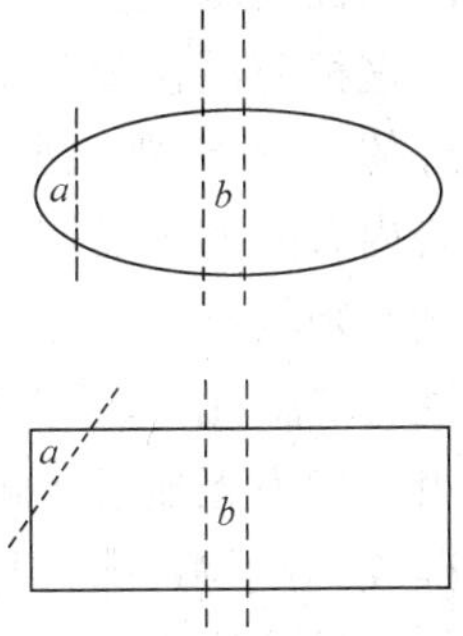

图 5－5　容器形状对吸湿的影响

2. 防湿包装方法与设计计算

防湿包装设计时，要根据被包装产品的性质、防湿要求、形状和使用特点来合理地选择防湿包装材料，设计包装容器和包装方法，并对防湿性进行必要的测算。设允许透进包装的水蒸气量 q 为：

$$q=m\cdot(z_2-z_1)\times10^{-2} \tag{5-9}$$

式中　m——被包装物品的净重，g；

z_1——被包装物品的含水量，%；

z_2——被包装物品允许最大含水量，%。

又由包装材料的面积 A 和防湿包装有效期 t，可求得包装材料的透湿率 Q_θ：

$$Q_\theta=\frac{q}{A\cdot t}=\frac{m\cdot(z_2-z_1)\cdot10^{-2}}{A\cdot t} \tag{5-10}$$

由式5－10求得贮存包装的环境温度 θ℃，包装内外湿度差(h_2-h_1)条件下，包装材料的最大透湿度。在用这类透湿度的包装材料进行包装后能保包装内所含水量不超过并保持被包装产品允许的最大含水量 z_2(%)。

为了按规定的温度40℃来表示透湿率，则按下式计算：

$$Q_{40}=\frac{m\cdot(z_2-z_1)\cdot10^{-2}}{A\cdot t\cdot(h_1-h_2)\cdot Q_\theta} \tag{5-11}$$

由式5－11计算出的 Q_{40}值，即是包装材料使包装内部产品含水量恰为极限值时的透湿率，且此透湿度是以标准试验表征的，但是一般情况下其值与有关图表中的数值并不相等，因此在设计中还应考虑影响透湿度的各种因素，而恰当地确定出该包装材料的厚度，并使实际防湿包装材料的透湿度稍小于由式5－11所计算出的值。

当考察包装容器是否满足产品的防湿要求时，可根据已知条件计算出防湿包装的有效期(计算法)，也可通过实际试验测得其防湿有效期(实验法)。无论采用前述那种方法，求得或测得之值需稍大于实际要求的防潮有效期。

如果用计算法，必须知道包装容器、环境条件以及产品极限含水量的准确数据，由式5－11可计算出允许的防潮有效期，即：

$$t=\frac{m\cdot(z_2-z_1)\cdot10^{-2}}{Q_{40}\cdot A\cdot(h_1-h_2)\cdot Q_\theta} \tag{5-12}$$

（二）防止被包装物品增加水分的防潮包装方法及设计

防止被包装物品增加水分的防潮包装方法是在包装内存放适量的干燥剂。将固体干燥剂与产品同时放入密闭的包装容器中，干燥剂可从湿物质中夺取水分而蓄于自身内，从而降低包装容器内的湿度或减少被包装产品的水分。此种防潮包装方法防潮性强且可靠，对包装容器的防潮性要求低，但仅适用于药品、食品或其他小型机电产品的短期防潮包装。

这种防潮包装要求采用透湿度小的防潮包装材料，因为包装内存放干燥剂后增加了包装内外的湿度差，如果所使用的包装材料透湿度较大，则会使包装外的水分更快地进入包装内使包装内有限的干燥剂很快失去作用，造成被包装物品吸湿变质。防潮包装还要求所使用的干燥剂必须具有一定的特性：(1)吸湿能力强，且单位体积的吸湿量应尽可能大；(2)具有物理稳定性，无味、无毒、不挥发；(3)具有化学稳定性，吸湿后不产生化学变化；(4)在常温下，温度对吸湿能力无显著影响；(5)通过烘焙等干燥处理可再生，重复使用。通常我们使用的干燥剂有硅胶、分子筛（沸石与合成沸石）、无水氯化钙、矾土与铝胶、硅藻土与活性藻土。

在设计使用干燥剂的防潮包装时，应根据包装的目的和包装条件来计算干燥剂的用量。

1. 采用低透湿度材料时，干燥剂用量为：

$$\omega = \frac{1}{k}(k_1 AQt + k_2 D) \tag{5-13}$$

式中 ω——干燥剂用量，kg；

A——防潮包装总表面积，m^2；

Q——防潮包装材料的透湿率，$g/(m^2\cdot 24h)$；

t——储运最长期限，月；

D——衬垫材料的重量，kg；

k——干燥剂种类的吸湿率系数（$k = k_b/k_a$，k_b 为细孔硅胶在温度为 25℃、相对湿度 60%时的吸湿率 30%，k_a 为其他干燥剂如分子筛、氧化铝、活性黏土等在相同温湿度下的吸湿率）；

k_1——储运条件的温湿度系数；

k_2——防潮包装内吸湿性衬垫材料系数。

2. 采用高透湿度材料时，干燥剂用量为：

$$\omega = \frac{1}{k}\left(\frac{e}{9\,500}V + k_2 D\right) \tag{5-14}$$

或

$$\omega = \frac{1}{k}\left(\frac{e'}{70}V + k_2 D\right)$$

式中 e——包装场所的绝对湿度，用 Pa 表示；

e'——包装场所的绝对湿度，用 g/m^3 表示；

V——包装内容积，m^3。

表 5-4 为储运地区温湿度系数 k_1 值；表 5-5 为衬垫材料透湿性相关系数 k_2 值，表 5-6 为常用防潮包装薄膜的透湿度与防潮度，表 5-7 为复合薄膜的透湿度和防潮度

表 5-4　储运地区温湿度系数 k_1 值(10^{-2})

气候等级	A/℃			B/℃			C/℃	
	40	35	30	25	20	15	10	5
95	8.20	5.60	3.50	2.20	1.40	0.80	0.49	0.29
90	7.90	5.10	3.20	2.00	1.30	0.75	0.45	0.26

续表

气候等级	A/℃			B/℃			C/℃	
	40	35	30	25	20	15	10	5
85	7.20	4.60	2.90	1.90	1.10	0.68	0.14	0.24
80	6.50	4.20	2.60	1.70	1.00	0.62	0.37	0.22
75	5.80	3.70	2.30	1.50	0.91	0.55	0.33	0.19
70	5.10	3.20	2.00	1.30	0.80	0.48	0.29	0.17
65	4.30	2.70	1.70	1.10	0.69	0.42	0.25	0.14
60	3.60	2.30	1.50	0.93	0.57	0.34	0.20	0.12

表 5-5　　衬垫材料透湿性相关系数 k_2 值

材料名称	k_2	材料名称	k_2
毛织物、皮革制品	0.35	各种纸、纸板	0.20
棉、麻、刨花、木、植物纤维	0.30	泡沫塑料、橡胶	0.02

表 5-6　　常用防潮包装薄膜的透湿度与防潮度

材料名称	薄膜厚度/mm	透湿度/g/(m^2·24h)	防潮度/%	材料名称	薄膜厚度/mm	透湿度/g/(m^2·24h)	防潮度/%
聚乙烯(PE)	0.03	<25	>4	聚氯乙烯(PVC)	0.15	23.9	4.2
	0.04	<20	>5		0.25	21.0	4.8
	0.06	<15	>6.7	铝箔	0.008~0.010	<5	>20
	0.08	11	9.1		0.010~0.015	<2.5	>40
	0.10	6.2	16.1		0.015~0.020	<1.5	>66.7
	0.15	4.2	23.8		0.020~0.025	0	极好
	0.20	2.2	45.5	聚偏二氯乙烯(PVDC)	0.03	8~10	12.5~10
	0.25	2	50				
				聚氨酯(PU)	0.22	170~200	0.6~0.5

表 5-7　　复合薄膜的透湿度和防潮度

复合薄膜名称	透湿度/g/(m^2·24h)	防潮度/%
防潮玻璃纸/聚乙烯	10.5~18.6	9.5~5.4
拉伸聚丙烯(18~22μm)/聚乙烯(10~70μm)	4.3~9.0	23.3~11.1
聚酯(12μm)/聚乙烯(50μm)	5.0~9.0	20~11.1
聚碳酸酯(20μm)/聚乙烯(27μm)	16.5	6.1
玻璃纸(30g/m^2)/纸(40g/m^2)/聚乙烯(20μm)	12.4	8.1
玻璃纸(30g/m^2)/纸(70g/m^2)/聚偏二氯乙烯(20g/m^2)	2.0	50
玻璃纸(30g/m^2)/铝箔(47μm)/聚乙烯(20μm)	<1.0	≥100
聚乙烯/铝箔/纤维细布	0	极好
聚乙烯/铝箔/涤纶	0	极好
聚乙烯/铝箔/亚麻布	0	极好

关于包装干燥剂的计算方法，我国与日本标准相似，但美国(MIL-P-116H)、英国(BS

1133—N19)、德国(DIN 55474)则有所不同。

第四节 改善和控制气氛包装技术

从20世纪初以来,就已采取改善和控制药品周围气体环境的方法来限制药品的生物活性。实践证明,改善药品的气体环境,可以大大延缓药品的生物生化变质。目前,改善和控制气氛包装(M&CAP:modified or controlled atmosphere packaging)得到广泛的使用,最常用的方法就是真空和充气包装、MAP及CAP。药品真空和充气包装都是通过改变包装药品环境条件而延长药品的保质期,而MAP和CAP是在真空充气包装技术基础上的进一步发展。

一、真空和充气包装机理

(一)真空包装

1. 药品真空包装的意义

药品真空包装是把被包装药品装入气密性包装容器,在密闭之前抽真空,使密封后的容器内达到预定真空度的一种包装方法。常用的包装容器有金属罐、玻璃瓶、塑料及其复合薄膜等包装容器。

真空包装技术用于玻璃和金属罐的药品包装已有100余年的历史,这两种包装容器的气密性极好,只要封口的密封性可靠,可以长期地贮存药品,但由于药品罐装技术所需的工艺设备复杂,包装材料较重,玻璃瓶罐则容易破损,金属罐则易锈蚀,对药品的流通和消费带来了许多不便。20世纪50年代,开始采用塑料及其复合材料的软包装材料进行真空包装,这些新兴的软包装产品逐渐取代了许多种瓶装和罐装药品,由于重量轻,贮运流通食用方便而得到很快的发展。随着市场对包装药品的保质期和质量要求越来越高,药品的真空包装将会得到更广泛地应用。

2. 真空包装保质机理

真空包装的目的是为了减少包装内氧气的含量,防止包装药品的霉腐变质,保持药品原有的性质,并延长保质期。

药品表面的微生物一般在有氧条件下才能繁殖,真空包装则使微生物的生长繁殖失去条件,贮藏温度对细菌繁殖影响也很大。

对微生物来说,当氧浓度≤1%时,它的繁殖速度急剧下降。在氧浓度为0.5%时,多数细菌将受到抑制而停止繁殖。另外,药品的氧化、变色和褐变等生化变质反应都与氧密切相关,当氧浓度≤1%时,也能有效地控制油脂药品的氧化变质。真空包装就是在包装内造成低氧条件而保护药品质量的一种有效包装方法。

药品真空包装的保质效果不仅取决于采用较高真空度的包装机械,也取决于采用正确合理的包装技术,包装后一般还需适当的杀菌和冷藏;有的药品经真空包装后还要经过80℃、15min以上的加热杀菌,一些特殊药品在真空包装后应在低温状态(10℃以下)下流通和销售。

(二)充气包装(Gas Packaging)

1. 充气包装特点

充气包装是在包装内充填一定比例理想气体的一种包装方法,目的与真空包装相似,通过破坏微生物赖以生存繁殖的条件,减少包装内部的含氧量及充入一定量理想气体来减缓包装药品的生物生化变质;区别在于真空包装仅是抽去包装内的空气来降低包装内的含氧量,而充气包装是在抽真空后立即充入一定量的理想气体如氮、二氧化碳等,或者采用气体置换,用理想气体置换出包装内的空气。

经真空包装的产品,因内外压力不平衡而使被包装的物品受到一定的压力,容易黏结在一起或缩成一团。充气包装既有效地保全包装药品的质量,又能解决真空包装的不足,使内外压力趋于平衡而保护内装药品,并使其保持包装形体美观。

药品包装采用气体充填技术已有较长的历史,欧美在 20 世纪 30 年代已开始研究使用二氧化碳气体保存药品;50 年代研究开发了用氮和二氧化碳气体置换空气的药品包装,有效延长了保质期;60 年代由于各种气密性塑料包装材料的开发,很多药品都成功地采用了气体充填包装技术;70 年代药品的充气包装在欧美各国广泛应用。

2. 充气包装保质机理

充气包装常用的充填气体主要有二氧化碳、氮、氧及其混合气体,其他很少用的气体有二氧化氮、二氧化硫、氩等。

(1) 二氧化碳　空气中二氧化碳的正常含量为 0.3%。二氧化碳在低浓度下能促进许多微生物的繁殖,但在高浓度下却能阻碍大多数需氧菌和霉菌等微生物的繁殖,延长其微生物增长的停滞期和延缓其指数增长期,因而对药品有防霉和防腐作用。但二氧化碳不能抑制厌氧菌和酵母菌的繁殖生长,若存在这类微生物时还需采用其他气体或方法抑制其增长。在混合气体中二氧化碳的浓度超过 30%就足以抑制细菌增长。在实际应用中,因二氧化碳易通过塑料包装材料逸出和被药品吸收。混合气体中二氧化碳的浓度一般都超过 50%。

二氧化碳溶于水中会产生弱酸性的碳酸,因 pH 的降低而对微生物产生抑制作用。同时,二氧化碳对油脂及碳水化合物等有较强的吸附作用而保护药品减少氧化,有利于药品贮藏。一般认为真空包装是防止药品腐变的有效方法,但往往难以达到预期效果,究其原因,包装内残存的微量氧也会使微生物生存,当温度较高时则会繁殖,如果采用二氧化碳充气包装,其保藏效果会得到明显改善。

(2) 氮气　氮在空气中占 78%,作为一种理想惰性气体一般不与药品发生化学作用,包装中提高氮浓度,则相对减少氧浓度,就能产生防止药品氧化和抑制细菌生长的作用。氮不直接与药品中的微生物作用,它在气调包装中的作用有两个:一是取代、抑制药品本身和微生物的呼吸;二是作为一种充填气体,保证产品在呼吸包装内的二氧化碳后仍有完好外形。对极易氧化变质的药品,充氮包装能有效地延缓药品的氧化变质并保全药品质量。

(3) 氧气　氧在空气中占 21%,是生物赖以生存不可缺少的气体。氧的个性活跃,会引起药品变质和加速腐败细菌的生长,一般包装内都不允许存在。

在应用充气包装技术时,根据被包装药品的性能特点,可选用单一气体或上述三种不同气体组成的理想气体充入包装内,以达到理想的保质效果。一般情况下,氮的稳定性最好,可单独用于药品的充气包装而保持其药品的特性;对于那些有一定水分活度、易发生霉变等生物性变质的药品,一般用二氧化碳和氮的混合气体充填包装。

对于同一种薄膜,三种气体的透过比例为:

$$N_2:O_2:CO_2=1:3:15\sim30$$

可见氮是药品充气包装的一种理想气体。

二、真空和充气包装工艺设计

(一) 包装材料的选择

为保持或维持包装容器内的气氛状态,对包装材料提出不同的要求:塑料包装材料的透气和透湿性能随聚合物分子结构、薄膜厚度和温湿度等因素的影响而变化；真空或充气包装后受大气环境影响，包装容器内的含氧量或混合气体各组分的浓度会发生变化，选择包装材料的原则是尽可能减少大气环境的影响，获得尽可能长的保质期。

根据药品保鲜特点，用于真空充气包装的包装材料对透气性要求可分为两类：一类为高阻隔性包装材料，用于药品防腐的真空和充气包装，减少包装容器内的含氧量和混合气体各组分浓度的变化；另一类是透气性包装材料，用于药品充气包装时维持其低的呼吸速度。真空和充气包装对包装材料的透湿性能要求是相同的，对水蒸气的阻透性愈好愈有利于药品的保质。

真空包装和充气包装均需选用气密性良好的包装材料。对真空而言，阻氧是关键问题，故选择包装材料应能有效防止大气中氧气的渗入；而充气包装除对氧气有良好阻隔性外，还必须选择对充入的气体具良好的阻隔性。衡量气体对某种塑料薄膜渗透性的大小一般可用透气系数表示，透气系数越小，则气体对塑料薄膜的透过困难，气密性越好。表 5－8 为常用塑料薄膜对氧、二氧化碳、氮的透气系数。

表 5－8　　塑料包装材料对氧、二氧化碳、氮的透气系数

序号	材料		透气度(20℃、65%RH)/mL·$(m^2·24h·0.1MPa)^{-1}$			透湿度(40℃、90%RH)/g·$(m^2·24h)^{-1}$
	代号	厚度/μm	N_2	O_2	CO_2	
1	LDPE	25	1 400	4 000	18 500	20
2	HDPE	25	220	600	3 000	10
3	CPP	25	200	860	3 800	11
4	OPP	25	100	550	1 680	9
5	PVC(硬)	25	56	150	442	40
6	PVC	25	30～80	80～320	320～790	5～6
7	PS	25	880	5 500	1 400	110～160
8	PC	25	35	200	1 225	80
9	ET	25	25	60	420	27
10	PA(N)	25	16	60	253	300
11	OPA	25	6	20	79	145
12	PVDC	25	2～23	13～110	60～700	3～6
13	PT	25	8～15	3～80	6～90	>120
14	KPT	25		2		10
15	PVA	25		7	10	很大
16	EVAL	25		2		550
17	KOPP	25	1.5	5～10	15	4～5
18	PA/PE	77		50		10
19	PP/PVDC/PE	76		15		5
20	PET/PVDC/PE	60		15		4
21	PA/EVAL/PE	80		12		8
22	PA/PVDC/PE	73		6		8
23	PET/EVAL/PE	71		4		7
24	PA/PP	90		50		4
25	PA/EVOH/LLDPE	55		47		13

真空包装的塑料薄膜，一般要求透氧度较小，如 PET、PA、PVLYC 和 EVA 等薄膜具有良

好的阻气性，但这些材料一般不单独使用，考虑到薄膜材料的热封性和对水蒸气的阻隔性常采用 PE 和 PP 等具有良好热封性能的薄膜与之复合成综合包装性能较好的复合材料，需注意的是单层 PE 和 PP 因透气性大而不能用于真空和充气包装。

用作充气包装的塑料薄膜，一般要求对氮、二氧化碳和氧均有较好的阻透性，常选用以 PET、PA、PVDC 和 EVAL 等为基材的复合包装薄膜。对于药品也要求包装具备避光及展示效果，故选用以铝箔为基材的复合包装材料用作充气包装材料。

（二）真空充气包装的工艺要点

1. 注意贮存环境温度对真空和充气包装效果的影响

各种包装材料对气体的渗透速度与环境温度有着密切关系，一般随温度提高其透气度也随着增大。表 5－9 列出了三种常用气体对 PE 薄膜在不同温度条件下的渗透系数值。

表 5－9　三种气体在不同温度条件下对聚乙烯薄膜的渗透系数

单位：$P_g \times 10^{-10} cm^3 \cdot cm \cdot (cm^2 \cdot s \cdot 0.1MPa)^{-1}$

温度/℃	气体			温度/℃	气体		
	CO_2	N_2	O_2		CO_2	N_2	O_2
0	410.25	18.75	82.5	30	2 100	161.25	520.5
15	975	58.8	206.25	45	4 050	410.25	1 072.5

由此可知，真空和充气包装的药品，宜在低温下贮存，若在较高温度下贮存，会因透气率的增大而使药品在短期内变质。

2. 注意真空和充气包装过程的操作质量

热封时要注意包装材料内面在封口部位不要粘有油脂、蛋白质等残留物，确保封口质量。对真空包装的加热杀菌处理，要严格控制杀菌温度和时间，避免加热过度造成内压升高致使包装材料破裂和封口部分剥离，或由于加温不足而达不到杀菌效果。另外，真空包装时必须充分抽气，特别注意对大型药品的真空包装，不能残留气穴，防止残存空气导致残存微生物在保质期内繁殖而使药品腐败变质。

3. 真空和充气包装的适用范围

真空包装由于包装内外有压差，所以一般不宜用于易被压碎或带棱角的药品。对这类药品如果常规包装方法不能保持其特性和质量而又有一定包装要求时，一般考虑采用充气包装。

三、MAP 和 CAP 包装技术

（一）MA 和 CA 气调系统原理

MA(modified atmosphere)即改善气氛，指采用理想气体组成一次性置换，或在气调系统中建立起预定的调节气体浓度，在随后的贮存期间不再受到人为的调整。

CA(controlled atmosphere)即控制气氛，指控制产品周围的全部气体环境，即在气调贮藏期间，选用的调节气体浓度一直受到保持稳定的管理或控制。

对于具有生理活性的药品，减少氧含量，提高二氧化碳浓度，可抑制和降低药品的需氧呼吸并减少水分损失，抑制微生物繁殖和酶反应，但如果过度缺氧，则会难以维持生命必须的新陈代谢，或造成厌氧呼吸，产生变味或不良生理反应而变质腐败。CA 或 MA 不是单纯的排除氧，而是改善或控制药品贮存的气氛环境，延长药品的包装有效期。判断一个气调系统是 CA

型还是MA型,关键是看对已建立起来的环境气氛是否具有调整和控制功能。

薄膜气调包装系统模式可用图5-6来描述,在这个系统中同时存在着两种过程:一是产品(包括微生物)的生理生化过程,即新陈代谢的呼吸过程;二是薄膜透气作用导致产品与包装内气体的交换过程,这两个过程使薄膜气调系统成为一个动态系统,在一定条件下可实现动态平衡,即产品与包装内环境气体交换速率与包装内环境气体透过薄膜与大气的交换速率相等。各种薄膜气调系统的差异表现在:能否在气调期内出现动态平衡点;能否有保持动态平衡相对稳定的能力。由于这种差异的存在,也就被定性为CA性或MA性。

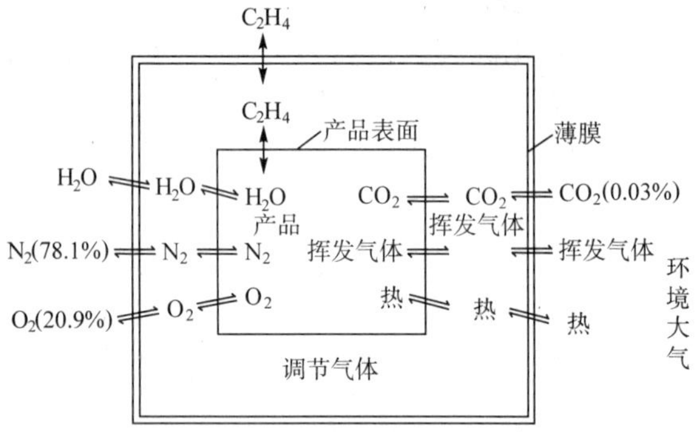

图 5-6 薄膜气调包装系统模式图

(二)MAP和CAP

改善和控制气氛包装也称气调包装,是最有发展前景的药品包装技术,其特点是:以小包装形式将产品封闭在塑料包装容器内,其内部环境气体可以是封闭时提供的,或者是封闭后靠内部产品呼吸作用自发调整形成的。封闭后包装内的理想气氛一般不再用人为方式进行维持管理,对于较大的包装件,在贮藏期间也可实施适当的换气管理。

根据包装后包装材料对内部气氛的控制程度而分为CAP(controlled atmosphere packaging)和MAP(modified atmosphere packaging)。但无论是哪一种,其包装体内的气体组分不同于正常的大气环境,最常见的变化是氧分压下降,而二氧化碳浓度升高。MAP和CAP不同之处在于对包装内部环境气体是否具有自动调节作用,从这个意义上,传统的真空和充气包装属MAP范畴。

1. CAP

CAP的主要特征是包装材料对包装内的环境气氛状态有自动调节作用,这要求包装材料具有适合的气体可选择透过性,以适应内装产品的呼吸作用。生鲜果蔬产品自身的呼吸特性要求包装材料具有气调功能,能保持稳定的理想气氛状态,以避免因呼吸而可能造成的包装缺氧和二氧化碳含量过高。

任何CAP系统都应该在低氧和高二氧化碳浓度条件下达到以这两种气体平衡为主体的状态,这时产品的呼吸速率基本等于气体对包装膜的进出速率,系统中的任何因素发生变化都将影响系统的平衡或建立稳定态所需的时间。

包装内的理想气氛状态可由包装后产品的呼吸作用自发形成,也可在包装时人为提供(配气)。一般来说,对本来就有较长贮藏寿命、且气调是为了延长产品贮藏期的产品,可用自发形成的方式;而对那些只有很短贮存寿命的产品,则可考虑人工提供理想环境气氛,使包装系统很快进入气调稳定状态。图5-7为GM型气体比例混合装置,可对氮、氧和二氧化碳进行设定比例的自动混合。

除了维持适宜的包装体内气氛状态稳定外,还可在包装内引用活性炭之类的吸附剂,以吸附由产品呼吸代谢而产生的乙烯等有害气体。

2. MAP

即改善气氛包装，指用一定理想气体组分充入包装，在一定温度条件下改善包装内环境的气氛，并在一定时间内保持相对稳定，从而抑制药品的变质过程，延长药品的保质期。MAP适用于呼吸代谢强度较小的药品包装。

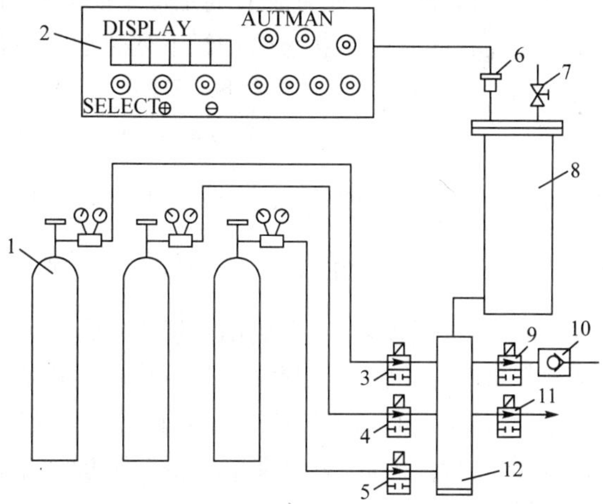

图 5-7 GM型气体比例混合装置
1—气体钢瓶 2—微机控制器 3、4、5—充气电磁阀 6—压力传感器 7—放气阀 8—气体混合桶 9—真空电磁阀 10—真空泵 11—放气电磁阀 12—连接管件

四、脱氧封存包装技术

（一）脱氧包装的特点

脱氧包装（de - oxygen packaging）是指在密封的包装容器内，封入能与氧起化学作用的脱氧剂，从而除去包装内的氧气，使被包装物在氧浓度很低、甚至几乎在无氧的条件下保存的一种包装技术。

封入脱氧剂包装是在成功研制了脱氧剂以后才出现的。脱氧剂最早于1925年用铁粉和硫酸铁研制而成，1933年开始在药品上使用铁化合物制成的脱氧剂；1969年开始用以亚硫酸盐为主要成分的脱氧剂，以后又研制成功有机脱氧剂等。这些脱氧剂与气密性良好的包装材料配合，可应用于不同类型的产品包装，并获得良好效果。

脱氧包装最显著的特点是在密封的包装内可使氧降低到很低水平甚至产生一个几乎无氧的环境。脱氧剂能把包装容器内的氧全部除去，还能将从外界环境中渗入包装内的氧以及溶解在液体中或充填在固体海绵状结构微孔中的氧除去，从而有效控制包装内药品因氧而造成的各种腐败变质，使其降低到最低限度。

封入脱氧剂包装是在真空包装和充气包装出现之后形成的一种新的包装方法，它克服了真空包装和充气包装去氧不彻底的缺点，同时封入脱氧剂包装还具有所需设备简单、操作方便、高效、使用灵活等优点。

封入脱氧剂包装有着与其他药品包装技术所无法比拟的特点：

（1）在药品包装中封入脱氧剂，可以在药品生产工艺中不必加入防霉和抗氧化等化学添加剂，从而使药品更安全，有益于人们的身体健康。

（2）如果采用的脱氧剂合适，可使包装内部的氧含量降低到0.1%，药品在接近无氧的环境中贮存，可防止其中的维生素等成分的氧化，较好地保证药品原有的特色。

（3）脱氧包装比真空和充氧包装更有效地防止或延缓需氧微生物所引起的腐败变质，这种包装效果，可适当增加药品中的水分含量，并可适当延长保质期。

在生产实践中，为提高包装效果和效率，可将封入脱氧剂包装与真空包装和充气包装结合起来应用。

（二）常用脱氧剂及其作用原理和反应特性

1. 常用脱氧剂

虽然脱氧剂的组成有很大差异，但它们的作用原理是相同的，即利用脱氧剂中的无机或有机物质与包装内的氧发生化学反应而消耗氧，使氧的含量下降到要求的水平甚至达到基本无氧。目前，在生产上常用的脱氧剂种类有铁系脱氧剂、亚硫酸盐系脱氧剂、葡萄糖氧化酶有机系脱氧剂和铂、钯、铑等加氢脱氧剂等。现就这些脱氧剂的脱氧原理分别介绍如下。

（1）铁系脱氧剂　铁系脱氧剂是最早研制和目前使用较为广泛的一类脱氧剂。在包装容器内，铁系脱氧剂以还原状态的铁经下列化学反应消耗氧：

$$Fe + 2H_2O \rightarrow \cdots \rightarrow Fe(OH)_2 + H_2 \uparrow$$

$$3Fe + 4H_2O \rightarrow \cdots \rightarrow Fe_3O_4 + 4H_2 \uparrow$$

$$2Fe(OH)_2 + \frac{1}{2}O_2 + H_2O \rightarrow \cdots \rightarrow 2Fe(OH)_3 \rightarrow \cdots \rightarrow Fe_2O_3 \cdot 3H_2O$$

$$2Fe + \frac{3}{2}O_2 + 3H_2O \rightarrow \cdots \rightarrow 2Fe(OH)_3 \rightarrow \cdots \rightarrow Fe_2O_3 \cdot 3H_2O$$

以上反应过程较复杂，受到诸如温度、湿度（水分）、压力及加入到脱氧剂中的辅助成分（助剂）等因素的影响。铁发生氧化反应形成的终产物有差异，因而消耗的氧量有不同。理论上在铁转变为氢氧化铁时，1g 铁要消耗 0.43g（折合为约 300cm^3）的氧气，这相当于 1 500cm^3 正常空气中的含氧量。因此，铁系脱氧剂的除氧能力是相当强的，这是铁系脱氧剂得到较广泛应用的主要原因之一。

另外，铁系脱氧剂主要原料容易获得，制作简单，成本较低。但铁系脱氧剂的脱氧速度相对较慢，且脱氧时需要一定量水分的存在才有较好效果。此外，在铁氧化时常伴有氢气生成，如何抑制氢气的产生或处理已生成的氢是铁系脱氧剂使用中需解决的问题，因此，在配制或生产这类脱氧剂时常需加入一些具有这一作用的助剂。

（2）亚硫酸盐系脱氧剂　亚硫酸盐系脱氧剂使用效果也较好，且应用较广泛。这类脱氧剂多以连二亚硫酸盐为主剂，以氢氧化钙和活性炭等为助剂。如在助剂中加入适量的碳酸氢钠，则除了能除去包装空间的氧外，还能生成二氧化碳，形成包装内的高二氧化碳环境，进一步提高对产品的保护效果。

亚硫酸盐系脱氧剂发生的化学反应包括：

$$Na_2S_2O_4 + O_2 \xrightarrow{H_2O\ \text{活性炭}} \cdots\cdots \rightarrow Na_2SO_4 + SO_2 \uparrow$$

$$Ca(OH)_2 + SO_2 \rightarrow \cdots \rightarrow CaSO_3 + H_2O$$

如果还需同时产生二氧化碳，则须再加入碳酸氢钠，发生以下的反应：

$$2NaHCO_3 + SO_2 \rightarrow \cdots \rightarrow Na_2SO_3 + H_2O + 2CO_2 \uparrow$$

总反应式为：

$$2Na_2S_2O_4 + 2NaHCO_3 + 2Ca(OH)_2 + 2O_2 \xrightarrow{H_2O\ \text{活性炭}} \cdots\cdots \rightarrow 2Na_2SO_4 + Na_2SO_3 + CaSO_3 + CaCO_3 + 3H_2O + CO_2 \uparrow$$

1g 连二亚硫酸钠大约可消耗 0.184g 氧，即在标准状态下，18 连二亚硫酸钠可脱除约 130cm^3 的氧，因此它的脱氧能力不如铁系脱氧剂，但它脱氧速度快，且可生成二氧化碳，这对药品贮藏非常有利。

（3）葡萄糖氧化酶　葡萄糖氧化酶也称有机系脱氧剂，是葡萄糖氧化成葡萄糖酸的酶催化剂，在催化其氧化反应的过程中消耗了包装内部的氧，从而达到脱除氧气的目的。

$$C_6H_{12}O_6 + O_2 + H_2O \xrightarrow{\text{氧化酶}} \cdots\cdots \rightarrow C_6H_{14}O_7 + H_2O_2$$

$$H_2O_2 \rightarrow \cdots\cdots \rightarrow H_2O + O$$

此反应的适宜条件是温度 30～50℃、pH 4.8～6.2。目前这种脱氧剂仅在某些特定产品的包装中有应用。

(4) 铂(Pt)、钯(Pd)、铑(Rh)等加氢催化剂　通过它对氧化过程的催化作用,使包装内存在的氢和氧化合成水,达到脱除氧气的目的。这些催化剂中以钯的催化效果较好,因为活化状态下的钯可以吸附比其自身体积大许多倍的活泼的氢。催化的氧化反应为:

$$2H_2 + O_2 \xrightarrow{\text{Pt 或 Pd 等}} \cdots\cdots \rightarrow 2H_2O$$

铂、钯和铑等加氢催化剂是较早研制成功并应用的一类脱氧剂,由于这类脱氧剂脱除氧依赖于氢的存在,使用时需先采取一定方法(如抽真空)减少包装内的氧量,然后再充入含氢的混合气体,如 $92\%N_2 + 8\%H_2$,这相对较麻烦。另外,催化剂钯或铂等都是稀有金属,成本较高,故这类脱氧剂现已很少单独使用,大多数被其他高效脱氧剂代替或与其他脱氧剂配合使用。

除上述几种主要的化学脱氧剂之外,近年又研制了新型脱氧剂,如抗坏血酸(维生素 C)型脱氧剂,由于在吸收氧气的同时放出同量的二氧化碳,可使包装内的气体量保持基本的稳定状态。另外,利用光照除氧法,即在透明的包装容器中同时封装一种含光敏色料和透氧剂的薄膜,只要包装容器受到一定强度的光照射,容器内所含的氧便迅速除去。

2. 脱氧剂的反应特性

(1) 脱氧剂的脱氧速度　脱氧剂根据脱氧速度的不同可分为速效型和缓效型脱氧剂。图 5-8 给出了几类常用脱氧剂的脱氧反应速度,亚硫酸盐系脱氧剂的吸氧速度最快,属速效型;铁系脱氧剂的吸氧速度较慢,属缓效型脱氧剂。速效型脱氧剂一般在 1h 左右能使密封容器内游离氧降至 1%,最终达 0.2% 以下。缓效型脱氧剂要达到这种程度需 12～24h,但两者绝对脱氧能力无明显差别。在实际使用时,可将两种脱氧剂配合作用,并加入其他助剂,使其脱氧效果既迅速又长期有效。必要时还可加入能产生的二氧化碳成分,造成缺氧并有二氧化碳的较理想气氛环境。

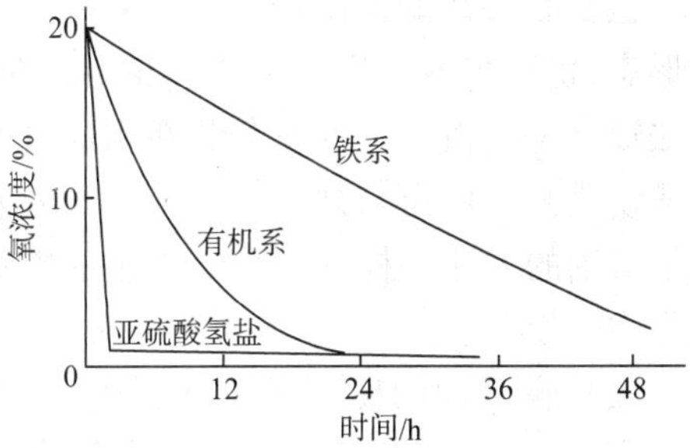

图 5-8　脱氧剂的脱氧速度

(2) 脱氧剂反应速度与温湿度条件　一般脱氧剂随包装环境温湿度升高而活性变大,脱氧速度加快。图 5-9 所示为温度对铁系脱氧剂吸氧速度的影响。脱氧剂正常发挥作用的温度为 5～40℃。若低于 -5℃,脱氧能力明显下降,但目前有一种名为 KEEPIT 的铁系脱氧剂可在 -25℃ 低温状态下正常工作。

图 5-10 所示为湿度对铁系脱氧剂吸氧速度的影响。

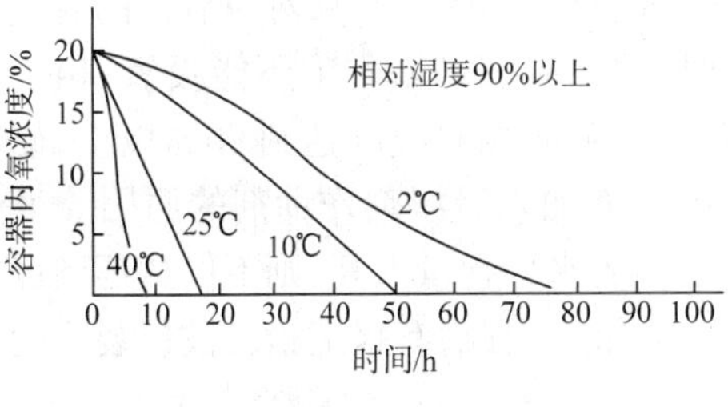

图 5-9　温度对铁系脱氧剂吸氧速度的影响

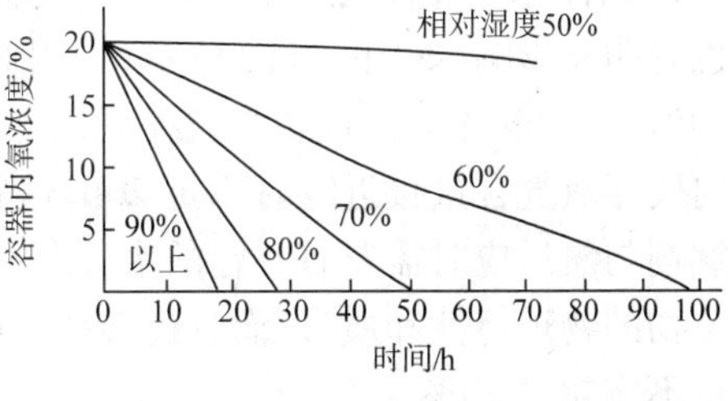

图 5-10　湿度对铁系脱氧剂吸氧速度的影响

(3) 脱氧剂反应类型　如上述,一般脱氧剂需在有水分条件下才能发生反应,根据脱氧剂组配时的水分条件,可把脱氧剂分为自力反应型和水分依存型两类。自力反应型脱氧剂自身含有水分,一旦接触空气即可发生吸氧反应,脱氧速度由水分含量、贮藏温度等而定。水分依存型脱氧剂自身不含有水分,一般在空气少时几乎不发生吸氧反应,一旦感知到高水分药品中的水分时,即发生快速吸氧反应。此类脱氧剂使用保藏方便。

(三)封入脱氧剂包装的技术要点

1. 药品包装对脱氧剂的要求

用于药品脱氧包装的脱氧剂应注意以下问题。

(1) 对人安全无毒　脱氧剂封入药品包装容器内有可能与药品发生接触,甚至有被误食的可能,因此脱氧剂必须安全无毒。

(2) 脱氧剂不应与被包装物发生化学反应　更不能产生异味甚至发生产生有害物质的反应,因此,在使用脱氧剂时对脱氧剂性质及被包装物的特性要有所了解。

(3) 根据不同的脱氧需求选用适宜的脱氧剂　如要求快速降氧的产品包装,应选择脱氧速度快的(速效型)脱氧剂;相反,则可使用脱氧速度较慢的(缓效型)脱氧剂。用于对氧含量有严格限制的产品时,则应选择脱氧效果高的脱氧剂。

2. 脱氧剂使用的方法、用量及使用条件

(1) 脱氧剂的使用方法　脱氧剂有粉末状、颗粒状和片状等形态,使用时可以直接应用某种形态,也可采取一定的方式使其附着在某种载体如高发泡的泡沫塑料片上再使用。使用的方法通常是先按一定的量分装在用透气性好的材料制成的小袋中(注意在袋上应印有警示标志或说明),然后再与被包装物一起封入包装内。这同现在普遍采用的在含水量低的药品中放入干燥剂的方法一样。一种更先进的方法是将脱氧剂与包装材料结合起来,放在复合材料的夹层中来使用。

(2) 脱氧剂的使用量　选择脱氧剂的量在使用时要足够,不仅要能保证除去包装容器内原有的氧,而且还需根据包装材料等情况考虑到氧气渗入量的多少,留有一定的安全系数,一般加15%～20%。为了检查包装内的脱氧程度,可采用氧指示剂进行,氧指示剂为直径6～8mm、厚2～3mm的片,它能通过自身的颜色变化来指示包装容器内氧的含量。当包装内氧含量超过0.5%时,氧指示剂显蓝色;氧含量低于0.1%,显粉红色;氧介于0.5%～0.1%之间,呈现雪青色。因此,根据包装内氧指示剂的颜色,就可以很容易判断含氧的多少。

(3) 脱氧剂使用的温、湿度条件　脱氧剂的脱氧效果与脱氧环境温度密切相关。在脱氧剂通常使用的温度范围5～40℃内,随温度升高,脱氧剂的活性变大,除氧速度加快;温度降低,则活性变小,脱氧速度变慢。包装容器内的相对湿度和产品的含水量对脱氧剂的脱氧效果也有明显影响,如图5-10所示,当相对湿度50%时,铁系脱氧剂基本上不能吸氧;相对湿度70%,需50h才能使包装内残存氧气含量降低到接近于零;而相对湿度达到90%以上,使包装内残存氧气含量接近零时不足20h,这就是脱氧剂中常需加入吸湿剂作助剂的原因。虽然脱氧剂与氧反应时需要有一定的水分存在,但如果内装物的水分含量太高,则不仅达不到保持内装物的物理特性和质量,而且还会降低脱氧剂的脱氧效果。因此,有报道指出被包装物的含水量不应超过70%。

脱氧包装如气密性能足够好,可贮于低温下,但为了清除缓慢渗入包装的氧,应把脱氧包装件贮存于略高于脱氧剂发挥作用的低限温度下,以免脱氧剂在低温下失效。

3. 使用脱氧剂的注意事项

（1）包装材料及包装容器　用于封入脱氧剂包装的材料要求具有很高的气密性，特别是对氧的隔绝性能要好，在25℃时其透氧度要小于20mL/(m^2·24h·0.1MPa)，多采用复合薄膜，如KOPP/PE、KONy/PE、KPET/PE、PETP/Al/PE等，以及金属、玻璃、陶瓷等包装容器。

对于体积和形状固定的包装容器，要注意脱氧后的影响；正常空气中有1/5的氧气，氧气消耗以后，会使容器内产生负压，形成部分真空，因而要求包装材料或容器需具备一定的强度。

为克服软包装因使用脱氧剂而使包装体收缩，影响美观，可选用抗坏血酸型等可产生二氧化碳的脱氧剂或结合充气包装来避免此缺陷。

（2）脱氧剂在分包使用前必须包装完好　不能直接与大气接触，同时要求在进行包装使用的过程中要迅速，以免因吸氧而影响使用效果。目前用于药品包装的铁系脱氧剂一般用气密性好的包装材料包封，使用时应随开随用。试验表明：脱氧剂开封后在湿度80%RH、温度25～30℃的环境中放置5h，对其脱氧效果无明显影响，故自力反应型铁系脱氧剂在开封后5h内务必使用，水分依存型铁系脱氧剂放置时间可较长。

（3）注意选择合适的脱氧剂类型和脱氧效果　封入脱氧剂包装能否保全药品质量取决于脱氧剂的吸收能力和吸收效果，一般铁系脱氧剂在封入包装4h内，氧气浓度可降低至0.35%以下，4h后可达0.1%。如果把速效型和缓效型脱氧剂配合使用，既可实现快速脱氧，又能维护长期的包装内接近无氧状态，可长期地保证包装药品的品质。

第五节　药品充填技术

充填是包装过程的中间工序，在此之前是容器成型或容器准备工序（如成型、清洗、消毒杀菌、干燥、排列等），最后是密封、封口、贴标、打印等辅助工序。充填技术主要用于销售包装，在包装技术中占有重要地位。

充填指将药品（待装药品）按要求的数量放到包装容器内。充填要精确计量被包装药品的多少（量容积或称重），任何一种充填方法都有其相适应的充填精度。对贵重药品和对计量要求严格的药品，充填精度可达±0.1%；对重袋等包装，则可大于此值。充填精度要求越高，所需设备的价格也就越高。所以要根据生产的实际情况确定最优充填精度。

由于要充填的药品种类繁多，形态各异，物理化学性质各不相同，从而使充填技术具有复杂性和应用的广泛性。药品充填分为两大类：液体药品的充填和固体药品的充填。

一、液体药品的充填

液体药品的充填，也称为灌装。需要灌装的液体药品甚多，由于液体药品的化学物理性质各不相同，故灌装方法也不同。液体药品中影响灌装的主要是黏度，其次是是否溶有气体，以及起泡性和微小固体物含量等。因此，在选用灌装方法和灌装设备时，首先要考虑液体药品的黏度。根据灌装的需要，一般将液体药品按黏度分为三类：流体、半流体和黏滞流体。

（1）流体　是指靠重力作用按一定速度在管道内自由流动，黏度范围在0.001～0.1Pa·s的液体，如口服液、酒精、眼药水、蒸馏水等。

（2）半流体　除靠自身重力外，还需加上外力才能在管道内流动，黏度范围在0.1～10Pa·s的液体。

（3）黏滞流体　靠自身重力不能流动，必须借助挤压等外力才能流动，黏度在10Pa·s以上的物料。

（一）灌装水利过程基本参数的设计计算

1. 输送管路的计算

从贮液槽到灌装机贮液箱的输液管路一般均用圆管。设计时，首先要合理选择它的内径和壁厚。

圆管的截面积，由下式计算：

$$A=\frac{\pi}{4}d^2$$

$$u=\frac{V}{A}$$

故得

$$d=\sqrt{\frac{4V}{\pi u}} \tag{5-15}$$

式中 A——圆管截面积，m^2；

d——输液管的内径，m；

u——液料在管内的流速，m/s；

V——体积流量，m^2/s。

可见，欲求 d 必先求 V 及 u。为此写出：

$$V=\frac{W}{\rho}=\frac{G_b Q_{max}}{3\,600\rho} \tag{5-16}$$

式中 W——管内质量流量，kg/s；

ρ——液料密度，kg/m；

G_b——每瓶灌装液料质量，kg/pc；

Q_{max}——灌装机最大生产能力，pcs/h。

在流量保持定值的条件下，虽然提高流速会使管径和设备投资费用都相应减少，但往往要增加输送液料所需的动力和操作费用。

根据体积流量及流速代入式（5－15）算出的管径，必须参照现有的圆管规格圆整至标准值。

圆管的壁厚一般根据它的耐压和耐腐蚀等条件，按标准规格选定。

2. 储液槽安装高度或输液泵功率的确定

要在单位时间内给灌装机贮液箱输送一定数量的液料，必须借助高位槽或输液泵作动力源。为合理确定储液槽的安装高度或输液泵的功率，应运用能量守恒定律，亦即流体力学的柏努利方程式求解。为此，取输送管路的始端及末端的两个截面作为基准，令储液槽的自由液面由 1－1 和贮液箱的输液管口为 2－2，进而列出统一的柏努利方程式。

$$Z_1+\frac{p_1}{\rho g}+\alpha_1\frac{u_1^2}{2g}+H_e=Z_2+\frac{p_2}{\rho g}+\alpha_2\frac{u_2^2}{2g}+\sum h \tag{5-17}$$

式中 Z_1、Z_2——位压头；

$p_1/(\rho g)$、$p_2/(\rho g)$——静压头（p_1、p_2 为流体压强）；

$\alpha_1(u_1^2/2g)$、$\alpha_2(u_2^2/2g)$——动压头（层流时取动能修正系数 $\alpha\approx2$，紊流时取 $\alpha\approx1$）；

H_e——泵压头（即单位质量的液料通过泵所获得的能量）；

$\sum h$——损失压头（包括直管阻力损失与局部阻力损失之和），其算法可查有关资料。

3. 阀端孔口流量的计算

液料经灌装阀端孔口的体积流量，表示为：

$$V = A_0 u_0 \tag{5-18}$$

式中　A_0——孔口的流通面积，m^2；

　　　u_0——孔口的液料流速，m/s。

如图 5-11 所示，液料流速 u_0 可由灌装端孔口截面 0-0 与贮液箱（或定量杯）自由液面 3-3 之间所建立的柏努利方程式求得，即

$$Z_3 = \frac{u_3^2}{2g} + \frac{p_3}{\rho g} = Z_0 + \frac{u_0^2}{2g} + \frac{p_0}{\rho g} + \sum h \tag{5-19}$$

设贮液箱（或定量杯）液面的表面积为 A_1，其速度折算系数为 $K_0 = (A_0/A_1)^2$，按流体连续性原理得相应的流速

$$u_3 = \frac{A_0}{F_1} u_0 = u_0 \sqrt{K_0} \tag{5-20}$$

同样，设管路（灌装阀中的流体通路）某段的截面积为 A_i，该段的速度折算系数 $K_i = (A_0/A_i)^2$，得相应的流速

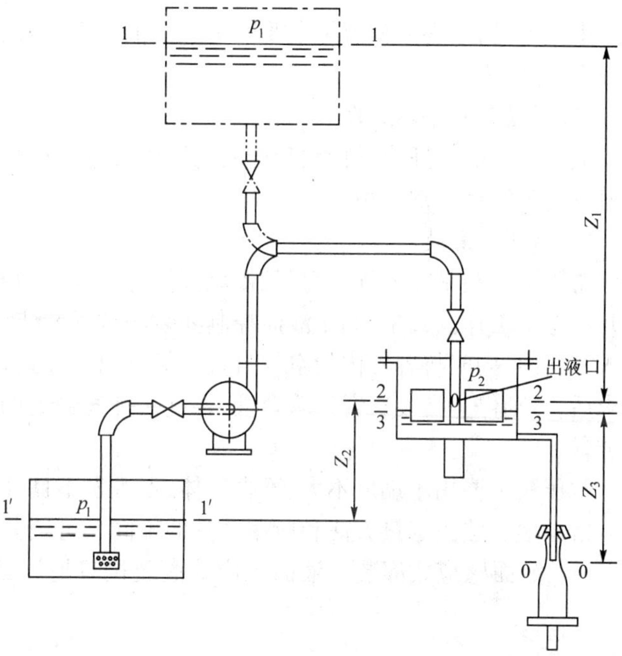

图 5-11　输送管路计算简图

$$u_i = \frac{A_0}{A_i} u_0 = u_0 \sqrt{K_i}$$

显然

$$\sum h = \left(\sum K\lambda \frac{L}{d} + \sum K\zeta\right) \frac{u_0^2}{2g}$$

式中　λ——液料流动时的摩擦系数；

　　　ζ——局部阻力系数；

　　　L——液料流动通道中直管长度，mm。

将以上的 u_3、$\sum h$ 代入式（5-19），经整理得

$$\left[1 - K_0 + \left(\sum K\lambda \frac{L}{d} + \sum K\zeta\right)\right] \frac{u_0^2}{2g} = Z_3 - Z_0 + \frac{p_3 - p_0}{\rho g}$$

解出

$$u_0 = \sqrt{\frac{2g\left(Z_3 - Z_0 + \dfrac{p_3 - p_0}{\rho g}\right)}{1 - K_0 + \left(\sum K\lambda \dfrac{L}{d} + \sum K\zeta\right)}}$$

令
$$C=\frac{1}{\sqrt{1-K_0+\left(\sum K\lambda\frac{L}{d}+\sum K\zeta\right)}}$$

则

$$u_0=C\sqrt{2gH}$$
$$V=CA_0\sqrt{2gH} \tag{5-21}$$

由此可见,液料体积流量主要取决于三个参数:通道流速系数 C、孔口流通面积 A_0 及孔口截面压头 H。

(二)灌装的基本原理

液料产品的物理化学特性和产品的销售质量要求决定了相应的灌装方法。液料由贮液装置灌进包装容器中常采用:

1. 常压法灌装

常压法灌装是在大气压力下,依靠液体的自重自动流进包装容器内,其整个灌装系统处于敞开状态下工作。其中,利用液面控制灌装的常压灌装法,其工作过程为:①进液并排气,液料灌入容器内,同时将容器内的空气自排气管排出;②到达定量停止进液,容器内液料达到定量要求后,自动停止灌装;③排除余液,将进入排气管内的残液排除,为下一次灌装进液排气作好准备。

常压法主要用于黏度不大、不含气体、不散发不良气味的液体药品的灌装,如蒸馏水等。

常压灌装法因定量方法和所用器具的不同又可细分为:

(1)液面感应式灌装　液面感应式灌装机只把产品灌装到容器控制液面却不密封容器,如图 5-12 所示。

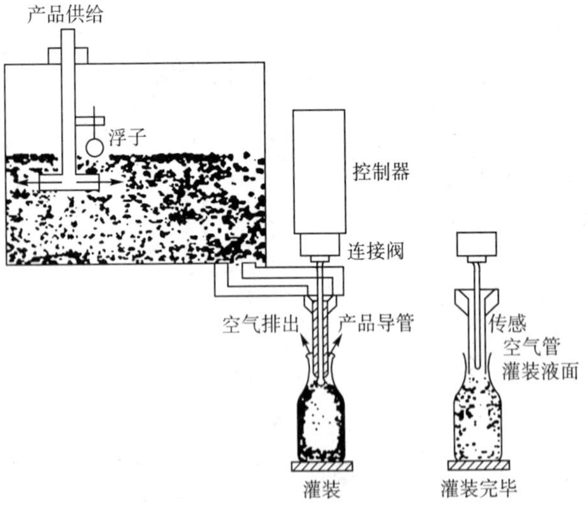

图 5-12　液面感应式灌装

这种方法适用于那些若正压或负压作用到密封容器内会出现容器鼓胀或凹陷的软质容器。(每一灌注头上需要此控制机构),可以实现高速灌装,不会产生产品溢流和上部冒泡沫的现象。

(2)溢流式灌装　某些产品可往开口容器中灌装至溢流的程度,再停止充灌,这些容器通常是经过消毒杀菌处理的卫生药品罐或广口玻璃瓶。在较先进的溢流式灌装机中,进入开口容器的液流是由与容器同步运动的量杯供给的,容器中必须预留的空间可用置换方法或容器倾斜法获得。

对于某些溢流式灌装机,向上的空气屏障可防止溢流液体接触到容器的外部。若仔细调节好液体流速和容器的传送速度,则溢流量或再循环液体量可限制到最小程度。

(3)虹吸式灌装　应用虹吸原理使液体经虹吸管从贮料箱流入容器中,直至两边液位相等的灌装方法。此法结构简单,但速度较低。

(4)定量杯式灌装　首先将产品从一个开口料槽输送到容量精确(可以调节)的定量杯

中，每个量杯可被灌装到与料槽液面相平或沉入料槽液面以下，然后量杯上升到料槽液面之上，之后，每个阀底受控打开，液体流入容器中。此法精确可靠，成本低廉。

(5) 隔膜泵式灌装　活塞泵式灌装机通常在活塞与缸壁之间装有某种密封元件，如V形垫圈或O形垫圈，当活塞与缸壁之间滑动摩擦时会引起材料擦伤并产生微屑，这对于卫生要求严格的注射药物是不利的。而隔膜泵中因无材料摩擦故可避免以上缺陷。

隔膜式容积灌装机利用一层柔性隔膜在气体压力的作用下将液体从料缸抽到灌装室，然后再注入容器中。

料缸的压力一般保持在0.11MPa以下。阀门打开时，在气压作用下，液体流入灌装室中。灌装室充满后，通向料缸的阀门就关闭，防止回流；然后，阀门启通容器方向，空气压力作用在柱塞上，柱塞将隔膜压下，迫使液体流入容器如图5-13。

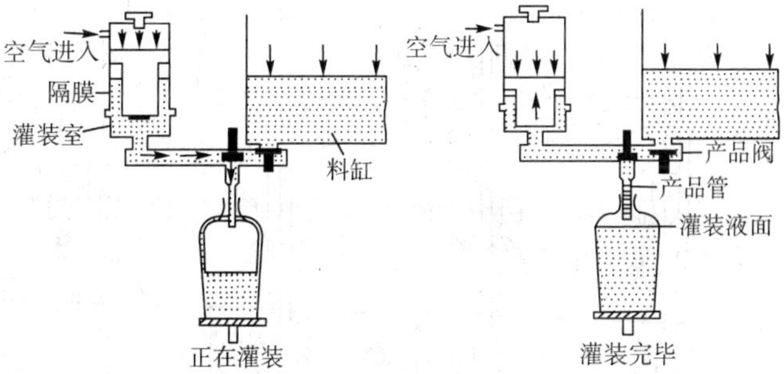

图 5-13　隔膜泵式灌装原理图

产品灌装完毕，加在隔膜上的气压释放。阀门换向，灌装室再次从料缸吸液。

在瓶颈导向装置上装有“无容器不灌装”机构。该机构只有在运动时碰到容器，才能触动气源控制系统，使气流推动隔膜运动。

调换大小不同的灌装室可以改变灌装容量，也可以通过调节挡块，改变柱塞在灌装室里的移动距离来改变灌装量。其容积调节范围可达到10倍以上。

隔膜式容积灌装的特点是灌装精度高，物料损失少。因而常在把较贵重物料装入颈部细长的容器时应用。

(6) 称重式灌装　在称重式灌装机上，每个灌装工位安装一个称重器。当达到预定重量时，秤杆动作切断液流。每个秤被调整到相当于内装液料加上容器的最大重量，若内装物量和容器重量改变，则可在每个灌装台另加上特定重量。

利用计重量传感器测定重量，达到预定重量后，可使控制元件和执行元件动作来切断灌装。另外还有称净重式灌装机，利用计力传感器，先测出容器重量，然后开始灌装.直到容器中产品达到预定净重量为止。

(7) 计时式灌装　通过控制液料流出的时间来控制灌装量的方法，如图5-14所示。先由外部压力泵使液体流入具有沟槽的圆盘内，借转动的计量圆盘上注流孔开放时间来计量液料的流出量（即恒容积流量），旋转速度决定灌装口在沟槽下停留的时间。若使用几个计量沟槽，则可在同一容器中分别灌入几种不同的液料。此法对于中等黏度

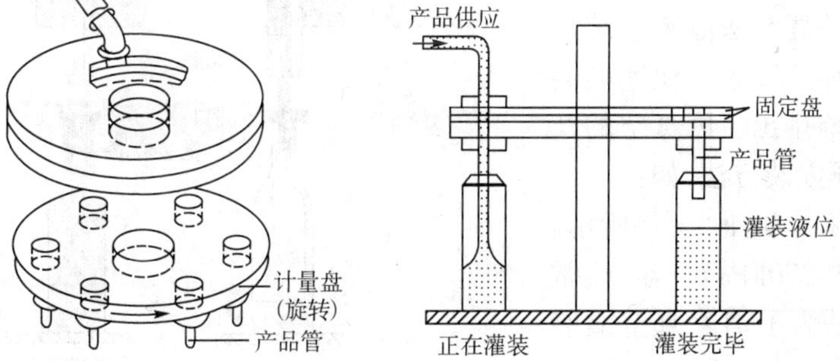

图 5-14　计时式灌装原理图

液料其灌装精度较高，对于低黏度液料，因两圆盘之间的泄漏难以控制，其精度稍差。

2. 等压法灌装

等压法灌装是利用贮液箱上部气室的压缩空气，先给空容器充气，使两者内部压力接近相等，然后液料在此密闭系统中靠自重流进容器内。

此法工作过程为：(1)充气等压；(2)进液回气；(3)停止进液；(4)释放压力(释放瓶中残留气体压力，以免瓶子内突然降压而引起冒泡，影响定量精度)。

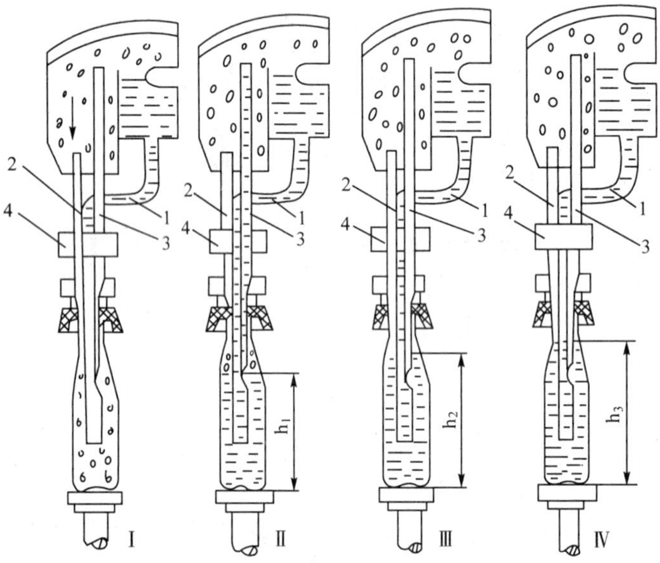

图 5-15 等压法灌装过程示意图

1—进液管 2—进气管 3—排气管 4—旋塞

如图 5-15 所示，工作过程分四步。工作位置Ⅰ：通道 2 接通，瓶内被液缸内的高压气体充满直到等压；工作位置Ⅱ：通道 1 和 3 接通，液缸中液体经通道 1 向瓶内灌装，气体由通道 3 排入液缸的上部，当液面上升至 h_1 时，淹没了管子 3 的孔口，因此瓶中液面上的气体无法排出，液面停止上升，液体沿管子 3 上升到与液缸的液面相同为止；工作位置Ⅲ：灌液停止，瓶子上部借管子 2 与 3 同液缸内气室相连，管 3 内的液体流入瓶内，瓶内液面升至 h_2 处，而对应量的气体沿管子 2 排回液缸内；工作位置Ⅳ：旋塞 4 转至与液缸完全隔开，瓶子下降，在旋塞 4 下部的管 1 内液体流入瓶内，使瓶子液面再回升至 h_3。

此法设备简单，易于维修，既适用于含气液体产品也适用于无气液体产品或黏度高的液体。

3. 真空法灌装

真空法灌装即利用待装液体与吸出容器中气体的排气口之间的压力差来灌装。压差可使产品的流速高于等压法灌装。对于小口容器、黏性产品或大容量容器特别有利。但是真空法灌装系统需要一个溢流收集和产品再循环的装置。快速灌装产生的泡沫必须通过溢流系统排出。因真空的产生形式不同而派生出各种差压灌装方法，如：

(1) 重力-低真空法灌装 如图 5-16所示。使容器保持真空度(0.762～1.270kPa)。容器(常为瓶子)需封口。低真空度是为了消除真空灌装时的溢流和回流，以及防止对缺口和裂缝瓶的误灌。

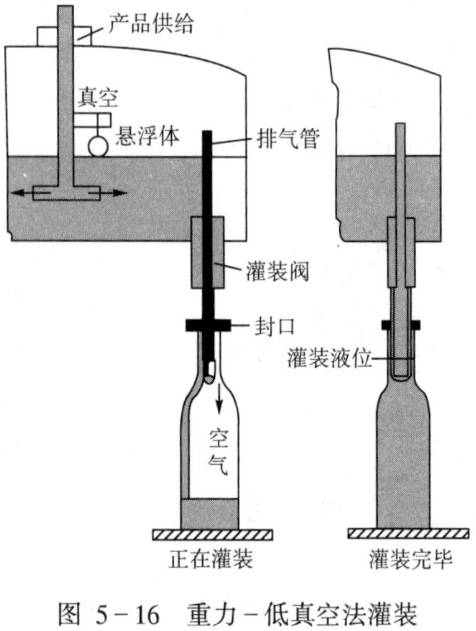

图 5-16 重力-低真空法灌装

如果容器达不到要求的真空度，灌装口就不流出液体，因此遇到缺口或裂缝瓶就自动停灌。上面储槽中的产品流经套阀而进入瓶中，套阀内的管可作排气用。当瓶子自动传送到阀下并上升时，阀门中弹簧受到压力开启，通过排气管使瓶中压力与储槽上部低真空度相等，这时重力灌装开始。

当液面升到排气口时，灌装就自动停止。

本法特别适用于灌装酒精，因为极少的湍动和充气，使酒精浓度不会改变，灌装酒精不会失去醇香，产品不会溢流，也不发生回流。

图 5－17 为一低真空度下依靠重力灌装的差压灌装机工作原理图。

(2) 纯真空法灌装　图 5－18 为一典型的纯真空灌装法原理。灌装系统内的压力应低于大气压力。灌装阀密封块抵住容器的同时开启阀门，由于与真空室相通的容器内处于真空，液体可被迅速抽进容器中，直至灌装到预定液位。通常最后会有相当量的液体被抽到排出管中，进入溢流槽后被回收再循环。

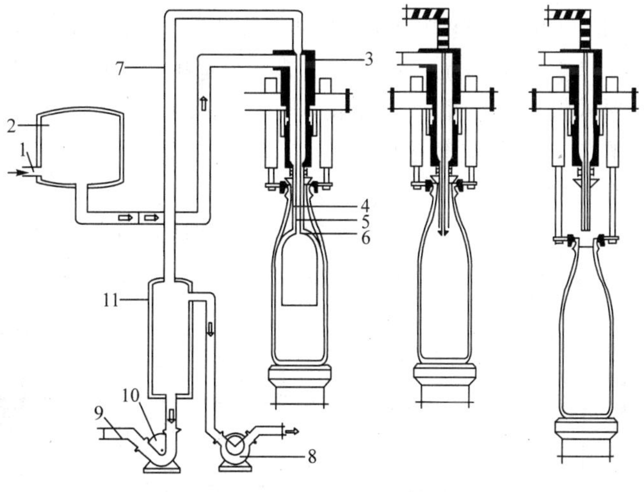

图 5－17　差压灌装原理图

1—产品输入　2—贮液箱　3—灌装阀　4—注液管　5—回气管
6—锥形导流头　7—真空管　8—低真空发生器　9—循环管
10—产品循环泵　11—产品分离器

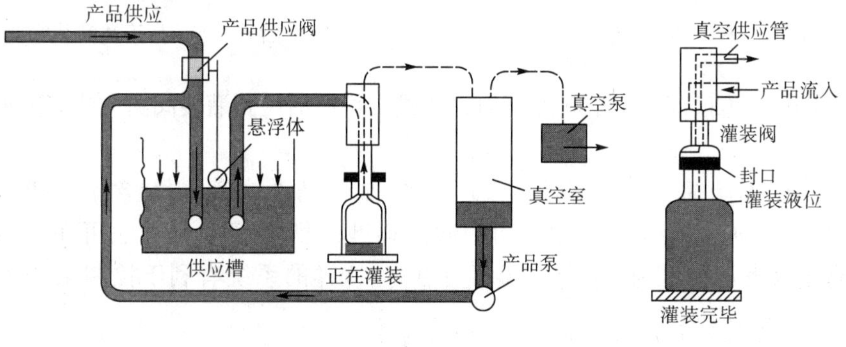

图 5－18　纯真空法灌装工作原理图

真空法灌装的工艺过程是：(a)瓶内抽真空；(b)进液排气；(c)停止进液；(d)余液回流(排气管中余液经真空室回到贮液箱)。

真空法可提高灌装速度，减少产品与空气的接触，有利于延长产品的保存期，其全封闭状态还限制了产品中有效成分的逸散。

真空法适用于灌装那些黏度稍大的液体，如油类，糖浆类，不宜多暴露于空气中的含维生素的液料，如蔬菜汁、果汁以及有毒的液体如农药、化学药水等。

4. 压力法灌装

此法是利用外部的机械压力将产品充填到包装容器内的方法。

(1) 活塞式灌装　这是一种最常用的容积定量式灌装法。根据活塞的方位和入口的结构可分为进口端开口立式缸、单端卧式缸、双端面卧式缸、闭端立缸四种。图 5－19 是一种典型的立式缸旋转阀灌装机。

控制供料槽、定量室(缸)和灌装嘴之间的产品流量的旋转阀可旋转运动。当活塞向上运动时,把产品从供料槽经旋转阀通道吸入定量室(缸)中,然后旋转阀转到另一位置,使预先已测定了体积的产品流入容器中。通常活塞由凸轮或气动机构推动。

卧式缸的定量室(缸)可水平安装,容量缸可以是双端的,两端都有出口和入口,进行两端交替灌装。在压力作用下的产品流入一端,迫使活塞向另一端运动,并在液缸另一端把液料充灌到容器中。

(2) 压力法灌装　压力法灌装与真空法正好相反,灌装密封系统处于高于大气压力的状态中,将正压力加于产品上。如图 5－20 所示。

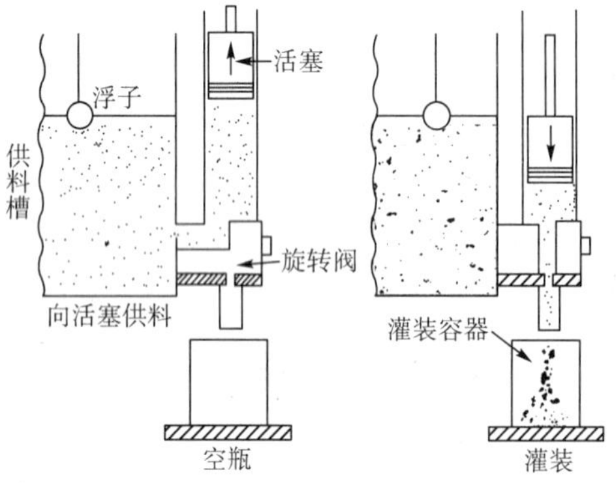

图 5－19　活塞式灌装

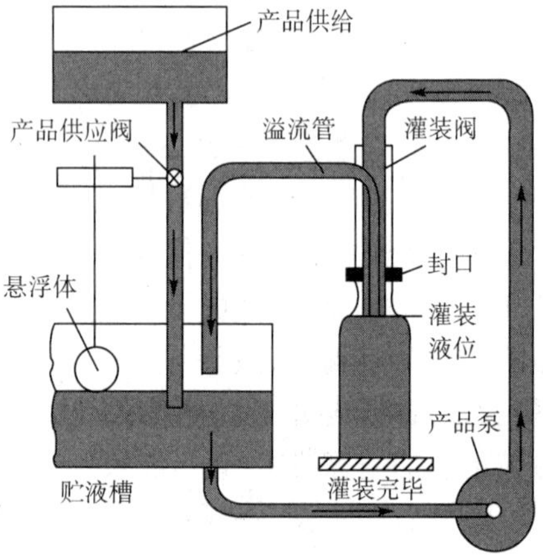

图 5－20　压力法灌装原理

可通过对贮液箱顶部预留空间加压的方法或泵将产品压到灌装阀的方法完成液料或半液料的充灌。

压力法对于不能抽真空的产品是很理想的,如酒精类饮料(酒精含量会随真空度增加而减少),热饮料(90℃的果汁,抽真空可引起液料迅速蒸发)等。压力法可在产品和排气管两端保持高于大气压的压力,且产品端压力更高,这样的系统有利于控制某些产品的气体含量。

(三) 灌装定量方法

液料定量大多采用容积式定量法,即定容法。具体实现定容可有多种方式。

1. 液位控制定量法

图 5－21 为液位控制灌装原理图。灌装开始,瓶子上升并顶起橡皮密封垫 5 与滑套 6,灌装头 7 与滑套 6 间就出现空隙,液料即可流入瓶中,并使空气经排气管 1 排至贮液箱 9 的上部空间。当瓶内液面到达排气管管口(A－A 截面)时,瓶内气体不能排出,随着液料再进入,瓶颈处空气被压缩并与液面达成平衡,液面高度即可保持不变,只是一部分液料将沿排气管上升至与贮液箱液面相当的位置。瓶子降下后,灌装头 7 与滑套 6 重新封闭,排气管中液料滴入瓶中。至此,完成了一次定量灌装。借螺母 8 可调节排气管下端口伸入瓶内的位置,从而改变灌

装定量。此法结构简单,使用广泛,但精度稍差。

2. 定量杯定量

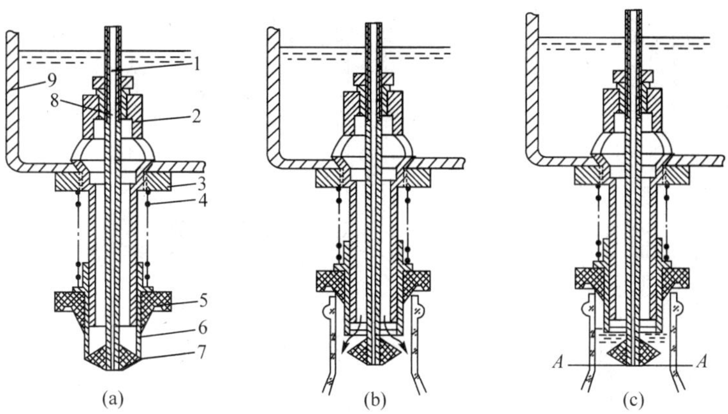

图 5-21 控制液位定量法灌装原理图
(a) 灌装前 (b) 灌装时 (c) 灌装后
1—排气 2—支架 3—紧固螺母 4—弹簧 5—橡皮垫
6—滑套 7—灌装头 8—调节螺母 9—贮液箱

图 5-22 为定量杯定量灌装原理图。当瓶子未进入灌装机时,定量杯的上沿由于弹簧 7 的作用而处于贮液箱液面之下,杯内充满液体。瓶子上升并顶起灌装头 8 同进液管 6,使定量杯上沿超出贮液箱液面。同时,进液管内隔板 11 及其上下二通孔 12 和 10 恰好位于阀体 3 的中间槽腔13之内,形成液料通路,于是杯中液料可灌入瓶中(从调节管2流经上孔12、槽腔、下孔10进入瓶中),瓶中空气从灌装头上的斜向孔 9 排出。当杯中液面降至调节管 2 的上端面时,便完成了一次定量灌装。调整调节管 2 的相对高度或更换定量杯(大小),可改变灌装量。

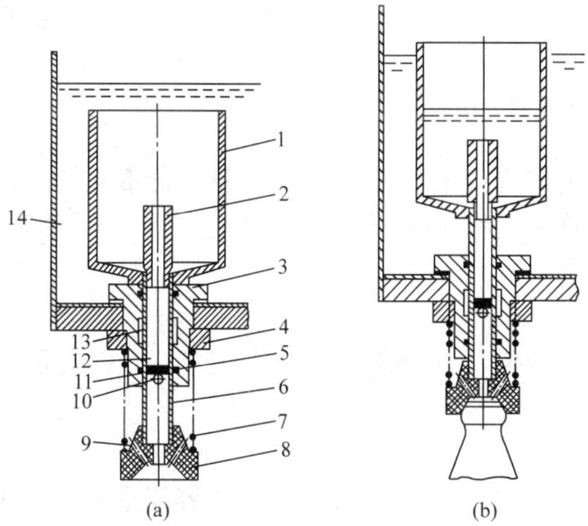

图 5-22 定量杯定量灌装原理图
(a) 灌装前 (b) 灌装时
1—定量杯 2—定量调节管 3—阀体 4—紧固螺母
5—密封圈 6—进液管 7—弹簧 8—灌装头 9—透气孔
10—下孔 11—隔板 12—上孔 13—中间槽 14—贮液箱

3. 定量泵定量法

图 5-23 为用于黏稠性液料灌装的定量泵式定量灌装原理图。活塞 9 由凸轮或其他机构驱动。活塞向下运动时,液料在自重和压差双重作用下从贮料缸 1 的底孔经滑阀 4 的弧形槽 5 进入活塞缸体 8 内,当容器顶起灌装头 7 和滑阀 4 时,弧形槽隔断了贮料缸与活塞缸之间的通路,而滑阀的下料孔 6 与活塞缸接通;活塞向上推动,迫使液料从活塞缸流到容器中,容器内的空气可经灌装头上的孔隙排出。若无容器,因活塞缸与下料孔不相通,即使活塞往复移动也无妨。借调节活塞行程,即可改变灌装定量。

图 5-24 为灌装机中的锥形阀定量泵结构图。带锥形口的料斗 1 内装满黏稠产品,料斗中部装有活塞。活塞由活塞体 3 和活塞架 4 组成,套于活塞杆 6 上。当活塞杆 6 在偏心轮推动下开始向上移动时,活塞停止不动,只有当固定在活塞杆 6 上的定位套 5 上升到与活塞架 4 接触时,活塞才随杆向上运动。与活塞杆 6 上部连接的锥形阀门 2 随活塞杆上移,离开活塞体 3,使活塞上下两部分相沟通,物料通过活塞 3 与阀门 2 之间的空隙流入下部空间;活塞 6 开始下降时,因活塞下部充满物料而使活塞保持平衡,当阀门 2 与活塞体 3 接触后,即使阀门 2 关闭,也能带动活塞下压,把物料从出料口压出,灌入容器。活塞往复运动一次,完成一个灌装。

改变活塞行程，即可调整灌装量，其误差在2%以下。

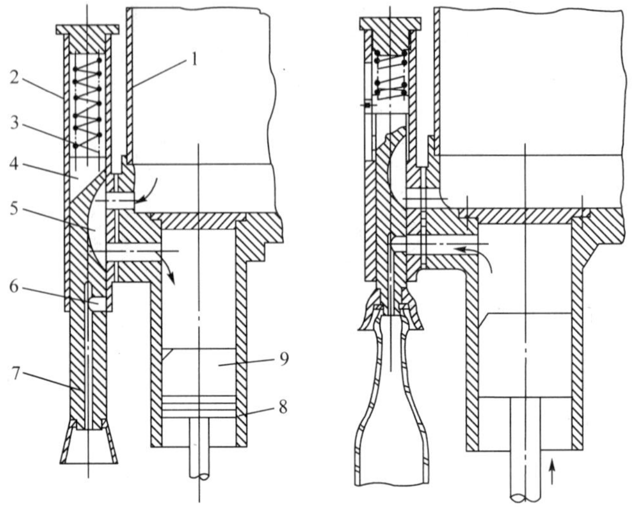

图 5－23　定量泵定量法灌装原理图

1—贮料缸　2—阀室　3—弹簧　4—滑阀　5—弧形槽　6—下料孔　7—灌装头　8—活塞缸体　9—活塞

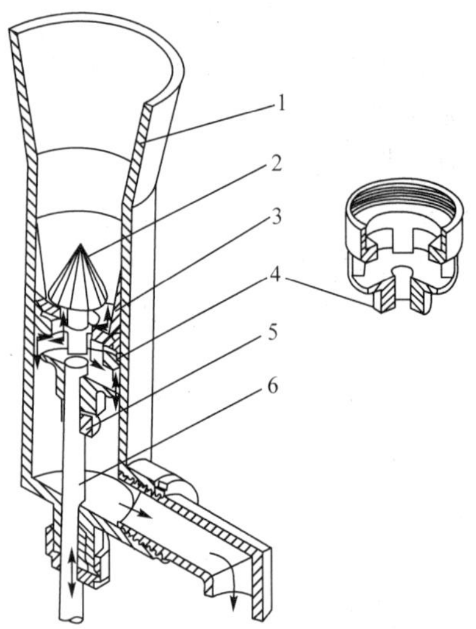

图 5－24　锥形阀定量泵结构图

1—料斗　2—阀门　3—活塞体　4—活塞架　5—定位套　6—活塞杆

二、固体物料充填

固体物料的充填方法可分为三大类：一类是称量充填法，就是以重量来计量充填物料的数量；另一类是容积充填法，就是以容积来计算充填物料的数量；第三类是计数法，是以块状、颗粒状的固体物料的数量或包装单件的数量来计量的方法。

（一）称量充填法

称量充填法适用于易吸潮、易结块、粒度不均匀、比重比较大的物料充填。这类充填方法分净重充填和毛重充填两种。

1．净重充填法

这种方法将物料先用秤称过，然后充填到包装容器中。称量结果不受容器重量变化的影响，因此，是最精确的称量充填法。如图5－25所示，充填结果是用一个进料器2把物料从贮料斗运送到计量斗3中，由秤4连续称量。当计量斗中的物料达到规定重量时，物料通过落料斗5排出，进入包装容器。进料可用旋转进料器、皮带、螺旋推料器或其他的方式完成，并用机械秤、电子秤或组合秤控制称量。可采用机械装置、光电管或限位开关控制，达到规定的重量。

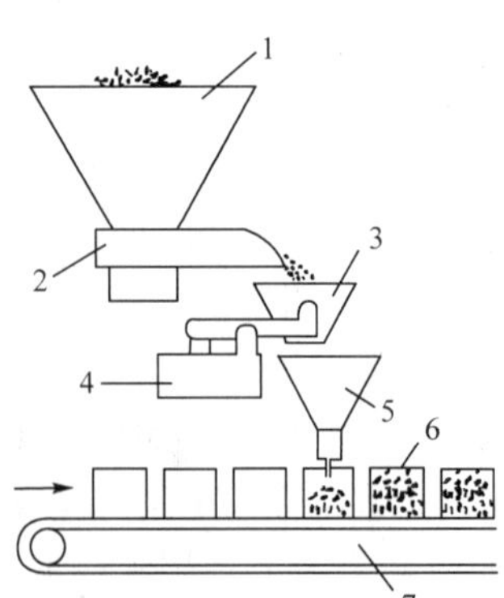

图 5－25　净重充填法

1—贮料斗　2—进料器　3—计量斗　4—秤　5—落料斗　6—包装件　7—传送带

为了达到较高的充填精度，可采用分级进料的方法。称量时，大部分物料高速进入计量斗，剩余小部分物料通过微量进料装置缓慢地进入计量斗。在采用电脑控制的情况下，对粗加料和精加料可分别称量、记录、控制，做到差多少补多少。

由于净重称量精度很高，如500g的物料，其称量精度可达到±0.5g,即精度可达±0.1%,所以广泛应用于精度要求高或贵重的可自由流动的固体物料,也可用于那些不适于用容积充填法包装的物料。但净重法充填速度慢,所用机器价格高。

2. 毛重充填法

将物料装入容器后,连同容器进行称量,称得的重量为毛重。这种方法使用的机器简单,价格较低。缺点是包装容器的本身的重量变化直接影响充填物料的规定重量。如图 5-26 所示,与净重称量不同之处,在于没有计量斗,而是将容器放在秤上进行充填,达到规定重量时停止进料,称得的重量是毛重。这种方法适用于价格一般的自由流动物料或黏性物料的充填,因为黏性物料即使有时粘挂在下料斗上,也不致影响最终的充填重量。毛重充填不适合用于包装容器重量变化较大,物料重量占整个重量百分比很小的场合。

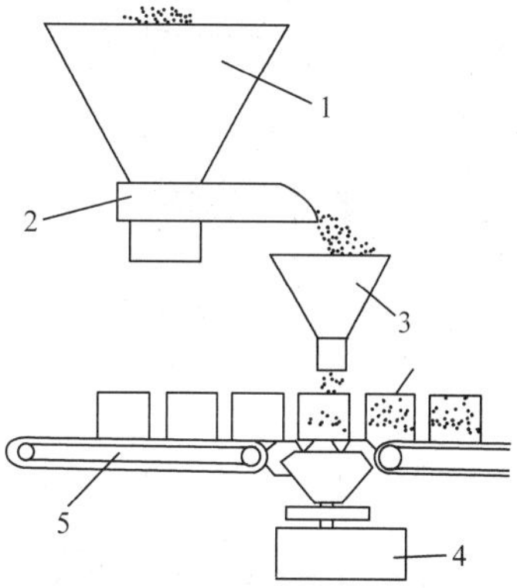

图 5-26 毛重充填法
1—贮料斗 2—进料器 3—落料斗
4—秤 5—传送带

(二) 容积充填法

这种方法基于容积来计量充填物料的数量,由于不需要称量装置,所用机器结构简单,充填速度可以提高。但充填精度为±1.0%~±2.0%,依赖于物料比重的稳定性,一般比称量充填要低。实现容积充填的机器种类很多,从原理上看,基本属于以下两种。

1. 控制充填物料的流量或时间来保证充填容积

(1) 计时振动充填机 精度最低,结构最简单,价格便宜,其原理如图 5-27 所示。贮料斗 1 下部连接着一个振动托盘进料器 2。进料器按规定的时间振动,将物料直接充填至容器中。充填数量由振动时间来控制。

(2) 螺旋充填机 可以获得较高的充填精度,其原理如图 5-28 所示。贮料斗 1 的锥形底部有一圆筒,贮料斗内部装有一条带螺旋面的送料轴 2,同时还装有一个搅拌器 3。当送料轴转动时,搅拌器将物料拌匀,螺旋面将物料挤实到要求的密度。螺旋轴每转一圈就能输出一定量的物料。螺旋轴旋转的圈数由离合器控制,这就保证了向每一个容器充填定量的物料。

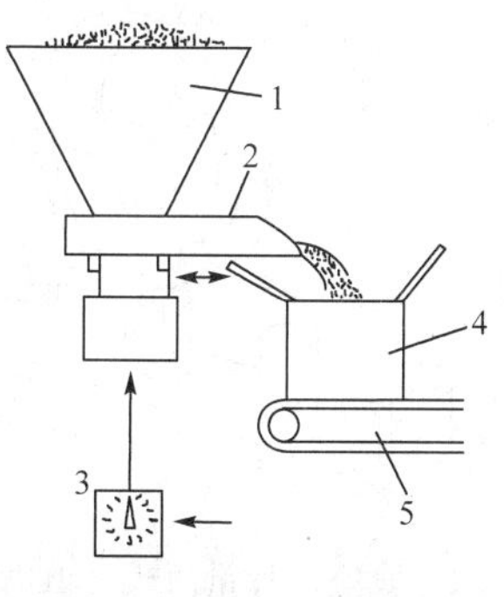

图 5-27 计时振动充填机示意图
1—贮料斗 2—振动托盘进料器
3—计时器 4—包装容器 5—传送带

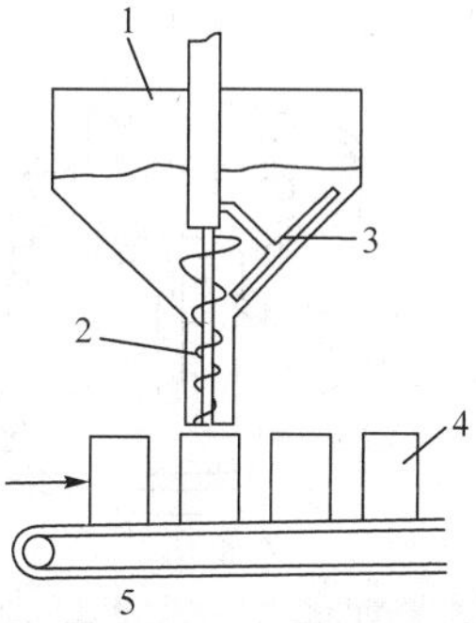

图 5-28 螺旋充填机示意图
1—贮料斗 2—进料轴 3—拌搅器
4—包装件 5—传送带

如果充填小袋,可在螺旋进料器下面安装一个转盘,以截断密实的物料,然后用空气与之混合,形成可以自由流动的物料。充填后再将袋振动,把松散的物料蹾实。

(3) 真空充填机 在充填过程中使容器保持真空,使物料比较密实,减少了其中的桥空

(即物料互相支撑形成拱状)现象,所以充填精度比计时振动充填机和螺旋充填机都高。其原理如图 5-29 所示。通过滤网给每个包装容器抽真空,所以充填时容器与真空头之间必须密封。物料靠重力进入容器。为了控制充填数量,在贮料斗内装一个螺旋供料器给真空头供料。

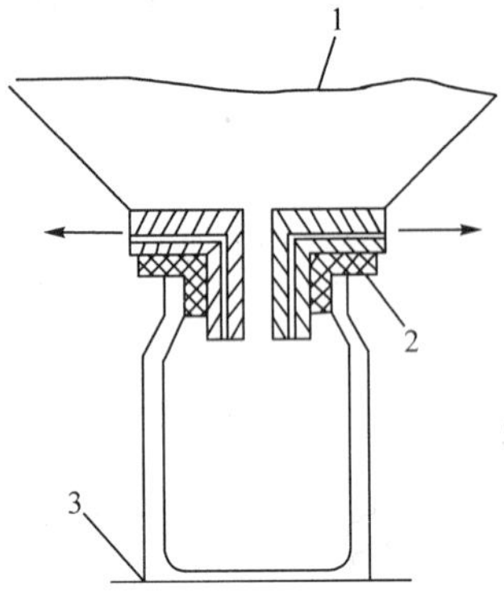

图 5-29　真空充填机示意图

真空充填机用于薄壁塑料瓶类的半刚性包装容器时,要用一个刚性密封套套在容器外面,以防充填过程中包装容器产生皱折。真空充填机的缺点是在某些情况下,充填重量受包装容积体积变化的影响。如,玻璃容器壁厚的变化将引起充填容积的变化。

2. 用相同的计量容器量取物料,保证充填容积

(1) 重力—计量筒式充填机　这种充填机适用于充填价格低,充填精度也低的自由流动固体物料。如图 5-30 所示。供料斗 1 下部装有两个或多个计量筒 3,均匀分布在回转的水平圆板上。计量筒上部有伸缩腔 4,可以使之上下伸缩,以调节其容积。计量筒在回转中通过供料斗下方时,物料靠重力落入计量筒内。然后,当计量筒下面的排料口对准空腔组件 5 下面固定盘上的圆孔时,物料通过排料管 6 排入包装容器内。为了使物料迅速流入容器,有时要对容器加以振动。

(2) 真空-计量筒式充填机　这种机器可用来充填安瓿、大小瓶、大小袋等。充填容器的范围从 5mg 到 5kg。大部分充填精度为 ±1%。其原理如图 5-31 所示。贮料斗 1 下面装有一个带有可调节容积的计量筒转轮 2。计量筒沿转轮的径向均匀分布,并通过管子与转轮中心连接。转轮中心有一个圆环形真空—充气总管 3,用来抽真空和进空气。物料从贮料斗落于计量筒中,经过抽真空后密实均匀。传送带 5 不断将容器送入转轮下方。当转轮转到容器上方时,空气把物料吹入容器内。

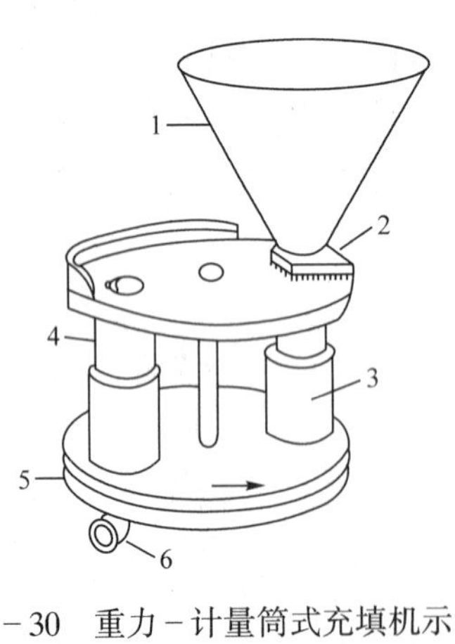

图 5-30　重力-计量筒式充填机示意图
1—供料斗　2—刷子　3—计量筒
4—伸缩腔　5—空腔组件　6—排料口

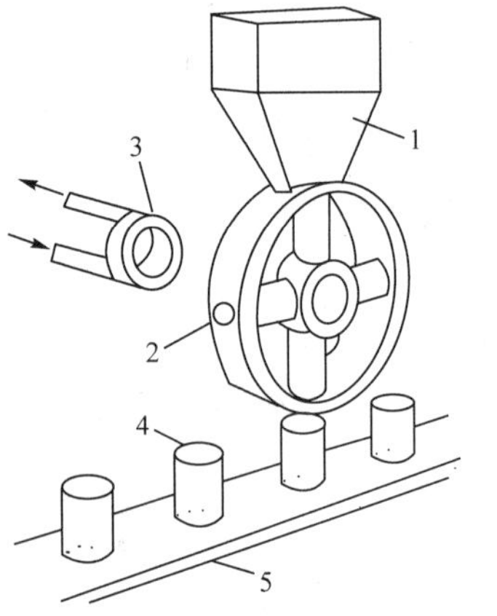

图 5-31　真空-计量筒式充填机示意图
1—贮料斗　2—计量筒转轮
3—真空充气总管　4—容器　5—传送带

各种容积充填方法要尽量使物料的比重变化小,因而需要采用振动、搅拌和抽真空等办法。物料比重的变化,随时会引起计量误差,所以必须迅速发现,立即调整充填量。在高速充填时,可采用自动检测器,将检测结果随时反馈到充填机的有关部位,然后自动进行调整。

为了提高充填速度和精度，可以采用容积充填和称量充填混合使用的方式。固体物料充填方法的选择和液体物料充填一样要根据各种因素进行综合考虑。要考虑选择被充填物料的物理特性和充填精度、充填容器的结构和材质、充填的速度、充填机的复杂程度、操作的难易、价格的高低等因素。

（三）计数充填法

在医药工业生产中，一些块状和颗粒状产品（如药片），由于实现自动化生产，或实现了规格化、标准化生产，每种产品具有“相同”的分量和质量，这种产品多应用于计数定量包装。有些产品传统上就采用计数定量包装，如药片100片或500片一瓶等。因而计数定量法在固态的块状、颗粒和棒状产品以及单件包装的集合包装中应用甚广。

计数法按计量的方法分为两大类：第一类是包装物品具有一定规则的整齐排列，其中包括预先就具有规则而整齐的排列，或经过供送机构将杂乱包装物品按一定形式排列计数的方法；第二类是从杂乱包装物品的集合体中直接取出一定个数的方法。

1．包装物品呈有规则排列的计数方法

（1）集积计数法　使物品具有一定规则的排列，按其一定长度、高度、体积取出，获得一定数量，这种方法常分为以下几种：

a．长度计数法　这种计量的方法是物料经过输送机送到计量腔中，端头有传感器或机械控制装置，当被包装物到达端头后，迫使控制装置发生信号，使推进器动作，将要求计量的物品推送在包装材料上进行裹包包装，如图5－32所示。由于这类物品形状规则，具有确定的几何尺寸，它们若干包、盒、块叠加成的长度或厚度、宽度亦具有确定的数值，只要选取推板的长度便可得到一定的数量，通常推板的长度小于规定盒数的叠合长度。

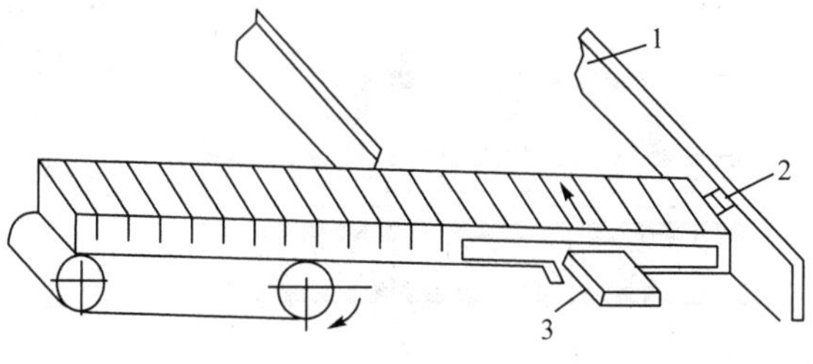

图 5－32　长度计数装置示意图
1—挡板　2—传感器　3—推板

b．堆积计数法　堆积计数法主要用于不同品种，而各品种具有一定数量的计数包装，如图5－33所示。如四个料斗中，放着四种不同颜色的包装物品，每种各取一包。计量船作间歇运动，移动一格，从料斗中送入一包至船中，移动四次后即完成每大包四种不同颜色的包装，这种方法还可以用于形状、大小有一定差异的物料的计数包装。

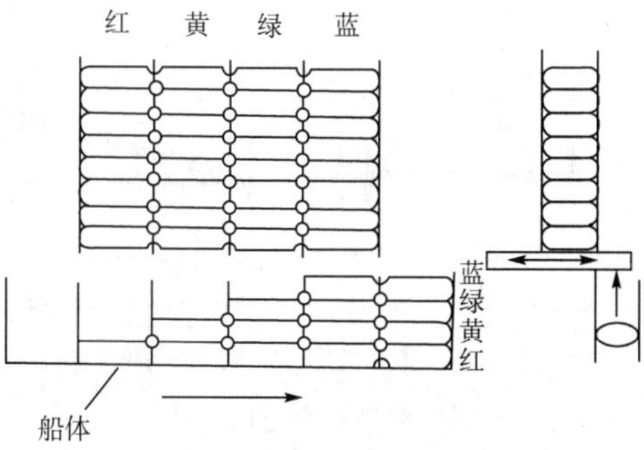

图 5－33　堆积计数装置示意图

（2）计数器　使物品整齐而有规则地排列，逐个顺序计数的装置叫计数器。常见有两大类：机械式计数器和光电式计数器。

2．包装物品呈现杂乱形的计数的方法

这种方法主要有三种形式，即转盘计数法、转轮式计数法和计数秤计数法。

（1）转盘计数法　这种方法主要是采用特制的定量盘来计量充填物料的量，这种转盘可按要求间距和大小制作若干组计量孔眼，定量盘在传动装置带动下连续或间歇运转时，各组计量孔眼在料斗下接收物料，每孔一粒，当转到出料口靠物料自动落下卸落物料，充填到容器中。这种方法适用于药片类产品的定量自动包装，而且充填效率较高。

(2) 转轮式计数法　其计量原理与转盘计量基本相同，其孔眼(盲孔)是在转轮上，转轮在料斗中依靠搓动使物料自动充填计量孔眼。可应用于直径比较小的颗粒物料集合自动包装计量。

(3) 计数秤计数法　它是利用杠杆原理而制造的一种秤，该秤的计数原理是：采用各种形式的不等臂秤，例如十分秤或百分秤。在这些秤上计量物体时，用来与被计量物体相平衡的砝码的重量可以是被计量物的 1/10 或 1/100。被计量数量的物品放在承重装置上，而与其相同的用于平稳的物品则放在另一个小的重物盘上。然后把这一盘中的物品数乘以秤杆所示的臂比(10、100 等)，即可求得承重装置上的物品的数量。在类似的秤上如果它的臂比是 10 或 100，也可同样测出物品的 10 或 100 倍的数量，此数即为物品的数量。

第六节　热成型包装技术

一、泡 罩 包 装

(一) 泡罩包装的结构形式

泡罩包装 (blister packaging)的结构见图5－34，主要由塑料片材、热封涂料、印刷油墨、纸板等组合而成。PTP 药物包装则是由塑料硬片、铝箔盖材、热封层等组成。

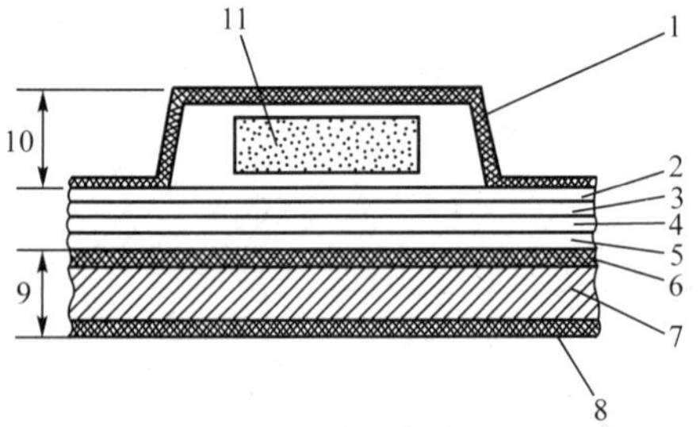

图 5－34　泡罩包装横截面构造
1—塑料片材　2—热封涂层　3—印刷油墨层　4—白土涂层　5—白土涂层　6—化学表面处理层　7—内施胶　8—化学表面处理层　9—原纸　10—泡罩　11—产品

纸板与泡罩的组装可用直接加热封合方法(对塑料泡罩加热)或间接加热方法(对纸板加热)。加热设备有电阻式、脉冲式、电子式、高频式等。

直接加热封合法比间接封合法快，并能减少纸板的烧焦和翘曲。包装顺序是：先将产品放进泡罩凹腔内，在泡罩上盖一张纸板，然后加热封边。所有热封合都是在恒压下，在规定时间内进行。被熔化的两个表面层粘合后，一旦停止加热，几乎立即固化。典型的封合方法见图 5－35。

泡罩包装基本装配形式很多，见图 5－36。

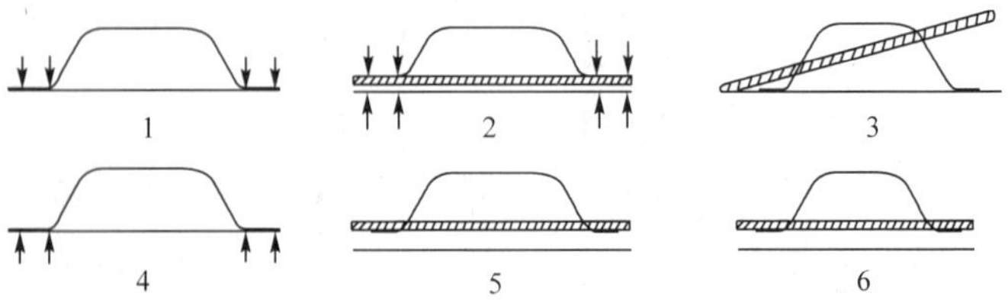

图 5－35　泡罩的典型封合方法
1—热量通过塑料　2—热量通过塑料和纸板　3—热量通过纸板　4—泡罩固定于纸板之间　5—折合纸板—热封、胶封或 U 钉封合　6—泡罩由标贴与纸板相互固定

(二) 泡罩包装材料

1. 塑料

泡罩用的主要材料是纤维素类，如醋酸纤维素、丁酸纤维素、丙酸纤维素，苯乙烯类如单向拉伸聚苯乙烯(OPS)、耐冲击聚苯乙烯(PS)、乙烯基类如增塑软性 PVC、不增塑硬性 PVC、聚酯薄膜类。

泡罩包装设计的关键是对泡罩材料膜片的性质、等级和厚度的选择。一般说来，选择硬性膜片要考虑其耐冲击性、耐老化性、迁移性(即塑材成分对产品品质的渗透影响)、材料对产品的适应性、成本、热封合性和泡罩产品的易切割和修整性。

2. 热封涂料

热封涂料用凹槽辊涂布法、橡胶版涂布法、丝网涂布法或组合喷涂法涂到卷筒纸料上。纸板或塑片基上的热封涂料的涂布量要适当,使整个泡罩包装具有最佳的热封合效果。

熔剂型乙烯基涂料的主要性能是热粘性、封合温度、光泽、流变性、流动性等。热封涂料必须与纸板或塑料片基泡罩两者都相适应。只有合适的涂料才有好的粘合强度。如醋酸纤维素泡罩使用的涂料与聚苯乙烯泡罩使用的涂层材料完全不同。

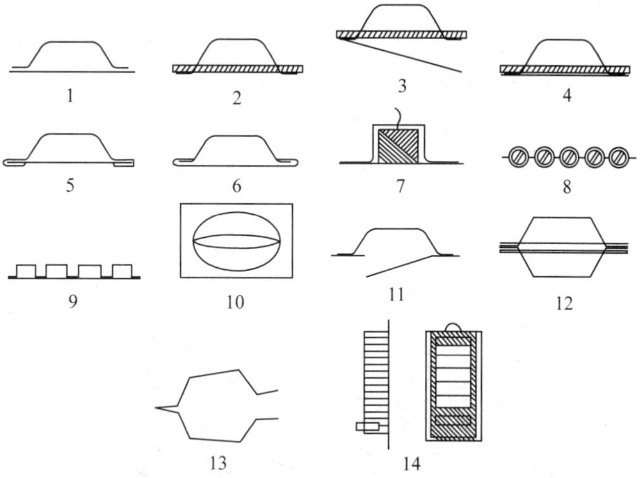

图 5-36 泡罩的基本组合方式

1—泡罩与单纸板粘合 2—泡罩与模切纸板封合 3—折合纸板 4—夹板式或双纸板 5—盖子插入卷边槽 6—沟盖插合于盘上 7—自动销售包装 8—全塑条带式包装 9—分格式泡罩包装 10—压挤开启泡罩 11—铰链开启式纸板 12—模切纸板双泡罩 13—全塑铰链式或双泡罩 14—滑槽式自动销售泡罩

3. 印刷油墨

泡罩包装上的印刷油墨要有较高的耐热封温度(230~250℃),耐磨损,耐折,不褪色,安全性好(不应含有过量的烃类油脂和防粘剂)。

4. 纸板

由产品的尺寸、形状、重量及包装式样来选择纸板。用于泡罩包装的纸板厚度为0.36~0.76mm,最常用的是0.46~0.61mm。纸板与泡罩热封后应能保持其粘合强度大于其纤维撕裂强度。纸板须有好的适印性、可涂布性。纸板上的白土涂料层目的是提高印刷效果和热封防渗性能。

(三) 泡罩包装工艺

泡罩包装加工过程中需要成型模、泡罩切割模和热封合工具。其工艺步骤是:

(1) 0.127~0.38mm的塑料薄膜片材,在环氧树脂模具或内冷却式铝模具内,利用加热并抽真空的方法形成泡罩凹腔;

(2) 经过模切,放入热封合器具内;

(3) 产品放入泡罩凹腔内;

(4) 把涂了热封熔剂型涂料的卡纸板,面朝下放到热封器具内,利用定位销定位,确保纸板与泡罩准确地粘合;

(5) 将热封合工具移到加热封合区,经加压加温(120~204℃),持续1.5~3s,薄膜片与卡纸粘合完成。

加热封合方法分直接法和间接法。

(1) 直接加热封合法 直接对泡罩边缘加热的工具是采用防粘材料聚四氟乙烯做成,可防止薄膜与加热工具粘连。

(2) 间接加热封合法 使用带槽纹的上热合模,只在纸板背面的与泡罩相重合的边缘区加热加压。

手工及半自动式封合机有多工位旋转式封合机、往复式封合机和转位式封合机。

全自动式封合机是多工位旋转式或带式的，可装有串联的成型—模切—泡罩供给—纸板供给装置。生产速度从小型封合机 10 个/min 到大型自动封合机 150 个/min。通用的真空包装机既可用于泡罩包装又可用于贴体包装。根据具体要求，机上附有吹卸器（使泡罩从模具上升起）、水冷却模（需快速时）、薄膜辅助装置（避免较高的泡罩熔塌）和助压模塞（深度成型）。泡罩成型后用滚筒式和冲头式模切机将一整张泡罩分件切开。图 5－37 所示为泡罩成型充填封合机结构示意图。

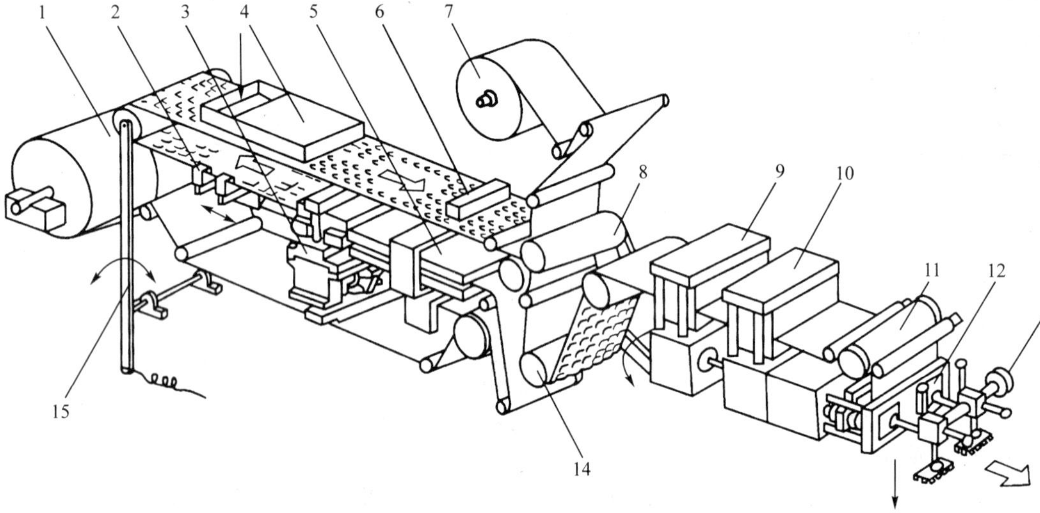

图 5－37 泡罩成型充填封合机示意图

1—塑料薄膜卷筒 2—卷带牵引及制动夹头 3—泡罩吹塑成型装置 4—自动喂料充填装置 5—预热装置 6—红外线扫描器 7—铝箔卷筒 8—牵引热封辊 9—撕裂缝冲眼装置 10—压印装置 11—牵引辊 12—泡板冲切装置 13—吸嘴 14、15—张紧辊

二、贴体包装

贴体包装已广泛被用作各种易碎商品、真空食品、锋利物品、日用器皿、小五金件、文教用品、机械零配件等商品的销售包装形式，同时也有利用贴体包装方法做出一些工业衬垫物。贴体包装用于工业产品的外包装，其成本比使用其他衬垫材料要节省得多，且减少大量的存放空间。在医药行业广泛用于医疗器械的包装，如手术刀、钳等。

（一）贴体包装的结构形式

贴体包装的结构形式、组合方法和主要优点与泡罩包装有相似之处。

贴体包装与泡罩包装的主要不同点：

以产品本身的形状作为模型（阳模），通过对覆盖其上的塑料膜（贴体泡）抽真空并加热，形成紧贴于产品的贴体泡罩，再使其与底板（卡纸板）热封粘合。加工原理见图 5－38。

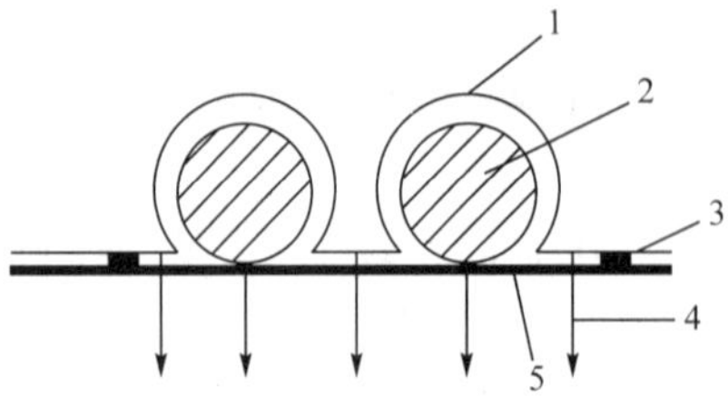

图 5－38 贴体包装

1—塑料膜片 2—产品 3—热封涂层 4—抽真空 5—卡纸板

（二）贴体包装的材料特性

1．塑料薄膜

用于贴体包装的软质塑料片材有三种：①低密度聚乙烯(LDPE)，强度牢固但花费最小，有乳状外观，透明度稍差；②聚氯乙烯(PVC)，价格较便宜，光亮度透明度都好，有良好的抗戳穿性，但不耐低温；③离子键聚合物(ionomers)，用乙烯与甲基丙烯酸共聚合，并用钠或锌中和到不同程度而得不同性质聚合物，其中由杜邦公司制成的萨林(Surlyn)有极好的透明度和光泽，特别好的热粘性、延伸性和强度，成型温度又较低(93～107℃)。具有良好的抗油性、抗脂性，对工业零件包装尤其合适。

2. 热封涂料

贴体包装用的热封涂料必须与包装中的油墨、纸板和塑料薄膜相适应。

可用熔剂型涂料也可用水基涂料(渗透性小、价格低、速度快)。

熔剂型乙烯-乙烯基涂料光泽性耐磨性都好，很适合 PVC 泡罩，用于贴体包装时需要打微孔(便于抽真空)。

水基乙烯-醋酸乙烯共聚物分散体涂料无味、不燃，用于贴体包装无需打微孔。

由于贴体包装的纸板要求孔隙度大，故热封涂料必须渗透性小。涂料的光泽度和透明度对于包装上图文印制十分重要。

3. 印刷油墨　用于贴体包装的油墨必须使纸板表面与热封合涂料粘合。油墨中不应含有会抑止封合的任何化合物，如蜡、油、防粘剂等，且必须耐热，不褪色，与产品相适应。

4. 纸板　用于贴体包装的纸板必须选择合适的厚度、挺度和对产品的支撑强度。应该使用孔隙较大的纸板，以便能透过空气，使塑料膜吸下并与纸板接触。贴体包装用纸板一般不用白土涂层，因为它会使孔隙度减少，影响抽真空与封合效果。

若油墨与涂料明显影响孔隙度，可采取在纸板上打出微孔的方法来补偿。

(三) 贴体包装工艺

图 5-39 为贴体包装过程示意图。

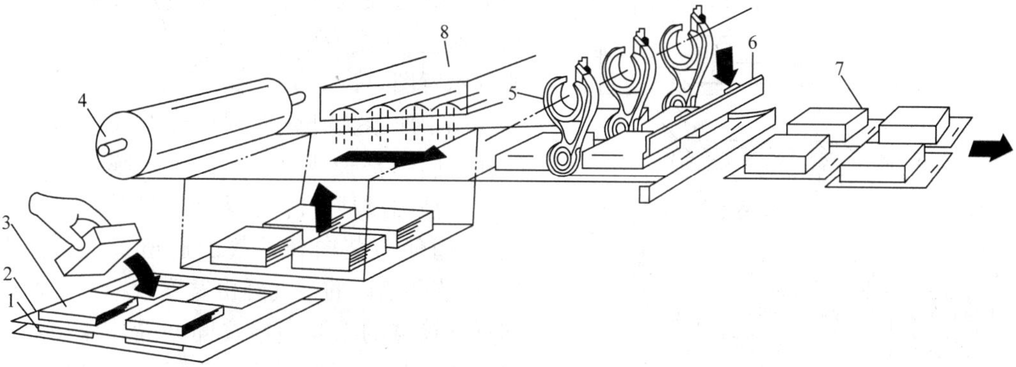

图 5-39　贴体包装作业过程示意图

1—贴体包装纸板　2—产品送入导向模板　3—产品　4—贴体薄膜卷　5—纵向滚轮
6—横向冲切(包括悬挂孔)　7—完成作业产品输送　8—加热器

贴体包装的工艺步骤为：

(1) 将产品放在纸板(普通卡纸、瓦楞纸板等)上的某个位置上。人工或自动地输送到包装机的真空平台上；

(2) 上方的加热器通电，当薄膜软化时，降下薄膜架，使之覆盖于产品之上；

(3) 真空系统开始将薄膜与产品之间的空气抽掉，薄膜即贴紧于产品外形之上；

(4) 薄膜与纸板表面热熔封合，每件产品被密封于结实而透明的薄膜与纸板之中；

(5) 打开薄膜架,包装成型后的产品从包装机中排出,同时机器为下一轮操作过程做好准备(引入薄膜材料);

(6) 薄膜架关闭,薄膜被截取夹住,薄膜架上升到高位,等待下一个产品与纸板进入工位。

对于陈列式包装(不管是泡罩式还是贴体式),则使用正排量抽吸系统,它由泵和储气罐组成。

三、其他热成型包装

加热抽气模塑成型浅盘(容器)包装原是作为真空食品包装和控制气氛包装的一种形式,目的是延长贮存期,防止食品腐败,对象有火腿、熏肉、香肠、鲜肉、冷冻牛排、可蒸煮袋熟肉制品、奶酪、烘烤食品等,后来推广到医疗器械和药品的无菌包装。包装对象有各种剂量药物、注射器、导尿管、外科用具、透析过滤膜等。

热成型包装(thermoformed packaging)机,包含六个基本工序:①薄膜片材输送;②加热模塑成型;③充填产品;④加盖材并封合;⑤裁切;⑥贴标或印刷。

热成型方式有:

1. 凸模成型

适于加工表面形状复杂,要求壁厚均匀的包装容器。利用向薄膜外部通入压缩空气或在内面形成真空迫使已加热软化的薄膜贴紧在凸模的外表面上。

2. 凹模成型

利用压缩空气(或抽真空)将已加热软化的薄膜压入(吸入)凹形模腔内而成型。有时还可用助塞帮助材料压入模腔内。

下膜片形成的凹膜一经充填好产品料,上膜(或盖材)即覆盖其上,加热封合,需要的话还可于封合之前从包装空间抽出空气或充入气体。如果将蒸汽通入封合膜内使膜片收缩紧贴于产品外形上,即成为贴体包装。图 5-40 为抽真空原理示意图。

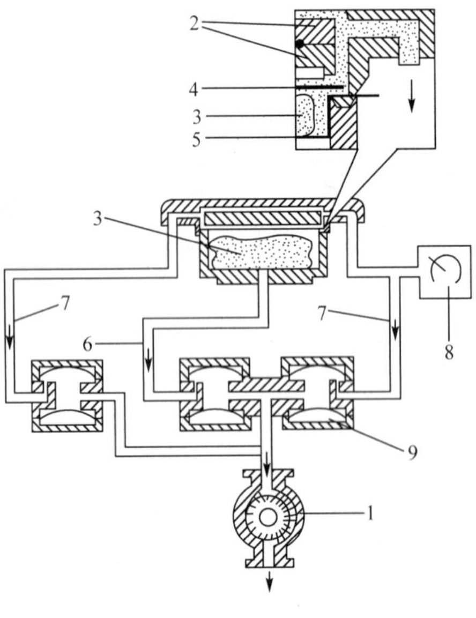

图 5-40 抽真空工作原理示意图

1—泵 2—热封板 3—产品

4—上膜 5—下膜 6—下膜外部抽气

7—抽出包装内部空气 8—压力表 9—气阀

图中所示为外盒密封后封合膜的情况。此时模室内部被抽成真空。由于上膜上面和下膜下面均被抽成真空,包装内的空气迫使上下膜分离,从而使包装向外抽气的通道扩大。抽真空时,包装凹槽内的空气经由宽度较窄的上膜边沿和宽度较宽的下膜边沿之间的缝隙流出。包装内的空气与上膜上表面的空气一起排出。图中热封块处于上方位置(即退回位置),因此空气可以从容器排出。

图 5-41 为热封合原理图(一次封两件)。

包装内抽真空后,气囊充气膨胀迫使热封板下行,包装周边被夹紧并热封。下一工序空气重新进入模室内,封口模具打开,包装产品被送出。药物 PTP 包装机自动化程度高,生产速度达 2 500~5 000 片/min。其显著优点是每一药片使用的包装材料很少,取用方便,又有显窃启功能。

PTP 用的泡罩成型材料是 0.2～0.4mm 厚的 PVC 薄膜(硬片),底板用的是 20～30μm 厚的聚酯涂布铝箔,既有易开封性,又考虑到儿童安全性。

图 5－42 为连续式 PTP 充填包装机工作示意图。

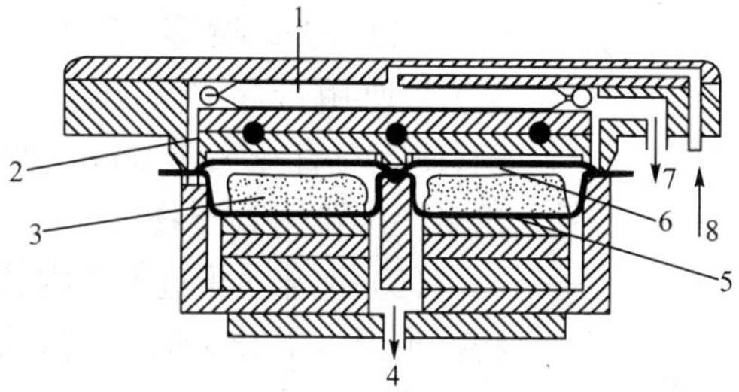

图 5－41 热封合工作原理图
1—气囊 2—热封板 3—产品
4—抽出下膜外部空气 5—下膜 6—上膜
7—抽出包装内空气 8—给气囊充气

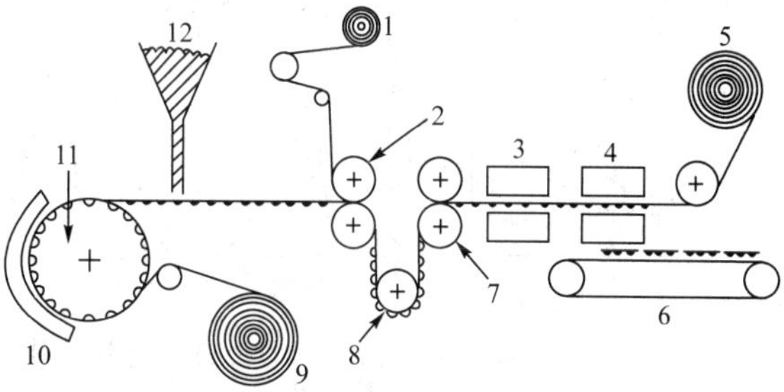

图 5－42 连续式 PTP 充填包装机流程
1—底板薄膜 2—热封辊 3—穿孔器 4—冲裁机
5—废料 6—整列传送带 7—辅送辊 8—可动辊
9—成型薄膜 10—加热器 11—成型鼓 12—填充机

第七节 喷雾包装技术

喷雾包装属于压力容器包装,有推进剂喷雾和机械泵喷雾两大方式。使用时可迫使内容物按需要形态如雾、射流、粉末、泡沫等形式释放。

其优点是自备能量,使用快捷方便,对内容物的良好保护性,防窃启性。其缺点是成本较高,容器不透明,使用人看不到产品的量,有微泄漏,有些按钮使用不顺手等。但作为一种方便、安全、宜人的包装形式,其发展前景极其广阔。

喷雾包装被广泛应用于医药卫生用品领域。如药品喷雾包装:吸入用药——治疗哮喘、阻塞性通气障碍的各种药;口腔、鼻、咽喉用药;肛肠用药——治疗瘙痒症、痔疮、结肠炎的药;皮肤用药——治烧伤,抗感染,止痛,消毒,皮肤抹药等。

一、喷雾包装技术原理

(一) 喷雾的形成

典型的喷雾包装内容物是处在一定压力下的液态产品,再加上一种半液态半气态的雾化推进剂。在充填好的容器内,液体制品一般占全容积的四分之三以上,上部空位充满了气体。当轻轻拨动开关时,阀门便开启了,容器中气体迫使液体从导管上升经阀门喷出。

推进剂也称气雾剂或抛射剂,它在喷雾包装中起关键作用,它是迫使内容物从容器口喷射而出的能源。在推进剂作用下,内装物气化形成胶体微粒。液态的推进剂与内装物混合或混溶成均质的液体,再灌入容器内。当液相混合物穿过阀门,从约 0.5mm 直径的喷孔射出时,推进剂由于从气压容器内的高压中释放出来而立刻气化,使液态内装物气裂成细小雾粒。

图 5－43(a)表示容器内的三相结构,即液态推进剂与物料共分三个层次,气态推进剂在最上端,用触动式喷雾阀产生喷雾。图 5－43(b)表示容器内的二相结构,用不会液化的压缩气体作推进剂,它位于容器上部,可喷出微小的液滴。图 5－43(c)表示容器内的二相结构,下部为推进剂与物料乳化液,上部为气化混合液料,用喷孔较大的触动器喷出泡沫。

（二）喷雾的特性

（1）干式喷雾（悬浮喷雾） 增大推进剂用量或压力，使雾粒直径小于50μm，雾粒可在空中悬浮 5min 以上。特别适合于杀虫剂和空气清新剂等产品。

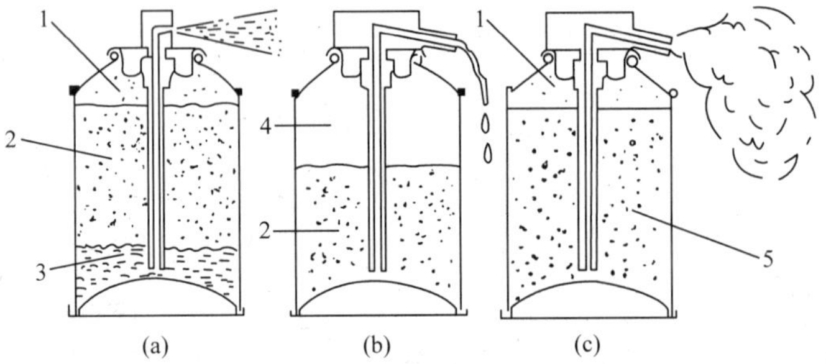

图 5－43 容器内推进剂与物料的不同组成形式

1—蒸发相 2—物料相 3—液态相 4—压缩气体 5—乳化物料及雾化剂

（2）湿式喷雾（表面喷雾） 使用低量或低压推进剂，使雾粒直径大于 50μm，喷出微小雾滴附着于物体表面。

（3）泡沫 推进剂与内装物料被混合乳化，通过阀门从泡沫喷嘴中流出，推进剂的微粒气化后就形成大量小泡沫。

（4）膏体 推进剂与内装物料分隔开，当阀门打开时原膏状内装物仍以原形态流出。

（5）粉末 产品以粉末微粒形态喷射而出。

（三）常用推进剂

用作推进剂的物质可分三大类：碳氟化合物，碳氢化合物，压缩空气。20 世纪 40 年代起长期采用碳氟化合物（氟利昂），如二氯二氟甲烷、三氯氟甲烷等作为推进剂。因使用中可保持容器内恒压，并有不易燃、无味、低毒的优点，故使用最多。自发现氟利昂可加快大气层臭氧损耗后，氟利昂逐渐被其他物质替代。目前常用推进剂有：

1．液化石油气（LPG）

即正丁烷、丙烷、丙丁烷、异丁烷等的混合气体，自 1978 年起大量用作喷雾推进剂，目前已占喷雾推进剂总量的 80％。

其主要优点：①有适宜的饱和蒸气压，易被压缩成液体；②有较好的化学稳定性，不与容器阀门材料发生反应；③有较好的环保特性，不损耗臭氧，不污染土壤和水；④低毒，可用于食品类的喷雾包装；⑤表面张力小，易成细小雾粒；⑥使用时容器内压力始终保持恒定。

其主要缺点：①雾化质量受环境温度影响很大，寒冷季节使用效果差；②国产 LPG 质量不够稳定，带有特殊异味；③易燃。

2．HFC－134a 和 HFC－152a

这是两种目前仍在使用的低压碳氟化合物。

HFC－134a 是目前液体推进剂中惟一不可燃的。美英日等国都批准其可以用于药品，如吸入性药物的气雾剂。

HFC－152a 在 20 世纪 40 年代就被用作制冷剂，因其价格贵，可燃，未被用作推进剂。80 年代起被杜邦公司推荐用作为推进剂，它无色、无味，可用于除食品外的所有的气雾包装。随着世界各国关于挥发性有机物（VOC）排放限制法规的越加严厉，HFC－152a 的应用将更广泛。

3．二甲醚（DME）

即二甲基乙醚，约占推进剂总量的 10％～20％，与其他推进剂混合后可作为增加溶解和降低压力之用。与水混溶性最好，具有优良的溶剂性。DME 比 LPG 价格贵一倍，易燃。

4．压缩气体

包括二氧化碳、氮、一氧化氮等气体，在容器内都不呈液态。它们来源充沛，价格低廉，安全可靠，可用于食品，但也有使用中不能保持容器内压力恒定，导致前后成雾不均匀的缺点。

为克服产品使用时前后成雾不均匀性的缺点，国际上已研制出许多新的技术方法，如：

（1）贮气型（PECAP 品牌） 容器中放一个用不锈钢或工程塑料做成的小型贮气装置，它由参比室、贮气室、调节阀三部分组成。它能自动调整与补偿容器内空间与压力，使喷雾状态均匀恒定。

（2）产气型（ECOPACK 品牌） 在容器内放一铝塑袋，袋中分别装有枸橼酸或柠檬酸和碳酸氢钠。当容器内压力降低后，袋中枸橼酸和碳酸氢钠相接触产生二氧化碳，使铝袋体积增大，从而调整和补偿容器内空间与压力，使喷雾状态均匀恒定。

（3）溶气型（POLYGAS 品牌） 在活塞式罐的活塞下放置吸附二氧化碳的饱和丙酮溶液的多孔胶丸。当容器内压力下降时，塑料小丸释放出二氧化碳，以补偿容器内的压力。

二、喷雾包装技术的结构类型

喷雾包装容器材料有钢板、铝板、玻璃、不锈钢和塑料，其中以钢板为大多数，占 80%～90%，铝占 10%～15%。

喷雾包装的促动方法有按钮式、机械泵式、压缩空气式，其中按钮式占 80% 左右，泵式约占 15%，其余为压缩空气式。

（一）按钮式喷雾阀结构

喷雾阀的主要作用是：①控制产品的流动；②使产品能以预定的形态释放，如泡沫状、喷雾状、喷流状。

阀是喷雾包装中影响最后产品使用质量的重要因素，许多潜在的、生产线上无法检测出来的微渗漏往往出自阀门部件及其装配处。

1. 直立式操作阀

用约 7.2N 的力即可压下按钮开关，克服了阀壳内的弹簧力而压下阀杆，其上的小横孔就移动到阀密封圈下面位置上，然后产品在推进剂压力作用下流进吸管并通过阀壳、阀杆孔、操作开关经喷孔进入大气中。图 5－44 为凸型阀结构，阀杆上部（固定杆）突出于阀体及阀环外，按钮套在阀杆上。图 5－45 为凹型阀结构，按钮的中心管插入凹陷于阀杯垫圈下阀杆内。

有的阀还有一个阀体孔，有的则在阀壳上钻出一个支流气孔，目的是让推进剂气体直接进入阀内并沿操作开关流出，使喷射流更加细化和柔和，降低释放速率。

2. 套柄式操作阀

侧向按下倾斜面按钮，以使台基较低的一边的阀杆小孔露出阀壳腔，然后产品开始流动并喷出。在这种阀上也可开设阀体孔和支流气孔。结构如图 5－46 所示。

按钮式喷雾阀的内密封圈一般是根据物料与推进剂的性质来选择，为丁腈橡胶、氯丁橡胶、氟氯橡胶、丁基橡胶等。当产品中含有大量二氯甲烷时使用氯丁橡胶好些，氟氯橡胶可耐大多数强溶解力的产品成分，但不耐二甲醚溶剂，丁基橡胶则适合于醚类和其他成分。

阀体和阀杆常用尼龙或聚甲醛塑料制成。吸管用聚乙烯或聚丙烯材料制成。

（二）钢制喷雾罐体

1. 罐体结构尺寸

钢制喷雾罐容器规格尺寸用包括双重卷边在内的直径乘以下底双重卷边至上部双重卷边的高度来表示。欧洲以毫米为单位的内径表示。美国以英寸为单位的三位数来表达，其中第

一位为英寸整数。第二三位数表示非整数，并以1/16in为单位数。结构尺寸见图5-47。如

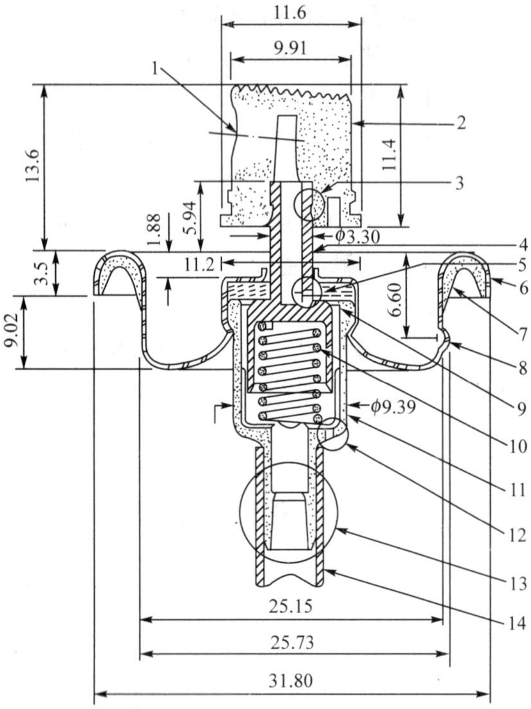

图 5-44 凸型阀门

1—按钮喷孔 2—按钮 3—固定杆 4—阀杆 5—阀杆喷孔 6—阀杯 7—溶胶内衬 8—陷窝 9—阀杆垫圈 10—弹簧 11—阀体 12—排气孔 13—阀体喷孔 14—吸管

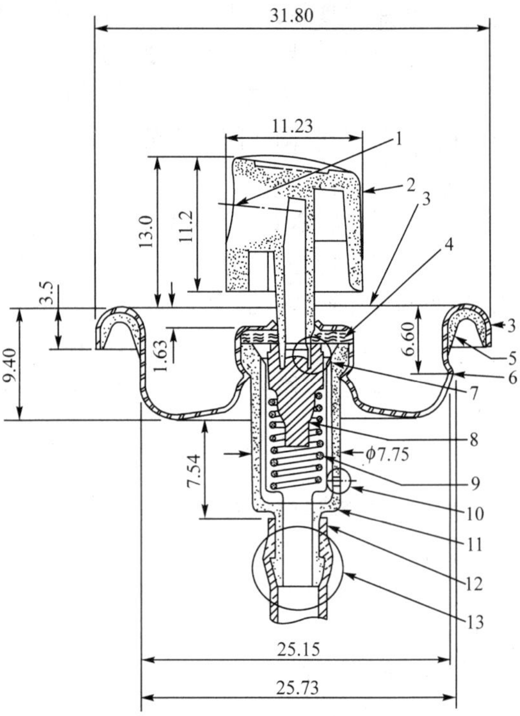

图 5-45 凹型阀门

1—按钮喷孔 2—按钮 3—阀杯 4—杯垫圈 5—溶胶内衬 6—陷窝 7—阀杆喷孔 8—弹簧杯 9—弹簧 10—排气孔门 11—阀体 12—吸管 13—体喷孔

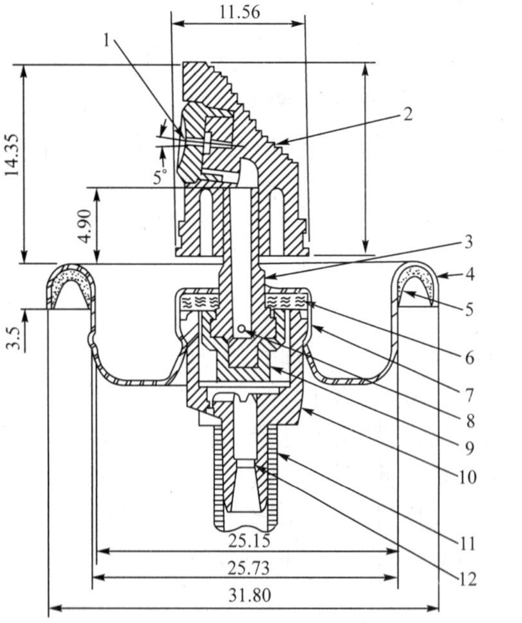

图 5-46 套柄阀门

1—按钮喷孔 2—按钮 3—阀杆 4—阀杯 5—溶胶内衬 6—阀杆垫圈 7—基座 8—阀杆喷孔 9—阀座 10—阀壳门 11—吸管 12—阀体喷孔

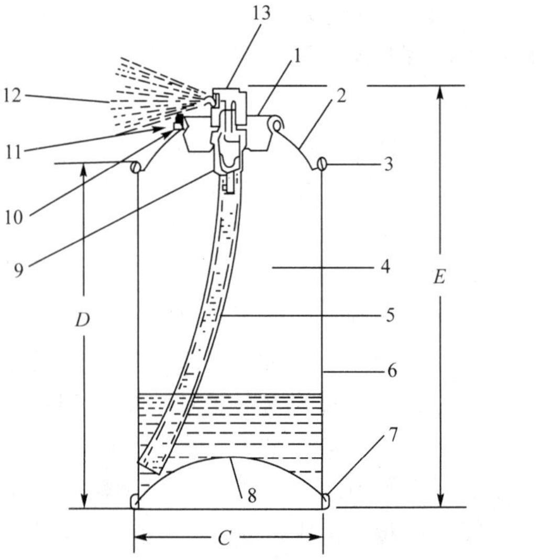

图 5-47 罐体结构简图

1—安装杯 2—钟形顶盖 3—顶部双卷边缝 4—蒸气相 5—液下管 6—罐身 7—底部双卷边缝 8—底端 9—壳体 10—罐突缘 11—阀拱顶 12—喷雾 13—按钮 *C*—直径 *D*—高度 *E*—总高

美制罐 211×604，其直径为 2 + 11/16 = 2.688in（68.28mm），其高度为 6 + 4/16 = 6.250in（158.8mm）。结构尺寸见最小的镀锡钢板按钮式罐为 202×200（54mm×51mm），其满容量为 3.4 盎司（97mL）。表 5-10 所示为典型的按钮式喷雾罐的尺寸和容量系列。

表 5-10　　典型的按钮式喷雾罐的尺寸和容量系列

规　格	公称尺寸/（mm×mm）	包括双重卷边的直径/（C/mm）	从底到上部双重卷边的高度/（D/mm）	总高度/（E/mm）	容量/mL
202×214	54×73	55.3	72.7	82.8	142
202×509	54×141	55.3	141.0	151.1	278
207.5×701	63×179	62.7	179.1	199.2	477
211×413	68×122	68.7	122.0	142.2	389
211×604	68×159	68.7	158.8	178.8	503
300×709	76×192	76.6	192.0	212.1	764

2. 容器材料

（1）镀锡薄钢板　采用基材平均厚度为 0.15～0.16mm，镀锡层量（双面）为 5.65g/m^2 的镀锡薄钢板。由于价格原因，目前镀锡层量最薄已达到 1.14g/m^2。

制罐体用的薄板选择最轻量的，厚度 0.155～0.251mm。

制作罐底和罐顶用的薄板则选相对厚些的，厚度 0.343～0.358mm。

美国多数采用 DR—8 号板（DR—二次减薄冷轧，8—硬度相对值），它具有比同等厚度其他钢板有更大的硬度、强度和抗压陷性，成本也较低。

采用超薄型钢板，可能存在的问题就是抗挤压能力差及在充填过程中抵抗抽真空所造成的内凹陷能力较低。在加入物料后但未加入推进剂前很多罐体都要与阀体进行真空压接。

（2）镀铬板　有的镀锡板经流体抛光处理后，放入加热的重铬酸钠溶液中，并通上电流，表面镀上一层极薄的铬和氧化铬，可改善涂漆粘附力，其抗氧化性和低温焊接性可达到最佳。

日本研制出一种金属铬和氧化铬双层镀铬钢板（ECCS），其镀层非常均匀，成本也较低。它对涂漆粘附性很好。

3. 耐压性

在美国，按运输部（DOT）的危险品运输法规，将按钮式喷雾罐的耐压值分为三个类别，见表 5-11 所示。

表 5-11　　按钮式喷雾罐的压力、厚度和验收值

项　　目	无规范的	DOT 规范 2P	DOT 规范 2Q
DOT 54.5℃时的产品压力/MPa	1.07	1.20	1.34
DOT 规定的最小厚度/mm	无	0.178	0.203
DOT 破坏性检验的最小极限（破坏率）	无	1/25 000	1/25 000
永久变形压力，非正式行业中的最小值/MPa	1.14	1.27	1.45
爆破压力	1.55	1.76	1.96
DOT 规定的最小值/MPa	1.65	1.86	2.07
非正式行业中的最小值/MPa			

注：DOT2P 和 2Q 薄板的最小厚度系指钢制罐的厚度，铝制的要更厚一些。以卷材形式供货的 DOT2P 罐用的 lb 31.8kg 钢板和 DOT2Q 罐用的 36.3kg 钢板应是 99.69%以上，面积的厚度分别在 0.1778mm 和 0.2032mm 以上；DOT2Q 规范不包括 76.2mm 直径的罐；破坏性检验一般由制罐厂进行，而铝罐则由销售商或罐装承包商进行。

第一类为无规范类，第二类为 DOT 规范 2P，第三类为 DOT 规范 2Q。这三类规范中的产品的耐压力、最小厚度、塑性变形压力和爆破压力的要求是逐渐增加的。

按法规，喷雾罐是在 55℃ 时的压力下进行校验的。DOT 还要求对喷雾罐成品作热水槽处理（57～71℃，40～120s）以确保 55℃ 时能达到预定压力验收值。

4. 内涂料

为了增加容器对内装物料的耐蚀性，容器内壁常涂以单层、双层或三层内涂料。对某些不含水、与罐体材料无化学反应的产品，则容器内可不涂内涂料。

内涂层作业是在制罐身和罐底前进行的。内涂层使用环氧－酚醛树脂，脲－甲醛－环氧树脂等。若要增强密封性，在焊缝上可加镶条或在卷封前加有机溶胶衬料。某些化工油漆产品含有二氯甲烷、丙酮等一些能溶解乙烯基树脂的熔剂，则除了加边缝镶条，再加酚醛外层涂料。

（三）铝制喷雾罐体

铝制按钮式喷雾罐最早出现于 1948 年。铝罐是无缝的，经深度冲压而成。其规格也用直径和高度来表示，美国用外径，欧洲用内径。如 325mL 的铝罐，美国规格为 2.086in×6.5in（53mm×165mm）；而欧洲规格为 2.052in×6.5in（52mm×165mm）。

1. 普通型铝罐

其产品有除臭剂、香水、花露水、香粉等。

2. 活塞型铝罐

用标准双重卷边将罐顶装到罐体上之前，将一个形状如倒置的杯子，尺寸2in×1.6in（51mm×41mm）的聚乙烯活塞插入到罐顶和罐身的交接处。然后将产品充入铝罐，装配上阀门并接在柱塞式灌装机上，通过罐底一个预留孔将推进剂压入铝罐中。然后用一个直径为0.1875in(4.76mm)的氯丁橡胶塞紧紧压入小孔并切除多余料。这样就将液化的气体封在活塞以下的罐底部空间，并使活塞受到一个向上的力，当阀门打开时，活塞就能将非充气的产品挤出去。如图 5－48 所示。

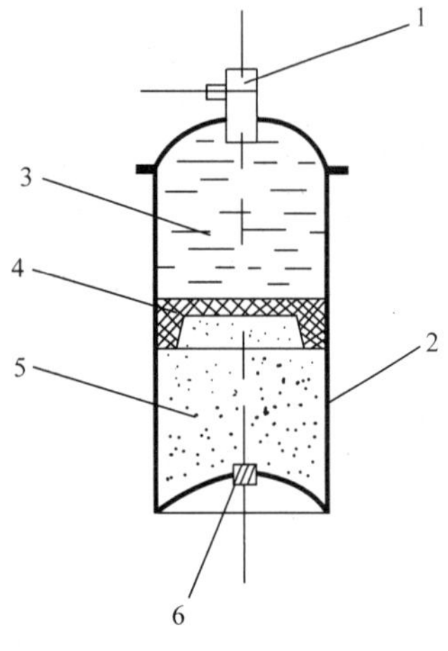

图 5－48 活塞式铝制喷雾罐

1—阀门 2—铝罐 3—物料
4—活塞 5—推进剂 6—底塞

（四）玻璃喷雾容器

主要用于药品。这种玻璃压力容器，用钠钙配方Ⅲ型玻璃制造。如不进行涂塑则需作热端处理和冷端处理，以提高其韧性，减少使用中被擦伤碰伤和腐蚀的可能性。

通常使用黏胶型高分子量 PVC（如 HMW—PVC）涂层涂敷于瓶体表面，可增加拉伸强度，耐磨性和吸震性。

按钮式玻璃喷雾罐，由于要耐受内压作用，比起泵式玻璃罐体重量大些，若破裂还会放出可燃性碳氢化合物或二甲醚气体。其优点是微滴比泵式喷出的要细微得多，如支气管扩张剂的微滴大小约 4μm，但泵式喷滴要达 60μm，故尤其适合于医药业。

（五）特殊按钮式喷雾罐

1. 边沿排气式罐体

上端双重卷边的顶部每隔一小段距离有一刻痕，当加压到大约 1.38～1.58MPa 时，顶端会向外膨胀，使那些经加工硬化处理的刻痕撕裂开并产生一系列微孔，可释放过高的内压力，这样就能防止罐体的爆裂。

2. 分室式罐(或称衬袋罐)体

使容器内的推进剂与物料分室隔开。代表产品是美国大陆制罐公司的赛普罗罐(Sepro Can)。在54mm×41mm的铝罐内装有一个有着折褶可涨缩的塑料袋,袋口沿上卷边部分地卷包,固定挂住在喷雾罐体上端口。向袋里充填入产品,然后将一个尺寸略小一点的标准阀压装于袋子的顶部,并使袋口向外卷边,再靠扩张的方法将顶盖安装杯对着袋与罐的卷边压紧,形成封闭。此后,通过罐底中心孔将液化推进剂注入罐中下部空间,最后用气动锤将胶塞紧紧压进小孔内完成密封。如图5-49所示。

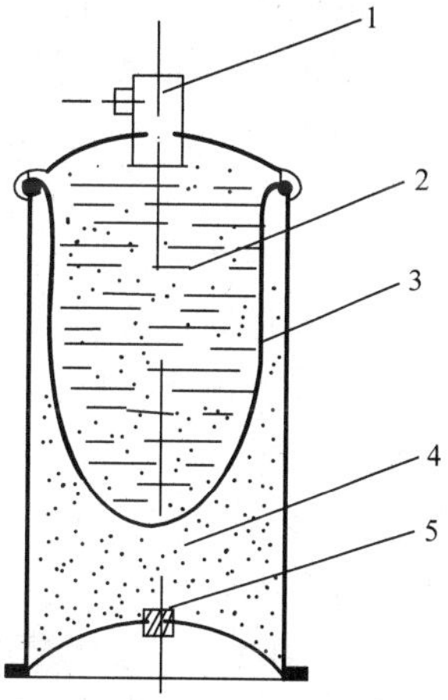

图 5-49 衬袋式罐体结构
1—阀门 2—物料 3—衬袋 4—推进剂 5—底塞

3. 气囊式喷雾罐体

其代表性产品是Enviro-Spray-Corp的系列喷雾包装,规格如54mm×141mm。产品先被加进空罐内并插入一个非常特殊的小袋,阀被安在罐上并压接到位。当水溶性聚乙烯醇胶囊薄膜溶解时,这个胶囊里的柠檬酸液将与隔离室里的碳酸氢钠接触反应,产生预定量的CO_2气体。气体把袋子吹胀到一定程度,足以将容器内压力上升到720~790kPa,形成产品的喷射。喷射时压力逐渐下降,袋子进一步膨胀,使内壁破裂而露出另一个柠檬酸胶囊,待与碳酸氢钠粉发生反应。在喷雾罐使用周期中,这一过程大约重复6~7次,以保持容器内压力不变。

(六)机械泵式喷雾罐

机械泵式喷雾可分为推压按钮式和枪机式两种。机械泵式喷雾包装不须承受较大内压力,大多采用HDPE、PP、PVC、PET和玻璃材料容器。

泵压式喷雾器机械泵(阀)结构见图5-50(a)(b)。当促动器刚一按下,腔室中的部分气体被压出,由容器内的液体来取代。腔室上端的一个阀门防止空气重新进入腔室。促动器每

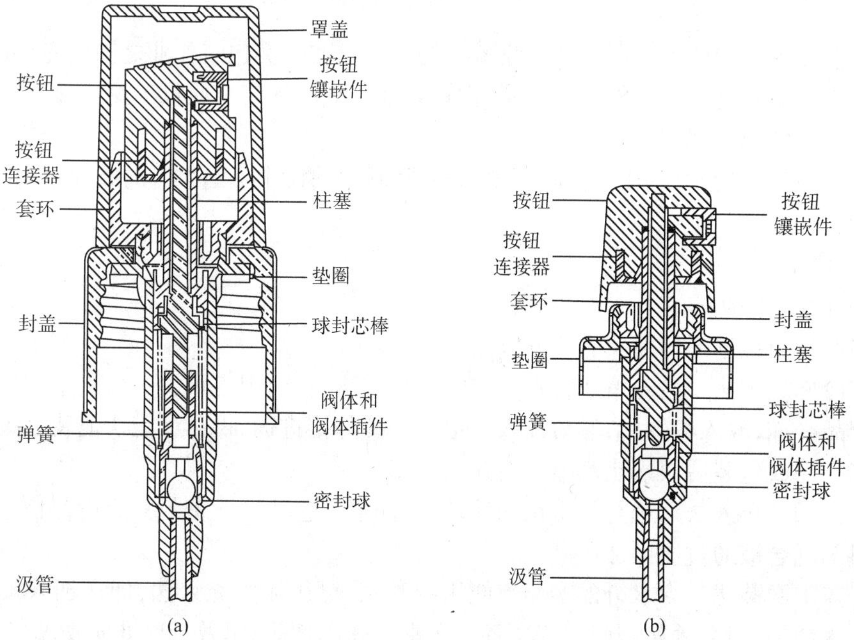

图 5-50 按压式机械泵结构示意图
(a)SL-200型按压泵 (b)SL-400型按压泵

按一次,更多的液体进入腔室——腔室底部的一个阀门防止液体流回容器——直至按动四次或五次后,液体从孔眼中流出。当液体从腔室泵出时,同样数量的液体会从容器流入腔室。

新的细雾喷雾装置的奥秘在于它们可以使压力在腔室内形成,直至稍微一按促动器就可喷雾而不是喷出细流。腔室内的弹簧使阀门在容器顶部就位,直至在腔室内形成足够的可产生喷雾的压力。当腔室内的压力大到足以超过弹簧的压力时,阀门被迫打开,于是就开始喷雾。

泵压式喷雾罐比标准按钮式更为复杂。对于黏度大的溶液,对含有固体成分的分散体及可能会在计量筒内分层的两相液体产品的适用性要差些。因为机械压力泵不足以产生很大压力迫使大黏度产品喷出;另外,喷出后下一次产品充满计量筒的过程相当缓慢,喷出量减少,并带有溅射现象。

由于其包装系统整体密封性稍差,那些易受外界微生物或空气影响的产品,不宜采用泵压式喷雾包装形式。

(七) 其他不用推进剂的喷雾包装

具有回弹性功能的橡胶容器式喷雾包装,可完全摆脱推进剂。其代表性产品厂家如美国Atmos和Akro,德国的FlexPack等。

橡胶囊有两种类型:

一种为其一端开口与阀相连,另一端为盲端。另一种为其两端均开口的橡胶管,里面嵌入一塑料皱折内胆,此内胆一端与阀相连,另一端为盲端。

生产时药液在压力下经阀门装入内胆内,橡胶管呈卵形膨胀并记忆能量。当阀门打开时,橡胶管的回弹力将药液呈雾状挤出喷孔。

此种喷雾器无燃爆危险,外包装形状自由。广泛用于化妆品、消毒剂、除臭剂、杀虫剂等产品。

三、喷雾包装的制造方法

喷雾包装主要零件如容器、阀门、喷嘴等的生产已在喷雾包装作业之前由专门的制造厂完成。这里所述主要是指产品料剂的配制、物料和推进剂的灌装及质量检测三部分。

(一) 产品料剂的配制

按照各种产品的性能用途和使用要求进行料剂的配制,是专门的技术领域,在此不作详述。

(二) 灌装

1. 一般灌装方法

内装产品与推进剂的灌装有三种方法。

(1) 冷冻灌装法　是充填非含水产品的最早方法,目前用得很少。

把产品冷冻,放入容器中,然后加入一定量的冷却推进剂,再尽可能快地装上阀门,同时把卷边封好。完成包装后放入热水槽中检漏。

(2) 经阀门压入法　这是最常用的灌装法,即喷雾包装装配密封完成后,由专用装置将推进剂和料剂混合液通过阀门加压灌入。

(3) 盖下灌装法　含水分的产品不能用冷灌法,可用压力充入法,即在加入推进剂前,在室温下装入浓缩物料,并将阀门定好位置。在密封阀门之前,用微量推进剂放入容器中将原有空气逐出,然后再将大量推进剂通过阀杆压进罐体。阀门卷边之前,将推进剂从阀盖下快速注入。

2. 其他喷雾包装的灌装方法

(1) 压缩空气作推进剂的灌装法　利用压力平衡原理进行冲击灌装。

有一种边充气边振摇的灌装机(1996 年 BWI 制造的 KP－Aerofill 机)其振摇速度 300～500r/min,共 10～18 个工作头。边充灌边振摇可防止压缩空气灌装结束后滞留在阀门导管中,以免当第一次启用时被喷出,可促进其在料剂中充分吸收。

(2) 二元包装系统灌装法

①囊阀型(衬袋型): 先用盖下灌装法装入推进剂,同时将囊阀固定在罐口,再将物料经阀门压入囊中。②活塞型: 先将剂料装入活塞上部罐中,封上阀门后将推进剂自罐底小孔充入罐中活塞下部空间,随即压入小孔胶塞。

(3) 后泡胶灌装法　后泡胶(Post Foaming Gel)是一种混有低沸点发泡材料的凝胶——26℃沸点,异戊烷和异丁烷(9:1)混合物,加到产品中去经轻轻摇动即可喷出泡沫状胶体。

在剂料灌入囊中之前将凝胶与发泡剂混匀,而后立即经阀门充装入囊,一旦充灌完毕迅即以盖下灌装法将推进剂装入容器中,使得复杂的剂料混合,剂料灌装和推进剂灌装在一个工位上完成。

(三) 检测

(1) 水浴检漏法　这是主要靠人工的检测方法。对马口铁罐,靠磁性引导原理,使钢罐产品在水浴槽中行进并检查泄漏否。对铝罐,需以带铁器的塑料套或传送夹具使之在水浴槽中行进并检漏。

(2) 电子检漏法　1993 年 Pamasol 公司推出一种电子检漏仪,可检测出 0.003mL 量的推进剂泄漏。

(3) 测压检漏法　1996 年 Pamasol 公司推出新一代测压检漏机,此法方便、快速、可靠。它在一个周期内可完成三个动作:①检查罐口有无变形,是否密封; ②将罐肩与检测密封口之间的空气抽出,至压力为零; ③测 2～3s,若密闭空间的压力≥150Pa,说明此罐有泄漏。

(4) 声呐检漏法　利用受压容器及管道泄漏时会产生的噪声,将其放大来探测很小痕迹量的泄漏。

第八节　辅助包装技术

在各种包装技术与方法中,一些具有通用性工序,如封缄、捆扎、贴标、打印和防伪包装等,常被称为辅助包装技术。所用材料如粘合剂、胶带、瓶盖和金属钉等,被称为辅助包装材料和元件。“辅助”包装工序在包装质量和功能方面起到重要作用,特别是新型包装辅助材料的不断出现和新的工艺的不断应用,使辅助包装技术越来越显示其关键作用。

一、防伪包装技术

防伪包装技术就是指在药品包装过程中对制作假冒伪劣药品的行为起遏制作用的一系列技术手段。防伪包装技术主要以药品为对象,它是防伪技术的组成部分,又是包装技术的组成部分,因此防伪包装既有防伪技术的一般功能特点,同时又适合于药品包装的自身特点。

目前的防伪技术有两个显著的特点: 一是防伪手段的技术含量越来越高。二是防伪手段的有效周期越来越短。利用包装技术防伪是目前大多数生产厂家采用的主要防伪措施,但有些产品即使采用了防伪技术，甚至是高新技术的产品也不能有效地防伪。因此对防伪包装原理和选择使用原则作系统而科学的研究与定位是十分必要的。

（一）防伪包装技术的定位与选择

在对防伪包装手段深入研究和具体应用之前，需要对药品的属性及流通销售多环节作综合考虑，以确定所使用的防伪包装方法的具体手段、技术特点、生产投入、预期效果、有效周期等。在防伪包装的分析定位中，需要从以下几个方面进行探讨：

（1）药品本身的经济价值和社会价值。一般，防伪包装技术应与药品价值档次相匹配。

（2）采用的防伪包装的技术开发费用和生产成本占产品总的开发和生产成本的比率合理。

（3）药品的属性特点和消费层次相吻合。

（4）所采用的防伪包装技术对应的识别检测方法。识别方法和工具应性能可靠，简便实用。

（5）流通中防伪辅助管理手段的有效选择。如通过专卖店销售、封闭式零售点网络可有效防止伪劣品进入销售环节。

（6）产品生产规模化、自动化和标准化。使伪造商难以生产价格更低的伪劣品。

（7）所采用的防伪包装技术手段的可改进性和升级换代的可能性。

防伪包装技术可分为两个层次：第一层次是面向普通消费者的。其识别方法通过宣传可迅速为大众接受，不需专门的仪器检测。此类防伪包装手段，成本较低、简单易行且有效，适合于超级市场中的一般消费品。第二层次是面向专家和厂商的。其防伪秘诀不为一般消费者所知，需借助专门仪器或专家作鉴别。此类防伪包装手段较多地用到特种工艺技术，以增加伪造的难度。特别适用于那些价值较大，社会影响明显，流行周期长的产品。

（二）防伪包装的常用手段

目前防伪包装手段名目众多，仅防伪标志就有一百余种，但从总体分析，防伪包装技术集中于以下几方面：①防伪标识；②特种材料与工艺；③印刷技术；④包装结构等。

选择防伪技术应视药品属性与价值而定。根据所作的防伪包装定位分析，可采用单一技术防伪，也可采用多重技术防伪。简单、实用、有效、经济是选择防伪包装手段的重要原则。

1. 激光全息图像

激光全息图像是当前最为流行的防伪手段。全息图像综合了激光、精密机械和物理化学等学科的最新成果，技术含量高。每一张合格的全息模压图的完成，需要美工技术、专业技术人员和全息术专门工作环境的通力合作。一般来说，贴有全息防伪标志的药品，让人们选购较为放心。对小批量伪造者而言，激光全息标志的技术含量高，全套制造技术较难掌握。

全息照相的方法与常规照相不同，全息照相是利用光的干涉原理将光波的振幅和相位记录下来的。振幅表示光的强弱，相位表示光在传播过程中各质点所在的位置及振动方向。它记录了光的全部信息，而普通照相只记录了景物的光波强度信息。

激光全息防伪商标的制作工艺流程为：商标图案的选择与设计—拍摄全息图—制作全息图母版—制作金属模板—压印—复合—模切—成品。

2. 激光防伪包装材料

经过激光处理的材料兼有防伪和装潢两方面功能。改变全息图像标识的局部防伪方式，达到整体防伪效果。整个包装都经过激光处理，加上厂家名称、商标等，呈大面积主体化防伪，制假者无从着手。激光包装材料在光线的照射下呈现七彩颜色，增加了包装的美感。经过激光处理的包装材料共有四大类:(1)软包装袋:用高新技术制出激光薄膜,然后再和普通塑料薄膜复合,加上印刷形成激光材料软包装袋(或称镭射软包装袋),可用于食品、药品、化妆品等的包装。(2)硬包装盒:一种是先用高新技术制出激光薄膜,然后再和硬纸板复合,加上印刷形成。另一种是先在一般硬纸盒上印刷,然后再和经激光处理的上光膜复合,形成上光式硬盒。可做酒类、药品、日用品、化妆品等的包装。(3)手提袋:制作方法与硬纸盒相似,可制成规格大小不同的包装袋。可用于药品和食品等的包装。(4)镭射纸:镭射纸是直接用激光处理纸张。其生产工艺难度较大,成本较高,但容易印刷,便于处理,无环保问题。常用于烟盒、瓶贴、标签等。

3. 隐形标识系统

隐形标识系统包括使用特殊机能的防伪油墨印刷的标识、计算机形成的图案和商品中添加生物抗体三大类。这些标识在药品消费时必须通过专用的仪器检测或专家鉴定,这是在国内外获得广泛应用的防伪技术。

(1) 使用特殊性能的防伪油墨 它包括光变油墨、磁性油墨、荧光油墨与磷光油墨、热敏油墨四大类。光变油墨是一种较新的反射性防伪油墨,具有珠光或金属效应,彩色复印机都不可能复制出来。其价格高昂,销售控制比较严格。用光变油墨印刷出的产品,油墨色块呈现一对颜色,例如品红—蓝,绿—蓝,金—绿等,如果将油墨印迹层倾斜 45°左右,则可以使图案由一个色相向另一种色相转移。由于只有印品上墨膜较厚时,才可能出现显著的色漂移现象,所以其印刷特征是任何其他油墨或印刷方式无法仿效的。现一般只用于钞票印刷上。磁性油墨用于防伪印刷中已有近 30 年的历史了,至今仍广泛用于钞票及信用卡的磁性条码上,通过发展相应的电子技术,使检测业务实现了自动化。所用的磁性材料为氧化铁类和合金类(如钐钴合金)。荧光油墨是现代包装防伪印刷中应用比较广泛的油墨之一,分为日光型荧光材料和紫外线荧光材料两种。常用的是五色荧光油墨,这类油墨在紫外线下或在 X 射线下会产生明显的颜色变化,检测十分方便。磷光油墨是在油墨中加入磷光物质的晶体。这类物质在紫外线的照射下,吸收投射到它上面的光,然后再以一定的波长在一定时期内发射出来,且发出的光与本体的颜色不同。热敏油墨是在油墨中加入了热敏材料,这种热敏材料可分为无机类、有机类、液晶类等三大类。但它们都是重金属盐类,有毒,印刷适应性差,且腐蚀印版,在防伪印刷中不予采用。目前人们最感兴趣的是液晶温变材料,它是通过晶格的变化引起的光学性能变化。国内商标防伪中一洲洋参丸的封口就是采用的这种材料。

(2) 计算机形成的图案 由计算机产生全息图、计算机密码图案、计算机光学图案系统等。其特点是利用计算机分别产生全息图,产生一种类似象形文字的图案,将商品或其商标、纸张所固有的纤维随机图像加以捕捉并经数字化处理,再印到商品上,后二者形成的密码都不易破译,防伪性强。

(3) 在商品中加生物抗体是美国生物码公司成功开发的一种全新隐形标识系统 此系统包括两种物质:加入到产品中的标志化合物和用于识别标志存在与否,必要时作定量分析的抗体。标志化合物可选用日用化学品,但必须是持久的、惰性的和容易与产品融合的,并符合卫生法规的要求。抗体是特定的生物识别分子,每一种抗体只认识或结合一种特定化合物。标志物识别操作分两种:现场测试和实验室测试。既可测试标志物的存在与否,又可测试其精度含量,被替代或被稀释的产品皆可测出。

虽然普通消费者不能看到隐形标识,但检验人员可明察秋毫。与全息图标识相比,隐形防伪包装更具生命力。

4. 激光编码

激光编码封口技术是一种较好的容器防伪技术。在产品被充填完并封口加盖后，在盖与容器接缝处进行激光印字，字形可以跨骑在盖与容器上。

激光编码主要用于包装的生产日期、产品批号的印刷。激光编码技术也称激光"烧字"技术。由于激光编码机造价昂贵，只在大批量生产或其他印刷方法不能实现的场合使用。

5. 凹版印刷防伪

凹版印刷按原稿图文刻制的凹坑载墨，线条的粗细及油墨的浓淡层次在刻版时可加以控制，不易被模仿和伪造，尤其是墨坑的深浅。仿照印好的图文进行逼真雕刻的可能性非常小。故纸币、邮票、有价证券、珍贵艺术品一般都用凹版印刷。由于具有防伪效果，凹版印刷已逐渐推广到企业商标和包装装潢印刷等方面。

6. 特种工艺与材料

特种工艺是一种有效的秘密防伪手段，越是具有独特生产技术的产品越不容易被伪造。包装中使用或加入自己公司特有的材料，也是常见的防伪方法。如钞票中使用特种纸张并加入安全线。

7. 特殊的包装结构

一次性使用的包装容器，一旦开启即不能重复使用，这可以防止"真瓶装假药"一类的伪

此外大量使用的防窃启包装也具有一定的防伪功能，主要防止偷换与掺假。还有的是将

设计得比较复杂，使人难以假冒，或在容器结构方面、制造工艺方面加入自己公司的技术

三）防伪包装的最新发展

管防伪技术日益成熟，防伪包装的应用也相当广泛。但我国的防伪现状却不容乐观。

我国商品防伪标识使用混乱，激光全息标识也受到"伪造仿冒"浊流的侵蚀。目前，正在研制具有更好防伪功能的全息图形技术（高质量全色真三维全息技术、复杂动态全息图技术、加密全息技术、数字全息技术和特殊全息图载体技术）。

二、药品包装封缄技术

封缄也称封闭、封合，是指包装容器装过产品后，为了确保内装物品在运输、储存和销售过程中保留在容器中，并避免受到污染而进行的各种封闭工艺。包装封缄的方法和使用的材料和元件种类很多，如黏合、封盖（塞、帽等）、热封和钉封等。

（一）黏合

两种同类或不同类的固体，由于介于两者表面之间的另外一种物质（粘合剂）的作用而牢固结合起来的现象叫黏合。简单地说，黏合是使用黏合剂进行封合的方法。这种方法具有工艺简单，生产率高，结合强度大，应力分布均匀，密封性好，适应范围广，并有增加绝热、绝缘性能等优点，在包装工业中广泛用于纸、布、木材、塑料、金属等各种材料的结合。在封口、复合材料的制造、封箱（盒）、贴条、贴标等过程中，起重要作用。

1. 黏合理论

黏合剂与被粘物之间必须有较大的结合力才能形成牢固的结合。这种结合力可以是：机械力——黏合剂渗入被粘物中，形成"胶钉"形式的力；分子间力——范德华力、极性分子间的定向引力；化学力——由离子键、共价键、氢键等化学键形成的力等。

黏合剂与被黏物的结合主要的黏合理论有：吸附理论、机械理论、扩散理论、静电理论、极

间内即可达到满意的黏合效果。这是当前包装用得最多的胶带。常用胶黏带介绍:①牛皮纸胶粘带:这是最便宜、最常用的一种。在瓦楞纸箱封缄中,使用量占四分之三,强度稍差,对沉重物品或长距离运输包装不太适合。因胶带背面有防黏硅膜涂层,多层箱堆垛时,容易滑落。②布基黏胶带:抗拉强度和耐冲击强度均好,柔软而有弹性,黏合剂涂层较厚,对胶合板之类的粗糙表面也能很好粘合。最适合沉重物品及出口商品的封缄。一般是用人造纤维织物作基材,价格比牛皮纸胶带贵。③聚丙烯胶粘带:与布基胶带相比抗拉强度差一些,但耐冲击强度与布基胶带相近,胶膜厚度为40～60μm,可根据瓦楞纸箱的重量选用。一般情况下,纸箱内装物品为20kg以下时,选用牛皮纸胶带;20～30kg时,选用聚丙烯胶带;30kg以上时,选用布基胶带。

胶黏带使用方便,今后将成为外包装的主要封缄材料,特别是在自动包装机上应用。

(二)热封方法

热封法也称加热黏合,与以上所述的涂胶黏合和胶带黏合方法完全不同。热封法不用外加材料,仅靠包装材料本身加热后熔化而黏合。因此,其研究对象主要是塑料薄膜、塑料捆扎带等。常用的热封法有以下几种。

1. 板式热封法

如图5－54所示,将待封的两层塑料薄膜平放在有伸缩性的耐热橡胶热板上,用加热后的加热板压在封口处。过一定时间提起加热板即完成热封。

这是热封作业中最普通的方法,因结构和原理都很简单,封口速度也较快,所以,广泛用于聚乙烯、聚乙烯/玻璃纸复合薄膜的封合。由于加热是持续的,不适合用于热收缩薄膜和容易热分解的薄膜(如聚氯乙烯)。

2. 滚轮式热封法

如图5－55所示,加热滚轮中的一个或两个,将待封的两层塑料薄膜通过转动的两滚轮之间,就可以完成热封。

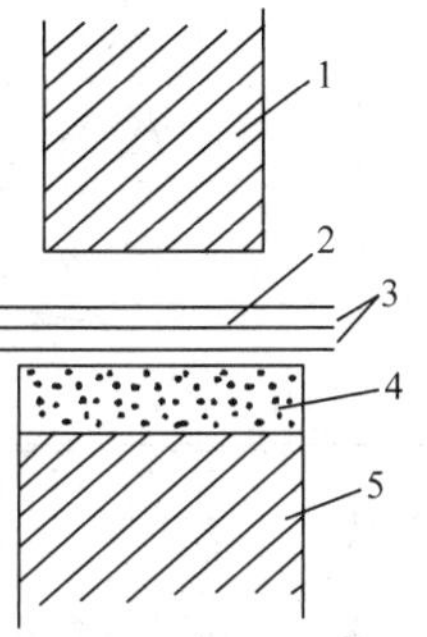

图 5－54 板式热封法
1—加热板 2—热封部分 3—塑料薄膜
4—耐热橡胶 5—支撑台

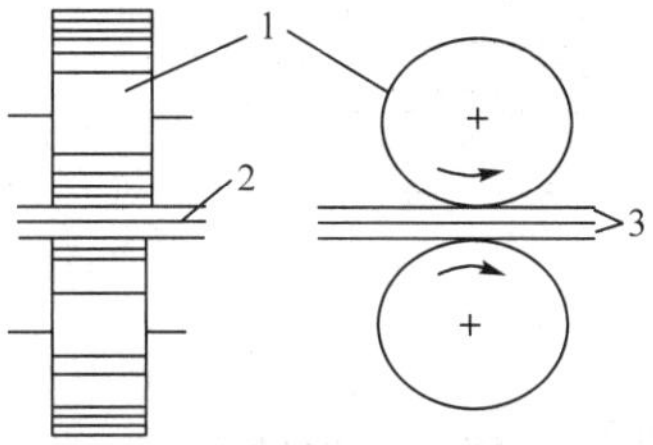

图 5－55 滚轮热封法
1—加热滚轮 2—热封部分
3—塑料薄膜

此法的特点是连续热封。可用于塑料薄膜(如聚乙烯/玻璃纸复合薄膜),由于支持薄膜的材料如玻璃纸、铝箔等,加热后不产生热变形,因而不影响包装件外观。但对单一薄膜来说,会产生皱纹,影响外观,故不适用。

3. 带式热封法

如图5－56所示,待热封的两层薄膜夹在两条回转的金属带中间,随着金属带的运动,塑料薄膜通过加热板和冷却板而完成热封。由于薄膜在热封过程中被金属带夹持,所以对单一薄膜连续加热也不会产生变形。此法所用设备较复杂,多用于半自动封口机。

4. 滑动滚压式热封法

如图 5－57 所示，与滚轮式热封法相似。但待热封薄膜是在两块加热板之间的缝隙滑过而加热，经加热软化的薄膜，通过一对不加热的滚花轮，一边压紧一边滚压出各种不同花纹。此法可用于热封变形大的塑料薄膜，并可连续操作。因结构简单，封口可靠，故广泛用于制袋机和自动包装机。

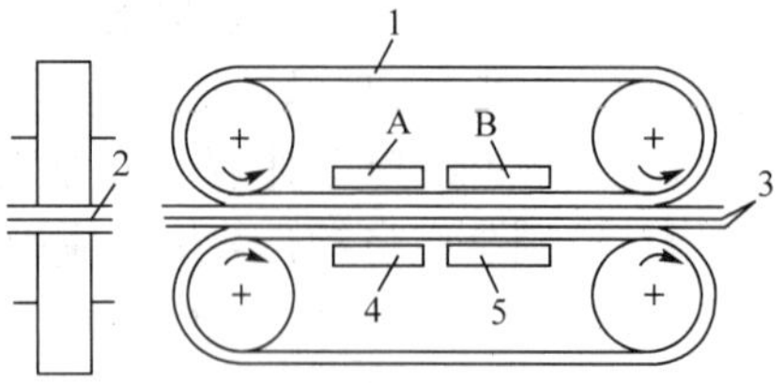

图 5－56 带式热封法

1—传送带 2—热封部分 3—塑料薄膜
4—加热器 5—冷却端 A—加热区 B—冷却区

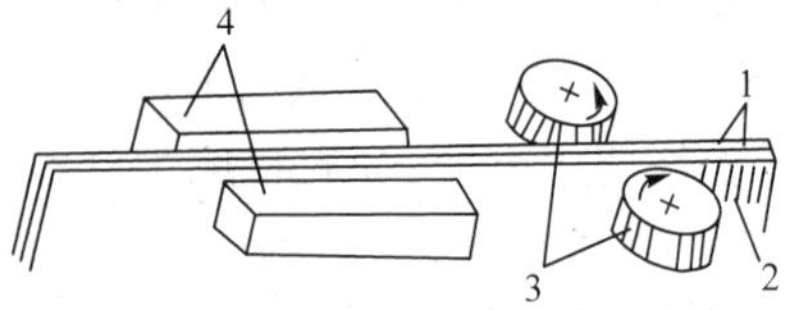

图 5－57 滑动滚压式热封法

1—塑料薄膜 2—漆花压纹
3—滚花轮 4—加热板

5. 脉冲热封法

如图 5－58 所示，在热封压板的下端装有镍铬耐热合金丝，热封时瞬间通过脉冲电流，加热镍铬合金丝，将合金丝压在薄膜上，当合金丝离开热封部分时已经冷却。

这种方法与板式热封法相比，结构较复杂，需要冷却时间。因此，封合速度受到限制。尽管如此，因能得到稳定而满意的封合效果，所以，对封合强度和密封性要求高的包装液体物料的制袋机，以及真空包装的封口等仍然广泛采用。

6. 超声波热封法

如图 5－59 所示，由高频振荡器将高频电能输送至磁致伸缩振子，转换为纵向机械振动。再经过指数曲线型振幅扩大棒，产生超声波，施加于重合的待封薄膜表面使薄膜熔化而封合。

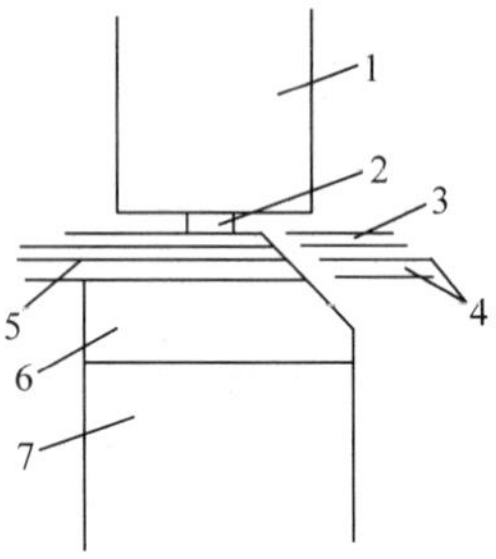

图 5－58 脉冲热封法

1—热封压板 2—耐热合金 3—防粘材料
4—塑料薄膜 5—热封部分 6—耐热橡胶 7—支撑台

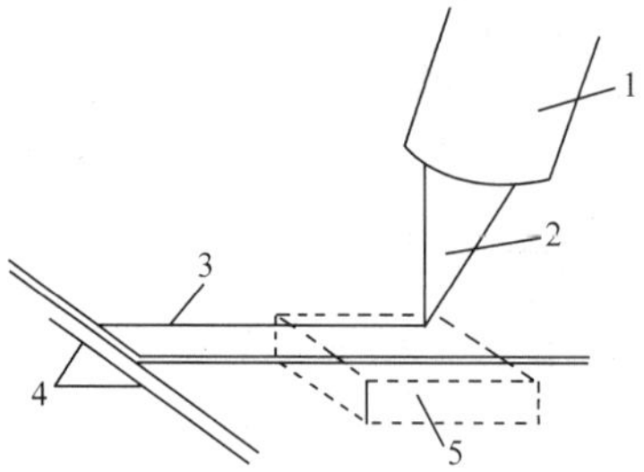

图 5－59 超声波热封法

1—磁致伸缩振子 2—指数曲线振幅扩大棒
3—热封部分 4—塑料薄膜 5—耐热橡胶热板

7. 高频热封法

用上下两个电极压住薄膜，加上高频电压，由聚合物的介电系数损失发热而熔化完成热封。热封部分的最高温度是在热封面，所以薄膜不会过热，能得到强度高的封合缝。这种方法加热快，主要用于介电损失大的聚合物，如聚氯乙烯等。

高频热封法与超声波热封法一样，发热是以薄膜重合面为中心产生的，所以适合于热收缩薄膜的热封，并可连续作业，常用于制袋机和包装机上。

（三）用封闭物封缄

封闭物是包装容器装进产品后，为了确保内装物在运输、储存和销售过程中保留在容器里并避免受到污染而附加在包装容器上的盖、塞等封闭物或覆盖器材的总称。

封闭物种类繁多,功能各异。需根据包装容器、被包装物品来选择。

1. 用于瓶、罐类包装件的封闭物

这类封闭物主要是盖和塞。盖的种类很多,目前多为金属和塑料制成,常用以下几种。

(1) 螺旋盖　是内表面有连续螺纹的圆形盖,用金属或塑料制成。盖内的螺纹能与玻璃瓶、软管等容器的瓶口或颈部的外螺纹啮合。这种盖广泛应用于药品包装。重要的是选择适当的旋盖扭矩和相应的密封垫。

(2) 快旋盖　是用于玻璃瓶的金属盖,盖内有塑料溶胶密封垫,盖上有一系列等距离朝里突出的耳状物,与瓶口间断的外螺纹啮合,旋转不到一圈便可将盖拧开或旋紧。

(3) 王冠盖　是一种金属盖,用组合软木或塑料的衬垫,盖边制成纹形,与瓶口的环形部分啮合密封,适用于含碳酸气饮料。这种盖在压盖机的压力下装于瓶口,因盖内有弹性衬垫,所以密封性好,能经受瓶内较大的压力。开启后不能重复使用。

(4) 易开盖　是一种金属罐头盖,在开启部位有刻痕,装有提拉附件,以方便开启,有拉环式、拉片式、按钮式等不同形式。

(5) 滚压盖　用韧性金属(常用铝)制成的盖。这种盖供应包装用户时没有螺纹,加盖时将盖坯套在玻璃瓶的封口部分,用机器在盖上滚压出螺纹,与瓶口的螺纹啮合。广泛用于药品包装和含碳酸气体饮料。这种盖可以得到很好的密封性(与衬垫或塞配合)和完美的外观。另一方面在盖的下部往往制出防盗圈。当盖被开启后,此圈与盖分离,可向用户显示包装已被开启。

(6) 儿童安全盖　盖子的结构应设计成使绝大多数五岁以下的儿童短时间内难以开盖。装有毒物质或有害物质的容器配上这种盖对儿童比较安全。

塞多用于狭颈容器,用软木(天然的和人造的)、橡胶和塑料等制成。由于各种盖不断发展,塞的应用范围不断缩小,有的与盖合为一体,有的已被盖所代替,但有特殊物品的包装仍需用塞封缄,如无菌的抗生素粉剂及瓶装医用注射液等。

此外有的瓶、罐类还有第二封口。如蜡、纤维素、金属箔片、热收缩性塑料以及其他衬垫等。它们主要起防气、防湿、装潢和防盗的作用。

2. 用于纸盒、纸箱的封闭物

纸盒、瓦楞纸箱的封缄除前面已讲过的用胶粘合或用胶带封合的方法外,还有用卡钉钉合的。

卡钉是用金属制成的,与钉书机用钉相似。常用的有带型与U型两种。带型卡钉是将圆的或扁平的金属丝钉子用塑料粘成带状,可成卷供应,使用方便,并可避免由于连接不良所造成的断钉或卡钉变形以及操作上的损失。卡钉经过镀镍,防锈性能良好。使用带型卡钉的封箱机一次可装1 250～4 000只钉,可减少装订的麻烦。对各种厚度的瓦楞纸箱,均能保证封合质量,并可进行深钉或浅钉,不会破坏箱内的衬里。U型卡钉呈U型用胶粘成条使用。经过防锈处理,可长期保存,卡钉连接强度良好并且柔软,具有通用性,可在手动、气动和自动封箱机上使用。

三、捆扎技术

捆扎是用挠性捆扎材料(或另加附件)将多件无包装或有包装的货物捆在一起,起到集装货物,固定货物和加固包装容器的作用。可防止货件移动、碰撞、翻倒或塌垛,还能起防盗、装饰的作用。

（一）捆扎材料的技术性能

货物经捆扎后，捆扎带就会长期受到拉伸力的作用，并受到流通环境因素的温湿度和其他因素的影响，为保证货物捆扎的有效性，就应该了解捆扎材料的物理机械性能，以便正确合理地应用。

（1）强度　捆扎材料抵抗拉伸变形的能力是用抗拉强度和拉断强度来表示的。

（2）延伸率　延伸率即断裂伸长率，是指捆扎材料经拉伸后的总长与原长的差别和总长的比率，用百分比来度量。延伸率表征材料塑性变形的大小，延伸率越小，则用该材料捆扎的包装件不易松散。

（3）延伸恢复量　它是指拉力去掉后，捆扎带缩回的延伸量，单位厘米（cm）。它表征了捆扎材料的弹性恢复能力。

（4）拉伸应力和拉伸应力衰减　捆扎材料受拉力后在其内部产生的应力称为拉伸应力。如果该材料在拉力作用下，保持一定时间后，应力将衰减，衰减的应力称为拉伸应力衰减。

（5）工作范围　是指捆扎材料在正常工作情况下，所承受拉力的大小。除钢带外，其余各种捆扎带在工作范围内所能承受的拉力为拉断强度的40%～60%。

（二）常用的捆扎材料

常用的捆扎材料主要有以下两类。

纸绳、塑料绳、麻绳、棉绳、合成纤维绳等捆扎材料，适用于轻小产品的捆扎集装；而用于捆扎集装运输中的非金属捆扎材料，主要是各种塑料捆扎带。

（1）聚酯捆扎带　这是一种最新型的塑料捆扎带，是塑料捆扎带中性能最好的，其拉伸强度较高，延伸率约为2%～3%，具有较好的保持拉力的性能。完全可代替轻型钢带，而成本比钢带低30%以上。聚酯捆扎带受潮后不会产生蠕变，有缺口也不会发生纵向断裂，且弹性回复能力强，即可用于硬质货物的捆扎集装，又可用于趋于膨胀的货物捆扎集装；因其耐化学腐蚀性好，还可用于瓶装化学药品包装件的捆扎集装；但聚酯材料受热产生难闻气味，其接头尽量避免采用热合法接合。

（2）尼龙带　尼龙捆扎带是成本最高的一种塑料捆扎带，其强度相当于中等承载的钢带，与聚酯捆扎带的强度几乎相同。与其他塑料捆扎带相比，延伸恢复量大，抗蠕变能力强，可紧紧捆扎在包装对象上，且可长期保持，因而适用于捆扎后沉陷的货件的捆扎集装，但因其延伸率较前者大，且在连续的强应力作用下会失去大部分保持应力而使包装松散。同时，受潮后强度降低，有缺口就断裂。

（3）聚丙烯捆扎带　聚丙烯捆扎带成本低于前两者，是一种性能差而应用最广泛的塑料捆扎带，其延伸率高达25%，保持拉力易减弱，仅适用于轻、中型的膨松货物的捆扎集装，即主要是用于瓦楞纸箱的加强性捆扎。聚丙烯的最大优点是具有抗高温、高湿和低温的能力。

（三）捆扎的操作过程

不论是手工还是机器捆扎，操作过程都相同。先将捆扎带绕于包装件或货物上，再用工具或机器将带拉紧，然后将带的两端重叠连接。绕带几乎全是沿物品的高度方向进行，也就是铅垂方向。小纸箱绕一道，或平行绕两道，也可绕成十字形的两道，较重较大的包装件或货物，沿宽度方向绕2～3道，必要时再沿长度方向绕一道。重型包装件可绕成“#”字形4道或更多。捆扎带两端的连接方式有三种：

（1）用铁皮箍压出几道牙痕连接　用于钢带捆扎重型木箱或货物，也可在手工捆扎塑料带时用。因牙痕不切开，故接头强度不削弱。

（2）用铁皮箍切出几道牙痕并间隔地向相反方向弯曲而连接　主要用于钢带捆扎重型包装件。

（3）用热粘合连接　在用机器捆扎塑料带时广泛采用。当捆扎时，经过绕带、拉紧过程后，用加热器将塑料带加热熔化一端，然后压紧冷却，即完成连接。

（四）捆扎工具与设备

捆扎工具与设备发展很快，不同用途不同规格的种类很多。用于包装捆扎的工具与设备，常用的有三类：手动捆扎工具、半自动捆扎机、全自动捆扎机。

（五）捆扎包装的设计要点

捆扎工作看起来很简单，只要捆紧不散即可，但在实际应用中却有不少因素要考虑。

（1）被捆扎物品的类型和性质　比如物品有坚硬的、松软的、有弹性的，还有物品的体积、重量以及物品本身能承受多大的力等。

（2）捆扎带的选择　前面介绍了几种捆扎带，选用前要对捆扎带的性质，如弹性、强度、对环境温湿的敏感性、应力保持与衰减等有充分认识，使得捆扎带能适应被捆扎物品的要求。

（3）搬运的方向，运输环境和工具的考虑。

（4）成本和经济效益。

四、贴 标 技 术

标签是指贴在容器上的纸条或其他材料，上面印有产品说明和图样，或者是直接印在容器或物品上的产品说明和图样，如印在桶、袋、塑料瓶、玻璃容器上的说明和图样。标签的主要内容包括制造者、商品名称、商标、成分、品质特点、使用方法、包装数量、贮藏应注意的事项以及其他广告性图案文字等。

标签的功能是介绍药品，方便使用。有时通过精选的图案和印刷，起到宣传药品，扩大销售的作用。

（一）标签的种类

1．按其功能分

（1）商标　商标是商品的牌子。商标的设计和使用，涉及到美学、商品的宣传和销售知识，以及商标的法规。归商标管理局统一管理，商标必须登记，取得许可后方能使用，同时也受法律保护。

（2）货签　是粘贴或拴挂在运输包装件上的一种标签。内容有：运输号码、发货人、收货人、发站、到站、货物名称及件数等，一般用纸、塑料或金属片等制成。

（3）吊牌　吊牌是一种活动标签，通常用纸板、塑料、金属等制造，用线、绳、金属链等挂在商品上，上面印有产品简要说明和图样。有些产品合格证也采用吊牌方式挂在商品上。

（4）其他标签　如合格证、检验员号与名称、价标等。

2．按放置在商品上的方法分

（1）胶粘标签　用薄片材料制成，一般用纸，经印刷后模切需要的形状。涂胶可在制造标签时完成，使用时用水将胶湿润后粘贴，也可以在使用时涂胶。

（2）热敏标签　制造标签时，在标签背面涂一层热熔性塑料。使用时将标签加热，使塑料涂层熔化，然后贴在商品上，热敏标签比胶粘标签价格高些，但使用简便，可适应高速度贴标的需要，特别适合于将标签当做封闭物用的包装件。

（3）压敏标签　在标签背面涂以压敏黏合剂，然后粘附在涂有硅树脂的隔离纸上，使用时将标签从隔离纸上取下，贴于商品上。压敏标签可制成单个的，也可在制造时，粘附在成卷的隔离纸上，用于高速贴标机。

（4）系挂标签　用卡纸、薄纤维板或金属卡制成，用线绳或金属丝系挂在商品上。

（5）插入标签　将标签放在透明的包装件内，不需要固定，从透明包装材料看到标签。

（6）直接印在包装件或包装容器上的标签　在玻璃容器上印标签，可以用陶瓷染料，印后高温加热熔化而存留在容器表面，成为永久性标签。还用于装某些药品的玻璃瓶，因为这些药品一旦失去了标签而被误用，会造成生命危险。

（二）标签的形式

标签的形式多种多样，常用的为长方形、圆形或椭圆形，此外，还有各种异形的。药品包装采用卷筒标签，大多数是长方形的，而且围绕一周，在大量生产中将标签印刷在卷筒材料上，操作时，一面切断一面粘贴，速度很快，这样可以避免贴错标签。瓶装商品用的标签，除了用长方形的以外，还有贴于瓶肩部和瓶颈部的。其他形状的标签都切成单个的供使用，但压敏标签例外。

（三）标签材料

（1）纸　一般的纸、涂敷纸和金属箔与纸的复合材料都可用来制造标签，但必须考虑纸的可印刷性和可粘性。因此，应当根据印刷方法和粘合剂选择标签用纸，而印刷方法则需根据标签图案的要求和印刷成本来决定。标签印刷之后，为了保护图案不被磨损，增加光泽，常常涂敷一层光泽透明的保护膜。

（2）金属箔及其复合材料　这类材料可以产生特殊的装饰效果，如金属光泽或凸起的图案。此外，当贴有标签的容器经常需要浸在冰中时，为了保持标签牢固地粘在容器上，也采用这种材料。

（3）塑料　除用收缩薄膜作的套筒标签以外，一般粘贴的标签不用塑料制造。有时用透明塑料薄膜标签，代替直接印在容器上的标签。此外系挂标签可用硬质塑料薄片印刷。

五、打印技术

打印是指在商品或包装件上打印各种经常变动的资料。如产品出厂日期、批号、代码、标志、药品保质期、有效期以及价格、成分、颜色、重量、尺寸等。这些内容对于商品仓储、运输、销售和消费者购买都很重要，而且要经常变化。因此，不能在印刷包装袋、包装箱和标签时大量印刷，必要时只印出空白框格，在包装后再进行打印。

现代打印方法分两类：一种是接触式打印；另一种是非接触式打印。

（一）接触式打印

接触式打印是指蘸有油墨的印字元件直接与包装材料或容器表面接触印字。包括湿印、热印和干印三种方法。其中湿印又分直接印和转印两种。

1．湿印

湿印用的油墨或颜料，是用油或其他溶剂调制的，呈流体状态，打印之后需经一定时间才能干燥。所以，称为湿印。

湿印时油墨从印字元件（如印章、印版和印辊等）上直接印在包装件的表面，称为直接印；油墨从印字元件先印到一个表面较软的转印辊上，然后再从转印辊印到包装件上，称为转印。

湿印是一种价格便宜的打印方法。湿印油墨需要保持指定的黏度，使用时易溅出或泄漏，需要经常擦洗,因此,湿印的劳动强度较高。此外,湿印的文字容易被抹脏,因此需要一定的干燥时间,这样会妨碍产品在车间内的流动。选用合适的油墨,是湿印的关键。

2. 热印

将需要打印的资料用热熔性油墨预先印在金属箔制成的带状衬底上,字迹是反的。打印时将衬底印有字迹的一面贴敷在包装材料表面上,然后加热使油墨熔化,字迹就印到包装件上。印出的字迹清晰,不会被涂抹,而且迅速干固。此法最适合用于要求打印结果清晰美观的场合。热印比湿印的价格贵一些,并需要有停机装衬底卷的时间,因此,打印费用较高。

3. 干印

用一个热熔性塑料辊,加热将油墨活化而进行打印,印出的字迹立即干固。打印操作可实现高速度,在每分钟打印 1 000 次的速度下,可连续工作而且打印质量很高。可在常用的各种包装材料上打印,油墨消耗缓慢,并容易组合到包装生产线上。

(二)非接触式打印

非接触式打印就是在打印时,打印机的任何部分都不接触被打印的表面。主要的方法有油墨喷射式和激光打印式两种。因非接触式打印,可以在不同材料、不同操作条件下使用,并能清晰地打印字迹和图案。所以,非接触式打印比接触式打印应用更广。

1. 油墨喷射式打印法

此法是将微小的油墨点从一个或多个喷印头通过缝隙喷射到位于生产线上的每一个包装件,形成点阵组成的字迹。字迹高度可从几毫米到 50mm 以上。

用一个微处理器控制所需字母和数字的程序,数目与喷印头数目相等。同时,通过传感器的作用与生产线的速度保持同步,以保证每个包装件都能正确地打印上代码。

油墨喷射是由压力或静电来完成,这种方法使用的打印机有很多种型号。可以沿水平方向;自下而上,自上而下;或者从任意角度打印。 在两种非接触式打印机中,油墨喷射式打印机应用较广泛。其操作过程如图 5-60 所示。

2. 激光打印法

由激光器、光束发送系统、光学成像系统和传感同步定位系统所组成。如图 5-61 所示。在光学成像系统中,除反射镜和透射镜外,还有一个刻有打印资料的模板。激光束穿过模板上的空隙及聚焦透镜在包装件表面成像。从激光器发出的瞬间高能光束,在包装件表面微观薄层按照成像的形状完成打印工作。

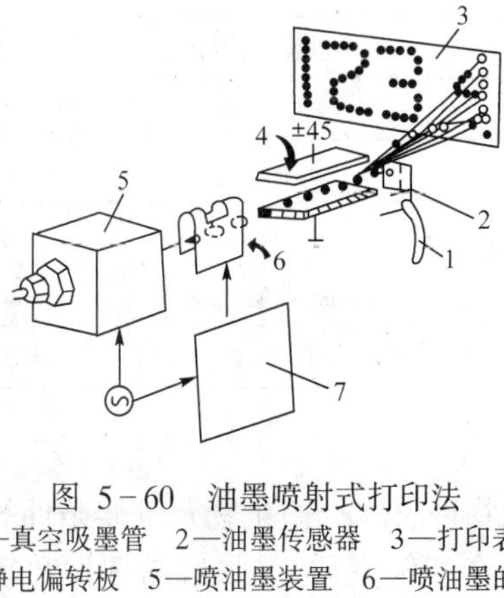

图 5-60 油墨喷射式打印法

1—真空吸墨管 2—油墨传感器 3—打印表面

4—静电偏转板 5—喷油墨装置 6—喷油墨的通道

7—油墨点电子调节器

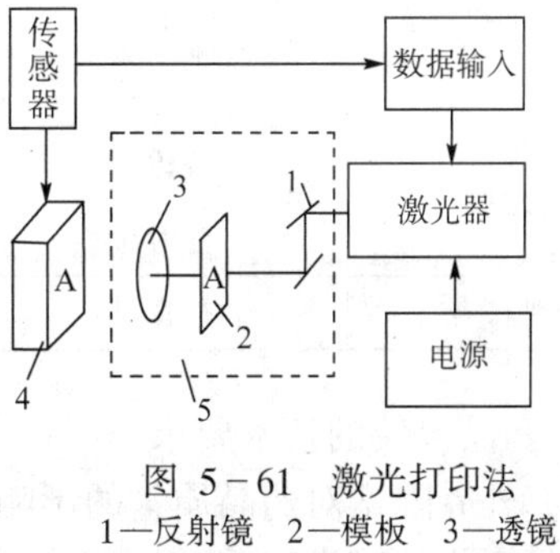

图 5-61 激光打印法

1—反射镜 2—模板 3—透镜

4—包装件 5—光学成像系统

激光能量在包装件上产生的作用,取决于表面的组成。在有涂层的金属和纸上作用,是将涂层材料(如油墨、油漆和喷漆等)烧去一层而形成字迹;在某些塑料或陶瓷表面上,作用的结果显示出像加热变色颜料效果的字迹;在玻璃和某些其他塑料上作用,结果像结霜或蚀刻效果的字迹。

不同的塑料对激光能量的反应也不同。某些塑料只吸收激光中部分波长的光或者全部不吸收。在醋酸纤维、玻璃纸、聚酯、乙烯树脂、聚碳酸酯、聚苯乙烯、聚氯乙烯等材料上,用激光打印可得到很好的效果。

激光对聚丙烯和聚乙烯薄膜不起作用。这种特性也是有益的,可以用来在上述薄膜裹包内的纸上打印,这是用其他打印方法所做不到的。例如无菌包装的果汁和其他饮料,灌装后外面用对激光不起作用的塑料薄膜裹包,在冷藏库或批发商店的冰柜中保存。当出售给零售商店时才打印出售日期。这就可以在生产时不打印,而在开始销售时用激光透过塑料薄膜在铝箔或纸上打印日期代码。

第九节　药品包装工艺规程

药品是一种特殊商品,它关系到人与动物的生命安全,因此必须严格保证其有效性、安全性和稳定性。世界卫生组织(WHO)提出的药品生产质量管理规范(GMP)就是为了使药品从原料进厂到最终包装出厂等操作过程,实行全面质量管理,其中对制药厂的包装操作规程、包装场所、从事包装的人员以及使用包装容器、包装材料、包装设备、包装标志等都作了明确的规定,提出了严格的要求。总之,医药包装必须具有安全可靠、保护性好、便于加工、促进销售、经济实惠、方便使用、传递信息的功能,才能确保药品质量,发挥其应有的疗效。

一、药品种类及其对包装的要求

1．药品的分类方法

药品的分类方法有很多种,表 5－12 所列为按药品剂型分类及所采用的包装形式。

表 5－12　　药品剂型与包装形式

剂型		包装	容器	材料
固态	片剂、胶囊剂	散装	瓶、袋、罐	玻璃、金属、塑料
		单位包装	条形包装、泡罩包装	塑料
	散剂、颗粒剂	散装	瓶、袋、罐	玻璃、金属、塑料
		单位包装	小袋	塑料、纸
液态	液体剂		瓶	玻璃
	注射剂		安瓿、玻璃瓶、筒	玻璃
黏态	软膏剂		管、平、筒	金属、塑料

2．药品包装的技术要求

(1) 外界因素对药品质量的影响　药品极易受物理、化学、微生物及气候条件的影响。如遇空气易氧化并感染细菌,遇光容易分解变色,受潮会溶解变质,受热容易挥发和软化。从而导致药品失掉疗效,有时不但不治病,反而会致病,危及生命安全。所以,医药包装无论在造型、结构、装潢设计，还是在包装材料的选择上，首先要考虑保护性能，即维护药效。药品的有效期平均为 2 年，长的可达 3 年以上，因此包装还应保证药品在有效期内成分稳定，不会变质。不同剂型的药品，其变质方式亦不同。片剂、散剂等固态药品容易受潮，在温度和湿度变化时，其形状和质量会逐渐变化。例如糖衣片剂受潮后，表层会潮解，时间长久还会出现龟裂，使药品成分含量下降，药效减小。又如粉末剂和颗粒剂受潮后发生黏结现象，亦使质量下降。

液体或注射剂等液态药品虽不易受潮，但与空气中的氧发生氧化后，也会使药品主要成分改变，并产生变色或沉淀；有的药剂还容易受到细菌、霉菌和酵母菌的污染而变质，完全丧失疗效而成为废品。

软膏剂等黏态药品在温度变化及光线照射下会变软，或发生氧化和颜色变化。

(2) 药品包装要求　首先要考虑到病患者的心理状态和要求。在包装上应包含足够的信息，使购买者明了本药的成分和制造方法，对疾病的确切疗效及服务方法。在造型设计上要体现安全感和信赖感。

此外，为了安全缘故，药品包装结构设计，应采用显示偷换包装和儿童安全包装等特殊包装。

医药包装还应便于使用、携带和保存，应考虑有利于实现包装自动化，以提高生产率。

二、医药包装防护功能设计

根据药品流通环境(温度、湿度、氧气、光线等)以及药品剂型的特性，应选用适宜的包装工艺和材料进行防护包装设计。如对于容易受潮的药品，需采用防潮包装材料进行防潮包装设计；对遇光不稳定的药品，应采用避光材料，进行避光包装设计；对遇氧气而易变质的药品，应采用充气包装设计；对于受震动与缓冲而容易破坏的药品，应采用缓冲包装材料进行缓冲包装设计。

1. 药品防潮包装设计

潮湿对固态剂型有较大的破坏作用，它能使散剂湿润、潮解或结块，使片剂膨润，变色，还会使药品的成分含量发生变化，出现异味乃至成分分解。进行防潮包装设计时，首先要确定药品的有效贮存期，掌握环境温湿度的影响规律，以选用相应的包装材料和容器，并进行计算和试验，以判断其防潮能力的可靠性。通常使用的经验方法是把固态药品包装好，然后在规定条件下进行加速时效稳定性试验。例如，在 40℃ 和 RH 75% 的条件放置 4 个月后，若质量劣化程度显示在允许限度内，则说明这种包装方式的有效期限能达到药品的保质期。此方法虽简单，但可靠性却相当高。

2. 药品避光包装设计

光线能引起药品质量劣化，但与温度、湿度所起的作用不同，光具有一定的辐射能，它能激发氧化反应，加速药物分解，使药物发生质变。因此，对于光敏药物制造中要避光操作，选择带色的玻璃瓶、金属容器、深色塑料瓶、铝箔复合材料等进行包装。在实用中可用高照度荧光灯昼夜照射法，例如以 2 000 lx 荧光灯，照射 12.5 日(相当于 60 万 lx·h 的照射量)来检查包装的避光效果。

3. 药品充气包装设计

降低包装容器内的氧气浓度，可以减缓药品氧化变质速度。如果把药品包装内充换二氧化碳或氮气等惰性气体后，可使氧气浓度降低到 0.5% 左右。此外，把食品包装领域内广泛使用的吸氧剂用于医药包装，也会取得一定的效果。

三、安瓿药品包装工艺过程

不同剂型的药品有不同的包装形式，也有不同的包装工艺过程，下面以注射用药品为例，说明药品包装工艺过程设计的有关问题。

注射用药品的包装形式有安瓿瓶和小玻璃瓶。其中安瓿瓶适用于1～20mL液体药物或干燥粉末药物的包装，其典型包装工艺过程见表5-13。

表 5-13　　安瓿药品包装工艺过程简表

工序	工序内容及要求	包装设备与工艺设备	包装产品	
			名　称	数量
1	安瓿备料 拆箱，将安瓿排放在不锈钢盘中用蒸馏水清洗，压力0.15～0.2MPa	洗瓶机	玻璃安瓿	
2	烘干，温度300℃，时间10min	灭菌隧道烘箱		
3	灌装 工位1 压缩空气清洁安瓿内部 工位2 灌装药液 工位3 充填惰性气体 工位4 预热 工位5 高温加热 工位6 拉丝封口	双针安瓿灌封机 双针		
4	灭菌	双扉灭菌柜		
5	捡漏			
6	清洗			
7	检验			
8	印刷	安瓿印刷机		
9	装盒，每盒10支	装盒机		
10	贴标签、封盒	贴标签机		
11	捆扎，10盒一捆	捆扎机	纸盒	
12	装箱，20捆一箱	装箱机	五层瓦楞纸箱，OPP压敏胶带2×50×600，PP15508J打包带	

四、安瓿药品包装工艺分析

1．瓶坯处理

安瓿是由生产厂家用硼硅酸和钠钙玻璃原料生产出的各种管径的管坯，再由安瓿加工厂家对玻璃管的口径大小进行分拣，使同一批量的管径一致，其允许误差为±0.5mm。第一步是对玻璃管进行清洗干燥，放在自动成型机上，用氧气喷灯加热使之成半熔融状态，拉成细长的收缩部分，接着制成安瓿的缩颈、颈泡及外型，然后按规定尺寸切断、封底；最后经修整，并在缩颈周围刻划线痕，用陶瓷颜料作出标志以便使用时折断。为了降低热成型时引起的应力，安瓿还需在450～500℃的温度下退火，经外观检查后，制成合格的曲颈易折安瓿成品，如图5－62所示。它正在取代非易折安瓿。

曲颈易折安瓿在使用时不需砂轮划痕，只要对正瓶颈上的陶瓷颜料圆点就可以掰开。易折安瓿口是敞开的，为制药厂省去一道切口工序。这样，安瓿加工厂在用RSC型五层瓦楞纸箱运输时，纸箱内必须采用塑料袋或纸盒包装，以保持安瓿清洁。运到制药厂后拆箱，将安瓿瓶朝上整齐排放在不锈钢盘内，在清洗机上用蒸馏水分粗精两步冲洗其内壁，水压为0.15～0.2MPa，经甩干后，用压缩空气将瓶内残余水分和杂质除去。再把安瓿倒置装盘送入灭菌隧道，其温度为300℃，时间10min，烘干后准备灌装。

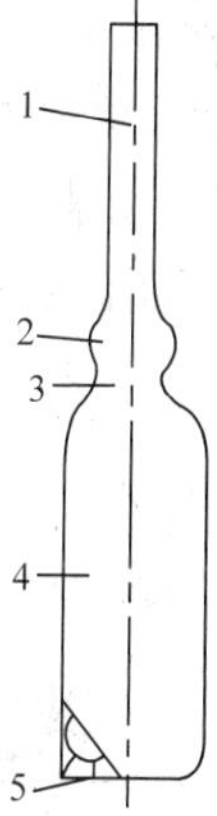

图 5－62　曲径易折安瓿

1—丝径　2—径　3—缩径　4—瓶身　5—瓶底

2．灌装

灌装是安瓿药品包装的重要工序。对于常用的1～2mL安瓿药品，清洁、灌装和封口工作可在一台专用的双针灌封机上进行，灌封机共有六个工位，每个工位上有两只安瓿同时进行工作，其生产能力为4 200～4 900支/h。

灌装时，送料装置通过传送链将安瓿每两个一组送到第一工位，依次走过六个工位，分别完成以下工作：

第1工位用压缩空气清洁安瓿内壁，压缩空气压力为0.2～0.3MPa。

第2工位灌装药液，每次注入药液量可以通过灌装头上的旋钮调节。灌装时，注射针不可接触安瓿的内壁及瓶口，以免封口时，药液烧结成黑斑而报废。

第3工位充填惰性气体，以降低瓶内氧气浓度，避免药品氧化变质。充氮压力为0.12MPa。后面3个工位是用乙炔焰或其他燃气对安瓿封口。

第4工位预热，防止剧烈加热时引起安瓿炸裂。

第5工位高温加热，使瓶口呈半熔融状态。

第6工位拉丝封口。

灌装的药量由操作工人和检验人员抽查，药液的平面高于或低于某个高度则属不合格产品，应及时调节机器。

为了使安瓿生产过程密闭连接，提高生产率，可采用安瓿洗烘灌封联动机，由安瓿超声波清洗机，灭菌隧道烘箱，多针拉丝灌封机等组成，既可联动生产，也可单机使用。

3．灭菌

药品内部灭菌使用双扉式灭菌柜，水蒸气温度为100～200℃，具体温度和时间根据药品而定。不同品种规格的药品灭菌条件，应按灭菌效果F_0值大于8或其他确认达到无菌的方法加以验证。验证后的诸参数如温度、时间、柜内放置数量和排列层次等，不得任意改变。

灭菌时应及时记录柜内温度、压力及时间，灭菌后必须逐柜取样作无菌检验。

灭菌开柜之前，在真空度0.08MPa的条件下喷淋色水，以检查并提出泄露的安瓿，然后用热水浸洗。

4．检测

检测项目主要是澄明度，按照卫生部规定的标准逐支检查，检查的方法有肉眼检查和自动检查两种。肉眼检查时，以白色或黑色作为背景，用眼睛观察是否有异物或封接不良现象，在检测中，应有目的地减小给定时间内被检物体的面积，增大视力所能观察到的范围（例如采用放大或投影技术），缩短每次凝视的时间，对于提高检测水平会有很大帮助。此外，要求检查员视力在 0.9 以上，并每年检查一次。自动检查是用光点自动检查机，自动检查的精确度取决于机器的完善程度。目前不少工厂两种方法并用。

5. 标志

安瓿标志有两种形式，即印刷标志和标签标志。印刷标志就是用安瓿印刷机直接把标志印刷在安瓿瓶体上，如图 5－63 所示，标志内容包括药名、容量、有效期及生产厂家等，但用直接印刷的方法很难印刷所有信息，而且消毒时，印刷标志容易模糊甚至消失，所以今后的趋向是使用标签标志，特别是使用透明聚酯标签，采用相应的贴标签机，使生产效率也得到提高。

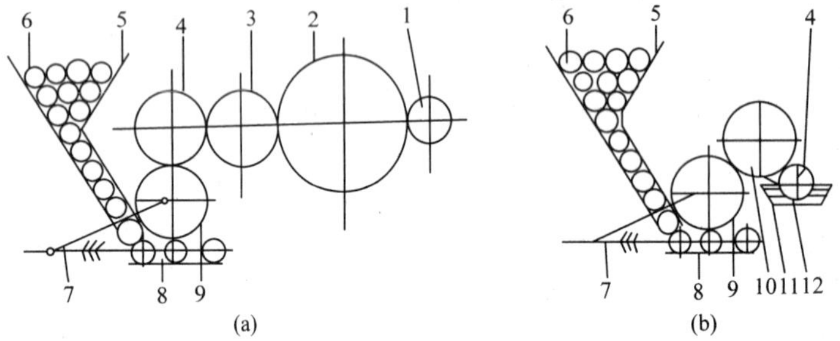

图 5－63　安瓿印刷机示意图
（a）凸版胶印　（b）凹版胶印
1—上墨辊　2—匀墨辊　3—着墨辊　4—凸版辊　5—料斗
6—安瓿　7—推送杆　8—软衬垫　9—胶皮辊　10—凹版辊
11—油墨刮刀　12—油墨槽

6. 装盒

安瓿装盒一般以 10 支为单位装入带有瓦楞纸隔条的纸盒，使用装盒机能连续将安瓿输送到纸盒中，但不易顺利进入间隔，有时会出现堆挤或空隔现象，需要用人工或机器进行整理，使安瓿在纸盒中排列的整齐有序，放入说明书后关闭盒盖。

7. 封口

纸盒关闭后需用封盒口，可用贴标签机，也可用人工操作。

纸盒上的批号和有效期可用贴标签机贴签，也可用专门的打印机，例如用喷墨印字机直接打印。批号编码为年－月－流水号。

8. 装箱

将纸盒 10 个一捆，20 捆为一箱装入 5 层瓦楞纸箱中，用两条 50m×600mm 的 OPP 压敏胶带封箱口，然后在捆扎机上用厚 0.8mm、宽 15.5mm 聚丙烯机用打包带捆扎两道，最后在箱面打印或粘贴批号标记，全部包装工艺过程结束。

五、填写工艺文件

表 5－14 和表 5－15 所示为包装工艺过程综合卡片和工序卡片的格式。

表 5－14　　包装综合工艺卡片

<table>
<tr><td colspan="2" rowspan="2">（工厂名称）</td><td rowspan="2">包装综合工艺过程卡片</td><td colspan="5">产品名称及型号</td><td>第　页</td></tr>
<tr><td colspan="5"></td><td>共　页</td></tr>
<tr><td>工序</td><td>工步</td><td>工序内容</td><td>生产车间</td><td>包装材料</td><td>包装设备</td><td></td><td></td><td></td></tr>
<tr><td></td><td></td><td></td><td></td><td></td><td></td><td>工艺装备</td><td>技术等级</td><td>时间定额/min</td></tr>
<tr><td colspan="2">编制</td><td></td><td colspan="3"></td><td>核准</td><td colspan="2"></td></tr>
</table>

表 5-15　　包装工序卡片

<table>
<tr><td colspan="2" rowspan="5">（工序简图）</td><td>产品名称</td><td></td><td>产品型号</td><td></td><td>第　　页</td></tr>
<tr><td>生产车间</td><td></td><td>生产工段</td><td></td><td>共　　页</td></tr>
<tr><td>工序号</td><td></td><td>工序名称</td><td></td><td></td></tr>
<tr><td>设备编号</td><td></td><td>设备名称</td><td></td><td></td></tr>
<tr><td>包装材料与容器</td><td colspan="4"></td></tr>
<tr><td rowspan="2">工步号</td><td rowspan="2">工步内容</td><td colspan="2">工艺装备</td><td colspan="3">时间定额/min</td></tr>
<tr><td>编号</td><td>名称</td><td>工艺时间</td><td>辅助时间</td><td>其他时间</td></tr>
<tr><td></td><td></td><td></td><td></td><td></td><td></td><td></td></tr>
<tr><td>编制</td><td></td><td>核准</td><td colspan="4"></td></tr>
</table>

第六章　药品包装机械

第一节　概　　述

一、药品包装机械

国家标准 GB/T 4122.2—1996《包装术语　机械》中包装机械的定义是:“完成全部或部分包装过程的机器,包装过程包括成型、充填、裹包等主要包装工序,以及与其相关的前后工序,以及清洗、干燥、杀菌、贴标、捆扎、集装和拆卸等前后包装工序,转送、选别等其他辅助工序。”药品包装机械是包装机械的一部分,因此它具有包装机械的通用特点和自身的特点。

二、药品包装机械的特点

药品包装机械既具有一般自动机械的共性,也具有其自身的特点。

(1) 大多数包装机械结构复杂,运动速度快,动作精度高。为满足性能要求,对零部件的刚度和表面质量等都有较高的要求。

(2) 用于药品的包装机要便于清洗,与药品和食品接触的部位要用不锈钢或经化学处理的无毒材料制成。符合药品的卫生要求。

(3) 包装执行机构的工作力一般都较小,所以包装机的电机功率较小。

(4) 包装机一般都采用无级变速装置,以便灵活调整包装速度,调节包装机的生产能力。因为影响包装质量的因素很多,诸如包装机的工作状态(机构的运动状态,工作环境的温度、湿度等)、包装材料和包装物的质量等等。所以,为便于机器的调整,满足质量和生产能力的需要,包装机大多采用无级变速装置。

(5) 包装机械是特殊类型的专业机械,种类繁多,生产数量有限。为便于制造和维修,减少设备投资,在包装机的设计中应注意标准化、通用性及多功能性。

(6) 药品包装机械必须符合药品 GMP 认证的要求,保证药品的安全性。

(7) 药品包装机械的自动化程度高,有部分已采用 PLC、单片机控制,实现了智能化。

三、药品包装机械的作用

现代医药生产中,主要包括三大基本环节,即原料处理、中间加工和药品包装。包装是生产中相当重要的环节。药品包装机械是使药品包装实现机械化、自动化的根本保证,因此包装机械在医药现代工业生产中起着重要的作用。

(1) 药品包装机械实现了药品包装生产的专业化,大幅度地提高生产效率。

(2) 药品包装机械化降低劳动强度,改善劳动条件,保护环境,节约原材料,降低产品成本。手工包装液体产品时,易造成产品外溅;包装粉状产品时,往往造成粉尘飞扬,既污染了环境,又浪费了原材料。采用机械包装能防止产品的散失,既保护了环境,又节约了原材料。

(3) 保证了包装药品的卫生和安全,提高了药品包装质量,增强市场销售的竞争力。药品的卫生性和安全性要求很严格,采用机械包装,避免了人手和药品的直接接触,减少了对药品的污染。同时由于机械包装速度快,药品在空气中停留时间短,从而减少了污染机会,有利于药品的卫生和安全。

(4) 延长药品的保质期,方便药品的流通。采用真空、换气、无菌等包装机,可使药品的流通范围更加广泛,延长药品的保质期。

(5) 药品采用包装机,可减少包装场地面积,节约基建投资。当药品采用手工包装时,由于包装工人多,工序不紧凑,所以包装作业占地面积大,基建投资多。而采用机械包装,药品和包装材料的供给比较集中,各包装工序安排比较紧凑,减少了包装的占地面积,可以节约基建投资。

四、药品包装机械的组成

药品包装机械一般由以下 8 部分组成。

(1) 药品的计量与供送装置　是指对包装药品进行整理、排列及计量,并输送至预定包装工位的装置。

(2) 包装材料的整理与供送系统　是指对包装材料进行定长切断或整理排列,并逐个输送至预定包装工位的装置。有的在供送过程中还完成纸袋或包装容器竖起、定型和定位。

(3) 主传送系统　是指将把包装药品和包装材料由一个包装工位顺序传送到下一个包装工位的装置。单工位包装机没有主传送系统。

(4) 包装执行机构　是指直接进行裹包、充填、封口、贴标、捆扎和容器成型等包装操作的机构。

(5) 成品输出机构　是指将包装成品从包装机上卸下、定向排列并输出的机构。有的机器是由主传送系统或靠成品自重卸下。

(6) 动力机与传送系统　是指将动力机的动力与运动传递给包装执行机构和控制元件,使之实现预定包装动作的系统。通常由机、电、光、液、气等多种形式的传动、操纵、控制、以及辅助装置等组成。

(7) 控制系统　由各种自动和手动控制装置等组成,是现代药品包装机的重要组成部分,包括包装过程及其参数的测控、包装质量、故障与安全的控制等。

(8) 机身　用于支撑和固定有关零部件,保持其工作时要求的相对位置,并起一定的保护、美化外观的作用。

五、药品包装机械的分类和型号编制方法

(一) 包装机械的分类

2003 年,国家标准局在 1986 年标准的基础上,修订了包装机械分类标准,新标准(GB/T 19357—2003)以包装机械产品主要功能的不同作为划分类别的原则,对包装机械产品进行分类。各类产品定义详见 GB/T 4122.1 和 GB/T 4122.2。包装机械分类和定义如表 6-1 所示:

表 6-1　包装机械分类和定义

分　类	产品名称及类型	
充填机:将产品按预定量填充到包装容器内的机器	容积式充填机:将产品按预定容量充填到包装容器内的机器	量杯式充填机 气流式充填机 柱塞式充填机 螺杆式充填机 计量泵式充填机 插管式充填机

续表

<table>
<tr><th>分　类</th><th colspan="2">产品名称及类型</th></tr>
<tr><td rowspan="2">充填机：将产品按预定量填充到包装容器内的机器</td><td>称重式充填机：将产品按预定质量充填到包装容器内的机器</td><td>单秤斗称重充填机
组合式称重充填机
连续式称重充填机</td></tr>
<tr><td>计数充填机：将产品按预定数目充填到包装容器内的机器</td><td>单件计数充填机
多件计数充填机
定时充填机
转盘计数充填机
履带式计数充填机</td></tr>
<tr><td rowspan="4">灌装机械：将液体按预定量灌注到包装容器内的机器</td><td colspan="2">负压灌装机：先对包装容器抽气形成负压，然后将液体充填到包装容器内的机器</td></tr>
<tr><td colspan="2">常压灌装机：在常压下将液体充填到包装容器内的机器</td></tr>
<tr><td colspan="2">等压灌装机：先向包装容器充气，使其内部气体压力和储液缸内的气体压力相等，然后将液体充填到包装容器内的机器</td></tr>
<tr><td colspan="2">压力灌装机：是利用外部的机械压力将液体产品充填到包装容器内的机器</td></tr>
<tr><td rowspan="10">封口机械：在包装容器内盛装产品后，对容器进行封口的机器</td><td colspan="2">热压封口机：用热封合的方法封闭包装容器的机器</td></tr>
<tr><td colspan="2">熔焊封口机：通过加热使包装容器封口处熔融封闭的机器</td></tr>
<tr><td colspan="2">压盖式封口机：使皇冠盖的褶皱边压入瓶口凹槽内，并使盖内材料产生适当的压缩变形，完成对瓶口封闭的机器</td></tr>
<tr><td colspan="2">压塞式封口机：使瓶塞压入瓶口并使包装容器封闭的机器</td></tr>
<tr><td colspan="2">旋合封口机：通过旋转封口器材以封闭包装容器的机器</td></tr>
<tr><td colspan="2">卷边封口机：用滚轮将金属盖与包装容器开口处互相卷曲钩合以封闭包装容器的机器</td></tr>
<tr><td colspan="2">压力封口机：通过在封口器材的垂直方向上施加预定压力以封闭包装容器的机器</td></tr>
<tr><td colspan="2">滚压封口机：通过滚压使金属盖变形以封闭包装容器的机器</td></tr>
<tr><td colspan="2">缝合机：使用缝线缝合包装容器的机器</td></tr>
<tr><td colspan="2">结扎封口机：使用线、绳等结扎材料封闭包装容器的机器</td></tr>
<tr><td rowspan="2">裹包机械：用挠性包装材料全部或局部裹包产品的机器</td><td colspan="2">半裹式裹包机：用挠性包装材料裹包产品局部表面的机器</td></tr>
<tr><td>全裹式裹包机：用挠性包装材料裹包产品所有表面的机器</td><td>折叠式裹包机
扭结式裹包机
接缝式裹包机
覆盖式裹包机
缠绕式裹包机
拉伸式裹包机
收缩包装机
贴体包装机
现场发泡设备</td></tr>
<tr><td>多功能包装机械：在一台整机上可以完成两个或两个以上包装工序的机器</td><td>成型－填充－封口机：完成包装容器的成型后，将产品装入包装容器并完成封口的机器</td><td>箱(盒)成型－充填－封口机
袋成型－充填－封口机
冲压成型－充填－封口机
热成型－灌装－封口机</td></tr>
</table>

续表

分　类	产品名称及类型
多功能包装机械：在一台整机上可以完成两个或两个以上包装工序的机器	真空包装机：将产品装入包装容器后，抽去容器内部的空气，达到真空度，并完成封口工序的机器
	充气包装机：将产品装入包装容器后，用氮、二氧化碳等气体置换容器中的空气并完成封口工序的机器
	泡罩包装机：以透明塑料薄膜或薄片形成泡罩，用热封合、粘合等方法将产品封合在泡罩与底板之间的机器
贴标机械：采用胶黏剂将标签贴在包装件或产品上的机器	粘合贴标机：采用胶黏剂将标签贴在包装件或产品上的机器
	套标机：将标签套在包装件或产品上的机器
	订标签机：用钉、针、线等材料将标签固定在包装件或产品上的机器
	挂标签机：用钉、针、线、带等材料将标签或吊牌悬挂在包装件或产品上的机器
	收缩标签机：用热收缩或弹性收缩的方法将筒状标签套在包装件或产品上的机器
	不干胶标签机：通过加标机构将不干胶标签贴在包装件或产品上的机器
清洗机械：对包装容器、包装材料、包装辅助物以及包装件进行清洗，以达到预期清洁度的机器	干式清洗机：使用气体清洗剂，以压力或抽吸方法清洗不良物质的机器
	湿式清洗机：使用液体清洗剂、蒸汽清除不良物质的机器
	机械式清洗机：借助工具擦刷以清除不良物质的机器
	电解清洗机：通过电解分离清除不良物质的机器
	电离清洗机：通过电离清除不良物质的机器
	超声波清洗机：通过超声波产生的机械振荡清除不良物质的机器
	组合式清洗机：将几种方法组合在一起清除不良物质的机器
干燥机械：对包装容器、包装材料、包装辅助物以及包装件上的水分进行去除以达到预期干燥程度的机器	热式干燥机：通过热交换去除水分的机器
	机械干燥机：通过离心、甩干等方法去除水分的机器
	化学干燥机：通过化学试剂去除水分的机器
	真空干燥机：通过抽去包装容器内部空气达到预定真空度的方法去除水分的机器
杀菌机械：对产品包装容器、包装材料、包装辅助物以及包装件等上的微生物进行杀灭，使其降低到允许范围内的机器	高温杀菌机：通过加热进行杀菌消毒的机器
	超声波杀菌机：通过超声波的直接作用进行杀菌消毒的机器
捆扎机械：使用捆扎带或绳捆扎产品或包装件，然后收紧并将捆扎带两端通过热效应熔融或使用包扣等材料连接好的机器	机械式捆扎机：采用机械传动进行捆扎的机器
	液压式捆扎机：采用液压传动进行捆扎的机器
	气动式捆扎机：采用空气压力传动进行捆扎的机器
	穿带式捆扎机：采用带传动进行捆扎的机器
	捆结机：使用线绳等结扎材料，使之在一定的张力下缠绕产品或包装件一圈或多圈并将两端打结连接的机器
	压缩打包机：将泡松产品压缩打包，成为有规则形状包装件的机器
集装机械：将包装单元集成或分解，形成一个合适的搬运单元的机器	集装机：将若干个包装件或产品包装在一起，形成一个合适的搬运单元的机器，按集装方式分为托盘集装机、无托盘集装机
	集装件拆卸机(单元包装拆卸机)：将集合包装件拆开、卸下、分离等的机器
	堆码机：将预定数量的包装件或产品按一定规则进行堆积的机器

续表

分　类	产品名称及类型	
辅助包装设备：对包装材料、包装容器、包装辅助物或包装件执行非主要包装工序的有关功能的机器	打印机：在包装件、包装容器、标签等上打印滚印字码或标记的装置	
	整理机：整理和排列被包装产品、包装容器、包装件和包装辅助材料等的机器	
	检验机：用来检验包装产品质量，将混有异物的产品剔除的机器	
	选别机：检查正在包装或已经包装好的产品的质量，剔除超出质量允许误差产品的机器	
	输送机：将被包装产品包装容器或包装件自动地从一道包装工序送到另一道工序所用的机器，输送机一般分为立式和卧式两种	
	投料机：将物料投放到下一个工序的机器	
包装材料制造机械：专门直接用于包装材料制造的机器	瓦楞纸板生产线：将两层或多层的瓦楞芯和纸板制成瓦楞纸板的机器	芯板机 裱胶机 分纸机 压痕机 切口机 开槽机 钉箱机 瓦楞机
	吹塑机：用空气或氮气将型坯或片材吹胀成中空制品的机器	薄膜吹塑机 注塑吹塑成型机 挤出吹塑成型机 拉坯吹塑成型机 多层吹塑机
包装容器制造机械：如桶、罐、盒、箱、瓶、袋的制造机器	制盖机：用各种材料专门生产各种瓶盖的机器	皇冠盖制盖机 玻璃盖圆边机 旋开盖制盖机 易开盖制盖机 塑料盖制盖机 铝塑盖制盖机
	制瓶机：将柱形玻璃料或聚酯料坯制成成品瓶罐过程的机器	成型制瓶机 聚酯制瓶机
	制罐机：将平板材料制成成品罐的机器	二片制罐机 三片制罐机 纸制复合罐生产线 螺旋卷绕制罐机 四旋卷绕制罐机 异型罐制罐机
	制桶机：用各种材料和方式制成桶状容器的机器	纸桶机组 纸碗机 纸杯机

续表

分　类	产品名称及类型	
包装容器制造机械：如桶、罐、盒、箱、瓶、袋的制造机器	制桶机：用各种材料和方式制成桶状容器的机器	纸罐机 纸管机
	制箱制盒机：将各种材料切割，压线并折成需要的形式并制成箱、盒容器的机器	纸盒机 瓦楞纸箱成型机 纸浆模塑机
	制袋机：将包装材料制成袋状的机器	纸制水泥袋机 薄膜袋自动封切机 阀式包装袋机 多层纸袋制袋机 塑料袋制袋机 编织袋制袋机
无菌包装机械：在无菌的环境下对产品完成全部或部分包装过程的机器	砖形无菌包装机 枕形无菌包装机 三角形无菌包装机 屋形无菌包装机 大袋无菌包装机	

（二）包装机械型号编制方法

GB 7311—2003 标准是对 GB/T 7311—1987《包装机械型号编制方法》的修订。本标准与 GB/T 4122.2—1996《包装术语　机械》和 GB/T 19357—2003《包装机械分类》，构成包装机械产品三项基础通用性标准。

1．主型号的编制

主型号包括包装机械的分类名称代号、结构型式代号、选加项目代号。

分类名称代号用代表性汉字名称的第一个拼音字母表示，遇有重复字母时，其分类名称代号可采用第二个拼音字母以示区别。也可用主要功能的具有代表性的汉字名称的拼音字母组合表示。

无分类名称代号的产品，其分类名称代号可自行确定。

结构型式代号和选加项目代号，根据产品标准或生产企业自行确定。

2．辅助型号的编制

辅助型号包括产品的主要技术参数，派生顺序代号和改进顺序代号。

主要技术参数用阿拉伯数字表示，应取其极限值。当需要表示二组以上的参数时，可用斜线“/”或横线“—”隔开。

包装机械类产品常用的主要技术参数有充填量、包装尺寸、封口尺寸、灌装阀头数、生产能力等。

派生顺序代号以罗马数字Ⅰ、Ⅱ、Ⅲ……表示。

改进设计顺序代号依次用汉语拼音字母 A、B、C……表示。第一次设计的产品无顺序代号。

3．包装机械型号的编制格式

（1）编制格式

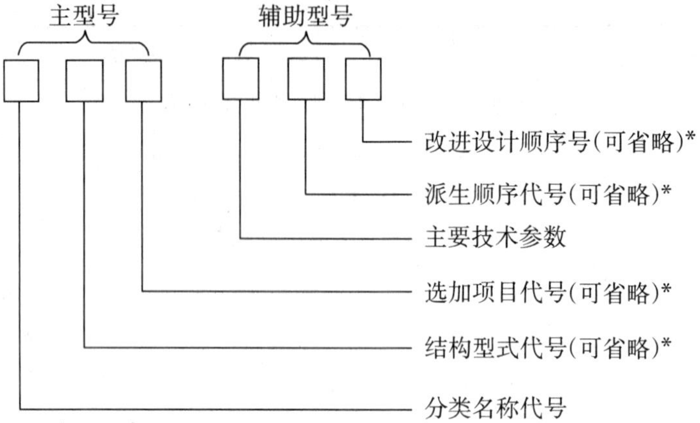

注：* 省略部分可在合同中说明。

(2) 编制示例

示例1：G45

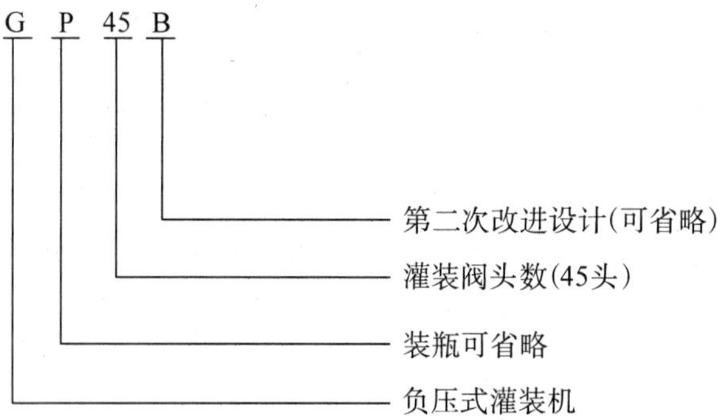

示例2：K600

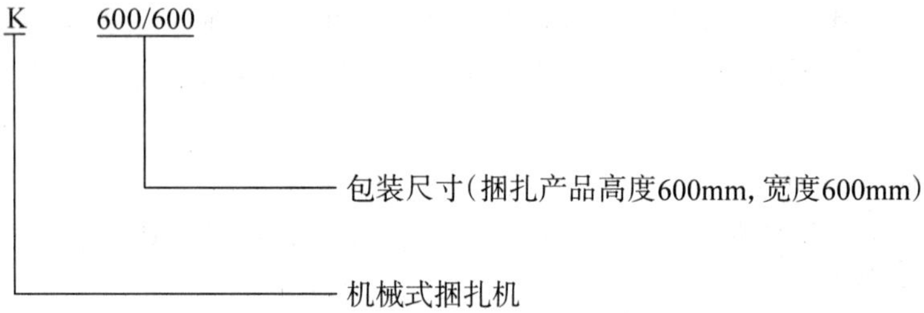

4. 包装机械类别代号和主要技术参数目录表

(1) 包装机械产品的类别代号和主要技术参数见表6-2。

表6-2　　包装机械产品的名称、类别代号和主要技术参数

名　称	类 别 代 号	主要技术参数内容
充填机	C	被装入产品的容量/质量/生产能力
灌装机	G	灌装阀头数/生产能力
封口机	F	封口尺寸/生产能力
裹包机	B	包装尺寸/生产能力
多功能包装机	D(可用多个字母组合表示)	主要功能的生产能力

续表

名　称	类 别 代 号	主要技术参数内容
贴标签机	T	尺寸/生产能力
清洗机	Q	生产能力
干燥机	Z	生产能力
杀菌机	S	生产能力
捆扎机	K	包装尺寸
集装机	J	规格/生产能力/按产品标准确定
辅助包装机	A(或根据机器名称第一个汉字确定)	规格/生产能力/按产品标准确定

（2）包装容器制造机械产品的类别代号和主要技术参数见表6－3。

表 6－3　　包装容器制造机械产品的名称、类别代号和主要技术参数

名　称	类 别 代 号	主要技术参数内容
制盖机	按型号编制要求的规定确定	规格/生产能力/按产品标准确定
制瓶机	按型号编制要求的规定确定	规格/生产能力/按产品标准确定
制罐机	按型号编制要求的规定确定	规格/生产能力/按产品标准确定
制桶机	按型号编制要求的规定确定	规格/生产能力/按产品标准确定
制箱制盒机	按型号编制要求的规定确定	规格/生产能力/按产品标准确定
制袋机	按型号编制要求的规定确定	规格/生产能力/按产品标准确定

（3）包装材料制造机械产品的类型代号和主要技术参数见表6－4。

表 6－4　　包装材料制造机械产品的名称、类别代号和主要技术参数

名　称	类 别 代 号	主要技术参数内容
制板材机	按型号编制要求的规定确定	规格/生产能力/按产品标准确定
制薄膜机	按型号编制要求的规定确定	规格/生产能力/按产品标准确定

第二节　制袋－充填－封口包装机

制袋－充填－封口包装机又称制袋包装机，它是将可热封的薄膜材料制袋、充填药物、封口、切断的多功能包装机。可包装粉料、片剂、胶囊、液体及膏状等药品。常用的包装材料主要有纸/聚乙烯、玻璃纸/聚乙烯、聚酯/镀铝/聚乙烯、聚乙烯等。由于它们具有良好的防潮、阻气、阻光性能，优良的热封和印刷性，以及质轻、价廉等优点，因此在药品包装中得到广泛应用。一般袋形大多是在充填包装机上直接成型，有的则可预制成型。立式袋适合于灌装各种液体产品，可代替刚性容器，加上螺旋口盖后可完全替代盒和瓶。各种扁平形袋主要适合于粉料、颗粒料、黏稠料药品的包装。由于袋形的多样化，使制袋－充填－封口包装机的类型和结构也不尽相同。下面仅就药品包装中常用的制袋－充填－封口包装机的组成和工作原理做简要介绍。

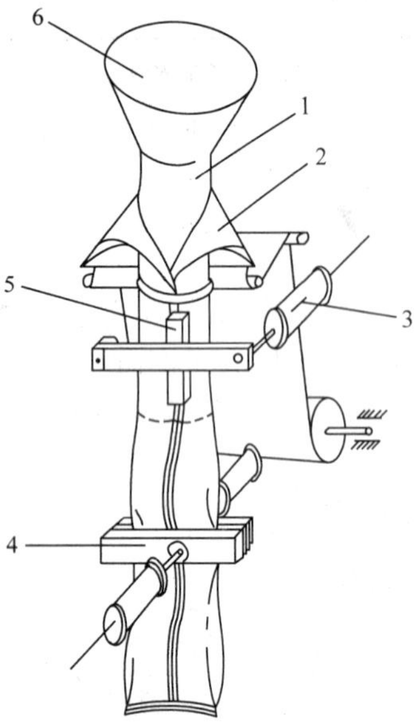

图 6-1　翻领成型-充填-封口包装机工作原理示意图
1—加料管　2—翻领成型器
3—气缸　4—横封器
5—纵封器　6—加料斗

一、翻领成型-充填-封口包装机的组成和工作原理

图 6-1 所示为翻领成型-充填-封口包装机的组成和工作原理。平张薄膜经导辊引入翻领成型器 2,被折弯后由纵封器 5 将两侧边搭接封合,使薄膜成卷筒状,物料经加料管 1 充入袋内。横封器 4 在做横向热封与分切的同时将袋筒间歇动作地向下牵引,完成搭接纵缝三面缝扁平袋的包装。该机适于复合膜的大袋充填包装。

二、折叠式三角板成型-充填-封口包装机的组成和工作原理

图 6-2 所示为一台卧式机。薄膜材料经过三角板成型器对折成袋。薄膜袋由牵引辊 3 间歇输送,经过纵封器 2 每隔一段(袋的宽度)距离做一次纵封,成为开口向上的空袋。隔离板 4 的作用是使袋口始终呈张开状态。然后充填物料,再横封袋口,纵向切断,形成三边封口扁平袋。适用于中剂量的粉体和液体药品的包装。

图 6-3 所示是三角板成型-充填-封口卧式回转包装机的组成和工作原理。它是利用三角板成型器形成开口向上的四边封口袋,与图 6-2 机型不同的是充填与封口在回转过程中完成。适用于小剂量的粉体和液体药品的包装。

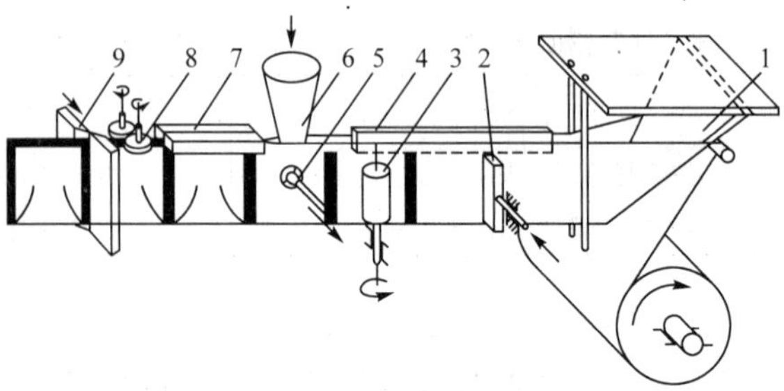

图 6-2　三角板成型-充填-封口包装机的组成和工作原理示意图
1—三角板成型器　2—纵封器　3—牵引辊　4—隔离板　5—开袋吸嘴　6—加料管　7—横封器　8—牵引辊　9—切刀

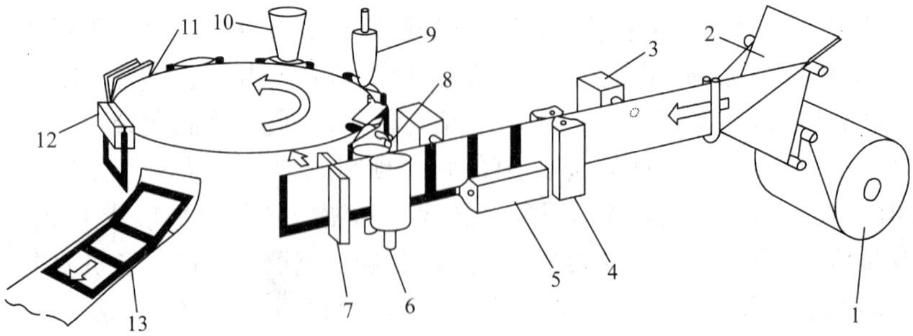

图 6-3　三角板成型-充填-封口卧式回转包装机的组成和工作原理示意图
1—材料卷　2—三角板成型器　3—光电管　4—纵封　5—底边封合　6—牵引滚筒　7—切边刀　8—气动吸盘
9—固体料斗　10—料斗　11—排气　12—顶边封口　13—产品输出

三、折叠式U形板成型－充填－封口包装机的组成和工作原理

图6－4所示为U形板成型器立式包装机，它与图6－3机型工作原理和袋型相同，不过是物料充填入袋的位置不同(此机充填方向与运行方向相同)。平张薄膜经导向辊引入U形板成型器1后对折，再经回转的纵封辊2和横封辊3封合为开口袋，充填后再封口并切断。适用于中剂量的粉体和液体药品的包装。

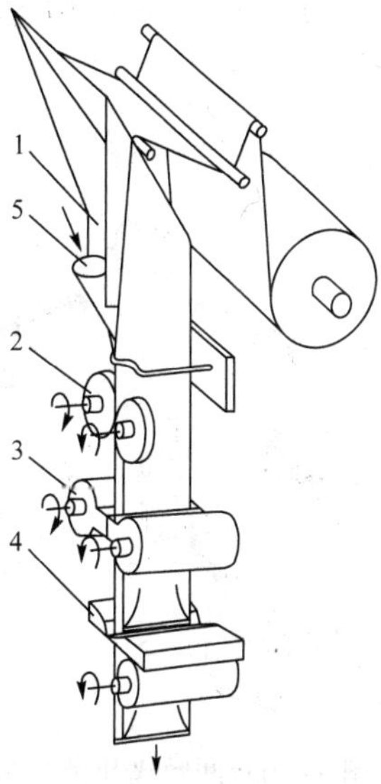

图6－4　U形板成型－充填－封口包装机的组成和工作原理示意图
1—U形板成型器　2—纵封辊
3—横封辊　4—切刀
5—加料管

四、V形缺口导板成型－充填－封口包装机的组成和工作原理

图6－5所示为利用V形缺口导板把宽幅卷筒材料等分裁切后再对合成型的袋装机。单卷薄膜经导辊进入V形缺口导板1时被一剖切刀等分，然后沿两侧方向同步相背运动，经两侧导辊后又相向运动，汇流而对合。经过纵封、充填、横封、切断形成四边封口扁平袋。适用于小剂量的粉体和液体药品的包装。

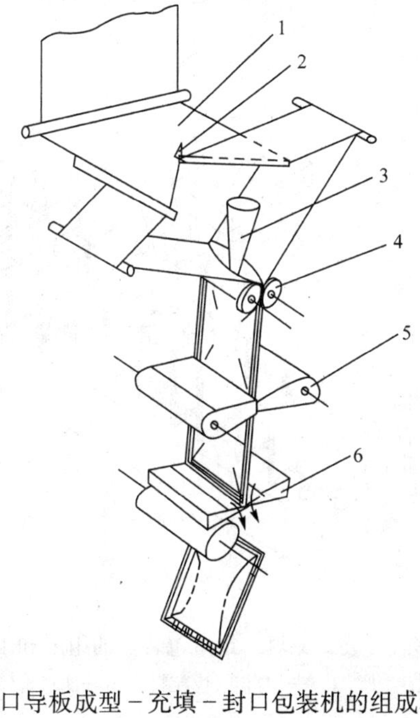

图6－5　V形缺口导板成型－充填－封口包装机的组成和工作原理示意图
1—V形缺口导板　2—剖切刀　3—加料管　4—纵封辊　5—横封器　6—切刀

五、预成型－充填－封口包装机的组成和工作原理

(一) 回转式开袋－充填－封口包装机的组成和工作原理

回转式开袋－充填－封口包装机的组成和工作原理如图6－6所示。此机型使用的是预

制成型的已三边封口的扁平袋。由真空吸盘从袋料库中取袋并送到上端的夹袋器中，经过袋底边上打码(生产日期及批号)，再进入开袋工位，用真空吸头和往袋中吹气来开启袋口。袋口中插入固体散料料斗 5，可完成固体料充填。下一个充灌器 6 是供充灌液体料用的，外部可配适于各种黏度液料的供送泵。再下一工位就是抽去袋中多余空气后闭合袋口，为下一步热封做准备。经过第一道第二道热封后，即对封口冷却，最后取下成品袋并输出。

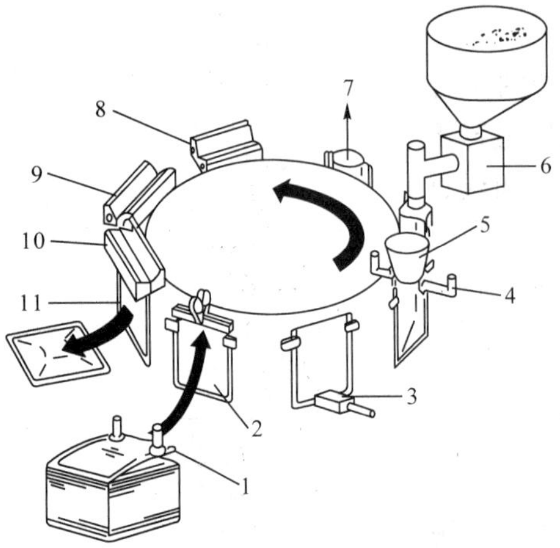

图 6-6　回转式开袋-充填-封口包装机的组成和工作原理示意图

1—存袋仓　2—送袋　3—打码　4—开袋吸盘　5—料斗(固体)　6—充灌器(液体)　7—闭袋　8—第一道热封　9—第二道热封　10—封口冷却　11—袋输出

(二) 直移式开袋-充填-封口包装机的组成和工作原理

其工作原理如图 6-7 所示，与回转式开袋-充填-封口包装机无大区别。内容物由固体料和液体组成。包装袋由链带输送前进。预制袋由真空吸盘从袋库 1 中吸出进入空袋输送链 2，由此链带到主输送链的夹持器中，经气嘴 3 充气使袋口张开。经过固体料斗 4、5 和液体料管 6 的充填后，做袋口闭合与二道热封，再经封口处冷压，成品袋被送出机外。

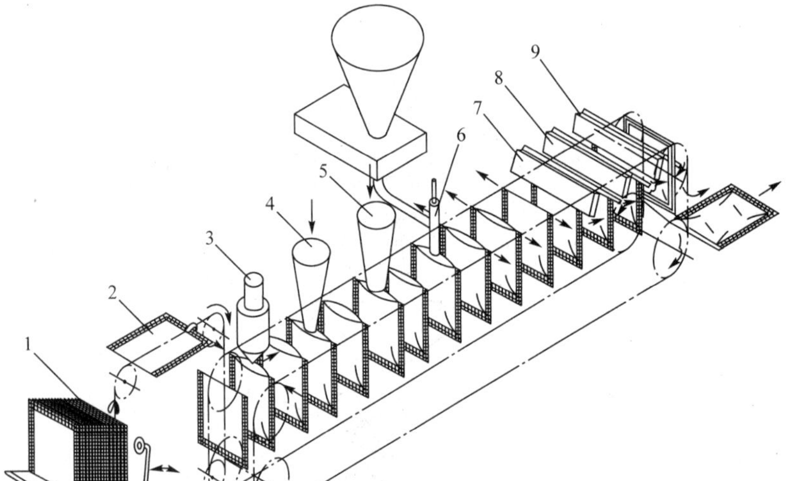

图 6-7　直移式开袋-充填-封口包装机的组成和工作原理示意图

1—贮袋库　2—空袋输送链　3—开袋喷嘴　4、5—加料斗(块粒料)　6—加料管(液体物料)　7、8—封口器　9—冷却器

(三) 复合制袋-充填-封口包装机的组成和工作原理

图 6-8 为适用于颗粒料的复合制袋-充填-封口包装机工作原理示意图。它巧妙地组合了各种供送料装置，实现了制袋、充填、封口的自动化，其生产速度为 300 袋/min。

卷筒复合材料经三角板成型器对折后即由热封器 2、4 完成纵封和横封，光电管 3 用于对准套印位置。经过滚刀 6 的切割，空袋逐个分开，由真空吸气传送带 7 牵引袋前移，使其上沿进入复式同步齿形带8，然后由主传送链上的夹钳10夹住袋口两侧角，并使袋子在吸气转轮及喷嘴9作用下张开袋口并送到充填转盘11的下方进行定量充填，最后由横封器12封口并送出。

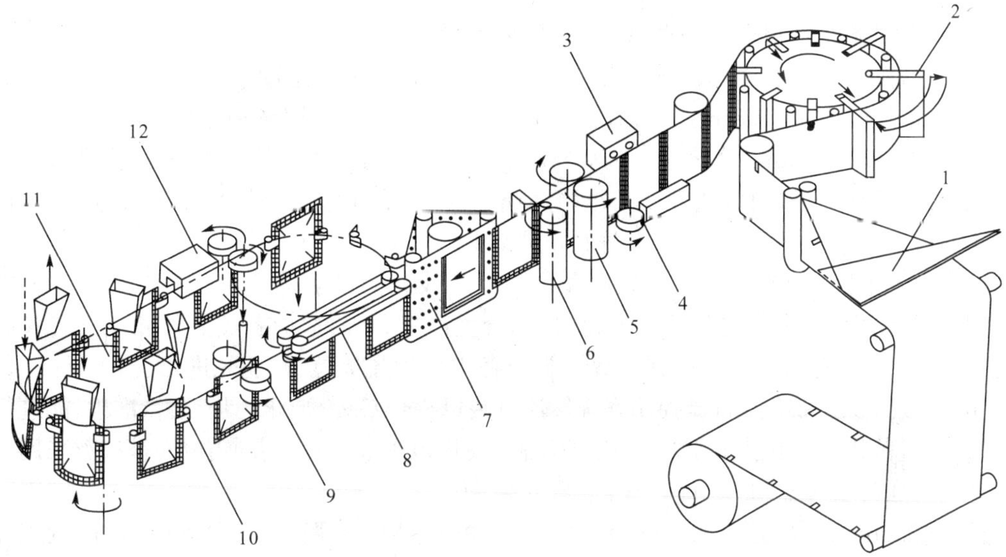

图 6-8 复合制袋-充填-封口机工作原理示意图

1—成型器 2—纵封转盘 3—光电传感器 4、12—预热及横封装置 5—牵引辊 6—滚刀 7—真空吸气传送带 8—同步齿形带 9—真空吸气转轮及喷嘴 10—袋子夹钳 11—计量充填转盘

图6-9是为上述生产设备专门设计的夹袋-张袋机构。钳手4分别固定于可摆动的内杆和外套杆上。当袋接近真空吸气转轮时，在固定凸轮块7作用下套杆5和滚轮6产生联动，从而使两侧的钳手得以靠拢，随之袋口被张开。充填完毕，连杆滚轮6在内杆下端拉簧8的恢复力作用下摆至该凸轮的下位，使左右钳手向外移，同时将袋口拉平，再做袋口预热封合。到成品输出工位，连杆滚轮6被另一固定凸轮块3压下，使两套杆的下端相向内移，拉簧处于紧缩状态，通过顶转套杆中心的内杆，转动钳爪实现自动开钳卸袋。

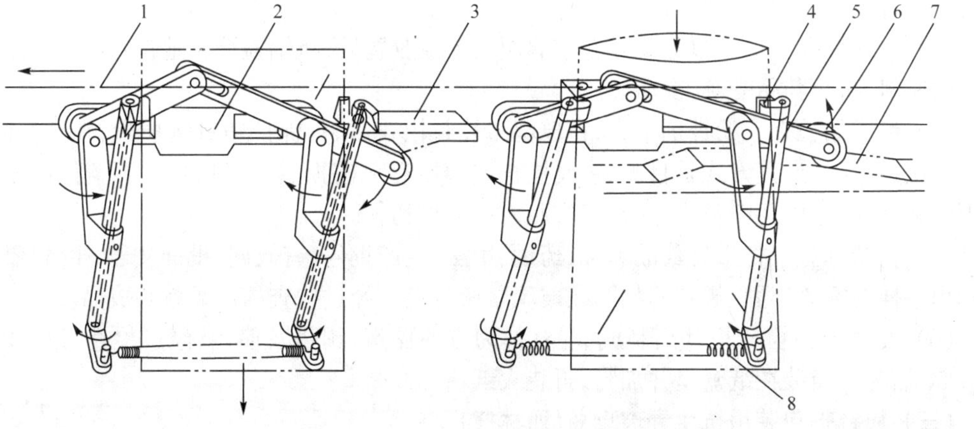

图 6-9 夹袋-张袋机构示意图

1—复式滚子链 2—支座 3、7—固定凸轮块 4—钳爪 5—夹钳套杆 6—连杆滚轮 8—弹簧

第三节　粉针剂无菌包装设备

一、粉针剂无菌包装概述

（一）粉针剂生产设备国外动态

国外粉针剂生产设备发展很快，有许多公司生产成套粉针剂生产联动线及单元设备。如美国 Accofil 公司、德国 Bosch 公司、荷兰 Calumatic 公司、意大利 IMA 集团 New Zanasi 公司、Farmonac 公司以及 Nigris 公司等。这些公司生产的粉针剂生产设备形式又各有不同，共同的特点是：技术性能先进，自动化程度高，运行稳定可靠，成品质量好，符合 GMP 要求，并且根据需要不断改进，代表了粉针剂生产设备的先进水平。

Bosch 公司生产的成套抗生素充填和包装生产线我国已引进几十条。生产线上采用的 RURH 系列超声波洗瓶机已形成系列化，且综合生产能力强，适应各类品种和规格玻璃瓶的清洗；TLQ 系列隧道灭菌干燥机在世界同类设备中属领先地位，性能先进，灭菌干燥效果好；AFG 160、AFG 320 带有平行流控制系统气流分装机符合 GMP 要求，具有装量准确，能进行多次分装，装量范围大等优点；贴签机则以速度高，使用范围大、适用不同需要而被广泛采用。同时生产线上还配置装盒机，从而实现全自动化生产。

荷兰 Calumatic 公司生产的粉针剂生产线采用另一种技术路线。温水喷冲洗瓶，远红外灭菌干燥，螺杆分装粉剂，三滚刀随动轧盖、粘贴不干胶标签，具有设备结构简单的特点。

（二）粉针剂的包装生产工艺

粉针剂的包装生产工艺过程如下。

（1）粉针剂玻璃瓶的清洗、灭菌和干燥　根据《药品生产质量管理规范要求》，粉针剂玻璃瓶必须达到玻璃瓶洁净度要求。经过清洗或超声波清洗、用纯水清洗及最后一次用孔径 0.45μm 滤膜滤过的注射用水冲洗，同时洁净的玻璃瓶在经过 4h 内灭菌和干燥，使玻璃瓶达到洁净、无菌、干燥、无热源。粉针剂玻璃瓶的清洗、灭菌和干燥分别在专用的清洗设备和灭菌干燥设备中进行。

（2）粉剂的充填及盖胶塞　采用容积定量方式，按规定粉剂的剂量，通过装粉机构等量地将粉剂分装在玻璃瓶内，并在同一洁净等级环境下将经过清洗、灭菌、干燥的洁净胶塞盖在瓶口上。此过程在专用的分装机上完成。

（3）轧封铝盖　这一过程就是在玻璃瓶装粉盖胶塞后，将铝盖严密地包封在瓶口上，保证瓶内的密封，防止药品受潮、变质。

（4）半成品检查　粉针剂生产，在玻璃瓶轧封铝盖后，为保证粉针剂质量，在这一阶段要进行一次过程检验，其方式是目测，主要检查玻璃瓶有无破损、裂纹，瓶口是否盖好胶塞，铝盖是否包封完好，瓶内药粉剂量是否准确，瓶内有无异物。

（5）粘贴标签　将带有药品名称、药量、用法、生产批号、有效期、批准文号、生产厂以及特定标识字样的标签牢固、规整的粘贴在玻璃瓶瓶身上。经过检查的产品就是成品。

（6）装盒与装箱　粉针剂制成成品后，为方便储运、销售及使用，经过检查，以 10 瓶、20 瓶或 50 瓶为一组装在纸盒里并加封，再装入纸箱。

（三）粉针剂包装用抗生素玻璃瓶（西林瓶）

目前，我国粉针剂抗生素玻璃瓶有管制抗生素玻璃瓶和模制抗生素玻璃瓶。这两种玻璃瓶都已列入国家标准。

（1）管制抗生素玻璃瓶　管制瓶用于盛装一次性使用的粉针注射剂，其规格有5、7、10、25mL 4种。

（2）模制抗生素玻璃瓶　模制瓶是用于盛装抗生素粉剂药物的玻璃瓶。模制抗生素瓶按形状分为A型、B型两种，A型瓶有5～100mL共10种规格，B型瓶有5～12mL共3种规格。

二、粉针剂包装容器的无菌处理设备

抗生素玻璃瓶洗瓶机

由于玻璃瓶生产制造过程以及包装、贮运等因素使玻璃瓶洁净度不符合使用要求，因此对瓶必须进行清洗。目前使用的洗瓶机，根据其清洗原理可分为毛刷洗瓶机和超声波洗瓶机。

1. 毛刷洗瓶机

毛刷洗瓶机是抗生素玻璃瓶应用较早的一种洗瓶设备，通过设备上设置的毛刷，去除瓶壁上的杂物，实现清洗目的。

（1）毛刷洗瓶机主要结构　毛刷洗瓶机主要由输瓶转盘、旋转主盘、刷瓶机构、翻瓶轨道、机架、水气系统、机械传动系统以及电气控制系统组成。其外形如图6－10所示。

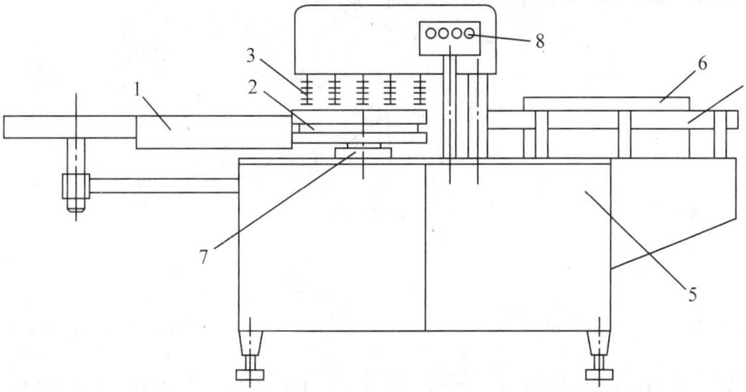

图 6－10　毛刷洗瓶机示意图

1—输瓶转盘　2—旋转主盘　3—刷瓶机构　4—翻瓶轨道　5—机架　6—水气系统　7—传动系统　8—控制系统

（2）毛刷洗瓶机工作过程　通过人工或机械方法将需要清洗的玻璃瓶瓶口向上送入输瓶转盘中，经过输瓶转盘整理排列成行输送到旋转主盘的齿槽中，经过淋水管时瓶内灌入洗瓶水，圆毛刷在上轨道斜面的作用下伸入瓶内以450r/min的转速洗瓶内壁，此时瓶子在压瓶机构的压力下自身不能转动，待瓶子随主盘旋转脱离压瓶机构，瓶子在圆毛刷张力作用下开始旋转，经过固定的长毛刷与底部的月牙刷时，瓶外壁与瓶底得到刷洗，圆毛刷与旋转主盘同步旋转一段距离后，毛刷上升脱离玻璃瓶，玻璃瓶被旋转主盘推入螺旋翻瓶轨道，在推进过程中瓶口翻转向下，进行离子水和注射用水两次冲洗，再经洁净压缩空气吹净水分，而后翻瓶轨道将玻璃瓶再翻转使瓶口向上，送入下道工序。目前国内多数中、小药厂使用的洗瓶机大都是国产的毛刷洗瓶机。

2. 超声波洗瓶机

超声波洗瓶就是瓶壁上的污物在空气的侵蚀、乳化、搅拌作用下，加以适宜的温度、时间及清洗用水的作用下被清除干净，达到清洗的目的。

(1) 超声波洗瓶机的类型

按适用清洗玻璃瓶规格分类，超声波洗瓶机分为单一型和综合型。单一型是只能清洗一种规格玻璃瓶的洗瓶机。综合型能清洗多种规格玻璃瓶。

按清洗玻璃瓶传动装置传送方式分类，超声波洗瓶机又分为水平传动型和行列式传动型。水平传动型是被清洗玻璃瓶在传送过程中处在水平面内运动，如 Bosch 公司 RURH 系列和 RRU3060 系列超声波洗瓶机以及哈尔滨飞机制造公司的 CHXP300(QC300)超声波洗瓶机均属此型。CHXP300 超声波洗瓶机如图 6-11 所示。

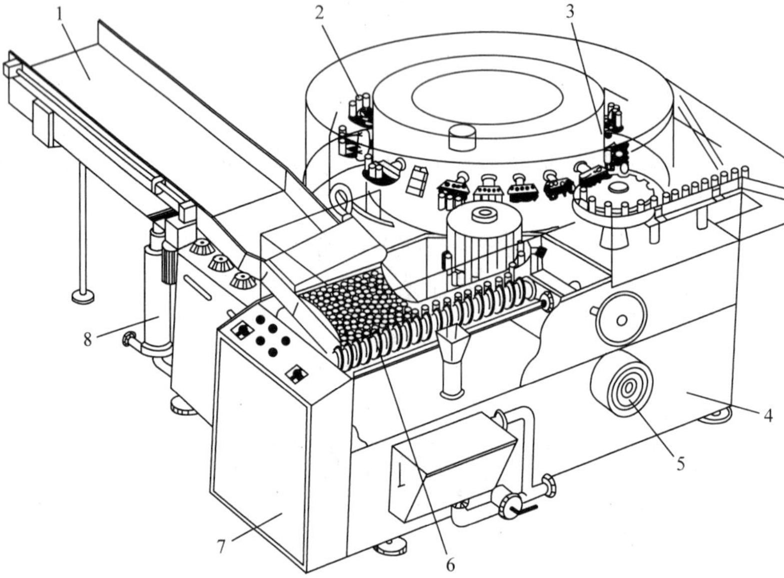

图 6-11 CHXP300 超声波洗瓶机

1—送瓶机构 2—冲洗机构 3—出瓶机构 4—机身 5—主传动系统 6—清洗装置 7—控制装置 8—水气系统

行列式传动型是被清洗玻璃瓶在传送过程中处在行列式传动的垂直和水平面内运动，如意大利 Macofa 公司生产的带超声波预洗的洗瓶机。行列式传动型洗瓶机如图 6-12 所示。

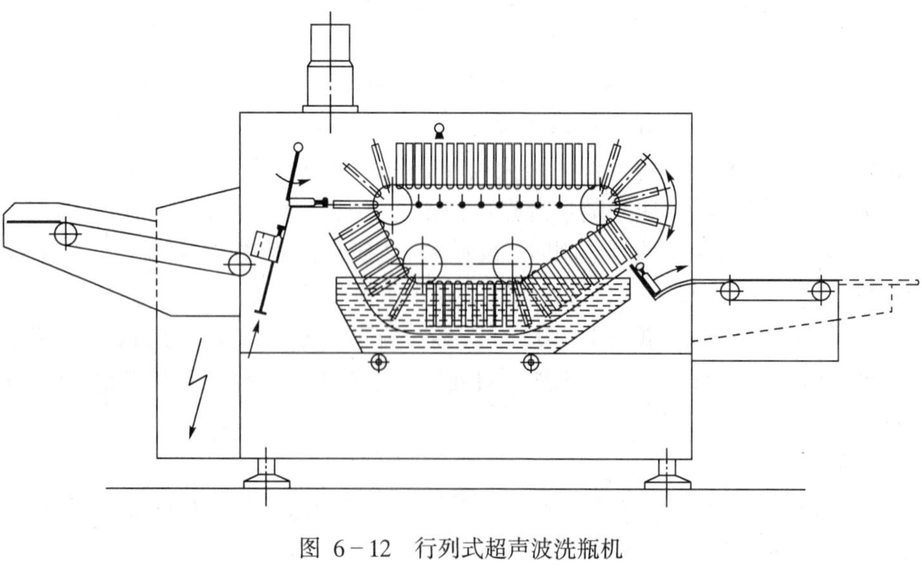

图 6-12 行列式超声波洗瓶机

（2）水平传动型超声波洗瓶机的组成　超声波洗瓶机形式虽有不同，其结构一般由送瓶机构、清洗装置、冲洗机构、出瓶机构、主传动系统、水气系统、机身及电气控制系统组成。

送瓶机构　一般单独设置动力，主要由电机、减速器、输瓶网带、过桥、喷淋头等组成，是玻璃瓶排列并输送到清洗装置的传递机构。

清洗装置　由超声波换能器、送瓶螺杆、提升装置等机构组成，安装在机身水槽中。当玻璃瓶在过桥上充满清水后，经过超声波换能器上方时进行超声波清洗后，利用送瓶螺杆连续输送到提升装置，由提升装置逐个送入冲洗转盘上的机械手进行冲洗。

冲洗机构　由带机械手的转盘、冲洗摆动圆盘、喷针装置等组成。主要完成对超声波清洗后的玻璃瓶进行冲洗、去除污垢并初步吹干。

出瓶机构　由出瓶拨轮、导轨、传动装置等组成。将冲洗、吹干过的玻璃瓶从机械手上接下来，再逐个输出到下道工序。

主传动系统　由主电机、减速器、传动轴、凸轮、链轮组成，安装在机身内部，提供机器的动力和运动。

水气系统　由过滤器、阀门、电磁换向阀、水泵、水箱、加热器、排水管及导管组成，向机器提供清洗、冲洗、吹干用洁净水和压缩空气。

机身　包括水槽、立柱、底座、护板及保护罩。为整机安装各种机构零、部件提供基础。通过底座下的调节螺杆可调整机器的水平和整机高度。

电气控制系统　由操作柜、驱动电路、调速电路、控制电路、超声波发生器、传感装置等组成，用以操作控制机器。

（3）超声波洗瓶机洗瓶的工作原理　准备清洗的玻璃瓶瓶口向上放置在送瓶机构的网带上，通过网带成排连续地送入机身水槽中，经过过桥时被喷淋头喷水充满玻璃瓶，在通过超声波换能器上方时，瓶壁的污垢被清洗掉，再通过输瓶螺杆和提升装置，小瓶逐个被转动着的冲洗转盘上的机械手夹持。机械手翻转使瓶口向下，喷针装置上的喷针插入瓶内并与瓶同步运动，喷针喷出循环水、注射用水将瓶的内外壁冲洗干净，瓶上的残留水再经洁净压缩空气初步吹干。机械手再翻转使瓶口向上，当转到与出瓶机构接口时，机械手松脱，瓶子被拨瓶盘拨送至灭菌干燥机。

行列式传动的超声波洗瓶机洗瓶工艺过程与上述水平传动的洗瓶工艺过程基本相同，但机械结构完全不同，主要区别是超声清洗后玻璃瓶传递是行列成排进行的，而水平传动型是依靠机械手单个连续进行。

（4）CHXP300 超声波洗瓶机的特点

a. 主电机及输瓶网带电机均采用无级调速，以满足生产可调的需要。

b. 在提升装置下部设有过载保护器，当玻璃瓶由送瓶螺杆送入提升装置中及前后位置出现卡瓶时，过载保护器发出信号并停机。

c. 设有自控装置，当机器发生卡瓶、超声波发生器出现故障或水、压缩空气压力不正常，均有显示并停机。

d. 玻璃瓶进入清洗直至送入下一台机器整个传递过程均密封在透明的护罩下进行，可防止灰尘落入玻璃瓶并保证安全操作。

3. 抗生素玻璃瓶灭菌干燥设备

灭菌干燥设备主要是对洗净后的玻璃瓶进行干燥和灭菌，使其达到干燥、无菌和无热源。

灭菌干燥设备型式常用的有柜式和隧道式。

(1) 柜式电热烘箱　柜式电热烘箱一般应用在小量粉针剂包装的玻璃瓶灭菌干燥工序，也用于铝盖或胶塞的灭菌干燥。柜式电热烘箱典型结构如图6-13所示，主要由不锈钢板制成的保温箱体、电加热丝、托架、风机、可调挡风板等组成。箱体前后开门，并有测温点、进风口和指示灯等。

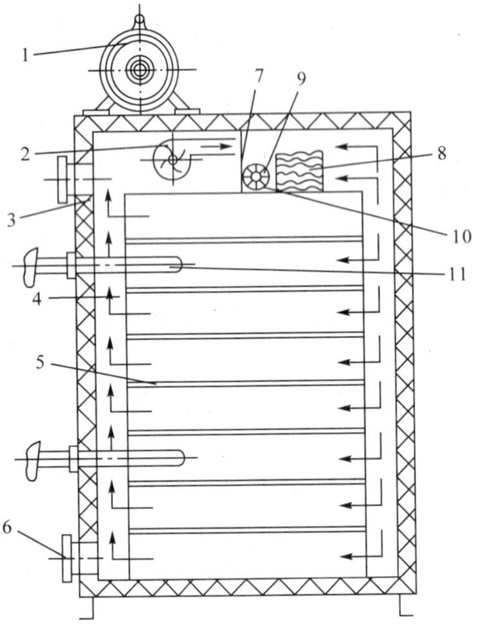

图 6-13　柜式电热烘箱
1—电机　2—风机　3—保温层　4—风量调节板　5—托架　6—进风口　7—挡风板　8—电热丝　9—排风口　10—排风调节板　11—温度计

洗净后的玻璃瓶整齐排列放入到底部有孔的方盘中，然后将方盘从烘箱后门送进烘箱，放置在托架上，通电启动风机并升温，当箱内温度升至180℃，保持1.5h，即完成了玻璃瓶的灭菌干燥。停止加热，风机继续运转对瓶进行冷却，当箱内温度降至比室温高15～20℃时，烘箱停止工作，打开洁净室一侧的前门，出瓶转入下道工序。

(2) 隧道式灭菌干燥机　隧道式灭菌干燥机从玻璃瓶输入、预热、加热灭菌干燥、冷却，至小瓶输出是连续进行的，生产能力和自动化程度高，适合大中型制药厂粉针剂的大批量生产。目前，国内外制药厂使用的隧道式灭菌干燥机，根据加热方式不同，有红外线辐射加热式和净化热空气式两种。

红外线辐射加热式通常称隧道式远红外灭菌干燥机，荷兰 Calumatic 公司、意大利 IMA 公司及国内一些药机厂生产的均属此种类型。净化热空气式称隧道式热空气灭菌干燥机。德国 Bosch 公司、国内哈飞公司及北京、长沙等地一些公司生产此种类型。

红外线辐射加热式灭菌干燥机常用于西林瓶的灭菌干燥，其生产能力为280～780瓶/min，可满足不同生产能力的需要。

热空气灭菌干燥机采用空气净化技术，用流动热空气对抗生素玻璃瓶进行干燥、灭菌和冷却，机内设置有高效空气过滤器可实现高洁净度，加热均匀，无低温死角，符合 GMP 要求，整个过程均在密封状态下进行，机内压力高于外界空气压力5Pa，使外界空气不能侵入，这也是辐射式灭菌干燥机无法比拟的。

隧道式灭菌干燥机结构及工作原理见本章第六节。

三、粉剂分装机

粉剂分装机是将无菌的粉剂药品定量分装在经过灭菌干燥的玻璃瓶内，并盖紧胶塞密封。药在无菌室内以恒温(20±2)℃，一定相对湿度(45%～60%)，洁净度≤1万级的情况下分装。粉剂分装机按其结构型式可分为气流分装机和螺杆分装机。

(一) 气流分装机

气流分装原理就是利用真空吸取定量容积粉剂，再通过净化干燥压缩空气将粉剂吹入玻璃瓶中。气流分装的特点是在粉腔中形成的粉末块直径幅度较大，装填速度快，一般可达

300～400瓶/min,装量精度高,自动化程度高,因此,这种分装原理得到广泛使用。国外在20世纪60年代就已开始研制气流分装机,并逐步形成系列化。如德国Bosch公司的AFG 160、AFG 320A气流分装机,意大利Zanasi公司的ZETA－100、ZETA－150、ZETA－300气流分装机等,中国引进最多的也是这两公司的气流分装机。通过引进、消化吸收,80年代中国开始生产气流分装机,主要型号有FZQ－120、FZQ－140型,FZH 320型等。

典型气流分装机

AFG 320A气流分装机是目前国内引进最多的一种,由以下部分组成:粉剂分装系统、盖胶塞机构、机身及主传动系统、输送瓶系统、拨瓶转盘机构、真空系统、压缩空气系统、电气控制系统和空气净化控制系统等。AFG 160的结构与AFG 320A的结构基本相同,但AFG 160是单轨输瓶,AFG 320A则是双轨输瓶。AFG系列气流分装机组成如图6－14所示。

(1) 粉剂分装系统　粉剂分装系统是气流分装机的重要组成部分。其功用是盛装粉剂,通过搅拌和分装头进行粉剂定量,在真空和压缩空气辅助下周期性地将粉剂分装于瓶内。主要由装粉筒、搅粉斗、粉剂分装头、传动装置、升降机构等组成。粉剂分装系统如图6－15所示。

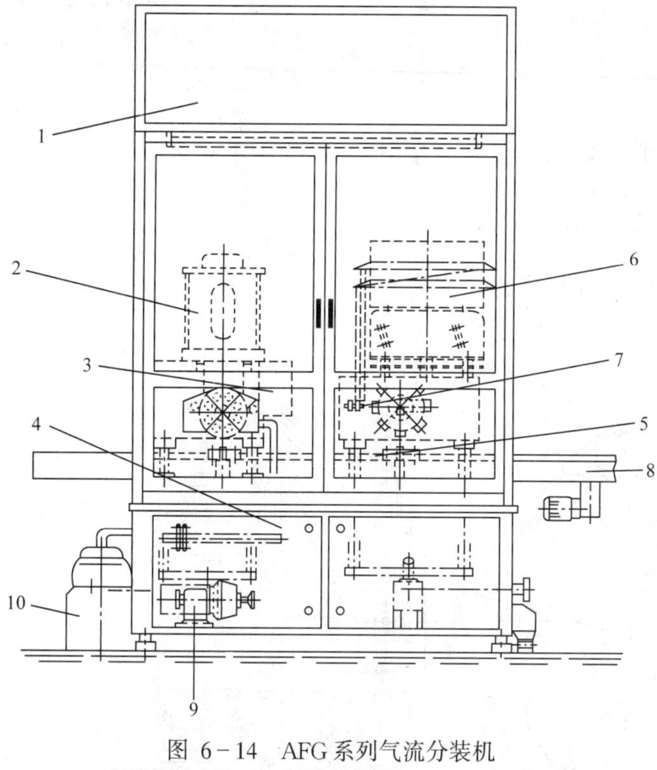

图6－14　AFG系列气流分装机

1—层流控制系统　2—粉剂分装系统　3—压缩空气系统　4—电气控制系统　5—拨瓶转盘机构　6—盖胶塞机构　7—真空系统　8—玻璃瓶输送系统　9—机身及主传动系统　10—吸粉器

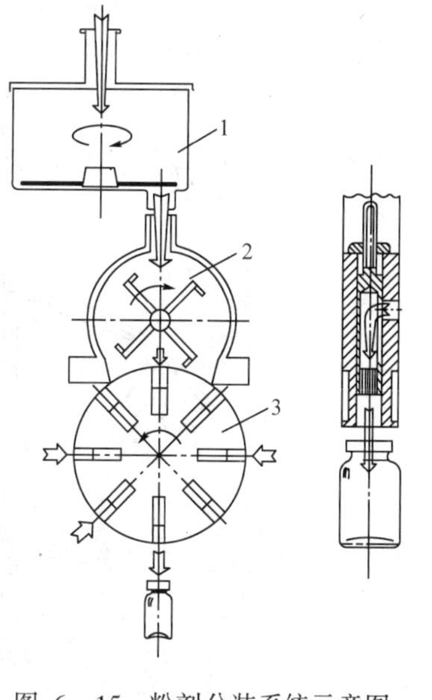

图6－15　粉剂分装系统示意图

1—装粉筒　2—搅粉斗　3—粉剂分装头

装粉筒由不锈钢圆筒体和内装单独驱动贴近筒体底部的双叶垂直搅拌器组成。筒上部有装粉口,筒底靠前部位开有方口与搅粉斗相连。筒体前方装有粉量观察窗。

搅粉斗位于装粉筒前下方,顶部通过方口与装粉筒相连,下部与粉剂分装头相连。主要由上连接板、前后挡板和活动密封块、左挡板和刮板、右挡板和活动密封块、水平放置的四片搅拌桨所组成。搅拌桨每吸粉一次旋转一转,其作用是使装粉筒落下的药粉保持疏松并将其压进粉剂分装头的定量分装孔中。

粉剂分装头是气流分装机实现定量分装的主要构件。主体(分装盘)是由不锈钢制成的圆柱体,分装盘上有八等分分布单排(或两排)直径一定的光滑圆孔,即分装孔。圆孔中有可调节的粉剂吸附隔离塞,通过调节隔离塞顶部与分装盘圆柱面的距离(即孔深)就可调节粉剂装量。分装盘后端面有与装粉孔数相同且和装粉孔相通的圆孔,靠分配盘与真空和压缩空气相连,实现分装头在间歇回转中的吸粉和卸粉。

粉剂吸附隔离塞有活塞柱和吸粉柱,其头部滤粉部分可用烧结金属或细不锈钢纤维压制的隔离刷,外罩不锈钢丝网,如图 6-16 所示。装量的调节由粉剂隔离塞在分装孔的位置确定,可调节吸粉柱端部螺杆在螺母上的位置或旋转吸粉柱端部的滑块嵌入有阿基米德曲线凹槽的装量调节盘的角度来实现装量的调节。

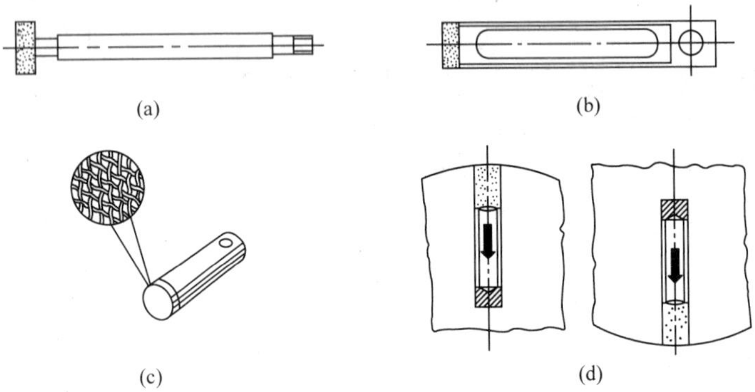

图 6-16 粉剂吸附隔离塞

(a) 烧结金属活塞柱 (b) 烧结金属吸粉柱

(c) 隔离刷吸粉柱 (d) 吸粉和出粉示意

图 6-17 为双排粉剂分装头的结构原理图。8 等分的分装体内有 16 个分装孔,分装头端部通过分配器使分装孔分别与真空或压缩空气相通,分装头的转速为 17.5r/min,装药量 250~500mg,计量误差 ±5%。

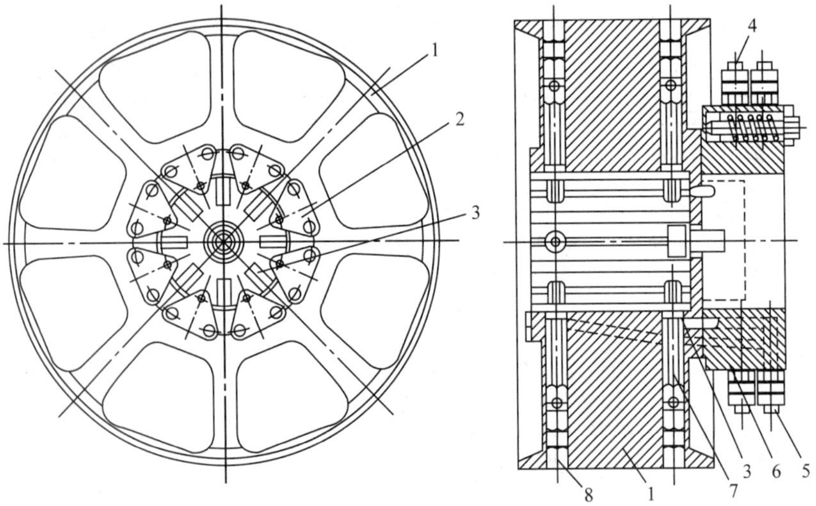

图 6-17 双排粉剂分装头的结构原理图

1—分装体 2—压板 3—调塞嘴 4—真空管路 5—压缩空气管路 6—分配器 7—粉剂隔离塞 8—分装孔

影响粉剂分装误差的主要因素有:分装头旋转时的径向跳动使分装孔药面不平;分装头后端面跳动使真空、压缩空气泄漏、串通;分装头外圆表面粗糙而粘附药粉;分装孔内表面粗糙而粘附药粉；分装孔分度不准使药粉卸在瓶口外；分装孔不圆使得装粉时药粉被吸走；分装头内腔八边形与轴线不垂直造成气体泄漏；粉剂隔离塞过于疏松或过密；压缩空气压力不稳使得流量过大或过小；药粉的粒径、含水量、流动性的变化引起粉剂密度的改变。

传动装置主要由有滑环电磁离合器、换向器、齿轮、水平传动间歇机构、链轮组成。其传动路线是：从主传动系统传递过来的动力经在圆周 360°的相位上只有一个位置能啮合的有滑环电磁离合器（也称同步跟踪离合器，协调与盖胶塞机构的同步运动）传给换向器将垂直传动变为水平传动，再经过一对齿轮（$i=1:2$）减速传到间歇机构，实现输出轴 8 个工位的间歇运动，分装体就安装在输出轴上。分装体间停时间正是分装体下部玻璃瓶运动的间停时间，此时分装头装粉孔有一个垂直向下对准瓶口，利用这一间停时间往瓶中装粉。

升降机构安装在机身下底板上，通过蜗轮实现丝杠上下运动，穿过机身面板，丝杠顶部连接在传动装置底板上，可调整分装头与瓶口的距离。

（2）盖胶塞机构　盖胶塞机构主要由供料漏斗、胶塞料斗、振荡器、垂直滑道、喂胶塞器、压胶塞头及其传动机构和升降机构组成。

供料漏斗是不锈钢板制成的倒锥形筒件，用来贮存胶塞。

胶塞料斗也是由不锈钢制成的筒形件，为减轻质量，料斗壁上冲有减轻圆孔，底板呈矮锥形，上端开口。料斗内壁焊有两条平行的螺旋上升滑道，并一直延伸至外壁有三分之二周长的距离，与垂直滑道相接。在螺旋滑道上有胶塞鉴别、整理机构，使胶塞呈一致方向进入垂直滑道。胶塞料斗下部有振荡器，振荡器由盖板、底座、6 组弹性支撑板和 3 组电磁铁组成，为料斗提供振荡力和扭摆力矩。

垂直滑道是由两组带与胶塞尺寸相适应的沟槽构件和挡板组成，构成输送胶塞轨道，将从料斗输送来的胶塞送入滑道下边的喂塞器。

喂塞器主要功用是将垂直滑道送过来的胶塞通过移位推杆进行真空定位，吸掉胶塞内的污物后送到压胶塞头体上的爪扣中。

压胶塞头是压胶塞机构实现盖胶塞功能的执行机构。主体是个圆环体，其上装有 8 等分分布的盖塞头，盖塞头上有 3 个爪扣、2 个回位弹簧和 1 个压杆，在压头作用下将胶塞旋转地拧按在已装好药粉的瓶口上。

传动装置主要由传动箱、传动轴、8 工位间歇机构、传动齿轮、凸轮摆杆机构等组成，实现压胶塞头间歇转动、喂塞移位推杆进出、压头摆动运动。

升降机构组成与粉剂分装系统的升降机构相同，用于调整盖塞头爪扣与瓶口距离。

（3）机身及主传动系统　机身是由不锈钢方管焊成的框架、面板、底板、侧护板组成，下部有可调地脚，用于调整整机水平和使用高度。机身为整机安装各机构提供支撑基础。

主传动系统主要由带有减速器、无级调速机构和电机组成的驱动装置、链传动、换向机构、间歇机构等组成，为装粉和盖塞系统提供动力和运动。

（4）玻璃瓶输送系统　该系统由不锈钢丝制成的单排或双排输送网带及驱动装置、张紧轮、支撑梁、中心导轨、侧导轨组成，完成粉剂分装过程玻璃瓶的输送。

（5）拨瓶转盘机构　拨瓶转盘机构安装在装粉工位和盖塞工位。主要由拨瓶盘、传动轴、八个等分啮合的电磁离合器以及刹车盘组成的过载保护机构等组成。其作用是通过间歇机构的控制，准确地将输送网带送入的玻璃瓶送至分装头和盖塞头下进行装粉和盖胶塞。当这两个工位出现倒瓶或卡车时，会使整机停车并发出故障显示信号。

（6）真空系统　真空系统用于装粉和盖塞。装粉真空系统由水环真空泵、真空安全阀、真空调节阀、真空管路及进水管、水电磁阀、过滤器、排水管组成,为吸粉提供真空。盖塞真空系统由真空泵、调节阀、滤气器等组成,其作用是吸住胶塞定位和清除胶塞内腔上的污垢。

(7) 压缩空气系统　该系统由油水分离器、调压阀、无菌过滤器、缓冲器、电磁阀、节流阀及管路组成。工作时,经过过滤、干燥的压缩空气再经无菌系统净化,分成三路:一路用于卸粉,另两路用于清理卸粉后的装粉孔。

(8) 局部净化系统　AFG 型及 FZH 型气流分装机设置局部净化系统,以保证局部 100 级洁净度。主要由净化装置与平行流罩组成,如图 6-18 所示。净化装置为一长方形箱体,前、后面为可拆卸的箱板,底部固定有两块带孔板,箱体内有一隔板,后部装有小风机,风机出风口在隔板上。箱体前部下方带孔板上装有高效过滤器,使过滤后空气洁净度达到百级;在风机进风口下部带孔板上装有粗效过滤器。平行流罩为铝合金型材并镶有机玻璃板构成围框,前后为对开门,坐落在分装机台面上,上部即为净化装置,使分装部分形成一个循环空气流通的密封系统。

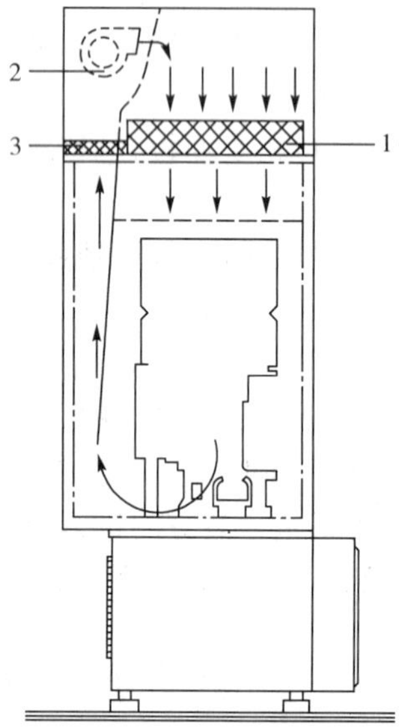

图 6-18　气流分装机局部净化系统
1—高效过滤器　2—风机
3—粗效过滤器

AFG 320A 型气流分装机的特点如下。

a. 进入瓶子若瓶口向下、缺瓶、倒瓶、网带上瓶子堆积、拨瓶盘被卡住、胶塞供应不足等均有显示并自动停机。

b. 具有多次装粉功能是该机一大特点。进行多次分装时,主要是通过装粉工位拨瓶盘主轴上的电磁离合器控制瓶子在装粉位置停留时间,分装头转过几个工步就实现几次装粉,最多可进行 4 次。

c. 更换瓶子时,只更换与瓶子规格有关的少许零件并进行适当的调整即可实现。

d. 由于该机具有局部净化系统,装粉、盖胶塞同在百级洁净度平行流空气保护下进行,可避免二次污染。

(二) 螺杆分装机

螺杆分装机是通过控制螺杆的转数,把粉剂分装到玻璃瓶中。螺杆分装计量除与螺杆的结构形式有关外,关键是控制每次分装螺杆的转数就可实现精确的装量。螺杆分装机具有装量调整方便,结构简单,便于维修,使用中不会产生漏粉、喷粉等优点。

螺杆分装机一般由带搅拌的粉箱、计量分装头、胶塞振动料斗、输塞轨道、真空吸塞与盖塞机构、玻璃瓶输送装置、拨瓶盘及其传动系统、控制系统、机身等组成。目前国内使用的螺杆分装机的螺杆计量分装头多为双头。荷兰 Calumatic 公司的 DF-8/RS5 螺杆分装机具有 8 个分装头,生产能力达 280 瓶/min。图 6-19 所示为 GLF-1 型高效单头螺杆分装机。

螺杆计量分装头中螺杆旋转的传动过去多为机械传动,近年已将数控技术应用到螺杆分装机上,使螺杆转数控制更方便,提高了可靠性和稳定性。

图 6-20 所示是一种螺杆分装头。粉剂置于粉斗中,在粉斗下部有落粉头,其内部有单向间歇旋转的计量螺杆,当计量螺杆转动时,即可将粉剂通过落粉头下部的开口定量地加到玻璃瓶中。为使粉剂加料均匀,料斗内还有一搅拌桨,连续反向旋转以疏松药粉。动力通过步进电机、联轴器直接带动计量螺杆转动,通过控制定量螺杆的转数,实现准确的计量。搅拌桨动力通过另一部电机直接带动,使搅拌桨做逆时针连续旋转。

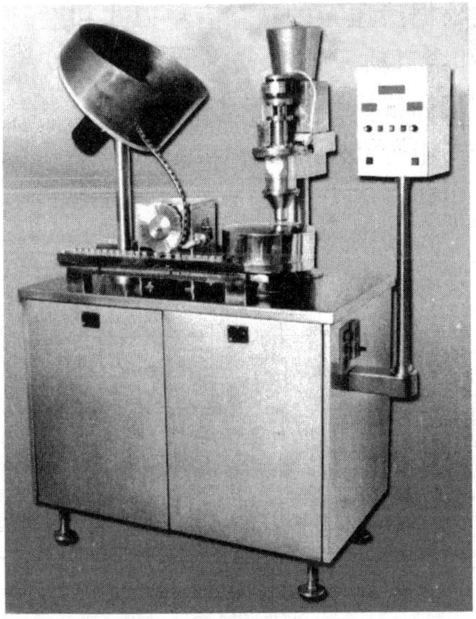

图 6-19　GLF-1 型高效单头螺杆分装机简图

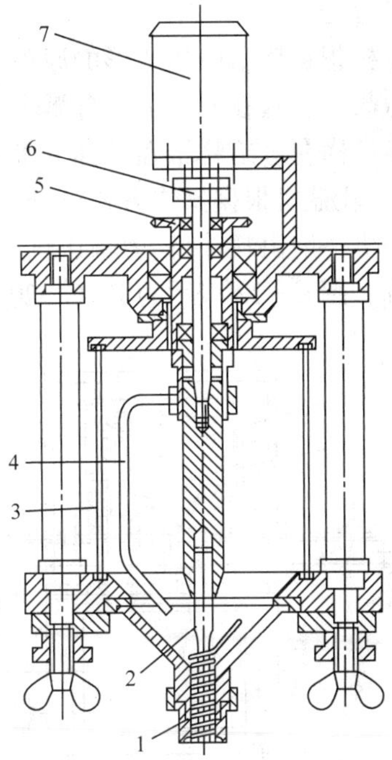

图 6-20　数控螺杆分装头

1—落粉口　2—计量螺杆　3—粉斗　4—搅拌桨
5—搅拌驱动轮　6—离合器　7—步进电机

螺杆分装头的控制是由微机控制系统、驱动电路、步进电机、机械传动系统 4 大部分组成。由接近开关将机械间歇运动的同步信号及瓶子检测信号送予微机控制系统，从而达到同步驱动目的，保证良好工作效果。

微机控制部分主要由中央处理器、输入输出接口以及微机处理器等组成，如图6-21所示。整机各种操作程序全部写入软件来控制，并在面板上给以操作提示。执行机构采用动作为三相六拍式步进电机，具有稳定的最大静转矩及很好的动稳定区和最大的负载转矩，有很好的频率响应特性。

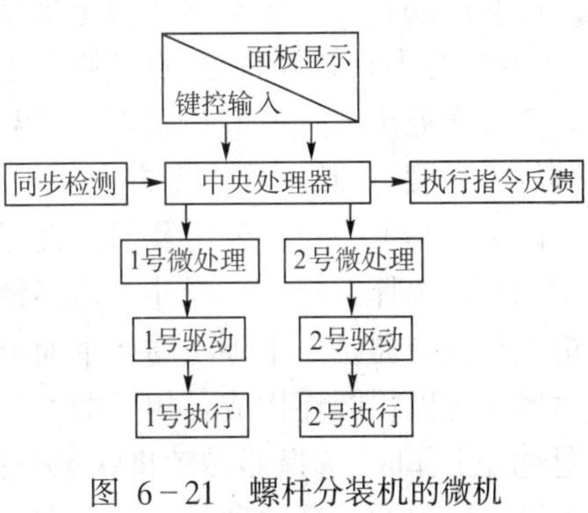

图 6-21　螺杆分装机的微机控制系统原理图

微机控制螺杆分装机具有装量调节范围宽、螺杆转速可调、生产能力可调等优点。此外，还具有以下特点：不停车调整装量和速度，多个分装头可单独设定，具有空瓶检测及螺杆碰壳检测、产量统计、单步点动、自动识别设定装量与设定速度合理配合等功能。

四、粉针剂轧铝盖包装设备

抗生素玻璃瓶充填粉剂、盖好胶塞，属于粉剂分装过程。要成为粉针剂成品，还需进一步密封轧封铝盖，以适应运输和使用的要求。轧盖机就是用铝盖对装完粉剂、盖好胶塞的玻璃瓶进行再密封。铝盖分为中心孔铝盖、两接桥、三接桥、开花铝盖、撕开式铝盖和不开花铝盖。还有铝塑组合盖。

轧盖机根据铝盖收边成形的原理可分为卡口式和滚压式。卡口式就是利用分瓣的卡口模具将铝盖收口包封在瓶口上。分瓣卡口模已由三瓣式发展成八瓣式。滚压式成形是利用旋转的滚刀通过横向进给将铝盖滚压在瓶口上。滚压式根据滚压刀的数量有单刀式和三刀式之分。另外,轧盖机根据操作方式可分为手动、半自动和全自动。

轧盖机一般由料斗、铝盖输送轨道、轧盖装置、玻璃瓶输送装置、传动系统、机身、电气控制系统组成。图 6-22 表示为 ZHG 320 型双轧头滚压式轧盖机外形图。

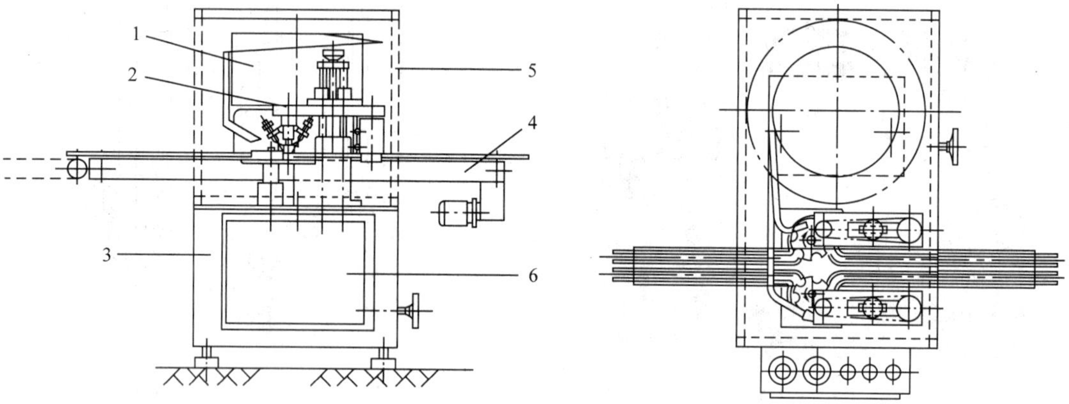

图 6-22　ZHG 320 型轧盖机

1—振动供盖系统　2—轧盖装置　3—主传动系统　4—输送链带　5—机器保护罩　6—电气系统

1. 料斗

料斗就是盛装待轧封的铝盖,并将铝盖整理成同一方向送入铝盖输送轨道。常见的料斗型式有振动料斗和带选择器的料斗。

(1) 振动料斗　振动料斗由上部是料斗和下部是电磁振荡器组成。料斗为不锈钢锥底圆筒,内壁焊有平板螺旋轨道,直到圆筒上部,与外壁上的矩形盒轨道(尺寸与铝盖相适应)相接。内壁轨道靠近出口处设有识别器,将铝盖整理成一个方向。料斗在振荡器的振动作用下,铝盖沿螺旋轨道爬行,整理成一个方向后进入外壁轨道,再利用外轨道的斜坡滚动进入铝盖输送轨道。Bosch 公司、Zanasi 公司及国内大部分型号轧盖机均选用振动料斗。

(2) 带选择器料斗　料斗是由不锈钢卧式半锥形料斗体和底部是垂直放置的选择器两部分组成。选择器是一个外缘周边平面上有一圈均匀分布的凸三角形牙的圆盘和一侧面上有凹三角形牙的板状圆环构成。相对的两三角形牙之间有一适当间隙,正好能使呈一定方向的铝盖通过。工作时,选择器转动将状态合适的铝盖送入输送轨道。如 Calumatic 公司生产的一种轧盖机上应用的就是这种料斗。

2. 铝盖输送轨道

铝盖输送轨道一般都是由两侧板和盖板、底板构成,上端与料斗铝盖出口相接,下端为挂盖机构。在轧盖机上有垂直放置和斜放两种。铝盖在轨道中的方向总是铝盖口对着瓶子的行进方向。挂盖机构设置在轨道的下部,活动的两侧板通过弹簧夹持和定位铝盖,并使铝盖倾斜一个合适的角度。工作时瓶子经过挂盖机构下方将铝盖挂在瓶口上,再经过压板将铝盖压正。其挂盖工艺过程如图 6-23 所示。

3. 轧盖装置

轧盖装置是将扣在瓶口上铝盖紧密牢固地包封在瓶口上。轧盖装置的结构型式有三刀滚压式和卡口式两种，其中三刀滚压式有瓶子不动和瓶子随动两种型式。

(1) 瓶子不动三刀滚压型　该轧盖装置由三组滚压刀头及连接刀头的旋转体、铝盖压边套、心杆和皮带轮组及电机组成。其轧盖过程是：电机通过皮带轮组带动滚压刀头高速旋转，转速约 2 000r/min，在偏心轮带动下，轧盖装置整体向下运动，先是压边套盖住铝盖，只露出铝盖边沿待收边的部分，在继续下降过程中，滚压刀头在沿压边套外壁下滑的同时，在高速旋转离心力作用下向心收拢滚压铝盖边沿使其收口，如图 6-24 所示。

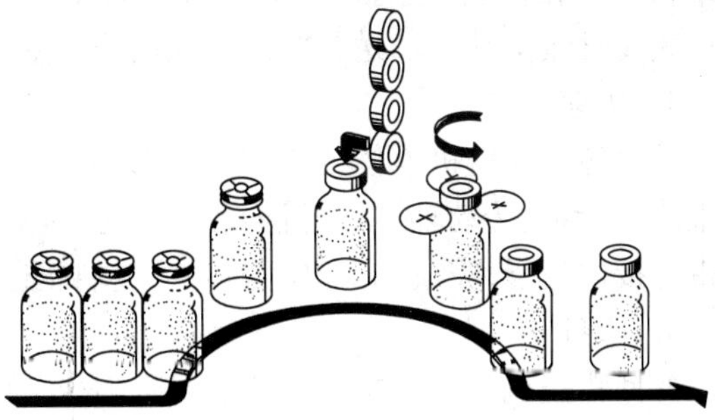

图 6-23　挂盖、轧盖工艺过程示意图

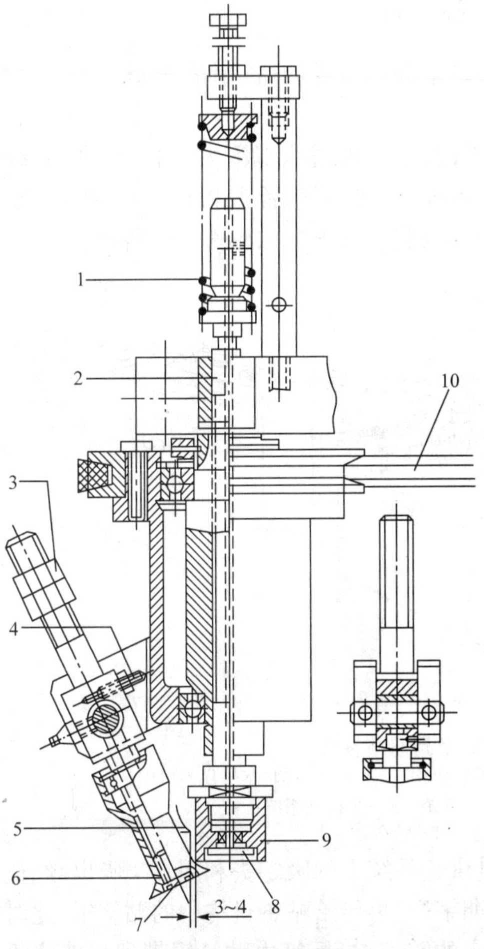

图 6-24　三刀头轧盖装置

1—压紧弹簧　2—导杆　3—配重螺母　4—止推螺钉　5—刀头限定位置　6—刀头　7—螺塞　8—直杆　9—压套　10—三角带

(2) 瓶子随动三刀滚压型　该压盖装置由电机、齿轮、七组滚压刀组件、中心固定轴、回转轴、控制滚压刀组件上下运动的平面凸轮和控制滚压刀离合的槽形凸轮等组成。轧盖过程是：扣上铝盖小瓶在拨瓶盘带动下进入到一组正好转动过来并已下降的滚压刀下，滚压刀组件中的压边套先压住铝盖，在继续转动中，滚压刀通过槽形凸轮下降并借助自转在弹簧力作用下，将铝盖收边轧封在小瓶口上。

(3) 卡口式(开合式)轧盖装置　由分瓣卡口模、卡口套、连杆、偏心机构等组成。轧盖过程是：扣上铝盖的小瓶由拨瓶盘送到轧盖装置下方间歇停止时，偏心轴带动连杆推动卡口模、卡口套向下运动(此时卡口模瓣呈张开状态)，卡口模先行到达收口位置，卡口套继续向下，收拢卡口模瓣使其闭合，就将铝盖收边轧封在小瓶口上。目前使用的 SQ、DQ、KZG 型轧盖机上的轧盖装置都属于该类型。

4. 玻璃瓶输送装置

由于轧盖原理不同，玻璃瓶输送的形式也不同，基本上有两种。

① 卡口式轧盖机是依靠缓冲转盘的推动力将玻璃瓶送入轨道，进到拨瓶盘，轧完盖后再通过拨瓶盘拨入轨道输送出去。

② 滚压式轧盖机是单独设置玻璃瓶输

送装置。由不锈钢丝或塑料板制成的网带及驱动装置、张紧轮、支撑梁、导轨等构成。整体安装在机身上,完成玻璃瓶的输送。有时根据联线整体布局需要,在此装置前入口端增设一个与其结构型式相同,长度短一些能活动的输瓶装置,也称前输瓶装置。两装置首尾采用铰链连接。联线时将活动的输送装置放在无菌分装室,以便操作人员需要时断开联动线。

5. 传动装置

虽然各型轧盖机整体结构有所差别,但其传动系统都是由电机、调速装置、减速器、传动齿轮组或链轮系、传动轴、间歇机构、过载保护装置等构成。驱动拨瓶盘按规定进行动作,从输送网带上接过瓶子,完成扣盖、轧盖,再将玻璃瓶送入网带。

6. 床身

各型轧盖机都是由主体构架、面板、围板及可调地脚组成,用以支撑、安装其他装置。

7. 轧盖机的自动控制

一般结构比较简单的轧盖机不设置自控功能。而结构较为复杂的轧盖机都具有:无瓶、倒瓶、卡车、铝盖供应不足的自动显示并停机的功能。

五、贴 签 机

贴签机主要用于对粉针剂产品进行标识,在玻璃瓶的瓶身上粘贴产品标签。

1. TQ 400 型高速贴签机

该机其性能与 Bosch 公司 EVWOI 型性能相近,是一种适用范围大,贴签速度高,综合性能强的粘贴标签设备。该机主要由玻璃瓶输送系统、供签系统、涂胶机构、打字机构、贴签机构、主传动系统、真空系统、机身和电气控制系统等组成。其外形如图 6-25 所示。

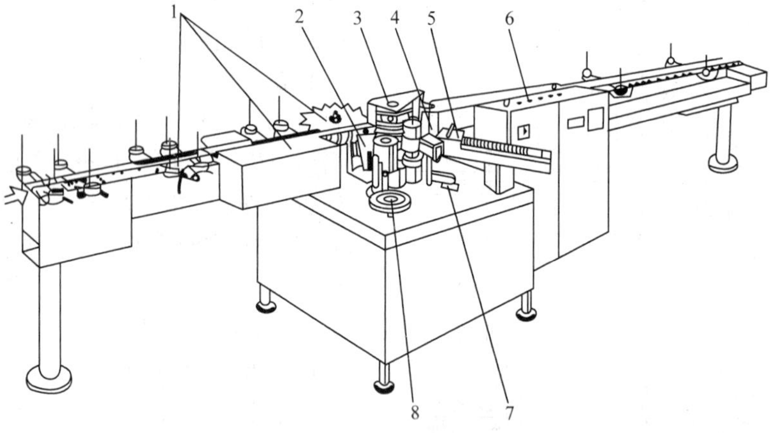

图 6-25 TQ 400 型高速贴签机
1—小瓶输送系统 2—涂胶机构 3—贴签机构 4—打字机构 5—供签机构
6—电气控制系统 7—真空系统 8—主传动系统

在机器工作中,签盒中排列整齐的标签通过供签系统中的吸签头利用真空吸出,经过传签辊传入打字机构打印批次号和生产日期或有效期字样,再传给贴签机构中的贴签辊,此时标签背面朝外被涂上一层由涂胶机构中的涂胶头送来的胶液,当标签由贴签辊带到与玻璃瓶接触后,由于玻璃瓶的滚动,就将标签粘贴在瓶身上,再经过抚平按牢,完成贴签过程。

整机的运动是通过主电机带动各个机构实现的。主传动系统采用无级调速,可调范围为 70～400 瓶/min,速度的选择可通过程控数显编码器预置。整机功能可实现无瓶不吸签、供签，无签不打字、不涂胶液。工作过程中可预置两种速度运行，高速用于贴签，低速用于调整，这是该贴签机的一个显著特点。

玻璃瓶输送系统主要由塑料板制成的输瓶链（动力由主电机供给）、支撑梁、瓶导轨、送瓶螺杆、拨瓶盘及过载保护机构组成。在贴签过程如出现卡瓶，过载保护机构可防止传动系统损坏并发出故障信号和停机。

供签系统由签盒、吸签机构、传签辊、标签识别光电传感器组成。当传签辊无签通过时，标签识别传感器会发出信号使打字机构字头不接触标签，涂胶头离开标签、涂不上胶。

涂胶机构由胶盒、传胶辊、涂胶辊、涂胶头构成。涂胶头有两个对称扇状圆弧面，圆弧面的高度和圆弧展开长与标签的高度和宽度相匹配，所粘的胶面正好能涂满整个标签。它有两个运动，一是转动，在圆弧面与标签背面滚动接触中把胶传给标签；一是离开贴签辊的移动，当标签识别传感器发出无签信号时，它会被电磁铁拉开，不与标签接触。

打字机构是由墨辊、传墨辊及安装架、字头辊（其内装有字头）和打字辊构成。工作时，字头辊中的字头与打字辊上的标签滚动接触，将字印在标签上。当标签识别传感器发出无签信号时，有一电磁铁将打字机构拉开使字头不与打字辊接触，实现不打字功能。

贴签机构由贴签辊、成组窄条传动按摩带、按摩带、固定按摩带组成。贴签辊上有爪勾和真空吸孔固定和传递标签。当玻璃瓶与带胶的标签接触后，传动窄条按摩带与固定按摩带的相对运动使玻璃瓶产生滚动，就牢固地把标签贴在瓶身上。

主传动系统是由减速器的电机、无级调速装置、链传动、齿轮、传动轴、减速器等构成，为各系统和装置提供动力和运动。

真空系统由真空泵、管路、电磁换向阀组成，为供签系统、打字机构、贴签机构固定标签提供吸附真空。

2. ELN 2011 型贴签机

该贴签机是 Bosch 公司针对药品市场尤其是我国 7mL 玻璃瓶粉针剂用量大这一需求研制出的产品。主要适用 7mL 抗生素玻璃瓶，经简单改装也可适用其他规格玻璃瓶但范围不大，所以整机和装置的结构尺寸更为紧凑。ELN 2011 型贴签机如图 6－26 所示。

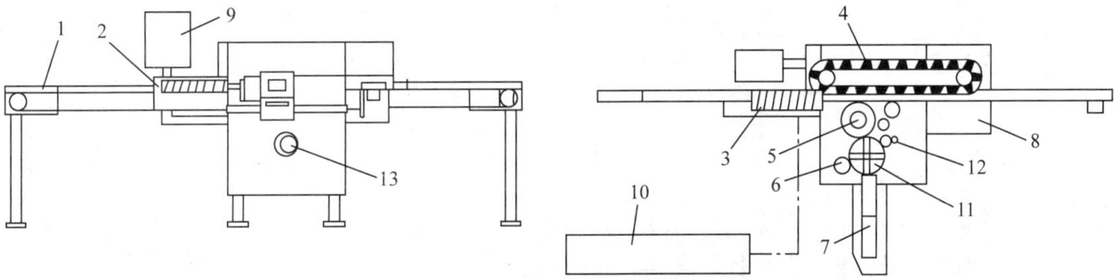

图 6－26　ELN 2011 型贴签机

1—玻璃瓶输送装置　2—挡瓶机构　3—送瓶螺杆　4—V 形夹传动链　5—贴签辊　6—涂胶机构　7—签盒
8—机身　9—操纵箱　10—电气控制柜　11—转动圆盘机构　12—打印机构　13—主传动系统

该贴签机传签形式在结构上设置了一个转动圆盘机构，上面安装 4 个一样的摆动传签头，代替供签系统中的吸签机构和传签辊、打字辊、涂胶头。传签过程是：传签头先在涂胶辊上粘上胶，随着圆盘转到签盒部位粘上签，当转到打字工位，印字辊就将标记印在标签上，再转下去到与贴签辊相接，贴签辊通过爪勾和真空吸附将标签接过送至与瓶接触，把标签贴在瓶上。整个传签过程从传签头将标签从签盒中粘出到传给贴签辊，标签始终粘在传签头上，省去了从吸签头把签传给传签辊，传签辊再传给打字辊这两个交接环节，减少了传签失误率。

该贴签机在结构上取消长固定按摩板和大按摩带，以带V形夹的传动链和小固定按摩板代替，使其结构紧凑。

该贴签机无瓶不粘签、无签不打字的功能是通过气缸带动签盒和打字机构退让来实现的，动作平稳。

3. 不干胶标签贴签机

不干胶标签贴签机与涂胶贴签机整体结构基本相似，不同之处就是不干胶标签贴签机不设涂胶机构，设置了不干胶标签纸带与隔离塑料薄膜分开装置和定尺剪切机构。

我国在线使用的不干胶标签贴签机有Calumatic公司、皇将公司的产品。用计算机控制，并具有打印批次号功能。

六、抗生素粉针自动生产线

抗生素粉针生产联动线亦称抗生素玻璃瓶粉剂分装联动线，是由完成特定工艺的粉针剂生产设备和辅助设备，按粉针剂生产工艺顺序排列组成。

一条完整的抗生素粉针生产联动线应包括：洗瓶机、隧道灭菌干燥机、粉剂分装机、轧盖机、贴签机、装盒机、检查台和缓冲转盘等。

抗生素粉针生产联动线组成形式如图6-27所示。采用何种组成形式和由什么型号的单元设备组成，取决于使用联动线的制药厂的生产规模、生产能力以及粉针剂品种，同时要能充分发挥各单元设备的生产能力和保证联动线最佳生产效能。

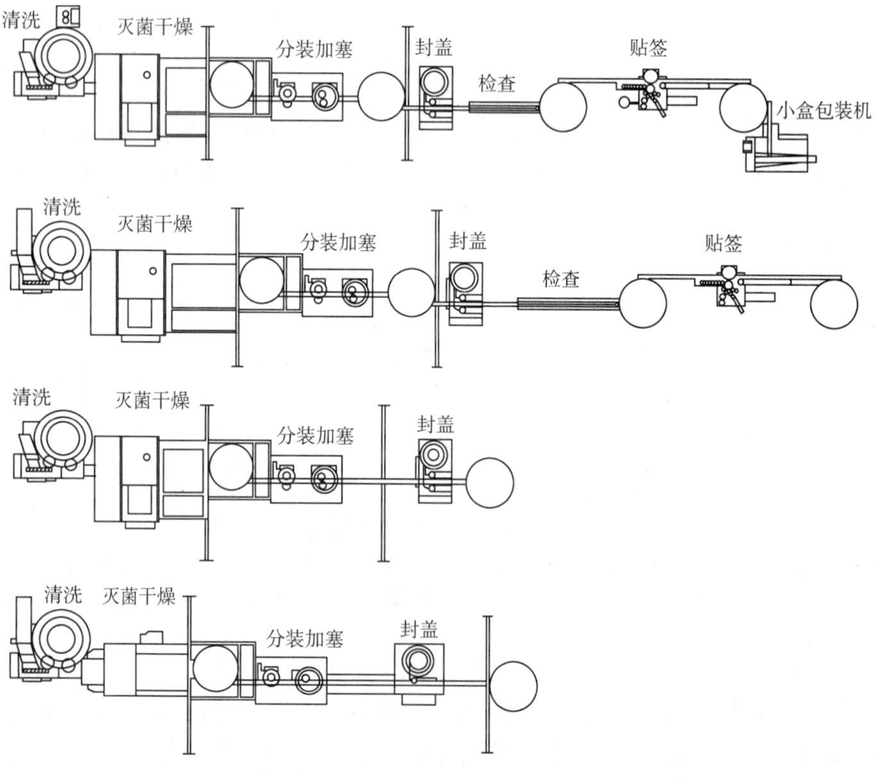

图 6-27　抗生素粉针剂生产联动线组成示意图

第四节　片剂装瓶机

许多固体成型药物，如片剂、胶囊剂、丸剂等，常以几粒乃至几百粒不等的数量装入玻璃瓶或塑料瓶中完成包装。片剂装瓶机械主要由数粒计数机构，输瓶、装瓶机构，以及塞纸、封蜡、旋盖等机构组成。

一、计 数 装 置

日前使用的数粒（片、丸）计数机构主要有两类，一类为传统的模板式计数，另一类为先进的光电计数机构。

（一）模板式计数机构

1. 转盘式数片机构

转盘式数片机构如图 6－28 所示。一个与水平成 30°倾角的带孔转盘，盘上开有几组（3～4 组）小孔，每组孔数依每瓶的装量数决定。在转盘下面装有一个固定不动的托板 4，托板有一个扇形缺口，其扇形面积只容纳转盘的一组小孔。缺口的下边紧连着一个落片斗 3，落片斗下口直抵装药瓶口。转盘的围板具有一定高度，其高度要保证倾斜转盘内可存积一定量的药片和胶囊。转盘上小孔的形状应与待装药粒形状相同，且尺寸略大，转盘的厚度要满足小孔内只能容纳一粒药的要求。当转盘不停地旋转时，其速度不能过高（约 0.5～2r/min），一则转速要与输瓶带上瓶子的移动频率匹配，不可能太快；二则太快的转速将产生过大离心力，不能保证转盘转动时，药粒在盘上靠自重而滚动。当每组小孔随转盘旋至最低位置时，药粒将埋住小孔。当小孔随转盘向高处旋转时，小孔上面叠堆的药粒靠自重将沿斜面滚落至转盘的最低处。为了保证各组小孔均落满药粒和使多余的药粒自动滚落，常需要使转盘不是保持匀速旋转。为此利用图中的手柄 8 拨向实线位置，使槽轮 9 花键滑向左侧，与拨销 10 配合，同时将直齿轮 7 及 11 脱开。拨销轴受电机驱动匀速旋转，而槽轮 9 则以间歇变速旋转，因此引起转盘抖动着旋转，以利于计数准确。为了使输瓶带上的瓶口和落片斗下口准确对位，利用凸轮 14 带动一对撞针，经软线传输定瓶器 17 动作，使将到位的药瓶定位，以防药粒散落瓶外。当改变装瓶粒数时，则需更改带孔转盘即可。还可以将几个模板式数片机构并列安装，或错位安装，可以同时向数个输瓶带上的药瓶内装药。

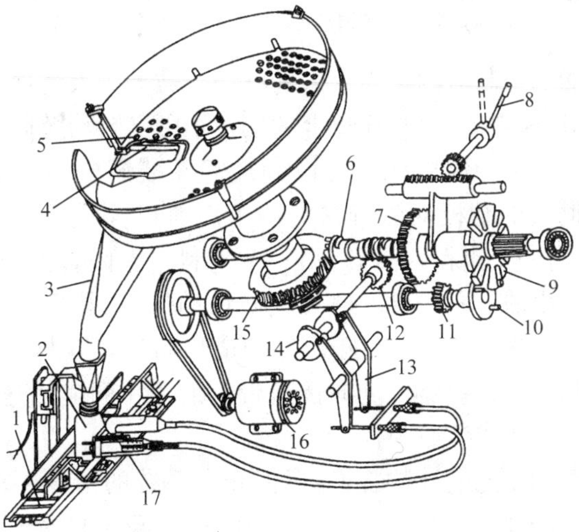

图 6－28　转盘式数片机

1—输瓶带　2—药瓶　3—落片斗　4—托板　5—带孔转盘　6—蜗杆　7—直齿轮　8—手柄　9—槽轮　10—拨销　11—小直齿轮　12—蜗轮　13—摆动杆　14—凸轮　15—蜗轮　16—电动机　17—定瓶器

2. 履带计数装置

图 6－29 所示为履带计数装置。该履带由若干组匀布凹穴和光面的条板 11 所组成，以此

调整其计数值。片剂在料仓2的底部经筛分器3筛分后进到料仓1,然后片剂靠自重和振动器9的作用不断落入板穴中,并由拨料毛刷4将板上的多余片剂拨去。当片剂移至卸料工位,便接转鼓的径向推头8使之片剂成排的掉下,再经卸料斗槽7装入包装容器6。在履带连续运行过程中,通过探测器5一旦检查出条板凹穴有缺料现象,即自动停车。该装置适用于片状和球形等规则药品的计数。

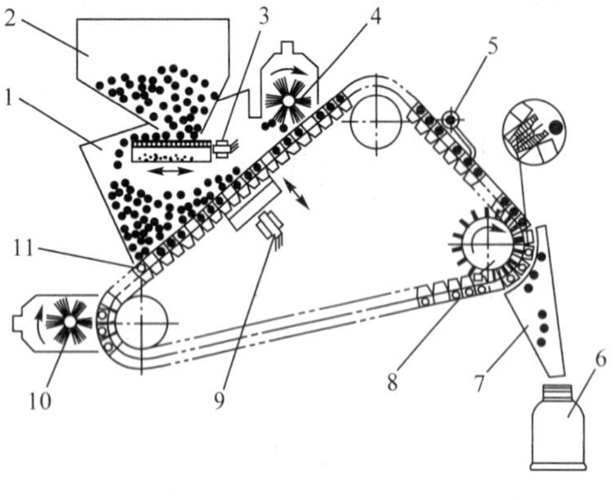

图 6-29　履带计数装置

1、2—料仓　3—筛分器　4—拨料毛刷　5—探测器　6—包装容器　7—卸料斗槽　8—径向推头　9—振动器　10—清屑毛刷　11—履带条板

(二) 光电数粒(片)装置

光电数片装置是利用一个旋转平盘,将药粒抛向旋盘周边,在周边围墙开缺口处药粒将被抛出旋盘。在药粒由旋盘滑入药粒溜道6时,溜道上设有光电传感器7,如图6-30所示。通过光电系统将信号放大并转换成脉冲电信号,输入到具有"预先设定"及"比较"功能的控制器内。当输入的脉冲个数等于人为预选的数目时,控制器向磁铁11发生脉冲电压信号,磁铁动作,将通道上的翻板10翻转,药粒通过并引导入瓶。

这种计数机构也可以制成双斗装瓶机构,药粒通道上的翻板对着分岔的两个出料口,翻板停在一侧,有一个出料口打开,另一个出料口关闭。当控制器发出的下一个脉冲电压使磁铁动作时,翻板翻动,关闭原来的出料口,打开另一个出料口。这样可以利用一个计数器控制向传送带上的两排间隔输送来的药瓶完成装瓶工作。

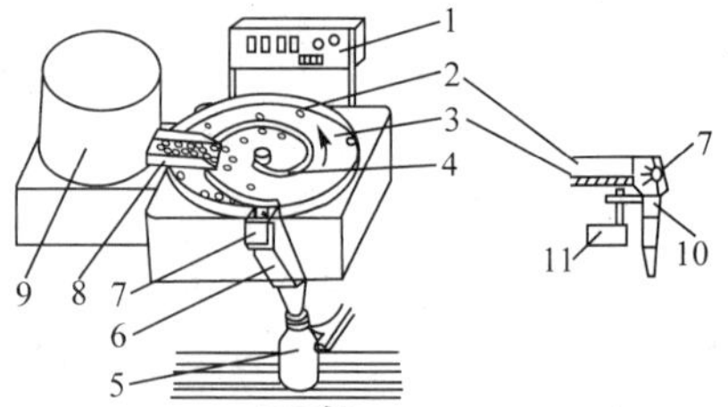

图 6-30　光电计数机构

1—控制器面板　2—围墙　3—旋转平盘　4—回形拨杆　5—药瓶　6—药粒溜道　7—光电传感器　8—下料溜板　9—料桶　10—翻板　11—磁铁

对于光电计数装置,根据光电系统的精度要求,只要药粒尺寸足够大(比如>8mm),反射的光通量足以启动信号,转换器就可以工作。这种装置的计数范围远大于模板式计数装置,在预选设定中,根据瓶装数量要求任意设定,不需更换机器零件,即可完成不同量的调整。

二、片剂装瓶包装机

图6-31所示的PZ10/55片剂小型包装机是目前常用片剂装瓶机。其特点是生产效率高,结构紧凑,具有故障报警、自动停车装置,能完成理瓶、计数装瓶、塞纸、理盖、旋转、贴标签、印批号等工作。

PZ10/55小瓶包装机的主要技术参数如下:

生产能力为30~50瓶/min,瓶子规格为10~60mm,药片直径为5.5~10mm,装量为50~200片/瓶,药片类型为糖衣片、素片,主电机为1.1kW,1 500r/min,机器净重1 000kg,外形尺寸(长×宽×高)3 000mm×630mm×1 550mm。

PZ10/55片剂小瓶包装机的传动系统如图6-32所示。该机各执行机构的工作原理如下。

1．输瓶轨道

该机采用步进式输瓶方法输瓶，每次进一个瓶子。更换规格件可以包装多种直径规格的瓶子，这些瓶子在各工位的中心位置不变。由图 6－32 可见，输瓶时，由轴Ⅱ上的凸轮 14 经杠杆 18、推杆 19、摆杆 20，使推瓶板 21 按矩形轨迹运动，每次把 14 个瓶子向右移动一个工位。瓶子进位后，由两侧的夹瓶板 22 夹紧定位。夹瓶板的夹紧动作是由凸轮 9 通过推板 23 来实现的。推瓶、夹瓶都是由弹簧联接的，出现故障时，弹簧压紧，从而接通限位开关，迅速停机。推瓶板上的最后一个推脚上装有压签装置，防止瓶签在粘贴过程中发生错位或造成打印批号位置不准或字迹模糊不清。夹瓶板的第一工位设有检测装置，无瓶、倒瓶或瓶子没有完全到位时，会自动停机。装在机身右侧的手轮 24 是用来调节托瓶轨道水平高度的，以便在更换瓶子规格时，调整瓶口的工作高度。

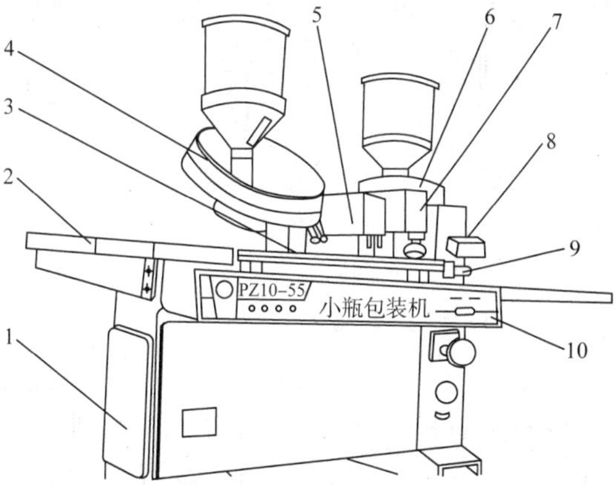

图 6－31　PZ10/55 片剂装瓶机

1—机身　2—理瓶　3—输瓶轨道　4—计量装置　5—塞纸机构　6—理盖机构　7—旋盖机构　8—贴签机构　9—打印机构　10—电器控制部分

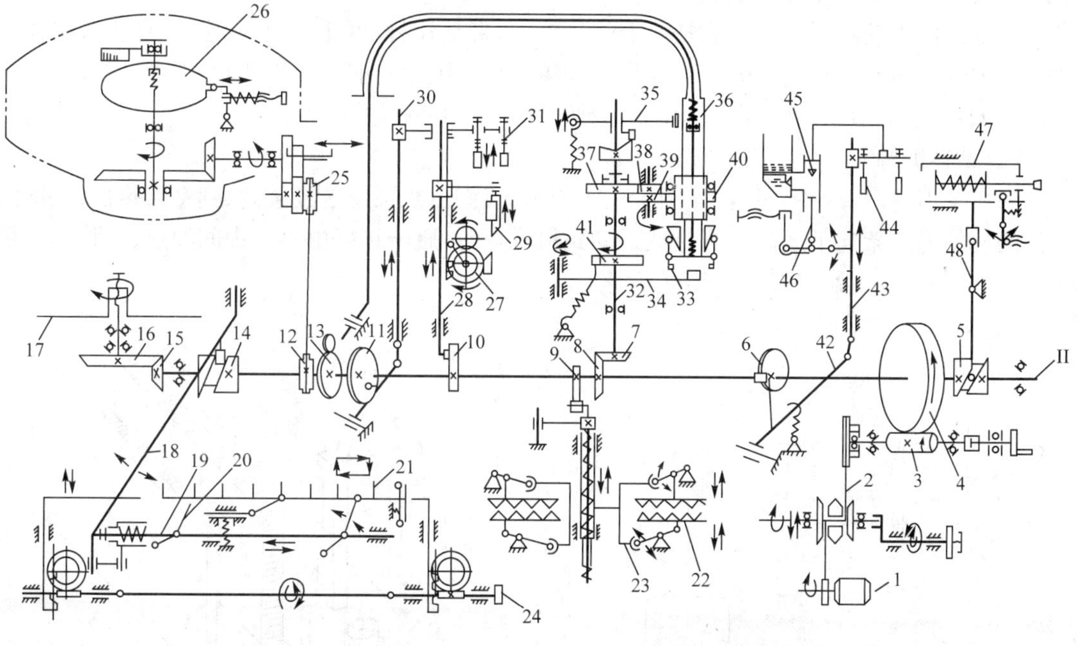

图 6－32　PZ10/55 片剂小瓶包装机传动系统图

1—电机　2—皮带　3—蜗杆　4—蜗轮　5、6、9、10、11、13、14、41—凸轮　7、8—锥齿轮　12、25—链轮　15、16—锥齿轮　17—理瓶盘　18、48—杠杆　19—推杆　20、34、42—摆杆　21—推瓶板　22—夹瓶板　23—推板　24—手轮　26—圆盘　27—送纸轮　28、30、43—拉杆　29—切纸刀　31—塞杆　32—立轴　33—机械手　35—拨叉　36—旋盖头　37、38、39、40—齿轮　44—签架　45—浆泵　46—活塞杆　47—签盒

2．理瓶机构

该机采用圆盘理瓶，如图6－33所示。洁净的瓶子从翻瓶盘翻正后，经贮瓶盘进入转动的理瓶盘中，并随理瓶盘旋转，经拨瓶器整理后，有规则地送到输瓶轨道上。

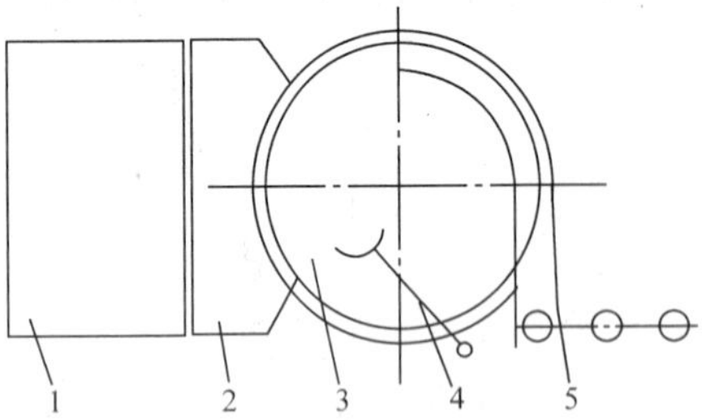

图 6－33　理瓶机构示意图

1—翻瓶盘　2—贮瓶盘　3—理瓶盘
4—拨瓶器　5—输瓶轨道

理瓶机构的传动路线如下：主轴Ⅱ左端的锥齿轮 15 带动锥齿轮 16，使理瓶盘 17 转动。理瓶盘与主轴Ⅱ的转速比为 1∶4.8，理瓶盘转速为 6～10r/min。

3．转盘数片装置

该机采用圆盘数片计量，圆盘直径为 500mm。本机的传动路线如下：主轴Ⅱ上的链轮 12 经链条传至数片头上的链轮 25，通过两对变速齿轮和一对锥齿轮变速后带动圆盘 26 旋转，以实现数片。圆盘 26 和主轴Ⅱ的传动比为 1∶4 或 1∶5，即可达到圆盘转动一圈装 4 瓶或 5 瓶的速度。装瓶时，每个瓶子装二个，每次 1/2 瓶，以防一次装入瓶口产生堵塞。同时落片处装有吸粉嘴，可以防止药粉外扬或落入瓶内。圆盘边缘装有振动器，以防缺片。振动器的强弱可以调整。在圆盘的两档速度之间为空档位置，将手柄推到空档时，圆盘不转，数片停止。

4．塞纸机构

该机采用卷筒纸塞纸，如图 6－34 所示，卷筒纸拉开后，成条状由送纸轮向前输送，并塞完纸，瓶子到达下一工位，复塞杆重塞一次，以保证塞纸的可靠性。塞纸的数量为每次 1～2 条，纸的长度可以在 45～46mm 之间调整。

塞纸机构传动路线如下：主轴Ⅱ上的凸轮 10 带动拉杆 28 上下往复运动，使装在拉杆上的切纸刀进行切纸，与拉杆 28 一起动作的齿条带动送纸轮向前送纸。凸轮 11 带动拉杆 30 和塞杆 31 亦作上下运动，塞杆向下运动时把切断的纸条塞入瓶内。

5．贴签机构

该机采用龙门式贴签机构，如图 6－35 所示，浆糊由浆泵压送经浆管，到签架排出，从签盒粘到的标签随签架向下运动。当签架运动到最低点时，瓶子正好由签架中间通过，并将标签粘附于瓶上，最后由毛刷将标签刷牢在瓶身上。

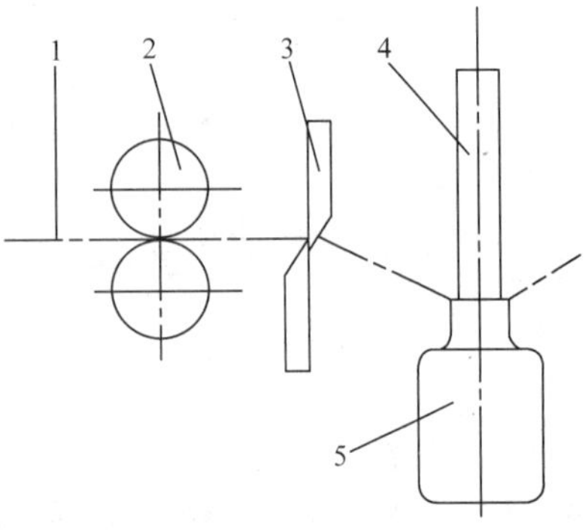

图 6－34　塞纸机构原理示意图

1—条状纸　2—送纸轮　3—切纸　4—塞杆　5—瓶子

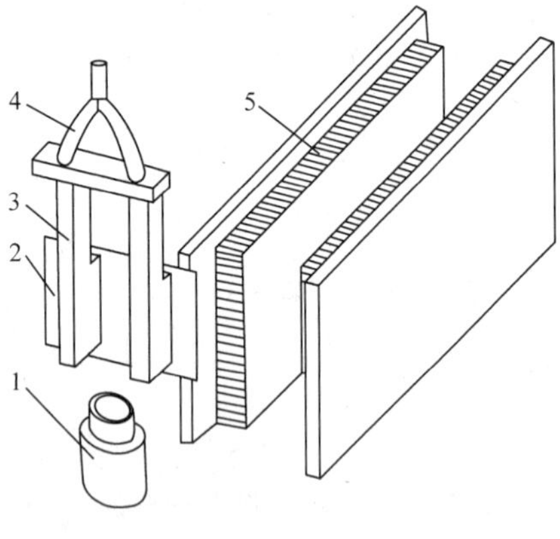

图 6－35　龙门式贴签机构示意图

1—瓶子　2—标签　3—签架　4—浆管　5—毛刷

贴签机构传动路线如图 6－32 所示：主轴Ⅱ上的凸轮 6 使摆杆 42 上下摆动，带动拉杆 43

及签架44上下运动，同时使浆泵45压送浆糊。签盒47可在凸轮5及杠杆48的推动下，前后往复运动实现送标运动。

6. 理盖、旋盖机构

该机采用电磁振动给料装置理盖，散堆的瓶盖在理盖振动槽内沿螺旋轨道上行，经整理后按一定规则排列进入落盖轨道。振动的强弱决定了送盖速度，由调压器控制。

该机采用机械爪式旋盖，如图 6－36 所示，旋盖头做旋转和上下往复运动。当旋盖头第一次下降到取盖位置时，正好罩住由机械手送来的瓶盖，此时线闸 11 放松，弹簧 10 经套 9、轴承 8、推杆 5、销 4、压头 3 迫使爪 1 向内收拢，将瓶盖抓紧。旋盖头第二次下降时，将瓶盖旋紧在瓶口上。瓶盖旋紧后，旋盖头开始上升，此时线闸钢丝拉紧，消除对压头的推力，而弹簧 2 将压头 3 向上推，将爪放松。

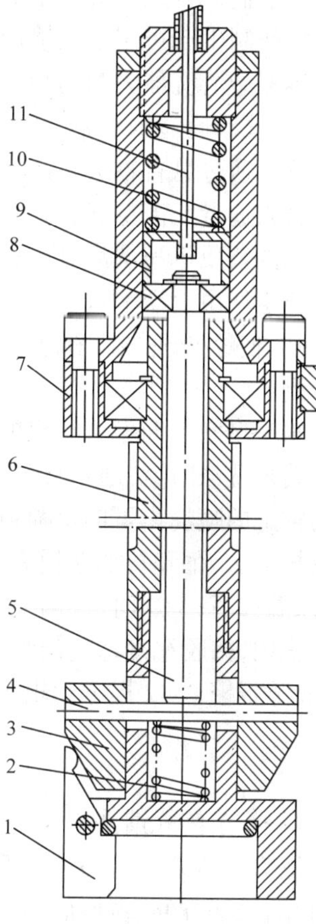

图 6－36　旋盖头结构简图
1—爪　2、10—弹簧　3—压头
4—销　5—推杆　6、9—套
7—座　8—轴承　11—线闸钢丝

旋盖机构工作原理如下：旋盖机构的动力是由主轴Ⅱ上的锥齿轮 8 传到立轴 32 上，以实现旋盖头 36 的旋转和上下往复运动。旋盖头的旋转运动由立轴 32 上的齿轮 37，通过齿轮 38、39 和 40 传到旋盖头上。立轴与旋盖头的传动比是 1∶7。旋盖时，旋盖头有效圈数为 3 转，瓶口螺纹圈数一般为一圈半，因此足以使瓶盖旋紧。旋盖头的上下往复运动是由立轴 32 的端面凸轮和下行轨推动拨叉 35 来实现的。机械手 33 从落盖轨道上取下瓶盖（机械手的动作由凸轮 41 和机械手上的拉伸弹簧来实现），送到旋盖头下方的取盖工位，取、送盖后，立即返回原位。线闸钢丝的拉、放由主轴Ⅱ上的凸轮 13 控制。旋盖头的旋紧力可通过齿轮 37 上的摩擦片的压紧力调整。瓶盖旋紧后摩擦片打滑，可防止拧坏瓶盖。

第五节　输液瓶包装设备

输液剂是指由静脉以及胃肠道以外的其他途径滴注入人体内的大剂量注射剂，一般输入的剂量在 100mL 以上的甚至数千毫升。输液剂的生产过程以及质量要求基本与溶剂型注射剂相同，但由于输液剂的容量远大于注射剂，其生产过程中还有一些专用的设备。此外配置输液的配药车间要求空气净化，条件严格，为防止外界空气污染，要封闭，设有满足要求的空气输入与排出系统。配药用器具、输液泵等应该使用 0Cr18Ni9Ti 钢材制备。设备内腔需光滑无死角，易于蒸汽灭菌。配药罐及整个工艺管线要求封闭操作。本节主要介绍输液剂生产过程中的洗瓶、灌装以及灭菌等包装设备。

一、胶塞清洗设备

胶塞清洗机

胶塞清洗机有两种基本形式，一种是德国 Smeja 公司容器型机组，相当于中国的 JS 型机组；另一种是意大利 Nicomac 公司、德国 Huber 公司水平多室圆筒型机组，相当于我国 MJK 型机组。它们的特点是集胶塞的清洗、硅化、灭菌、干燥于一体，全过程电脑控制，国内均有引进，我国已研制生产可用于大输液的丁基橡胶塞和西林瓶橡胶塞的清洗机。

容器型清洗器为圆筒型，上端为圆锥形，下端为椭圆形封头，封头与圆筒连接处有筛网分布板，清洗器通过水平悬臂轴支撑于机身，容器可以摆动或旋转 180°。胶塞、洁净水、蒸汽、热空气均可通过悬臂轴进入清洗器内。操作时，用真空吸入橡胶塞、注入洁净水，同时间断地从下方通入适量无菌空气，对胶塞进行沸腾流化状清洗，容器也左右各做 90°的摆动，使附着于胶塞上的杂质迅速洗涤排出；灭菌时，采用纯蒸汽湿热灭菌 30min，温度为 121℃；干燥时，采用无菌热空气由上至下吹干，为防止胶塞凹处积水并使传热均匀，器身也进行摆动。最后器身旋转 180°，使经处理的胶塞排出。卸塞处由高效平行流洁净空气保护。安装时，器身置于无菌室外侧。

水平多室圆筒型清洗机的洗涤桶内有 8 等分的料仓，料仓表面布满筛孔，中心轴可带动料仓旋转。洗涤时，洁净水分成二路，一路从设置在洗涤桶顶部喷淋管向下喷淋，另一路通过主传动轴上的喷嘴由下向上喷射，下部料仓浸于水中，杂质通过桶侧的溢流管溢出，完成清洗后将水排干。灭菌时，洗涤桶夹层通蒸汽，桶内逐次通入蒸汽，使桶内温度逐渐升高，直至灭菌温度，保温灭菌；干燥时，无菌空气进入桶内，使桶内温度升至 120℃，胶塞干燥后，常温无菌空气进入桶内，待胶塞冷却后出料。清洗过程的操作由可编程控制器进行程序控制，可实现实时显示、故障报警、中文提示和报表打印。

二、玻璃瓶清洗机

（一）滚筒式清洗机

滚筒式清洗机是一种带毛刷刷洗玻璃瓶内腔的清洗机。该机的主要特点是结构简单、操作可靠、维修方便、占地面积小，粗清洗分别置于不同洁净级别的生产区内，不产生交叉污染。其设备外形如图 6－37 所示。

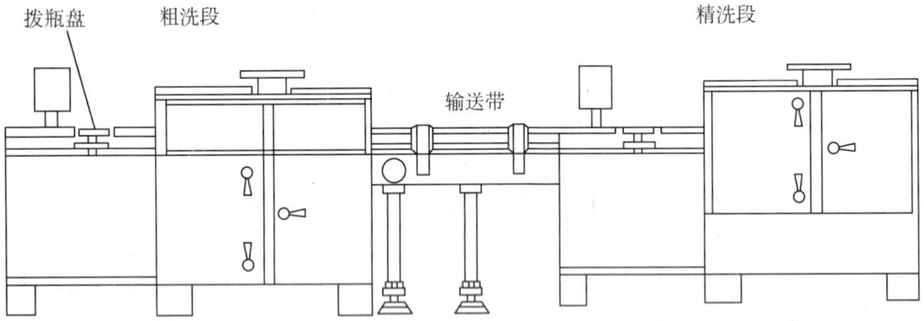

图 6－37　滚筒式清洗机外形

该机由两组滚筒组成，一组滚筒为粗洗段，另一组滚筒为精洗段，中间用长 2m 的输送带连接。因此精洗段可置于洁净区内，清洗的瓶子不会马上被空气污染。

粗洗段由前滚筒和后滚筒组成，滚筒的运转是由马氏机构控制做间歇转动。进入滚筒的空瓶数是由设置在滚筒前段的拨瓶轮控制的，一次可以是两瓶、三瓶、四瓶或更多。更换不同齿数的拨瓶轮则可得到所需的进瓶数。

滚筒式清洗机的工作位置示意图如图 6－38 所示。

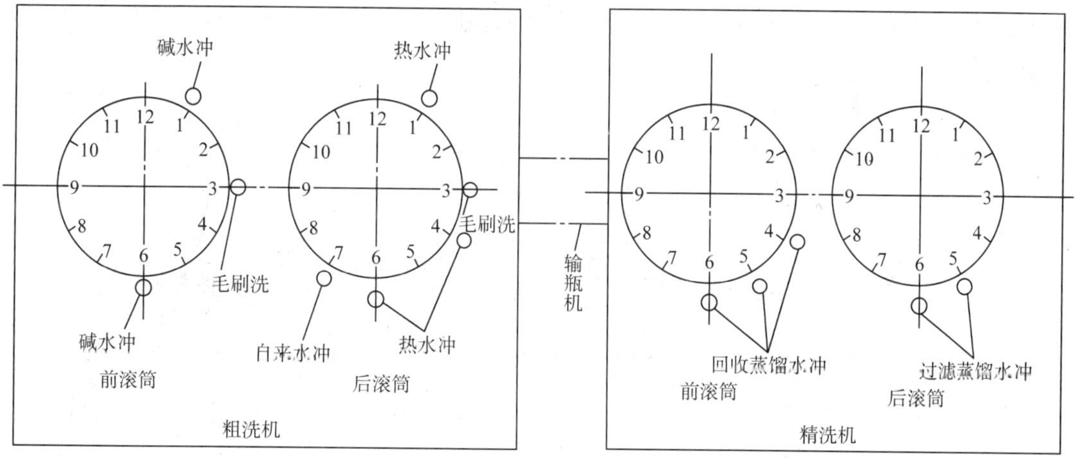

图 6－38　滚筒式清洗工位示意图

如工位图所示，载有玻璃瓶的滚筒转动到设定位置 1 时，碱液注入瓶内；当带有碱液的玻璃瓶处于水平位置时，毛刷进入瓶内带液刷洗瓶内壁约 3min，之后毛刷退出。滚筒转到下两个工位逐一由喷液管对刷洗后的瓶内腔冲碱液。当滚筒载着瓶子处于进瓶通道停歇位置时，进瓶拨瓶轮同步送来的待洗空瓶将冲洗后的瓶子推向设有常水外淋、内刷、常水冲洗的后滚筒继续清洗。经粗洗后的玻璃瓶经输送带送入精洗滚筒进行精洗。

精洗滚筒取消了毛刷部分，其他结构和原理与粗洗滚筒基本相同。滚筒下部设置了回收注射用水和注射用水的喷嘴，前滚筒利用回收注射用水作外淋内冲，后滚筒利用注射用水作内冲并沥水，从而保证了洗瓶的质量。精洗滚筒设置在洁净区，洗净的玻璃瓶直接进入灌装工序。洗瓶机的单班年产量为 200～600 万瓶，适用于中小规模的生产厂。

（二）履带行列式箱式洗瓶机

箱式洗瓶机有带毛刷和不带毛刷两种清洗形式。药品包装瓶在制造及包装环境的洁净度要求很严格，进入药厂的空瓶只需用高压水喷射和水帘冲洗即可达到使用要求，因此国外的输液瓶清洗大多使用多次水冲洗的箱式洗瓶机。我国有些药厂引进过这类洗瓶机，由于我国玻璃瓶制造及储运过程中受到污染，全靠冲洗难以确保玻璃瓶的洁净度，因此引进的箱式洗瓶机大多配置了毛刷粗洗工序。随着国内包装材料制作设备的现代化和对包装材料生产 GMP 的实施，冲洗式洗瓶机必将得到广泛的应用。待洗瓶子经预洗（自来水内外各喷射 1 次）、洗涤剂冲洗（洗涤剂内冲 22 次，外冲 20 次）、第一次温水冲洗（循环水内冲 4 次，外冲 3 次）、第二次温水冲洗（循环蒸馏水内冲 4 次，外冲 2 次）、精洗（注射用水内冲 4 次，外冲 2 次）。全机采用变频调速、程序控制，自动停车报警。

图 6－39 为带毛刷的履带行列式箱式清洗机工作原理示意图。

如图所示，经外洗的玻璃瓶单列输入进瓶装置，分瓶螺杆将输入的玻璃瓶等距分成 10 个一排，由进瓶凸轮可靠地送入瓶套，瓶套随履带间歇运动到各冲刷工位，即输瓶→进瓶（每次 10 瓶）→碱液冲洗 2 次→热水冲洗内外各 3 次→毛刷带常水内刷 2 次→回收注射用水冲洗内外各 2 次→注射用水内冲 3 次外淋 1 次→连续 5 个工位倒立滴水约 37.5～60s→翻瓶送往水平输送带→送入灌装工序。

为保证瓶套清洁，在箱体内安置了一道隔板收集喷淋刷洗飞溅的残液，回收或引入地沟。这种较大型的箱式洗瓶机，其优点是洗瓶产量大，单班年产量在 1 000 万瓶左右。因是倒立式装夹进入各洗涤工位，使洗净水的瓶内不挂余水；冲刷准确、可靠；密封条件下工作，没有交叉污染。

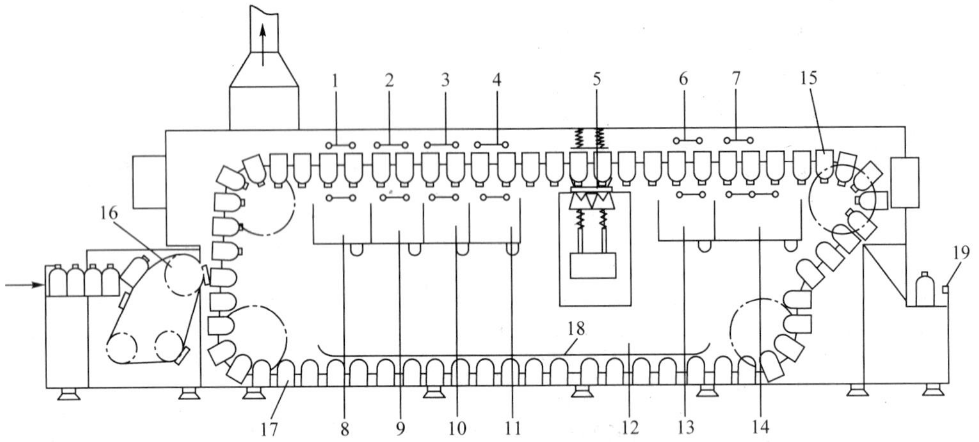

图 6-39 箱式洗瓶机工作原理示意图

1—碱水冲洗 2、3、4—热水喷淋冲洗 5—毛刷带冷水 6—回收蒸馏水冲洗 7—蒸馏水喷淋冲洗 8—碱水收集槽 9、10、11—热水收集槽 12—残液收集盘 13—回收蒸馏水收集槽 14—蒸馏水收集槽 15—沥水翻瓶 16—进瓶凸轮 17—瓶套 18—隔板 19—手控停转

洗瓶的质量需在洗净后进行一次检查。要求洗后的玻璃瓶用目视检测瓶表面没有污点、流痕及无光泽的薄层，装入注射用水后检查不得有异物，白点小于或等于 3 个，pH 中性。因此必须注意到洗瓶机的精洗部分需置于洁净度符合制药工艺要求的条件下进行，并考虑沥水时间，注射用水达到质量标准要求，冲洗水要保持一定压力。

瓶的洁净度检查方法是将每批清洗后的瓶子随机取 5 个以上装入注射用水至标准容积，手持玻璃瓶输液瓶颈部，按直立、倒立、平视三种位置旋转检视，检查是否达到洁净标准。

pH 试验是用 pH 试纸放入洁净的玻璃瓶内，然后取出，试验结果应 pH = 7。

三、输液剂灌装机

灌装机是将经含量测定、澄明度检查合格的药液灌入洁净的包装容器中。目前国内玻璃瓶装输液剂的灌装设备有多种机型。按运动形式分有间歇直线式、连续旋转式；按灌装方式分有流量定时式、量杯容积式、计量泵注射式 3 种。这几种机型的灌装设备其计量误差均在 2% 以内。输液剂灌装设备要注意与药液接触的零部件有摩擦可能产生微粒的灌装形式时，须加终端过滤器，灌装易氧化的药液时，设备应有充氮装置。

1. 漏斗式灌装机

漏斗式灌装机是使用时间和流量控制计量灌装容积，漏斗式灌装机外形如图 6-40 所示。该机的优点是结构简单，进瓶采用螺杆式输瓶器和拨瓶星轮输入到灌装工位，出瓶采用拨瓶星轮将灌满药液的瓶子拨送到输瓶机上送走。与药液相接触的零部件无相对运动，不产生摩擦，无微粒进入药液。

2. 量杯式负压灌装机

量杯式负压灌装机如图 6-41 所示。该机由药液量杯、托瓶装置及无级变速装置三部分组成。该机为回转式，盛料桶中装有10个计量杯，量杯与灌装套用硅橡胶管连接，玻璃瓶由螺

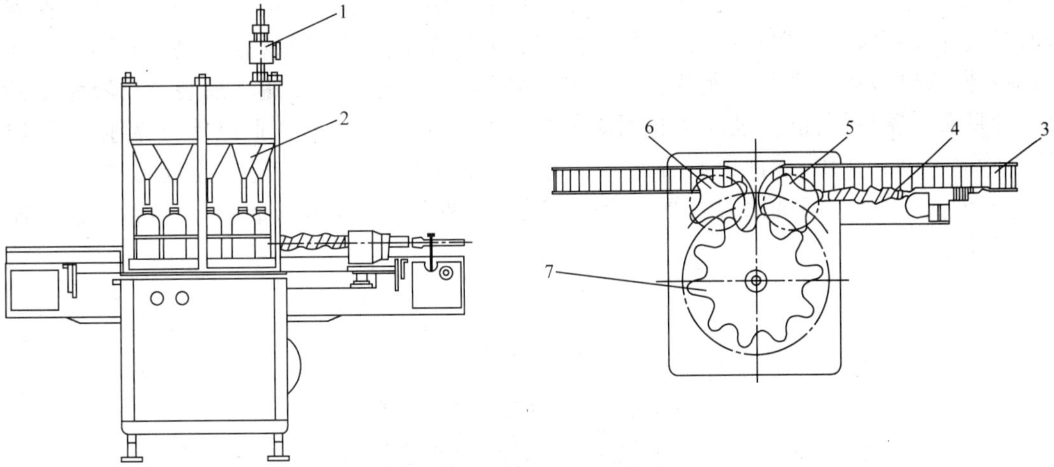

图 6-40 漏斗式灌装机

1—进液调节阀 2—进液漏斗 3—输送带 4—进瓶螺杆 5—进瓶拨盘 6—出瓶拨盘 7—回转工作台

杆式输瓶器经拨瓶星轮送入转盘的托瓶装置,托瓶装置由圆柱凸轮控制升降,灌装头套住瓶肩形成密封空间,通过抽真空,药液负压流进瓶内。该机的特点是:量杯计量、负压灌装、药液与其接触的零部件无相对机械摩擦,没有微粒产生,保证了药液在灌装过程中的澄明度;计量块调节计量,调节方便简捷。国内量杯式负压灌装机大多是10个充填头,产量约为60瓶/min。机器设有无瓶不灌装等自动保护装置。缺点是机回转速度加快时,量杯药液产生偏斜,可能造成计量误差。

3. 计量泵注射灌装机

计量泵注射灌装机是通过注射泵对药液进行计量并在活塞的压力下将药液充填于容器中。充填头有二头、四头、六头、八头、十二头等。机型有直线式和回转式两种。直线式玻璃瓶为间歇运动,产量不高,如八头的灌装机产量为60瓶/min左右。回转式灌装机为连续作业,产量相对较高。

图6-42所示为八头直线式灌装机。由图可见,洗净的玻璃瓶在输送带上8个一组由两星轮分隔定位,V型卡瓶板卡住瓶颈,使瓶口准确对准充氮头和进液阀出口。灌装前,先由8个充氮头向瓶内预充氮气,灌装时边充氮边灌液。充氮头、进液阀及计量泵活塞的往复运动都是靠凸轮控制。从计量泵送出来的药液先经

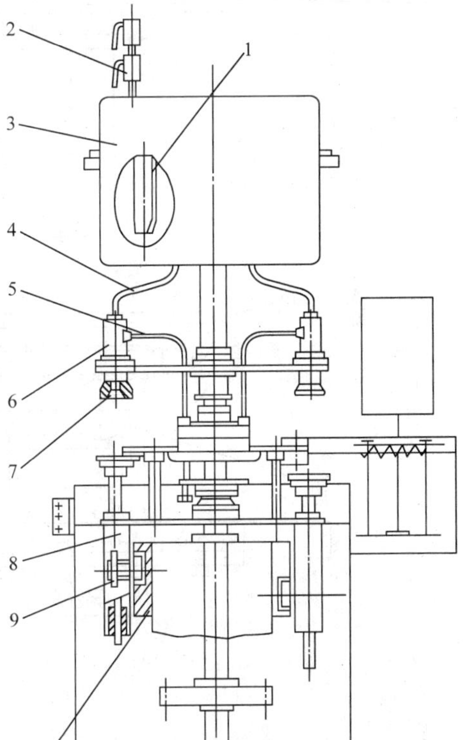

图 6-41 量杯式负压灌装机

1—计量杯 2—进液调节阀 3—盛料桶 4—硅橡胶管 5—真空吸管 6—瓶肩定位套 7—橡胶喇叭口 8—瓶托 9—滚子 10—升降凸轮

终端过滤再进入进液阀。由于采用容积式计量，计量调节范围从 100～500mL 之间可按需要调整，改变进液阀出口型式可对不同容器进行灌装，如玻璃瓶、塑料瓶、塑料袋及其他容器。适应不同浓度液体的灌装。无瓶时计量泵转阀不打开，可保证无瓶不灌装。药液灌注完毕后，计量泵活塞杆回抽时，灌注头止回阀前管道形成负压，灌注头止回阀能可靠地关闭，加之注射管的毛细管作用，保证了灌装完毕不滴液。注射泵式计量，与药液接触的零部件少，没有不易清洗的死角，清洗消毒方便。计量泵既有粗调定位控制药液装置，又有微调装置控制装量精度。

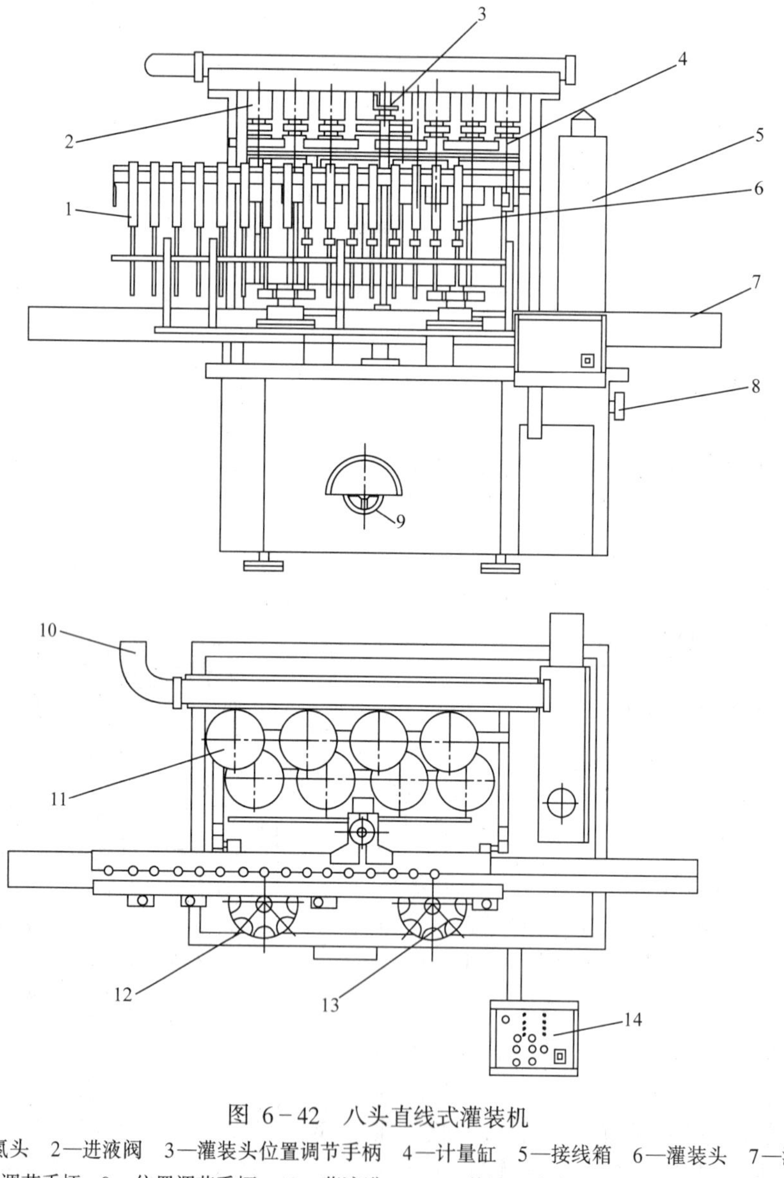

图 6-42　八头直线式灌装机

1—预充氮头　2—进液阀　3—灌装头位置调节手柄　4—计量缸　5—接线箱　6—灌装头　7—灌装台　8—产量调节手柄　9—位置调节手柄　10—药液进口　11—终端过滤端　12、13—星轮　14—操作箱

4．恒压式灌装机

恒压式灌装机是 20 世纪 90 年代推出的输液瓶压力－时间式灌装机。计量以时间和流量

来确定，但控制的方法是以计算机来控制液体阀，装量精确。以十六头直线式恒压灌装机为例，整机由恒压储液罐、液体阀和灌液充氮机构、输瓶托瓶机构、计算机控制装置、减速机和变频调速器等组成。首先以氮气来保证置于机器顶端储液罐中压力恒定，其次调定灌注流量为定数，由计算机控制液体阀启闭时间，达到装量准确，装量调节范围有 100mL、250mL、500mL 三种，输液瓶的输入有检测计数机构，缺瓶不灌装，整个灌装过程计算机程序控制，自动化程度高。

灌装机工作过程是输液瓶直线列队被推入灌装工位，灌装头不动，托瓶机构在凸轮作用下自动上升托起输液瓶，瓶肩与灌装头橡胶套定位，灌注针头进入瓶内灌液充氮，灌注完毕，瓶托下降，输液瓶在待灌输液瓶推动下进入塞胶塞工位。由于瓶子直线推进推出，可以错位安装两条线，产量可以很大。该机为直线式间歇灌装，充氮灌液同步进行。灌注头固定，没有抖动和偏斜，针管可相对加粗，减小流体压力，使消泡功能更好。计算机单个控制液阀，计量精度可逐个调解，灌装精度高。液体装置由计算机控制，液体通道无机械摩擦，液阀品质高，无残留液死角，保证了灌装液的质量，不会产生异物并保证了澄明度。该机不需拆卸即可用消毒液和注射用水消毒清洗。

5. 塑料瓶装输液剂灌装机

塑料瓶输液剂灌装方式有两类，一般是与玻璃瓶形式相似，先制成塑料空瓶，制出的空瓶经过整形处理，并经过去除静电和高压净化空气吹净之后，再灌装药液。灌装形式与玻璃瓶相似，灌装后再封口。另一种形式是制瓶、灌装、封口三道工序合并在一台机器上完成，即塑料粒料经吹塑机吹塑成型制成空瓶，立即在同一模具内进行灌装和封口，然后脱模出瓶。在灌装时有 100 级净化空气平行流装置局部保护，免受污染。该设备可以免除洗瓶工序。

6. 塑料袋输液剂灌装机

塑料袋输液剂灌装机有与玻璃瓶和塑料瓶显著的差异，其原因是塑料袋的进液管口很小，必须套住灌液嘴，另外塑料袋不能像瓶那样在输瓶机上行走定位灌装，必须由人工辅助将灌液嘴套住灌装针头，灌装完毕热合封口，半机械化生产，产量较低。

四、封口设备

封口机械是与灌装机配套使用的，药液灌装后必须在洁净区立即封口，免除药品的污染和氧化。使用的封口形式有翻边形橡胶塞和“T”型橡胶塞，胶塞的外面再盖铝盖并轧紧，封口完毕。封口机械有塞胶塞机、翻胶塞机、轧盖机，下面分别简述。

（一）塞胶塞机

塞胶塞机主要用于“T”型胶塞对 A 型玻璃输液瓶封口，可自动完成输瓶、螺杆同步送瓶、理塞、送塞、塞塞等工序的工作。如图 6-43 所示，该机为回转式，其工作流程为：装好药液的玻璃瓶在输瓶轨道上经螺杆 2 按设定的节距分隔开来，再经拨轮 5 送入回转台的托盘 9。“T”型塞在理塞料斗 16 中经垂直振荡装置 18 沿螺旋形轨道 15，在水平振荡的作用下，胶塞送至抓塞机械手 17，机械手再将胶塞传递给扣塞头 10，扣塞头由平面凸轮控制下降套住瓶肩，形成密封区间，此时真空泵经接口 6 向瓶内抽真空，同时扣塞头在凸轮控制下向瓶口塞入胶塞。进瓶时如遇缺瓶，缺瓶检测装置 4 发出信号，经 PC 机指令控制相应扣塞头不供胶塞。出瓶时输送带上如堆积瓶子太多，出瓶防堆积装置 14 发出信号，PC 机控制自动报警停机。故障消除后，机器恢复正常运转。

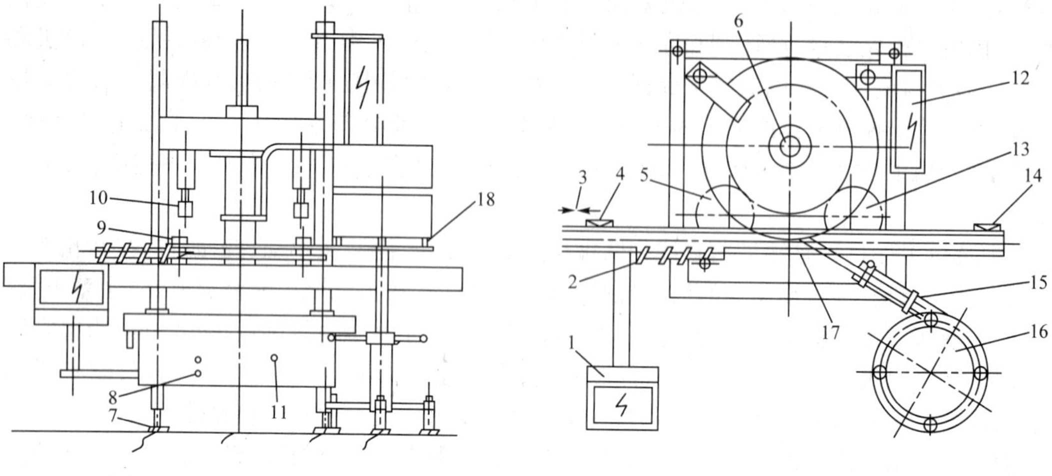

图 6-43 塞胶塞机

1—操作箱 2—进瓶螺杆 3—压缩空气接口 4—缺瓶拨轮 5—进瓶拨轮 6—真空泵接口 7—调节螺栓及脚垫 8—主轴加油口 9—托瓶盘 10—扣塞头 11—减速机油窗 12—接线箱 13—出瓶拨轮 14—堆积装置 15—水平振荡装置 16—料斗 17—分塞装置 18—垂直振荡装置

图6-44所示为"T"型胶塞压塞机构。当夹塞爪抓住"T"型塞，玻璃瓶瓶托在凸轮作用下上升，密封圈套住瓶肩形成密封区间，真空吸孔充满负压，玻璃瓶继续上升，夹塞爪对准瓶口中心，在外力和瓶内空间的吸力下，将塞插入瓶口，弹簧始终压住密封圈接触瓶肩。塞胶塞质量应按 YY 0235.5—1995 标准进行检验，并达到标准所规定的质量要求。

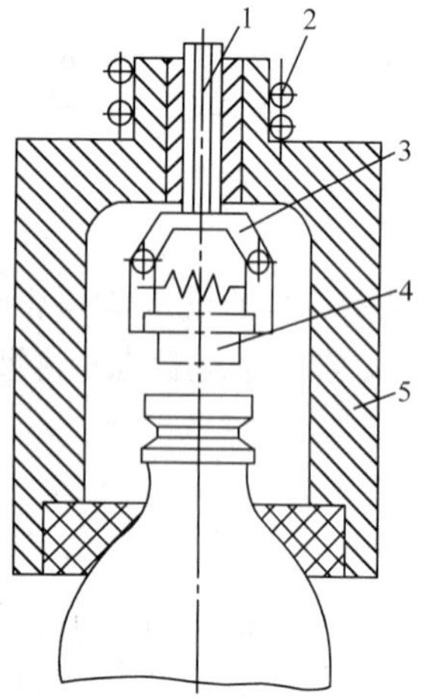

图 6-44 "T"型塞压塞机构简图

1—真空吸孔 2—弹簧 3—夹塞爪 4—"T"型塞 5—密封圈

(二) 压塞翻塞机

压塞翻塞机主要用于翻边型胶塞对 B 型玻璃输液瓶进行封口，能自动完成输瓶、理塞、送塞、压塞、翻塞等工序的工作，如图 6-45 所示。

如图所示，该机由理塞振荡料斗、水平振荡输送装置和主机组成。理塞振荡料斗和水平振荡输送装置的结构原理与塞胶塞机的相同。主机由进瓶输瓶机、塞胶压塞机构、翻胶塞机构、传动机构及控制柜等组成。整机工作过程为：装满药液的玻璃瓶经输送带进入拨瓶转盘，同时胶塞从料斗经垂直振荡沿料斗螺旋轨道上升到水平轨道，经水平振荡送入分塞装置，由真空压塞头模拟人手动作将胶塞旋转地压入瓶口内，压好胶塞的玻璃瓶由拨轮转送到翻塞工位，利用爪、套同步翻塞，机械手将胶塞翻边头翻下并平整地将瓶口外表面包住。

该机采用变频无级调速，设有无瓶不送塞、不压塞、瓶口无塞停机补塞，输送带上前缺瓶、后堆瓶自动启停及电机过载自动停车等自动保护装置。其传动系统如图 6-46 所示。电机通过三角带 3 带动减速机转动，减速机输出轴带动分度转鼓 5 旋转，转鼓推动分度盘上八等分的滚动轴承 4 使拨瓶轮获得间歇运动，实现玻璃瓶的进瓶、工位传递和出瓶运动。同时带动左端三组气阀控制凸轮，实现玻璃瓶定位器和翻塞气缸与回转同步。

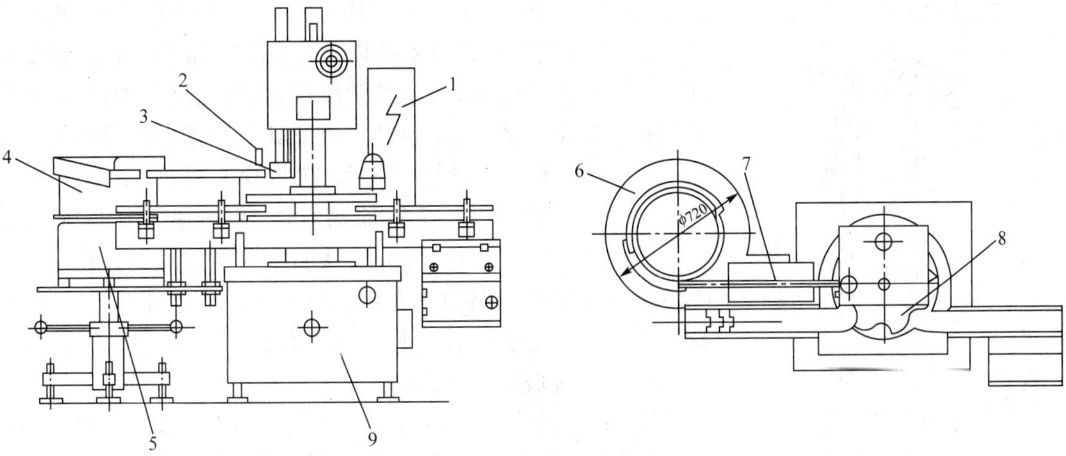

图 6-45　压塞翻塞机

1—电气箱　2—光电检测器　3—分塞装置　4—料斗　5—胶塞分选、输送装置　6—振荡装置
7—水平导轨　8—拨瓶转盘　9—传动箱

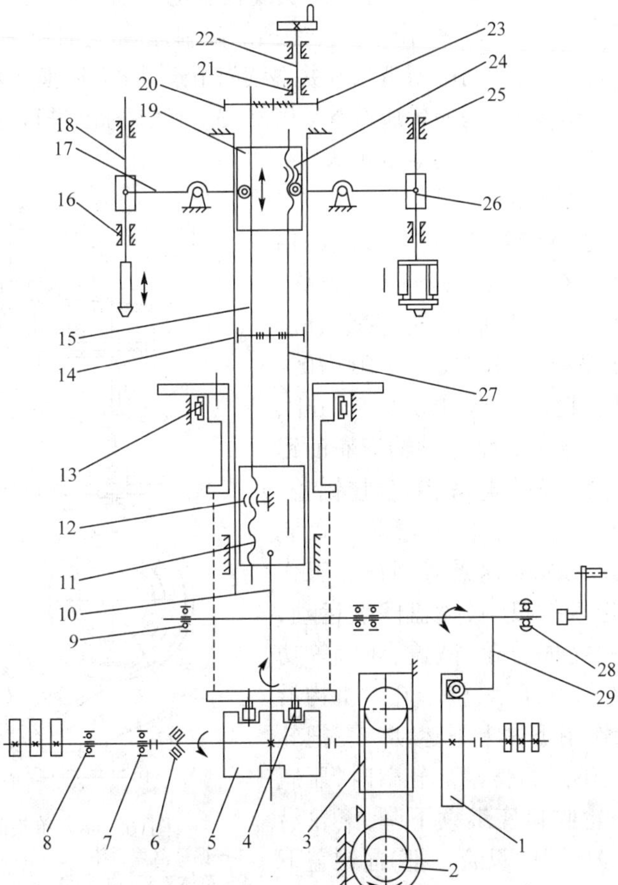

图 6-46　压塞翻塞机传动系统

1—槽凸轮　2—皮带轮　3—三角带　4—滚动轴承　5—分度转鼓　6、7、8、9、13、16、25、28—轴承　10—摇杆
11—下滑块　12—螺母　14—齿轮　15、27—丝杆　17—杠杆　18—加塞主轴　19—上滑块　20、23—升降齿轮
21—轴座　22—手轮轴　24—补偿螺母　26—翻塞主轴　29—摇杆

减速机输出轴带动槽凸轮1及三组电器凸轮回转。三组电器凸轮主要用于三个光电检测装置,可以控制胶塞的电磁铁以及停机时的准停机构。槽凸轮回转带动摇杆29沿槽凸轮的槽线摆动,从而提供加塞、翻塞所需的往复运动。摇杆29通过固联于其上的摇杆轴带动另一摇杆10带动下滑块11,丝杆15和27带动上滑块19上下运动。上滑块19带动两杠杆17使加塞主轴18和翻塞主轴26在滑动轴承16和25内做往复运动,从而实现加塞翻塞。转动升降手轮通过螺旋齿轮副20、23带动丝杆15,再通过齿轮14传给丝杆27,通过螺母12、24使上、下滑块沿立柱上升或下降,从而实现调整适应玻璃瓶规格。

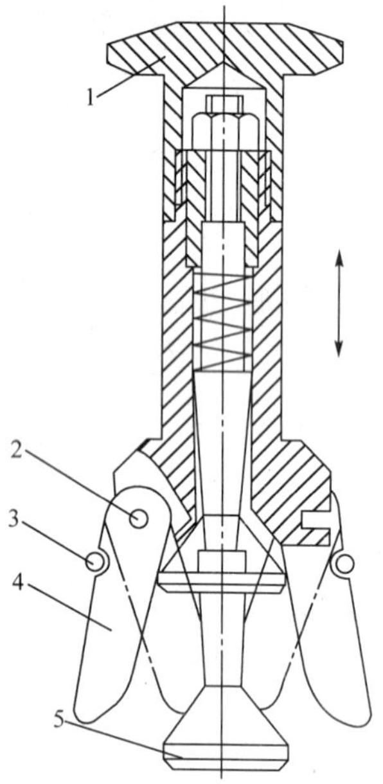

图 6-47 翻塞机构
1—顶杆 2—铰链 3—弹簧
4—爪子 5—芯杆

翻塞机构如图6-47所示。为保证翻塞效果好,而不损坏胶塞,采用五爪式翻塞机构,爪子平时靠弹簧收拢,整个翻塞机构随主轴做回转运动,翻塞头顶杆在平面凸轮或圆柱凸轮轨道上做上下运动。玻璃瓶进入回转的托盘后,翻塞杆沿凸轮槽下降,瓶颈由V形块或花盘定位,瓶口对准胶塞。翻塞爪插入橡胶塞,由于下降距离的限制,翻塞芯杆抵住胶塞大头内径平面,而翻塞爪张开并继续向下运动,达到张开塞子翻口的作用。翻塞质量应按YY 0235.3—1995标准进行检验,并达到标准所规定的质量要求。

(三) 玻璃输液瓶轧盖机

铝盖有适用于翻边型胶塞和"T"型胶塞的铝盖。近年来又开发了易拉盖,便于医务人员操作。轧盖机是根据符合国标的各种铝盖型式来设计制造的。图6-48所示是单头间歇式FGL100/1000型玻璃输液瓶轧盖机,它适用于100mL、250mL、500mL、1 000mL的A型和B型两种输液瓶的铝盖,能够进行电磁振荡输送和整理铝盖、挂铝盖、掀铝盖、轧紧铝盖等工序。本机由振动落盖装置、揿盖头、轧盖头及无级变速器等组成。工作时玻璃瓶由输瓶机送入拨盘内,拨盘间歇运动,每运动一个工位依次完成上盖、揿盖、轧盖等功能。轧刀总成如图6-49所示,整个轧刀机构沿主轴旋转,又在凸轮作用下做上下运动。三把轧刀均能自行以转销为轴进行摆动。轧盖时,压瓶头抵住铝盖平面,凸轮收口座继续下降,滚轮沿斜面运动,使三把轧刀(图中只绘一把)向铝盖下沿收紧并滚压,即起到轧紧铝盖作用。轧盖时瓶不转动,而轧刀绕瓶旋转。轧盖时,玻璃瓶由拨盘粗定位和轧头上的压盖头准确定位,保证轧盖的质量。轧盖质量应按YY 0235.4—1995标准

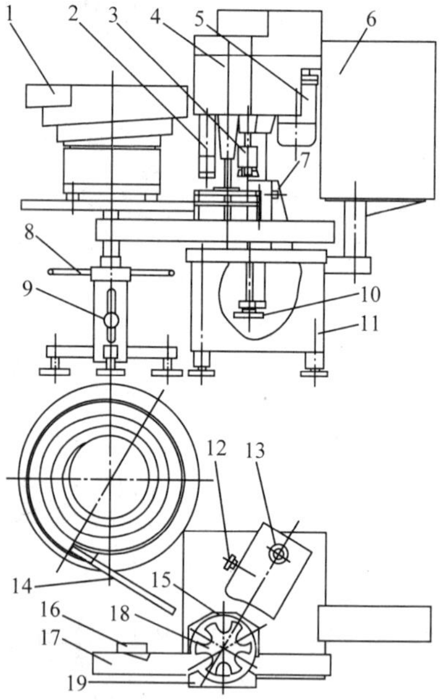

图 6-48 单头间歇式轧盖机
1—振荡落盖料斗 2—上盖装置 3—轧盖工作头
4—箱体 5—电动机 6—控制箱 7—夹紧偏心轴
8—调节螺母 9—紧固螺栓 10—主机升降调节手轮
11—前后罩板 12—轧头转速调节手轮
13—主机产量调节手轮 14—落盖滑轨
15—内月牙板 16—缺瓶开关装置 17—输送带架
18—拨盘 19—外月牙板

进行检验。

拨盘与分度机构之间有一超越离合器,实现卡瓶保护。当玻璃瓶"卡死"时,超越离合器打开行程开关,使机器自动停机。超越离合器如图 6-50 所示。超越离合器是在主动件和从动件之间用钢球传递动力。主动件空套在轴上,从动件用键与轴径向定位,轴向以弹簧压紧,调节螺母控制弹簧的压紧力。当从动件负荷超载,主动件跳出钢球在轴上空转,同时挤压从动件碰撞行程开关,使主轴停止转动,从而起到超载保护作用。

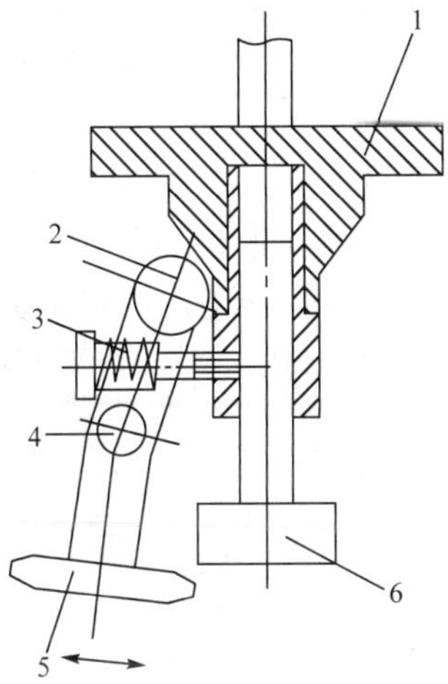

图 6-49 轧刀结构示意图

1—凸轮收口座 2—滚轮 3—弹簧 4—转销 5—轧刀 6—压瓶头

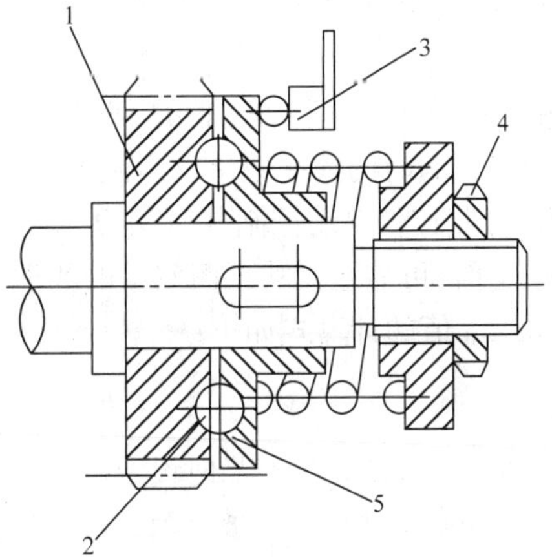

图 6-50 超越离合器

1—主动件 2—钢球 3—行程开关 4—调节螺母 5—从动件

输送带上若无连续的玻璃瓶时,缺瓶开关 16 的挡瓶块打开,使感应式接近开关动作,机器自动启动,进入送瓶工作状态。

五、输液剂灭菌设备

灭菌是杀灭存在于输液瓶中的所有微生物,包括芽孢和繁殖体。灭菌工序对保证灌封后的输液药品的质量起着至关重要的作用。目前国际上采用的灭菌方式有高压蒸汽灭菌和水浴式灭菌两种,灭菌柜的形式有方形和圆筒形。

(一) 灭菌工艺条件

(1) 热分布均匀性　灭菌工艺规定的时间是在对瓶内药液进行升温、保温、降温的整个灭菌过程中,在灭菌柜内部任何一点温度都应达到工艺规定的温度。特别是恒温阶段,温差应≤0.5℃。升温、保温、降温的 3 个阶段中,温度波动要小,各点温差小,分布均匀,不得出现局部药液超温、变色、有效成分降低及分解毒素,局部药液温度过低或静态时间过长可产生颗粒沉淀或灭菌不彻底等不良效果。因此每台灭菌柜都需做热分布试验。

(2) 灭菌药品的装载方式　根据不同规格和不同包装容器必须设计出不同的装载方式和装载小车,保证药品在灭菌柜内的热分布均匀性和合理的产量。回转式灭菌柜的装载车还要做动平衡试验。

(3) 升温和冷却时间　升温和冷却时间与灭菌对象有关,应考虑到容器的传热系数,使传热慢的容器内药液都能达到规定的灭菌温度所需的时间。冷却时必须考虑温差,亦即冷却水的初温及产品所需的冷却速度，不能骤冷骤热产生爆瓶、爆袋或容器变形。

（4）压力调节问题　由于药品包装容器的材质不同，对温度、压力比较敏感的材质需用调节压力的办法以保证药品在灭菌过程中，不致遭到破坏。特别是塑料瓶、塑料袋等容器，在灭菌过程中从升温到降温，由于容器内外压差关系而可能发生爆破，故应考虑到压力的调解。水浴式灭菌为防止循环水气化也需调节压力。

（5）仪表装置　灭菌柜必须装备监测记录仪表，如真空、压力、温度、记时、F_0 值等指示仪表和记录仪表，以反映灭菌器内的各项技术参数。随着微型计算机的发展，灭菌柜的程序控制已经较广泛应用，它可以对灭菌过程的 F_0 值进行计算，对柜内温度、压力和时间进行调节和补偿。

（6）F_0 值的计算　F_0 值是把在不同受热温度下的致死效果折算成药品完全暴露在121℃湿热灭菌时的致死效果。当温度达到 F_0 值预定温度内它都在不断地累计，因此它的计算采用 F_0 监控仪自动控制并直接显示和打印。F_0 值是时间和温度、压力之间的积分函数，能客观、全面、可靠地反映灭菌效果的数学模型，它比传统的用温度和时间来估计灭菌的效果要准确。F_0 值的计算式如下：

$$F_0(x) = \int_0^t 10^{[T(t)-121]/10}\mathrm{d}t \qquad (6-1)$$

式中　F_0——灭菌某种产品时设定的 F_0 值；

$T(t)$——在时间 t 时被灭菌物的温度，℃；

$\mathrm{d}t$——在测量温度时的时间间隔，min。

（二）灭菌设备

1．水浴式灭菌柜

水浴式灭菌柜的灭菌方式是采用国际上通用的去离子水为载热介质，用被加热的介质去加热输液瓶内的药液，并通过高温将药液中的微生物杀灭。它利用洁净的去离子水作为对输液瓶加热升温、保温、降温三阶段的载热介质，而对载热介质的加热和冷却都是在柜体外的板式热交换器中进行的。加热去离子水是由锅炉来的蒸汽完成，冷却去离子水可用一般的自来水。水浴式灭菌柜可很好地满足灭菌工艺条件，它是由矩形柜体、热水循环泵、换热器及微机控制柜组成。灭菌柜中，利用循环的热去离子水通过水浴式（即水喷淋）达到灭菌目的。水浴式灭菌柜的流程如图 6－51 所示。适用于玻璃瓶或塑料瓶（袋）装输液包装的灭菌，灭菌效果达到中国药典标准。

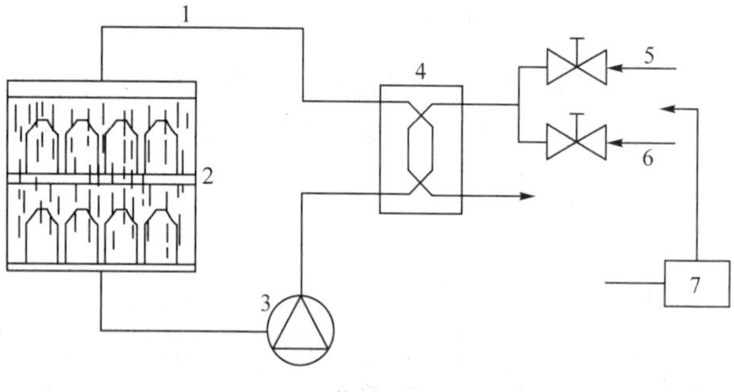

图 6－51　水浴式灭菌流程

1—循环水　2—灭菌柜　3—热水循环泵　4—换热器　5—蒸汽　6—冷水　7—控制系统

图 6－52 所示为水浴式灭菌柜控制框图。需灭菌的瓶装药品用输送车经送瓶轨道推进灭菌柜，然后启动手动按钮，关闭柜体密封门，由一台辅助供水泵将去离子水注入柜室到指定水位，预进水位控制系统发出工作信号输入微机指令系统。再由微机指令系统按预定的程序指令控制执行系统，使之进入工作状态，首先启动热水循环泵，泵送去离子水做循环流动，直至整

个灭菌过程结束。循环进水在循环流动中通过一台不锈钢板式换热器进行热交换，将循环水加热升温至灭菌温度。在去离子水加热过程中，温度、压力、F_0 控制系统和控制执行系统均按所接受的预定程序进行升温、恒温、降温的控制和数字显示。如灭菌过程中出现过压、超温情况时，由温度、压力、F_0 值控制系统输出反馈信号至微机指令系统，使之发出自动调节信号，由温度、压力、F_0 值控制系统自动调节到所需温度和压力。灭菌过程达到 F_0 值后，由 F_0 值检测仪发出信号反馈到微机指令系统，指令监控系统进入降温工作状态，把自来水引入该板式换热器的另一通道将循环去离子水的温度迅速冷却到规定的数值。然后，启动手动按钮打开出瓶端的密封门，同时安全保护系统进入工作状态。当柜内温度没有达到规定低温，密封门不能打开。当指令是出瓶门打开时，进瓶门就不会自动打开。这样安全保护系统既保证人身安全，又可防止灭菌前后药品的混装。出瓶端的密封门打开后，灭菌后的药品推出柜外。然后，出瓶密封门关闭，进瓶端的门打开。整个灭菌工作周而复始地进行。灭菌工艺和设备符合 GMP 要求。

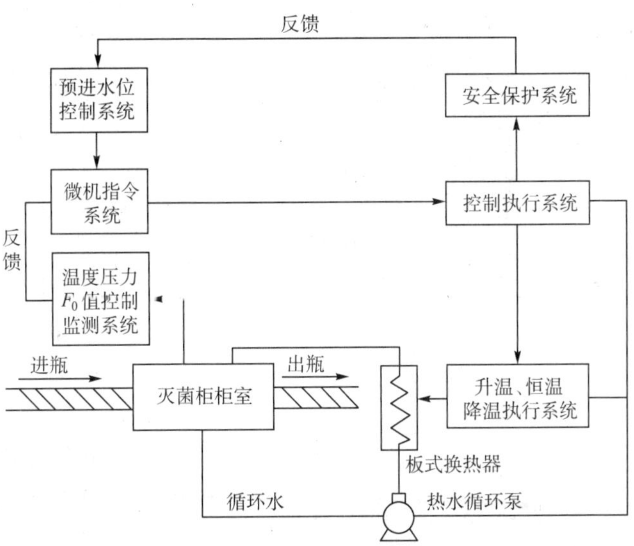

图 6-52　水浴式灭菌柜控制系统框图

2. 回转水浴式灭菌柜

回转水浴式灭菌柜主要用于脂肪乳输液和其他混悬输液剂型的灭菌，既有水浴式灭菌柜的全部性能和优点，又有自身独特的优点。该灭菌柜流程如图 6-53 所示。全套装置由柜体、旋转内筒、减速传动机构、热水循环泵、热交换器、计算机控制柜等组成。计算机控制灭菌柜循环水通过热交换器加热、恒温、冷却。循环水从上面和两侧向药液瓶喷淋，药液瓶随柜内筒旋转，药液传热快，温度均匀，确保灭菌效果。全过程自动控制，温度、压力、F_0 值计算机显示，超限自动报警，灭菌参数自动实时打印。

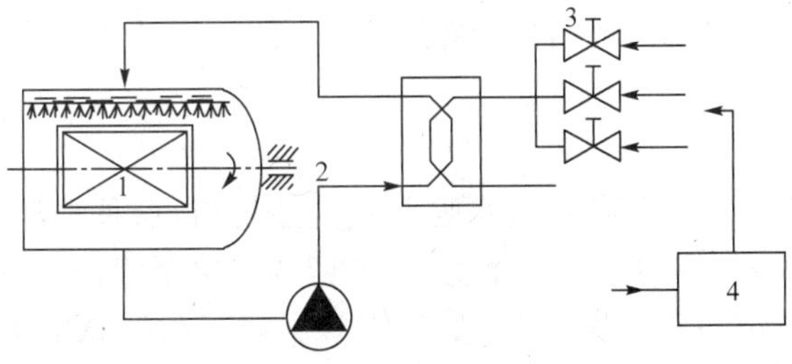

图 6-53　回转水浴式灭菌柜工艺流程图

1—回转内筒　2—减速机构　3—执行阀　4—计算机控制系统

灭菌操作过程：装瓶入柜，锁紧灭菌小车 - 手动关门 - 气密封 - 启动供水泵 - 循环水注入柜内 - 升温 - 传动装置工作 - 内筒旋转 - 不锈钢循环泵启动 - 蒸汽阀打开 - 循环水通过热交换器加热到灭菌温度 - 保温 - 灭菌 - F_0 值监控 - 计算机跟踪显示灭菌温度、压力、F_0 值 - 降温 - 蒸汽阀关闭 - 冷水阀打开 - 循环水通过热交换器循环冷却到 50℃左右 - 若出瓶温度设定在 20℃以下，冷水阀关闭 - 冷冻水或 5℃以下低温水阀打开 - 循环水通过热交换器循环冷却到出瓶温度 - 低温水阀关闭 - 循环水泵停止工作－选装内筒准停在出瓶位置－循环水排出阀打开－高排气动阀打开－使柜内压力降为常压－循环水排尽－真空泵启动，向门内密封槽抽真空－O 型密封圈退回槽内－手动开门，松开灭菌小车锁紧装置，灭菌装瓶车退出柜外，灭菌过程完毕。

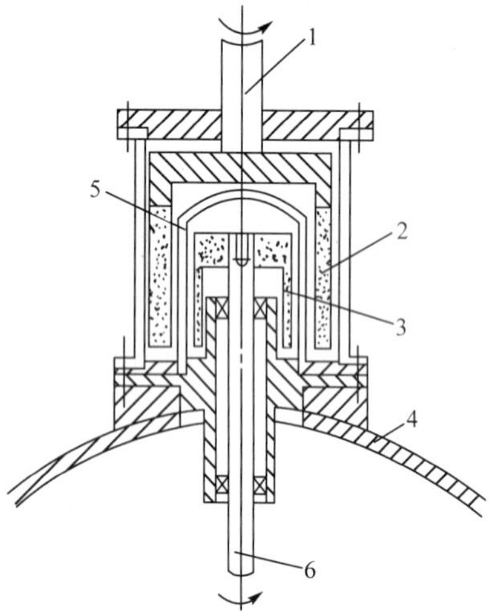

图 6－54　磁力驱动器
1—主动轴　2—外磁钢　3—内磁钢
4—柜体　5—隔离套　6—从动轴

回转水浴式灭菌柜采用先进的密封装置－磁力驱动器，如图 6－54 所示。磁力驱动器由外磁钢、隔离器、内磁钢三部分组成。外磁钢与减速机输出轴相联，内磁钢与内筒输入轴相连，中间用不锈钢隔离套隔开，内外磁钢利用永磁材料穿越隔离套传递力的原理制成。因而磁力驱动器把旋转内筒的动力输入部分和柜外动力输出部分完全隔离开来，可以将柜体外的减速机与柜体内筒的转轴无接触隔离，从根本上取消了旋转内筒轴密封结构，使动密封改变为静密封，灭菌柜处于全封闭状态，灭菌过程无泄漏，无污染。

第六节　安瓿洗、灌、封包装设备

部分溶液剂的包装使用玻璃安瓿。因为安瓿在灌装后能立即烧熔封口，可做到绝对密封并保证无菌，所以应用广泛。可分为单支安瓿及双联安瓿两大类。水针常用安瓿的规格有 1mL、2mL、5mL、10mL、20mL 五种。

一、注射剂容器处理设备

安瓿作为包装注射药品的容器，在其制造及运输过程中难免会有微生物及不溶性尘埃沾带于瓶内，为此在灌装针剂药液前必须进行洗涤，要求在最后一次清洗时，须采用经微孔滤膜精滤过的注射用水加压冲洗，然后再经灭菌干燥方能灌注药液。下面介绍常用的几种注射剂容器处理设备。

（一）安瓿的洗涤设备

目前国内药厂使用的安瓿洗涤设备有二种。一种是气水喷射式洗瓶机组，这种洗涤方式是采用经过过滤处理的压缩空气及洗涤用水用针头注入待洗安瓿进行逐支单个清洗，然后再经高温烘干灭菌达到规范要求。这种工艺设备较复杂，但它的洗涤效果好，符合 GMP 要求。一种是超声波安瓿洗瓶机。用它作为安瓿的粗洗，效率及效果均很理想，是安瓿洗瓶机的换代产品。

1．气水喷射式安瓿洗瓶机组

气水喷射式洗瓶机组适用于大规格安瓿和曲颈安瓿的洗涤。气水喷射式安瓿洗瓶机组主要由供水系统、压缩空气及其过滤系统、洗瓶机等三大部分组成。洗涤时，利用洁净的洗涤水及经过过滤的压缩空气，通过喷嘴交替喷射安瓿内外部，将安瓿喷洗干净。整个机组的关键设备是洗瓶机。

图 6－55 所示为应用较多的半自动 X－P 型 5/10mL 单针气水喷射式安瓿洗瓶机的结构

示意图。该机组由进瓶斗、移瓶机构、水气阀、出瓶斗、电动机及减速器等组成。

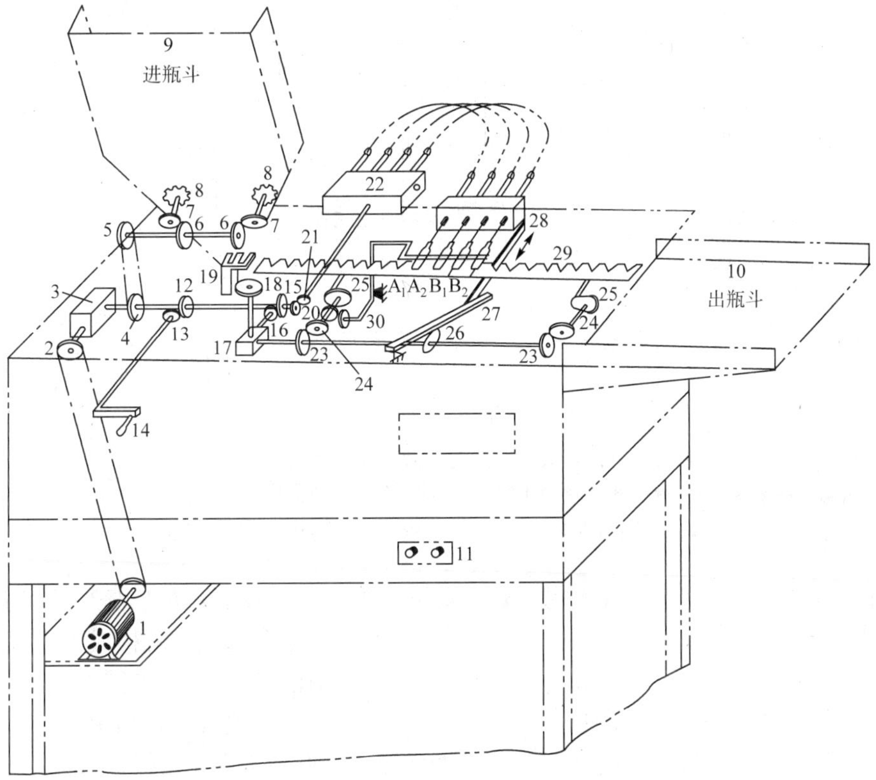

图 6-55　X-P 型洗瓶机结构示意图

1—电动机　2—皮带轮　3—变速箱　4、5—链轮　6、7、12、13、15、16、20、21、23、24—锥齿轮　8—拨轮　9—进瓶斗　10—出瓶斗　11—机架　14—手柄　17—变速箱　18、26—凸轮　19—落瓶动槽板　22—气水开关　25—偏心轮　27—摇臂　28—针头架　29—移动齿板　30—压瓶机构

盘装安瓿装入进瓶斗 9 后，在拨轮 8 作用下，顺序进入往复摆动的槽板 19 中，然后落入移动齿板 29 上，经过二水二气的冲洗吹净：安瓿送达位置 A_1 时，位于针头架 28 上的针头插入安瓿内，并向安瓿内注水洗瓶；当安瓿到达位置 A_2 时，继续对安瓿补充注水洗瓶；到达位置 B_1 时，经净化过滤后的压缩空气将安瓿瓶内的洗涤水吹去；到达位置 B_2 时，继续由压缩空气将安瓿瓶内的积水吹净，从而完成了二水二气的洗瓶工序。

气水开关 22 与针头架 28 的动作配合协调，当针头架 28 下移时，针管插入安瓿，此时气水开关 22 打开气与水的通路，分别向安瓿内注水或喷气；当针头架 28 上移时针管移离安瓿，此时气水开关 22 关闭，停止向安瓿供水供气。

图 6-56 所示是气水喷射式安瓿洗瓶机组的工作原理示意图。

2. 超声波安瓿洗涤机

在超声波振荡作用下，水与物体的接触表面将产生空化现象。所谓空化是在声波作用下，液体中产生微气泡，小气泡在超声波作用下逐渐长大，当尺寸适当时产生共振而闭合。在小泡湮灭时自中心向外产生微驻波，随之产生高压、高温，小泡涨大时会摩擦生电，于湮灭时又中和，伴随有放电、发光现象，气泡附近的微冲流增强了流体搅拌及冲刷作用。超声波的洗涤效果是其他清洗方法不能比拟的，当将安瓿浸没在超声波清洗槽中，它不仅保证外壁洁净，也可保证安瓿内部无尘、无菌,而达到洁净指标。

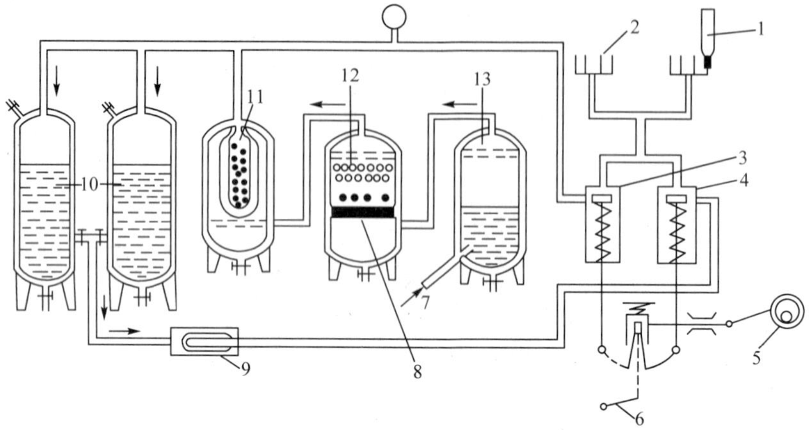

图 6-56 气水喷射式安瓿洗瓶机组工作原理示意图
1—安瓿 2—针头 3—喷气阀 4—喷水阀 5—偏心轮 6—脚踏板 7—压缩空气进口 8—木炭层 9、11—双层涤纶袋滤器 10—水罐 12—瓷环层 13—洗气罐

常用连续操作的机器来实现大规模处理安瓿的要求。运用针头单支清洗技术与超声技术相结合的原理就构成了连续回转超声清洗机,其原理如图 6-57 所示。

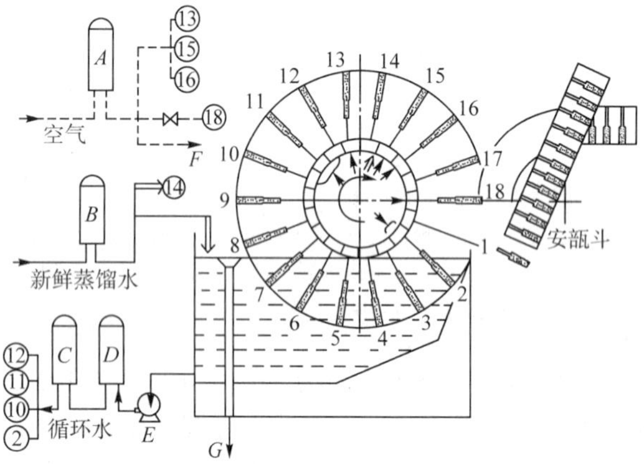

图 6-57 18 工位连续回转超声波洗瓶原理图
1—引瓶 2—注循环水 3、4、5、6、7—超声清洗 8、9—空位 10、11、12—循环水冲洗 13—吹气排水 14—注新蒸馏水 15、16—压气吹净 17—空位 18—吹气送瓶
A、B、C、D—过滤器 E—循环泵
F—吹除玻璃屑 G—溢流回收

清洗流程是利用一个水平卧装的轴,拖动有 18 排针管的针鼓转盘间歇旋转,每排针管有 18 支针头,构成共有 324 个针头的针鼓。与转盘相对的固定盘上,于不同工位上配置有不同的水、气管路接口,在转盘间歇转动时,各排针头座依次与循环水、压缩空气、新鲜蒸馏水等接口相通。将安瓿排放在空中呈 45°倾斜的安瓿斗中,安瓿斗下口与清洗机的主轴平行,并开有 18 个通道。利用通道口的机械栅门控制,每次放行 18 支安瓿到传送带的 V 形槽搁瓶板上。传送带间歇地将安瓿送到洗涤区。

在底部装有超声振荡器的洗涤槽内装满洗水,洗涤槽内有溢流口,用以保持液面高度。新鲜蒸馏水(50℃)用泵送至 0.45μm 微孔膜滤器 B,经除菌后送入超声洗涤槽,除菌后的新鲜蒸馏水还被引到接口 14,用以最后冲净安瓿内壁。

在超声水槽下部的出水口与循环水泵相连,用泵将循环水先后打人 10μm 滤芯粗滤器 D 及 1μm 滤芯细滤器 C 以去除超声冲洗下来的灰尘和固体杂质粒子,最后以 0.18MPa 压力进入 2、10、11、12 四个接口。

由无油压缩机送来的 0.3MPa 压缩空气,经 0.45μm 微孔膜滤器 A 除菌后压力降至 0.15MPa,

通到接口 13、15、16 及 18,用以吹净瓶内残水和推送安瓿。

从图示的顺序看,安瓿被引进针管后先灌满循环水,而后于 60℃ 的超声水槽中经过五个工位,共停留 25s 左右受超声波空化清洗,使污物振散、脱落或溶解。当针鼓旋转带出水面后的安瓿空两个工位再经三个工位的循环水倒置冲洗,进行一次空气吹除,于第 14 工位接受新鲜蒸馏水的最后倒置冲洗,而后再经两个工位的空气吹净,即可确保洁净质量。最后处于水平位置的安瓿由推送器推出清洗机。

一般安瓿清洗时以蒸馏水作为清洗液。清洗液温度越高,越可加速溶解污物。同时温度高,清洗液的黏度越小,振荡空化效果越好。但温度增高会影响压电陶瓷及振子的正常工作,易将超声能转化成热能,做无用功,所以通常将温度控制在 60～70℃ 为宜。

回转超声安瓿清洗机的特点：采用了自控装置;以针鼓上回转的铁片控制继电器触点来带动水、气路的电磁阀启闭;利用水槽液位带动限位棒使晶体管继电器动作,以启闭循环水泵;预先调节压力式温度计的上、下限,控制接触器的常开触点闭合,使得电热管工作,保持水温。另有一个调节用电热管,供开机时迅速升温用,当水温达到上限时打开常闭触点,调节用电热管则关闭。

(二) 安瓿的干燥灭菌设备

安瓿经淋洗只能去除稍大的菌体、尘埃及杂质粒子,还需通过干燥灭菌去除生物粒子的活性。常规工艺是将洗净的安瓿置于 350～450℃ 温度下,保温 6～10min,即能达到杀灭细菌和热原的目的,也可使安瓿干燥。干燥灭菌设备的类型有间歇式和连续式。所用能源有蒸汽、煤气及电热等。

1. 连续隧道式远红外煤气烘箱

远红外线是指波长大于 5.6μm 的红外线,它是以电磁波的形式直接辐射到被加热物体上,不需要其他介质的传递,所以加热快、热损小,能迅速实现干燥灭菌。隧道式远红外烘箱是由远红外发生器、传送带和保温排气罩组成,如图 6－58 所示。

瓶口朝上的盘装安瓿由隧道的一端用链条传送带送进烘箱。隧道加热分预热段、中间段及降温段,预热段内安瓿由室温升至 100℃ 左右,大部分水分在这里蒸发;中间段为高温干燥灭菌区,温度达 300～450℃,残余水分进一步蒸干,细菌及热原被杀灭;降温区是由高温降至 100℃ 左右,而后安瓿离开隧道。

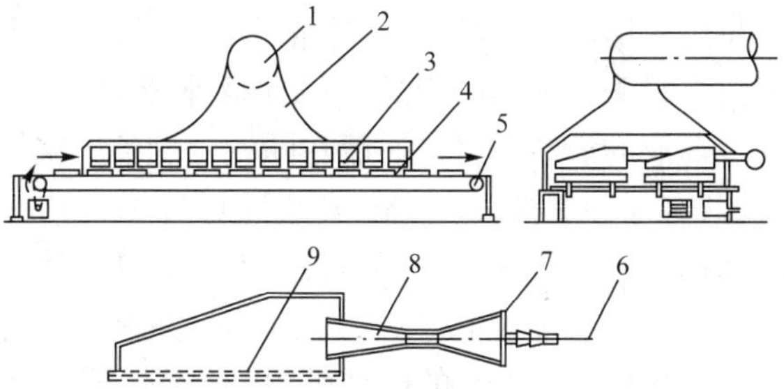

图 6－58 隧道式远红外烘箱结构

1—排风管 2—罩壳 3—远红外发生器 4—盘装安瓿 5—传送链 6—煤气管 7—通风板 8—喷射器 9—铁铬铝网

为保证箱内的干燥速率不致降低,在隧道顶部设有强制排风系统,及时将湿热空气排出;隧道上方的罩壳上部应保持 5～20Pa 的负压,以保证远红外发生器的稳定燃烧。

2. 连续电热隧道灭菌烘箱

这种烘箱的基本结构与煤气烘箱相似,也为隧道式。可考虑与超声波安瓿清洗机和多针拉丝安瓿灌封机配套使用,组成联动生产线。连续电热隧道灭菌烘箱如图 6－59 所示。

烘箱由传送带、加热器、层流箱、隔热机架组成。各部分的结构和工作原理如下。

(1) 传送带为了将安瓿水平送入、出烘箱和防止安瓿走出带外,传送带由三条不锈钢丝编织网带构成。水平传送带宽 400mm,两侧垂直带高 60mm,三者同步移动。

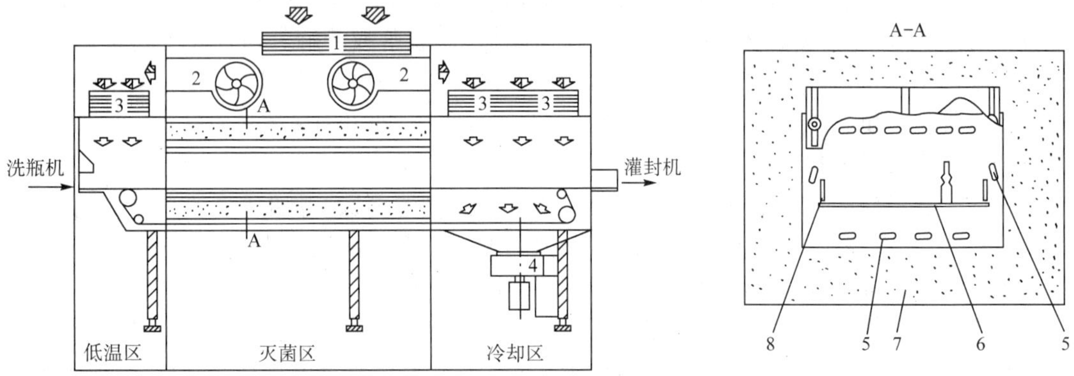

图 6-59 电热隧道烘箱结构示意图

1—过滤器 2—送风机 3—精密过滤器 4—排风机 5—电热管 6—水平网带 7—隔热材料 8—竖直网带

(2) 加热器的布置如图所示,12 根电加热管沿隧道长度方向安装,在隧道横截面上呈包围安瓿盘的形式。电热丝装在镀有反射层的石英管内,热量经反射聚集到安瓿上,以充分利用热能。电热丝分两组,一组为电路常通的基本加热丝,另一组为调节加热丝,依箱内额定温度控制其自动接通或断电。

(3) 烘箱中段干燥区的湿热气经可调风机排出箱外,干燥区应保持正压,必要时由 100 级净化气补充。

二、安瓿灌封设备

将过滤洁净的药液,定量地灌注进经过清洗、干燥及灭菌处理的安瓿内,并封口的过程称为灌封。对于易氧化的药品,还要在灌装药液的同时,充填惰性气体以取代安瓿内药液上部的空气。药液的灌装和封口一般在同一台设备上完成。目前采用的安瓿灌封设备主要是拉丝灌封机,共有三种规格:1~2mL 安瓿灌封机、5~10mL 安瓿灌封机和 20mL 安瓿灌封机。但它们的结构并无多大的不同,下面介绍 1~2mL 安瓿灌封机的结构及工作原理。

图 6-60 所示为 LAGl-2 安瓿拉丝灌封机的结构示意图。由图示的传动系统可知,该机由一台功率为 0.37kW 的电动机 19,通过带轮 18 的主轴传动,再经蜗轮副、过桥轮、凸轮、压轮及摇臂等传动构件转换为设计所需的 13 个构件的动作,各构件之间均能满足设定的工艺要求,按控制程序协调动作。由图可见,LAGl-2 拉丝灌封机主要执行机构是:送瓶机构、灌装机构及封口机构。现分别对这三个机构的组成及工作原理介绍如下。

(一) 安瓿送瓶机构

图 6-61 所示为 LAGl-2 安瓿拉丝灌封机的送瓶机构示意图。将前工序洗净灭菌后的安瓿放置在与水平成 45°倾角的进瓶斗内,由链轮带动的梅花盘每转 1/3 周,将 2 支安瓿拨入固定齿板的三角形齿槽中。固定齿板有上、下两条,安瓿上下两端恰好被搁置其上而固定;并使安瓿仍与水平保持 45°倾角,口朝上,以便灌注药液。与此同时,移瓶齿板在其偏心轴的带动下开始动作。移瓶齿板也有上下两条,与固定齿板等距地装置在其内侧(在同一个垂直面内共有四条齿板,最上最下的二条是固定齿板,中间二条是移瓶齿板)。移瓶齿板的齿形为椭圆形,以防在送瓶过程中将瓶撞碎。当偏心轴带动移瓶齿板运动时,先将安瓿从固定齿板上托

起，然后越过其齿顶，将安瓿移过二个齿距。如此反复完成送瓶的动作。偏心轴每转一周，安瓿右移 2 个齿距，依次通过灌药和封口二个工位，最后将安瓿送入出瓶斗。完成封口的安瓿在进入出瓶斗时，由于移动齿板推动的惯性力及安装在出瓶斗前的一块有一定角度斜置的舌板的作用，使安瓿转动并呈竖立状态进入出瓶斗。此外偏心轴在旋转一周的周期内，前 1/3 周期是用来使移瓶齿板完成托瓶、移瓶和放瓶的动作；后 2/3 周期内，安瓿在固定齿板上滞留不动，以供完成药液的灌注和安瓿的封口。

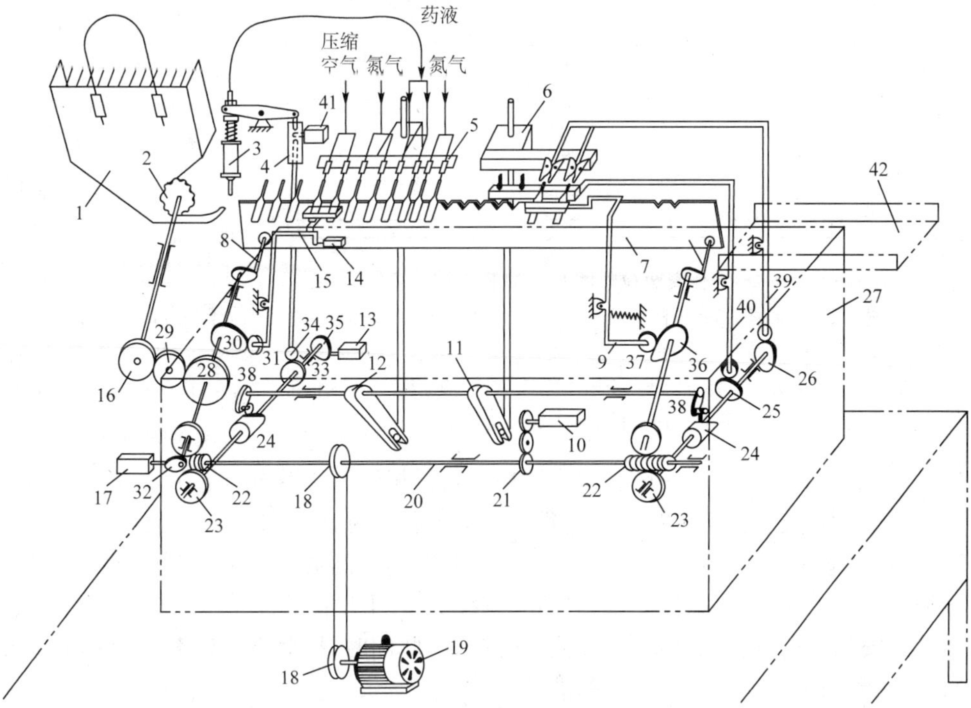

图 6-60　LAGl-2 安瓿拉丝灌封机结构示意图

1—进瓶斗　2—梅花盘　3—针筒　4—导轨　5—针头架　6—拉丝钳架　7—移瓶齿板　8—曲轴　9—封口压瓶机构　10—移瓶齿轮箱　11—拉丝钳上、下拨叉　12—针头架上、下拨叉　13—气阀　14—行程开关　15—压瓶装置　16、21、28—齿轮　17—压缩气阀　18—皮带轮　19—电动机　20—主轴　22—蜗杆　23—蜗轮　24、25、30、32、33、35、36—凸轮　26—拉丝钳开口凸轮　27—机架　29—中间齿轮　31、34、37、39—压轮　38—摇臂压轮　40—火头让开压轮摇臂　41—电磁阀　42—出瓶斗

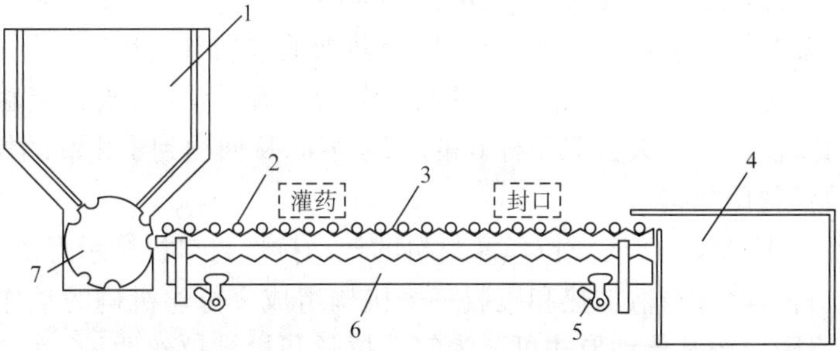

图 6-61　LAGl-2 安瓿拉丝灌封机送瓶机构示意图

1—进瓶斗　2—安瓿　3—固定齿板　4—出瓶斗　5—偏心轮　6—移瓶齿板　7—梅花盘

（二）安瓿灌装机构

图6－62所示为LAGl－2安瓿拉丝灌封机灌装机构示意图。该灌装机构的执行动作由以下三个分支机构组成。

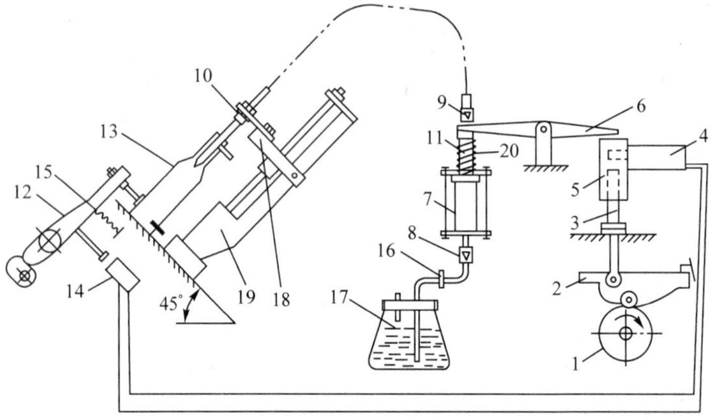

图 6－62　LAGl－2 安瓿拉丝灌封机灌装机构示意图

1—凸轮　2—扇形板　3—顶杆　4—电磁阀　5—顶杆座　6—压杆　7—针筒　8、9—单项阀　10—针头　11—压簧　12—摆杆　13—安瓿　14—行程开关　15—拉簧　16—螺丝夹　17—贮液罐　18—针头托架　19—托架座　20—针筒芯

1．凸轮－杠杆机构

它由凸轮1、扇形板2、顶杆3、顶杆座5及针筒7等构件组成。它的整个工作过程如下。凸轮1的连续转动，通过扇形板2，转换为顶杆3的上、下往复移动，再转换为压杆6的上下摆动，最后转换为筒芯20在针筒7内的上下往复移动。完成针筒7内的筒芯做上、下往复运动，将药液从贮液罐17中吸入针筒7内并输向针头10进行灌装。

实际上，这里的针筒7与一般容积式医用注射器相仿。所不同的是在它的上、下端各装有一个单向玻璃阀8及9。当筒芯20在针筒7内向上移动时，筒内下部产生真空；下单向阀8开启，药液由贮液罐17中被吸入针筒7的下部；当筒芯向下运动时，下单向阀8关阀，针筒下部的药液通过底部的小孔进入针筒上部。筒芯继续上移，上单向阀9受压而自动开启，药液通过导管及伸入安瓿内的针头10而注入安瓿13内。与此同时，针筒下部因筒芯上提而造成真空而再次吸取药液；如此循环完成安瓿的灌装。

2．注射灌液机构

它由针头10、针头托架18及针头托架座19组成。它的功能是提供针头10进出安瓿灌注药液的动作。针头10固定在针头架18上，随它一起沿针头架座19上的圆柱导轨做上下滑动，完成对安瓿的药液灌装。一般针剂在药液灌装后尚需注入某些惰性气体(如氮气或二氧化碳)以增加制剂的稳定性。充气针头与灌液针头并列安装在同一针头托架上，同步动作。

3．缺瓶止灌机构

它由摆杆12、行程开关14、拉簧15及电磁阀4组成。其功能是当送瓶机构因某种故障致使在灌液工位出现缺瓶时，能自动停止灌液，以免药液的浪费和污染。在图中，当灌装工位因故缺瓶时，拉簧15将摆杆12下拉，直至摆杆触头与行程开关14触头相接触，行程开关闭合，致使电磁阀4动作，使顶杆3失去对压杆6的上顶动作，从而达到了止灌的作用。

（三）安瓿拉丝封口机构

图6－63所示为LAGl－2安瓿拉丝灌封机的气动拉丝封口机构示意图。

安瓿拉丝封口机构由拉丝、加热和压瓶三个机构组成。拉丝机构的动作包括拉丝钳的上下移动及钳口的启闭。按其传动形式可分为气动拉丝和机械拉丝两种，其主要区别即在于前者是借助于气阀凸轮控制压缩空气进入拉丝钳管路而使钳口启闭；而后者是通过连杆一凸轮机构带动钢丝绳从而控制钳口的启闭。气动拉丝机构的结构简单、造价低、维修方便，但亦存在噪声大并有排气污染等缺点；机械拉丝机构结构复杂，制造精度要求高，但它无污染、噪声低，适用于无气源的场所。

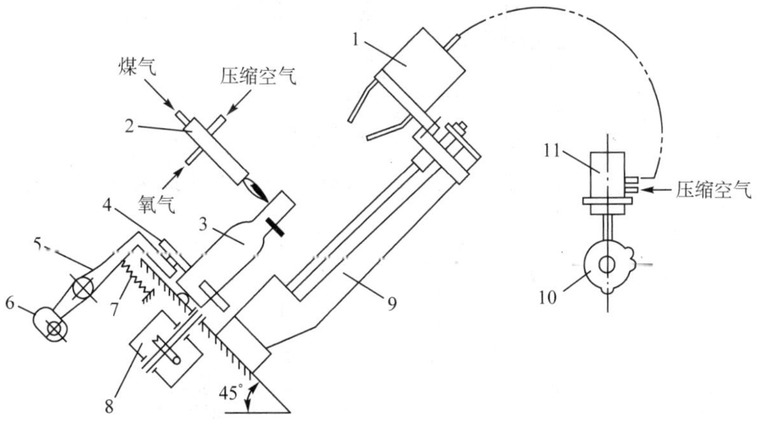

图 6－63　LAGl－2 安瓿拉丝灌封机气动拉丝封口机构示意图
1—拉丝钳　2—喷嘴　3—安瓿　4—压瓶滚轮　5—摆杆　6—凸轮　7—拉簧　8—减速箱　9—钳座　10—凸轮　11—气阀

气动封口过程如下。

(1) 当灌好药液的安瓿到达封口工位时，由于压瓶凸轮—摆杆机构的作用，被压瓶滚轮压住不能移动，但由于受到蜗轮蜗杆箱的传动却能在固定位置绕自身轴线做缓慢转动。此时瓶颈受到来自喷嘴火焰的高温加热而呈熔融状态。与此同时，气动拉丝钳沿钳座导轨下移并张开钳口将安瓿头钳住，然后拉丝钳上移将熔融态的瓶口玻璃拉成丝头。

(2) 当拉丝钳上移到一定位置时，钳口再次启闭二次，将拉出的玻璃丝头拉断并甩掉。拉丝钳的启闭由偏心凸轮及气动阀机构控制；加热火焰由煤气、氧气及压缩空气的混合气体燃烧而得，火焰温度约 1 400℃左右，煤气压力≥0.98kPa，氧气压力为 0.02～0.05MPa。火焰头部与安瓿瓶颈的最佳距离为 10mm。安瓿封口后，由压瓶凸轮—摆杆机构将压瓶滚轮拉开，安瓿则被移动齿板送出。

三、安瓿洗灌封联动线

前述的水针剂安瓿的清洗、灌注、封口等设备都是在不能密闭或不能完全密闭的单机设备上完成的，这种生产方式容易造成产品的污染或混淆。目前，在水针剂生产中，除了灭菌工序外，其他从洗瓶到灌封以及异物检查到印包都实施了联动生产，大大提高了水针剂生产的现代化水平。近年来，国内有数家制药机械厂分别在吸收消化国外同类产品基础上，研制开发了新型的水针剂洗灌封生产联动线，实现了水针剂生产过程的密闭、连续以及关键工位的 100 级平行流保护，使我国的水针剂生产水平跨上了一个新的高度。水针剂洗灌封生产联动线具有设备紧凑、生产能力高、符合 GMP 要求、产品质量高等优点。

水针剂洗灌封联动线由安瓿超声波清洗机、烘干灭菌机和安瓿灌封机 3 台单机组成。3 台单机组成一体可联动生产，也可根据需要单机使用。图 6－64 是安瓿洗烘灌封联动机组示意图。联动机生产工艺流程为：安瓿上料→喷淋水→超声波洗涤→第一次冲循环水→第二次冲循环水→压缩空气吹干→冲注射用水→三次吹压缩空气→预热→高温灭菌→冷却→螺杆分离进瓶→前充气→灌药→后充气→预热→拉丝封口→计数→出成品。

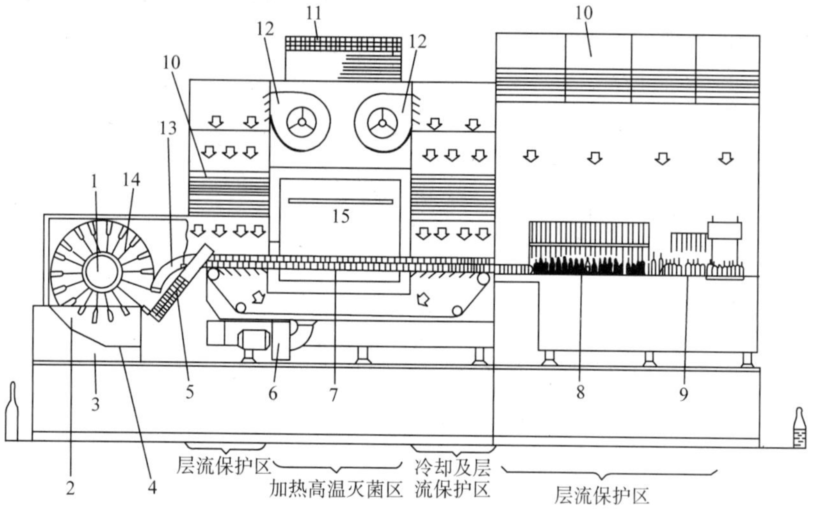

图 6-64 安瓿洗烘灌封机组示意图

1—转鼓 2—超声波清洗槽 3—电热 4—超声波发生器 5—进瓶斗 6—排风机 7—输送网带 8—充气灌装 9—拉丝封口 10—高效过滤器 11—中效过滤器 12—风机 13—出瓶口 14—水气喷头 15—加热元件

(一) 安瓿超声波清洗机

安瓿超声波清洗机的作用机理及其清洗过程已在前面做过介绍,这里不再重复。下面仅介绍联动线上的超声波清洗机的传动系统和工作原理。图 6-65 所示为安瓿超声波清洗机传动系统示意图。

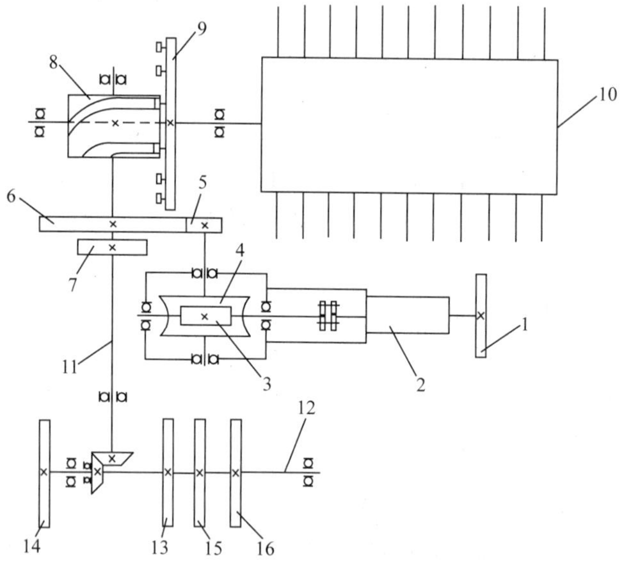

图 6-65 安瓿超声波清洗机传动系统示意图

1—手轮 2—直流电机 3—蜗杆 4—蜗轮 5、6—齿轮 7—栅门凸轮 8—圆柱凸轮 9—多销圆盘 10—回转针鼓 11—传动轴 12—主轴 13—上拨凸轮 14—下拨凸轮 15—出瓶凸轮 16—推瓶凸轮

直流调速电机经蜗轮蜗杆 3、4 减速后,再经一对齿轮 5、6 进一步减速和一对伞齿轮的传递,使相互垂直的传动轴 11 和主轴 12 获得了同一转速转动。

传动轴 11 上装有栅门凸轮 7 和圆柱凸轮 8;与圆柱凸轮 8 同轴的多销圆盘 9 使回转针鼓 10 做间歇回转。栅门凸轮 7 则通过摆杆的摆动,使安瓿分离并逐个定位。蜗轮输出轴上的主动齿轮 5,除传动齿轮 6,又带动偏心轮通过摆杆使进瓶网斗连续摆动。

主轴 12 上装有上拨、下拨、出瓶、推瓶四个凸轮(13~16),通过各自的摆杆、拨叉,配合传动轴 11 上的两个凸轮 7、8 做出推送安瓿、导引安瓿、翻瓶的动作,从而完成清洗安瓿的全过程。

清洗机的回转针鼓 10 上装有均布的 18 套组件如图 6-66 所示。每套组件由针管座、引导器及针管所组成。更换断针和装拆非常方便。

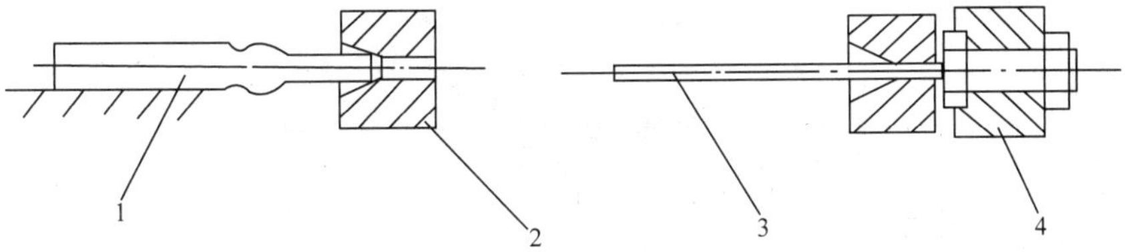

图 6－66　回转针鼓上的均布组件

1—安瓿　2—引导器　3—针管　4—针管座

（二）安瓿灭菌干燥机

安瓿灭菌干燥机是对洗净的安瓿进行杀灭细菌和除热源的干燥设备。其型式有二种，一种是红外线加热灭菌，另一种是热空气平行流灭菌。两种型式的灭菌干燥机均为隧道式，其结构原理如下。

1. 红外线灭菌干燥机

图 6－67 所示为安瓿红外线灭菌干燥机的示意图。

灭菌干燥机由预热段、灭菌干燥段及冷却段组成。加热段箱体全长 1.5m，由 12 根外表镀有纯金反射层、内串电热丝的石英玻璃管呈矩形布置在箱体的隔热层内，如图 6－68 所示。形如矩形料盘的水平网带和垂直网带将密集直立的安瓿以同步速度缓缓通过整个箱体加热段，完成对安瓿的预热、灭菌干燥和冷却。

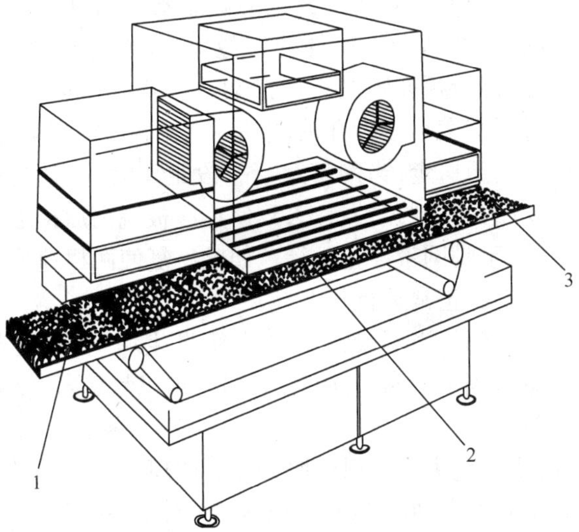

图 6－67　安瓿红外线灭菌干燥机示意图

1—预热段　2—烘干灭菌段　3—冷却段

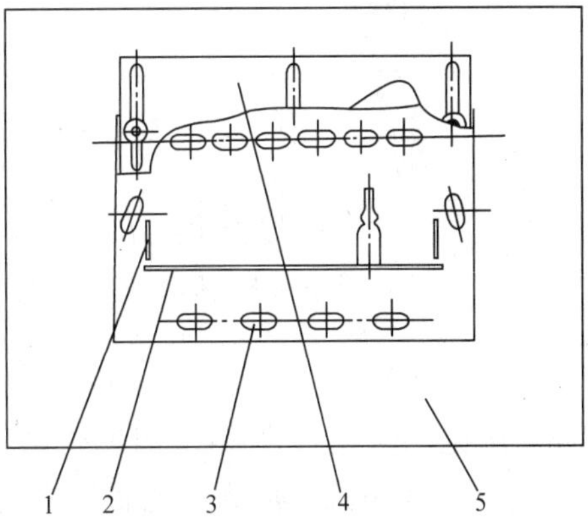

图 6－68　加热段内部结构示意图

1—垂直网带　2—水平网带　3—电热石英管

4—冷却区隔层挡板　5—隔热材料

在箱体加热段的两端设置静压箱，提供 100 级垂直平行流空气屏（如图 6－69 所示）。垂直平行流气屏能使由洗瓶机输送网带送来的安瓿立即得到 100 级平行流空气保护，不受污染；同时对出离灭菌区的安瓿还起到逐步冷却的作用，使得安瓿在出灭菌干燥机前基本上接近室温。箱内的湿热空气由排风机排至室外。

应该指出的是灭菌干燥机与前后相衔接的清洗机及灌封机，三机联动的速度匹配是关键的问题。图 6－70 所示为箱体内网带运动速度控制的伺服机构，因而为安瓿在箱体内的平稳运行创造了条件。伺服机构是通过接近开关与满缺瓶控制板等相互作用来执行的。即将网带入口处安瓿的疏密程度通过支点作用反馈到接近开关上，使接近开关及时发出讯号进行控制并自动处理如下情况。

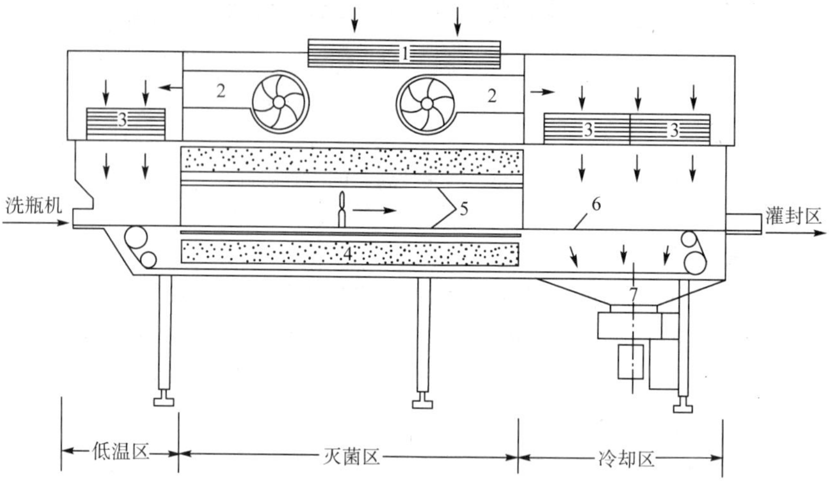

图 6－69　灭菌干燥机平行流装置简图

1—中效过滤器　2—风机　3—高效过滤器　4—隔热层　5—电热石英管　6—水平网带　7—排风

(1) 当网带入口处安瓿疏松到感应板在拉簧作用下脱离后接近开关，此时能立即发出讯号，令烘箱电机停止运行。

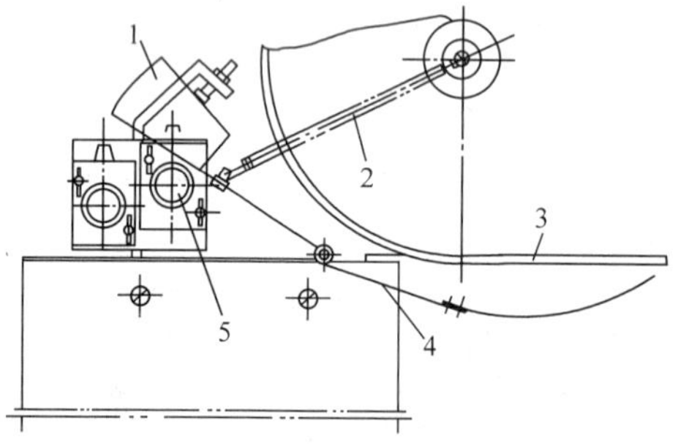

图 6－70　烘箱网带的伺服机构示意图

1—感应板　2—拉簧　3—垂直网带

4—满缺瓶控制板　5—接近开关

(2) 当安瓿清洗机的翻瓶器间歇动作出瓶时，即在网带入口处的安瓿呈现“时紧时弛”状态，感应板亦随之来回摆动。当安瓿密集时，感应板覆盖后接近开关，于是发出讯号，网带运行，将安瓿送走；当网带运行一段距离后，入口处的安瓿又呈现疏松状态，致使感应板脱离后接近开关，于是网带停止运行。如此反复使两机速度匹配趋于正常运行状态。

(3) 当网带入口处安瓿发生堵塞，感应板覆盖到前接近开关时，立即发出讯号，令清洗机停机，避免产生轧瓶故障(此时网带则照常运行)。

一般网带的速度应大于洗瓶和灌封两机的生产能力以确保伺服特性的体现。

灭菌干燥加热段设有温度监控点，安瓿灭菌温度在 300℃ 以上，时间 3～5min 可调。灭菌温度由调温器设定，可显示及自动记录温控状况。

2. 热空气灭菌干燥机

本机采用的是热空气平行流灭菌方式，其工作原理是将高温热空气流经高效空气过滤器过滤，获得洁净度为 100 级的平行流空气，然后直接对安瓿进行加热灭菌。这种灭菌方法具有传热速度快，加热均匀，灭菌充分，温度分布均匀，无尘埃污染源的优点，是目前国际公认的先进方法。图 6－71 为热空气灭菌干燥机示意图。

该机为整体隧道式结构，分为预热区、高温灭菌区、冷却区 3 部分。由机架、过滤器、加热装置、风机、传动装置、不锈钢传送带及电控柜等部件组成。安瓿从洗瓶机进入隧道，由一条水平安装和二条侧面垂直安装的网状不锈钢输送带同步输送安瓿，经预热后进入 300℃ 以上的高温灭菌区灭菌干燥，安瓿经过高温区的总时间超过10min，有的规格达20min，然后在冷却区进行风冷，安瓿经冷却后在出口处温度不高于室温15℃。安瓿从进入隧道至出口全过程时间平均约为30min。

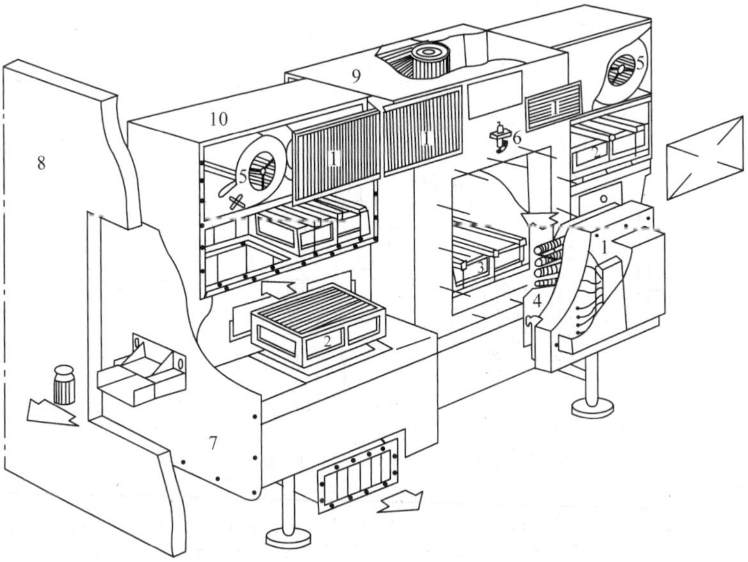

图 6-71　热空气灭菌干燥机示意图

1—预过滤器　2—高效过滤器　3—高温高效过滤器　4—电加热装置　5—风机
6—气流调节器　7—隔板　8—隔墙　9—高温区　10—冷却区

图6-72所示为安瓿灭菌干燥机中热空气循环示意图。隧道下部装有排风机，并有调节阀门，可调节排出的空气量。排气管的出口处还有碎玻璃收集箱，以减少废气中玻璃细屑的含量。为节约能源，高温灭菌区平行流热空气是自动循环使用的，加热时所产生的部分湿热空气由下部排风机排出，另一台小风机补充新鲜空气。电加热装置位于隧道旁侧，维修方便。

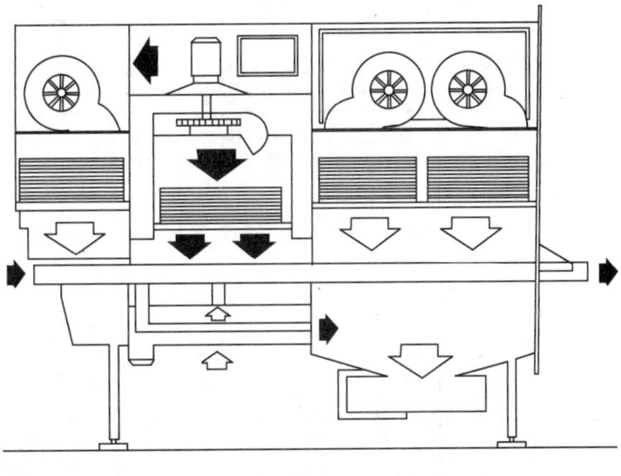

图 6-72　热空气循环示意图

本机的全部工作是在100级平行流净化空气保护下进行的，符合GMP要求。预热区、高温灭菌区、冷却区分别有独立的空气净化系统，即有独立的风道、风机、中效和高效过滤器，并可单独调节风速和风量。本机正常工作时，无需专人看管。在运行时，利用接近开关控制前后两机的安瓿平衡，高温区加热温度自动控制、自动显示和记录。为确保高温灭菌效果和平行流保护作用，控制回路设置有联锁监护保护，当高温区未达到设定温度时，洗瓶机不能工作；而平行流风速低于规定值时，自动停机，待调整后才能开机。生产完毕停机后，高温区缓缓降温，当温度降至设定值(通常是100℃)时，风机会自动停机。

(三) 安瓿灌封机

图6-73为安瓿灌封机的工作示意图。经烘干、灭菌、冷却后的安瓿，从灭菌干燥机的出

口网带1上以密集排列输出，进入安瓿灌封机的进瓶网带2，并由进瓶螺杆3将安瓿逐个分离推送至扇形齿板4的齿槽内，然后再由扇形齿板以6瓶一组将安瓿相继送入做往复运动的推送齿条5上，从而使安瓿随齿条做步进运动到达各工位，完成前充氮、灌药液、后充氮、预热、拉丝封口及出瓶的整个工艺过程。

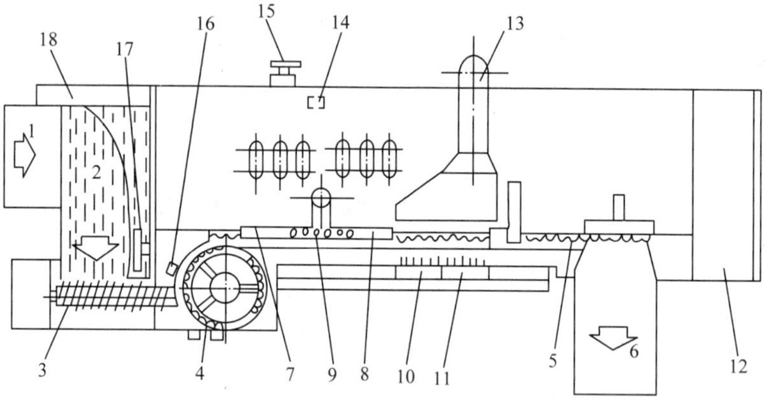

图 6-73 安瓿灌封机的工作示意图

1—进料斗 2—进瓶输送网带 3—进瓶螺杆 4—扇形齿板 5—推送齿条 6—出瓶料斗 7—前充氮 8—后充氮 9—灌药液 10—预热火焰 11—拉丝封口 12—电源控制箱 13—吸风 14—灌液安全装置 15—调节装置 16—投受光器 17—进瓶安全装置 18—接口控制箱

进瓶输送带由单独的直流调速电机驱动。灌封机的主传动系统如图6-74所示。动力由直流调速电机输出，经减速箱及一对链轮减速后驱动主轴旋转。主轴上装有11个凸轮及输入、输出链轮各一对，其各自功能作用如下。

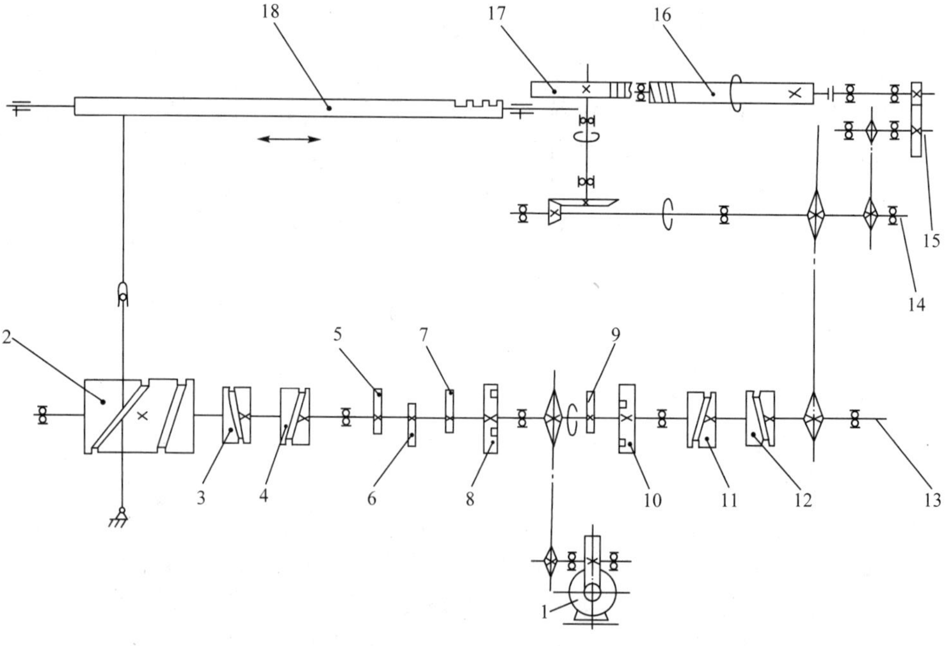

图 6-74 安瓿灌封机传动系统示意图

1—直流调速电机 2—齿条凸轮 3—出瓶凸轮 4—定位凸轮 5—拉丝钳架上下凸轮 6—开闭钳凸轮 7—火头凸轮 8—压瓶凸轮 9—斜架上下凸轮 10—灌液凸轮 11—定位凸轮 12—缺瓶止灌凸轮 13—主轴 14—传动轴Ⅰ 15—传动轴Ⅱ 16—进瓶螺杆 17—交接盘 18—输送齿条

凸轮 2 通过摆杆使输送齿条 18 呈矩形轨迹运动，完成安瓿的步进直线运动。

拉丝钳上下凸轮 5 与开闭钳凸轮 6 相配合，完成安瓿的拉丝封口。

定位凸轮 4 通过摆杆使步进输送后的安瓿定位，以保证安瓿进行灌液、预热及拉丝封口等工序工作。

中间的压瓶凸轮8通过摆杆的摆动，使安瓿在拉丝封口工位的转瓶，装置如图6－75所示。该装置由转瓶电机供给动力，再经一对伞齿轮变速转向，使压轮驱动安瓿绕自身轴线旋转，用以确保安瓿在预热及拉丝封口工位受热均匀，提高封口质量。

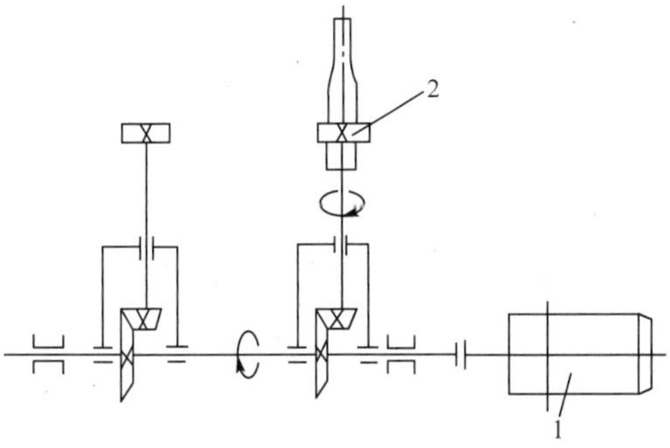

图 6－75 拉丝封口工位的转瓶装置

1—转瓶电机及变速箱 2—压轮

火头凸轮 7 是用来控制安瓿的受热时间，并在拉丝钳钳口上提后使火头抬起，以免因火头过热而导致封口产生泡头的缺陷。

主轴通过链轮带动传动轴Ⅰ(14)；此轴通过传动轴Ⅱ(15)的链轮及齿轮二次增速，将动力传递给进瓶螺杆 16，完成主轴旋转一周，螺杆送出六个安瓿。

传动轴Ⅰ(14)的左端通过一对伞齿轮减速，使交接盘 17 获得一个固定转速。交接盘的上下各设有一个静止凸轮(图中未示)，以交接盘为支点的摆杆受控于二静止凸轮的曲线轮廓，摆杆使扇形齿板以可变转速与进瓶螺杆和输出齿条交接协调输送安瓿。

安瓿灌封机的结构布局合理，并辅以电控及平行流技术的应用，使灌封机符合 GMP 规范要求。其特点如下。

(1) 灌液泵采用无密封环的不锈钢柱塞泵，如图6－76所示，该泵装有精密的驱动机构及独立的校准器，可快速调节装量；还可以进一步调整吸回量，避免了药液溅溢。驱动机构中设有灌液安全装置，当灌注系统出现故障，能立即停机。装量能在 1～20mL 范围内通用。

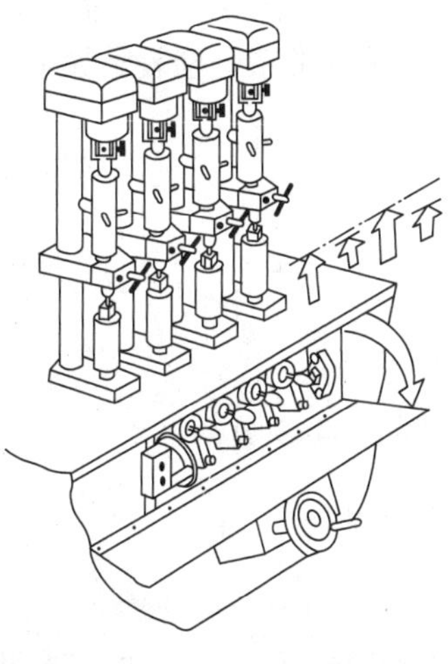
图 6－76 不锈钢柱塞灌液泵

(2) 安瓿头的检测器，通过单片微机监控，确保无安瓿不灌液。

(3) 灌封机顶部设有静压箱，确保安瓿从进口至各工位都能受到 100 级平行流保护；而且在初启动时风速未能达到规定值的情况下，联动装置使主机不能启动，确保生产安全。

(4) 扇形齿板靠 2 个槽凸轮的叠加作用，伺服于进瓶螺杆和输送齿条，能使交接平稳，速度快，噪声低，而且利于排除碎瓶玻璃屑，如图 6－77 所示。

(5) 能适应城市管道煤气和液化气。

(6) 每当停机时，拉丝钳钳口能自动停于高位，避免烧坏钳口。

(7) 在进瓶输送带的接口处设有伸缩缓冲带和接口控制箱，箱内装有储瓶上下限位接近开关，如图 6－78 所示。当缓冲带 3 处于下限(即缺瓶)时，下限接近开关使进瓶螺杆 2 停转不供瓶；缓冲带达到高位(即满瓶堆积)时，上限接近开关使烘箱输送网带停机不动，不再送瓶。该控制箱能使二机速度匹配协调，再加上清洗机与烘箱输送网带的接口匹配协调，从而使洗、烘、灌三机达到接口匹配协调，运转安全可靠。

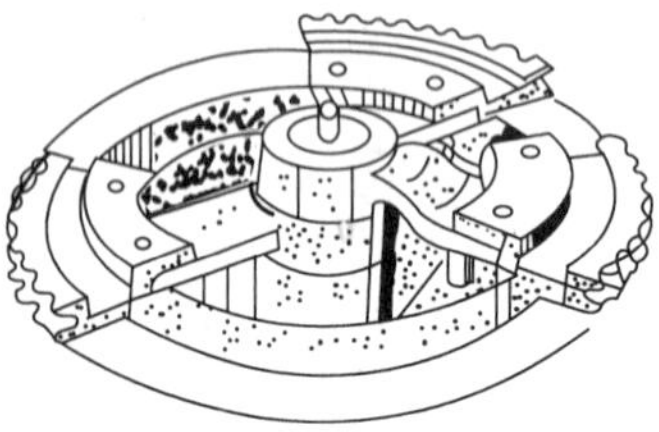

图 6－77　扇形齿板伺服机构

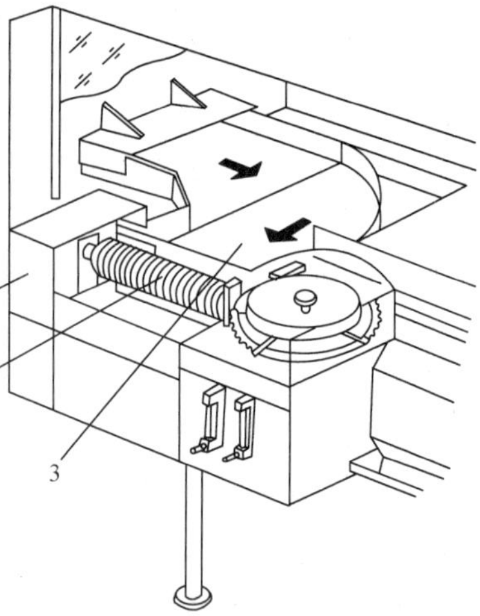

图 6－78　安瓿灌封机进瓶控制机构
1—控制箱　2—进瓶螺杆　3—缓冲带

四、注射剂灭菌设备

注射剂包装必须无菌并符合药典要求。因此，除无菌操作生产的注射剂产品外，其余注射剂在灌封后均须进行灭菌，以确保注射剂产品的无菌以及不滋生热源。目前最常使用的是湿热灭菌方法，一般情况下 1～2mL 注射剂多采用 100℃ 流通蒸汽 30min 灭菌，10～20mL 注射剂则采用 100℃ 流通蒸汽 45min 灭菌。对某些特殊的注射剂产品，根据药物性质适当选择灭菌温度和时间。也可采用其他灭菌方法，如微波灭菌法和高速热风灭菌法。

灭菌效果常以 D 值（降低 90％ 微生物所需的时间），Z 值（降低一个 $\lg D$ 值所需的温度数），F 值及 F_0 值（杀菌致死值）来表示，这几个参数的计算公式和相互关系分别表示如下。

$$Z = \frac{T_1 - T_2}{\lg D_2 - \lg D_1} \tag{6-2}$$

$$F = D(\lg N_0 - \lg N_t) \tag{6-3}$$

$$F_0 = \frac{\Delta t \cdot \sum 10^{T-121}}{Z} \tag{6-4}$$

式中　N_0、N_t——灭菌前（0 时间）和灭菌后（t 时间）溶液中残存的微生物数；
Δt——测温时间间隔；
T——在 t 时所测得的灭菌物温度；
Z——常数（一般选为 10℃）。

由于 F_0 值能将不同的受热温度折算成相当于 121℃ 灭菌时的热效应，对于验证灭菌效果极为有用，故 F_0 值的计算公式在灭菌过程中最为常用。

（一）热压灭菌箱

目前灭菌多采用卧式热压灭菌箱来进行灭菌，其结构如图 6－79 所示。热压灭菌箱箱体分内外两层，由坚固的合金制成。其外层涂有保温材料，箱内设有带轨道并分为若干的格车，格车上有活动的铁丝网格架。箱外附有可推动的搬运车，可用于装卸灭菌安瓿。箱内装有淋水排管和蒸汽排管，箱体与外界连接的管道有蒸汽进管、排气管、进水管、排水管、真空管和有色水管等。灭菌箱门由人工开与关，因为是受压容器，箱外装有安全阀和压力表。热压灭菌箱工作程序包括：灭菌、检漏、冲洗。

灭菌箱使用时先开蒸汽阀，让蒸汽通入夹层中加热约 10min，压力表读数上升到灭菌所需压力（一般采用热压灭菌温度与相应压力的关系见表 6-5 所示）。同时用搬运车将装有安瓿的格车沿轨道推入灭菌箱内，严密关闭箱门，控制一定压力，让箱内温度达到灭菌温度时，开始计时，灭菌时间达到后，先关蒸汽阀，然后开排气阀排除箱内蒸汽，灭菌过程结束。

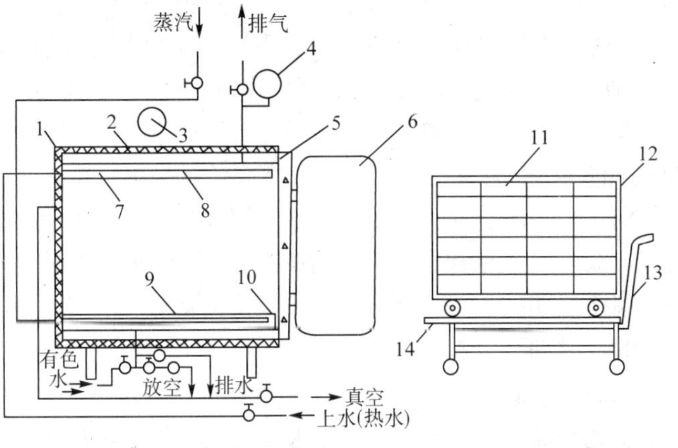

图 6-79　卧式热压灭菌箱结构示意图

1—保温层　2—外壳　3—安全阀　4—压力表　5—高温密封圈　6—箱门　7—淋水管　8—内壁　9—蒸汽管　10—消毒箱轨道　11—安瓿(盘)　12—格车　13—搬运车　14—格车轨道

表 6-5　热压灭菌所需的温度与相当的压力及时间

温度/℃	压力（压力表上对应的压力）		建议最小的灭菌时间/h	温度/℃	压力（压力表上对应的压力）		建议最小的灭菌时间/h
	MPa	lbf/in^2			MPa	lbf/in^2	
115～116	0.070	10	30	126～129	0.140	20	10
121～123	0.105	15	15	134～138	0.225	32	3

安瓿在灌封过程中有时会出现质量问题，如冷爆、毛细孔等，这些现象用肉眼难以分辨，因此安瓿灭菌之后有一道检漏工序，也在灭菌箱内进行。检漏的方法有二种。真空检漏法是在灭菌结束后先使安瓿温度降低，然后关闭箱门将箱内空气抽出，当箱内真空度达到 640～680mmHg（1mmHg = 133.322Pa）时，打开有色水管，将颜色溶液（常用 0.05% 亚甲基蓝或曙红溶液）吸入箱内，将安瓿全部浸没，由于压力关系，封口不严的安瓿内即进入颜色溶液，从而分辨出安瓿封口好坏。另一种方法是在灭菌后趁热直接将颜色溶液压入箱内，安瓿突然遇冷时内部空气收缩形成负压，颜色溶液也被漏气安瓿吸进瓶内，这样合格品与不合格品能够初步分开。检漏后安瓿表面留有色迹，此时淋水排管可放出热水冲洗掉这些色迹。到此，整个灭菌检漏工序全部结束，安瓿从灭菌箱内用搬运车取出，干燥后直接剔除漏气安瓿。

使用卧式热压灭菌箱要特别重视定期验证灭菌箱的热分布均匀性、重复性和可靠性，定期检验灭菌箱上的温度、压力等检测仪表。最好每台灭菌箱安装温度、时间等自动记录仪器，并与岗位操作人员记录相对照。此外，箱内放置数量也不能超载。

（二）双扉程控灭菌检漏箱

双扉式程控灭菌检漏箱为卧式长方形，采用先进的立管式环形薄壁结构。立管既能加强箱体的强度和刚性，又作为蒸汽的外通道，提高了结构强度。双扉门采用拉移式机械自锁保险，密封结构采用耐高温 O 形圈，利用特殊结构的气压推力使 O 形圈发生侧向位移，使双扉门达到自锁密封作用。双扉箱门可左右移开，也可制成上下移开，门的控制为手动与电气自控二种，当定位安排在程控时，有电气和机械连锁安全控制。当消毒室内压力处于 - 0.01～0.01MPa范围外，门即自锁，不能打开，手控的误操作也不能打开门。箱内的压力依靠硅橡胶O形圈的密封得到保证。该机还设有手控点动开关与程控二种操作方式，程控可以按设定的温度、压力、真空度及持续时间的长短来操作，也可以按工艺要求用预先贮存的三种程序来安排生产。

双扉式灭菌箱工作时未消毒的产品从箱体的一端进入，经过箱内消毒灭菌后，在箱内大于700mmHg 真空时，注入与药液不同颜色的色水(红或蓝色)，封口不密的安瓿便吸进色水，从而区别合格与不合格产品，灭菌品从箱体的另一个门取出，这样产品消毒前后严格分开，不会混淆。双扉式灭菌箱使用过程中应注意定期校正各仪表的精度与准确性，对蒸汽、压缩空气的安全阀要定期按压力容器校正，并保持消毒箱内清洁。程控式双扉消毒检漏箱是国内目前最先进的注射剂灭菌检漏设备。

(三) 擦瓶机

安瓿经消毒检漏后，虽经热水冲淋，其外表面仍难免残留有水渍、色斑及其他影响印字等不清洁物质存在，个别破损的安瓿会将药水污溢于其他安瓿的外表面，为此工艺上设有擦瓶机。擦瓶机结构简单，如图 6 - 80 所示。

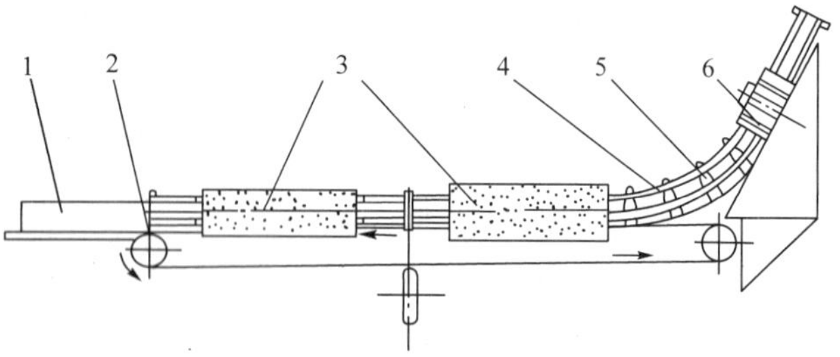

图 6-80 擦瓶机工作示意图
1—出瓶盘 2—传送带 3—擦辊 4—轨道栏杆 5—安瓿 6—拨瓶轮轨道

利用与水平面成 60°倾角的进瓶盘(在图的右上方，未示出)，使安瓿具有自动下行的动力，在进瓶盘的下口设有一等速旋转的拨瓶轮，将安瓿依次在拨瓶爪作用下单个进入宽度仅容一个安瓿通过的轨道。轨道底部有传送带，将安瓿缓慢送过两组擦辊部位。擦辊由胶棒及干绒布套(或干毛巾套)组成。擦辊轴水平卧置于安瓿轨道一侧的中间部位，它由链轮拖动旋转。当传送带将安瓿拖带到有擦辊处，受摩擦作用边自转边前进。两组擦辊中第一个擦辊直径稍大，用于揩擦安瓿的中上部，第二个擦辊直径稍小用于揩擦安瓿的中下部，其直径差异应适于安瓿的颈部与瓶身直径的差异。经滚擦干净的安瓿又于轨道末端的出瓶盘集中贮存。

五、注射剂质检(灯检)设备

注射剂质量检查中，澄明度检查是保证注射剂质量的关键。注射剂生产过程中难免会带入一些异物，如未滤去的不溶物，容器、滤器的剥落物及空气中的尘埃等，其中橡胶屑、纤维、玻璃屑等在体内会引起肉芽肿、微血管阻塞及肿块等不同的损坏。这些带有异物的注射剂通过澄明度检查加以剔除。

经真空检漏、外壁洗擦干净的安瓿通过一定照度的光线照射，用人工或光电设备可进一步判别是否存在破裂、漏气、装量过满或不足等问题。空瓶、焦头、泡头或有色点、浑浊、结晶、沉淀以及其他异物等不合格的安瓿，需加以剔除。

(一) 人工灯检

人工灯检要求灯检人员视力不低于 0.9(每年必须定期检测视力)，使用 40W 日光灯，工作台及背景为不反光的黑色。人工灯检要求手工夹取安瓿时用一定手法直接对着灯光目测，按着国家药典的有关规定查找不合格的安瓿加以剔除。

（二）异物光电自动检查机

半自动或自动安瓿异物检查机的原理是利用旋转的安瓿带动药液一起旋转，当安瓿突然停止转动时，药液由于惯性会继续旋转一段时间。在安瓿停转的瞬间，以束光照射安瓿，背后的荧光屏上即同时出现安瓿及药液的图像。利用光电系统采集运动图像中（此时只有药液是运动的）微粒的大小和数量的信号，再经电路处理可直接得到不溶物的大小和多少的显示结果。再通过机械动作及时准确地将不合格安瓿输出导轨。

自动安瓿异物检查机能够同时检查两个安瓿，也可用以一个安瓿接受两次检查，以提高检查精度，如图 6－81 所示。与人工灯检方法相比较，光电检查机检出率为人工灯检的 2～3 倍，而漏检率降低为人工灯检的 1/2，误检率在人工误检率的范围之内，说明检测效果优于人工灯检。同时，光电检查机结构简单，操作维修方便，可以代替人工操作，减轻工人劳动强度。但由于安瓿中微粒越少，光电检查机的漏检率就越高，必须采用二次检查，因此机器检查速度较慢，且机器对有色安瓿检测灵敏度很低，有待进一步改进。

国外的自动检出设备主要利用散射光信号检出注射剂中微粒，其外形如图 6－82 所示。Eisai 结合利用光电晶体管和纤维光学，并安装有另一个带有前光源的检查台、较易检出不透明或黑色的微粒；Brevetti 则利用一排光电检测器，能够对安瓿的整个容量进行检查；Takeda 则是利用电导摄像仪平行检查多个样品。由于这些设备的操作均由计算机自动控制，降低劳动强度，避免了人为因素对检出的影响，同时这些设备的检出速率也大大快于人工检出。近年来日本一些大型药厂已全面采用自动检出装置来代替人工灯检，效果很好。

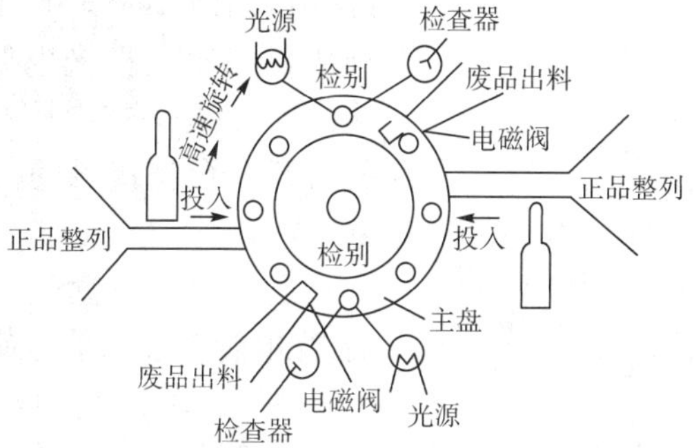

图 6－81　异物光电自动检查机示意图

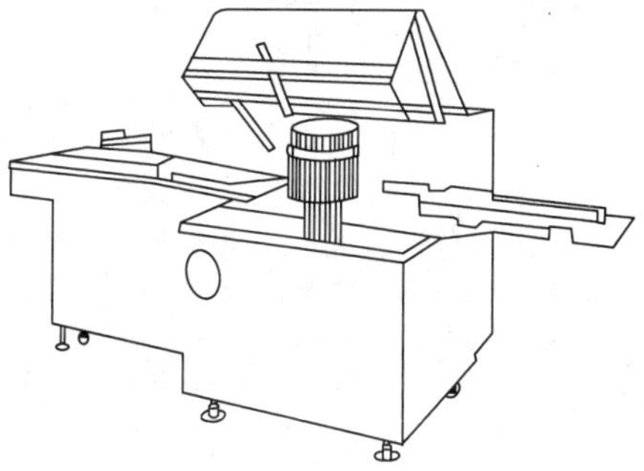
图 6－82　Eisai 微粒自动检查机外形图

六、注射剂外包装设备

灯检、热源、pH 等检验合格的安瓿还需在瓶身上印刷药品名称、含量、批号、有效期以及商标等标记。并将印字后的安瓿每 10 支装入贴有明确标签的纸盒里。印包机应包括开盒机、印字机、装盒关盖机、贴签机等四个单机联动而成。印包生产线的生产工艺流程如图 6－83 所示。现分述各单机的组成和工作原理。

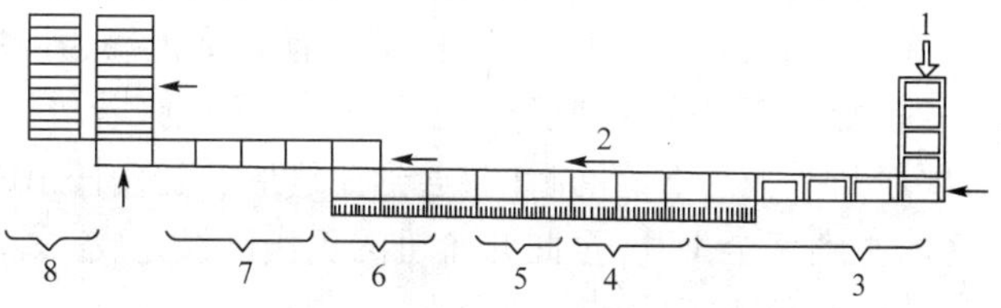

图 6－83　印包生产线流程示意图

1—贮盒输送带　2—传送带　3—开盒区　4—安瓿印字理放区
5—放说明书　6—关盖区　7—贴签区　8—捆扎区

（一）开盒机

国家标准中安瓿的尺寸是有一定的规定的，因此包装安瓿用的纸盒的尺寸、规格也是标准的。开盒机的组成和工作原理如图 6－84 所示。

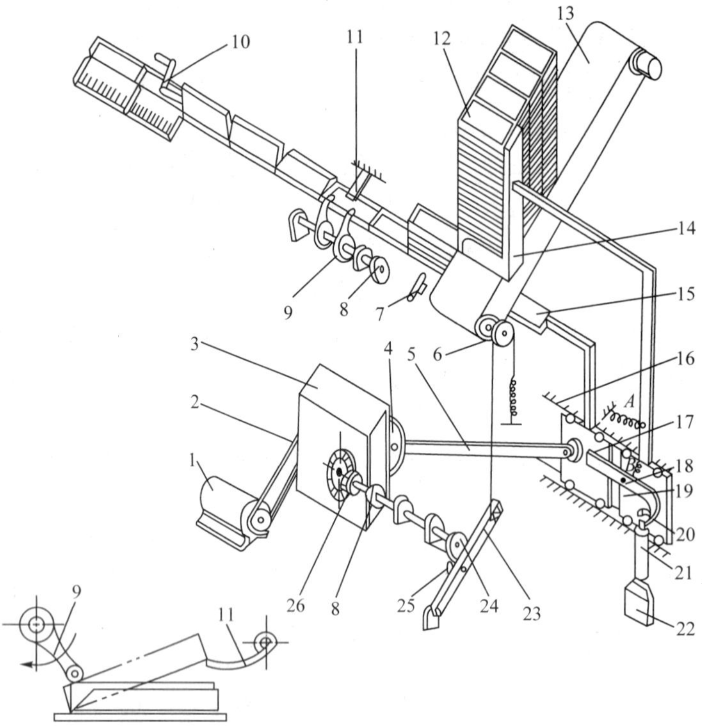

图 6－84 开盒机组成和工作原理示意图

1—马达 2—皮带轮 3—变速箱 4—曲柄盘 5—连杆 6—飞轮 7—光电管 8—链轮 9—翻盒爪 10—翻盒杆 11—弹簧片 12—贮盒 13—贮盒输送带 14—推盒板 15—往复推盒板 16—滑轨 17—滑动块 18—返回钩 19—滑板 20—限位销 21—脱钩器 22—牵引吸铁 23—摆杆 24—凸轮 25—滚轮 26—伞齿轮

在开盒机上有两个推盒板组件 14、15，它们均受滑轨 16 约束。装在贮盒输送带 13 尽头的推盒板 14 靠大弹簧 A 的作用，可将成摞的纸盒推到与贮盒输送带相垂直的开盒台上去，但平时由与滑板 19 相连的返回钩 18 被脱钩器 21 上的斜爪控制，推盒板并不动作。往复推盒板 15 下面的滑动块 17 受连杆 5 带动做往复运动，其往复行程即是一只盒长。受机架上挡板（图中未示出）的作用，往复推盒板每次只推光电管 7 前面的，也是一摞中最下面的与开盒台相接触的一只盒子。

当最后一只盒子推走后，光电管 7 发出信号使牵引吸铁 22 动作，脱钩器 21 的斜爪下移，返回钩 18 与脱钩器脱离，弹簧 A 将带动推盒板 14 推送一摞新的纸盒到开盒台。当推盒板 14 向前时，小弹簧 B 将返回钩拉转，钩尖抵到限位销 20 上，同时返回钩另一端与滑动块上的撞轮接触。同时滑动块 17 受连杆 5 作用已开始向后移动，并顶着推盒板 14 后移，返回钩 18 的钩端将滑过脱钩器的销子斜面，将返回钩锁住。当滑块再向前时，返回钩将静止不动。

往复推盒板 15 往复推送一次，翻盒爪在链轮 8 的带动下旋转一周。被推送到开盒台上的纸盒，在翻盒爪 9（一对）的压力作用下，使盒底上翘，并越过弹簧片 11。当翻盒爪转过了头时，盒底的自由下落将受到弹簧片 11 的阻止，只能张着口被下一只盒子推向前方。前进中的盒底在将要脱开弹簧片下落的瞬间，遇到曲线形的翻盒杆 10（图中未能表达清楚）将盒底张口进一步扩大，直到完全翻开，至此开盒机的工作已经完成。翻开的纸盒由另一条输送带送到印字机下，等待印字及印字后装盒。

翻盒爪的材料及几何尺寸要求极为严格。翻盒爪需有一定的刚度和弹性，既能撬开盒口，又不能压坏纸盒，翻盒爪的长度太长，将会使旋转受阻，翻盒爪若太短又不利翻盒动作。

（二）印字机

灌封、检验后的安瓿需在安瓿瓶体上用油墨印刷药品名称、有效日期、产品批号等，否则不许出厂和进入市场。安瓿印字机除了往安瓿上印字外，还应完成将印好字的安瓿摆放于纸盒里的工序。其结构原理如图 6－85 所示。两个反向转动的送瓶轮按着一定的速度将安瓿逐只自安瓿盘输送到推瓶板前，即送瓶轮。印字轮的转速及推瓶板和纸盒输送带的前进速度同步运行。做往复间歇运动的推瓶板 11 每推送一只安瓿到印字轮 4 下，也相应地将另一只印好字的安瓿推送到开盖的纸盒 2 槽内。油墨是用人工的方法加到匀墨轮 8 上。通过对滚，由钢质轮 7 将油墨滚匀并传送给橡皮上墨轮 6。随之油墨即滚加在字轮 5 上，带墨的钢制字轮再将墨迹转印给印字轮 4。

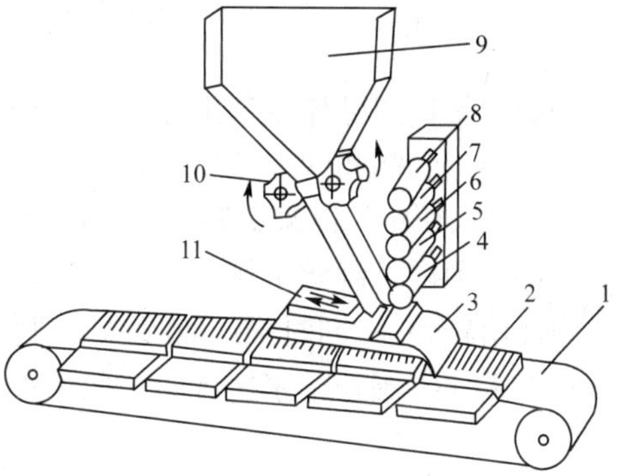

图 6－85 安瓿印字机结构原理
1—纸盒输送带 2—纸盒 3—托瓶板
4—橡皮印字轮 5—字轮 6—上墨轮 7—钢质轮
8—匀墨轮 9—安瓿盘 10—送瓶 11—推瓶板

由安瓿盘的下滑轨道滚落下来的安瓿将直接落到镶有海绵垫的托瓶板 3 上，以适应瓶身粗细不匀的变化。推瓶板 11 将托瓶板 3 及安瓿同步送至印字轮 4 下。转动着的印字轮在压住安瓿的同时也拖着其反向滚动，油墨字迹就印到安瓿上。由于安瓿与印字轮滚动接触只占其周长的 1/3，故全部字必须在小于 1/3 安瓿周长范围内布开。通常安瓿上需印有三行字，其中第一、二行是厂名、剂量、商标、药名等字样，是用铜版排定固定不变的。而第三行是药品的批号，则需使用活版铅字，准备随时变动调整，这就使字轮的结构十分复杂且需紧凑。

（三）贴标签机

图 6－86 所示是完成向装有安瓿的纸盒上贴标签的设备结构示意图。装有安瓿和说明书的纸盒在传送带前端受到悬空的挡盒板 3 的阻挡不能前进，而处于挡板下边的推板 2 在做间歇往复运动。当推板向右运动时，空出一个盒长使纸盒下落在工作台面上。在工作台面上纸盒是一只只相连的，因此推板每次向左运动时推送的是一串纸盒同时向左移动一个盒长。胶水槽 4 内在贮有一定液面高度的胶水。由电机经减速后带动的大滚筒回转时将胶水带起，再借助一个中间滚筒可将胶水均布于上浆滚筒 6 的表面上。上浆滚筒 6 与左移过程中的纸盒接触时，自动将胶水滚涂于纸盒的表面上。做摆动的真空吸头 7 摆至上部时吸住标签架上的最下面一张，当真空吸头向下摆动时将标签一端顺势拉下来，同时另一个做摆动的压辊 10 恰从一端将标签压贴在纸盒盖上，此时真空系统切断，真空消失。由于推板 2 使纸盒向前移动，压辊的压力即将标签从标签架 8 上拉出并被滚压平贴在盒盖上。

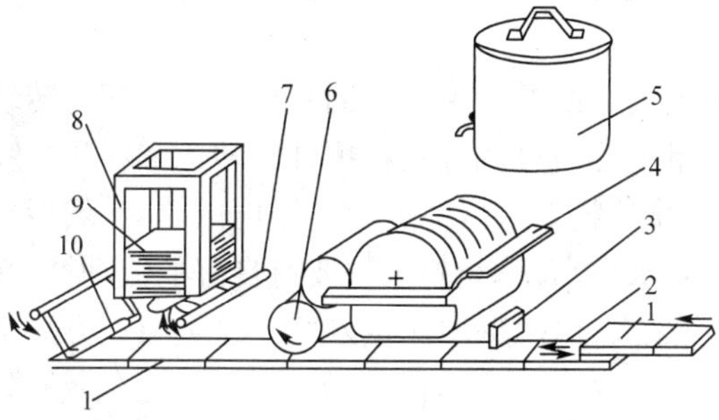

图 6－86 贴标签机工作示意图
1—纸盒 2—推板 3—挡盒板 4—胶水槽
5—胶水贮槽 6—上浆滚筒 7—真空吸头
8—标签架 9—标签 10—压辊

当推板 2 右移时，真空吸头及压辊也改为向上摆动，返回原来位置。此时吸头重新又获得真空度，开始下一周期的吸、贴标签动作。

贴标签机的工作要求送盒、吸签、压签等动作协调。两个摆动件的摆动幅度需能微量可调，吸头两端的真空度大小也需各自独立可调，方可保证标签及时吸下，并且不致贴歪。

第七节　硬胶囊灌装设备

胶囊剂是口服固体制剂中除片剂之外应用最广泛的一种制剂。胶囊制剂的生产关键是胶囊的制造质量和药物的充填质量。因此,仅介绍一下胶囊填充的基本设备。

20 世纪 70 年代以来,随着硬胶囊剂使用量的不断增加,从国外引进了先进的全自动胶囊灌装设备。国内的制药机械生产厂家也研制了一些自动化胶囊灌装机。由于目前引进设备在工厂中使用较普及,同时国产胶囊灌装机均为国外同类机型的仿制品,结构、操作原理相近,故本节将着重介绍国外厂家生产的一些硬胶囊灌装设备。

一、硬胶囊灌装机

根据硬胶囊灌装生产工艺,其生产操作可分为手工操作、半自动操作、全自动间歇操作和全自动连续操作。除手工操作以外,机械灌装胶囊分为以下几个工序,即胶壳排列、校准方向、胶壳分离、药物填充、胶壳闭合和送出等,机械灌装胶囊工作过程如图 6－87 所示。

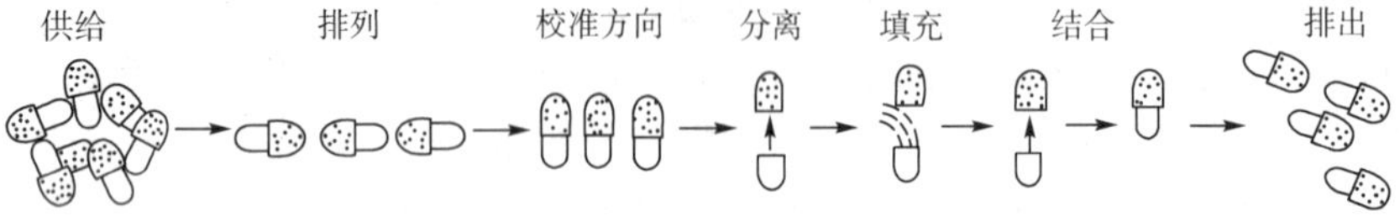

图 6－87　机械灌装胶囊工序图

在工序中,药物充填属重要工序。这一步骤不仅与填充药物的物理性能有关,而且也取决于各种设备采用的填充方式。常用的粉末填充方式有:平板法、间歇式压缩法、连续式压缩法和真空填充法。

平板法是依靠机械方式将药物粉末直接填入胶壳内。一种是依助螺旋式加料杆的转动将药物粉末直接填入胶壳如图 6－88 所示。加药量主要通过调节加料螺杆的转速和料斗在胶壳上停留时间加以控制;另一种方法是利用压缩杆将药物粉末压缩成一定厚度的块状,然后再填入胶壳内如图 6－89 所示。平板法对药物粉末要求较高,填充粉末需要有良好的流动性,而且要求各成分间密度相近,每批之间的差异也不应过大,以确保填充量准确。这类填充方法主要用于半自动硬胶囊灌装机中。

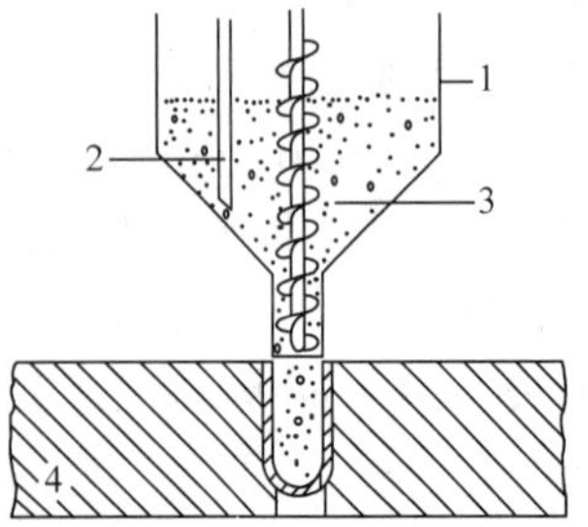

图 6－88　平板法螺杆灌装示意图

1—料斗　2—搅拌器　3—螺杆　4—胶壳平台

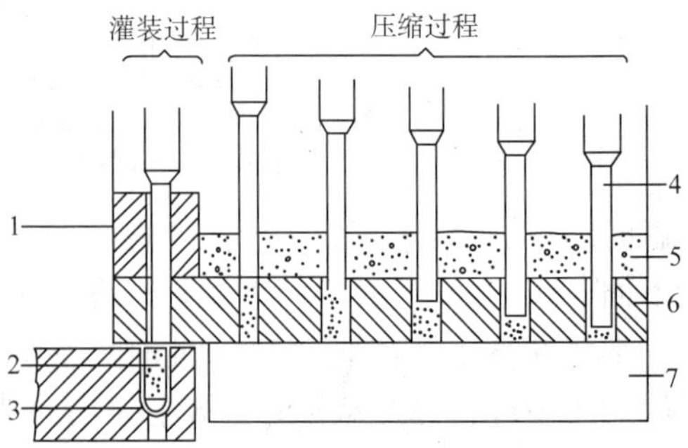

图 6－89　平板法柱塞灌装示意图

1—导向器　2—压缩物料　3—胶壳

4—计量头　5—物料　6—计量盘　7—底座

间歇式压缩法是依靠计量器定量吸取药物并将粉末填入胶壳。计量器的结构如图 6－90

所示。计量器由活塞、校正尺、重量调节环、弹簧和计量头等组成。填充计量的调节可经控制活塞在计量头中的高度达到。实际操作时，计量器插入粉体贮料斗内后，活塞可将进入计量头内的药物粉末压缩成具有一定粘结性的块状物，然后计量器移向胶壳，将药物推入胶壳内如图 6－91 所示。间歇式压缩法填充效果直接取决于贮料斗内粉末的流动性及粉料高度。为了减少填充差异，应经常保持料斗内粉末具有一定的高度和流动性，同时药物处方中加入一些润滑剂或助流剂，如硬脂酸镁、微粉硅胶等，以防止药物粉末粘附于计量头内或活塞表面。有些处方中药物粉末在计量头内能自行粘附成型，此时无需再用活塞将其压制成块，可由计量器直接取样后送入胶壳。

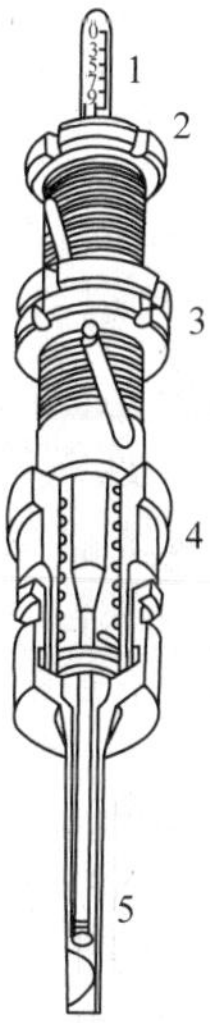

图 6－90　计量器结构示意图

1—计量活塞　2—校正尺　3—重量调节环

4—弹簧　5—计量管

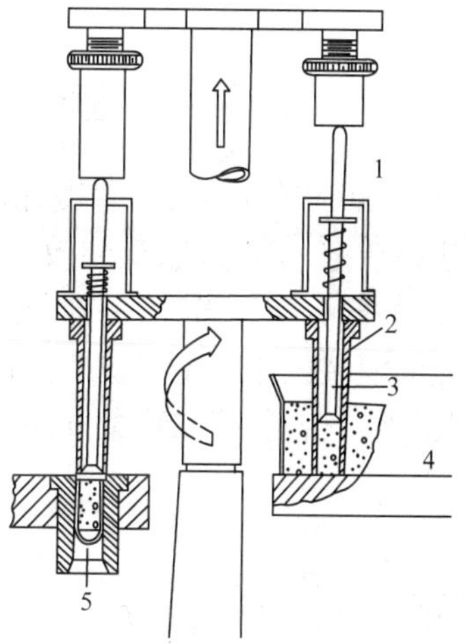

图 6－91　间歇式压缩法灌装示意图

1—滑轮　2—计量管　3—计量冲头

4—料斗　5—胶壳套管

连续式压缩法如图6－92所示。由于填充速度加大，计量器在粉体层中的停留时间减少，故对填充药物粉末要求更高。处方中各成分密度应基本接近，粉末流动性好，且不易分层。同时，处方粉末应有一定的可压缩性，以保证填充均匀。为避免计量器从粉层中抽出后在粉层内留有空洞影响填充精度，贮料斗内设置有机械搅拌装置，保证粉体层的均匀和流动。

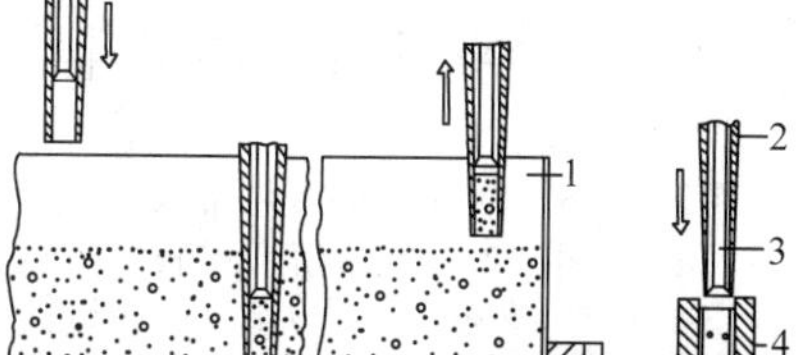

图 6－92　连续式压缩灌装示意图

1—料槽　2—计量管

3—计量头　4—胶壳套管

真空填充法是一种新型的连续式填充方法，利用真空系统将药物粉末吸附于计量器内，然后再用压缩空气将药粉吹入胶壳内，如图 6－93 所示。真空式计量器由圆筒和可调节活塞构成，活塞上安装有尼龙过滤器，并与空气系统相接，调节活塞在圆筒内的高度，即可控制药物填充量。当胶壳未被打开时，计量器能将药粉吹回贮料斗，避免污染机器，并减少浪费。另一种真空填充法是将胶壳内空气去除，而使药物粉末直接吸入胶壳，如图 6－94 所示。为了避免填充时药物外泄，胶壳顶部采用封闭环使胶壳与外界隔绝。当操作杆将胶壳顶起后即启动真空系统，药物被吸入胶壳。填充量通过控制抽取真空的时间来控制，填充量达到后真空系统关闭，胶壳与外界空气相通则填药中止。采用真空填充由于无任何机械活动部件,可用于直接灌装药物原料,同时可省略药物预处理工序,节约操作时间和成本。

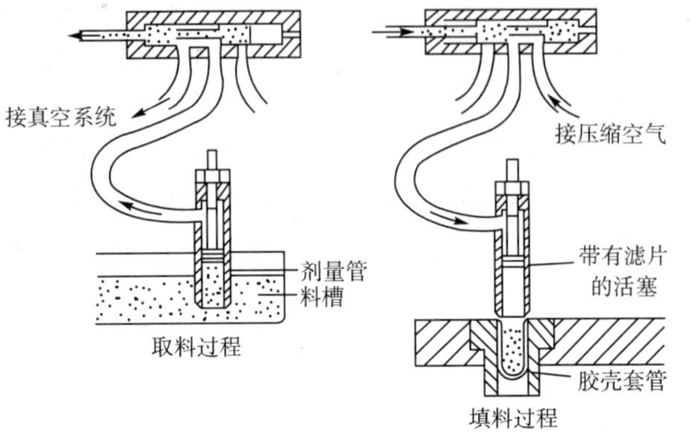

图 6-93　间接真空灌装示意图

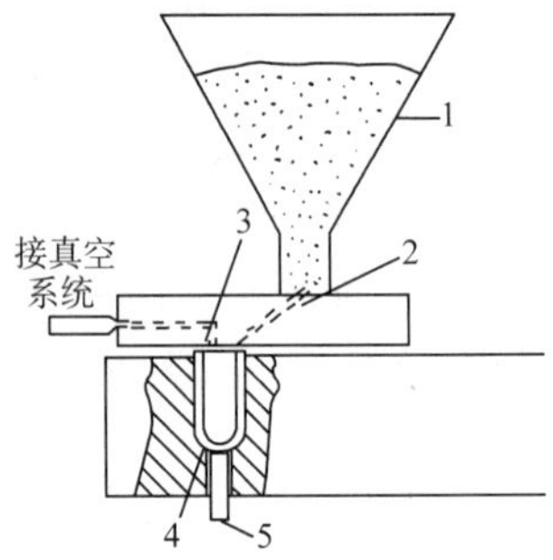

图 6-94　直接真空灌装示意图

1—料斗　2—填料管　3—密封圈

4—胶壳　5—启动杆

20 世纪 80 年代以来,随着微丸剂的生产和使用,胶囊灌装设备也做了相应改进。灌装微丸的方法是活塞-滑板法,灌装效果进一步改善,如图 6-95 所示。连续罐装方法能将两种不同的微丸,如部分速释微丸,一部分控释微丸装入同一个胶囊内,连续罐装方法如图 6-96 所示。微丸的灌装操作中主要应严格控制剂量准确性,尤其是连续式方法,需严格控制第一种微丸的灌装剂量,否则,第二种微丸的剂量将受到影响。

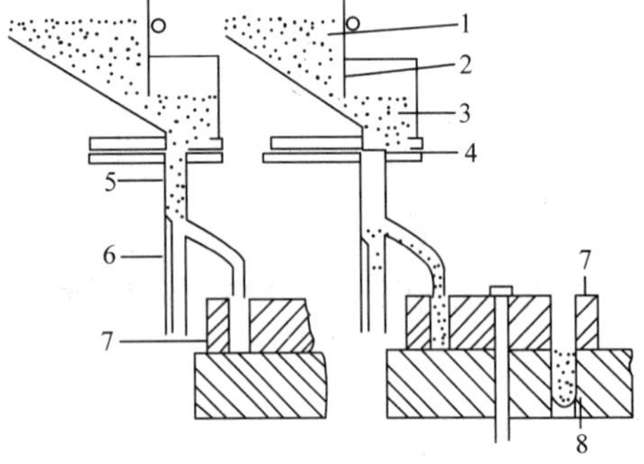

图 6-95　活塞-滑板法灌装微丸示意图

1—料斗　2—物料高度调节板　3—微丸

4—计量滑板　5—计量管　6—计量活塞

7—填料器　8—胶壳套管

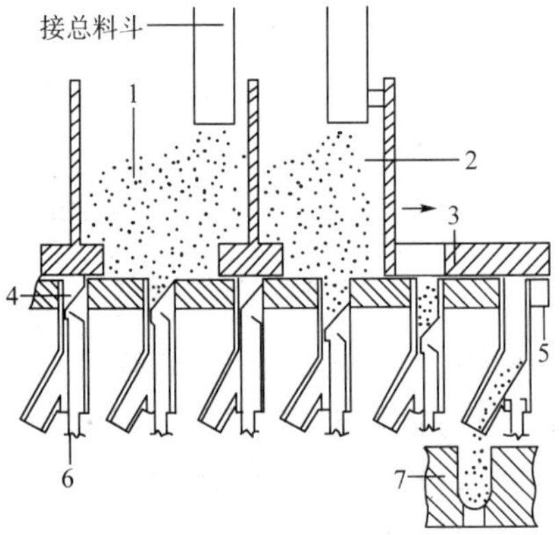

图 6-96　连续法灌装微丸示意图

1—料槽(第一种微丸)　2—料槽(第二种微丸)

3—底座　4—计量管　5—计量转盘

6—计量活塞　7—胶壳套管

在胶囊灌装机上,胶壳的定向排列和胶壳帽体分开机构是重要的部件。而进厂的胶壳均为帽体合并的空胶囊,使用前需将其分开,以便药物能够灌装进去。胶壳的定向排列及打开均由胶囊灌装机上的部件完成。与胶壳贮料斗连接的为孔槽落料器,落料器在操作时做上下滑动,使进入槽孔的胶壳在重力作用下导入落料器的纵向滑道内而自由落下。由于落料器的上下滑动属非强制性,当滑道中有阻力则胶壳无法超越前进。落料器上下滑动一次,则由弹簧的阻尼作用完成一粒胶壳的输送。输出的胶壳落入顺向器的接受孔中,再由推手校正器将胶壳在顺向器的滑槽内(槽宽比胶壳帽略小)移动并按帽体倾向方向调整而使胶壳自动转向,再经过垂直推进器将已转向整理好的胶壳推入上下模板中,由真空将胶壳体与帽分开,分开的胶壳体送入填粉装置填充药物。胶壳、落料及顺向转换调整过程如图 6-97 所示。

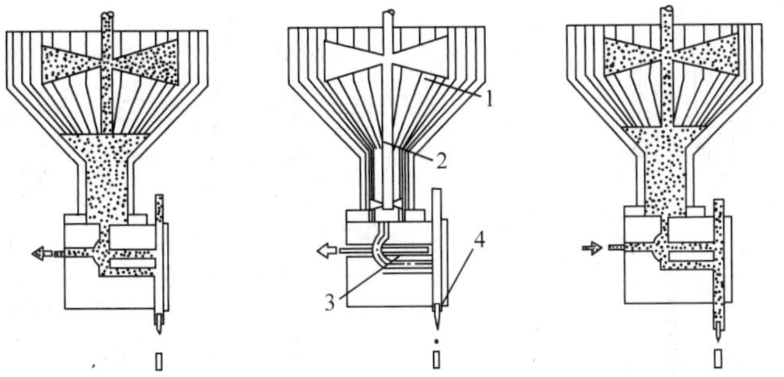

图 6-97 胶壳、落料顺向和打开过程示意图
1—贮料斗 2—落料器 3—弹簧 4—推手校正器

二、全自动间歇式灌装机

图 6-98 所示为意大利 Zanasi AZ-60 型自动胶囊灌装机结构简图。胶壳由贮料斗经顺向器排列进入装料转台上的模孔内，胶壳模板则由两块活动部件组成。当胶壳填入并由真空方法将胶壳帽、体分开后，填有胶壳帽的上模板即向后移出，而填有胶壳体的下模板则转入药物料斗下进行填料工序。装料部分有一个总料斗和三个分料斗组成，每个分料斗负责 8 个计量器的装料。药物的流动由总料斗内搅拌器和分料斗内搅拌翼片完成。开机前每一个计量器均需调节加料计量，计量调准后则 8 个计量器由一个总开关自动控制。当装料转台转入填料区域后，每块模板上的 4 只胶壳由一只分料斗上的 4 个计量器负责填料，在完成填料并转出填料区域后，若药物粉末高于模孔平面，则微调开关可使机器自动停止，在这一区域，未打开的胶壳也由机器自动推出并收回。然后上下模板重新合并，胶囊闭合后被推出，进入收集管道。收集管道内安装有粉末清除装置，通过气流吸除粘附于胶壳表面的粉末。同时，收集管道内有检测胶囊长度的设备，保证所有闭合的成品胶囊有一致的长度，再通过收集口收集。设备的操纵系统包括机器润滑系统、真空系统、压缩系统。

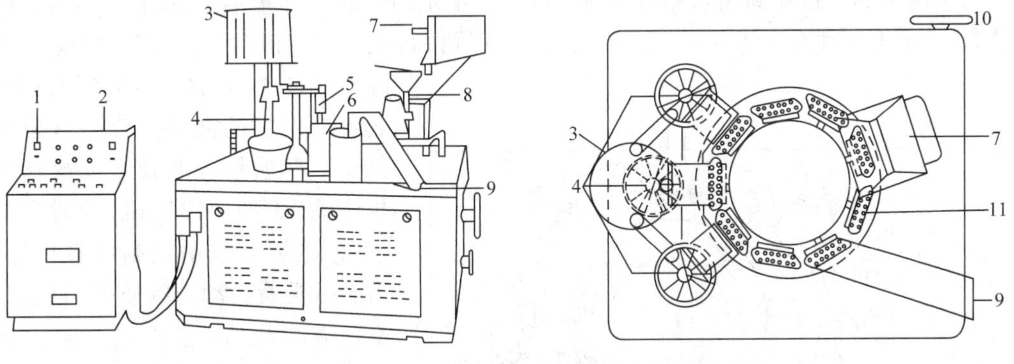

图 6-98 Zanasi AZ-60 型胶囊灌装机结构示意图
1—总开关 2—控制台 3—总料斗 4—计量器料斗 5—计量器 6—灌装转台
7—胶壳料斗 8—胶壳顺向器 9—成品出口 10—调节手轮 11—模板

另一类间歇式灌装机为德国产 GKF 型。图 6-99 为 GKF2400 型机的外观及操作简图。该机型有两组加料、填料部件，能够同时分别工作，使生产能力大大提高，最大生产能力为 2 540 粒/min，与 Zanasi 机型不同之处是 GKF 填料法为平板法中第二种，即先将药物粉末压制成一定硬度的块状，然后再填入壳体内。此外，该机还可直接灌装微丸或片剂。

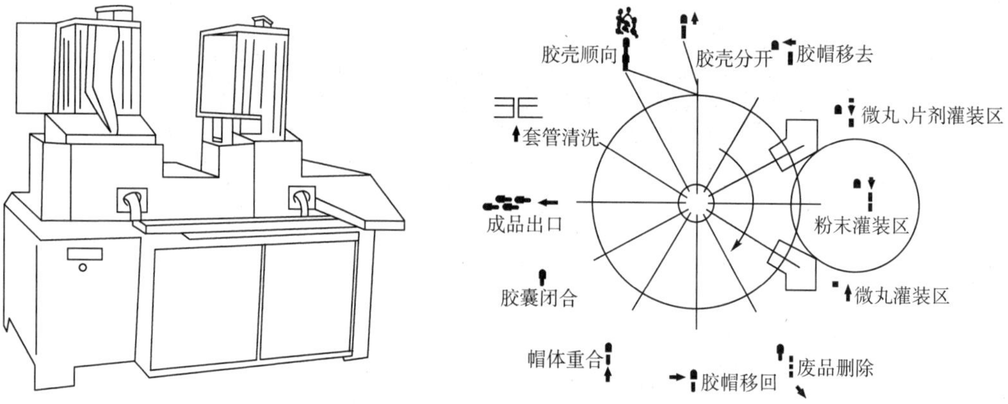

图 6－99　GKF2400 型胶囊灌装机灌装示意图

三、全自动连续式灌装机

全自动连续式灌装机依靠输送链将胶壳送入各个工位，其填料方式也不同于间歇式灌装机。典型的连续式灌装机有意大利产 MG2 型号，以及 Zanasi 型号等。

MG2 型中 G36 灌装机灌装时，置于胶壳料斗的空胶壳经顺向器排列后依次送入输送链的模孔内，并且由真空将帽体分开，然后再送入其他工作区域。在填料区域，贮料斗与计量器以同速旋转，在旋转过程中计量器插入贮料斗内取料，然后再将药物填入胶壳体内，装药量主要通过调整贮料斗内粉体高度以及计量器内活塞高度加以控制。该机型特点之一是计量器的调整简单、方便，可以同时调节计量器取样重量以及活塞对粉体加压压力。当换上备件后该机可用于灌装微丸和片剂，它能将两种不同类型的微丸或四种不同种类的片剂灌装于同一个胶壳体内。G36 型机的最大生产能力为 36 000 粒/h。

G38 和 G37 均为 G36 的改进型，性能优于 G36。其中 G38 型有 20 个计量器，使最大生产能力提高到 10 万粒/h。同时计量器的调节由总操纵台上的装置来完成，使装量误差进一步缩小。为了避免因计量器高速取样造成料斗内粉体不足而引起取样量不足，在料斗内安装有搅拌装置，能够自动地保证料斗内粉体恒定高度并维持粉末良好的流动性。G37/N能够自动剔除未能自动顺向排列的胶壳，以防止其影响正常的灌装速度。该机可与其他一些质量控制及自动操作设备相连接，如胶壳选查机、胶囊产品检查机、计量器自动控制计算机等，从而能由机器自动选择胶壳，自动检出不合格的产品。生产时只需在操作前输入所需装料的重量、装量差异等参数，即可由计算机自动控制操作，并能够自动调整操作时计量器合适的装量，打印出操作结果。

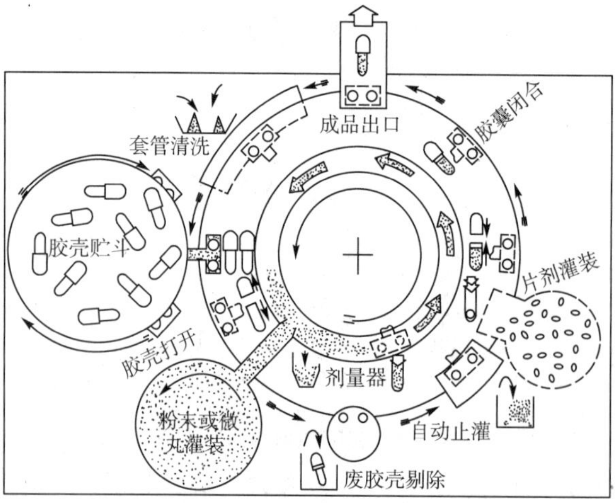

图 6－100　Zanasi Z5000－R 型胶囊灌装机
灌装工作原理示意图

Zanasi 全自动连续式灌装机的填药部分类似于旋转式压片机的压片转盘，图 6－100 表示 Z5000－R 型机进行胶囊灌装的示意图。胶囊经过一个旋转的转盘后,即完成顺向、打开、填料、闭合、出料步骤。这种机型的最大生产能力为 15 万粒/h。

第八节　药品泡罩包装机

药用铝塑泡罩包装机又称热塑成型泡罩包装机,用来包装各种几何形状的口服固体药品——平素片、糖衣片、胶囊、滴丸等。药品泡罩包装机是将塑料硬片加热、成型、药品充填,与铝箔热封合、打字(批号)、压断裂线、冲裁和输送等多种功能在同一台机器上完成的高效率包装机械。常用的药用泡罩包装机有三种型式:滚筒式泡罩包装机、平板式泡罩包装机和滚板式泡罩包装机。

20 世纪 50 年代德国最先发明滚筒卧式第一代泡罩包装机,而后日本 CKD 公司生产单滚筒立式泡罩包装机。60 年代德、意等国推出全平板泡罩包装机。70 年代意大利 IMA 公司推出滚板包装机。近年来主要是简化机构和提高自动化程度,采用程序控制器和微处理装置,使操作者更易操纵;使用多种硬片成型;提高生产能力到 400 片/min;能快速更换模具和运行中校正成型状态;采用摄像及电子仪器鉴别和剔除漏装或装入不完整药品的板块;泡罩包装与装盒机连接更为协调,冲裁下来的板块直接进入贮槽,成为装盒机的一部分;包装机的设计与制造实现了 CAD/CAM 系统,提高了产品的可靠性。

泡罩包装机除了用于包装药片、胶囊外,近年还向多种用途发展,还可用于包装安瓿、西林瓶、药膏等,国外已用于输液袋的保护包装及已灌封的注射器包装。

一、滚筒式泡罩包装机

图 6-101 所示为 DPA250 型滚筒式泡罩包装机。其工作原理是卷筒上的 PVC 片穿过导向辊,利用辊筒式成型模具的转动将PVC片匀速放卷,半圆弧形加热器对紧贴于成型模具上

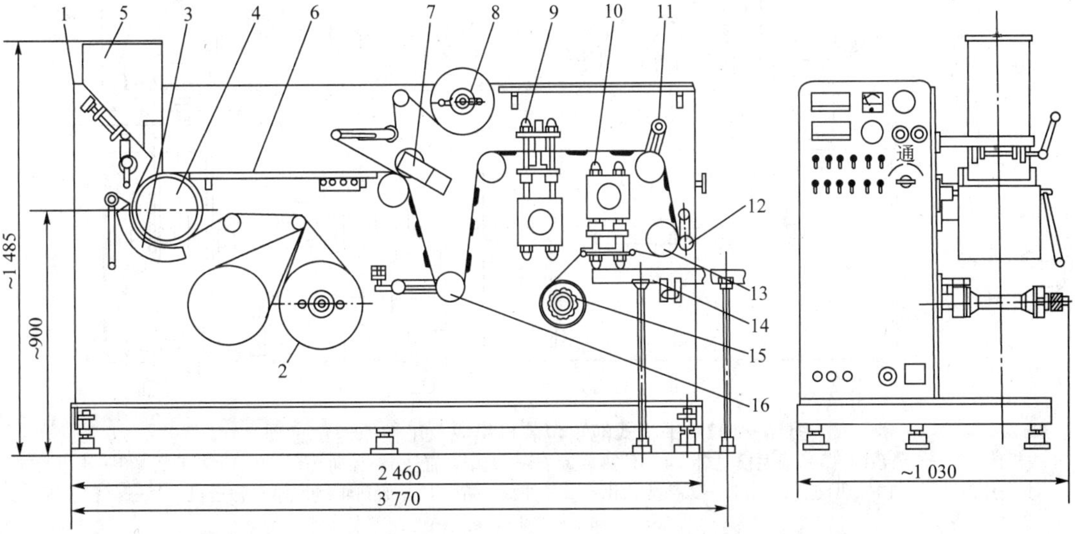

图 6-101　DPA250 型滚筒式泡罩包装机组成及工作原理示意图

1—机体　2—薄膜卷筒　3—远红外加热器　4—成型装置　5—上料装置　6—监视平台　7—热封合装置　8—薄膜卷筒(复合膜)　9—打字装置　10—冲裁装置　11—可调式导向辊　12—压紧辊　13—间歇进给辊　14—输送带　15—废料辊　16—浮动辊

的 PVC 片进行加热软化，成型模具上的泡窝孔转动到适当的位置与机器的真空系统相通，将已软化的 PVC 片瞬时吸塑成型。成型的 PVC 片通过料斗或上料机时，药片充填入泡窝。连续转动的热封合装置中的主动辊表面上制有与成型模具相似孔型，主动辊拖动充有药片的 PVC 泡窝片向前移动，外表面带有网纹的热压辊压在主动辊上，利用温度和压力将盖材（铝箔）与 PVC 片封合。封合后的 PVC 泡窝片利用一系列的导向辊，间歇运动通过打字装置时在设定的位置打出批号及生产日期，通过冲裁装置时冲切出成品板块，由输送机传送到下道工序，完成泡罩包装。

该种机型的 PVC 片材宽度为 250mm 和 130mm 等，PVC 泡窝片运行速度 2.5～3.5m/min，冲裁次数 28～40 次/min。滚筒式泡罩包装机是属于真空吸塑成型，连续包装，生产效率较高；双辊滚动热封合，在封合处近似于线接触，瞬间封合消耗动力小，传导到药品的热量很少，而且封合效果好。但真空吸塑成型的泡罩壁厚不匀，不适合深泡窝成型。该包装机具有结构简单、操作维修方便等优点，适合于同一品种大批量包装作业，主要用来包装各种规格的糖衣片、素片、胶囊、胶丸等固体口服药品。是目前国内制药厂普遍使用的机型。

二、平板式泡罩包装机

平板式泡罩包装机的典型结构如图 6－102 所示。其工作原理是 PVC 片通过预热装置预热软化，在成型装置中吹入高压空气或先以冲头预成型再加高压空气成型泡窝，PVC 泡窝片通过上料机时自动充填药品于泡窝内，在驱动装置作用下进入热封装置，使得 PVC 片与铝箔在一定温度和压力下封合，最后由冲裁装置冲剪成规定尺寸的板块。

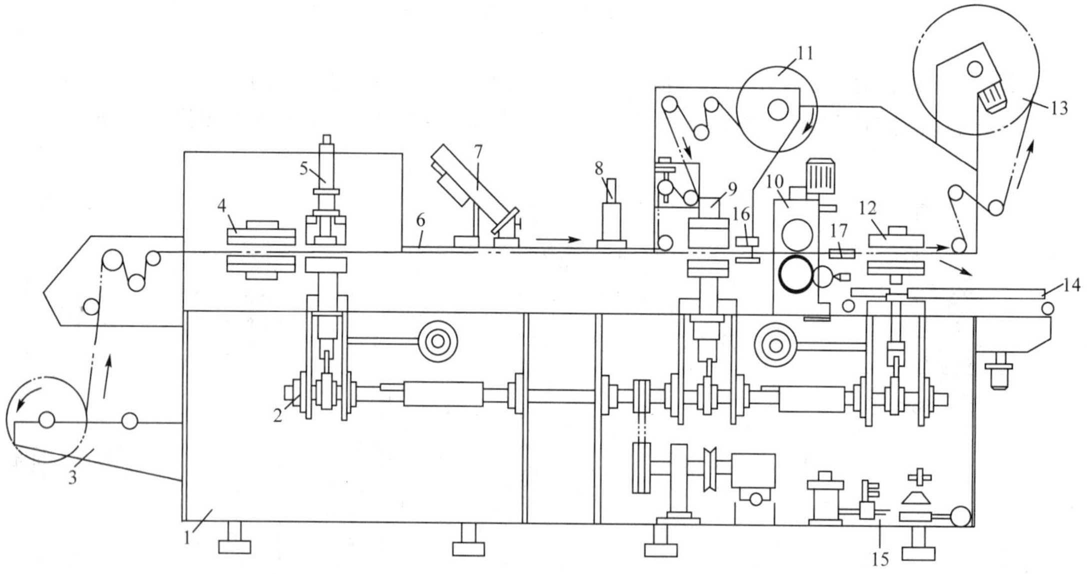

图 6－102　平板式泡罩包装机组成及工作原理示意图

1—机体　2—传动系统　3—成型模辊组　4—预热装置　5—成型装置　6—导向平台　7—上料装置　8—压平装置　9—热封装置　10—驱动装置　11—覆盖膜辊组　12—冲裁装置　13—废料辊组　14—输送机　15—气控装置　16—冷却系统　17—电控系统

平板式泡罩包装机工作流程如图 6－103 所示。

该包装机使用 PVC 片材宽度有 210mm 和 170mm 等几种，PVC 泡窝片运行速度最高可达 2m/min，最高冲裁次数 30 次/min。各工位都是间歇运动。热封合是上下模具平面接触，为了保证封合质量,要有足够的温度和压力以及封合时间,所以平板式泡罩包装机不易实现高速运转,热封消耗功率较大,封合牢固程度不如滚式封合效果好,适用于中小批量药品包装和特殊形状物品包装。平板式泡罩包装机最大特点是泡窝拉伸比大,泡窝深度可达35mm,满足了大蜜丸、医疗器械等的包装需要。

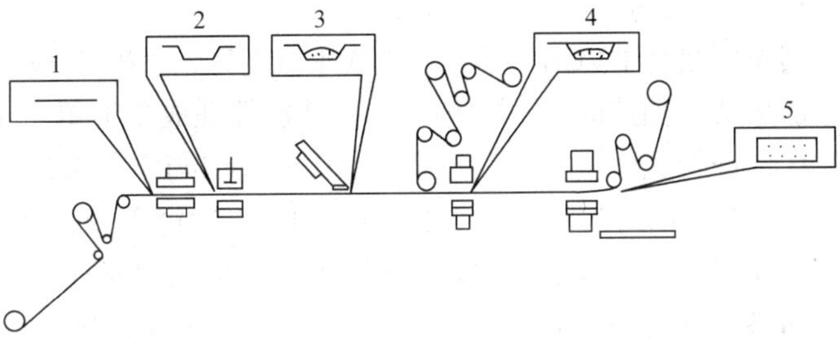

图 6-103 平板式泡罩包装机包装工艺流程图
1—预热 2—吹压 3—充填 4—热封 5—冲裁

目前,平板式泡罩包装机已发展出几种类型:有的封合装置可以沿着 PVC 片前进方向往复运动,在热封合的同时通过凸轮摆杆机构使封合台整体往前移动一个工位,依靠封合夹紧力将 PVC 片和盖材同时移动,实现封合和步进同时完成,使得步进精度更高;还有的机型中冲裁装置的传动与成型、热封合的传动是分开的,可以提高冲裁频率,最高可达到 60 次/min 以上。

三、滚板式泡罩包装机

滚板式泡罩包装机是综合了滚筒式和平板式包装机的优点,克服了两种机型的不足,也是目前最常用的包装机。它采用平板式成型模具,压缩空气成型,使得成型泡罩的壁厚均匀、坚固,适合于各种药品包装。滚筒式连续封合时 PVC 片和铝箔在封合处为线接触,在较低的压力下可以获得理想的封合效果。有高速运转的打字、打孔(断裂线)和无横边废料冲裁机构。因此,滚板泡罩包装机具有高效率、节省包装材料、泡罩质量好等特点。

图 6-104 所示为 DPT220 型滚板式泡罩包装机。整机是由送塑机构、加热部分、成型部分、步进机构、充填台、上料机、热封部分、打字、压断裂线部分、冲裁机构、盖材机构、气动系统、冷却系统、电控系统、传动机构和机架 15 个部分组成。

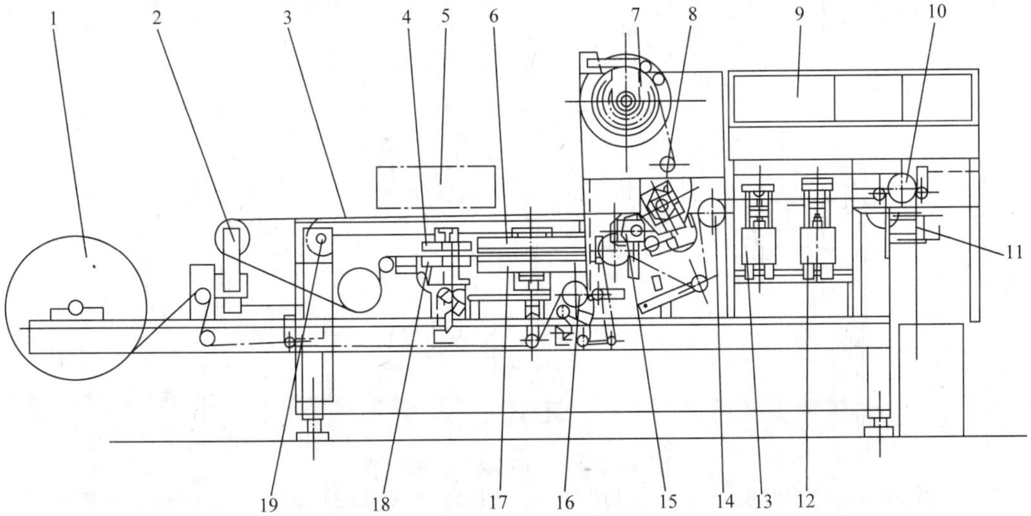

图 6-104 DPT220 滚板式泡罩包装机
1—PVC 支架 2、14—张紧辊 3—充填台 4—成型上模 5—上料机 6—上加热器 7—铝箔支架 8—热压辊 9—仪表盘 10、19—步进辊 11—冲裁装置 12—压断裂线装置 13—打字装置 15—机架 16—PVC 送片装置 17—加热工作台 18—成型下模

（一）加热装置及成型工作台

1. 加热装置

其作用是将PVC片加热到热弹性温度区，PVC片成型温度为110～120℃。当PVC片通过加热装置加热时，要求温度均匀一致，保证成型泡罩质量。PVC片被加热后，再移动到成型工作台进行成型。在移动过程中，PVC片因与空气接触而致温度降低，成型模具又要吸收一定的热量，所以从加热台移动出来的PVC片温度要高于成型温度，一般为120℃。为了使PVC片能够被充分加热软化，加热板的长度是成型模具的2～2.5倍。

加热装置的结构如图6-105所示。下加热板3利用四个支撑杆5与座板6连接在一起，利用支撑杆5调整下加热板的高度和水平位置。上加热板9用四个螺栓8与支撑架4连接。气缸13固定在座板6上，气缸杆与支撑架4连接。座板6可以在机架上滑动，调整加热装置与成型工作台间的相对位置。加热板与成型模具在不影响模具上下运动的情况下距离越近越好，一般≤5mm，位置调整好之后用挡块锁紧。机器运行时，两块加热板之间的间隙大小是根据不同厚度和不同材质的塑料片材来调整八个螺栓11来实现。停机和开机前加热时，上加热板利用气缸将上加热板打开。热传导板2、10在加热时与PVC片接触，在表面涂有一层0.02～0.03mm厚的聚四氟乙烯涂料或硅胶。由于聚四氟乙烯耐热温度为250℃，摩擦系数较低，可以防止PVC受热软化粘连到热传导板。热传导板由四个螺钉固定到加热板上，拆卸更换很方便。

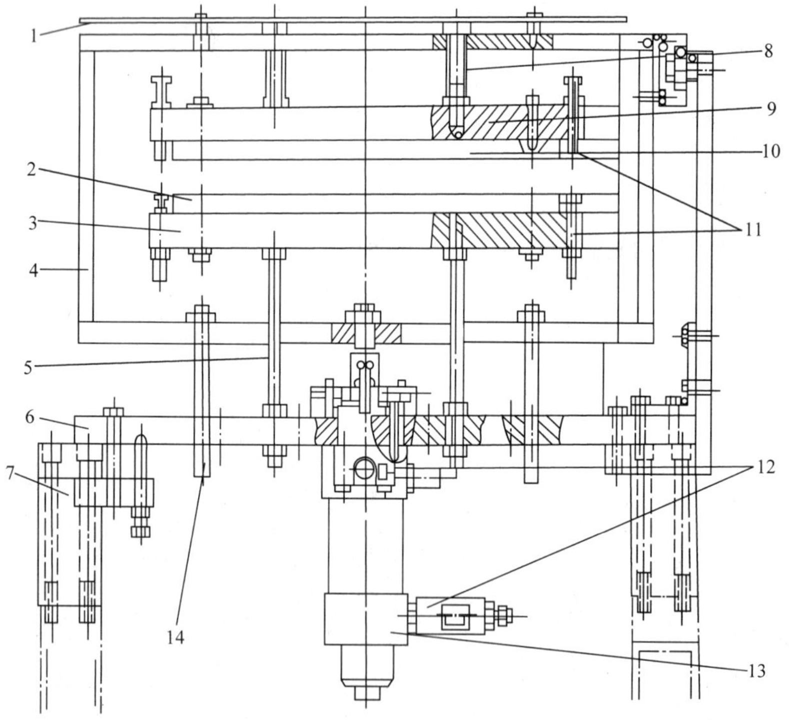

图 6-105 加热装置结构简图

1—隔热板 2—热传导板(下) 3—下加热板 4—支撑架 5—下加热板支撑杆 6—座板 7—机架 8—上加热板固定螺栓 9—上加热板 10—热传导板(上) 11—调紧螺栓 12—控制阀 13—气缸 14—导向杆

2. 成型工作台

成型工作台是利用压缩空气将已被加热的PVC片在模具中(吹塑)形成泡罩。成型工作台是由上模、下模、模具支座、传动摆杆和连杆组成。在上、下模具中通有冷却水，下模具通有高压空气。具体结构如图 6－106 所示。工作过程中，上模具由传动机构带动做上下间歇运动。在下模具座 4 和模具之间有一个平衡气室 9，可通入压力可调的高压空气。当上下模具合拢，下模具吹入高压空气，使 PVC 片在上模具中形成泡罩，同时在上下模具之间产生一个分模力和向下的压力。为了有利于成型，在吹入高压空气的同时，平衡气室 9 也通入高压空气，使之平衡，也保证上下模之间有足够的合模力，如图 6－107 所示，F_1 为合模力，F_2 为分模力，F_3 为平衡力。合模力 F_1 应大于分模力 F_2。在工作中遇到较大的成型泡罩时，需提高成型高压空气的压力，使得 F_2 力增大。合模力 F_1 是机械传动产生的力，再提高 F_1 力必然增大动力消耗。通入平衡气室 9 的高压空气压力 F_3 可调，使得 $F_2 = F_3$，保证了泡罩成型饱满。

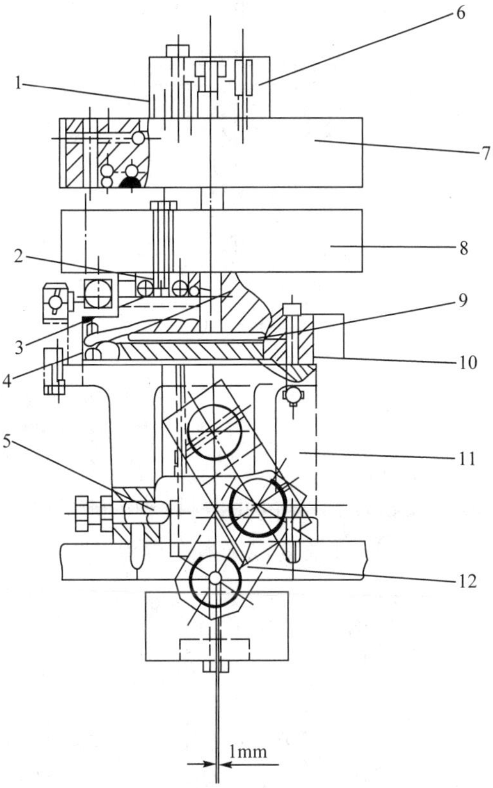

图 6－106　成型工作台结构简图

1—冷却水　2—导柱　3—高压气路　4—下模具座　5—限位螺钉　6—上模具座　7—上模具　8—下模具　9—平衡气室　10—减震垫　11—模具支座　12—连杆

3．成型台传动机构

由传动系统中的圆柱凸轮机构，按一定的速比，将凸轮的圆周运动转变成上模的上下往复运动。成型台传动机构如图 6－108 所示。摆杆 10 上端的滚子与传动凸轮配合，凸轮的转动使得摆杆间歇摆动。摆杆带动摆轴 9，连杆Ⅰ和连杆Ⅱ做左右摆动，使底板7做上下运动。导柱6下端与底板7连接，上端与上模具连接。由底板 7 的上下运动带动上模具上下运动，完成合模吹塑成型。

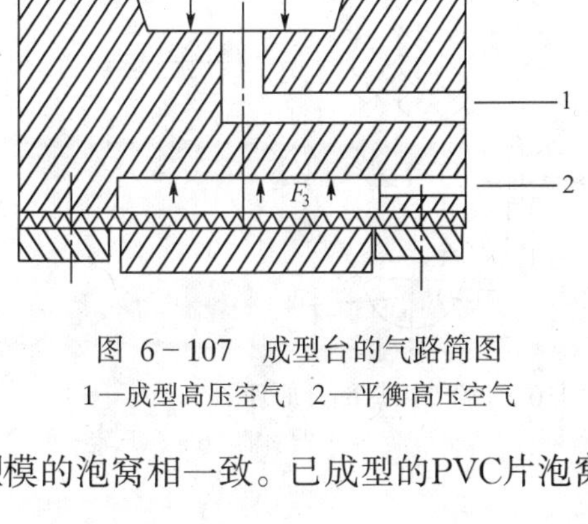

图 6－107　成型台的气路简图

1—成型高压空气　2—平衡高压空气

（二）步进机构

步进机构将已经完成泡罩成型的 PVC 泡窝片拉出来，送到充填台准备进行药品充填。同时，将加热平台已被加热软化的 PVC 片准确送入成型台，为下一次成型做好准备。

步进机构是以步进辊为动力，准确地移动 PVC 片一定距离。只有这样，才能将间歇运动成型后的 PVC 泡窝片移动到连续转动的热封合工作台准确入窝，并且与铝箔封合，不会出现错位的“压泡”和“赶泡”现象。

步进机构的结构及原理如图 6－109 所示。在步进辊表面的圆周方向和纵向制成的泡窝与成型模的泡窝相一致。已成型的PVC片泡窝进入步进辊的泡窝内。当成型台上下模具分开时，

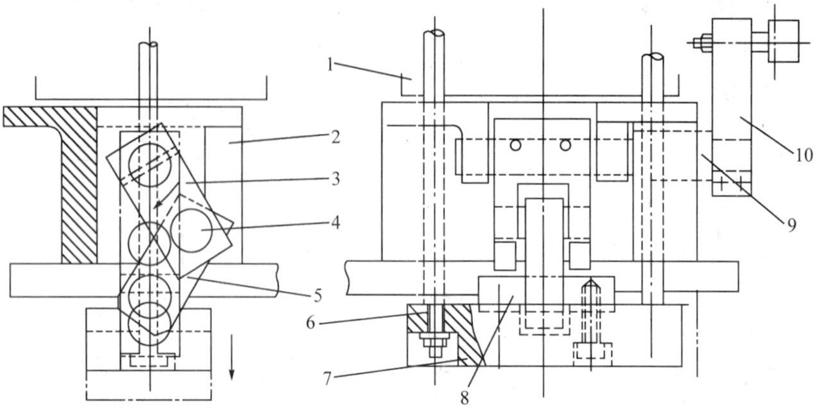

图 6-108　成型台传动机构
1—下模　2—模具支座　3—连杆Ⅰ　4—销轴　5—连杆Ⅱ　6—导柱
7—底板　8—固定销轴　9—摆轴　10—摆杆

步进辊开始转动一定的角度,拉动 PVC 泡罩片前进,经过定型板冷却定型。被步进辊拉出的 PVC 泡罩片通过张紧辊送入充填台。

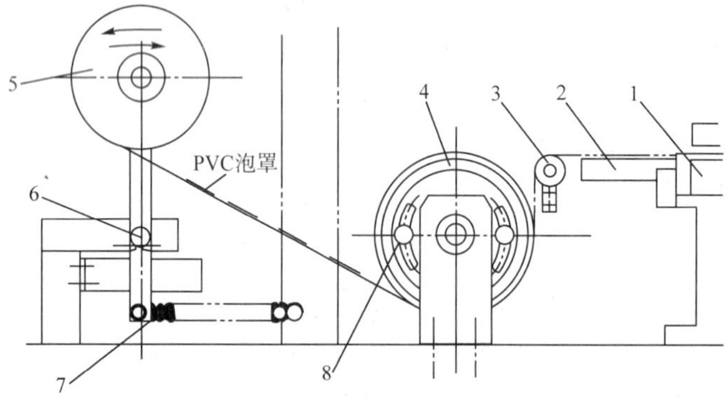

图 6-109　步进机构工作原理示意图
1—成型台　2—定型板　3—支撑辊　4—步进辊　5—张紧辊
6—销轴　7—弹簧　8—螺钉

有的步进机构是采用摆杆机构带动滑座往复运动,在滑座上设有夹持微型气缸,靠气动夹持 PVC 泡罩片实现步进。步进长度可通过调整摆杆长度实现。此种结构比较简单,调整方便,被广泛使用,但要求气动元件必须可靠,否则容易造成不同步。

(三) 热封合部分

滚板式泡罩包装机的热封合是属于滚式封合,其结构及原理如图 6-110 所示。

1. 热压辊的结构

热压辊的结构如图 6-111 所示。热压辊由轴承支撑在热压辊支架的前后立板上,可以自由转动。在热压辊内圆周均匀安装有管状电加热器和一支热电偶,外部供电通过碳刷和铜环使加热管加热,把热量传导给热压辊。由于热压辊本身质量较大,储存热量较大,使热压辊表面形成均匀的热场。热量也会传导到热压辊轴和轴承上,为了防止轴承过热,在支撑轴承的前后立板

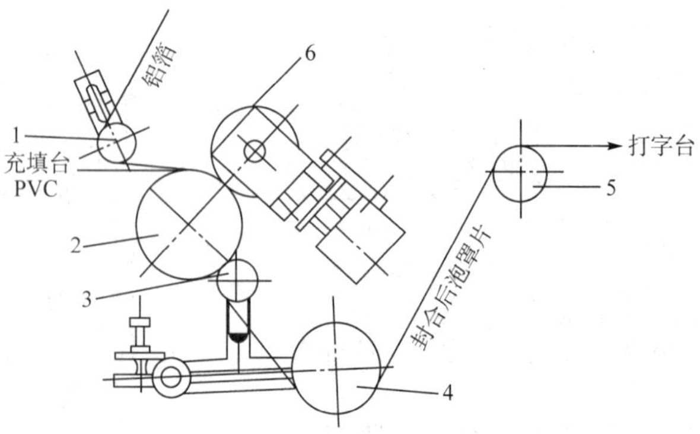

图 6-110　热封部分原理图
1、3、5—支撑辊　2—驱动辊　4—摆动辊　6—热压辊

上设有冷却水通道,通入循环冷却水对轴承进行冷却。为防止零件的制造精度和安装误差所造成热压辊与驱动辊不平行而影响封合质量,在热压辊支架的底板和侧板上设计有4个调整螺钉,分别用来调整热压辊的水平位置和垂直位置。通过水平和垂直位置的调整,使热压辊和驱动辊保持直线接触,确保封合质量。

热压辊压向驱动辊系依靠气缸动力。当热压辊压向驱动辊,驱动辊的转动使PVC泡罩片和铝箔前进时,靠摩擦力使热压辊跟随转动,达到热封合的目的。在热压辊表面有网纹或凸点。为了确保封合的密封性,在泡窝之间和泡窝与板块边缘之间必须保持有三个以上的菱形凸格参与封合。凸点式封合很容易造成凹陷处相互串通,故封合效果不好。

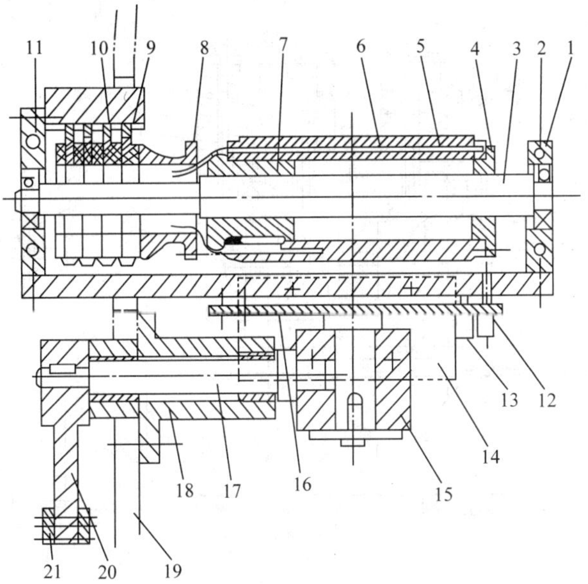

图 6-111 热压辊结构简图

1—热压辊前立板 2—冷却水通道 3—热压辊轴 4—前衬套 5—热压辊 6—加热管 7—后衬套 8—支撑管 9—铜环 10—碳刷 11—热压辊后立板 12—支架固定螺钉 13—调节螺钉 14—侧支板 15—方体 16—底支板 17—方体轴 18—轴座 19—架体立板 20—摆杆 21—气缸连杆

2. 驱动辊的结构

驱动辊如图6-112所示。驱动辊套在驱动辊轴上,通过调整盘将驱动辊与驱动辊轴连接。驱动辊轴由齿轮输入动力,并通过调整盘带动驱动辊同步转动。在热封过程中,热压辊的热量也会通过PVC片传导到驱动辊,使驱动辊表面温度逐渐升高。当驱动辊表面温度高于50℃时,PVC泡罩片会产生热收缩变形而影响包装板块质量,甚至会影响整机同步运行。所以,对驱动辊要进行冷却,通常的冷却方式有风冷和水冷。

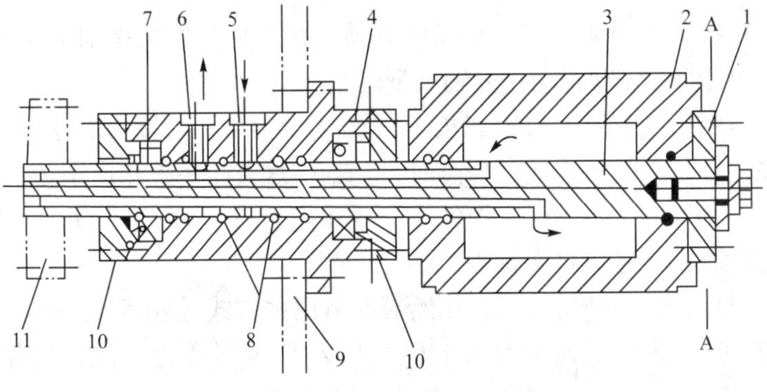

图 6-112 驱动辊结构简图

1—调整盘 2—驱动辊 3—驱动辊轴 4—驱动辊轴座 5—进水口 6—出水口 7—轴承 8—密封圈 9—支架立板 10—挡盖 11—齿轮

驱动辊表面加工有成型模具相一致的孔型。驱动辊转动时,PVC泡罩进入泡窝内,如同链齿一样带动PVC片前进。PVC片泡罩之间的平板部位贴附在驱动辊表面,在热压辊的压力下,PVC片和铝箔封合在一起,使得药品得到良好密封。

(四) 打字、压断裂线和冲裁装置

1. 打字和压断裂线装置

这两个装置的功能虽然不同,但是基本结构是相似的,其传动、壳体、支柱以及上下座板均为相同结构，其结构原理如图 6－113 所示。

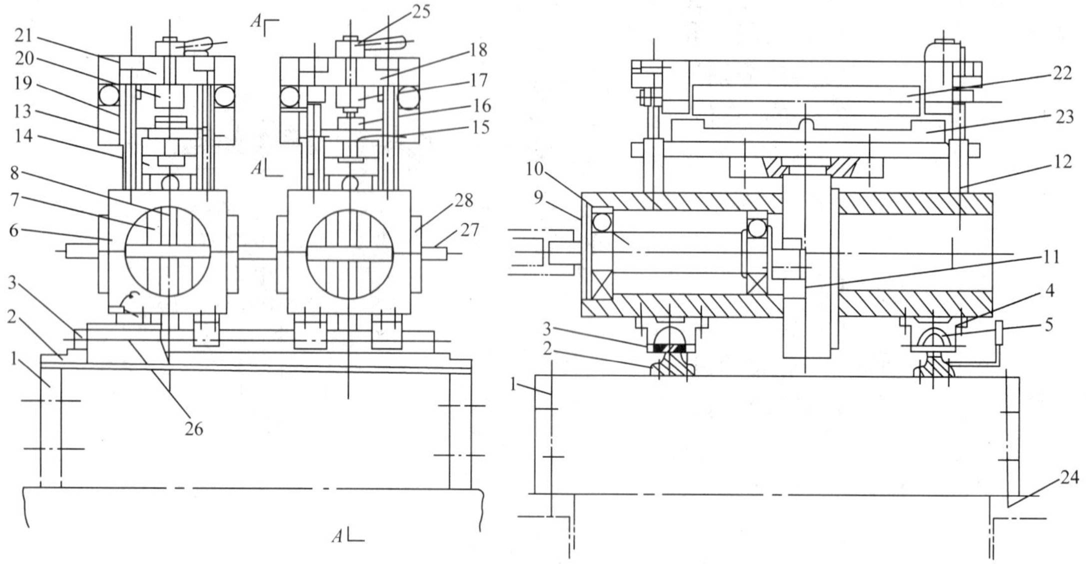

图 6－113　打字和压断裂线装置

1—立板　2—支架　3—导轨　4—导轨座　5—尼龙衬套　6—壳体　7—往复轴　8—导向键　9—曲轴　10、11—轴承　12—支柱　13—下支撑板　14—大卡板　15—顶模座板　16—顶模　17—字夹体　18、21—上支撑板　19—压印刃模底板　20—上模板　22—活辊　23—导向槽　24—架体　25—手柄　26—标尺　27—丝杠　28—丝母

打字装置和压断裂线装置各有四个导轨座，安放在有导轨 3 的支架 2 上面。为了使字头或断裂线在泡罩板块上按规定的位置打出，利用丝杠 27 和丝母 28 使壳体 6 连同导轨座 4 在导轨 3 上滑动，并通过标尺 26 指出移动距离，待位置调准之后即可锁紧。

曲轴 9 与传动装置万向节联结，和冲裁形成同步间歇运动。在曲轴 9 的曲拐轴上有一个轴承 11，插入往复轴 7 的开口内，曲轴转动带动往复轴上下运动。

打字装置顶模座板 15 和压断裂线装置的刃模底板 19 是依靠大卡板 14 与往复轴形成刚性联结。当顶模座板 15 随往复轴 7 向上运动接近顶点时，将 PVC 片夹在字头和顶模之间，随之顶模座板的进一步上行达到上止点，字头便在 PVC 片上冷压出字迹，而后顶模下行，PVC 片在冲裁前步进辊的带动下向前移动，完成打字行程。

压断裂线装置工作过程与打字过程相同。目前，压断裂线有两种方式：热压和冷压。

热压是压印刀处于热状态工作，刀片的温度大约 140℃，压入 PVC 片厚度的 1/3 左右，使 PVC 片被刀口压入处老化，但容易折断。冷压是压印刀呈锯齿状，将 PVC 片切穿成点线状，便于折断或撕裂开。

夹字头体、顶模、压印刃模等是根据产品的不同需要按各药厂的要求设计制作。

2. 冲裁装置

该装置是将 PVC 泡罩片通过凸凹模时冲切成板块，并将纵向废料边切成小碎块。该冲裁装置是属于无横边废料，可以节省包装材料。该装置包括有 PVC 片同步进给、壳体与驱动机构、高速无横边冲裁机构、板块收集和废料箱所组成。冲裁装置是泡罩包装机的关键部分之一，冲裁频率、噪声等是衡量包装机械技术水平高低的主要指标。DPT220 型滚板泡罩包装机冲裁频率最高 150 次/min，达到国际 20 世纪 90 年代初的水平。冲裁装置结构如图 6－114 所示。该冲裁装置是横向冲切，后端固定在架体中梁的立板上，前端固定于前梁的支撑板上。其传动方式与打字和压断裂线装置相同。

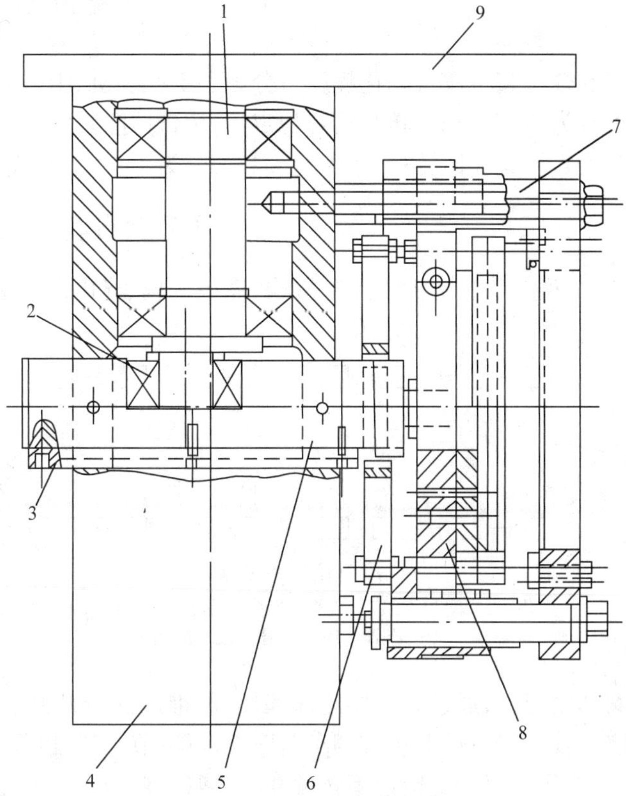

图 6-114　冲裁装置
1—曲轴　2—轴承　3—导向键　4—方箱　5—往复轴　6—横条板　7—支柱　8—高速无横边冲裁结构　9—立板

高速无横边冲裁结构及工作原理如图 6-115 所示。凸模 7 利用螺钉和定位销钉固定在凸模座板 3 上，在凸模座板上又安装有可以上下活动的压料板 6 构成运动件。凹模 5 靠四个支柱 9 支撑在方箱体 8 上。凹模板有两根导柱 4 和高精度的直线轴承 2 保证凸模往复运动的精度。直线轴承是无间隙配合，这样才能保证冲裁板块质量并实现高速冲裁。当 PVC 泡罩片通过导向槽 11 进入凸凹模之间以后，凸模向凹模运动开始冲裁。在冲裁之前，压料板先将 PVC 泡罩片压在凹模平面上，然后由凸模将板块从凹模内冲切下去。在冲切板块的同时，废料边切刀 10 将纵向废料边切断为碎块掉落在废料箱中，成品由输送带输出。

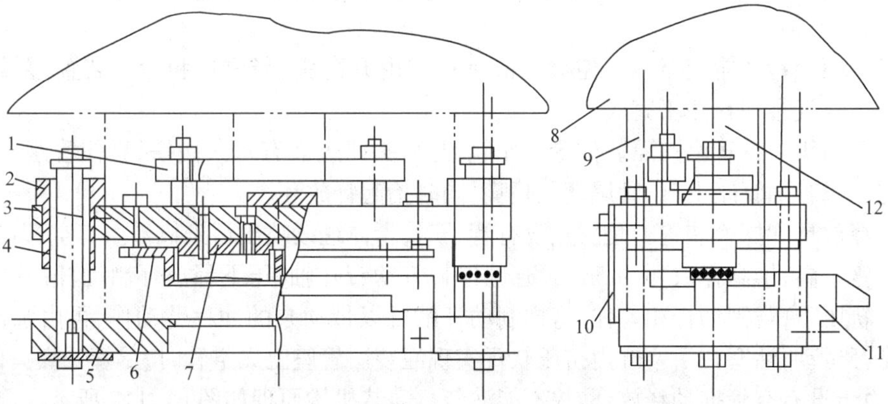

图 6-115　高速无横边冲裁结构及原理简图
1—横条板　2—直线轴承　3—凸横座板　4—导柱　5—凹模　6—压料板　7—凸模　8—方箱体
9—支柱　10—废料边切刀　11—导向槽　12—往复轴

第九节　软膏灌装设备

软膏灌装机按自动化程度可分为手工灌装机、半自动灌装机和自动灌装机；按膏体定量装置可分为活塞式和旋转泵式容积定量；按膏体灌装阀可分为旋塞式和阀门式；按软管操作工位可分为直线式和回转式；按灌装头数可分为单头、双头或多头灌装机。

一、GZ型自动灌装机

GZ型自动灌装机由上管机构、灌装机构、光电对位装置、封口机构、出管机构组成。该机各工位如图6－116所示。各管座置于管链式传送机构带动的托杯上。

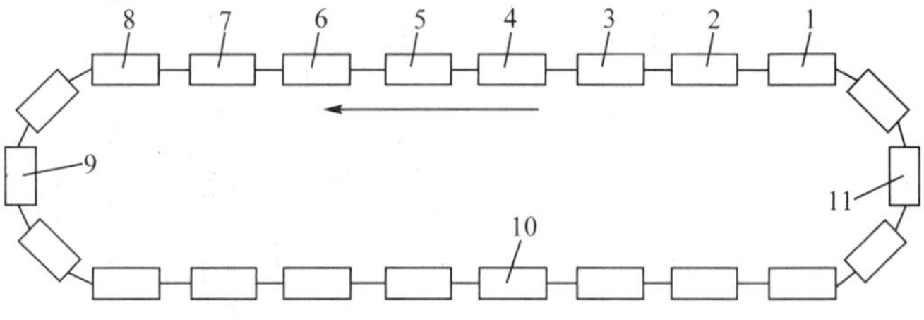

图6－116　管座俯视图

1—灌装　2—对位　3、7—轧平　4、6—折叠　5—翻平　8—轧化　9—出管　10—送管　11—清洗

1. 上管机构

由操作人员将空管放入两侧空管输送道，空管输送道可根据空管长度调节其宽度，空管在输送道的斜面下滑，越过挡板，进入翻身器。翻身器由进料凸轮控制，通过翻身器连杆和摆杆，推动翻身器翻转90°，空管以管尾朝上的方向被滑入管座。管座链轨道上装有翻身器撞板，可调节距离，以保证空管从翻身器上滑入管座。在调试时，只要将左侧保险销把手转过90°，空管就停止进入翻身器，机器仍然继续运转，空管不再送入管座，便于调节。

空管滑入管座，高低不一致，中心不吻合，此时，压管机构将空管插紧到管座，每只管座臂上有几块夹片和夹紧弹簧圈，将空管夹紧，固定在管座中心。这对保证后面各工位正确工作非常重要。

2. 灌装机构

该机构确保膏体能定量装入空管。灌装机构由升高头、释放环和探管装置、泵阀控制机构、活塞泵、吹气泵和料斗来完成。

（1）升高头　将管座在灌装位置上托起，升高头两边嵌有永久磁铁，吸住管座，保证升高动作稳定。空管随管座上升，管尾套入喷嘴，同时抬起释放环。

（2）释放环和探管装置　是防止没有管子时，膏体继续喷出污染机器。有空管在管座时，管子随管座升高，推高释放环约5mm，通过挂脚带动带孔轴，压下释放环制动杆，其上面的滚轮将滚轮轨压下，与制动杆相勾住，这样制动杆就可以带动泵的冲程臂动作，再由泵冲程连杆带动活塞杆运动，活塞在活塞缸内挤压软膏实现灌装。管座上无空管时，尽管升高头依旧将管座升高，由于没有空管推动释放环，故不能灌装。灌装机构原理如图6－117所示。

（3）泵阀控制机构　如图6－118所示，活塞泵一头接料斗进膏体，另一头通向灌装喷嘴。当活塞冲至最前位置时，泵冲程臂上的螺钉把捕捉器释放，捕捉器的转臂撑住套筒。同时由于活塞转动凸轮时回转凸轮工作，使套头上移，通过捕捉器的转臂，带动齿条上升，从而转动泵阀，将料斗出口与泵缸连通，活塞后退时，膏体从料斗吸入活塞泵内。随后，活塞再向前推进，套筒随凸轮下移，齿条也随之下移，泵阀又朝相反方向转动，与料斗连通阀口关闭，泵缸与喷嘴

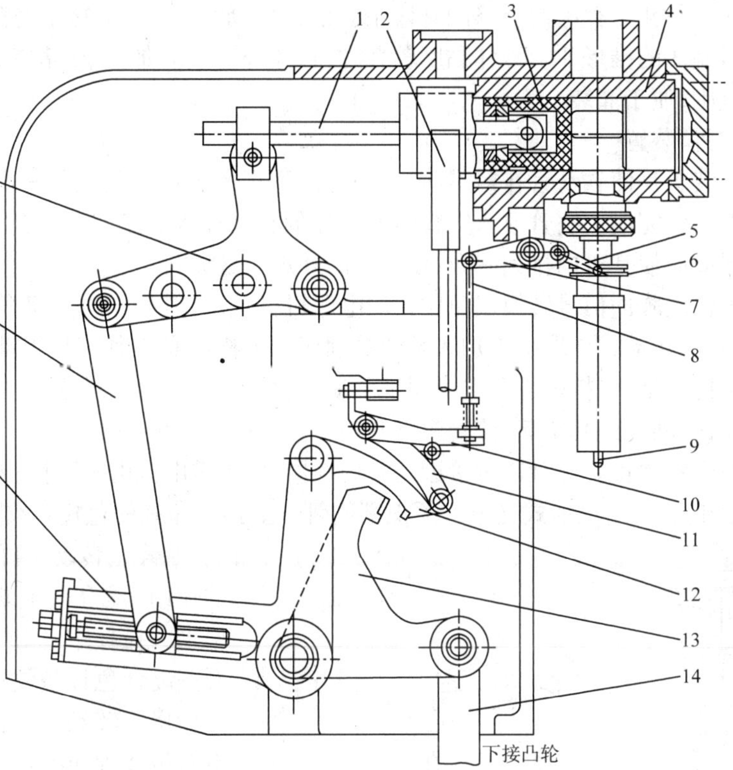

图 6－117 灌装机构

1—活塞杆 2—齿条 3—活塞 4—泵阀 5—环 6—释放环 7—挂脚 8—带孔脚 9—喷嘴 10—制动杆 11—滚轮杆 12—滚轮轨 13—制动架 14—连杆 15—泵上冲程臂 16—泵冲程连杆 17—泵冲程臂

连通阀口打开，膏体即从泵内从喷嘴压入管子里。活塞每完成一次往复运动，泵阀控制机构也即完成一次开关顺序。GZ 型自动灌装机有两个活塞泵，可同时灌装二支软管。

当管座上没有空管时，释放环不动作，滚轮轨与制动杆处于脱开状态，泵冲程臂不动作，活塞杆停止运动，捕捉器仍被泵冲程臂的螺钉挡住，捕捉器的转臂撑不到套筒，当套筒上移时，不能带动齿条运动，泵阀不转动，膏体不会再进入活塞缸内。

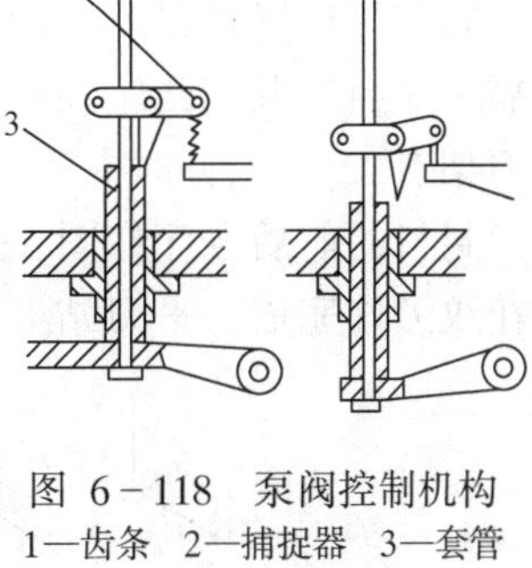

图 6－118 泵阀控制机构

1—齿条 2—捕捉器 3—套管 4—套筒 5—泵阀

(4) 活塞泵 活塞泵是通过活塞的往复运动，把膏体吸入泵内，再压出灌进管子里。可以对活塞行程的微量调节，来达到调节灌装量目的。该机上的活塞泵还有回吸的功能，使灌装喷嘴上的残料不会碰到管壁尾部，而影响下道轧尾工序。回吸的作用是靠活塞的控制凸轮。活塞在向前冲到顶后，泵阀尚未转动，软管也未离开喷嘴时，活塞先轻微的返回若干，使喷嘴外的膏体缩回一段距离，在此同时吹气泵开始工作，以吹净喷嘴端部的膏料。

(5) 吹气泵 在泵体两侧装有二个小活塞吹气泵。吹气泵的活塞杆随泵阀回转而向上推动，当灌装结束，开始回吸，同时泵阀的转动齿上拨块推动吹气泵的杆上滚轮，吹气泵出口和喷嘴连通，吹气泵中压缩空气向喷嘴，将余料吹净。

(6) 料斗　料斗贮存配制合格的膏体，安放在活塞泵上方，与活塞泵进料阀门相通。它是由不锈钢材料制成的锥形斗。膏体黏度较大时，料斗外臂装有加热、恒温控制装置，保持膏体在一定黏度范围，便于灌装。

3. 光电对位装置

光电对位装置是使软膏管在封尾前，管外壁的商标图案都排列成同一个方向。该装置由步进电机和光电管完成。空管放入空管输送道经翻身器插入管座时，每支管子商标图案无方向性。在轧尾前应使其方向排列一致，使产品的外观质量提高。

步进电机将电脉冲信号转换成角位移的电磁机械运动，其转子的转动角度与输入的电脉冲数成正比，它的转动方向取决于加入脉冲的顺序。本机就是使其直接带动管座转动一定角度。通过同步传送带，保持软管和电机同步转动。软管被送到光电对位工位时，对光凸轮使提升杆向上抬起，带动提升套抬起，使管座离开托杯。再由对光中心锥凸轮工作，在光电管架上的圆锥中心头压紧软管。此时通过接近开关控制器，使步进电机由慢速转动变成快速转动，管子和管座随着旋转。当反射式光电开关识别到管子上预先印好的色标条纹后，步进电机就能制动，停止转动。再由对光升降凸轮的作用，提升套随之下降，管座落到原来的托杯中，完成对位工作。光电开关离开色标条纹后，步进电机仍又开始慢速转动，等待下一个循环。光电对位装置如图 6-119 所示。

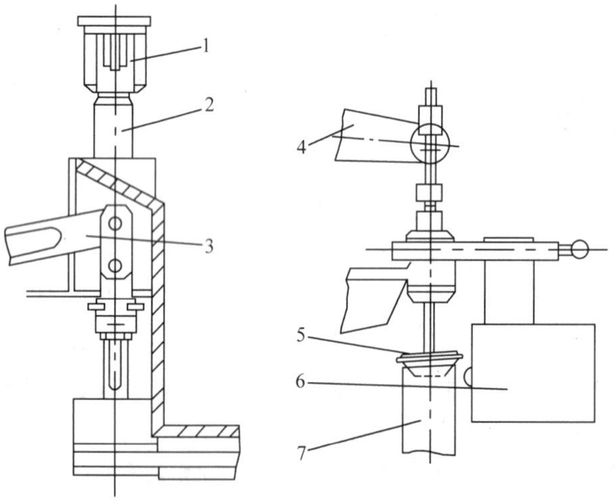

图 6-119　光电对位装置

1—托杯　2—提升套　3—提升杠杆　4—摆杆
5—圆锥中心头　6—反射式光电开关　7—软管

在步进电机座上还装有一个行程开关，起过载保护作用。当提升套卡住，输管链轴仍然转动，推动法兰脱开摆动杠杆，碰到行程开关触头，切断电源，迫使设备停转。

4. 封口机构

封口机构有塑料管的加热压纹封尾和金属管的折叠式封尾。折叠式封口机构，在封口机架上配有三套平口刀站、二套折叠刀站、一套花纹刀站。封口机架除了支撑六套刀站外，还可根据软管不同长度调整整套刀架的上下位置。

封口机构通过二对弧齿圆锥齿轮、一对正齿轮将主轴上动力传递到封口机构的控制轴上，依靠一对封尾共轭凸轮和杠杆把动作传送到封尾轴，在封尾轴上安装着各种刀站。刀站上每套刀架有二片刀，同时向管子中心压紧。

封口的前后顺序如图 6-120 所示。图中 1、3、5 是平刀站完成。2、4 是折叠刀站完成，6 是花纹刀站完成。平刀站上有前后二把刀片，向中间轧平管尾。轧尾的宽度可以调节。

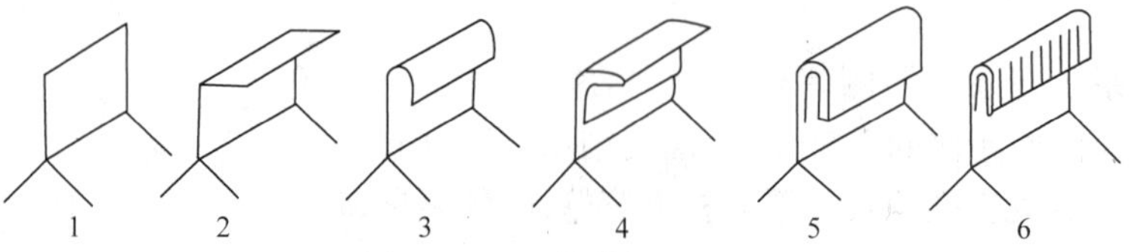

图 6-120　软管轧尾过程

折叠刀站如图 6－121 所示。前折叠装置上的摆杆控制刀片合拢，刀片上的弹簧可调节夹紧力，要求在没有管子时，前刀片折叠面比后刀片低 0.1mm。后折叠装置由摆杆控制推杆上的尼龙滚柱，折弯管子尾部，推杆上的弹簧可调节夹紧力。

花纹刀站的动作基本同于平刀站，只是刀片上刻有花纹，加强管子封尾的牢度。前花纹刀片要与后花纹刀片的凹凸部分互相啮合。

六套刀架站工作位置要根据管子长度、折边宽度做细致调节。

5. 出管机构

封尾后的软管有凸轮带动出管顶杆，从管座中心顶出，并翻落到斜槽，滑入输出输送带，送到下面包装工序。

GZ 型自动灌装机的传动机构由 P 型齿链式无级变速器、马氏间歇定位机构、凸轮链杆机构、齿轮传动机构、链轮传动机构和单向运动装置组成。光电对位控制的逻辑电路框图如图 6－122 所示。

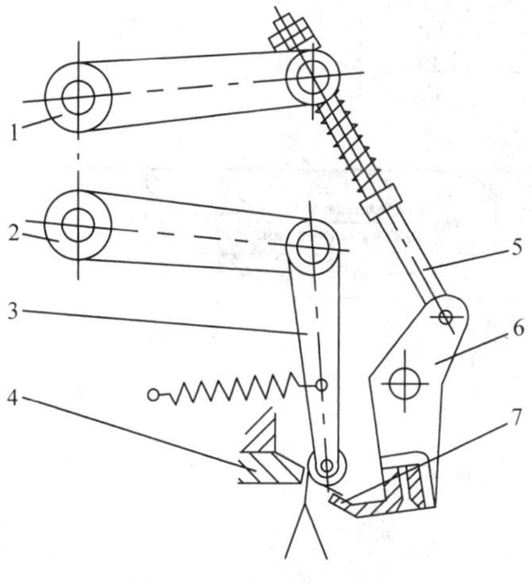

图 6－121 折叠刀站

1、2—摆杆 3—推杆 4—后刀片
5—调节螺杆 6—前刀片挂脚 7—前刀片

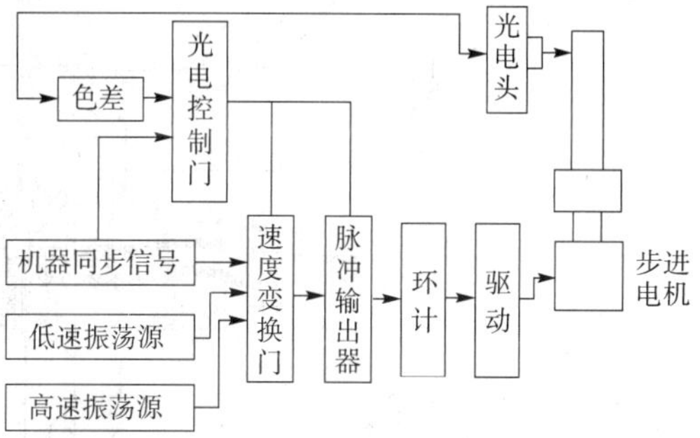

图 6－122 光电控制电路

二、齿轮泵式自动灌装机

齿轮泵式灌装机的组成与一般自动灌装机相似，但其灌装机构采用一对间歇旋转的齿轮。用于软膏灌装时，可调范围较大。其灌装部分的计量与灌装阀结构原理如图 6－123 所示。物料贮存于上部的锥形料斗内，齿轮泵的转子由棘轮机构带动间歇旋转，进行膏体计量，并将膏体压入灌装阀。

灌装阀固定于泵盖的出料口上，内部有活塞套筒，此套筒下部连有二个喷头阀门，可将灌装阀底部的二个喷头封闭或开启。活塞套筒由其顶部的空心状的阀门杆带动，阀门杆上升，喷头开启，膏体即可灌注于软管中，每次二支。阀门杆由凸轮通过拨叉拨动，拨叉套使之升降。为防止灌装机转盘上无管时污染机器，设有无管时不装机构。正常灌装时，装料塞板嵌入拨叉套与弹簧底座之间，无管时，装料塞板不能嵌入，拨叉套只能在阀门杆上滑动，不能顶起弹簧座，故可实现无管不灌装。每次灌注完毕为防止喷头上余料滴漏，设有抽吸余料的活塞，即在活塞套筒内部有活塞，活塞杆从空心的阀门杆内穿过，由另一凸轮使之上下移动，当灌注完毕喷头阀门即将封闭前，活塞杆带动活塞上移，将余料吸入活塞套筒，送回料斗。齿轮泵右下角装有压力阀，当泵出膏体压力超过弹簧力时，膏体由排出口回流至齿轮泵进口。

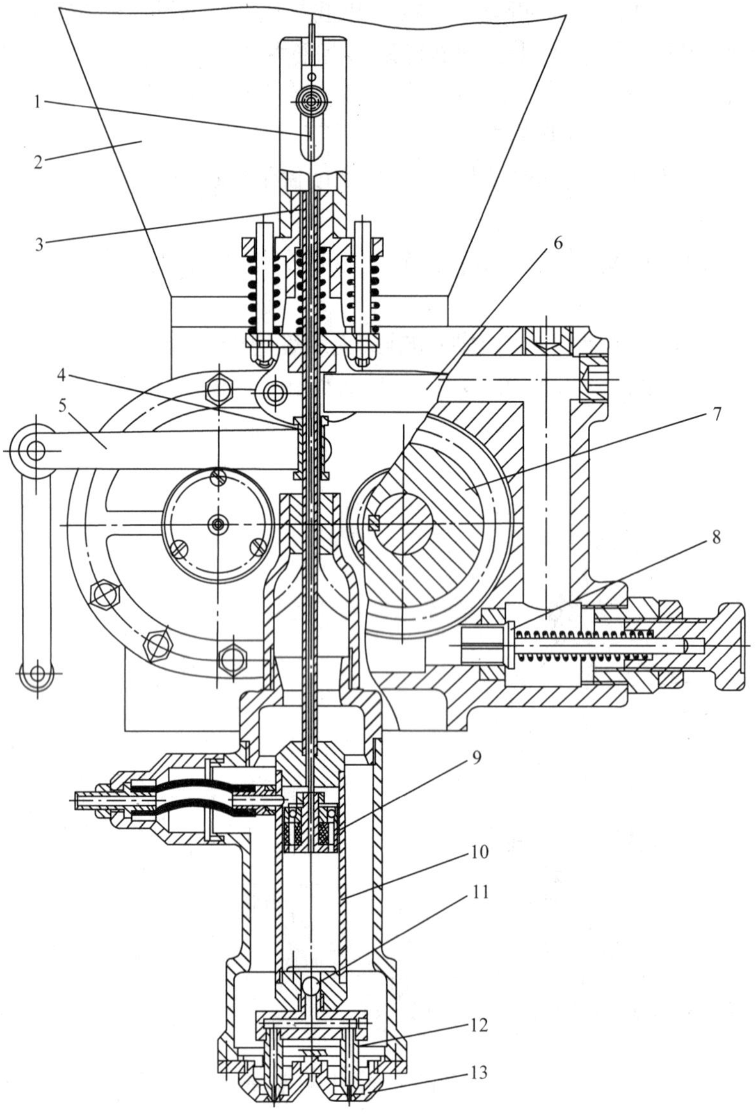

图 6-123　齿轮泵式灌装机的灌装机构

1—活塞杆　2—料斗　3—阀门杆　4—拨叉套　5—拨叉　6—装料塞板　7—齿轮泵
8—压力阀　9—活塞　10—活塞套筒　11—阀门　12—喷头阀门　13—喷头

齿轮泵式灌装机的灌装容量调整可由棘轮进给齿数调节，也可由喷头阀门开启时间、灌注压力进行调节。

齿轮泵转子的启动与喷头阀门开启时间应根据膏体性质进行调节。如膏体较稠时，灌注需较大压力，应使喷头阀门后开启；如膏体黏度很小，应使泵的启动迟于或同时与喷头阀门开启，否则膏体灌注可产生喷溅，影响灌注。

三、TFS 型软膏灌注机

TFS 型灌注机是 IWKA 公司产品，连同送管机、装盒机可组成软膏灌装线。灌注机结构原理如图 6-124 所示。TFS 型灌注机由软管输送槽、转盘、料斗、活塞及泵、旋转阀、软管封尾、合格品及次品排出、机座、传动系统、控制箱组成。该灌注机适合于各种软管的封口,如铝管的折尾、塑料管或复合管的热压或热气封口,复合管的高频封口及特殊情况下塑料管的超声波封口。

(一) TFS 型灌注机的工艺

灌注机的工艺如图 6-125 所示。圆型转盘上设置十四个工位。软管在工位 1 送入,经真空安置于管座内;在工位 2 软管定位,用压缩空气清洗管子,管帽由下方锁到管口上;工位 3 光电对位,并检查管口,如有凹陷边缘则此管停止灌注;工位 5 软膏灌注;工位 7 至 9 管尾折叠封口;工位 10 冷却、压印;工位 12 合格管排出;工位 13 废品排出。

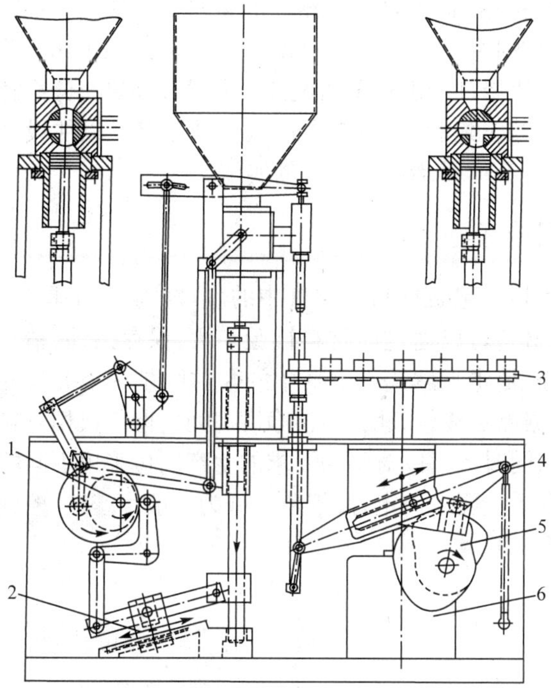

图 6-124 TFS 型灌注机

1—凸轮主轴 2—灌注量调节 3—转盘
4—顶管器 5—凸轮 6—变速箱

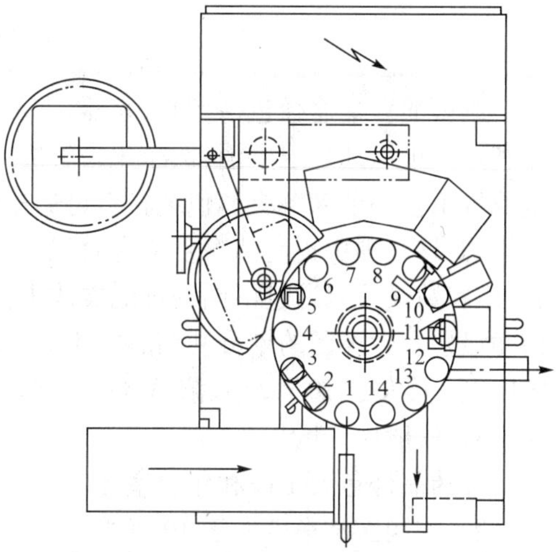

图 6-125 TFS 型灌注机灌注工艺图

4、6、8、11、14—其他工位

金属软管折叠封口有双折、三折和四折(鞍型),其形式如图 6-126 所示。

(二) TFS 灌注机的特点

(1) 灌装量准确。灌注活塞和旋转阀是分开传动的,可分别调节而获得精确灌装量。灌注喷嘴可深入软管而避免软膏产生气泡。

(2) 符合卫生安全要求。灌注机上有外罩,如外罩没有关闭,机器不能启动。另外,有一独立启动系统能够确保封尾工作完成,不会留有未封口的软管。

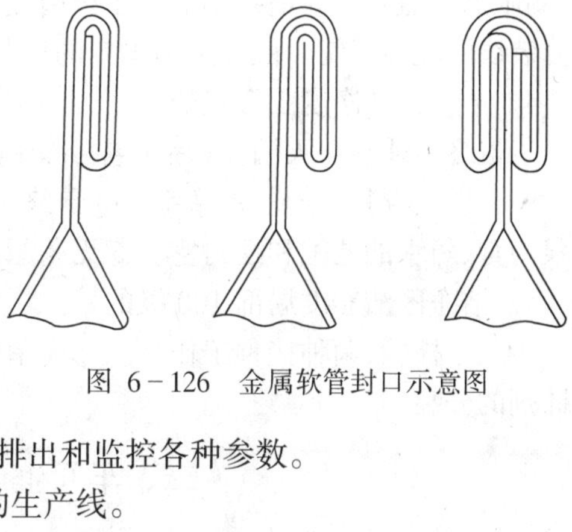

图 6-126 金属软管封口示意图

(3) 采用可编程控制器处理和传送电子讯号给机器上的各工位,可以控制充填、成品或次品排出和监控各种参数。

(4) 可与软管输送机、装盒机组成同步操作的生产线。

第七章　药品包装材料生产和药品包装车间设计

第一节　车间布置设计

制剂车间设计、药品包装材料生产和药品包装车间设计除依据一般车间设计规范和规定以外，还需按照《医药工业洁净厂房设计规范(1994 年 5 月)》、《建筑设计防火规范 GBJ 16—87(1997 年版)》和《药品生产质量管理规范(1998 年修订)》进行车间设计。在设计前要充分熟悉各项设计标准，这与投资和设计质量关系甚大，如土建装修、各专业的设备选用等。以往设计常满足于厂房的通风设施，忽视了工艺设备更新及管理，影响 GMP 的实施。

一、车间洁净分区

细菌的传播途径包括工具、容器、人员、原材料、包装材料和空气中的尘粒。其中工具、容器和人员可以通过卫生消毒、净化来解决。原材料可以通过原材料检验手段、保存条件、精致过滤等工艺环节来解决。包装材料可通过洗涤、消毒来解决。空气中的尘粒则是一个关键的污染源，这一项由提高洁净度来有效保证。根据测定资料表明，高洁净度房间的菌落数相对较少，尘粒数又可以通过不同的过滤方式来控制，同时还可以对不同要求的生产岗位采用不同的洁净级别。生产区的划分视药品的生产工艺和质量要求而定，按规范可分为一般生产区、控制区(10 万及大于 10 万级)、洁净区(1 万级、局部 100 级)。

1．一般生产区

如药品外包装工段和化验室。

2．控制区洁净度大于 10 万级的

①最终能热压灭菌的注射剂的调配工段。②洗瓶工段的粗洗。③片剂生产的全过程；胶囊生产的全过程。④口服药的洗瓶、调配、灌装、加盖。

3．控制区洁净度 10 万级的

①最终能热压灭菌的注射剂瓶子的清洗、烘干、贮存工段。②大输液的灌装、加薄膜、盖塞；滴眼剂的灌封。③最终不能热压灭菌注射剂(包括冻干产品)的调配室、瓶子的清洗。④粉针分装线的轧盖。⑤一般原料药生产的精制、烘干和包装。

4．洁净区洁净度 1 万级的

①最终不能热压灭菌注射剂(包括冻干产品及粉针)的瓶子的烘干、贮存。②粉针剂的原料调配、过筛、混粉、分装、加塞室。③最终不能热压灭菌的注射剂及冻干制剂的灌封室。④无菌眼药膏、药水的调配和灌封室。⑤无菌原料药生产的精制、烘干和包装工序。

5．洁净区洁净度局部 100 级的

①无菌检验；菌种接种工作台。②无菌生产用薄膜过滤器的装配。③某些注射剂的灌封；粉针剂的分装。

二、车间生产工艺布置的要求

(1) 生产工艺对洁净室的洁净度级别有严格的要求，高级别洁净室(如 100 级)的面积要严格控制。在不影响生产的条件下，工艺布置时应把洁净度相同的洁净室布置在一起，为净化空调系统的合理布置创造条件。工艺布置时洁净度要求高的工序应置于上风侧，对于水平层流洁净室则应布置在第一工作区，对于污染多的工艺应布置在下风侧或靠近排风口。

(2) 洁净室的布置应考虑工艺之间关系并使原料、半成品的运输线路最短；如果两个工序相连的洁净室相邻，应尽量设置传递窗，以减少污染和灰尘；同一洁净厂房内有多间级别不同的洁净室时，洁净度级别最高的洁净室设在人流最少的位置。

(3) 洁净室只能布置必要的设备，布置要紧凑以减少面积，但要有一定间隙，以利于空气流通，减少涡流。易产生粉尘和烟气的设备应尽量布置在洁净室的外部，如必须设在室内时，应设排气装置，并尽量减少排风量。对于特殊设备(如垂直层流洁净室内的加热设备)，应与暖通协商确定适当的位置，并采取相应的处理措施。洁净室内的设备及家具应采用表面光滑、不易起尘的材料制作，桌椅等家具应限制在最少数量。洁净室宜设置壁柜存放物品，当有特殊要求时，可向壁柜内送洁净空气。

(4) 生产用易燃易爆等气体容器不应设在洁净室内，洁净室内的管道及阀门严禁漏气。

三、车间设备布置的要求

车间的设计，首先考虑的是采用最佳的工艺操作，以达到安全生产，选择经济上合理、生产上可靠的现代化技术与设备。设备对工艺的先进性、对洁净影响都很大，尤其是制剂生产。工艺对设备的选择除了材质外，还要尽量选择密闭、自动化、联动化，以减少操作工序和操作人员，清除污染来源，并且设备一定要便于清洗和拆除，这样才能符合 GMP 要求。

下面按几种剂型生产流程举例介绍工艺设备对布置的影响。

(一) 片剂生产

片剂生产中最大问题是产生粉尘，主要是如何减少粉尘，并且在生产中有足够的中间贮存面积和清洗容器间，以减少混药和乱堆乱放。但在设计中按 GMP 规定片剂车间为控制区，而在空调设计中又往往设计为直流风，这就需要消耗较大的动力。如何较好地解决这一矛盾，对片剂生产是一很关键问题。所以在工艺生产的安排上，尽量周转快并且改进贮桶形式和方法，以降低中转区面积和洁净要求。压片机加料形式与布置有相当重要的关系。加料有在同一层加料或夹层加料等方式，需视生产能力大小、土建结构形式、压片机型号等因素来决定采用何种加料方式。

(二) 针剂生产

针剂有冻干粉针和水针，水针又有注射针和口服，最终产品可灭菌及不可灭菌几种。在针剂生产中有以下工序对布置影响最大。

(1) 割圆　割圆最好在玻璃厂内进行。若无条件，则放在厂区割圆后送至车间，不宜设在制剂车间内。若设在车间内，要与灌封间保持一定距离，以免污染该区的洁净度。

(2) 洗烘灌封联动机　此机从洗瓶到灌封在一联动机内完成，并带有局部层流罩。采用此种设备后，布局就相当合理并可节约占地面积，使环境清洁，劳动强度大大降低。

(三) 粉针生产

粉针生产联动线以往国内均是由各制造厂生产单机自行连接，目前有几家制造厂已设计生产出生产线。

(1) 粉针生产中单机生产能力影响了车间布置和操作人数，如分装机有 60～300 瓶/min 几种形式。当同样产量下采用 60 瓶/min 的分装机时，则设备台数增加、占地面积扩大，并使净化面积扩大和操作人员增多，从而给管理和净化带来不利。

(2) 单机设备不同,尺寸也不同。如隧道烘箱,国内有 13m、8m、6m 等几种规格而国外隧道烘箱仅 2.5m,这样对整个生产线乃至车间布置影响相当大。

(3) 在粉针生产中,胶塞处理相当重要。因为胶塞是直接与无菌粉接触的,以往对胶塞处理不够重视,胶塞处理环境差、劳动强度大、设备简陋。目前已有仿制消化国外的洗胶塞机,此设备为洗、烘、消毒均在一台不锈钢设备内完成,出料时设备自身还带有水平层流,以保护消毒、洗净后的胶塞不受污染。

(四) 输液生产

大输液是急救药,在临床上使用量相当大。大输液偶有发生热源和长霉等问题,影响大输液澄明度的因素有生产环境的空气质量、辅助药液调配、容器的洁净程度、生产设备的先进性和生产管理等。

输液生产工艺的设计必须对原材料、工艺用水、生产设备、管理、阀门、环境、空调和清洁卫生制度等加以控制。应设计一套与大输液生产能力相应的去离子水制备装置,选择这样的流程则占地面积比过去的纯水制备装置占地多。

大输液生产中生产流水线的选择影响到布局,目前还有塑料瓶生产。在生产线上增加局部层流不仅提高了洁净要求,而且可适当降低环境洁净度,节约了能源。

消毒柜的选择也很关键,若选择一台双扉内冷式消毒柜,则不仅减轻了劳动强度,又提高了产品生产能力,占地又少。

四、车间的平面布置

根据投资省、上马快、能耗少、工艺路线紧凑等要求,制剂厂建造一单层大面积厂房最为合适,若再设计为无窗厂房就更理想。

车间的形状可以有许多形式,由于长方形具有占地面积小,便于设备布置,便于安排通道、出入口,能较多提供自然采光和自然通风,在车间布置时被较多地采用。

无窗厂房对制剂车间是理想的形式,因受污染少,能保证药品质量;但无窗后将与外界隔绝,厂房内工作人员感觉不良,此外对空调、照明要求也高。因此近年来又有主张少窗厂房的。在有窗厂房设计中设置周围封闭外走廊,即在洁净生产区外有一个起环境缓冲作用的外走廊,对洁净区的温湿度有缓冲作用,也有利于防止外界污染,但占地面积相对较大。

五、车间布置中的技术要求

(一) 人员净化室、生活室布置要求

(1) 人员净化室和生活室的布置程序非无菌产品、可灭菌产品生产区人员净化程序如图 7-1 所示。不可灭菌产品生产区人员净化程序如图 7-2 所示。

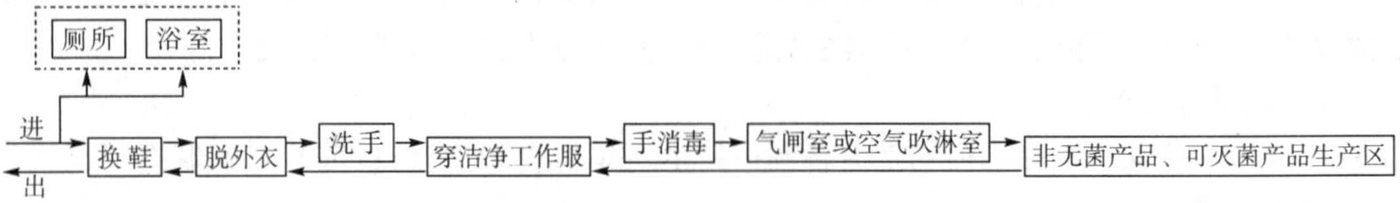

图 7-1 非无菌产品、可灭菌产品生产区人员净化程序

(2) 盥洗室应设洗手和消毒设备。水龙头按最大班人数 10 人 1 个计,宜装烘手器。

(3) 人员净化室和生活室的建筑面积,可按洁净区设计人数平均 4~6m^2/人计算。

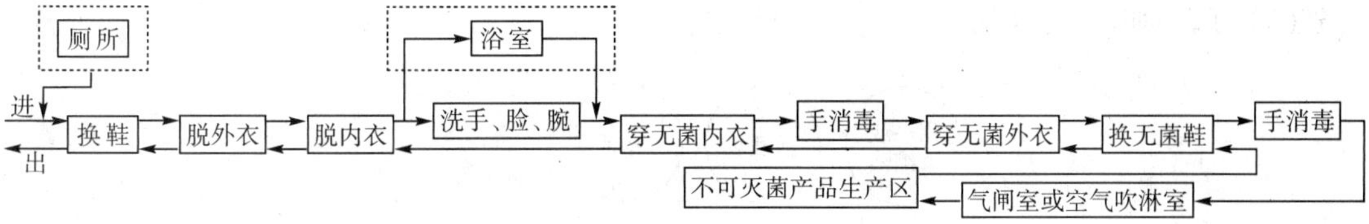

图 7-2 不可灭菌产品生产区人员净化程序

(4) 洁净区的入口处,应设置气闸室或空气淋浴室。气闸室的出入门应予连锁,使用时不同时打开。设置单人空气吹淋室时,按最大班每 30 人设 1 台。洁净区域工作人员超过 5 人时,空气吹淋室一侧应设旁通门。

(5) 生活室为厕所、淋浴室、休息室、吸烟室等,均设置在人员净化用室区域外。

(二) 物料净化室布置要求

(1) 原、辅料外包装清洁室,设在洁净区外,经处理后由气闸室或传递窗送入称量室。

(2) 包装材料清洁室,设在洁净区外,处理后送入贮藏室。

(3) 凡进入无菌区的物料及内包装材料除设清洁室外,还应设置灭菌室。清洁室与灭菌室设于 10 万级区域内,并通过气闸室或传递窗(柜)送入 1 万级区域内。

(4) 生产过程中产生的废弃物出口不应与物料进口合用一个气闸室或传递窗(柜),应单独设置专用传递设施。

(三) 生产洁净区布置要求

(1) 不同的生产品种和剂型,其生产洁净区的级别划分也不一样,大致可分为下列六种。

a. 片剂生产、包装工艺流程示意图及环境区域划分(30 万级)如图 7-3 所示。

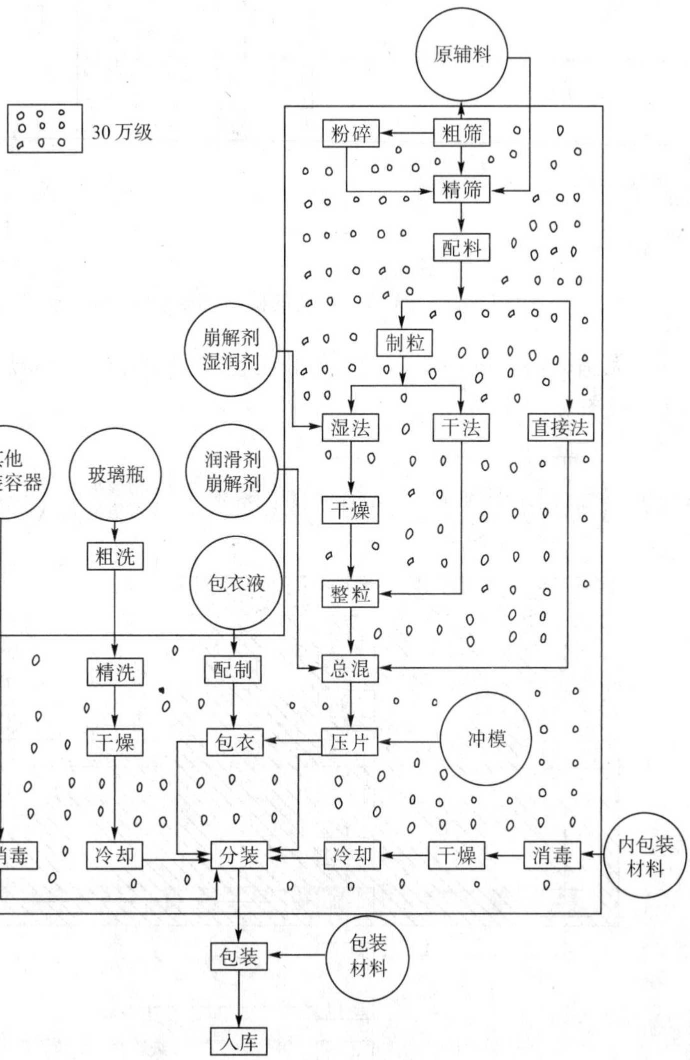

图 7-3 片剂生产、包装工艺流程示意图及环境区域划分

b. 非无菌原料药的精制、干燥、包装工艺流程示意图及环境区域

划分(30 万级)如图 7－4 所示。

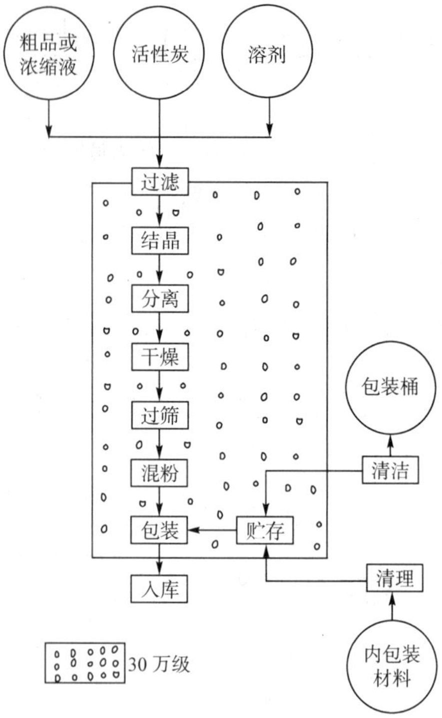

图 7－4 非无菌原料药的精制、干燥、包装工艺流程示意图及环境区域划分

c. 无菌原料药的精制、干燥、包装工艺流程示意图及环境区域划分(1 万级、10 万级，局部 100 级)如图 7－5 所示。

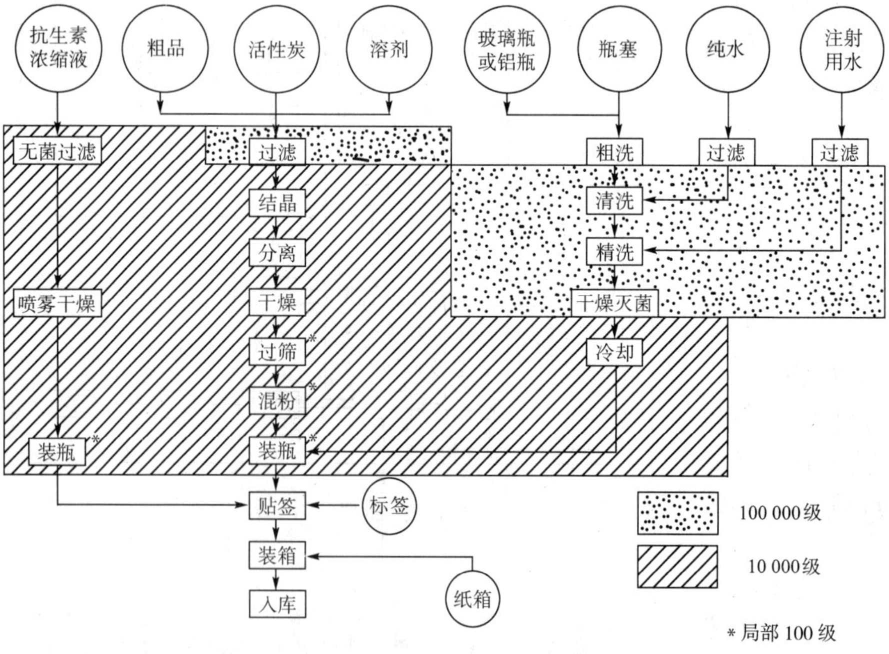

图 7－5 无菌原料药的精制、干燥、包装工艺流程示意图及环境区域划分

d. 可灭菌小容量注射剂生产、包装工艺流程示意图及环境区域划分(10 万级、1 万级)如图 7－6 所示。

e. 可灭菌大容量注射剂生产、包装工艺流程示意图及环境区域划分(10 万级、1 万级,局部 100 级)如图 7－7 所示。

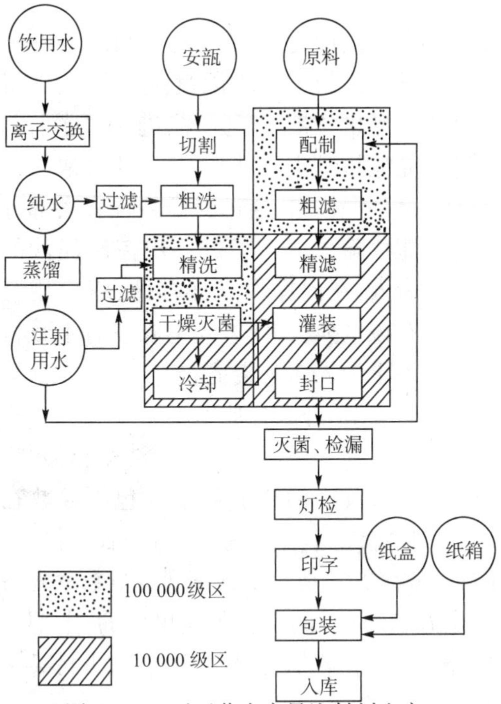

图 7－6 可灭菌小容量注射剂生产、包装工艺流程示意图及环境区域划分

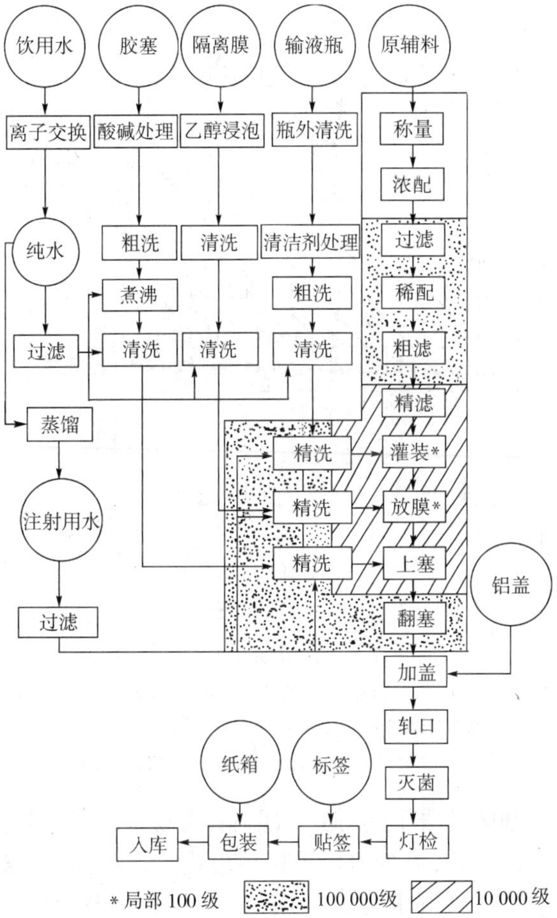

图 7－7 可灭菌大容量注射剂生产、包装工艺流程示意图及环境区域划分

f. 无菌分装注射剂生产、包装工艺流程示意图及环境区域划分(10 万级、1 万级,局部 100 级)如图 7－8 所示。

(2) 在工艺条件许可下尽可能的降低洁净室的净高,减少空调净化处理的空气量,从而减少空调费用,也有利于提高防尘效果。一般洁净车间的净高可控制在 2.6m 以下。

(3) 洁净室设备布置间距与一般化工装置设备布置间距相似,不再重复。片剂类生产,固体物料输送较多,应考虑输送通道及中间品班存量(即临时堆放场地)。

(4) 片剂生产时粉碎、粗筛、精筛、制粒、整粒、总混、压片、包装等工序,其粉尘大、噪声杂,应与其他工序分开,隔成独立小室,并采用消声隔音装置,以改善操作环境。

(5) 干燥灭菌烘箱、隧道灭菌烘箱、物料烘箱等设备布置宜采用跨墙布置,即主要设备布置在非洁净区(或 30 万级区),将要干燥的瓶或物料送入,以墙为分隔线,墙的另一面为洁净区

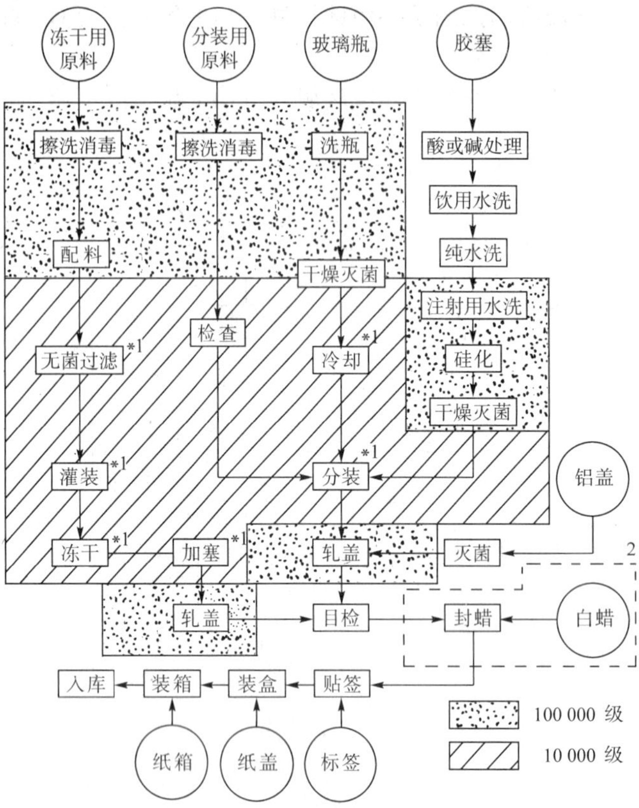

图 7－8　无菌分装注射剂生产、包装工艺流程示意图及环境区域划分

＊1 该生产操作可在 10 000 级环境里局部 100 级的条件下进行。

2 虚线框的工序可根据需要设置。

(或 1 万级区)。烘干后的瓶或物料从洁净区(1 万级区)取出。所选设备应为双面开门,但不允许同时开启。设备既起到消毒烘干作用,又起到传递窗(柜)的作用。墙与烘箱间需采用可靠密封隔断材料,以保证达到不同等级的洁净度要求。

六、人员与物料净化通道和设施

(一) 人员净化通道

1. 门厅与换鞋处

门厅是人员进入车间的第一个场所。为了最大限度地控制人员将外界尘粒带入车间,故进入门厅前首先应将鞋上泥土除去。目前常用的是刮泥格栅,通过格栅将鞋底大部分泥沙除去。为了进一步控制泥沙的带入,在门厅设立换鞋区,将外用鞋在该区换去,使进入更衣室时不致将泥土带入而污染更衣室。

2. 外衣存放室

为了保障生产区的洁净,必须将外衣及生活用品如手提包等存放在指定地点。然后换上白大衣;对进入控制区或洁净区的工人还需再更换洁净工作服。外衣存放室的衣柜数量按车间定员数每人一个,车间人数少时可采用单层式,人数多时可采用二层式,较理想的存衣柜是单层的,上部放包、中部挂衣服、下部存鞋。挂衣处要分左右二路,将外出服与工作服分开挂存,以减少污染。

3. 厕所与淋浴室

淋浴是人员净化的必要手段。淋浴可清除人体上的污垢、微生物及汗液,一般淋浴室设在洁净区之外。考虑到国内的实际情况,建议如须在车间内设淋浴室,则将淋浴室设在车间存外衣室附近较理想,这样淋浴室的湿气不致影响洁净区的温湿度。若有的洁净车间面积极小,人员也少,则可考虑将淋浴室设在更换无菌衣之前。

关于厕所集中设在洁净区更衣室之外,以避免污染和臭味。现已采用 100 级垂直流洁净厕所。厕所内部除坐式便桶外,设有洗手池、烘手器等。

4. 风淋室

风淋室的目的是去除工作服表面的灰尘,一般设在洁净室的入口处,风淋室的设置各厂有不同的看法,有的厂在大输液灌装间入口处,甚至片剂车间入口处设风淋室,但国外有许多厂在液体制剂车间入口都不设置风淋室而设立气闸室,其目的是保持洁净区的正压状态,分析原因是国外大部分厂的制剂开口工段(如洗瓶段、灌装段)都在设备上加层流罩,工人对生产线的影响较小。另外,国外药厂特别重视洁净区工人穿着要求,保证洁净服穿着不遭污染。为此,有些药厂将穿着无菌外衣(即二更衣)安排在层流罩下进行,而不设风淋室。目前设计中在1万级洁净区入口处设风淋室,在10万级洁净区入口处可设风淋室也可设气闸。使用风淋室时,要根据使用人数,当超过5人时,应设置旁通门,使便于安全疏散并延长风淋室使用寿命,因下班时工人不必经风淋室而由旁通门通行。

(二) 人员净化程序

目前药厂制剂车间常用的人员净化程序如图7-9所示。

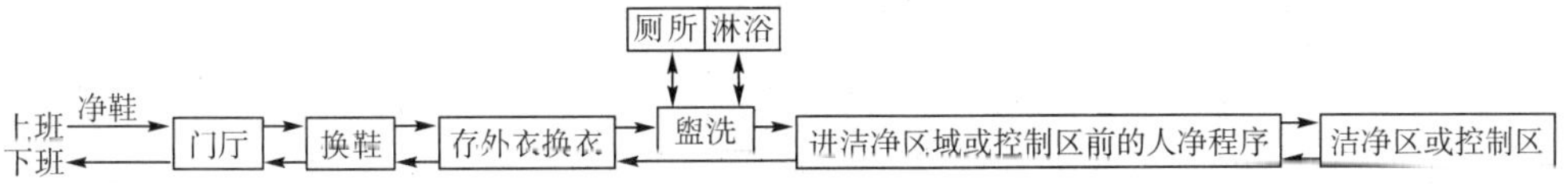

图 7-9 人员净化程序

进入洁净区和控制区的人净程序:凡进入10万级、大于10万级的控制区的人员均需经过换鞋、更洁净服、并戴帽后进入,凡进入1万级洁净区的人员均需经过换鞋-存衣-淋浴-穿内衣(即一更衣)-穿无菌洁净衣(包括鞋、帽、口罩等即二更衣)-消毒水洗手-风淋,然后进入洁净区。

理想的制剂车间应是密闭厂房。国外某厂在进入车间换衣、存外衣、更工作服后即进入控制区,使在洁净度低的区域工作人员的自由度增加了,他们人净路线如图7-10所示。

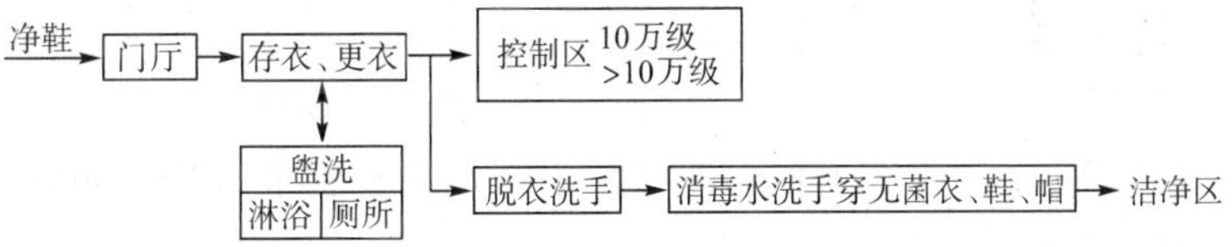

图 7-10 国外某药厂人员净化路线

若能做到全车间密闭操作,则多层厂房的人净路线可简化如图7-11所示。

人净通道不论何种方式其进入洁净区的入口位置应靠近洁净中心,有利于保证洁净度。

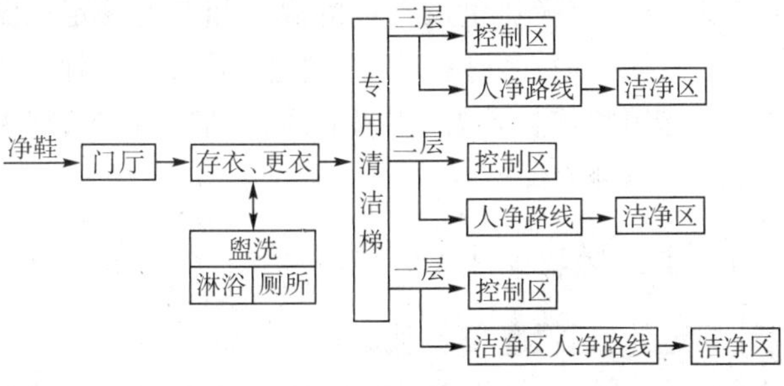

图 7-11 全封闭多层厂房的人员净化路线

(三) 物料净化程序

物净与人净出入口应分开独立设置。物料传递路线应短捷,并避免与人流路线交叉。目前设计中考虑到国内原料及容器的包装材料质量及可能产生的污染,故在进入车间的物料入口处,均安排一个清扫外包装的场所,其目的和人流路线中的净鞋、换鞋相同。

凡进入控制区的物料容器及工具,均需在缓冲室内对外表面进行处理或剥去污染的外皮,更换控制区内部使用的周转容器。凡进入洁净区的物料容器及工具,均需在缓冲室内用消毒水擦洗,然后通过传递窗或气闸室用紫外灯照射杀菌。

多层厂房的货梯不能设在洁净区内,只能设在一般区或控制区内。若设在控制区内,则在电梯出入口处均应增加一缓冲间,此室应对控制区保持负压状态。进入货梯的物料容器均应先进行清洁。

第二节　车间管道设计

一、车间管道计算

在初步设计阶段，完成了物料衡算和热量衡算后，还要进行管道计算，其主要内容是进行管径计算和选择管材。

管道的管径 d(m)与流量之间存在如下关系：

$$V = \frac{ud^2\pi}{4}$$

式中　V——流体的流量，m^3/s；

　　u——流体的流速，m/s。

因此确定了流体的流速，就可以求出管道的管径。不同场合下流体的流速范围可以从有关工艺手册上查得。最后将计算求得的管径进行圆整。

二、管道及管件材质要求

(1) 管道材料根据所输送的物料理化性质和使用工况选用，采用的管材应保证工艺要求，使用可靠，不吸附和污染介质，施工和维护方便，采用的阀门、管件除满足工艺要求外，应选用拆卸、清洗、检修均方便的卡箍连接形式的管配件。输送纯水、注射用水、无菌介质和半成品、成品的管材宜采用 1Cr18Ni9Ti 或其他不污染介质材料。

(2) 对法兰、螺纹连接，其密封用的垫片或垫圈宜采用聚四氟乙烯垫片和聚四氟乙烯包覆垫或食品橡胶密封圈。

(3) 穿越洁净室的墙、楼板或硬吊顶的管道，应敷设在预埋的金属套管中，套管内的管段不应有焊缝、螺纹和法兰。管道与套管之间应有可靠的密封措施。

(4) 穿越软吊顶的管道，防止管道穿龙骨，影响吊顶的结构强度。

(5) 洁净室内的管道应根据其表面温度、发热或吸热量及环境的温度和湿度确定保温形式(保热、保冷、防结露、防烫等形式)。防烫、保热管道管外壁温度不超过 40℃，保冷管道的外壁温度不得低于环境露点温度。保温材料应选用整体性能好，不易脱落，不散发颗粒，保温性能好、易施工的材料，洁净室内的保温层应加金属外壳保护。

三、车间管道安装要求

车间管道设计除按化工生产一般设计规定外，还须遵守下列规定。

(1) 有洁净要求的区域，工艺配管中的公用系统主管应敷设在技术夹层、技术夹道或技术竖井中。这些主管上的阀门、法兰和螺纹接头不易设在技术夹层、技术夹道或技术竖井内，这些地方的管道连接应采用焊接。对于这些主管的吹扫口、放净口和取样口均应设置在技术夹层、技术夹道或技术竖井之外。

(2) 在满足工艺要求的前提下，工艺管道应尽量缩短。输送无菌介质的管道应设置灭菌措施，管道不得出现无法灭菌的“盲区”。

(3) 输送纯水、注射用水的主管应采用环形布置，不应出现“盲管”等死角。

(4) 洁净室内的管道应排列整齐，应少敷设管道，引入非无菌室的支管可明敷，引入无菌室的支管不可明敷，应尽量减少洁净室内的阀门、管件和管道支架。

(5) 排水主管不应穿过洁净度要求高的房间,100 级的洁净室内不宜设置地漏,1 万级和 10 万级的洁净室也应根据工艺要求尽量少设或不设地漏。如干剂生产区内不设地漏和水嘴,采用局部吸尘器除尘后用湿净布揩擦墙面和地面。湿剂生产工序如设地漏,必须带水封、带格栅和塞子的全不锈钢内抛光的洁净室地漏,此地漏供碎瓶后小范围冲洗用,宜设置于楼板上,楼板要留孔和设坡度。

(6) 洁净区的排水总管顶部设置排气罩,设备排水口应设水封装置,各层地漏均需带水封装置,防止室外窨井污气倒灌至洁净区,影响洁净要求。推荐使用 DL－B 标准系列地漏。

第三节　药用包装材料生产及包装车间土建设计

药用包装材料生产及包装车间和其他工业厂房的显著区别在于车间有一定洁净度要求。它除了具有一般工业厂房的建筑特点外,还必须满足洁净车间的要求。下面着重阐述洁净车间的土建设计。

一、洁净车间设计对建筑的要求

洁净厂房可以分为洁净生产区、洁净辅助区和洁净动力区三个部分。洁净生产区内布置有各级别洁净室,是洁净厂房的核心部分,通常认为经过吹淋室或气闸室后就是进入了洁净生产区。

洁净辅助区包括人净、物净和生活用房以及管道技术夹层。其中人净有盥洗间、更换衣鞋间及吹淋室;物净有粗净化和精净化两个准备间以及可能的物料通道;生活用房有餐室、休息室、饮水室、杂物和雨具存放室以及洁净厕所等。

洁净动力区包括净化空调机房、纯水站、气体净化站、变电站和真空吸尘泵房等。

从空气洁净技术的角度出发,洁净室设计对建筑的要求如下。

(1) 当洁净室与一般生产用房合为一栋建筑时,洁净室应与一般生产用房分区布置。

(2) 在满足工艺要求的条件下,洁净室净高应尽量降低,净高一般以 2.5m 左右为宜。

(3) 洁净室应选择在温湿度变化及振动作用下形变小和气密性能好的围护结构及材料,还要考虑当工艺改变时房间隔墙有变更的余地。

洁净室的地面可以根据不同洁净度级别要求选用乙烯板制作的格栅地面,或水泥砂浆表面涂氨基甲酸酯、现浇无缝塑料、聚氯乙烯软塑料板、现浇高级水磨石制作的一般地面。

围护结构和地面材料应耐磨,不产尘,并具有一定的抗静电能力。室内平面图形尽量简单,以减少积尘。

(4) 人净和物净用室应分别设置,避免人流、物流往返形成交叉污染。

人净入口除了设置正常入口及紧急疏散口外,还应适当考虑接待和参观的需要,以减少污染。洁净工作服室及吹淋室或气闸室都必须与洁净生产区毗邻。

生活用室应与人净用室结合布置,并布置在人净程序穿洁净工作服以前的区段内。

物净用室的粗净化间内不需洁净环境,可设计于厂房的非洁净区内;物料用室的精净化间内需洁净环境,为便于净化空调系统的设计和净化后的物料不再受到污染就能进入洁净室;精净化间应设于厂房的洁净生产区或与其毗邻。当粗净化间与精净化间不在一处时,则中间传递物料所经路线的环境,不应低于净化间的水平。

(5) 空气吹淋室或气闸室。100 级洁净室设气闸室或吹淋室;1 000 级和 1 万级洁净室应设吹淋室;10 万级洁净室应设气闸室。

(6) 人身净化程序目前推荐一次更衣,一次吹淋的人净程序如图 7 - 9 所示。

(7) 送、回风口及传递窗口等与围护结构连接处以及各种管线孔均应采取密封措施,防止尘粒渗入洁净室,并减少漏风量。

(8) 若工艺无特殊要求,洁净车间一般应为有窗厂房。100 级和 1 000 级洁净室应沿外墙侧设技术夹道。在技术夹道的外墙上设双层密闭窗,技术夹道侧的采光窗应为密闭窗;1 万级洁净室可采取上述间接采光方式或仅在外墙设双层密闭窗。10 万级洁净室应设双层密闭外窗。

(9) 洁净动力区是洁净厂房的重要组成部分之一,该区的各种用房一般布置在洁净生产区的一侧或四周,建筑设计应为管线布置创造有利条件。一般集中式净化空调的机房面积较大,与洁净生产区面积之比可高达 1:2～1:1 之间,净高不得低于 5m。纯水站的位置除应便利酸碱的运输外,还应考虑防止水处理对新风口附近空气的污染。易燃、易爆气体供应站必须符合防火、防爆的规定,而不得影响洁净厂房其他部分的安全。空压站、真空吸尘泵房的位置应有利于限制噪声和振动的影响。洁净动力区的所有站房均应设有互不干扰的人员出入口和室内外管与电缆进出口。

二、洁净室内部装修材料和建筑构件

我国药品生产管理规范与各国 GMP 要求一样,用于洁净室内的装修材料要求耐清洗,无孔隙裂缝,表面平整光滑,不得有颗粒性物质脱落。材料的选用还要看该材料除了能否全面满足 GMP 要求以外,材料的使用寿命、施工简便、价格、来源、当地施工技术水平等。现对室内三维空间(天棚、地板、墙面)材料类别作些介绍。

(一) 楼板地面及材料

楼板地面要求便于清洗,无易纳垢的接头、裂缝和开孔等,耐磨,耐腐蚀,防滑,抗透湿性好,主要是 ±0.00 地面或 ±0.00 以下地面。目前国内没有一种理想的饰面材料能适应所有要求,材料的选择应首先考虑不同需要和工程造价。洁净室的楼板地面材料常用的有无弹性饰面材、涂料、弹性饰面材三种。

1. 无弹性饰面材

常用的有水磨石,它光滑而有一定强度且不易起尘,但存在一定的分隔条而存在缝隙,水磨石缺少弹性,故在混凝土底层开裂时可传至表面,尽管如此水磨石仍不失为一种较好的材料。无弹性饰面材中还有一种瓷板贴面,它在国外药厂中常用在洗涤工段含水针车间的洗瓶工段,此种地面的铺设需要专门技术,否则不易平整,易脱落。瓷板地面与水磨石地面一样无弹性,在底层混凝土开裂时可传至表面。

2. 涂料

国外常用的涂料有丙烯酸、环氧树脂和聚氨酯。作为混凝土地面的封闭材料,能起到易清洗,减少灰尘的作用,磨损后还可及时修补,由于涂刷法涂层很薄,耐磨性不高,故宜用于卫生条件要求高而洁净度不太高的房间,如化验室、包装间等。

另一种是涂非弹性涂料层,此种涂料层是用各种树脂作为载体,如果使用得当,多数涂料可为洁净区提供很好的地面。如要求特殊耐磨和耐化学腐蚀时,可调整配方,改变填料粒径、级配。此种涂层表面可像水磨石一样进行抛光,也可采用一次抹光。

3. 弹性饰面材

它适用于设备荷重轻及运输荷重也较轻的地方。此种材料主要优点是有弹性,长时间站立操作的工作可减少疲劳。它有各种不同的尺寸和规格，后者较前者接缝少，面材粘贴有相应的粘接料，接缝可采用热焊或化学封接。±0.00 地面容易透潮，尤其在地下水位较高的地段建造厂房，特别应予重视。

（二）天棚和天棚饰面材料

天棚常用的有钢筋混凝土平顶，钢骨架钢丝网水泥平顶，轻钢龙骨纸面石膏板、中密度贴塑板，铝合金龙骨玻璃棉装饰天花板等。天棚饰面材料同墙面。

钢筋混凝土平顶结构自重大，日后改变隔间时风口无法改变，但最大优点是洁净室平顶饰面材的基层好，不变形故耐久。夹层的管道安装检修较方便。

除钢筋混凝土平顶外，其他各种平顶均属轻型吊顶，为了安装和检修管道，在平顶内要设专用走道板。由于风管重量及体积较大，故要求在施工吊顶之前先行安装。

采用钢丝网水泥平顶时，要将平顶分段施工，面积不宜过大。待砂浆层硬结后，再补两块平顶间的施工缝，这样可避免减少砂浆的收缩裂缝。

轻钢龙骨纸面石膏板吊顶，当面积较大时，特别要注意平顶与墙面的连接处理，既要有一定弹性又能密封。

（三）墙面和墙体材料

目前常用的墙面材料有白瓷板墙面、油漆涂料墙面。墙面的功能与平顶不同，但可采用相同或不同的材料。对生产中特别潮湿，且洁净级别不高的场所，可用白瓷板墙面，但仍要求铺贴平整，背部砂浆饱满，缝隙密实，否则易滋生微生物。一般缝隙用水泥砂浆勾缝者容易积尘，可采用树脂类胶泥，虽然价格较高但具有抗潮、抗腐蚀及结合强度高等优点。对洁净度高的房间以油漆涂料为较理想材料。国外最常用墙面涂料为环氧漆。国内用于洁净室的墙面涂料有调和漆、醇酸漆、苯丙乳胶漆、仿搪涂料等。

墙体材料常见的有砖石墙及轻质隔墙。砖石墙中有用标准砖砌筑的，有用加气砌块砌筑的，有空心砌块砌筑的，这些墙体材料的选用与当地货源、气候条件（对墙体保湿高否）、结构承载能力等各方面因素有关。不管哪种砖石墙体，其共同的优点是基层牢固，装饰面不易损坏，共同的缺点是湿作业，施工周期长。因饰面材料对基层要求有一个干燥过程，不充分干燥将影响饰面材料的牢度和寿命。轻质隔墙中有用轻钢龙骨纸面石膏板隔墙，有用轻钢龙骨贴塑中密度板隔墙，有用聚氨酯复合钢板隔墙等，这些轻隔墙各有优缺点，共同的优点是墙体自重轻，施工期短，故在多层厂房中使用有突出的优越性，但造价较高。

（四）门

洁净室的门要求平整，光滑，易清洁，选型简单。国内洁净室常用的门类型有钢门、铝合金门、钢板门（可作防火门）及近年开发的蜂窝贴塑门等。

（1）钢门以前在洁净区常用，现仍属经济耐用的门。

（2）铝合金门在药厂改造中都将之作为高级门使用，实际上在国外洁净区未见采用此种门，因这种门的加工要许多型材拼接而成，甚至在型材接头处有无法清洁又易积垢的空腔。

（3）钢板门在国外药厂中使用较多，此种门强度高、光滑、易清洁，但要求漆膜牢固能耐消毒水擦洗，国外药厂均用环氧漆。

（4）蜂窝贴塑门此种门表面平整光滑、易清洁、造型简单，且面材耐腐蚀，但此种门不能承受较大撞击，宜用于洁净度高，生产中无固体物料运输的房间，如洁净区更衣室、水针粉针灌装线上的房间。

（5）中密度板双面贴塑门在国外药厂中使用也较多。此种门表面特性同蜂窝贴塑门，但能耐一定程度碰撞。

(6) 不锈钢板门在国外的一些药厂洁净室中使用,但造价较高。

国外药厂对包装间出入口等运输较频繁处的门采用橡胶门,门的开启由车子撞开。

(五) 窗

洁净室的窗,目前常用的有钢窗和铝合金窗等,一般洁净区的内窗均属固定窗,洁净区的窗要求严密性好,窗尽量采用大玻璃这样既减少积灰点,还有利于清洁工作的进行,洁净区的窗台宜做成斜形,或靠洁净室侧平。

第四节 车间通风、空调和空气净化系统设计

一、空气净化的要求

(一) GMP 与空气净化

药品必须在洁净的环境中进行生产和包装。世界卫生组织早在 20 世纪 60 年代初就推荐了"药品生产和质量管理规范",即所谓的 GMP 法。目前国际上已有一百多个国家和地区推行 GMP,美国、日本、德国等国已作为法律公布执行。我国于 1982 年制定了"药品生产管理规范"(试行稿),几经修改,于 1998 年再一次进行了修订,1999 年 6 月由国家药品监督管理局颁布,在全行业推行。"药品生产质量管理规范"也已纳入"药品管理法"。与此同时还编制了"药品生产管理规范"附录对实施细节予以明确规定。

GMP 是在药品的制造过程中,对各方面,诸如人员、厂房、设备、原料、工艺、质监、卫生、包装、仓储和销售等严格控制,实行全过程的质量管理,使药品始终保持良好性能。管理措施是针对污染、混药和错配等问题采用相应的设备,保持适当的环境条件,并且根据制造和质量管理方面的各种标准认真检查和记录质量情况。GMP 是这一系列质量管理工作的综合实施过程。空调净化设备是实施 GMP 的重要方面,防止微生物污染或交叉污染仅依靠空调净化系统是不行的,必须注意,当设备条件达到一定水平后,还要通过管理加以实现。

(二) 国外 GMP 的要求

GMP 中对空气净化方面的要求是对其室内空气压力、微生物、尘埃和温湿度控制,以达到减少产品污染。包括来自其他产品生产和贮放时产生的微粒细尘污染,减少微生物的传播,确保原材料、半成品和成品的安全贮放。

应尽量减少生产区空气中的有害或无害异物,用空调系统供应足够的洁净空气,以除去可能污染产品的空中微尘。

对现有建筑如果办不到时,要求以足够强度和规格的金属筛网覆盖所有排气口、窗户以及其他开口处,以防昆虫和鼠类进入。门口应设电气扑虫器,用排气通风设施以保证适当空气循环。但在此环境中,不得生产针剂、药膏及眼用制剂。

空调系统应考虑防止新风污物及回风微尘进入工作区,供应足够的风量以驱除工作区的空中异物,各区进气独立管理以适应所需的温湿度。用高效过滤器净化进气,不使细菌和微尘进入等等。

无菌区空气应特别处理,凡空中异物可能污染产品之处,空气应以高效过滤器净化。制剂暴露的操作部位,可采用局部层流,垂直层流比水平层流更能减少微尘。应经常控制空气处理效果,在重要部位设尘粒计数仪定时测定,保存记录备查。

无菌灌装区内所有设备都应以层流空气保护,层流罩要有足够的防护层围挡,以防非无菌

空气进入无菌区。无菌区需要保持正压，调好温湿度。层流装置应运转正常，每年检查设备一次，每两个月用微粒计数器检查微尘一次。

美国 GMP 修订本(CGMP)对药厂的通风、空气过滤和冷却提出了如下要求。

(1) 提供足够的通风;

(2) 提供与药品生产中的制造、工艺、包装和贮存相适应的正压、微生物、灰尘和温湿度控制设备;

(3) 提供同生产区送风相适应的空气过滤系统，包括预过滤和空气粒子过滤器;如生产区用再循环空气时，为控制生产中产生的灰尘，应对空气进行监测。生产中产生污染物的区域，应设有足够的排风系统或其他系统，以保证对污染物的控制;

(4) 对青霉素制造和包装应采用完全独立于其他药品生产的空气处理系统。

(三) 我国药品生产的 GMP

我国"药品生产管理规范"1999 年 6 月由国家药品监督管理局颁布施行，内容同国外的 GMP 大致相同，但对生产环境空气的控制提出了具体的要求，可归纳为以下几点。

(1) 药品生产洁净室(区)的空气洁净度划分为四个级别，如表 7-1 所示。

表 7-1　　洁净室(区)的空气洁净度划分级别

洁净级别	尘粒最大允许数/m^3		微生物最大允许数	
	≥0.5μm	≥5μm	浮游菌/m^3	沉降菌/m^3
100	3 500	0	5	1
10 000	350 000	2 000	100	3
100 000	3 500 000	20 000	500	10
300 000	10 500 000	60 000		15

表 7-1 指出的原料药的结晶、干燥、包装和制剂生产的环境空气洁净度，生产区的划分主要参考国外生产厂现状并结合我国国情而拟订的。对于某些无菌作业，可根据特殊工艺要求，在设备上附设局部层流装置或采用超净工作台。

制剂可分为片剂、注射剂以及其他剂型等。口服原料药成品的结晶、干燥、过筛、包装及片剂生产，可根据工艺要求的温湿度，采用初、中效二级过滤的洁净空调。外用制剂的无菌产品可参考注射剂无菌生产的洁净度要求。

(2) 需要的采暖、通风、降温及防尘、防污染、防虫、防鼠等设施。按各区域的要求，进入的空气需经各种不同效率过滤器过滤，室内温湿度应符合工艺要求，并保持一定的压力。

(3) 青霉素、激素，抗肿瘤类药物的生产需设有专用的空调和通风系统，要与其他车间严格分开，对于排出上述物质的排气应经净化处理，防止污染大气和药物交叉污染。

"药品生产质量管理规范"明确规定，凡新建、改建、扩建药厂或生产车间必须按 GMP 要求进行设计、施工和生产，经省、市卫生行政部门验收合格后，发给"药品生产企业许可证";原有生产厂也必须达到 GMP 的认证要求。

二、车间空气净化系统设计

(一) 设计参数的确定

1. 室内温湿度

在非无菌制剂生产及包装工序中，根据产品的吸湿性和操作人员的服装、设备的热负荷等情况及经济性，确定温湿度。一般标准是夏季 22～28℃，50%～60%RH，冬季 18～22℃（分装药剂要求 40%～55%RH）。

在粉针注射剂的生产及包装工序中，根据产品的吸湿性确定操作室的温湿度，处理吸湿性强的物质时，可用局部低湿工作台代替全室的低湿处理，既便于使用又经济。

“药品生产管理规范”要求：洁净区一般控制温度为 22～24℃，相对湿度为 45%～60%RH，吸湿性强的无菌药物的生产和包装采用局部低湿工作台；控制区一般控制温度 18～28℃，相对湿度为 50%～65%RH。

制剂厂温度根据生产工艺和操作人员的舒适要求确定，夏季室内温度可取 20～26℃。对于无菌室宜取其低限，如无菌原料药的精烘包工序，不能热压灭菌注射剂和冻干粉针的烘瓶、冷瓶、灌封工序等。根据资料介绍，当环境温度为 +5℃时，细菌繁殖呈静止状态，在 10～25℃时细菌生长缓慢，因此较低的室温有利于抑制细菌的繁殖，且考虑到无菌室操作人员要穿无菌衣等情况，所以室内设计温度不能太高。对于无菌要求低的、洁净度等级低的房间，室内温度范围可取其高值，如原料药生产的精烘包工序，可热压灭菌的注射剂生产，片剂车间，口服液车间等。

对于无洁净要求的一般空调区域，室内温度只需考虑操作人员的舒适要求，夏季通常取为 26～28℃。

制剂厂室内相对湿度应满足生产工艺的要求，通常相对湿度可取 40%～60%。对于易吸潮的产品，如青霉素钠盐粉针剂、硬胶囊制造及其他抗生素生产的粉针分装工序，宜取其低限；片剂生产取 50%～55%，非无菌产品的原料药精烘包工序、水针剂及输液生产等可取其高值。在确定房间相对湿度时，应考虑到过高的相对湿度不但易使产品吸潮，也容易滋长霉菌。若相对湿度过低，则易使洁净室内产生静电，并使室内操作人员产生不舒适感。就节能而言，夏季相对湿度越低，能耗越大。据计算，洁净室换气次数为 20 次/h，室温 25℃，当室内相对湿度由 55%提高到 60%时，约可节省冷负荷 15%。因此，当确定洁净室温湿度时，既要满足工艺要求，又要节省能耗。

2. 洁净室换气次数

我国“药品生产管理规范”推荐，一般情况下的换气次数，洁净度 1 万级的为≥25 次/h，洁净度 10 万级的为≥15 次/h。换气次数的确定，应根据热平衡计算加以验证。

垂直层流的 100 级洁净室，房间断面风速≥0.25m/s；水平层流的 100 级洁净室，房间断面风速≥0.35m/s。一般情况，尽可能在万级或 10 万级环境内，用局部层流方式来达到 100 级的要求。

洁净室所需换气次数，应取为控制室内空气洁净度所需换气次数、根据热湿负荷计算和稀释有害气体所需送风量和按空气平衡所需送风量的最大值。

表 7-2 中为《洁净厂房设计规范》中所规定的最小换气次数。表中规定的最小换气次数主要适用于电子、精密机械等行业。由于考虑到医药生产中，操作人员的动作幅度，工艺设备

表 7-2　　洁净室最小换气次数

洁净度	100 级	1 000 级	10 000 级	100 000 级
断面流速/(m/s)	垂直 0.25，水平 0.15			
换气次数/(次/h)		50	25	15

等布置情况均与电子行业不同，在一般情况下所采用的换气次数可比表中值大 5～10 次/h。应当指出，药厂洁净室所需换气次数的确定是十分灵活的，它与设备布置、人员密度、工艺设备的先进程度等有着密切的关系，如对于布置普通安瓿封灌机的用房就需要较高的换气次数，而对于布置带有空气净化装置的洗灌封联动机的水针生产用房，就只需较低的换气次数即可保证相同的洁净度。

3. 洁净室压力

为使室外污染空气不渗入洁净室，洁净室必须维持一定的正压。根据我国《洁净厂房设计规范》规定，洁净室与邻室的压差应不小于 4.9Pa，洁净室与室外的压差不应小于 9.81Pa。在无菌制剂的作业区内更衣室和洁净走廊，以及具有不同生物洁净等级的无菌操作室，按无菌等级的高低依次相连。彼此相连的房间，按洁净等级应依次相差 4.9Pa 以上。国外洁净室标准中规定的正压值一般稍高于上述数值。如瑞典 ASTRA 公司规定了 1 万和 10 万级洁净室的正压力为 9.81Pa；法国 WHISS 公司规定正压值为 14.71Pa；美国联邦标准 209b 中规定不同洁净级别区域之间的正压差为 12.45Pa。药厂洁净室正压值国内目前尚没有规范规定，可参照上述数据取用。

为使室内维持一定正压，在送入室内的风量中要考虑房间围护结构的渗漏风量(即正压风量)。根据经验，在压差为 5.39～14.71Pa 时，所需正压风量约为 1～2.5 次/h，必要时可根据门窗缝隙长度详细计算。

对于生产中产生粉尘、有毒气体、易燃易爆气体的洁净室，如片剂车间、青霉素车间、抗肿瘤药车间、使用溶剂的片剂包衣间、原料药精烘包工序等有害物，为避免有害物质逸出，应与相邻洁净室保持相对负压。

4. 青霉素等药剂的特殊措施

青霉素类抗生素属于微量也会引起过敏反应的药物。自发生青霉素过敏事故以来，特别是美国，在设备和管理方面都作了严格的规定。按其规定，青霉素制剂与非青霉素制剂操作室不能共用空调系统，以防止交叉污染。

青霉素等药剂如果和其他一般的制剂在同一栋楼制造，那么其无菌制剂的操作室，既要防止外部污染空气的流入，又要防止内部空气的流出。黏附在操作人员衣服上的粉尘也不能带到室外，为此需要专用更衣室。更换衣服时，先脱掉无菌工作服后经过空气吹淋，再穿厂内普通工作服。物品也要在相对负压的前室中除去粉尘后，再搬进去。采用流水线作业时，与无菌室相连的开口部分最好要设置机械排风设备。有粉尘飞扬的操作室需采用全新风方式，排风口上安装高效过滤器，防止青霉素扩散。或者采用循环方式进行空调，送风口和回风口均应安装高效过滤器，使空调系统内无残留青霉素。

(二) 洁净室空调洁净化方案的选择

洁净室空调洁净化方案包括制冷方案、热湿处理方案和送风方案。

1. 制冷方案

制冷方案应根据供冷要求(耗冷量、供冷方式、冷冻水温等)、工程建设地区的水源情况(水温、水质、水量等)以及电源、热源情况而进行技术经济分析，既有较好的经济指标，又有技术上的先进性。制冷装置的选用是制冷方案确定过程中的中心环节，制冷装置的主要类型如下。

(1) 压缩式制冷装置　压缩式制冷装置包括活塞式制冷装置、离心式制冷装置和螺杆式制冷装置三种。

活塞(往复)压缩式制冷装置常用工质是氨(NH_3)、氟利昂－12、22(F－12、22)。这类设备能满足各类空调供冷的要求，被广泛采用。但一次投资大，设备费用高，耗电量大，维护管理比较复杂。

离心压缩式制冷装置常用工质是氟利昂－11、113、114。该机与活塞式制冷压缩机的原理相同，但它只有回转运动，比活塞式运转平稳，振动小，机件少，常与蒸发器、冷凝器组合为一体，设备紧凑占地面积小。离心式制冷压缩机的制冷量较大，因此只有空调耗冷量较大时，才选用这类设备。

螺杆式压缩制冷装置常用工质是氟里昂－12、22、氨(F－12、22、R717)。目前生产的螺杆式制冷压缩机与活塞式相比，虽效率稍低，但由于其结构简单，体积小，吸气系数高，排气温度低，单级压缩比大，对湿行程不敏感，排气脉动小，易损件少，检修周期长，制冷量可无级调节等优点，因此在各种制冷装置中得到较广泛应用。一般在$(120\sim800)\times10^5$kJ/h容量范围内的制冷装置中用该机具有较好的技术经济指标。

(2) 吸收式制冷装置　吸收式制冷装置利用热能制冷。如氨—水吸收式制冷装置和水—溴化锂水溶液吸收式制冷装置。前者适用于低温冷冻；后者适用于空调供冷，制取4℃以上空调或工艺用冷水。溴化锂吸收式制冷中水为工质，溴化锂水溶液为吸收剂，它的特点如下。

对蒸汽热源的压力有极大的适应能力，当蒸汽压力为0.02～0.1MPa时，可采用单效溴化锂吸收式制冷机，当蒸汽压力为1.0～6.0MPa时，可采用双效溴化锂制冷机。

其次设备简单，基本上是热交换器的组合体，容易制造，除小功率的屏蔽泵、真空泵外，无运动部件，因此振动小，运转平稳；设备在真空下工作，工质无臭、无毒，对人无害，使用安全，操作管理简单；容易实现设备操作自动化，制冷能力可在10%～100%范围内自动调节；对冷却水的水温适应性强，即使达到37～38℃，设备仍能正常运转；节省电能，在单机制冷量相同条件下，溴化锂制冷机的耗电量仅为压缩式制冷机的5%左右，这对于供电紧张而热源较充足的地区是很适用的。但是，溴化锂吸收式制冷也有缺点和使用的局限性，主要是溴化锂水溶液在接触空气的情况下，对金属具有强烈腐蚀性，一旦遭到腐蚀，不仅影响传热效果，降低使用寿命，而且会引起设备损坏，所以要求设备必须严格密封，加强运行管理。

由于热能为制冷的动力，在吸收过程中又要放出吸收热，所以冷却水除要负担冷却器的冷却热负荷外，还要负担吸收器的冷却热负荷，其总的冷却热负荷比压缩式制冷机大一倍左右。

(3) 蒸汽喷射式制冷装置　蒸汽喷射式制冷装置也是利用热能进行制冷的一种设备，以水为制冷剂，以蒸汽为制冷动力。蒸汽的压力要求0.2～0.8MPa。其主要优点有：设备在真空下工作，除泵以外，无转动件；制冷剂为水，对人无害，使用安全，操作简单；设备简单，一次投资小，而且可以安装在室外，节省土建费用；可利用工业企业中的废热或工业企业中的采暖锅炉，冬季供热采暖，夏季供汽制冷。

蒸汽喷射制冷的主要缺点是效率较低，设置专用锅炉和利用小型采暖锅炉供汽是不经济的。冷冻水温在5℃以上时可以采用，在10℃以上时比较经济。其效率随冷冻水温度变化，冷冻水温度越低，消耗蒸汽量越大，效率越低。此外，冷却水量很大，单机制冷量相同条件下，蒸汽喷射式制冷机所需冷却水是压缩式或溴化锂吸收式的1.5倍左右，这对于水源紧张的地区是不宜采用的。

2. 热、湿处理方案

热、湿处理的过程包括加热、冷却、加湿和减湿。热、湿交换的介质有水、蒸汽、液体吸湿剂和制冷剂。热、湿交换的设备可分为直接接触式和表面式，其中直接接触式包括喷水室和蒸汽加湿器。表面式包括空气加热器，水冷式表面冷却器和直接蒸发式表面冷却器。

直接接触式热、湿交换设备的特点是，与空气进行热、湿交换的介质直接和被处理的空气接触，通常是将其喷淋到被处理的空气中去。

表面式热、湿交换设备的特点是，与空气进行热、湿交换的介质不和空气直接接触，热、湿交换是通过处理设备的金属表面进行的。

必须指出，在电加热器和使用固体吸湿剂的空气处理设备中，没有上面提到的那些参与热、湿交换的介质，它们是利用电能加热空气或固体吸湿剂的物理、化学作用吸收空气中的水分。其作用原理与直接接触式和表面式热、湿交换设备有所不同。

常用的热、湿处理方案如下。

(1) 加热方案　用空气加热器中通入热水或蒸汽，实现空气等湿加热过程，空气加热器通常用于空调系统的一次加热和二次加热，可提供较大的供热量，且比较经济。

电加热器是通过电阻丝发热来加热空气。电加热器有加热均匀，热量稳定，效率高，结构紧凑和控制方便等优点。因此，在空调机组和小型空调系统中应用较广。在恒温精度要求较高的大型空调系统中和净化空调系统中，也经常在送风支管上使用电加热器来控制局部加热，这就是所谓的第三次加热或叫精加热。但是，采用电加热器要耗费较多的电能，所以在加热量要求较大的地方不宜采用。

(2) 加湿方案　用普通的蒸汽喷管对空气进行加湿。普通的蒸汽喷管是由略粗于供汽管道的管子组成，上面开有若干直径为2～3mm的小孔，蒸汽在管网压力作用下，由小孔喷出，混到从蒸汽管周围流过的空气中去，使空气得到加湿。普通的蒸汽管虽然构造简单，容易加工，但喷出的蒸汽往往夹带凝结水滴，影响加湿效果的控制。通常用于湿度要求不严格的系统中。

用干式蒸汽加湿器对空气进行加湿。干式蒸汽加湿器就是在喷管外设一蒸汽保温外套，在保温外套内通入高压蒸汽，因而保证喷管外壁有较高的温度，不至于在管内产生凝结水。蒸汽再经过加湿器筒体、导流箱、导流管和加湿器内的筒体，最后干蒸汽经喷管喷出加湿周围的空气。常用于大型空调系统中。

用电加湿器中的电能产生蒸汽，不经管道的输送，而将蒸汽直接混到空气中去进行加湿。电加湿器可分为电热式和电极式两种。电极加湿器结构紧凑，加湿量容易控制，应用较多。其缺点是耗电量大，电极上易积垢和腐蚀。因此，宜用在小型空调系统中。目前整体式空调机组多采用电极式加湿器，并与压缩机、蒸发器、冷凝器、通风机等一起组装在一箱体内，使用方便。

用喷循环水的方法对空气进行加湿。在淋水室和淋水表冷段设有喷水泵，利用喷池内的循环水，可以实现对空气的加湿。这种方法处理的风量较大，耗电量少，对湿度易于保证，是集中式空调系统中经常采用的加湿方法。

(3) 冷却干燥方案　在淋水室中利用低于空气露点温度的冷冻水对需要处理的空气直接进行喷淋，使其产生热、湿交换，可以实现对空气的冷却干燥处理。淋水室处理空气有以下优点：具有热工性能上的多样性，即可用于降焓、降温、降湿，又可用于增焓、增温、增湿，在不同的季节均能保持较严格的相对湿度。当喷水温度不同时，淋水室可以对空气做不同过程的热工处理。设备比较容易制造，造价较低。可以兼作空气净化用，除去空气中的灰尘，使空气清新，改善工作条件。

淋水室处理空气有以下缺点：设备的占地面积大，两排卧式淋水室最小长度为1.9m，三排最小长度为2.5m，而表冷器的长度一般不超过0.6m，淋水表冷器也只是1.4m。水系统较为复杂，为了适应室外气象条件的变化，一般用改变喷水温度的方法调节，即利用一部分循环水。因此，每套空调器都必须设置水泵；另一方面水系统为开式系统回水无压力，如回水不能靠重力流出或作它用，则需要设回水箱或回水泵；水与空气直接接触，易受污染变脏，需定期排污并补充新水。

利用冷水式表面冷却器处理空气，使产生热、湿交换，可以实现对空气的冷却干燥处理。这也是空调中普遍应用的方法。

冷水表冷器与淋水室比较，处理空气能力相近，其优点如下：设备的体积小，所需机房面积小，安装简便；水系统比较简单；水与空气不直接接触，避免了空气与水的相互污染，水系统的补水量大为减少；输水系统电能消耗低，每套空调器的表冷器，无需设置水泵，表冷器的阻力损耗全部由动力站的冷冻给水泵负担，尽管表冷器的空气阻力较大，但处理空气的总耗电量一般都较低。

冷水表冷器处理空气有以下缺点：对空气的处理过程不像淋水室那样具有多样性，只能实现湿式冷却、干式冷却和加热三种处理过程，需加湿时，还须另设加湿器，不易达到较严格的相对湿度要求；设备制造工艺复杂；金属消耗量大，一般要消耗较多的有色金属；造价也较淋水室高；无除尘、去味作用。为了消除缺点，增加热交换效率，也可采用带淋水的表冷器。

带淋水的表冷器，淋水仅作为加湿除尘用，其处理功能可以和淋水室相同。适用于要求采用闭式冷水系统，且相对湿度要求严格又不能用蒸汽加湿或用蒸汽加湿不合理时。利用直接蒸发式表冷器也可对空气进行处理，实现对空气的冷却干燥处理，这是小型空调机组普遍采用的方法。

直接蒸发式由于采用制冷系统中的蒸发器作为空气冷却器，因此设备简单，体积小，占地面积小，初投资也最省；但冷媒的管路损失大，要求密封严格，故蒸发器与冷冻机距离不宜拉得很远，一般一台冷冻机的蒸发器供给一个送风系统，组成整体式机组。直接蒸发式表冷器不易调节，不易保持严格的相对湿度，一般用于相对湿度无严格要求的系统。

3. 送风方案

普通的空调送风方式可分为集中式和局部式两种。在集中式里，按照带走室内热负荷介质的不同，可分为全空气式、空气—水式和全水式三种。而对于空气洁净技术来说，只能采用全空气式。另外，净化系统需要初效、中效和高效过滤器，结合空调与净化的双重要求，净化空调系统可分为集中式净化空调系统和分散式净化空调系统。

(1) 集中式净化空调系统　空气的初效和中效过滤器及热湿处理设备集中设置在一个空调机房内，用管道与布置在室内风口处的高效过滤器相连所组成的系统，叫集中式净化空调系统。集中式净化空调系统的送风方式可有以下几种形式。

a. 单风机系统　如图 7－12 所示。为防止污染空气渗入净化空调系统而再次污染中效过滤器后的空气，中效过滤器设置在系统的正压段。为防止高效过滤器后的空气再次被污染，高效过滤器应尽量布置在系统末端即尽量靠近洁净室的送风口。当回风含尘浓度较高或有大粒径灰尘、纤维等情况下，可在回风口或回风管道上设置中效过滤器。在围护结构比较严密的条件下，为防止系统停止运行后室外污染空气由新风口进入洁净室，除在回风口或回风管道上设置中效过滤器外，可在新风入口管道上设置电动密闭阀并与风机连锁，或在新风入口管道上设置一般调节阀，再增设一道中效过滤器。

b. 设置值班风机系统　如图 7－13 所示。当净化空调系统间歇运行时，为防止系统停运后室外污染空气通过围护结构的缝隙或从新风口进入洁净室，可设置值班风机。系统正常运行时，阀 1、阀 2、阀 3 打开，阀 4 关闭，风机 3 投入运行；系统值班运行时，阀 1、阀 2、阀 3 关闭，阀 4 打开，风机 6 投入运行。

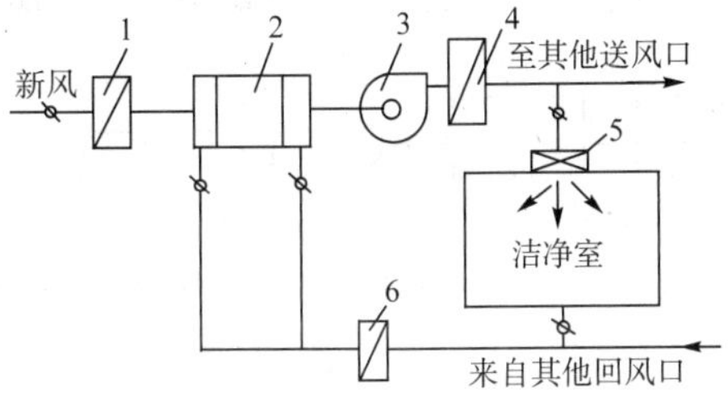

图 7-12 单风机集中式净化空调系统

1—初效过滤器 2—热湿处理室 3—送风机 4—中效过滤器 5—高效过滤器 6—回风过滤器

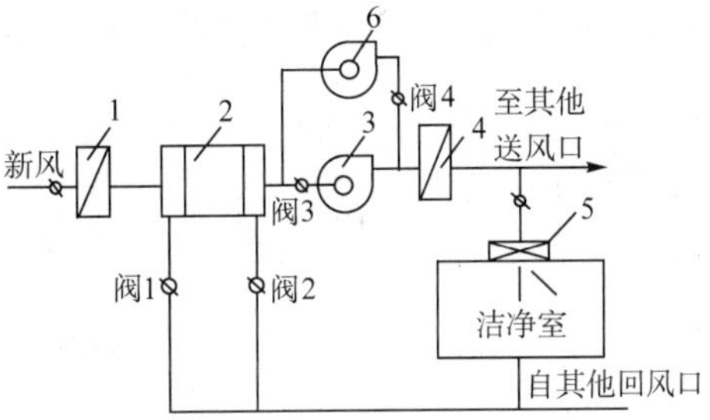

图 7-13 设置值班风机集中式净化空调系统

1—初效过滤器 2—热湿处理室 3—正常运行风机 4—中效过滤器 5—高效过滤器 6—值班风机

c.并联的集中式系统　如图7-14所示。当空调机房内布置多个集中式净化空调系统时,可将几个系统并联,只设一个新风热湿处理系统。这样做可以减轻每个集中式净化处理室空调系统的冷负荷与热负荷,而且运行比较灵活。系统正常运行时,阀 1 和阀 3 关闭,阀 2 和阀 4 打开,新风风机 3 和送风风机 5 投入运行;系统值班运行时,阀 1 和阀 3 打开,阀 2 和阀 4 关闭,新风风机 3 投入运行,送风风机 5 停止运行。此外,当某个系统不需要运行时,可将阀 1 和阀 2 或阀 3 和阀 4 关闭,其相应的送风风机也停止运行即可,而其余系统照常使用。

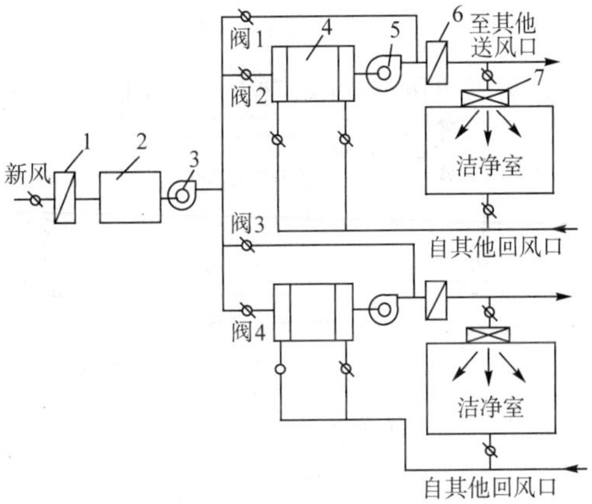

图 7-14 并联的集中式净化空调系统

1—初效过滤器 2—新风热湿处理室 3—新风风机 4—混合风热湿处理室 5—送风风机 6—中效过滤器 7—高效过滤器

d. 双风机系统　如图 7-15 所示。当系统阻力较大时,为了降低噪声,减少漏风量和便于系统的调节,技术经济比较合理时,可采用双风机集中式净化空调系统。

e. 两级高效过滤器系统　如图 7-16 所示。对于层流洁净室,为了延长顶棚高级过滤器的使用寿命,减少其更换次数及提高室内空气洁净度,可在送风静压箱入口处或空调机房内增设一道高效过滤器。

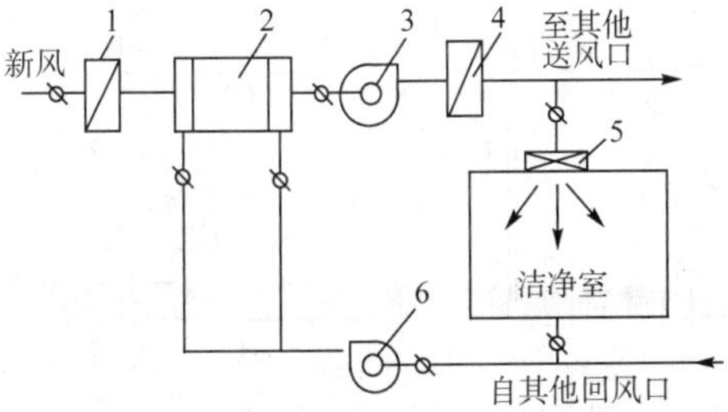

图 7-15 双风机集中式净化空调系统

1—初效过滤器 2—热湿处理室 3—送风风机 4—中效过滤器 5—高效过滤器 6—回风风机

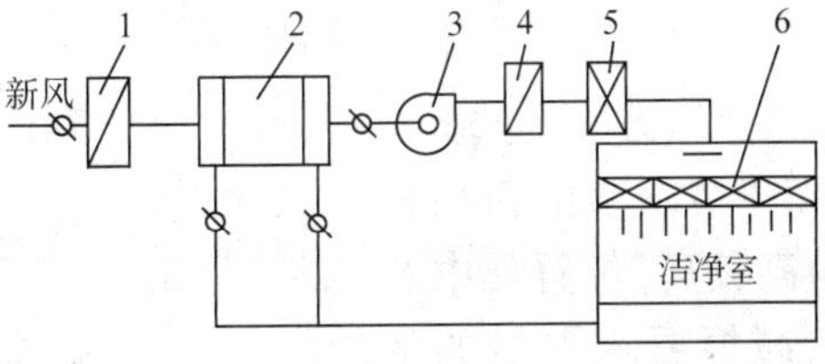

图 7-16 两级高效过滤器集中式净化空调系统

1—初效过滤器 2—热湿处理室 3—风机 4—中效过滤器 5—第一级高效过滤器 6—第二级高效过滤器

f. 部分空气直接循环的集中系统　利用大型离心风机实现部分空气直接循环的集中系

统如图 7－17 所示，用并联小型离心风机实现部分空气直接循环的集中系统如图 7－18 所示。

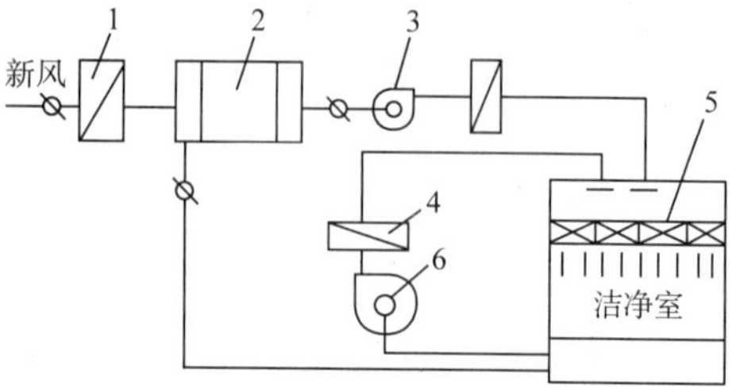

图 7－17　部分空气直接循环的集中式净化空调系统(一)

1—初效过滤器　2—热湿处理室　3—送风风机
4—中效过滤器　5—高效过滤器
6—大型离心式循环风机

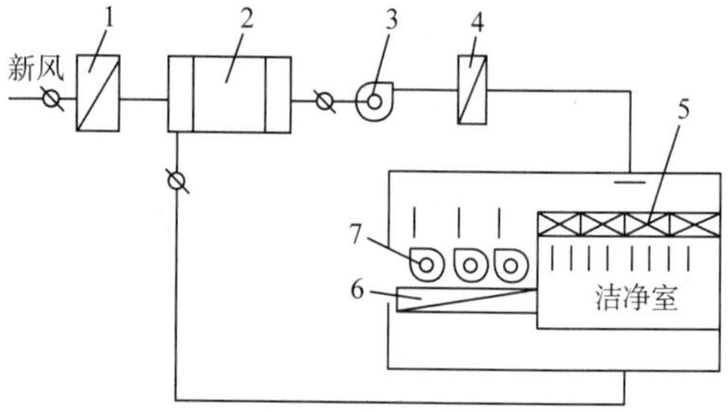

图 7－18　部分空气直接循环的集中式净化空调系统(二)

1—初效过滤器　2—热湿处理室　3—送风风机
4、6—中效过滤器　5—高效过滤器
7—小型离心式循环风机

层流洁净室的换气次数很大，如果机房和洁净室的距离较远，可利用大型离心风机或风量大，风压高，效率高，噪音低的多台小型离心风机并联，就近实现部分空气的直接循环，缩短了大风管的长度，并节省了风管所占空间。

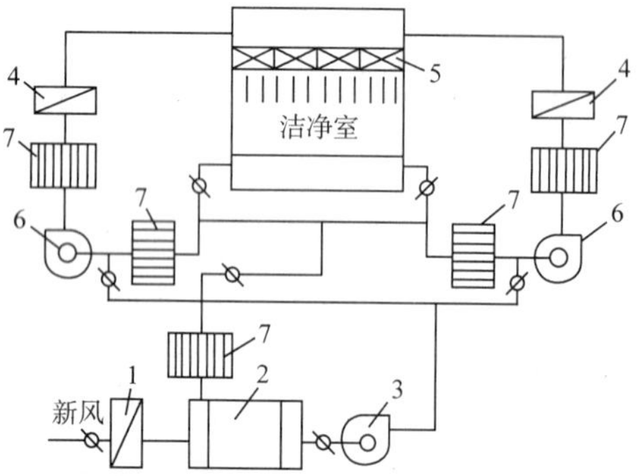

图 7－19　设置消声器的集中式净化空调系统

1—初效过滤器　2—热湿处理室　3—送风风机
4—中效过滤器　5—高效过滤器　6—循环风机　7—消声室

g. 设置消声器的集中式系统　如图 7－19 所示。系统用装配式洁净小室，局部净化设备与一般空调环境所构成的系统，叫分散式净化空调系统。目前，应用最广泛的是集中式净化空调系统与分散式净化空调系统相结合的形式，它兼有集中式和分散式系统的优点，更能适应生产工艺和建筑工程的要求。

(2)分散式净化空调系统　分散式净化空调系统的基本形式有：在集中式空调系统的环境中，设置局部净化设备，如图 7－20 所示；在分散式空调系统的环境中，设置局部净化设备，如图 7－21 所示。

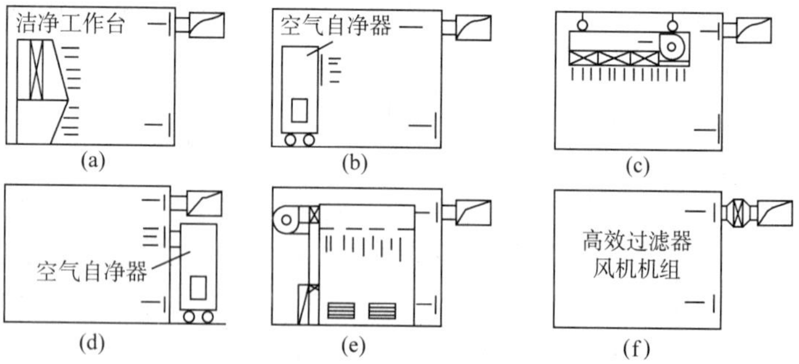

图 7－20　集中空调系统分散式净化示意图

(a) 室内设置洁净工作台　(b) 室内设置空气自净器
(c) 室内设置层流罩或装配式洁净小室　(d) 走廊或套间内设置空气自净器
(e) 现场加工洁净小室　(f) 送风口增设高效过滤器风机机组

4. 送风方案的选择

新建洁净室的面积较大，净高较高，位置集中及消声、减振要求严格的洁净室应采用集中式系统；反之，采用分散式系统。

改建工程除应符合上述原则外，可根据具体情况做不同的处理。原有建筑内设有集中式空调系统时，可在空调系统内集中增设中效过滤器和高效过滤器或在送风口处增设高效过滤器，并且用提高风机转速或更换风机的方法，提高风机的风量和风压，组成集中式净化空调系统。也可在室内增设局部净化设备，组成分散式净化空调系统。原建筑内未设空调系统时，可增设集中式净化空调系统；也可增设净化空调器或小型空调器和局部净化设备，组成分散式净化空调系统。

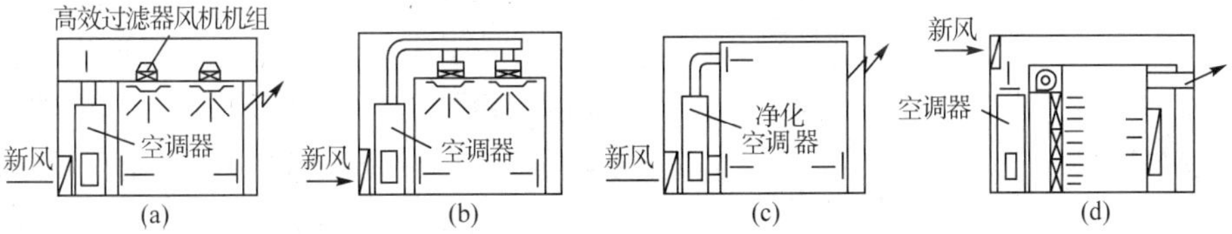

图 7－21　分散式净化空调系统

(a) 小型空调器与高效过滤器风机机组　(b) 小型空调器与高效过滤器送风口
(c) 套间内设置净化空调器　(d) 小型空调器与装配式洁净室

5. 装配式空调器

目前，大型空调器由专业化工厂分段生产，到现场进行组装，典型装配式空调器组装图如图 7－22 所示。总长度一般为 12m 左右。其中淋水室有单排、双排和三排之分。将加热器、表冷器及挡水板组合在一起，成为一个功能段。加热器、表冷器为抽屉式安装，从空调侧面安装或抽出维修。根据风量的大小加热器有单组、双组及四组（双面接管）之分。加热器也可用电加热器，功率由用户提供。表冷器有四、六、八排，其后均设有挡水板，将表冷器与挡水板组合在一起，成为一个表冷及挡水板功能段。将表冷器与单排淋水管组合在一起，成为一个表冷功能段。将直接蒸发表冷器做成一个直接蒸发表冷功能段，配套供应。

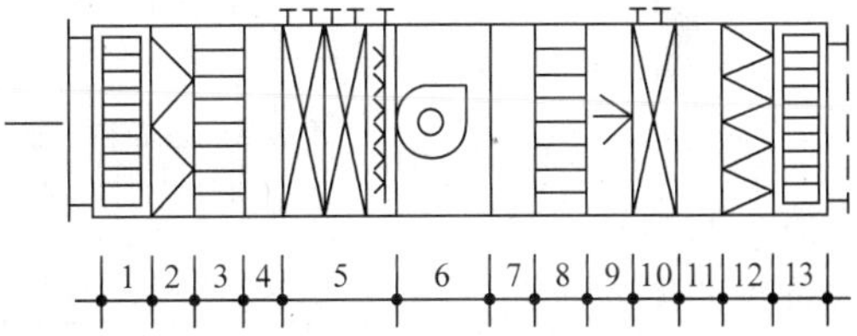

图 7－22　典型装配式空调器组装图

1—混合段，一次回风与新风混合处　2—初效过滤器
3—消声段　4—中间段　5—热湿处理段　6—风机段
7—中间段　8—消声段　9—干蒸汽加湿段
10—二次加热段　11—中间段　12—中效过滤器
13—送风段，送风口位置可以根据设计需要确定为顶送或侧送；二次回风段与送风段相似

（三）净化方案

1. 全室净化方案

以集中净化空调系统，在整个房间内造成具有相同洁净度环境的净化处理方式，叫全室净化。它适合于工艺设备高大，数量很多，且室内要求相同洁净度的场所。但是这种方案投资大，运行管理复杂，建设周期长。

2. 局部净化方案

用净化空调器或局部净化设备，在一般空调环境中造成局部区域具有一定洁净度级别环境的净化处理方式叫局部净化。它适合于生产批量较小或利用原有厂房进行技术改造的场所。目前，应用最广泛的是全室净化与局部净化相结合的净化处理方式，它既能保证室内具有一定洁净度，又能在局部区域实现高洁净度环境，从而达到既满足生产对高洁净度环境的要求，又达到节约能源的目的。

3. 洁净隧道方案

以两条层流工艺区和中间的紊流操作活动区组成隧道形洁净环境的净化处理方式叫洁净隧道。这是全室净化与局部净化相结合的典型，也被称为第三代净化方式。按照组成洁净隧道的设备不同，洁净隧道可分为以下形式。

（1）台式洁净隧道　如图7－23所示。这种洁净隧道是将洁净工作台相互连接在一起，并取消中间的侧壁，组成生产需要的隧道型生产线。当工艺要求垂直层流时，可选用垂直层流工作台。当工艺要求水平层流时，则选用水平层流工作台。这种净化方式较全室净化更易保证局部空间的高洁净度，并由于工作台相互连接，可以减少或防止交叉污染。此外，对建筑的要求比较简单，只要求具备紊流洁净室的环境即可。其缺点是洁净工作台的尺寸固定，使操作面缺乏足够的灵活性，工艺设备必须适应工作台的尺寸。

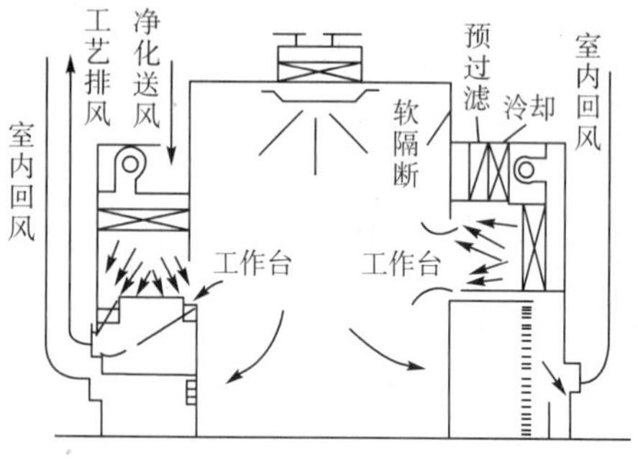

图 7－23　台式洁净隧道

（2）棚式洁净隧道　如图7－24(a)(b)所示。棚式洁净隧道是棚式垂直层流单元串联在一条生产线上所组成的。根据工艺要求，洁净棚的面积可以变化，空气可以全部为室内循环式，也可连通集中式净化空调系统，吸取部分新风。棚式洁净隧道适合于工艺设备较大的场所。当管道可以明装时，采用图7－24(a)的形式，当管道必须暗装时，采用图7－24(b)的形式。

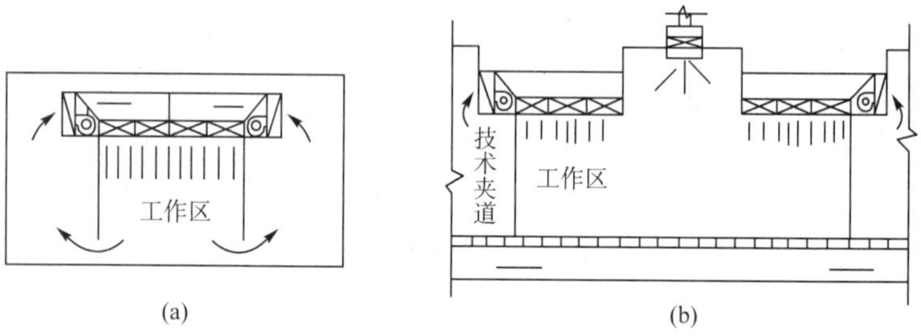

图 7－24　棚式洁净隧道

（3）罩式洁净隧道　如图7－25所示。洁净隧道是将层流罩，即罩式垂直层流单元串联在一条生产线上所组成的。由于层流罩的进深比洁净棚小，只适用于工艺设备较小的场所。

（4）集中送风式洁净隧道　如图7－26所示。洁净隧道是由集中式送风系统的满布高效过滤器的静压箱所组成的。层流工作区的宽度可依照工艺要求确定，而不像台式、棚式和罩式洁净隧道那样，因局部净化设备的尺寸而限制层流工作区的宽度，设计可以灵活。采用这种形式时，回风可以通过技术夹道，也可在乱流操作活动区设置地沟。此外，管道可布置在工作区的沿壁板一侧，排风管接至地沟。

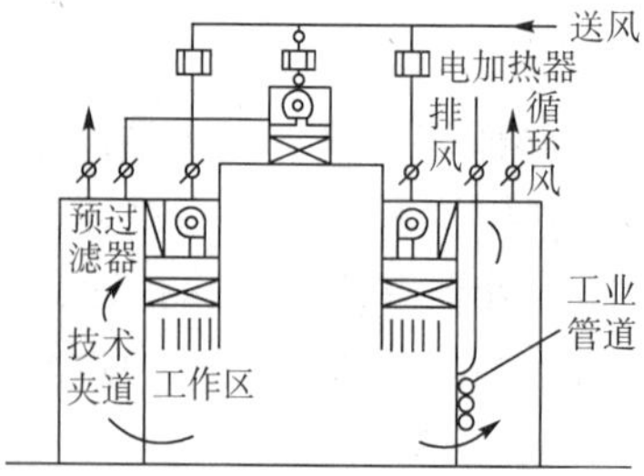

图 7－25　罩式洁净隧道

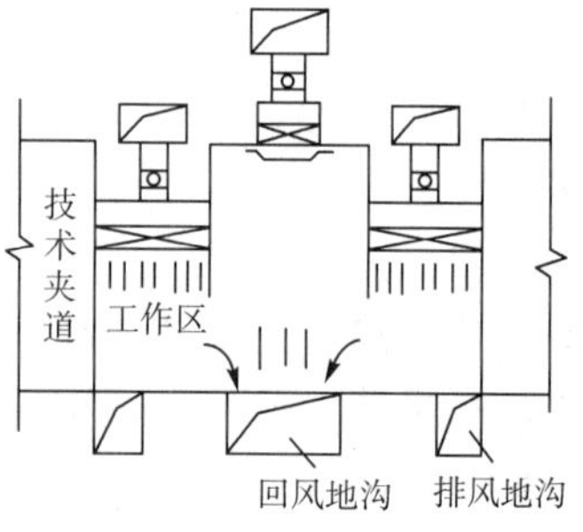

图 7－26　集中送风式洁净隧道

4．洁净管道

把需要超高洁净度级别的工艺生产线，放在与室内空气环境隔绝的管道中的净化处理方式，叫洁净管道。它要求生产工艺必须是自动化的，高效过滤器必须是以 0.1μm 尘粒为标准的才能实现超高洁净度。此外，这种方式由于被净化的是管道中的空气，送、回风量很小，可以大幅度地节约能量，是洁净技术的发展方向，被称为第四代净化方式。

工程设计中应结合具体情况选择其中一种或两种净化方式作为设计方案。在满足工艺要求的条件下，应尽量选用局部净化方式。由于局部净化设备一般均由专业工厂生产，设备质量高，又可加快现场施工速度，在改建工程中可以优先考虑这种方案。当只用局部净化方式不能满足工艺要求时，可采用局部净化与全室净化相结合的净化方式作为设计方案。当上述净化方式均不能满足工艺要求时，才选用全室净化的净化方式作为设计方案。由于这种方式要造成全室具有相同的洁净度，特别是洁净度级别高时，初投资和运行费用都很高，因此，洁净室的面积应严格控制。

（四）净化空调系统划分原则及其设计要点

1．净化空调系统设计原则

在净化方案确定以后，应具体划分净化系统。由于净化与空调是不可分的，因此净化系统与空调系统要统一考虑。为保证系统的正常运行，节约能量，并防止室内不同房间之间的相互污染，净化空调系统划分时，应综合考虑下述情况。

（1）层流洁净室与乱流洁净室应分别设置独立的净化空调系统。

（2）具有初效过滤器、中效过滤器和高效过滤器的高效净化空调系统与只有初效过滤器和中效过滤器的中效净化空调系统，应分别设置独立的净化空调系统。

（3）产生剧毒有害物房间的净化空调系统与一般房间的净化空调系统；产生不同有害物的房间，其回风不能混合的净化空调系统，应分别设置独立的净化空调系统。

（4）回风温、湿度很高的净化空调系统与回风温、湿度较低的净化空调系统，应分别设置独立的净化空调系统。

（5）运行班次与使用时间不同的净化空调系统，应分别设置独立的净化空调系统。

（6）集中式净化空调系统一般不宜过大，面积大的车间，应采用几个净化空调系统。

（7）可能通过管道引起交叉污染或混药的房间，如青霉素类药物和激素、抗肿瘤药等。

（8）当洁净室内使用剧毒溶液或易燃、易爆物品时，净化空调系统应根据具体情况考虑事故排风措施和防火措施。

（9）净化空调系统的新风入口，一般是彼此独立的。当洁净室面积较大，采用几个净化空调系统时，新风可经集中热、湿处理后送到各个净化空调系统。

（10）净化空调系统一般不宜设置消声器，应尽量采用其他综合措施以满足洁净室对消声的要求。当必须采用消声器时，应选用不易积尘和产尘的结构形式和消声材料。

（11）洁净室一般可不设值班风机。当净化空调系统停止运行后对产品有影响，而工艺又不能采取局部处理措施时，可设值班风机。

（12）洁净度为 100 级、1 000 级和 1 万级的洁净室不应采用散热器采暖，10 万级洁净室也不宜采用散热器采暖。

（13）值班采暖可利用技术夹道内布置的散热器进行间接采暖，或利用值班风机进行热风采暖。

（14）散热器应采用表面光滑、不易积尘、便于清扫的形式。

2．净化空调系统设计时应注意的问题

(1) 药厂洁净室净化空调系统一般都采用循环风运行,系统新风量不小于补偿室内排风和保持室内正压所需的新风量的要求,保证各房间每人每小时不小于 $40m^3$ 的新风量。

(2) 在生产中产生易燃易爆气体或粉尘的场合,生产中产生毒害性气体或物质的房间,有可能通过空调系统造成混药时,有可能通过空调系统造成交叉污染时,空调系统不能使用循环风。

(3) 为防止药物对周围大气环境的污染和影响人体健康,对于生产激素、青霉素、抗肿瘤类药物的排风应经净化处理。

(4) 控制区和洁净区内的排风系统均应设有防室外空气倒灌措施。

因此,空气洁净技术是一项综合性的措施,建设药厂洁净室不是解决药品污染的惟一途径。药品污染的来源是多方面的,一是环境空气,二是原料药液的处理,三是包装容器本身的质量和清洗,四是设备是否适应净化室的要求,五是操作人员是否有严格的清洁和卫生制度。以上污染源均需综合控制,在设置空气净化装置同时,在工艺设备、建筑等设施和管理上采取相应措施,才能真正达到药品生产的 GMP 要求。

(五) 气流组织

气流组织是为了达到洁静度而在室内造成一定的空气流动状态和气流分布状态。洁净室的气流组织形式按气流流动状态分为乱流状态和层流状态。对应气流状态的洁净室称为乱流洁净室和层流洁净室。空气的层流状态又分为垂直和水平两种。采用垂直层流的洁净室叫做垂直层流洁净室,采用水平状态的称为水平层流洁净室。洁净室的造价都比较高,一般都用在比较关键的工序。

洁净室的气流组织是净化空调设计中的重要环节,不仅关系到室内工作区的温度、湿度和气流速度,而且关系到空气洁净度。良好的气流组织形式,可以在较小的系统循环风量条件下达到较高的空气洁净度。因此,在工程设计中,要特别注意洁净室的气流组织。

空气在室内的分布与很多因素有关,其中主要的因素是送、回风口的形式、个数、位置和气流速度等。必须指出,洁净室的气流组织与一般空调有所不同,一般空调房间为了提高温、湿度扩散效果,减少循环风量,通常采用紊流度大的气流组织形式,在室内造成二次诱导气流、某些向上气流以及一定的涡流。而洁净室气流组织作用在于限制和减少尘粒对药品的污染,因此这种紊流度大的气流组织方式对于洁净室来说是十分不利的。确定洁净室气流组织形式应考虑下述原则。

(1) 首先考虑药品对空气洁净度的要求,当要求洁净度为 100 级时,应选用层流流型;当要求洁净度为 1 000 级~10 万级时,应选用乱流流型。确定气流组织形式时,还应考虑建筑的特点和节省投资。

(2) 由于洁净室的气流组织的作用在于限制和减少尘粒对于药品的污染,因此从净化角度要求气流组织形式应满足下列要求。

a. 尽量减少涡流,避免把工作区以外的污染物带入工作区。

b. 尽量防止灰尘的二次飞扬,以减少尘粒对药品的污染机会。一方面气流速度不能过大,另一方面乱流洁净室的回风口不应设在工作区的上部,并避免采用单一的大回风口,而应在地板上或侧墙下部均匀布置回风口。

c. 工作区的气流应尽量均匀,流速必须满足工艺和卫生的要求。气流流速过大,可能引起尘粒的二次飞扬;但过小,又可能造成尘粒的大量沉降。洁净气流应尽可能把工作部位围罩起来,使污染物在扩散之前便流向回风口。流向回风口的气流,应能有效地将散发至工作区的尘粒带走。

d. 在上述条件下，为稀释空气中尘埃粒子，降低含尘浓度，应有足够的通风换气量。

(3) 洁净室设备的布置应考虑对气流组织的影响，为气流组织设计和提高室内空气洁净度创造条件，设计中可从以下方面考虑。

a. 工艺设备布置时要留有一定的间隔，为送、回风口的布置和气流的通畅创造条件；气流组织设计时要考虑设备，特别是高大设备对于气流组织的影响，将送、回风口布置在设备的间隔处，尽量减少高大设备对气流的影响。

b. 洁净工作台不宜布置在层流洁净室内。当布置在乱流洁净室时，宜将其置于工作区气流的上风侧，以提高室内的空气洁净度。

c. 洁净室内的排风柜宜置于工作区气流的下风侧，以减少对室内的污染。

药厂洁净室的空调系统中包括空气的过滤和热湿处理，空气处理各功能段的组成应根据洁净室的要求而定，图 7－27 所示为净化空调系统空气处理流程中的一种基本形式。该系统中设一道初效过滤、二道中效过滤和一道高效过滤。其中高效过滤器设置在送风系统末端，以避免送入洁净室净化空气的再污染。上述流程图可用于任何级别的洁净室。对用于大于 10 万级洁净室的空调系统中，不需设置高效过滤器。图 7－27 的空调箱为单风机系统，亦可采用两台风机串联的所谓双风机系统，一台作为回风机，一台作为送风机。此种形式比单风机系统噪音小，且可单开一台作为洁净室值班风机，但工程造价和空调箱长度也将随之增加。

图 7－28 所示为带有二次回风的净化空调系统，在夏季工况时利用第二次回风的热量加热空气，从而取代了加热器，避免了空调系统夏季运行时能耗中的冷热抵消现象，有较为明显的节能效果。但由于二次回风系统的调节较之一次回风系统复杂，在不具备空调自动控制装置的条件下，较难利用二次回风。

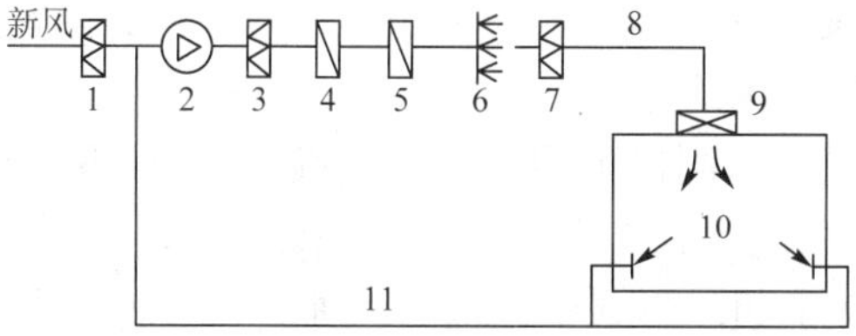

图 7－27 净化空调系统空气处理流程

1—初效过滤器 2—风机 3—中效过滤器 4—冷却器 5—加热器 6—加湿器 7—中效过滤器 8—送风管 9—高效过滤器 10—洁净室 11—回风管

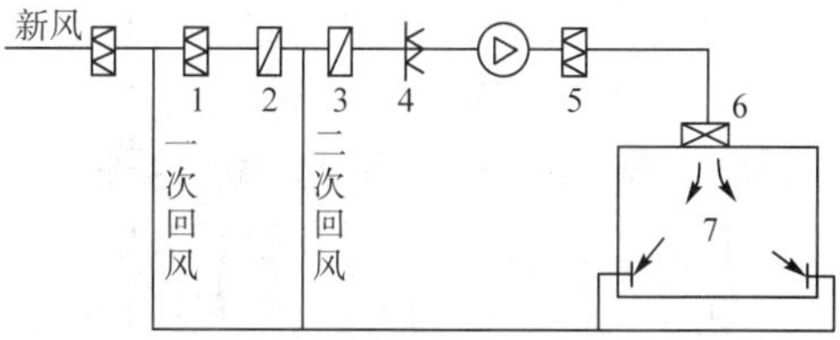

图 7－28 带二次回风的净化空调流程图

1—中效过滤器 2—冷却器 3—加热器 4—加湿器 5—中效过滤器 6—高效过滤器 7—洁净室

(六) 气流组织形式

1. 紊流洁净室

紊流洁净室的工作原理如图7－29所示。当干净气流从送风口进入室内时，迅速向四周扩散、混合，同时把同样数量的气流从回风口排走，干净气流稀释着室内的污染空气，冲淡了原来含尘浓度高的室内空气，一直达到平衡。

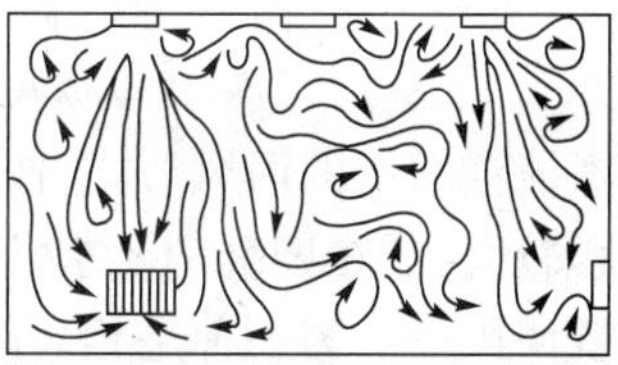

图 7－29 紊流洁净室原理示意图

紊流洁净室的特点：它能达到较低的洁净度级别，通常在 1 000 级至 10 万级范围内；换气次数一般在 15～100 次/h，自净能力较低，其初投资和运行费用也较低；室内有涡流，气流流速不均匀，某些尘粒在室内循环，而不易被排出；乱紊流洁净室的构造简单，高效过滤器的安装和堵漏方便，无论新建或改建，常被采用。紊流洁净室气流组织有以下几种。

（1）全孔板顶送　如图 7－30 所示。它的特点是工作区风速最小，气流分布最均匀，可以获得 1 000 级洁净度；非连续运行时，孔板内易积尘，需要技术夹层，且灯具布置困难。

（2）局部孔板顶送　如图 7－31 所示。与全孔板相比两侧有较大的涡流，其趋势沿侧墙向上卷，经顶棚向下流动，一部分混入中间的洁净气流，引起气流的污染，另一部分在侧墙壁附近形成涡流。其洁净度可以达到 1 万级。灯具布置比全孔板顶送方便。

（3）流线型散流器顶送　如图 7－32 所示。其特点是适用于 4m 以上的高大厂房；散流器与散流器之间和散流器与墙壁之间有涡流存在；并要求有较高的技术夹层；灯具安装方便。

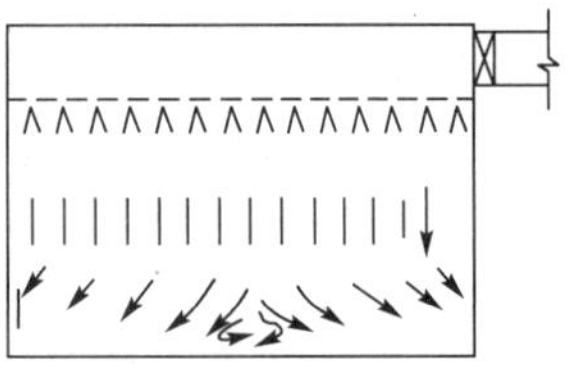

图 7－30　全孔板顶送

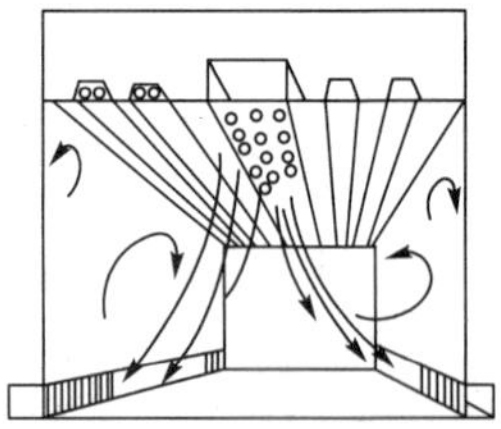

图 7－31　局部孔板顶送

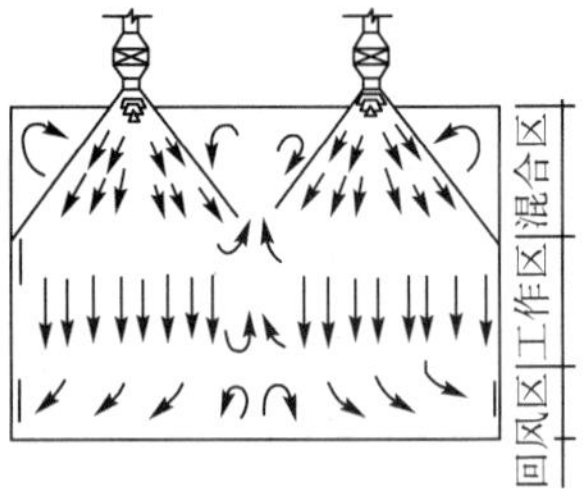

图 7－32　流线型散流器顶送

（4）高效过滤器风口顶送　如图 7－33 所示，有带扩散板和不带扩散板两种。其特点是，系统比较简单；高效过滤器布置在风口处，洁净空气直接送到工作区，因此可以获得较高洁净度，一般在 1 000 级至 10 万级范围内，其中带扩散板高效过滤器风口顶送是目前最常用的一种气流组织形式。高效过滤器顶送风口是否带扩散板，对室内气流的均匀性影响很大。

在顶棚上需要安装大风管及高效过滤器送风口静压箱。当为上送下回形式时，地板下需设地沟或下夹层，以便布置回风管道。因此，需要较高的建筑层高。

（5）侧送　如图 7－34 所示。这种形式多用侧送同侧下回的方式。其特点是：室内涡流多，工作区处于回流区，不易获得较高的洁净度，只能达到 1 万级，顶棚上和地板下无送、回风管道，适用于层高较低的厂房，工程造价是几种气流组织形式中最低的一种。

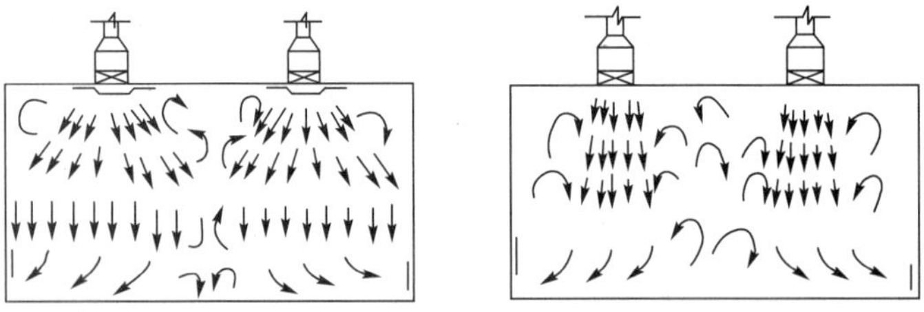

(a)　　(b)

图 7－33　高效过滤器风口顶送

（a）带扩散板　（b）不带扩散板

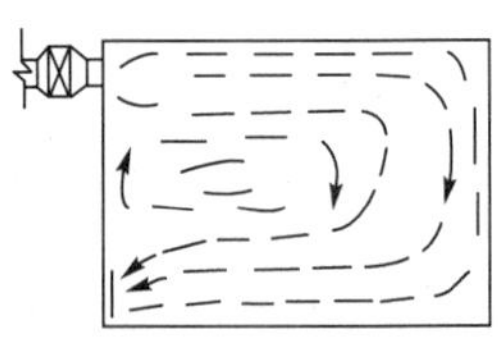

图 7－34　侧送

紊流洁净室的回风形式，按回风口布置有两种：一是在地面上均匀布置回风口，多用于室内面积较大，洁净度级别要求较高的场合。工程中可采用设置下夹层或回风地沟，实现地面均匀布置回风口。另一种是相对两侧墙或单侧墙下部设置回风口。各种送、回风口形式的组合与洁净室的洁净度级别有关。

2．层流洁净室

层流洁净室亦称平行流洁净室如图7－35所示。在洁净室内，由于送风气流静压箱和高效过滤器的均压均流作用,从送风口到回风口洁净气流不是一股或几股,而是充满全室断面。使得全室工作断面上流速比较均匀,流线彼此平行,没有涡流的气流。气流最终把原有室内含尘浓度高的空气挤压出房间,从而达到净化房间内空气的目的。垂直层流洁净室和水平层流洁净室的第一工作区可以达到目前较高的洁净度级别 100 级。垂直层流洁净室内,工艺设备的布置比较灵活,人身净化设施也可以简化。换气次数垂直层流洁净室(以 2.5m 高计算)达 360 次/h 以上,水平层流洁净室依其长度而变化,但循环风量较垂直层流洁净室还要大些。层流洁净室的自净能力很强,自净时间均在 1min 左右,初投资和运行费用很高。因此,工程设计中层流洁净室的面积应严格控制。

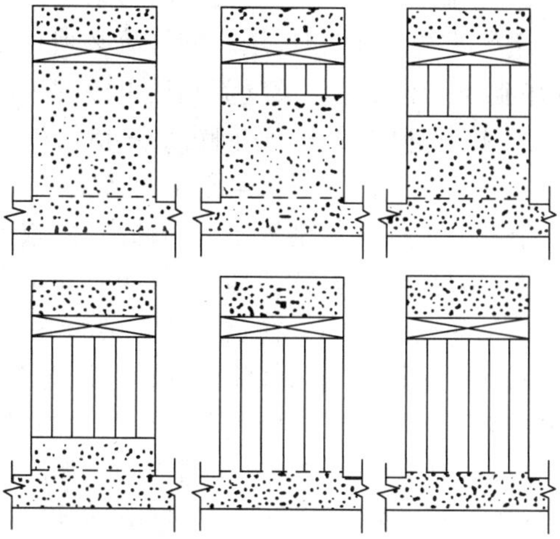

图 7-35　层流洁净室原理示意图

(1) 垂直层流洁净室　典型垂直层流洁净室如图 7-36 所示,顶棚满布高效过滤器,地面满布格栅地板。通过高效过滤器的洁净空气由上而下,呈垂直层流状态流经工作区,携带工作区发散的尘粒,经格栅地板进入回风静压箱。在这种洁净室内,各种工艺操作或尘源被流线彼此平行的气流完全隔开,避免了横向交叉污染,是最理想的一种气流组织形式。根据实践,垂直层流洁净室的顶棚高效过滤的满布率不应低于 60%。几种部位的间隔宽度与涡流延伸距离的关系见图 7-37。从图中可以看出,避开涡流区的安全距离,高效过滤器与墙壁之间为其距离 10 倍左右;高效过滤器之间为其距离的 5~6 倍左右。除了顶棚满布高效过滤器,地面满布格栅地板外,直接影响垂直层流和水平层流洁净室初投资和运行费用的,就是室内断面风速的大小。

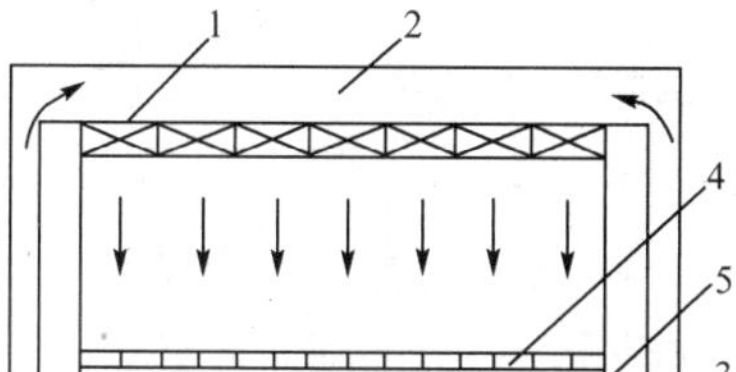

图 7-36　典型垂直层流洁净室
1—高效过滤器　2—送风静压箱　3—循环风机
4—格栅地板及中效过滤器　5—回风静压箱

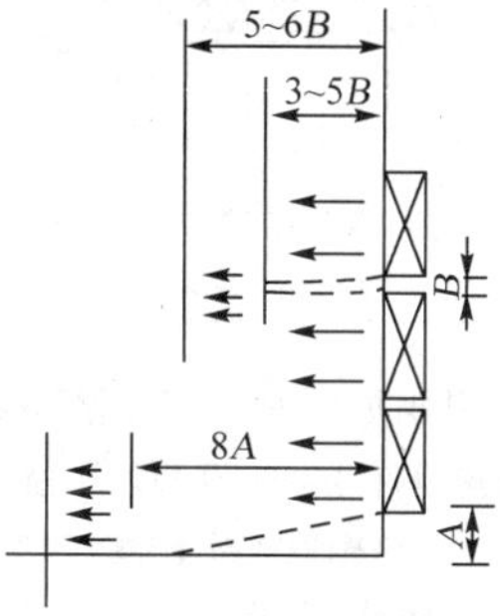

图 7-37　层流洁净室过滤器的间隔与涡流区高度关系图

我国《洁净厂房设计规范》中规定垂直层流洁净室气流流经室内断面速度不小于 0.25m/s,美国联邦标准 209b 规定为 0.45m/s,误差 ±20%。在相同断面面积的条件下,后者的风量为前者的 1.8 倍。在垂直层流洁净室中,气流流速的作用如下。

a. 控制多方位污染。多方位污染是指从极小的孔隙等尘源向多方位散发出的污染和人员活动向四周发尘的污染。当污染气流向多方位散发时,送风的气流要能有效地控制污染范围。

b. 控制同向污染。所谓同向污染是指污染扩散方向与气流流向相同的污染。当污染气流与送风的气流同向时，送风的气流必须有足够的强度，使得上游的污染随着气流很快到达下游，并能有效地控制污染气流到达下游的扩散范围，不能超出允许的界限。

c. 控制逆向污染。逆向污染是指污染扩散方向与送风气流流向相反的污染。在垂直层流洁净室中主要的逆向污染是从热源上升的气流。当污染气流与逆风气流流向相反时，送风气流能有效地抑制污染气流上升的高度，减少或避免对上游气流的污染。

d. 满足适当的自净时间。自净时间是指洁净室从污染状态下，通过空气的不断循环，达到设计洁净度的时间。在全室被污染的情况下，要有适当的自净时间，使室内空气迅速自净。自净时间的长短与送风气流的断面速度有关，流速大，自净时间短，反之则自净时间长。流速大也带来了通风系统的庞大和运行费用的提高，并且可能超过卫生标准的规定。因此，要从技术、经济和卫生角度综合确定适当的自净时间。

e. 室内工艺设备布置比较自由，但设备间距至少要有 10～15cm，并且从工作区至天棚的范围内必须是敞开的，无任何遮蔽的。

垂直层流洁净室有以下几种类型。

a. 顶棚阻尼层垂直层流洁净室如图 7－38 所示，其特点是侧布高效过滤器。满布高效过滤器的作用主要分布空气和过滤尘粒，阻尼层顶棚承担分布空气的任务，就可以不必满布高效过滤器。另外，满布高效过滤器的负荷通常不会超过额定负荷的 50%，而侧布高效过滤器可以按照其额定负荷或接近额定负荷的数值进行设计，从而大大减少了高效过滤器的个数，降低洁净室的造价。图 7－39 所示为室外管路上集中布置高效过滤器的顶棚阻尼层送风形式，也被美国联邦标准 209b 确定为垂直层流洁净室。

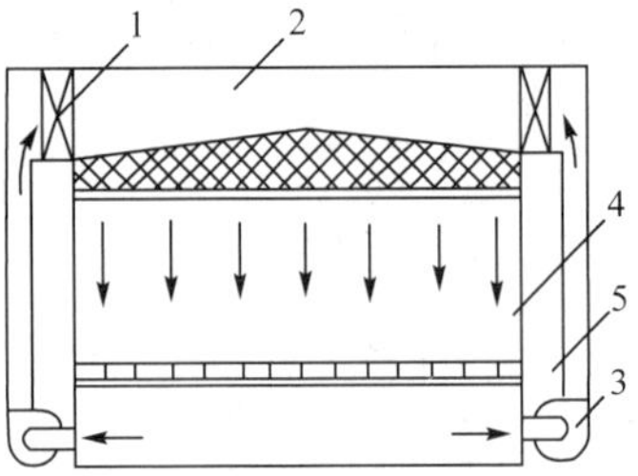

图 7－38 顶棚阻尼层垂直层流洁净室

1—高效过滤器(侧布) 2—送风静压箱
3—循环风机 4—格栅地板及中效过滤器
5—回风静压箱

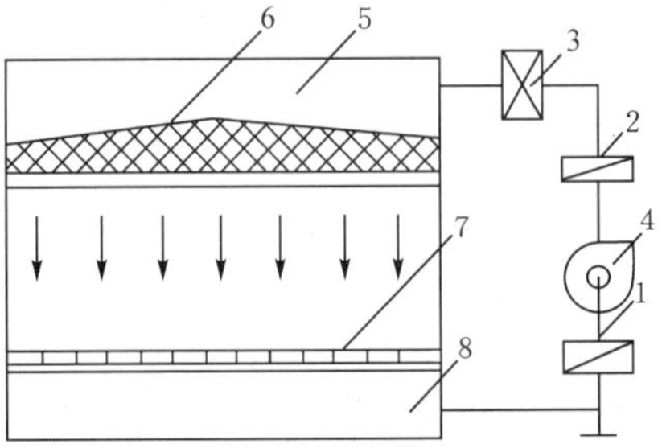

图 7－39 集中布置高效过滤器的
顶棚阻尼层垂直层流洁净室

1—初效过滤器 2—中效过滤器 3—高效过滤器
4—循环风机 5—送风静压箱 6—顶棚阻尼层
7—格栅地板及中效过滤器 8—回风静压箱

b. 顶棚和侧面双布高效过滤垂直层流洁净室如图 7－40 所示。这种形式是典型的垂直层流洁净室和顶棚阻尼层垂直层流洁净室的综合。其目的是为了获得更高的洁净度，减少顶棚高效过滤器的更换次数，可将顶棚视为半永久顶棚。

c. 全孔板顶送垂直层流洁净室如图 7－41 所示。这种形式的垂直层流洁净室与顶棚阻尼层垂直层流洁净室相似。当净化空调系统停止运行时，这种洁净室静压箱内易积尘，对室内洁净度有一定影响。

d. 密集流线型散流器顶送垂直层流洁净室如图7－42所示。这种形式的垂直层流洁净

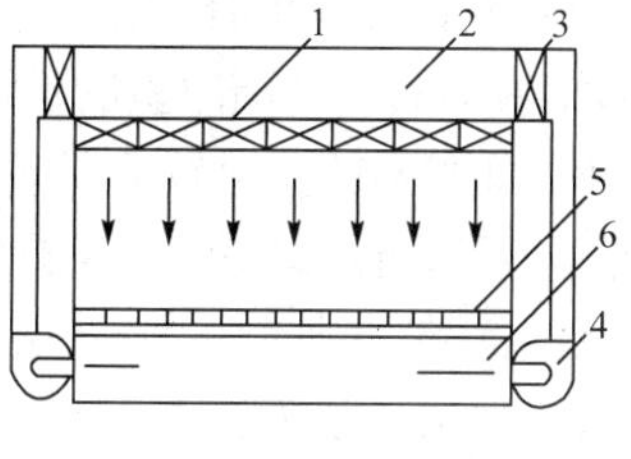

图 7-40　双布高效过滤器的
顶棚阻尼层垂直层流洁净室
1—顶棚满布高效过滤器　2—送风静压箱
3—侧布高效过滤器　4—循环风机
5—格栅地板及中效过滤器　6—回风静压箱

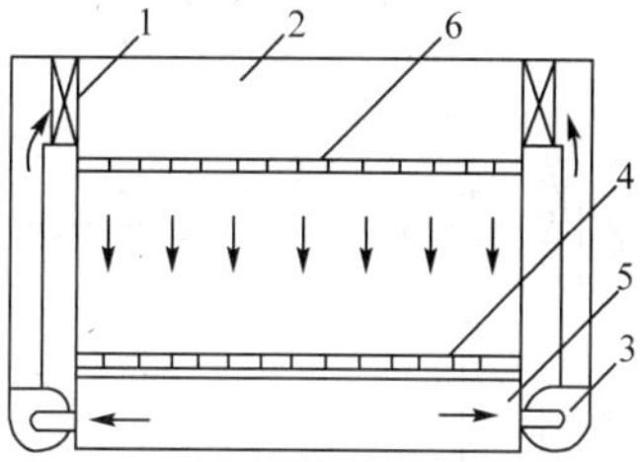

图 7-41　全孔板顶送垂直层流洁净室
1—侧布高效过滤器　2—送风静压箱
3—循环风机　4—格栅地板及中效过滤器
5—回风静压箱　6—送风孔板

室，在顶棚上密集布置流线型散流器，回风采用格栅地板或侧墙下部均匀布置回风口，各散流器扩散开来的洁净空气相互交汇以后，形成垂直向下的气流。由于送风形式，需要有一段混合层，因此适用于层高在 4m 以上的建筑。这种形式在房间的上部或当采用双侧墙下回风情况下的回风区都有涡流区产生，同时净化空调系统不运行时，散流器也有积尘问题。

e. 全顶棚送风两侧墙下部回风的垂直层流洁净室如图 7-43 所示。全顶棚送风两侧墙下部回风的垂直层流洁净室可以省去昂贵的格栅地板和下夹层。不仅降低了层高和造价，而且解决了因振动、小零件掉入格栅地板内及格栅地板给人的视觉造成不适之感方面的问题。全顶棚送风的形式可以采用顶棚满布高效过滤器、顶棚阻尼层或全孔板等方式。

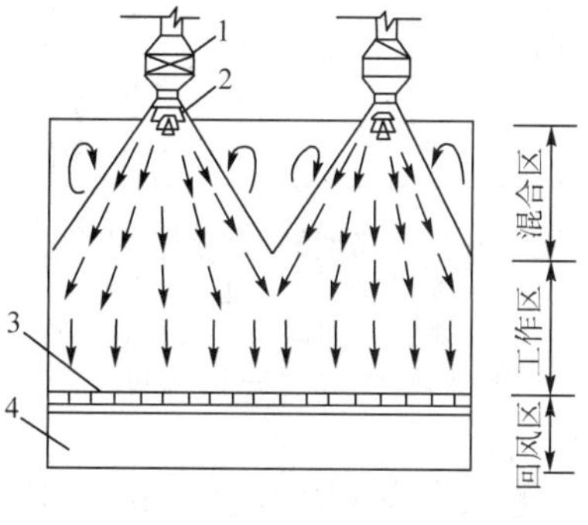

图 7-42　密集流线型散流器
顶送垂直层流洁净室
1—高效过滤器　2—散流器
3—格栅地板及中效过滤器　4—回风静压箱

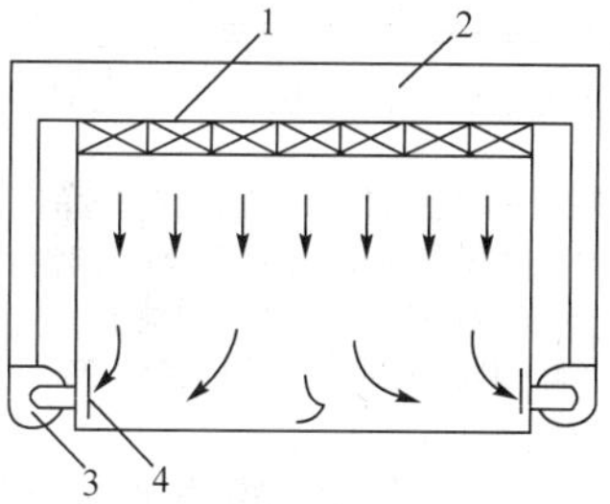

图 7-43　全顶棚送风两侧墙下部
回风的垂直层流洁净室
1—高效过滤器　2—送风静压箱
3—循环风机　4—回风口

当单侧回风时，室宽不应超过 3m，当双侧回风时，室宽不应超过 6m。以保证涡流区被控制在工作区的起始高度 0.8m 以下。侧墙下部的回风口应尽可能不抬离地面，否则将会把地面上的尘粒带起而扩大污染范围。侧壁下部回风口的高度一般应控制在 0.1 倍左右的室宽。

这种洁净室回风口的阻力大小对于流线的紊乱影响极为显著。当回风口阻力很小时，较低的回风速度下，流线就发生抖动；当回风口阻力增大时，即使较大的回风速度下，流线也不发生抖动。因此，回风口设计时不宜只设网格或格栅，而应在阻力允许条件下安装初效或中效过滤器。

f. 具有集中过滤器箱的垂直层流洁净室如图 7-44 所示。垂直层流洁净室的高效过滤器集中竖向安装在过滤器箱内，与水平层流洁净室基本相同，较顶棚满布高效过滤器施工方便。通过高效过滤器的洁净空气被送入顶棚静压箱，然后经孔板或阻尼层送入室内。

g．双层垂直层流洁净室如图7－45所示。将两个面积相等的洁净室重叠起来，上面一个洁净室的回风全部作为下面一个洁净室的送风，显然下面一个洁净室的洁净度要低。但较典型垂直层流洁净室的造价要低，并且节省建筑空间和运行费用。

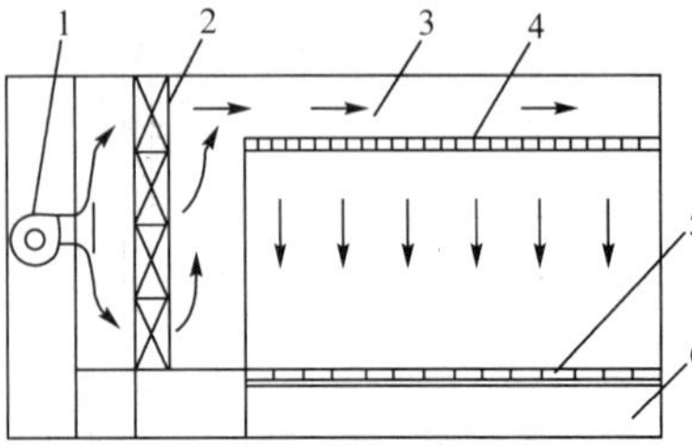

图 7－44 具有集中过滤器箱的垂直层流洁净室

1—循环风机 2—高效过滤器
3—送风静压箱 4—孔板
5—格栅地板及中效过滤器 6—回风静压箱

（2）水平层流洁净室 典型的水平层流洁净室如图 7－46 所示。送风墙满布高效过滤器，对面的回风墙满布中效过滤器（或中效过滤器与回风格栅）。通过高效过滤的洁净气流沿水平方向从送风墙呈层流状态均匀地流过工作区，携带着工作区散发的尘粒，经回风墙的中效过滤器进入回风静压箱，实现系统的空气循环。水平层流洁净室的气流流向与尘粒的重力沉降方向不一致，因此水平层流洁净室的断面风速应大于垂直层流洁净室的断面风速，一般不小于 0.35m/s，否则将出现尘粒的沉降现象。

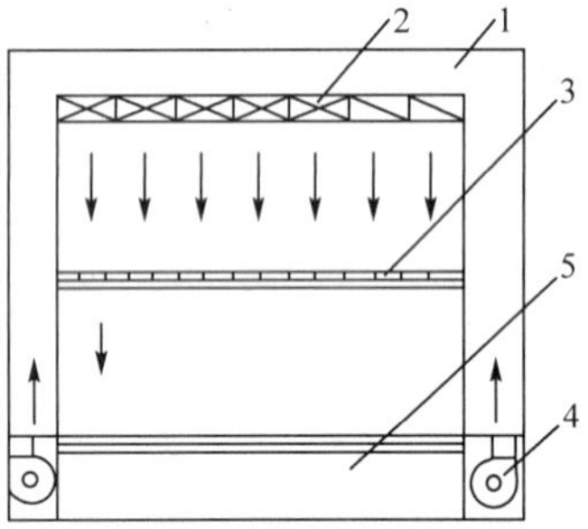

图 7－45 双层垂直层流洁净室

1—送风静压箱 2—高效过滤器
3—格栅地板及中效过滤器
4—循环风机 5—回风静压箱

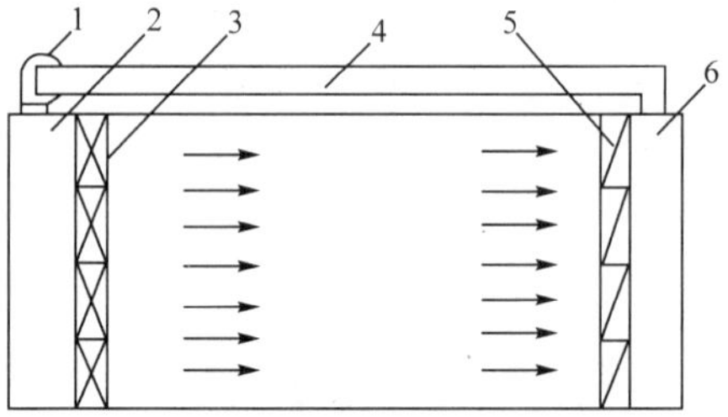

图 7－46 典型的水平层流洁净室

1—循环风机 2—送风静压箱
3—高效过滤器 4—循环风道
5—中效过滤器 6—回风静压箱

水平层流洁净室的洁净度沿气流流向逐渐降低，一般认为离地 0.8～1.5m 的工作区内是洁净度最高的工作带，即第一工作区其洁净度为 100 级，而靠近回风墙附近为 1 万级，因此适用于多种洁净度要求的工艺过程。在这种情况下，可根据水平层流洁净室含尘浓度分布上的特点将发尘量少和洁净度要求高的工序布置在第一工作区，而将污染较多和洁净度要求较低的工序布置在回风墙附近，其他工序则可布置在两者之间。这种洁净室要求布置设备时应尽量减少对于水平层流气流的破坏，需要排风的设备应布置在回风墙附近。

在保证工作区层流条件下，采用送风墙局布高效过滤器和回风墙局布中效过滤器的办法，可以减少过滤器的数量。但高效过滤器布置面积不得低于送风墙面积的 40％，中效过滤器布置面积不得低于回风墙面积的 30％。

水平层流洁净室的高效过滤器竖直安装在送风静压箱内，较垂直层流洁净室的水平安装在顶棚上容易得多，更换也方便。循环风机可以布置在洁净室的顶部或底部，当建筑层高较低时，也可布置在洁净室的一侧。

水平层流洁净室的气流从送风墙送出后，要经过每一个工作面，上风侧的发尘量必然要影响到下风侧的空气含尘浓度，因此必须加强人身净化。一般认为水平层流洁净室应设置吹淋室等人身净化装置。

水平层流洁净室的造价低于垂直层流洁净室,灯具布置和安装方便。但初投资和运行费用都高于乱流洁净室。

常用水平层流洁净室的类型:

a. “隧道”式水平层流送风装置如图7-47所示。这种形式与图7-46典型的水平层流洁净室相比较,有以下特点。结构方面,在布置高效过滤器送风墙的对面,设置回风墙,气流的下风侧是向外敞开的。另外,没有循环风管,洁净空气流经工作区后就向周围环境排出,而送风机从周围环境吸入新鲜空气,净化后送入室内,实现空气循环。这种装置不能把压力提高得比周围环境高,因而不是靠正压而是靠提高空气流速来防止污染的侵入。这种形式的装置内部温、湿度与周围环境相同。这种装置是层流洁净室中最便宜的,尤其适用于大型设备的装配或临时检修的场所。

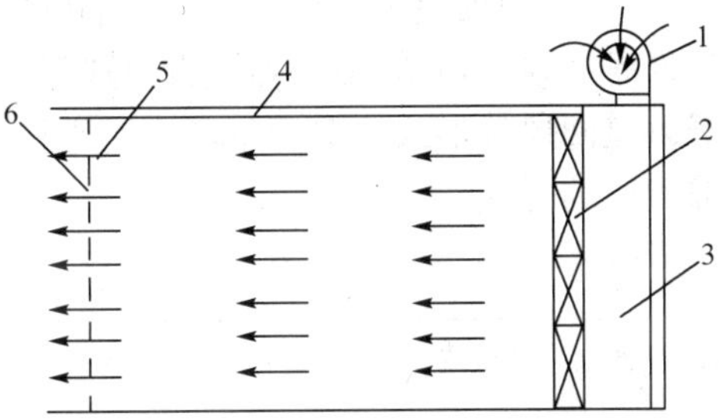

图 7-47 “隧道”式水平层流送风装置
1—送风机 2—高效过滤器
3—送风静压箱 4—薄膜状刚性材料或墙壁
5—开口 6—天棚、墙壁支撑框

b. 双重水平层流洁净室如图7-48所示。这种形式是两个同样的水平层流洁净室相联,从一个洁净室出来的回风立即被送入另一个洁净室,即一个洁净室就是另一个洁净室的回风道。这是最经济的水平层流洁净室。

c. 两侧对送水平层流洁净室如图7-49所示。洁净室的气流从房间的两对面墙送出,由房间中部顶棚和地板回风口返回,可满足近百米长距离传送而不受妨碍的工艺生产线的需要。此外,研究表明,当送回风相距超过10m时,回风格栅的作用已经很小,因此室内无需设置平衡气流用的回风格栅。

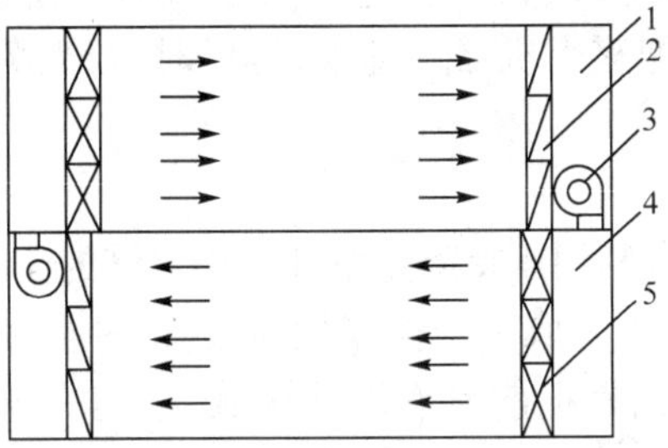

图 7-48 双重水平层流洁净室
1—回风静压箱 2—中效过滤器
3—循环风机 4—送风静压箱
5—高效过滤器

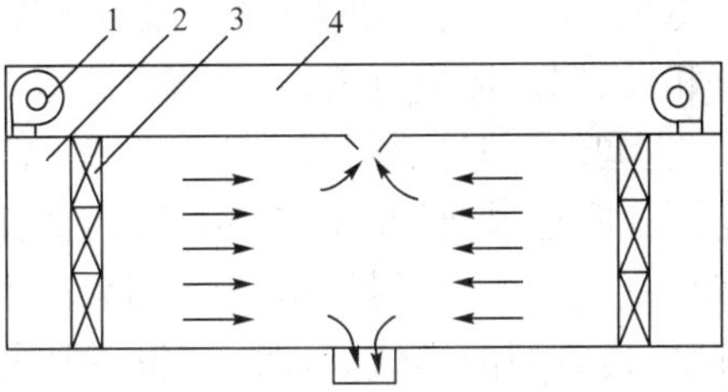

图 7-49 两侧对送水平层流洁净室
1—送风风机 2—送风静压箱
3—高效过滤器 4—回风静压箱

由于制药企业洁净室大多数为乱流式洁净室,常用送回风方式如下。

a. 送风 送风方式一般为顶送及侧送,实验证明,为达到同样的室内含尘浓度,顶送下回与侧送下回所需风量比为1:1.13,可见顶送效果优于侧送,且药厂洁净室绝大多数在吊顶上有足够的空间布置高效过滤器风口,故应尽可能采用顶送风方式。

顶送乱流型洁净室,在风量不变的条件下,增加风口数量有利于对室内含尘空气的稀释。

b. 回风 在同样的送风条件下,双下侧回比单下侧回效果好,顶送下回比顶送顶回效果好。在条件许可下,应尽可能采用顶送双下侧回方式。但由于顶回方式具有回风管道布置简单，不占净化室面积的优点，故在国内外药厂的低级别洁净室中得到较多采用。

表 7－3 中列出了药厂洁净室常用的气流组织方式，其中顶送风方式可有局部孔板顶送、高效过滤器风口顶送、散流器或百页风口顶棚送风等；下部回风可有夹墙回风、走廊回风及土建竖风道回风等形式。对于生产中产生粉尘（如片剂车间）和产生有害气体的房间则不宜采用上部回风的方式。

表 7－3　药厂洁净室常用的气流组织方式

洁净室级别	气流流型	气 流 组 织
100 级	层流	水平、垂直
1 万级	乱流	顶送下回，侧送下回
10 万级	乱流	顶送下回，侧送下回，顶送顶回
大于 10 万级	乱流	顶送下回，侧送下回，顶送顶回

（七）非无菌制剂的空调通风

1．非无菌制剂的空调方式

制药工业空调的特点是生产工序本身就是粉尘发生源，如原辅料处理、混合、制粒、干燥、压片、包衣及包装工序都有大量粉尘产生。在车间，采用局部除尘方式效果最好，而且也经济。如果发尘量较多的操作室，没有采用局部除尘装置，而只靠空调方式要达到 10 万级洁净室的标准，其空调费用很可能超过无菌室的造价。如果单从空气中粉尘数量的多少，来观察产尘量多的固体制剂生产工序，那么，最洁净的操作点上粉尘数量可能最多。当然这里的粉尘，大部分是药品本身，并不是污染物质，没有实际危害。但本身很清洁的药品粉尘，经过长时间搁置后，会受杂菌污染或和其他药品发生交叉污染。

为使非无菌制剂制造车间达到较高的洁净度，必须有效地局部除尘。由于药粉颗粒小，容易飞扬，所以局部除尘与空调送风要很好地配合。根据工艺设备的具体情况，操作方式及产尘等，可以采用向上抽风式吸尘罩，侧面抽风式吸尘罩，围帘式、小室式吸尘罩。例如，制药压片机和胶囊填充机采用透明树脂材料制成围帘式侧罩，把整个机器罩起来，排风时，与无菌操作台正好相反，罩内形成负压。

2．空调的压差控制

空调除去通风换气以改善室内环境的作用外，还有利用压差阻止室外污染空气的流入，以防止操作室之间不同医药品的交叉污染。各室之间的压差取决于操作性质、药品种类和发尘量等因素。其典型的模式如图7－50（a）所示。这种方式是把前室作缓冲区域，通道一侧的门

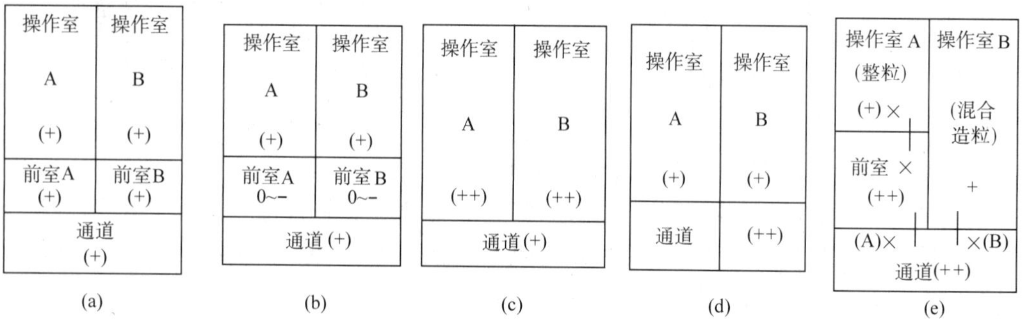

图 7－50　无菌室间压差

和操作室一侧的门做成互为连锁的形式，不能同时打开，操作室的空气不能直接流入走廊及其

他操作室。当操作室发尘量较少时，或在作用不太强的药品制造中，采用这种形式即可满足要求，但操作室的粉尘多少还是会流过来，这就需要随时认真清扫前室和走廊。此外，每个操作室都要设置前室，面积利用率太低。以上是第一种方式。

第二种方式是将操作室和走廊的粉尘吸至前室。操作室的发尘量较大时采用这种方式较好，但关键在于前室的清扫，面积利用率与第一种方式相同。如图 7－50(b)所示。

第三种方式是操作室 A 或 B 所散发的粉尘可以流至走廊，但不会流入邻室。这种方式走廊容易受到污染。若操作室的发尘量较少或制造作用不太强烈的药品，采用这种方式效果较好，如图 7－50(c)所示。

第四种方式如图 7－50(d)所示，把走廊作为洁净区，操作室的粉尘不能流向走廊，而走廊的空气难免会流入操作室内，所以走廊的洁净度应与操作室相同，或者要超过操作室的洁净度。如果走廊中行走人员不多，则通过高效过滤器风口送风，就能够达到较高的洁净度。这种方式适合于操作室内粉尘量比较多或者是作用强烈的药品制造。

第五种方式是在第四种方式的基础上增设前室，进一步防止操作室的粉尘流入走廊如图 7－50(e)所示。

(八) 热量平衡计算

要使室内温度保持不变，必须使室内总得热量和总失热量保持平衡。即

$$\sum Q_d = \sum Q_s \tag{7-1}$$

式中　$\sum Q_d$——房间的总得热量，kW；

$\sum Q_s$——房间的总失热量，kW。

式(7－1)就是通风或空调房间的热平衡方程式。当$\sum Q_d > \sum Q_s$时，室内空气温度将会升高，需要送入冷空气消除室内余热，才能保持室内温度不变；当$\sum Q_d < \sum Q_s$时，室内空气温度将会下降，需要设置采暖设备或供给热风，才能保持室内温度不变。热平衡方程式是通风和空调工程设计中必须遵循的基本方程式，其形式虽然简单，在实际应用时却需要根据具体情况分析各种形式的得热量和失热量。同时必须指出，室内的湿平衡方程式和有害物平衡方程式也具有同样的形式，使用方法也是相似的。

洁净室需要计算进入室内的热量和湿量。所谓得热量是指在某一时刻房间由外界进入和在内部产生的最大热量的总和。所谓冷负荷则是指当室内维持室温恒定时，在某一时刻需要向房间供给的冷量，也就是为维持恒定的室温，在某一时刻需要从室内带走的多余热量。

得热量中的大部分是太阳辐射热。其中一部分以对流方式传给周围空气，成为瞬时冷负荷，大部分的太阳辐射热则被围护结构蓄存起来，不可能全部辐射热都成为瞬时实际冷负荷。

室内热、湿负荷由以下几部分组成：通过围护结构进入室内的余热量和余湿量；通过屋盖(或外墙)进入房间的热量；通过玻璃窗进入房间的热量；通过墙、楼板、顶棚、地面进入房间的热量；各种工艺设备的散热和散湿量；各种照明器具的散热量；人体散热和散湿量。上述各种热、湿负荷的具体计算方法见《空气条件设计手册》。

一次回风系统夏季设计工况所需冷量分析如图 7－51 所示。

整个空气的处理过程可以写成：

$$\left.\begin{matrix} W \\ N \end{matrix}\right\rangle \rightarrow C \rightarrow L \rightarrow O \xrightarrow{\varepsilon} N$$

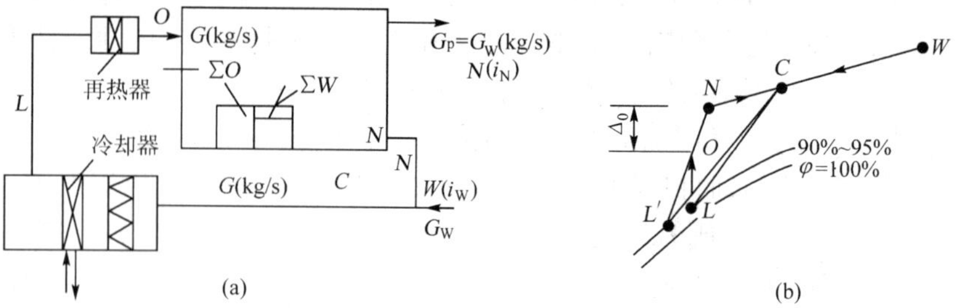

图 7-51 一次回风系统冷量分析

(a) 系统图示 (b) i-d 图上的表示

根据 i-d 图上的分析，为了把 G(kg/s)空气从 C 点冷却减湿到 L 点，所需配置的制冷设备的制冷能力就是该系统夏季处理空气所需的冷量，即：

$$Q_O = G(i_C - i_L) \quad (\text{kW})$$

在采用喷水室或水冷式表面冷却器的处理室内，这个冷量是由制冷机或天然冷源提供，而对于采用直接蒸发式冷却器的处理室来说，这个冷量是直接由制冷机的制冷剂提供。

如果从另一个角度分析“冷量”的概念，则可以从空气处理和房间所组成的系统平衡关系来认识，它反映了三部分冷量。

风量为 G，参数为 O 的空气到达室内后，吸收室内的余热余湿沿 ε 线变化到参数为 N 的空气后离开房间。这部分热量就是前面计算出的“室内冷负荷”。其数值相当于：

$$Q_1 = G(i_N - i_O) \quad (\text{kW})$$

从空气处理的流程看，新风 G_W 进入系统时的焓为 i_W，排出时为 i_N，这部分冷量称为“新风冷负荷”，其值为：

$$Q_2 = G_W(i_W - i_N) \quad (\text{kW})$$

为了减少送风温差，有时不得不把已在喷水室中处理过的空气再一次加热，这部分热量称为“再热量”，其值为：

$$Q_3 = G(i_O - i_L) \quad (\text{kW})$$

被抵消的这部分热量也是由冷源负担的，故 Q_3 称为“再热负荷”。

上述三部分冷量之和就是系统所需要的冷量，即 $Q_0 = Q_1 + Q_2 + Q_3$ 因此可以写成：

$$Q_0 = G(i_N - i_O) + G_W(i_W - i_N) + G(i_O - i_L) \qquad (7-2)$$

由于在一次回风系统的混合过程中：$\dfrac{G_W}{G} = \dfrac{i_C - i_N}{i_W - i_N}$

即 $G_W(i_W - i_N) = G(i_C - i_N)$，所以代入公式(7-2)可得：

$$Q_O = G(i_N - i_O) + G(I_C - i_N) + G(i_O - i_L) = G(i_C - i_L) \quad (\text{kW})$$

这一转换证明了一次回风系统的冷量在图上的计算法和热平衡概念之间是一致的。

（九）风量平衡计算

在通风或空调房间内，无论哪种送风和排风方式，单位时间的送风量等于排风量，即：

$$\sum L_S = \sum L_P \qquad (7-3)$$

式中 $\sum L_S$——房间的总送风量(m^3/h)，包括有组织的机械送风量和无组织的自然进风；

$\sum L_P$——房间的总排风量(m^3/h)，包括有组织的机械回风量和排风量以及无组织的渗漏风量。

公式(7－3)就是通风或空调房间的风量平衡方程式,在实际应用中需要根据具体情况分析各种形式的送风量和排风量。

在图7－52中,洁净室的风量平衡方程式为:

$$L_S = L_H + L_P + L_L \tag{7-4}$$

式中 L_S——洁净室的机械送风量,m^3/h;

L_H——洁净室的回风量,m^3/h;

L_P——洁净室的机械排风量,包括局部排风量和全面排风量,m^3/h;

L_L——由于洁净室围护结构不严密而造成的无组织的渗漏风量,m^3/h。

如果 $L_s > L_H + L_p$,则洁净室维持正压;如果 $L_s < L_H + L_p$,则洁净室维持负压。

1. 送风量的计算

(1) 层流洁净室 洁净室的计算有均匀分布和不均匀分布两种理论。不论按照哪种理论,层流洁净室的送风量都是由室内断面风速决定的。《洁净厂房设计规范》中要求:100级垂直层流洁净室室内断面风速 $\upsilon \nless 0.25m/s$;水平层流洁净室内断面风速 $\upsilon \nless 0.35m/s$。因此,只要已知洁净室的断面面积,就可以求得送风量。

(2) 紊流洁净室

a. 换气次数估算法 《洁净厂房设计规范》中要求,1 000级洁净室的换气次数 $n \nless 50$ 次/h;1万级洁净室的换气次数 $n \nless 25$ 次/h;10万级洁净室的换气次数 $n \nless 15$ 次/h。根据这个规定,只要已知洁净室的长、宽、高和所要求达到的空气洁净度级别,就可求得送风量。

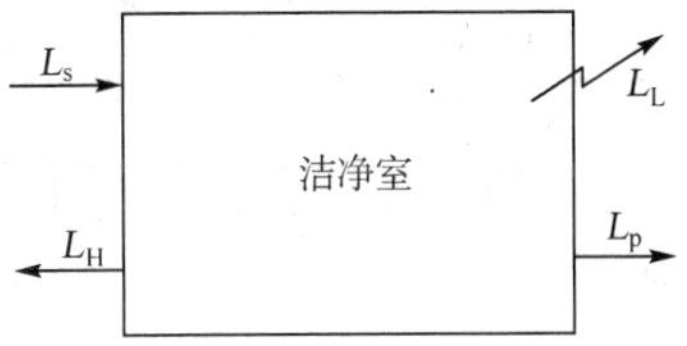

图 7－52 洁净室风量平衡示意图

b. 公式计算法 换气次数法只能估算洁净室所需要的送风量,但由于室内发尘量不同,气流组织形式不同以及系统新风量不同等因素。因此,要准确地确定系统送风量应通过公式进行计算。从洁净度的角度确定的送风量应与按热、湿负荷及新风要求计算出的送风量加以比较,并且取其中最大值作为系统的送风量。

2. 正压风量的计算

在式(7－4)中,L_L 为无组织的渗漏风量,即由于洁净室内维持正压,通过门、窗、壁板等围护结构缝隙渗漏到室外的风量,又称为正压风量。在相同围护结构条件下,室内维持的正压值越高,所需正压风量越大。维持相同正压值的条件下,围护结构的气密性能越好,所需正压风量越小,反之所需正压风量越大。《洁净厂房设计规范》中要求:不同等级的洁净室以及洁净区与非洁净区之间的静压差,不应小于4.9Pa;洁净区与室外的静压差,不应小于9.8Pa。工程设计中可采用以下几种方法确定正压风量。

(1) 缝隙法 《洁净厂房设计规范》中要求,洁净室维持不同正压值所需风量,可以按下式计算。

$$Q = a\sum(qL) \tag{7-5}$$

式中 Q——维持洁净室正压所需的正压风量,m^3/h;

a——围护结构气密性确定的安全系数,可取1.1～1.2;

q——当洁净室为某正压值时,其围护结构单位长度缝隙的渗漏风量,$m^3/(h \cdot m)$;

L——围护结构的缝隙长度,m。

围护结构单位长度缝隙的正压风量按表7－4选用。

表 7-4　　围护结构单位长度缝隙的正压风量

正压风量/(m^3/h) 压差/Pa	门窗形式						
	非密闭门	密闭门	单层固定密闭木窗	单层固定密闭钢窗	单层开启式密闭钢窗	传递窗	壁板
4.90	17	4	1.0	0.7	3.5	2.0	0.3
9.81	24	6	1.5	1.0	4.0	3.0	0.6
14.72	30	8	2.0	1.3	6.0	4.0	0.8
19.62	36	9	2.5	1.5	7.0	5.0	1.0
24.53	40	10	2.8	1.7	8.0	5.5	1.2
29.43	44	11	3.0	1.9	8.5	6.0	1.4
34.34	48	12	3.5	2.1	9.0	7.0	1.5
39.24	52	13	3.8	2.3	10.0	7.5	1.7
44.15	55	15	4.0	2.5	10.5	8.0	1.9
49.05	60	16	4.4	2.6	11.5	9.0	2.0

（2）换气次数法　设计时正压风量可根据正压值和房间换气次数的关系确定，如表 7-5 所示。

表 7-5　　洁净室正压值与房间换气次数的关系

室内正压值/Pa	有外窗、气密性较差的洁净室/(次/h)	有外窗、气密性较好的洁净室/(次/h)	无外窗土建式洁净室/(次/h)	室内正压值/Pa	有外窗、气密性较差的洁净室/(次/h)	有外窗、气密性较好的洁净室/(次/h)	无外窗土建式洁净室/(次/h)
4.90	0.9	0.7	0.6	29.43	4.0	3.3	2.7
9.81	1.5	1.2	1.0	34.34	4.5	3.8	3.0
14.72	.2.2	1.8	1.5	39.24	5.0	4.2	3.2
19.62	3.0	2.5	2.1	44.15	5.7	4.7	3.4
24.53	3.6	3.0	2.5	49.05	6.5	5.3	3.6

3. 排风量的计算

洁净室内产生有害物的工艺操作，通常在通风柜内进行，其排风量按下式计算。

$$L = 3\,600 vA \tag{7-6}$$

式中　A——操作孔的有效面积，m^2；

v——操作孔的断面风速，m/s，按表 7-6 选用。

表 7-6　　通风柜操作孔的断面风速

有害物性质	无毒有害气体	有毒有害气体	剧毒有害气体
断面风速/(m/s)	0.3～0.5	0.7～1.0	1.2～1.5

4. 新风量的计算

洁净室新风量应取下列几项风量中最大值。

(1) 紊流洁净室总送风量的 10% ~ 30%(1 000 级取 10%,1 万级取 20%,10 万级取 30%),层流洁净室总送风量的 2% ~ 4%(100 级垂直层流取 2%,100 级水平层流取 4%);

(2) 补偿室内排风和保持室内正压值所需的新风量;

(3) 保证室内每人每小时的新风量不少于 $40m^3$。

从卫生考虑的最小新风量是用于稀释空气中的有害气体和气味。其计算公式如下。

$$L=\frac{X}{(c-c_0)\times 10^{-3}} \quad (m^3/h) \tag{7-7}$$

式中 X——室内产生的有害气体量,m^3/h;

c——有害气体的控制浓度,L/m^3;

c_0——室内空气中该种有害气体的浓度,L/m^3。

对于经常而又较多地产生有害气体的洁净室,应按有关标准确定室内最小新风量。对于一般的洁净室,则主要以 CO_2 为标准确定每人每小时最少新风量。

对于 CO_2,式(7—7)中的 C 一般取 $1L/m^3$,c_0 一般取 $0.3L/m^3$。

当按极轻劳动考虑时,每人每小时呼出 CO_2 计算值为 $X=0.022m^3/(h·人)$,则需要的新风量为:

$$L=\frac{0.022}{(1-0.3)\times 10^{-3}}\approx 30m^3/(h·人)$$

应该指出,卫生标准和采暖通风设计规范都把这个数字定为新风量的下限,洁净厂房设计规范将此值定为 $40m^3(h·人)$。

5. 回风量的计算

在计算出送风量和新风量之后,回风量可按下式计算。

$$L_H=L_S-L_X \tag{7-8}$$

式中 L_H——系统的回风量,m^3/h;

L_S——系统的送风量,m^3/h;

L_X——系统的新风量,m^3/h。

净化空调系统有一次回风式和二次回风式。经过热、湿处理的风量、一次回风量和二次回风量的计算方法和耗冷量的计算方法可参阅空气调节方面的文献。

6. 洁净度的计算

洁净度不能直接计算求得,只能通过含尘浓度的计算间接确定。洁净室内空气中尘粒的分布有均匀分布理论和不均匀分布理论。

(1) 均匀分布理论　均匀分布理论就是假定室内尘粒是均匀地充满整个空间,疏密相同,如果有灰尘发生源,则产生的尘粒由于扩散和气流的带动和冲淡,能很快地在室内达到平衡。这就是紊流洁净室均匀分布计算理论的基础。

为了简化计算,还需要做以下假定:量是稳定的;室内发尘量是常数;大气含尘浓度是常数;忽略室内外灰尘的密度和分散度的变化对过滤器效率的影响;忽略渗入的灰尘量和管道产尘的可能性;忽略灰尘在管道内和室内的沉降。设:

N_t——某时间 t 的室内含尘浓度,粒/L;

N——室内稳定含尘浓度,粒/L;

N_O——室内原始含尘浓度,即 $t=0$ 时的含尘浓度,粒/L;

V——洁净室容积，m^3；
n——换气次数，次/h；
G——室内单位容积发尘量，粒/(m^3·min)；
M——大气含尘浓度，粒/L；
S——回风量对于全风之比；
η_1——初级过滤器效率(计数效率，用小数表示，下同)；
η_2——中级过滤器效率；
η_3——末级过滤器效率。

此外，设在新风通路上过滤器的总效率为 η_n，在回风通路上过滤器的总效率为 η_r，有

$$\eta_n = 1-(1-\eta_1)(1-\eta_2)(1-\eta_3)$$

$$\eta_r = 1-(1-\eta_2)(1-\eta_3)$$

A. 进入洁净室的灰尘由以下三部分组成。

a. 由回风带进室内的灰尘

单位时间的回风量为：

$$\frac{SnV\times10^3}{60}\quad(\text{L/min})$$

单位时间内，经回风通路上过滤器过滤后，进入室内的尘粒数量为：

$$\frac{SnV\times10^3}{60}N_t(1-\eta_r)\quad(\text{粒/min})$$

则 Δt 时间内，室内每升空气中由于回风而增加的尘粒数量为：

$$\frac{SnN_t}{60}(1-\eta_r)\Delta t\quad(\text{粒/L})$$

b. 由新风带进室内的灰尘

单位时间的新风量为：

$$\frac{nV\times10^3}{60}(1-S)\quad(\text{L/min})$$

单位时间内，经新风通路上的过滤器，即初级过滤器、中级过滤器和末级过滤器后，进入室内的尘粒数量为：

$$\frac{MnV\times10^3}{60}(1-S)(1-\eta_n)\quad(\text{粒/min})$$

则 Δt 时间内，室内每升空气中由于新风而增加的尘粒的数量为：

$$\frac{Mn(1-S)(1-\eta_n)}{60}\Delta t\quad(\text{粒/L})$$

c. 在 Δt 时间内，由于室内发尘使室内每升空气增加的尘粒数量为 $G\times10^{-3}\Delta t$(粒/L)。

B. 由室内排出灰尘包括有组织的回风排出的灰尘和无组织的渗漏排出或压出的灰尘。

单位时间通风换气量为：

$$\frac{nV\times10^3}{60}\quad(\text{L/min})$$

则 Δt 时间内，室内每升空气由通风换气排出的尘粒数量为：

$$\frac{nV\times10^3}{60}N_t\quad(\text{粒/min})$$

乱流洁净室含尘浓度计算公式：

$$\frac{\frac{nV\times 10^3}{60}N_t}{V\times 10^3}\Delta t=\frac{nN_t}{60}\Delta t \quad (粒/L)$$

根据以上分析进出洁净室的尘粒数量，在 Δt 时间内，洁净室内含尘浓度的变化为：

$$\Delta N_t = 进入的含尘浓度 - 排出的含尘浓度$$

$$=\left[\frac{SnN_t(1-\eta_r)}{60}\Delta t+\frac{Mn(1-S)(1-\eta_n)}{60}\Delta t+G\times 10^{-3}\Delta t\right]-\frac{nN_t}{60}\Delta t$$

经过整理，最后得到洁净室含尘浓度的瞬时计算公式，即瞬时式：

$$N_t=\frac{60G\times 10^{-3}+Mn(1-S)(1-\eta_n)}{n[1-S(1-\eta_r)]}\times\left\{1-\left[1-\frac{N_0 n[1-S(1-\eta_r)]}{60G\times 10^{-3}+Mn(1-S)(1-\eta_n)}\right]e^{-\frac{nt(1-S)(1-\eta_r)}{60}}\right\} \tag{7-9}$$

当净化空调系统经过一定时间运行后，室内含尘浓度趋于稳定，式(7－9)中的 $t\to\infty$，则公式变为：

$$N=\frac{60G\times 10^{-3}+Mn(1-S)(1-\eta_n)}{n[1-S(1-\eta_r)]} \tag{7-10}$$

式(7－10)就是乱流洁净室含尘浓度的稳定式，只要注意系统中哪些过滤器组合效率是 η_n，哪些是 η_r，就可以列出某一系统的稳定式。此外，只要再知道 G、n、M、S，那么系统稳定状态下的含尘浓度也就确定了。

(2) 不均匀分布理论　所谓不均匀分布是指由于气流分布的不均匀和尘粒分布的不均匀造成洁净室内浓度场的分布不均匀。这里所讲的不均匀分布，仍然假定发尘是均匀的，稳定的，只是尘粒分布不均匀。同时这种尘粒的分布不均匀也不是指每一点的不均匀分布，而是指区域的不均匀分布，就是说有区域浓度差。按照每一点的不均匀分布进行计算是不可能的，也是没有必要的。这是洁净室不均匀分布计算理论的基础。影响室内含尘浓度不均匀分布的因素有：

a. 气流组织的影响(包括送回风方式和风口位置)　不同的气流组织对室内浓度场均匀程度是有影响的，一般说来，现有的气流组织方式在这个方面的差别并不显著。实测结果的总趋势是侧送方式的气流分布不均匀使稀释作用减弱，实测含尘浓度一般高于按均匀分布理论的计算值；局部孔板、高效过滤器风口顶送和散流器等方式的实测值对于计算值的正负偏离都存在，说明在均匀性上优于侧送；全孔板方式中，实测值几乎都低于计算值，说明这种气流组织方式的均匀性更好些。

b. 风口位置的影响　如顶部送风口，如果位置偏离顶棚中心，送风风速再大一些，则造成室内气流极不均匀，出现几个涡流区，实测含尘浓度比计算值高。

c. 送风口数量的影响　在相同换气次数条件下，送风口少，室内平均含尘浓度要比按均匀分布理论的计算值高，这是因为风口少，紊流成分大，涡流区大，均匀性差；送风口多，室内平均含尘浓度要比按均匀分布理论的计算值低，这是因为风口多，涡流区减小了，速度场较均匀，而且由于风口多，气流挤压作用增加了。此外，在同样换气次数下，增加风口就降低了风速。这对减少尘粒在工件表面的沉积是有利的。

d. 换气次数的影响　要使气流和浓度达到均匀分布，必须有足够的气流稀释，而且要使冲淡稀释的区域尽可能大，直至全室范围。换气次数小，不仅流量不足，而且风口数量也少，可能造成较大较多的涡流区，因此实测含尘浓度一般大于计算值，因为实际上并未达到均匀稀释的效果。不过当换气次数在 10 次/h 以上时，这种差别不大。随着换气次数的增加，稀释趋于均匀和达到全室的程度，实测值和计算值逐渐接近，大约在 70 次/h 左右，两者不相上下。继续增大换气次数，出现相反的情况，实测值一般低于计算值，这是因为不仅已达到充分稀释，而且由于风量的增加，风口数量必然增加，则风口的挤压作用加强，因此实际含尘浓度比只按均匀稀释作用的含尘浓度计算值要低。总之，换气次数的影响尤其表现在两头，即小换气次数时，实测含尘浓度比计算值高；大换气次数时，实测含尘浓度比计算值低。

（3）洁净室三区不均匀分布模型　由于气流组织、送风口数量及换气次数等因素的影响，假定的均匀分布的前提实际上是不存在的，大量实测表明灰尘分布并不均匀。国内空气净化学者在20世纪70年代末提出了洁净室的不均匀分布的计算理论，该理论以三区不均匀分布模型为基础，将室内分为主流区、涡流区和回风口区，如图 7－53 所示。

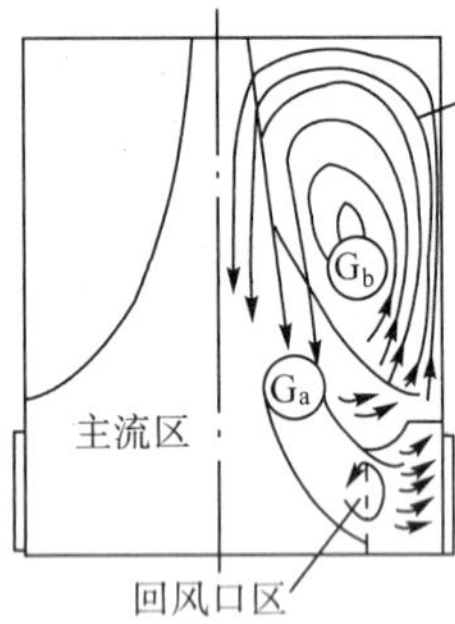

图 7－53　三区不均匀分布模型

a. 主流区　在该区内由于工作区以上有一定的风速，尘粒靠扩散、沉降、机械力等作用而分散到全室的可能性很小，只能是随着气流运动，而不可能逆着气流不断地、均匀地把尘粒分散到全部主流区去。

b. 涡流区　主流区内散发的尘粒，一部分随着涡流自下而上进入涡流区，又自涡流区自上而下较均匀地进入送风气流的全边界层。

c. 回风口区　根据射流原理，送风气流断面不断扩大，由于来自涡流区气流的补充，而使流量不断增加。因此，主流区内尘源散发的尘粒，将随着气流稍有扩展地沿气流方向运动，而进入回风口区。在回风口区内，得到一定程度的混合，一部分从排风口排出，一部分折回涡流区，在涡流区内分布开来并随着主流区引带的气流较均匀地贯穿整个主流区。

根据图 7－53 三区不均匀分布模型推导出的洁净室含尘浓度和换气次数的关系式称为洁净室 N_v-n 通式。

$$N_V=N_S+\frac{60G\times10^{-3}}{n}\left(\frac{1-B}{\Phi}+\frac{B}{1+\Phi}\right)\left(\Phi+\frac{V_b}{V}\right) \tag{7-11}$$

式中　N_V——根据三区不均匀分布模型计算得出的洁净室含尘浓度，粒/L；

N_S——送风含尘浓度，粒/L；

G——单位容积发尘量，粒/(m·min)；

n——根据均匀分布理论计算确定的换气次数，次/h；

B——主流区发尘量与总发尘量之比；

Φ——涡流区至主流区的引带风量与送风量之比；

V_b——涡流区容积，L；

V——洁净室容积，L。

$$N_S=N_t\times S(1-\eta_r)+M(1-S)(1-\eta_n) \tag{7-12}$$

由于 N_t 比 M 小得多，所以式(7－12)变为：

$$N_S\approx M\times(1-S)(1-\eta_n) \tag{7-13}$$

$$B=\frac{G_a}{G_a+G_b}=\frac{G_a}{G_o} \tag{7-14}$$

式中　G_a——主流区发尘量,粒/min;

G_b——涡流区发尘量,粒/min;

G_o——总发尘量,粒/min。

$$G_o=G_a+G_b$$

$$\Phi=\frac{Q'}{Q} \tag{7-15}$$

式中　Q'——涡流区至主流区的引带风量,L/min;

Q——送风量,L/min。

尘粒均匀分布条件下的含尘浓度为:

$$N=N_S+\frac{60G\times10^{-3}}{n} \tag{7-16}$$

令不均匀系数

$$\Psi=\left(\frac{1-B}{\Phi}+\frac{B}{1+\Phi}\right)\left(\Phi+\frac{V_b}{V}\right) \tag{7-17}$$

则式(7-11)变为:

$$N_V=N_S+\frac{60G\times10^{-3}}{n}\Psi \tag{7-18}$$

根据式(7-12)知,N_SX 是很小的,则式(7-18)变为:

$$N_V=\Psi\left(N_S+\frac{60G\times10^{-3}}{n}\right)=\Psi N \tag{7-19}$$

由式(7-19)可以看出,按不均匀分布理论计算的含尘浓度等于按均匀分布理论计算的含尘浓度乘以不均匀系数。式(7-11)是描述洁净室的通式,不管是层流洁净室还是乱流洁净室,或者乱流洁净室中不同的送风方式,或者层流洁净室中满布还是间布高效过滤器以及室内的人员多少,对于含尘浓度和换气次数的影响都可以通过该式反映出来。

含尘浓度不同,用式(7-11)可以进行计算。同样,人员密度不同的层流洁净室含尘浓度也不同,所以层流洁净室的人员数量还是要加以控制。

对于不同的乱流洁净室,主要是主流区的大小,涡流区的大小,引带风量的大小不同。例如,散流器的扩散角要比高效过滤器送风口大些,因而涡流区容积 V_b 小些,ϕ 也大些,所以不同的乱流洁净室在含尘浓度上的差别就反映出来。

因此通过计算室内含尘浓度可以确定室内洁净度。

7. 室内外计算参数的确定

(1) 大气含尘浓度 M　根据厂址环境情况取值。

(2) 室内单位容积发尘量 G　根据人员密度和人员动作的情况查图 7-54。该图中的倍数表示人员动作时的发尘量与其静止时的比值,通常用 5 倍即可;发尘量较小的,可用 3 倍,发尘量大的可用 7 倍。

(3) 新风量　见本章新风量的计算。

(4) 过滤器的效率 η　粗孔泡沫塑料初级过滤器:$\eta_1=0.1\sim0.2$;中细孔泡沫塑料中效过滤器:$\eta_2=0.3\sim0.4$;玻璃纤维中效过滤器:$\eta_2=0.4\sim0.5$;高效过滤器:$\eta_3=0.99999$。

(5) 换气次数 n　参见本章。

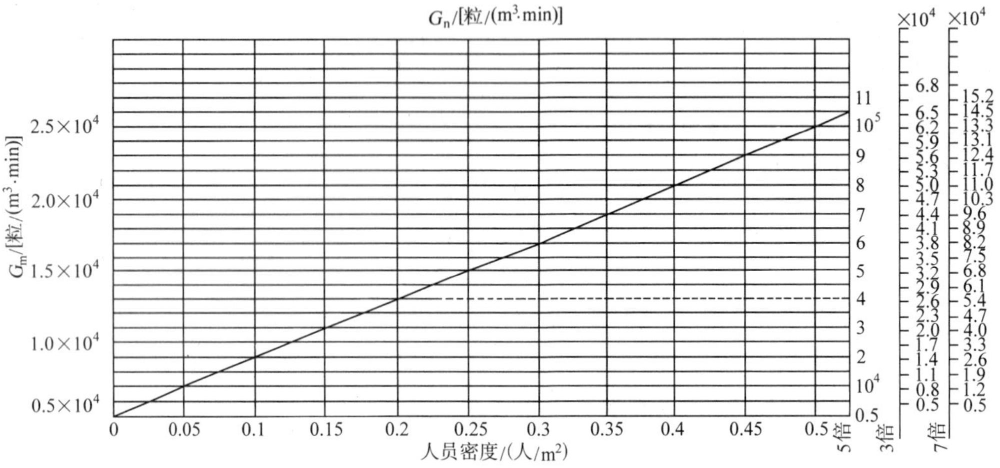

图 7－54　洁净室单位容积发尘量计算图

8. 不均匀系数的确定

如果 B、Ψ、V_b/V 不便于确定时，则不能具体计算 Ψ 值。对于一般情况可由换气次数大致确定 Ψ 值，如表 7－7 所示。

表 7－7　　Ψ 值的选用表

换气次数 n(次/h)	10	20	40	60	80	100	120	140	160	180	200
Ψ	1.5	1.22	1.16	1.06	0.99	0.9	0.65	0.51	0.51	0.43	0.43

第五节　药品包装材料及容器的生产洁净室检测和评价

药品包装材料是药品质量的保证，能否在规定的期限内保障药品的安全、有效和稳定非常重要。比如药用输液袋(膜)的制造过程就必须严格控制，如果超量的微粒和微生物带入输液袋(膜)，后果将不堪设想。用于无菌原料药包装的包装材料如果不控制微粒和微生物污染，可能影响药品的含量、杂质限度和生物性能。药用 PTP 铝箔主要用于胶囊等口服药物的包装，如果环境条件差，则药品很快会变质，产品质量也将埋下隐患。空气洁净技术支持的洁净室(区)就能通过对空气的过滤达到一定洁净度，同时以相应的管理保持环境控制系统的有效运转，从而保证药品及药品包装材料的生产处于符合规定的环境中。

ISOTC/14644《洁净室以及相关环境控制》在第四部分“洁净室设施的设计、施工和开车”中，对于药品生产的洁净室做了明确的规定。对于无菌中心和类似的工艺区应符合 100 级，气流流型为单向流，平均风速应大于 0.2m/s；对直接支持无菌生产的其他工艺区域、最终无菌产品工艺区应符合 100～10 000 级的相应规定，气流流型为非单向流或混合流；对无菌产品辅助区应符合 10 000～100 000 级的相应规定，气流流型为非单向流或混合流。

《药品生产质量管理规范》(GMP)的第三章“厂房与设施”共 23 条，占总数的 26.14%。对各类药品生产洁净室的洁净级别的划分做了与国际标准相同但更为详细的规定。而在国家药品监督管理局 2000 年《药品包装用材料、容器管理办法》(暂行)第十三条明确规定了“生产不洗即用药品包装材料，自产品成型以后各工序其洁净度要求应与所包装的药品生产洁净度相同”。

洁净厂房的设计和有效的管理在药品及药品包装材料生产中体现出非常优越的性能，它通过对墙体、地板，屋顶、管线、水源、照明、通风和温度、湿度等功能设计达到内部的洁净环境，通过空气的三级过滤使进入洁净室的空气符合要求，它能够通过人员和物料的净化程序隔绝或消除外来污染，通过气流组织、压差和换气次数等参数抑制微生物、微粒的污染，它能够排除由于光、味道、相对湿度等导致的任何质量损害，通过严格的工艺要求达到避免交叉污染的目的。

一、洁净室的检测和评价

（一）检测项目及方法

洁净室的检测项目及方法如表7-8所示。

表 7-8　　检测项目及检测方法

序号	检测项目	检测方法
1	温　度	JGJ 71—1990　洁净室施工及验收规范
2	相对湿度	JGJ 71—1990　洁净室施工及验收规范
3	静压差	JGJ 71—1990　洁净室施工及验收规范
4	换气次数	JGJ 71—1990　洁净室施工及验收规范
	单向流风速	JGJ 71—1990　洁净室施工及验收规范
5	尘粒最大允许数	GB/T 16292—1996　医药工业洁净室（区）悬浮粒子的测试方法
6	微生物最大允许数	GB/T 16293－16294—1996　医药工业洁净室（区）浮游菌、沉降菌的测试方法
7	照　度	JGJ 71—1990　洁净室施工及验收规范

注：检测时应注明当天室外的温度和相对湿度；检测状态分静态和动态两种。

（二）检测前的准备工作

1．检测类别和被测区域的确定

检测类别分为单项或多项检测，可以根据日常监控的需要，对不同的检测项目制定不同的周期检测计划，原则上应根据法规和药品包装材料生产企业自身的生产工艺对产品的影响程度来定。

药品包装材料生产企业宜按法规要求合理设置洁净区，同时对洁净区进行合理布局，对洁净区应定期检测。但是实际操作可以根据药品包装材料生产企业自身的规定和生产工艺要求制定合适的分工，比如根据洁净室（区）的分布和洁净度级别确定每年的检测计划，并对不同检测区域轮流进行检测。

洁净度检测，首先应确定检测状态，确切地说是动态还是静态。关于静态和动态的概念，在各类标准中都有明确的表述。就目前的检测标准来看，只有静态标准，没有动态标准。所以动态检测的评价都是参考静态标准。由于人员、工艺和产品等各种原因，使动态检测的合格率相对较低。

对于药品包装材料生产企业，洁净室（区）检测依据就是《药品包装用材料、容器管理办法》。其中规定：静态检测必须经国家药品监督管理局或省、自治区、直辖市药品监督管理部门指定的检测机构检查合格。企业应定期监控动态条件下的洁净状况。适时监控换气次数、静压差等参数。

2．检测用的仪器

检测仪器的选择应符合检测标准，仪器的选型可以根据性能价格的关系选择合理的配置。

但检测所用仪器均需经过计量检定合格后方可使用。检测仪器如表 7-9 所示。

表 7-9　　检测仪器

序号	检测项目	检测仪器
1	温　度	数字式温度湿度计或通风干湿表等
2	相对湿度	数字式温度湿度计或通风干湿表等
3	静压差	数字式微压差计或补偿式压差计等
4	换气次数	空气平衡热辐射测量仪或热球式风速仪等
	单向流风速	数字式风速仪或热球式风速仪
5	尘粒最大允许数	激光粒子计数仪或光散射尘埃粒子计数仪等
6	微生物最大允许数	浮游细菌采样仪等（肉汤琼脂培养基，ϕ150mm 或 ϕ90mm 培养皿）
	微生物最大允许数	暴露 30min（肉汤琼脂培养基，ϕ90mm 培养皿）
7	照　度	自动换档数字式照度计或其他

（三）检测数据的采集

1. 检测要求

在具体检测时，洁净室（区）必须处于一个稳定运行状态。其中除了需要保障洁净室的洁净度外，温度和相对湿度也有一个稳定的过程。对于药品包装材料生产企业的洁净室（区）来说，温度和相对湿度的评价标准是“宜”，即 18～26℃和 45%～65%，所以有一个相对比较宽松的上下区间。如果检测之前处于停产状态，那么必须检查空气净化系统的符合性，包括风机、冷冻机组、压差等，然后做清洁工作，并且正常运行一段时间以后再检测。

对于药品包装材料生产洁净室（区）的检测有 7 项指标（按先后顺序）：温度、相对湿度、风速风量（换气次数）、静压差、尘粒最大允许数（粒/m^3）、微生物最大允许数（浮游菌或沉降菌）、照度等。因为温度和相对湿度对风速风量、尘粒、微生物都有一定的影响，特别是对尘粒和微生物的影响，所以需要先测。比如温度偏高的话，则尘粒运动速度会加快，相对湿度的增加将直接导致尘粒自重增加，虽然相对沉降速度可能会快一点，但会更有利于细菌生长、繁衍。相对湿度降低时尘粒又容易扬起。其次是对风速（风量）、静压差测量的影响。

2. 检测数据的采集

（1）温度、相对湿度　在室内空气的温度、相对湿度检测之前，净化空调系统已连续运行至少 24h，待稳定以后读出数值并记录。根据温度和相对湿度的测量范围应选择相应的具有足够精度的仪表进行测定。测点位置宜离地面 0.8m 或在工作面的高度上，离墙大于0.5m。洁净室（区）检测时应注意同时检测当天室外的温度和相对湿度值。

（2）静压差　采用微压差计，在系统风量平衡，运行稳定时测量。测量时所有的门应该关闭，并应从平面上最里面的房间依次向外测定，同时满足从级别高的区域开始往级别较低的区域测定。对于洁净度高于 100 级的单向流（层流）洁净室，还应测定在门开启状态下，离门口内侧 0.6m 处的工作面高度的微粒数，应符合室内的洁净级别。检测静压差时除了写明静压差的数值外，一般还要注明该静压差的相对位置。因为人们定义的静压差必须有一个参照点，有的选择参照点是室外大气，但是每一相邻区域之间的静压差又必须经过计算才能得出。由于很多洁净室不仅仅限于一个出口，换算可靠度难以保证。所以将参照区域直接选择为相邻的较低级别的洁净室(包括非洁净区),如果是相同级别,建议选择工艺流程中与人流、物流相反方向的点比较合适。

(3) 风速(风量)、换气次数　对于洁净度在100级以上的单向流洁净室,根据《JGJ 71—1990洁净室施工及验收规范》附录六的测量方法测量截面风速计算平均值;对于非单向流洁净室,则是通过测量洁净室内送风口的洁净送风量计算洁净室的换气次数。

对于非单向流洁净室,可以使用空气平衡热辐射测量仪直接测量,读出送风量值(m^3/h),并根据各洁净室送风量值换算出换气次数。也可用风速仪测量,按平均风速计算送风量值,然后换算出换气次数。对于过滤器风口风速的测量(无散流板),可用硬质板材做成与风口内截面相同,长度等于2倍风口长边的直管段,在此辅助风管出口平面上,最少布置6个均匀测点,然后取平均值,再算出送风量值。

对于100级以上单向流洁净室,采用风速仪,在工作面上测量,读出数值,算出平均值。如果是垂直单向流,测点位置应在距地面0.8m的水平截面上;如果是水平单向流,测点位置应在距送风面0.5m的垂直截面上。以上测点之间的间距应不大于2m,测点不少于10点,而且均匀布点。

《药品包装用材料、容器管理办法》中有换气次数这项指标,它是指洁净室内洁净空气每小时的轮换次数。过去有的标准只强调测风速,事实证明只测风速很难对洁净室(区)进行正确的评价,只有具备一定的换气次数,洁净室的自净能力和其他指标才能得到保证。因为风速体现的是风量和面积(过滤器的面积)的流速关系,和洁净室无关。而换气次数体现的是风量和体积的倍数关系,也就是说体现了整个洁净室内每小时洁净空气轮换的次数。洁净空气送的洁净风量越大,换气次数就越多,同样排除的脏空气也就越多,微粒和微生物的保证度就越高,而自净能力也就越强。

(4) 尘粒最大允许数(粒/m^3)　这个项目是采用计数浓度法,即通过测定洁净环境内单位体积空气中含大于或等于某粒径的悬浮粒子数,来评定该洁净室(区)的洁净度等级。采样点的布置应在距地面0.8m高度的水平面上均匀布点,多于5点时,可在0.8~1.5m高度的区域分层布点,但每层不少于5点。采样点的数量在不分层时,应不少于2点,总次数不少于5次。每点采样次数可以不同,每个采样点的采样次数应多于1次。尘粒检测最小采样量及最少采样点如表7-10和表7-11所示。

表 7-10　尘粒检测最小采样量

洁净级别	采样量/(L/次)	
	>0.5	≥5
100级	5.66	—
10 000级	2.83	8.5
100 000级	2.83	8.5

表 7-11　尘粒检测最少采样点

面积 S/m^2	洁净级别			面积 S/m^2	洁净级别		
	100级	10 000级	100 000级		100级	10 000级	100 000级
$S<10$	2~3	2	2	$40\leqslant S<100$	16	4	2
$10\leqslant S<20$	4	2	2	$100\leqslant S<200$	40	10	3
$20\leqslant S<40$	8	2	2	$200\leqslant S<400$	80	20	6

对于单向流洁净室，采样口宜正对气流方向；对于非单向流洁净室，采样口宜向上，避开回风口，测试人员应在下风侧，采样管长度不宜大于1.5m。在操作中当采样口移动、人员走动时，会引起尘埃数的增多，此时可以稍等片刻，等稳定后再继续采样。

在实际检测过程中，有些洁净室（区）由于空气净化系统自净能力较差，污染后会较长时间稳定不下来，常见的原因是洁净风量不够，气流走向相反，气流组织形式差等。其实自净能力是衡量空气净化系统优劣的一项重要指标。自净能力强的厂房，动态状况就比较好，而且更具有实用性。

测点位置的布置和测试结果计算可参照GB/T 16292—1996《医药工业洁净室（区）悬浮粒子的测试方法》。在检测数据的记录和计算中，不能有所忽略，应同时计算0.5μm、5μm粒径的尘粒数，因为我国是采用两种粒径同时评价的方式，不能缺项。同时洁净室属于生物洁净室，不仅要控制非生命粒子，而且还要控制生命粒子（就是微生物）。而5μm的尘埃粒子正是微生物的载体，必须加以控制。洁净室尘粒数的结果评定中，有一项95%置信上限（UCL≤级别界限）也不能疏忽，对于该指标在操作中要注意的是采样的数据的稳定性和准确性。

（5）浮游菌（个/m^3） 这个项目是采用计数浓度法，即通过收集悬游在空气中的生物性粒子于专门的培养基，经若干时间和适宜的生长条件让其繁殖到可见的菌落计数，以判定该洁净室的微生物浓度。

测点高度距地面0.8～1.5m（略高于工作面），但应至少离开送风口0.3m，测点布置按GB/T 16293—1996《医药工业洁净室（区）浮游菌的测试方法》，一般为均匀布置，可以与尘粒测点相同；也可以在关键处增加测点，比如根据生产工艺及关键操作确定测点等。布置采样点时，至少应离开尘粒较集中的回风口1m以上，每测点采样次数不少于1次。

浮游菌采样仪一般采用狭缝式，原理是由附加的真空抽气泵抽气，通过采样器的狭缝式平板，将采集的空气喷射并撞击到缓慢旋转的平板培养基表面上，附着的活微生物粒子经培养后形成菌落，予以计数。但最终数据的准确性和采样的材料和过程的操作有很大关系，首先，采样口必须化学性能稳定和易于消毒，采样管应内壁光滑不泄漏，并且尽量减少弯曲。浮游菌检测最小采样量和最少采样点见表7－12、表7－13。

表7－12　**浮游菌检测最小采样量**

洁净级别	采样量/（L/次）	
	日常监测	环境验证
100级	600	1 000
10 000级	400	500
100 000级	50	100

表7－13　**浮游菌检测最少采样点（每点采样一次）**

面积 S/m^2	洁净级别					
	100级		10 000级		100 000级	
	验证	监测	验证	监测	验证	监测
$S<10$	2～3	1	2	1	2	—
$10<S<20$	4	2	2	1	2	—
$20\leqslant S<40$	8	3	2	1	2	—
$40\leqslant S<100$	16	4	4	1	2	—
$100\leqslant S<200$	40	—	10	—	3	—
$200\leqslant S<400$	80	—	20	—	6	—

在检测浮游菌时，应先清洁消毒设备，同时对培养皿的外表面严格消毒。对于狭缝式采样仪，经消毒后先开动真空泵抽气，使仪器中残余的消毒剂蒸发，时间不少于5min，然后调好流量和转盘转速，再关闭真空泵，放入培养皿，盖上盖子后调节狭缝高度，开启真空泵，根据采样量设定采样时间。更换培养皿时，应注意手的清洁和消毒，并且轻拿轻放，以防人员的因素影响检测结果。

(6) 沉降菌(个/皿)　这个项目是采用沉降法，即通过自然沉降原理收集空气中的生物性粒子于培养基平皿，经若干时间和适宜的生长条件让其繁殖到可见的菌落计数，以判定该洁净室的微生物浓度。

测点高度距地面0.8～1.5m(略高于工作面)，测点布置按GB/T 16294—1996《医药工业洁净室(区)沉降菌的测试方法》，一般为均匀布置，可以与尘粒测点相同，也可以在关键处增加测点，比如根据关键设备及关键工作范围确定测点等。每测点采样次数不少于1次。

沉降菌测试时，应同时满足最少采样点和最少培养皿数，如表7-14、表7-15所示。在放置培养皿时应注意，先放好全部的培养皿后，再从里往外依次打开。30min后再从外往里依次盖好，收起。尽量防止人员走动引起的气流扰动影响检测结果。

表7-14　　沉降菌检测最少采样点

面积 S/m^2	洁净级别			面积 S/m^2	洁净级别		
	100级	10 000级	100 000级		100级	10 000级	100 000级
$S<10$	2～3	2	2	$40\leqslant S<100$	16	4	2
$10\leqslant S<20$	4	2	2	$100\leqslant S<200$	40	10	3
$20\leqslant S<40$	8	2	2	$200\leqslant S<400$	80	20	6

表7-15　　沉降菌检测最少培养皿液

洁净级别	最少皿数
100级	14
10 000级	2
100 000级	2

浮游菌和沉降菌的测试完成采样后，应对培养皿进行恒温培养，倒置并收集好培养皿，放进30～35℃的恒温箱内，培养48h后，取出计数并计算平均值。如果不合格，则必须对该区域重新消毒，再采样2次，2次都合格后才能下合格结论。

根据药品包装材料生产洁净区的检测标准，微生物的检测可以做浮游菌测试，也可以做沉降菌测试。相对来说，浮游菌对未能沉降的生物粒子比较有效果，沉降菌的测试投入少、操作简单。在培养皿制备过程中，应注意无菌操作。并将制备好的培养平皿倒置于30～35℃的恒温培养箱内，培养48h后，若确无菌落生长，才可供采样使用，同时在带出检测时。也应留几个不用，作为空白对照带回，一起进培养箱培养，保证在运输途中不受污染，确保检测的准确性。

(7) 照度(L_x)　采用照度计在室温稳定和光源稳定的状态下检测，直接读出照度值。测点平面距地面0.8m。测点距墙1m(小面积房间0.5m)，按1～2m间距布点。新日光灯使用100h以上，新白炽灯使用10h以上。旧灯需开启15min以上光源才能稳定。洁净室照度只测定特殊照明、局部照明以外的一般照明。并且应排除室外自然光线的因素。测试的照度应为最低照度。在实际检测时，一般可以选择两盏相距较远的照明光源的中间位置测。

3. 检测记录或报告

检测数据经过整理后，可以与标准值比较后得出结论。检测时应做好记录。例如标题、记录的惟一性标识(如编号等)、工序或洁净室名称、洁净度级别、检测日期、采用标准、采用仪器名称及编号、检测项目、检测数据及其计算、签名等。

4. 洁净室的监控和人员管理

在洁净厂房内，操作人员是微粒和细菌的最主要制造者，因此《药品包装用材料、容器管理办法》规定了人员的数量、净化程序、操作规程及洁净工作服的基本要求。

对正常工作的洁净系统来说，出入洁净区域的人员数量和出入方式非常关键。人员在洁净区域内是最大的产尘源。一般来说洁净度高于或等于100级的洁净区，人员/面积的比例不大于0.1；若低于100级，则应人员/面积的比例不大于0.25。根据国外的研究资料，洁净室内微粒来源于人员因素的占35%，从设备运转中产生25%，生产过程中产生25%，从空气中带入7%，从原料中带入8%左右。人员的管理要靠严格的生产纪律和完善的标准操作规程，及良好的监督机制来保证。

生产车间、工序、岗位制订的清洁规程应包括：清洁方法、程序、清洁周期、应使用的清洁剂或消毒剂，清洁工具的清洗方法和存放地点等。洁净厂房应定期消毒，消毒后可以用沉降菌的浓度来检测消毒效果。洁净工作服选用不脱落纤维和不散发微粒的材料做成，配合不同的生产工艺和洁净等级使用，可以被看作是阻挡微粒的屏障。确定合理的洁净工作服清洁周期。

保持洁净区域的符合指标要求靠定期的检测来保证，当然还包括初效，中效过滤器的定期清洗，高效过滤器的定期更换等。洁净室检测的频度和项目可根据药品包装材料生产企业的具体情况来制定和执行。

二、直接接触药品包装材料和容器生产洁净室(区)的要求及检测

(一) 洁净室(区)的要求

中国医药包装协会对直接接触药品不洗即用的包装材料和容器的生产企业洁净室(区)提出了具体要求，明确了对洁净室(区)进行检测的项目。凡生产直接接触药品不洗即用的包装材料和容器的企业应按要求组织生产，其具体的要求如下。

(1) 洁净级别的设置应遵循与所包装的药品生产洁净级别相同的原则。

(2) 对于洁净室(区)内使用的压缩空气或各类气体，也应列入受控范围。

(3) 生产工序的排列，企业可根据实际状况、布局来定，但应符合使污染降低至最低限度的原则。当生产技术不能保证药品包装容器(材料)生产不受污染或不能有效排除污染时，该生产区域的洁净级别应在条件许可的前提下提高。

(4) 生产控制区应为密闭空间，具备初效过滤的集中送风系统，内表面应平整光滑，无颗粒物脱落，墙面和地面能耐受清洗和消毒，以减少灰尘的积聚。

(5) 洁净工作服的洗涤干燥，工具清洗存放，应符合《药品生产质量管理规范》(1998年修订)中的相应规定。

(6) 每一个级别的洁净室(区)都应设有更衣、换鞋、缓冲区域。

（二）洁净室（区）检测项目

1．检测项目和检测方法如表 7－8 所示。

2．检测标准如表 7－16 所示。

表 7－16　　检测标准

序号	检测项目			检测标准
1	温度/℃			18～26（或与生产工艺相适应）
2	相对湿度/%			45～65（或与生产工艺相适应）
3	静压差/Pa	室外		＞10
		不同洁净级别		＞5
		对非洁净区		＞5
4	换气次数/（次/h）	10 000 级		20
		100 000 级		15
		300 000 级		12
	单向流风速/（m/s）	100 级		垂直 0.3，水平 0.4
5	尘粒最大允许数/（粒/m^3）	100 级	0.5μm	3 500
			5μm	0
		10 000 级	0.5μm	350 000
			5μm	2 000
		100 000 级	0.5μm	3 500 000
			5μm	20 000
		300 000 级	0.5μm	10 500 000
			5μm	60 000
6	微生物最大允许数	100 级	浮游菌	5（个/m^3）
			沉降菌	1（个/皿，ϕ90mm 培养皿，30min 以上）
		10 000 级	浮游菌	100（个/m^3）
			沉降菌	3（个/皿，ϕ90mm 培养皿，30min 以上）
		100 000 级	浮游菌	500（个/m^3）
			沉降菌	10（个/皿，ϕ90mm 培养皿，30min 以上）
		300 000 级	浮游菌	—
			沉降菌	15（个/皿，ϕ90mm 培养皿，30min 以上）
7	最低照度/L_x			150（或与生产工艺相适应）

（三）药品包装容器（材料）产品的生产受控区域

1．药用丁基橡胶瓶塞

包括丁基橡胶抗生素瓶塞、输液瓶塞、冷冻干燥输液瓶塞和冷冻干燥注射剂瓶塞的生产受控区域如图 7－55 所示。

2．药品包装用 PTP 铝箔

药品包装用 PTP 铝箔生产受控区域如图 7－56 所示。

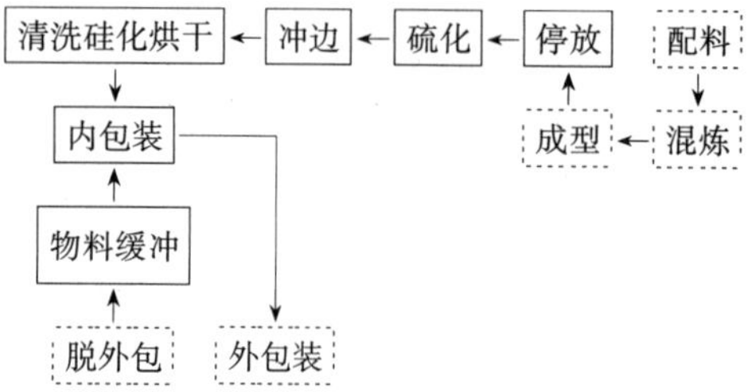

图 7-55　药用丁基橡胶瓶塞生产受控区域

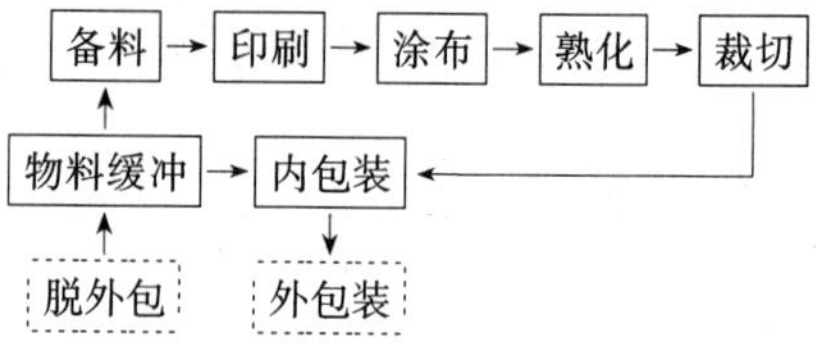

图 7-56　药品包装用 PTP 铝箔生产受控区域

3．药用 PVC 硬片及各种复合硬片

药用 PVC 硬片及各种复合硬片生产受控区域如图 7-57 所示。

4．药用复合膜(片)、复合膜(袋)

药用复合膜(片)、复合膜(袋)的生产受控区域如图 7-58 所示。其中“复合”工序可分为干法、湿法、流延、共挤等;如果用于特殊用途或更高洁净级别的场合,该生产工序的洁净级别必须与之适应。

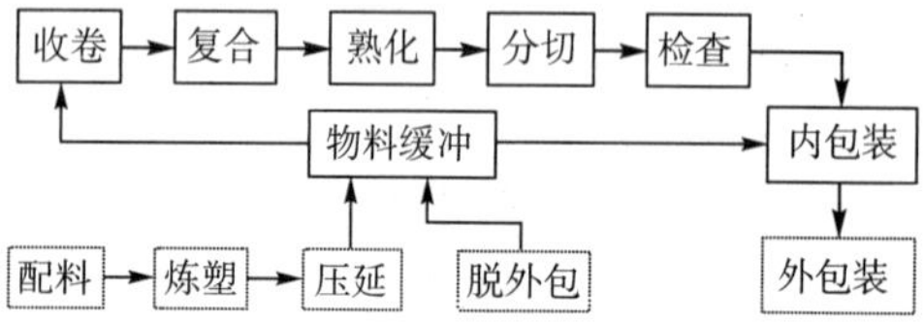

图 7-57　药用 PVC 硬片及各种复合硬片生产受控区域

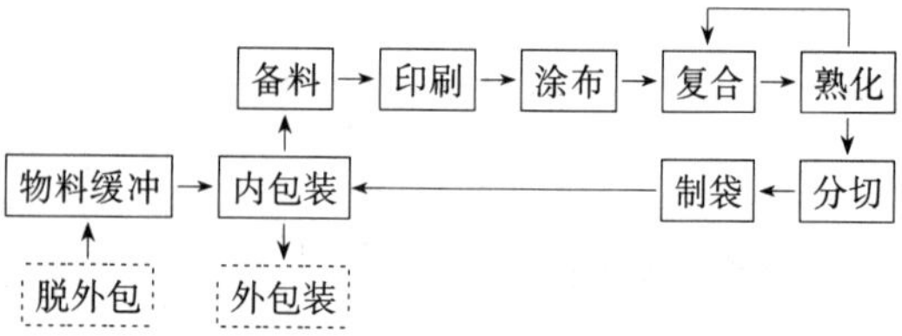

图 7-58　药用复合膜(片)、复合膜(袋)生产受控区域

5．塑料输液瓶(袋)

塑料输液瓶生产受控区域如图 7-59 所示。塑料输液袋生产受控区域如图 7-60 所示。塑料输液膜生产受控区域如图 7-61 所示。

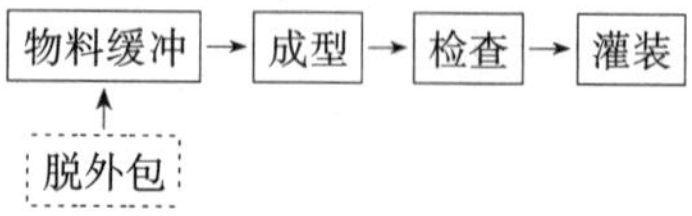

图 7-59　塑料输液瓶生产受控区域

(灌装工序为 10 000 级环境下的局部 100 级)

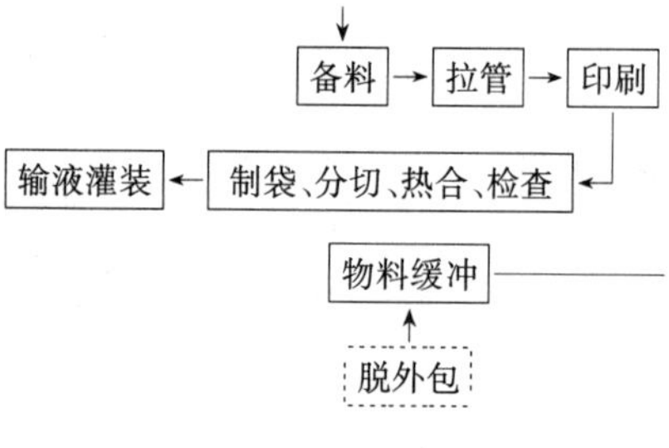

图 7-60　塑料输液袋生产受控区域

(制袋和内包装的生产工序为 10 000 级环境下的局部 100 级)

6．固体、液体药用塑料瓶

固体、液体药用塑料瓶生产受控区域如图 7-62 所示。如果用于特殊用途或更高洁净级别的场合,该生产工序的洁净级别必须与之适应。

7．滴眼剂用塑料容器

滴眼剂用塑料容器生产受控区域如图 7-63 所示。如果用于特殊用途或更高洁净级别的场合，该生产工序的洁净级别必须与之适应。

8. 药用软膏管

药用软膏铝管生产受控区域如图 7－64 所示。药用复合软管生产受控区域如图 7－65 所示。

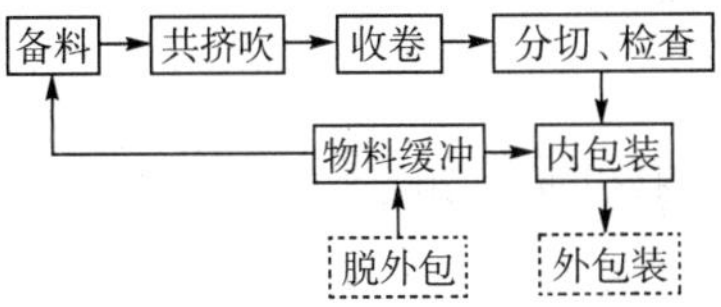

图 7－61 塑料输液膜生产受控区域

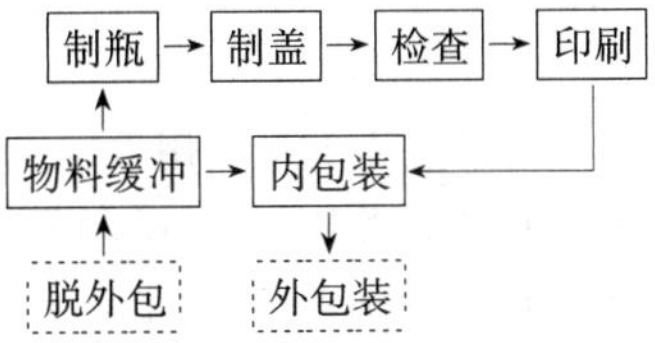

图 7－62 固体、液体药用塑料瓶生产受控区域

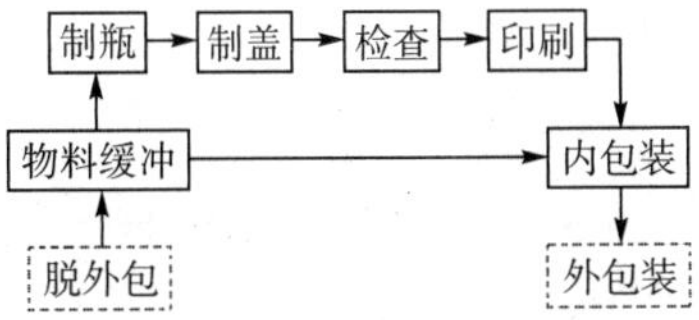

图 7－63 滴眼剂用塑料容器生产受控区域

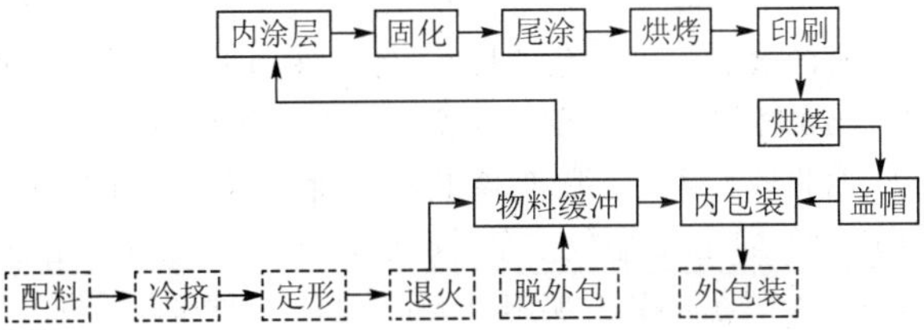

图 7－64 药用软膏铝管生产受控区域

9. 药用气雾剂喷雾阀门

药用气雾剂喷雾阀门生产受控区域如图 7－66 所示。

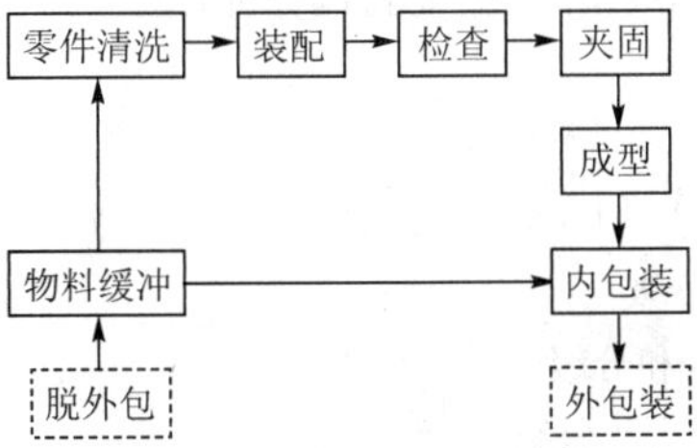

图 7－65 药用复合软管生产受控区域

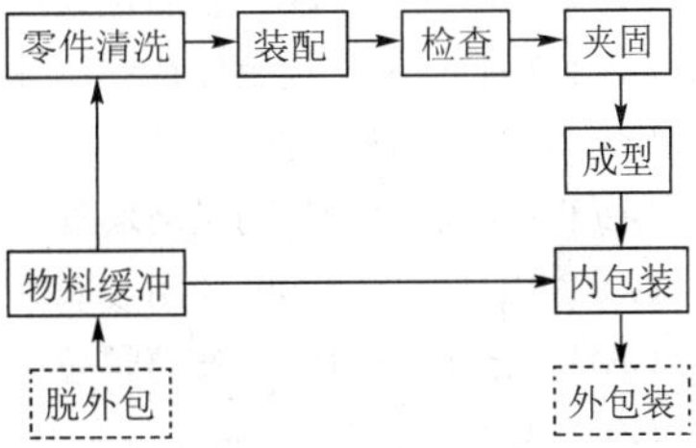

图 7－66 药用气雾剂喷雾阀门生产受控区域

10. 药用铝塑复合盖

药用铝塑复合盖生产受控区域如图 7－67 所示。100 000 级洁净区的塑件可直接铆合，非控制区内注塑的塑件应清洗后铆合。

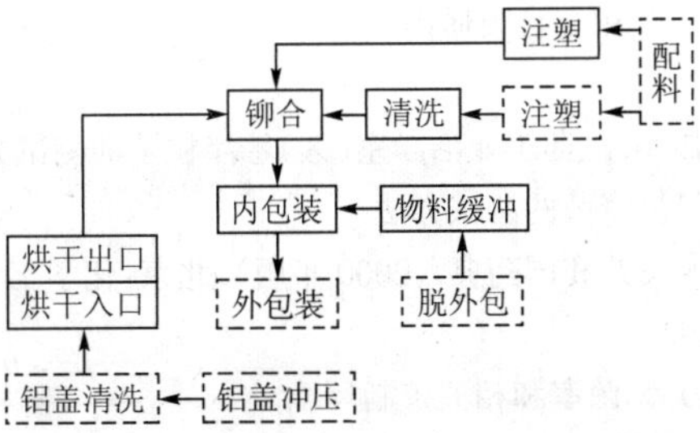

图 7－67 药用铝塑复合盖生产受控区域

主要参考文献

1. 李永安主编.药品包装实用手册. 北京:化学工业出版社,2003
2. 张绪峤主编.药物制剂设备与车间工艺设计.北京:中国医药科技出版社,2000
3. 张汝华主编.工业药剂学.北京:中国医药科技出版社,2001
4. 北京医药培训中心编写.药事法规简明教程.北京:中国建材工业出版社,2002
5. 唐燕辉主编.药物制剂生产专用设备及车间工艺设计.北京:化学工业出版社,2002
6. 朱盛山主编.药物制剂工程.北京:化学工业出版社,2002
7. 金国斌编著.现代包装技术.上海:上海大学出版社,2001
8. 马桃林编著.包装技术.武汉:武汉大学出版社,1999
9. 西北轻工学院主编.玻璃工艺学.北京:轻工业出版社,1983
10. 许钟麟主编.空气洁净技术原理.上海:同济大学出版社,2002
11. 李钧.药品 GMP 实施与认证.北京:中国医药科技出版社,2000
12. 孙风兰,马喜川主编.包装机械概论.北京:印刷工业出版社,1998
13. 孙风兰主编.食品包装机械学.哈尔滨:黑龙江科技出版社,1990
14. ISO 12775—1997.正规大规模生产的玻璃成分分析及其试验方法
15. ISO 8362.1—1989.注射容器及附件　第 1 部分　管制注射瓶
16. ISO 8362.4—1989.注射容器及附件　第 4 部分　模制注射剂瓶
17. GB/T 5009.60—2003.食品包装用聚乙烯、聚苯乙烯、聚丙烯成型品卫生标准的分析方法
18. GB/T 191—2000.包装储运图示标志
19. GB 2637—1995.安瓿
20. GB/T 12414—1995.药用玻璃管
21. GB/T 12416.1—1990.药用玻璃容器的耐水性试验方法和分级
22. GB/T 12416.2—1990.玻璃颗粒在 121℃ 耐水性的试验方法和分级
23. GB/T 4548—1995.玻璃容器内表面耐水性侵蚀性能测试方法及分级
24. GB/T 4546—1998.玻璃瓶罐　耐内压力检验方法
25. GB/T 12415—1995.药用玻璃容器　内应力检验方法
26. GB/T 4547—1991.玻璃容器　抗热震性和热震耐久性试验方法
27. GB/T 2828.1—2003《计数抽样检验程序　第 1 部分:按接收质量限(AQL)检索的逐批检验抽样计划》
28. GB 17447—1998.气雾剂阀门
29. YBB 0013—2002.药品包装用复合膜通则
30. DIN 5061 T.3—1992
31. GB/T 16292~16294—1996.医药工业洁净室(区)悬浮粒子的测试方法、医药工业洁净室(区)浮游菌的测试方法、医药工业洁净室(区)沉降菌的测试方法
32. 国家药典委员会.中华人民共和国药典.(2000 年版).北京:化学工业出版社,2000
33. FED - STD - 209E - 1992
34. ISO 14644 - 1,2,4:2000.无菌室和相关控制环境
35. 孙智慧主编.药品包装实用技术.北京:化学工业出版社,2005
36. 高德主编.实用食品包装技术. 北京:化学工业出版社,2005

37. 赵延伟，孙诚主编.包装结构设计.长沙:湖南大学出版社,1989
38. 潘松年主编.包装工艺学(增订版).北京:印刷工业出版社,2004
39. 刘亚琴主编.医药商品学.北京:中国医药科技出版社,2001
40. 庚莉萍.我国医药包装行业的现状及存在问题.湖南包装,2005(1)
41. 张建浩主编.食品包装学.北京:中国农业出版社,2002
42. 石青.制药装备实施 GMP 新技术新产品信息文集.中国制药装备行业协会,2001